“十五”国家重点图书

《营造法式》解读

（第三版）

潘谷西　何建中　著

东南大学出版社·南京

自　序

我和《营造法式》的结缘始于研究生的教学工作。

1978年，我国恢复研究生招生，第一批建筑历史与理论专业的硕士生进入南京工学院(今改称东南大学)建筑系，次年，我为之开设了"宋营造法式"课程，前后共历十届。其间，也写过几篇心得体会之类的文章发表于《南京工学院学报》和《东南大学学报》。

学贯中西的童寯先生曾对研究生叮嘱过：学建筑史的要好好读《营造法式》。童老是我国第一代杰出建筑大师，又是理论修养极高的学术泰斗，这是他站在中西文化交汇的制高点上对后来学者的指点。

宋代是我国古代建筑发展的一个高潮。无论建筑规划设计、木构建筑技术与工艺、建筑装修与色彩以及工程组织与管理等方面，都达到了前所未有的巅峰状态。因此，了解宋代建筑就能更好地了解中国建筑。从这个意义上说，《营造法式》不仅是打开宋代建筑科学与艺术殿堂之门的一把钥匙，也为读懂中国建筑的理念和精神提供了一部良好的教材。

《营造法式》的成功不仅反映出李诫[1]娴熟的建筑专业知识，更重要的是表现出了作者的创新精神。全书内容精审、结构严谨、表述准确、图样详实，不愧是我国古代最优秀的建筑著作之一。尤其值得推崇的是制图学方面的创意。该书虽经后世多次重刊，图样的准确性已大受影响，但原图大意未失。书中除了运用平面图("地盘")、剖面图("侧样")、立面图("正样")三种正投影图之外，还有构件轴测图和一种笔者称之为"变角立面图"的新方法，后者的特点是在立面图上可以更清晰地表示斗栱层层出跳的状况[详见本书第二章六(五)节]，图示效果极好，在现代建筑制图学中也未曾见过，是一种精心构思的创新之作。

李诫把《营造法式》编修得如此成果卓著，光耀史河，表明作者十分敬业，富有使命感，远非一般官场应付差事可比。而当时的政治改革形势可能也对此起了积极的推动作用：编修《营造法式》原是神宗时王安石推行新政期间提出的任务，王安石罢相(1076年)后，此项工作似乎进展得很不顺利，直到元祐六年(1091年)才完成了一部质量很差、无法施行的"法式"，当时正值反对新政的太皇太后垂帘听政，得到这种结果似乎也在情理之中。李诫受命重编此书时(1097年)，政局已经大变，哲宗亲政，"绍述"(继续推行)新政，这时提出重编《营造法式》，使编修工作获得了新的动力。

对于《营造法式》的研究，梁思成先生有《营造法式注释》(卷上)问世(收于《梁思成全集》第七卷)，是迄今最权威的学术著作。陈明达先生则出版有《营造法式大木作研究》一书。这些成果把我国的《营造法式》研究推进到一个新的阶段。

---

(1) 曹汛先生著文论证，李诫实为李诫之误(见《建筑师》第108期，2004年4月出版)。由于"诫""诫"之争由来已久，而《法式》各种刻本、抄本均署名"李诫"，考虑到长期以来人们已普遍认同李诫，因此本书中仍用旧称。

1995 年起，我不再招收研究生。回顾二十余年来对《营造法式》的研读，感到把自己的一些心得体会和考虑的问题写下来也许对有兴趣进入中国古代建筑研究领域的初学者会有所帮助，因此，在过去所写《营造法式初探》之一、之二、之三、之四的基础上，作一番补充修订，并邀请长期研究《营造法式》的何建中高级建筑师（建筑历史与理论硕士）参与编写，共同完成此书，以期为推动《营造法式》的深入研究贡献自己的一份力量。

潘谷西
二〇〇四年六月

说　明

《营造法式》术语中的一些古体字和现代通行的汉字已有差异。为了便于读者对照阅读，特将其中一些常见的字开列于下（前面是现代通行字，后面是《营造法式》用字）。

斗——鬬、枓
只——隻
曳——拽
花——華
（凡意义不确定为花者，仍用原字"华"）
纴——絍
纹——文
板——瓪、版
枋——方
座——坐
棂——櫺

勾、钩——鉤
球——毬
粗——麤
着——著
葱——蔥
筒——甋
棋——棊
遍——徧
靴——鞾
暗——闇
鳌——鼇

修订说明

趁此次本书再版的机会，对书中一些不足之处作了修改，包括以下四个方面：

第一，对文意表达的补充与完善。由于原来有些文字过于简略，可能使读者不易理解，因此稍作补充与解释，把该说的说得更明确、清晰。这类改动约二十处。

第二，纠正一些错误，含图片、文义、文字三方面。图片方面如佛道帐前面的圜桥子，本应是两座，而第一次印刷的书上画成了三座，这个错误在本书初版第二次印刷时已予纠正。再如苏州玄妙观三清殿内神像须弥座砖作照片，误入石作，第三次印刷才归入砖作。此次则对轮藏剖面图作了改进，减少了支撑经柜的“立绞棍”，使之在构造上更趋合理。对于文义的更正有两处：一是石作“卷輂水窗”的地钉，原注为“(即木桩)”，应改为“(即木橛)”(两者的区别在于：前者长，长度可达 1.7 丈，用于临水房屋的地基加固；后者短，钉于石桥拱脚下原生土中加固地基)。二是把石作的“将军石”与“止扉石”的性质、作用区别开来——前者用于城门关闭时挡住门扉，后者用于城门开启时扣住门扉。此外，印刷上的个别错字也作了改正，如“鼖”改为“棜”。

第三，增添图片。如第八章“城壁水道”一节，采用了山西平遥明代城墙的城壁水道照片，这种古代土城墙工程的遗例现在已经很难找到了。

第四，完善了图片目录，增加了表格目录，并补充若干图文前后互见的注释，以利前后对照阅读。

潘谷西

二〇一六年二月

应读者建议，修订版在亚马逊和京东上推出两种格式的电子书，以便大家收藏、检索。

此次重印修改了第二、三、六章章名，标明了所属工种；修正了图 1-17、18。何建中则主要就“斗底槽”的进一步认识，在 295、296 页补充了相关图文；还有其他几处作了改动，使之更精准些，以供讨论。欢迎大家批评指正。

潘谷西

二〇二一年六月

目　录

第一章　总　论

一、《营造法式》的性质与特点

（一）"营造法式"是一种建筑工程预算定额

"法式"二字在宋代用得相当普遍，有律令、条例、定式等含义，凡是有明文规定或成法的都可称之为法式，从以下数例可以得到说明：

其一，《宋会要辑稿》第五十八册，职官一："熙宁五年（1072年）二月一日诏：'……以事因贴奏，诸称奏者，有法式上门下省，无法式上中书省；有别条者依本法'"；

其二，《宋史·职官志》："门下省，……尚书省、六部所上有法式事，皆奏覆审驳之"；"中书省，掌进拟庶务、宣奉命令……及中外无法式事应取旨事，……凡事干因革损益而非法式所裁者，论定而上之"。

可见"法式"二字所包含的内容是相当广泛的，它的性质是政府所制定的法令与成规。由此推论，《营造法式》应是政府对建筑工程所制定的在实际工作中必须遵照执行的法规，而不是没有约束力的技术性著作。再从李诫《营造法式》的序和劄子来看，宋朝政府要求的实际上就是一种建筑工程预算定额，用它来节制各项工程的财政开支。梁思成先生的《营造法式注释》序中说："《营造法式》是北宋官订的建筑设计、施工的专书。它的性质略似于今天的设计手册加上建筑规范。"这个定性虽然也有道理，但从根本上说，两者还是有区别的。为了说明这一点，首先来看看营造法式产生的历史背景。

北宋时，特别是北宋中晚期，建筑业弊端丛生，腐败日甚。一些负责修缮京师房屋的官员在工程开始之前往往多估工料，虚报项目；施工过程中偷工减料，监守自盗；工程结束后又谎报结余，邀功请赏。工程质量也因此大受影响，房屋多不坚固。为此，早在宋仁宗天圣元年（1023年）三司（总管国家经济财政，位次宰相，下设盐铁、度支、户部三使）就提出要加强工程主管官员和都料（设计施工负责人）、作头（各工种的工头）的责任制，严格工程项目的立项以及工料估算的检查，并要求各司"……将见修三、五间舍屋，以所破功料，须委监修，相度日用功力，计定功限，永为定式"[1]。这里所说的"计定功限，永为定式"已具有估算定额的性质，是营造法式的雏形。不过三司提出的办法似乎并未很好执行，建筑业的积弊也远未消除，所以到仁宗至和元年（1054年）又下诏："比闻差官修缮京师官舍，其初多广计功料，既而指羡余以邀赏，故所修不得完久。自今须实计功料申三司，如七年内损堕者，其监修官吏工匠并劾罪以闻。"[2]诏令归诏令，实际是实际，官吏们上下勾结，虚报冒估，偷工减料的行为仍很猖獗，例如宋神宗熙宁二年（1069年）修建感慈塔，主管部门估工34万余工，后来朝廷派人重估，只需原估数的1/5，工程完毕后，重估工料之官员还因此得到升迁[3]。宋神宗是一个锐意改革很想有一番作为的人，他任用王安石等一批改革派，积极推行新政，对建筑业的这种腐败状况当然是不能容忍的，于是在熙宁年间（1068—1077年）敕令将作监编出一套营造法式来加强对各项工程的控制。可是将作监的编写工作做得很不得力，拖拖拉拉，直到十余年后宋哲宗元祐六年（1091年）才完成，第二年颁布[4]，由于这第一部营造法式编得很不完善，在实际工作中行不通，到宋哲宗绍圣四年（1097年）又敕令将作监重编。这一次是由将作监丞李诫承旨办理，经过三年左右的努力，完成了这部巨著，这就是今天我们看到的《营造法式》。

从以上沿革可以看出，不论哪一部营造法式，其目的都是为了对建筑工程中虚报冒估、偷工减料等侵吞国家财富的行为作出反应，提供对策，企图用一套行之有效的工料估算方法来控制工程预算，它的针对性是很强的。对此，李诫在他的《劄子》中说得很明白：第一部营造法式就是因为控制不了工料而被废止不用的，而他的这部法式则是“关防功料，最为要切，内外皆合通行”。他对自己的成果充满信心，深信一定切实可行，应在京师内外推广应用。从书的内容来看，他确实也在“功限”和“料例”两部分下了工夫，不仅规定了按工艺要求高低分上、中、下三等工和按季节分长、中、短等工的计算标准，而且还根据材料容重、搬运距离和材料使用情况规定了不同的估工方法，其条章之精细明确，令人叹服。

（二）李诫《营造法式》的编写体例

以上为《营造法式》（以下或简称《法式》）定性，说它是一种估算工料的定额，只是历史地、客观地阐明问题，丝毫没有贬低它的意思。在一个以儒家思想为正统的、文人士大夫不屑涉足工匠技艺的社会里，能出现这样一部反映当时建筑工程实况的巨著，是难能可贵的。加之李诫自身的条件——丰富的工程实践经验和勤奋努力的品格，使《营造法式》的编修达到了很高的水平，不愧为中国古代最完善的建筑专著和不朽的杰作，也是后世打开宋代建筑科学和艺术之门的一把钥匙。

在李诫之前面世的那部《营造法式》编得很不成功，被李诫称为：“只是料状，别无变造用材制度，其间工料太宽，关防无术”，“只是一定之法，及有营造，位置尽皆不同，临时不可考据，徒为空文，难以行用，先次更不施行。”[5]由于该书已经失传，无法详究它的内容，但从以上指责来看，问题主要在于：一是体例不当，书中只是一大堆用料规格的罗列，没有变通使用的办法，而实际工作千变万化，基址布局各不相同，临时难以对照应用。很可能当时采用的办法就是上文说到的天圣元年三司提出的措施：以若干种房屋算出的用工、用料为定式，套估拟建建筑物的工料（后来清代官修《工程做法》的体例也与之相似）；二是定额订得过宽，无法控制工料，结果就成了一纸空文，不久就被搁置不用了。

李诫有鉴于此，努力在他的《法式》中加以克服。他采取的措施是：在编写体例上，把定额按工种分类，逐一分解到单个部件，这样就使任何工程项目都能查到所需定额。为了使用方便，又把各种部件的规格汇集成“制度”一项，列于定额之前，作为靠估工料的样板，并附图样加以补充说明，最后还制订出变通使用定额的办法。这就是李诫所创的：制度—定额—比类增减的三步式编写体例，也是编制预算时使用《法式》的操作步骤。其具体做法是：

第一步，明确规格　即举出各种部件的有代表性的式样和尺寸，作为功限和料例做单项分析时的样板和例据，这就是书中第三至十五卷所列13个工种“制度”的内容。为了便于使用，这里所举的规格只是有典型意义的一部分，有时只举估算项目中的一种规格，例如石碑只举高度为1丈8尺的例子作为估算依据，这可能是最高等级的一种碑。实际上宋代碑制对公侯及各级品官墓碑高度各有不同规定[6]。

第二步，制订单个部件的工料定额　即按上述“制度”所举的样板，定出单项用工及用料数，就是书中第十六至二十八卷的“功限”和“料例”两部分。由于实际工程变化无穷，不可能罗列所有规格的工料定额，所以这里仍然采用样板的办法。例如大木作斗栱一项，只举第六等材为例定出用工数，其他等级的材就可参照第六等材的定额增减计算，求得所需定额，书中不再一一列出；再如小木作的佛道帐只列出高29尺、宽59.1尺、深12.5尺的一种为例，牙脚帐只列出高15尺、宽30尺、深8尺的一种为例，作为比照估算工料的样板。

第三步，比类增减　即根据“功限”和“料例”提供的样板，对照工程中实际使用的部件式样和尺寸，比较其繁简、大小、难易而增减其工料数，得出最后的计算结果。对于比类增减，卷二的“总例”中有两条规定：

（1）用工——“诸造作并依功限，即长广各有增减法者，各随所用细计；如不载增减者，各以本等合得功限内计分数增减。”其意为：凡“功限”条文中规定了具体增减办法的（如柱础以2.5尺见方素覆盆的用工数为准，3尺、3.5尺、4尺、5尺、6尺见方的依次增加单方用工数，雕花工另加），则按规定计算实际用工数，假如没有明文规定的，则按书中所列样板合计得出用工数后再酌情增减即可。

（2）用料——“诸营缮计料，并于式内指定一等，随法算计；若非泛抛降，或制度有异，应与式不同，及该载不尽名色等第者，并比类增减。”这就是说：各工程计算用料时可在书中选用一种等级，按规定计算，假若式样尺寸和书中所列不同，或书中并没有作出规定，就采用靠估的办法，比照近似的规格酌情增减计算。

有了这两条规定，就使李诫这部《法式》既有统一标准，又能适应不同情况变通使用，其控制工料的涵盖面可及于所有工程项目。虽然，“比类增减”在具体执行中仍会出现漏洞，不免为贪官污吏留下作弊的机会，但和没有《法式》时那种猖狂虚报冒估，甚至像感慈塔那样估工超出实际用工数400%的状况相比，无疑已经有了很大进步。当时的各级政府如能认真贯彻执行《法式》，必定能达到节制财政开支的目的。

李诫所制定的这三个步骤是环环相扣、前后连贯的整体，都是围绕着一个目的——关防工料，节约开支，保证质量。“制度”这一项也是为这个目的服务的。

这里有必要谈谈对“制度”所含内容的估计问题。过去存在一种有意无意对之要求过高的倾向，似乎这一项应该把宋代官式建筑部件的规格都包括在内，甚至还应该有建筑设计方面的内容。其实，这种期望已经超出了《法式》所承担的历史任务。诚如前面所讲到的，“制度”这一项的任务只是为估算工料提供有代表性的部件式样和尺寸作为样板，以便标出其定额数值，而远非广泛阐明当时存在的各种式样。有关建筑功能和造型等重要设计问题虽然也很重要，但《法式》没有必要去涉及。明确这一点，就会理解李诫为什么没有罗列当时京师通行的所有建筑做法；为什么连房屋的间广（即开间）、柱高、屋深（即进深）也未作出规定；为什么对群体组合、空间处理等方面只字未提（尽管宋代建筑在这些方面有很高的成就）。我们今天研究宋代建筑，确实很希望获得这些方面的资料，《法式》没有对此提供帮助，不免使人感到遗憾。但这难道是李诫的失误和没有尽到责任吗？我想是不能责备这位建筑大师在九百多年前所完成的这项工作的。

如果拿北宋时流行的另一部建筑著作——喻皓的《木经》来比较，也许对《营造法式》的性质和特点能获得更明确的理解。《木经》已经失传，仅在沈括的《梦溪笔谈》中转录了极少几条。这里就拿阶级(踏道)这一条来作对比：

《梦溪笔谈》卷十八转录《木经》："阶级有峻、平、慢三等。宫中则以御辇为法，凡自下而登：前竿垂尽臂，后竿展尽臂，为峻道；前竿平肘，后竿平肩，为慢道；前竿垂手，后竿平肩，为平道。"

由此可知《木经》对阶级坡度的决定是根据宫中的使用要求作出的，其根据是建筑的功能，着眼点和《营造法式》有明显差别。再看《营造法式》石作制度对踏道阶级的阐述：

"造踏道之制，长随间之广，每阶高一尺作二踏，每踏厚五寸，广一尺。两边副子各广一尺八寸(厚与第一层象眼同)，两头象眼，如阶高四尺五寸至五尺者，三层；高六尺至八尺者，五层或六层，皆以外周为第一层，其内深二寸又为一层，至平地施土衬石，其广同踏。"

这里只叙述了一种踏道的做法和尺寸(踏面宽 1 尺，踏高 5 寸)，作为制订功限和料例的一种样板是足够了，然而无法满足峻、慢、平的各种功能要求。再看同书卷十六《石作功限》对踏道的叙述：

"踏道石，每一段长三尺，广二尺，厚六寸，安砌功，土衬石每一段一功(踏子石同)……"

这里是在说明每个安砌工所完成的工作量，所以举了 0.6 尺×2 尺×3 尺这种广泛应用的石块来订定额，和踏道制度中所举 0.5 尺×1 尺的尺寸又不相同。总之，同为踏道，由于需要说明的问题不同，所举规格也各异。

(三)编写工作紧密结合实际

李诫以其特有的工作经历、丰富的实践经验以及一丝不苟的工作态度，把调查研究、收集第一手资料做得十分到位，为编好此书打下了基础。

李诫并非出身科举，而是由父荫补官进入仕途的。他的官职主要靠工作实绩而步步上升。在将作监，由主簿而丞(中层官员)，而少监(副首长)，而监(首长)，多因完成重大工程而得以升迁。他是一个实干家，也是建筑工程管理的内行。当他接到敕命编修营造法式时，已在将作监工作了 8 年，主持过像五王府等一系列重大工程，积累了丰富的工程经验。所以他在《进新修营造法式序》中敢于批评过去那些主持工程的官员往往是外行，"董役之官，才非兼技，不知以材而定分，乃或倍斗而取长。弊积因循，法疏检察"。可笑那些不懂技术的官员，连用"材"来确定房屋尺度这个基本法则都不知道，却用斗来作为长度标准。难怪建筑业的积弊不能消除，也无法进行有效的检察。而他自己则"非有治三宫之精识，岂能新一代之成规"？他的丰富经验确是创立一代新规的有利条件。

在编写过程中，他深入实际，以匠为师。书中所收材料 3555 条，其中 3272 条"系自来工作相传，并是经久可以行用之法"(《法式·序目·看详·总诸作看详》)，占全部材料的 92%。其实，如果去掉前面两卷从"经史群书"中抄来的无关紧要的空洞条文之后，几乎 100%的有实用价值的材料都来自工程实际，其实也就是匠人的经验。对于所收材料，李诫还召集工匠逐条加以讨论，"与诸作谙会经历造作工匠，详悉讲究规矩，比较诸作利害，随物之大小，有增减之法"(《法式·总诸作看详》)。可见李诫不仅深入实际，尊重匠师经验，而且写作态度之严肃认真，工作作风之深入细致，也是令人钦佩的。在这样的基础上产生的营造法式，何愁不能广泛施行？如果说李诫这部巨著在很大程度上反映了北宋建筑工程的成就和匠师的智慧与经验，恐怕也并不为过。

正由于李诫创立了合理的体例和密切结合实际的工作路线，所以此书编成后能顺利得到主管部门认可，在京师地区推出试行。三年之后，李诫又提出要在京师以外地区推广，用小字刻版刊印，作为朝廷敕命通行的文本发至各地遵照执行。这个请求得到宋徽宗的批准，于崇宁二年（1103 年）刊印了这部《法式》。直到宋室南迁，政治中心易地，平江知府王�还在苏州重新刻印此书，以应工程之需，南宋后期，又在平江重印了一次，这也从实践方面证明了此书的广泛适用性（详见本书 232 页附录一“宋版书”条）。

二、《营造法式》与江南建筑的关系

浙江宁波保国寺大殿是北宋前期所建的一座木架建筑[7]，它的四根内柱是用拼合法制成的，其中三根是由八根木料拼成的八瓣形柱子，一根是由九根木料拼成的八瓣柱子[8]（图 1-1）。这不仅是国内已知最早的拼合柱实例，也是宋代拼柱实物的孤例。而在此殿建成后九十余年问世的《营造法式》中也载有拼柱法，虽然拼合方法不同，但同是用小料拼成大部件以解决用料的困难（参见图 2-43）。多年前我们为了苏州瑞光寺塔的修复设计[9]，曾去杭州考察了五代末年至宋初的几座石塔和经幢[10]，联系江苏宝应出土的南唐木屋[11]和江苏镇江甘露寺铁塔第一、二层来考虑[12]（图 1-2~1-5），感到五代至北宋间江南一带的建筑和《营造法式》的做法很接近，尤其是大木作，几座石塔的斗栱、柱、枋、檐部等，几乎都可和《法式》相印证，屋角起翘也较平缓，和明、清时期江南的“嫩戗发戗”迥然不同[13]。因而我们联想到北宋初年曾在汴京名噪一时的建筑大师喻皓，他从杭州去京师后，于端拱二年（989 年）也就是杭州灵隐寺石塔建成后 29 年，在东京建成了著名的开宝寺十一层木塔，他著的《木经》则被奉为营造典范流行于世，是李诫《法式》问世前的权威性建筑著作。所以说由于喻皓的实践和《木经》的传世而使浙东建筑做法在京师产生一定影响，那也是不足为奇的。

从《法式》的内容来考查，除了前述拼柱法以外，还可以在书中找到一些做法在江南很

图 1-1　浙江宁波保国寺大殿拼柱示意图

图 1-2　杭州灵隐寺石塔阑额“七朱八白”（五代末）

图 1-3 杭州“灵峰探梅”出土五代石塔第二层(表现八角梭柱、格子门、角梁、七朱八白、铺作不出耍头等特点) (黄滋摄)

图 1-4 江苏宝应出土南唐木屋立面图

图 1-5 镇江甘露寺铁塔第一层阑额“七朱八白”(北宋)

流行而在北方则较少见到,例如竹材的广泛使用、“串”在木架中的重要作用、蒜瓣柱与梭柱、上昂与“七朱八白”的应用,用橑檐枋而排斥撩风槫等。

《法式》竹作制度叙述了种种竹材用法:竹笆可代替望板,广泛用于殿阁、厅堂、余屋等各种高低等级的房屋;窗子上下的隔墙、山墙尖、栱眼壁等可用竹笆墙(称为“心柱编竹造”“隔截编道”,这种墙在江西、安徽的明清建筑上仍被广泛使用);或用竹篾编成长达二百尺的篾辫索,用作鹰架(起重架)的拉索;殿阁厅堂的土坯墙每隔三皮土坯铺一层竹筋称为“襻竹”[14],用以加强墙体;竹子劈篾编网,罩在殿阁檐下防鸟雀栖息于斗栱间,称为“护殿檐雀眼网”,这是后来用金属丝网罩斗栱的先驱;用染色竹篾编成红、黄图案和龙凤花样的竹席铺在殿堂地面上,称为“地面棋文簟”;也可用素色竹篾编成花式竹席作遮阳板,称为“障日篛”(以上均见

《法式》竹作制度)；在壁画的柴泥底子里，还要压上一层篾作加固层[15]；各种临时性凉棚，也多用竹子搭成。这些情况表明竹材在汴京用得相当广泛，即使在宫廷中，也不比江南逊色。竹子盛产于我国南方，从原始社会起就用作生活器具和建筑材料，北宋咸平二年(999 年)王禹偁在湖北所建黄冈竹楼是著名的竹建筑例子[16]。黄河流域虽然也产竹，但在建筑中的使用远不及南方之广泛与盛行。因此，汴京宫廷建筑大量使用竹材，使之带有较为浓厚的南方建筑色彩。

“串”这一构件在《法式》厅堂等屋的大木作里用得很多，主要起联系柱子的作用(图 1-6、1-7)，这和江南常见的“穿斗式”木架中的“串枋”和“斗枋”的作用是相同的。例如贯穿前后两内柱的称“顺栿串”(与梁的方向一致)；贯穿左右两内柱的称“顺身串”(与檩条的方向一致)；联系脊下蜀柱的称“顺脊串”；相当于由额位置承受副阶椽子的称“承椽串”；窗子上下横贯两柱间的称“上串”“腰串”“下串”。这些串和阑额、由额、襻间、地栿等组成一个抵抗水平推力(风力、地震力

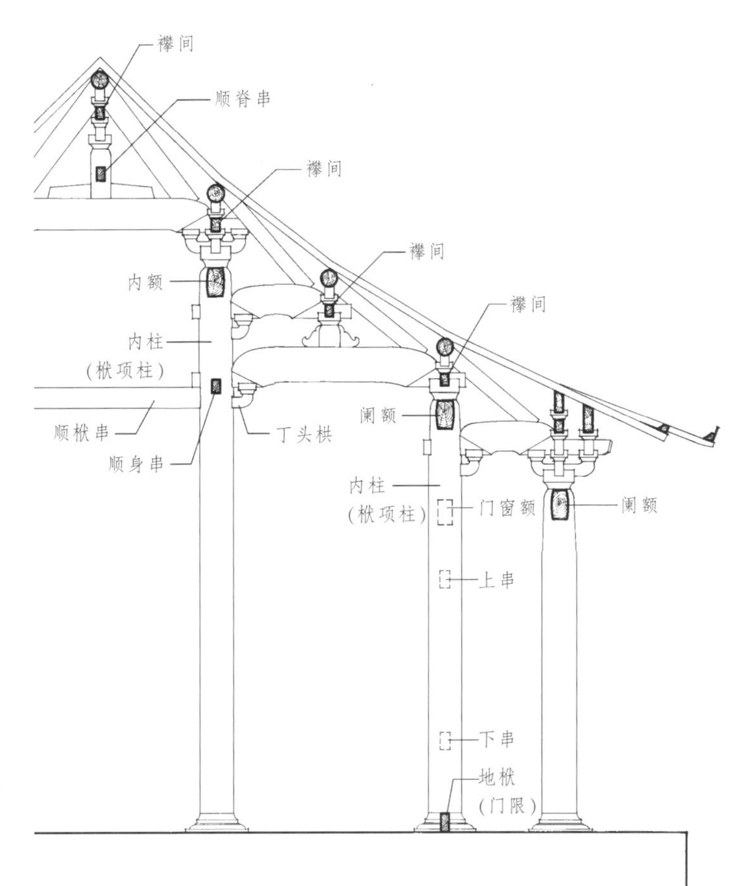

图 1-6 《营造法式》厅堂木构架用“串”及其他联结构件示意图

图 1-7 浙江宁波保国寺大殿(宋)室内(用顺身串多重、顺栿串一重联结内柱，串上以七朱八白为饰)

图 1-8　苏州虎丘云岩寺塔（宋初）塔心室角柱(蒜瓣梭柱)

图 1-9　苏州罗汉院大殿石柱(蒜瓣柱)

等)的支撑体系,使木构架具有良好的抗风、抗震能力，若以此和穿斗式木构架相比较，不难看出其间的相似之处。大量的出土明器证明东汉时广州一带已盛行穿斗式建筑,四川出土的东汉画像砖所示建筑图案中也有腰串加心柱的做法,和《法式》很接近。至今江西、湖南、四川等地农村,仍采用穿斗构架建造房屋,两千年间一脉相承,说明了它的存在价值。

《法式》卷九《佛道帐》末载有“卷杀蒜瓣柱”一语。所谓“蒜瓣柱”就是宁波保国寺大殿所用的那种八瓣柱。现在许多文章中都称之为“瓜楞柱”,那是今人所加的称谓。这种柱子在苏州虎丘云岩寺塔、罗汉院大殿、浙江湖州飞英塔石塔等宋代建筑上都有所表现(图 1-8~1-10)。再者,《法式》大木作中详加描述的梭柱,在江南也较为普遍,如福州华林寺大殿、杭州五代灵峰石塔、灵隐寺石塔(图 1-11)、闸口白塔、明代众多祠堂与住宅等。但这两种柱式,在北方却很难见到,其中梭柱仅见于河北定兴北齐石柱小屋等少数实例中。

《法式》卷四《飞昂》:“造昂之制有二:一曰下昂,……二曰上昂……”[17]作为斗栱上的两种重要构件,虽在唐高宗总章二年(669年)的建明堂诏中已提到“上枊”(昂)与“下枊”(昂)的名称,但在北方这么多唐、辽、金建筑中,迄今所知唯一上昂实例见于山西应县金代所建净土寺正殿藻井内斗栱上,而宋代上昂遗物,苏州一地即有三处:其一,玄妙观三清殿内槽斗栱两侧(图 1-12);其二,北寺塔第三层塔心门道顶上小斗八藻井斗栱(图 1-13、1-14)。这两处上昂时期略晚于《法式》,都是南宋前期之物。最近我们又发现苏州虎丘云岩寺塔第三层通向塔心室的门道顶上也有和北寺塔相同的藻井和上昂,时间上比《法式》还早(图 1-15)。此外,浙江湖州飞英塔平座所用上昂也是南

上昂

靴楔

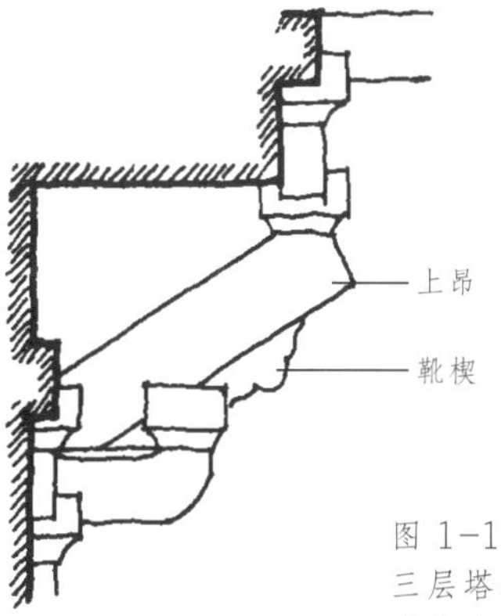

图 1-13　苏州北寺塔第三层塔心门道顶上小斗八藻井斗栱所用上昂(南宋)

图 1-10　浙江湖州飞英塔(宋)内石塔上的蒜瓣梭柱、七朱八白

图 1-11　杭州灵隐寺五代石塔上的梭柱

图 1-14　苏州北寺塔第三层塔心门道上斗八藻井斗栱所示上昂(南宋)

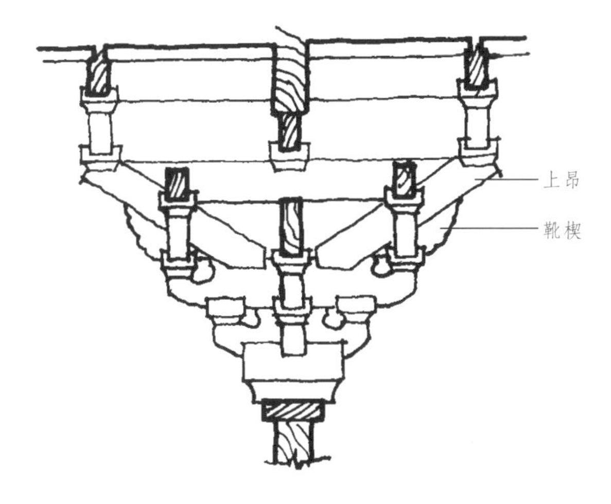

图 1-12　苏州玄妙观三清殿内槽斗栱上所用上昂(南宋)

图 1-15 苏州虎丘云岩寺塔塔心内室门道藻井上所示上昂（宋初）

宋初期遗存。浙江金华天宁寺大殿外檐斗栱里跳下昂后尾亦有上昂作支撑，则已是元代的遗例了。上昂遗规还可见于江南明代建筑[18]。浙江绍兴等地的明清住宅中，甚至还多有用上昂形装饰物托于梁枋下者（图 1-16），可见其风气之盛。有趣的是：北方唐、宋、辽、金建筑上虽然不用上昂，但到明代，北京宫殿、曲阜孔庙等处官式建筑的外檐斗栱后尾，却仿上昂形式，斜刻两条平行线，并仿昂尾式样刻作六分头，仿靴楔式样刻作菊花头（图 1-17）。这种上昂遗意，直到清乾隆

图 1-16 浙江绍兴明代住宅中装饰性上昂

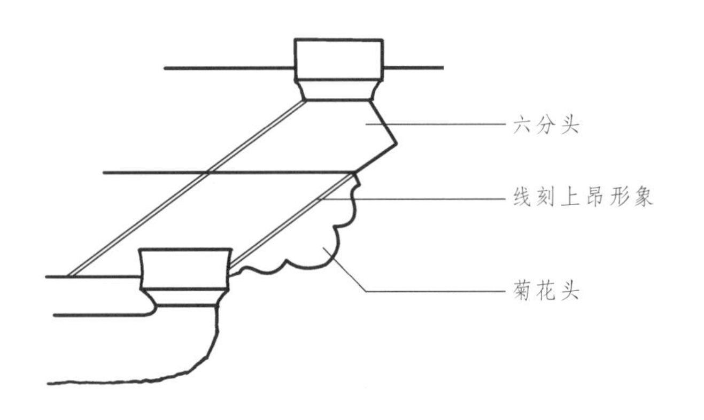

图 1-17 北京智化寺万佛阁、故宫南薰殿等明代建筑斗栱后尾刻上昂形象

以后才完全消失（图 1-18），而六分头、菊花头则始终保留着，一直延续到清末。这股仿上昂之风来自何处？是否有两种可能：一是中原一带《法式》上昂做法的传统，到元代为了省事，简化为斜画两条平行线，在晋南芮城元代永乐宫纯阳殿和重阳殿上即有这种例子（图 1-19），以后这种做法又传到了北京；二是明成祖永乐十八年（1420 年），迁都北京，江南的工匠把上昂做法带至北方，发展成上

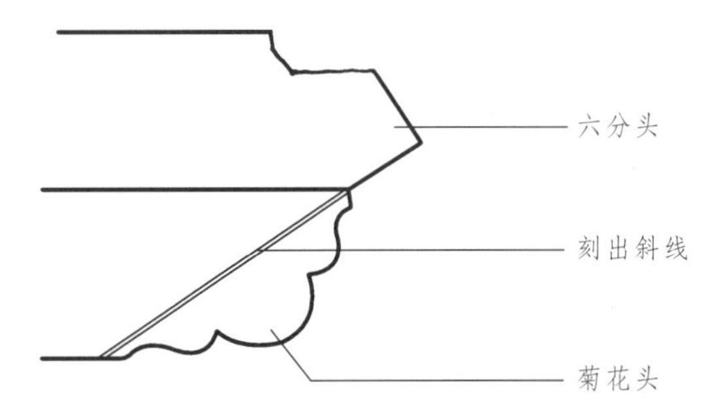

图 1-18 北京西郊乾隆年间演武场碑亭斗栱后尾上昂残迹

述仿上昂式样。

此外，《法式》上昂制度中所述“连珠斗”，在北方未见实例，苏州虎丘云岩寺塔第三层内壁斗栱上用了这种斗，是早于《法式》百余年的遗物(图 1-20、1-21)。

《法式》彩画作中有八白刷饰的做法，是一种较为简单的额枋色彩装饰，在江南五代至北宋间的建筑物上用得很普遍，如杭州灵隐寺石塔、苏州虎丘塔、宁波保国寺大殿(图 1-22)、镇江甘露寺铁塔等阑额上都隐出七朱八白图案，可见《法式》问世前这里已经流行，而北方虽在大同云岗第五、第九窟等石刻佛殿阑额上曾有此类图案，但在辽、金建筑上未见此式。

再举斗栱上的两个构件为例：其一是令栱，《法式》规定令栱长于瓜子栱，在江南苏州、杭州一带五代、北宋建筑上的令栱，正合《法式》规定(图 1-23、1-24)，而北方唐、辽、宋建筑的令栱往往和瓜子栱同样长，甚至短于瓜子栱，与《法式》不符；其二是《法式》规定令栱外可以不出要头[19]，但这种做法普遍见于江南而很少见于北方(仅西安大雁塔门楣石刻佛殿图中斗栱等个别例子)。

值得强调的是：河北、山西等辽、金建筑[包括宋皇祐四年(1052 年)所建的河北正定隆兴寺摩尼殿]盛行 45°(图 1-25)和 60°的斜栱，但《法式》对斜栱只字未提；江南宋

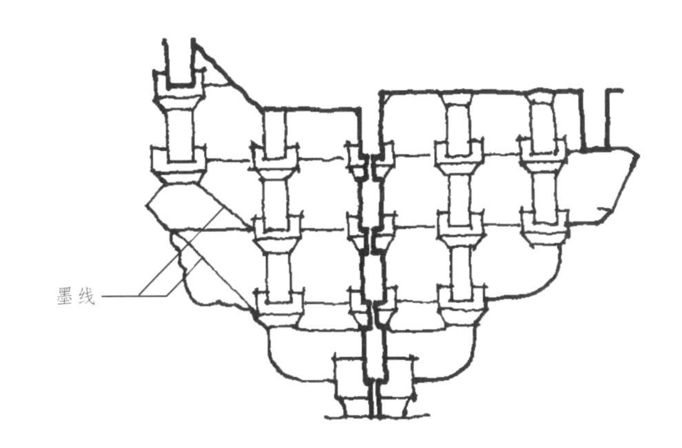

图 1-19　山西芮城永乐宫纯阳殿内槽斗栱所画上昂(元)

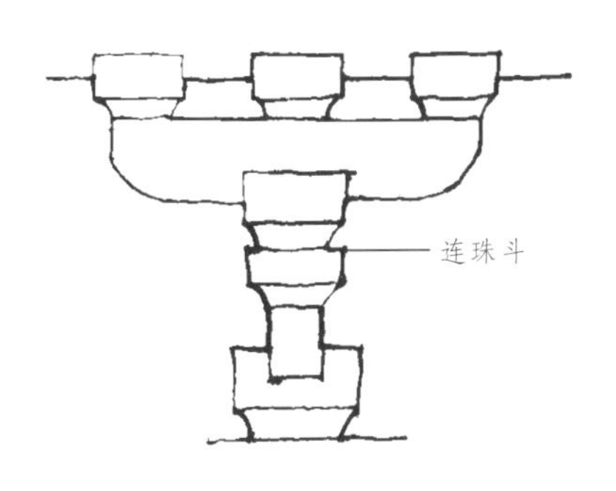

图 1-20　苏州虎丘云岩寺塔第三层内壁斗栱所用连珠斗(宋初)

图 1-21　苏州虎丘云岩寺塔(宋初)第三层内壁斗栱(示连珠斗、圆栌斗、讹角栌斗、阑额彩画)

图 1-22　浙江宁波保国寺蒜瓣柱及阑额上七朱八白(宋)

图 1-23　苏州罗汉院双塔(宋)外檐斗栱
(令栱比瓜子栱长，不用耍头)

图 1-24　苏州虎丘二山门(宋、元)斗栱外跳
(令栱比瓜子栱长，不用耍头)

图 1-25　河北正定隆兴寺摩尼殿(宋)下檐 45°斜栱

代建筑普遍采用橑檐枋的挑檐结构，而在北方辽、金建筑中常用撩风槫加替木的做法。有趣的是《法式》卷五《大木作制度二·栋》竟明确规定："凡橑檐方(更不用撩风槫及替木)"(图1-26~1-28)这种排他性的条文，在《法式》中是很少见的，是否意味着对某种地域技法的偏见呢?

上述情况表明《法式》和江南建筑有着较密切的关系，而和冀、晋一带建筑关系较疏远，甚至存在某种排斥。当然，《法式》与江南建筑相同之处很难说全是受江南影响的结果，但从当时历史条件来分析，这种影响的客观条件是存在的，因为：

第一，唐末、五代的战乱使中原和北方遭到很大破坏，江南一带相对稳定，南唐、吴越、前蜀等地区经济文化都有一定程度的发展，建筑上也有某些创新，如砖木混合结构楼阁式塔在

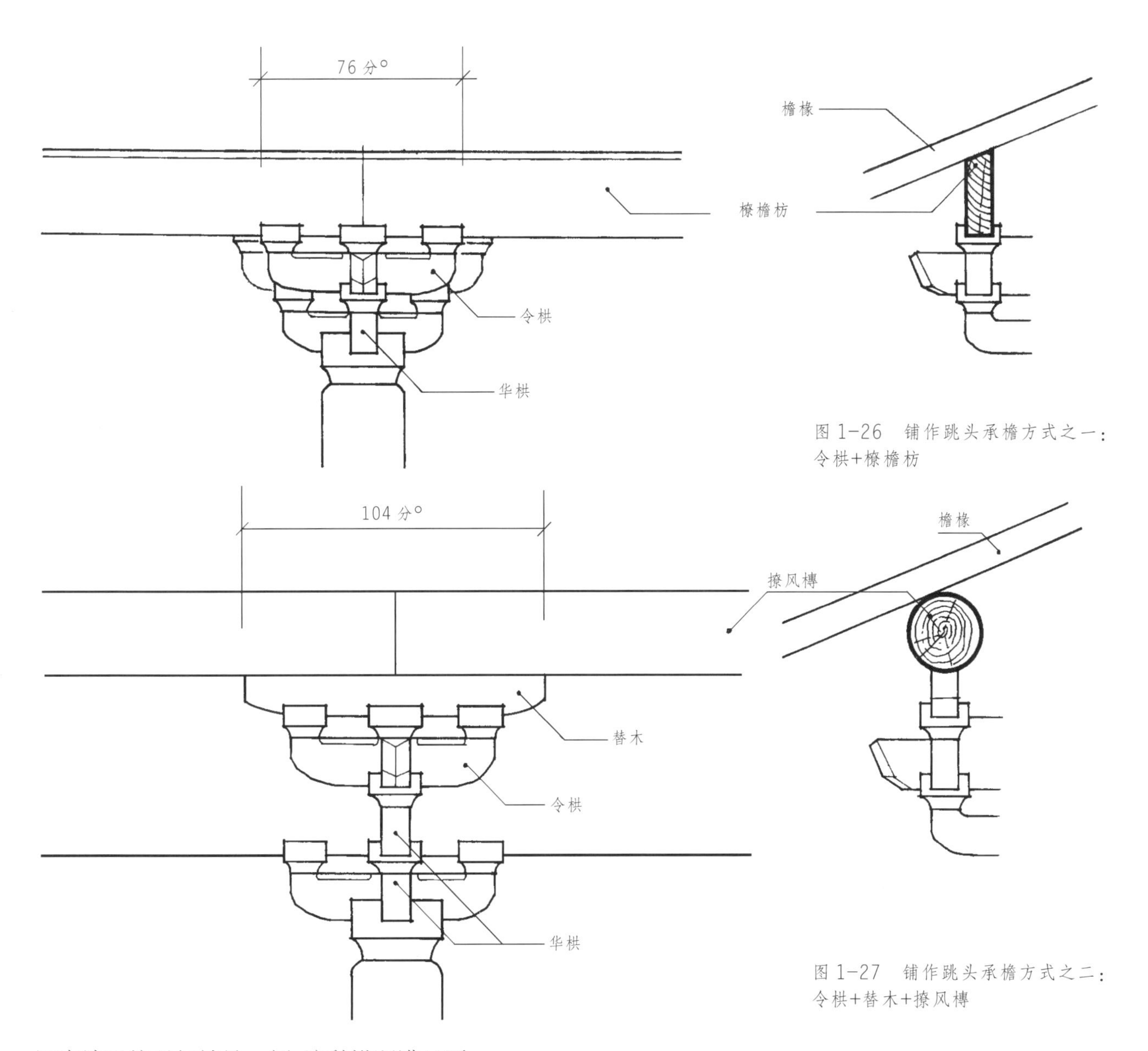

图 1-26 铺作跳头承檐方式之一：令栱+橑檐枋

图 1-27 铺作跳头承檐方式之二：令栱+替木+撩风槫

江南地区的兴起就是一例，这种塔既满足了佛教崇信礼拜和登高远眺浏览的要求，又提高了防火、防腐、防蛀性能。当时这一地区的建筑技术水平也比较高，宋初杭州名匠喻皓入京主持重大工程以及他所著《木经》曾在京师流行，就是一个证明。其后宋真宗建玉清昭应宫以奉玉皇大帝，规模十分恢宏，由宰臣丁谓任修宫使，“尽括东南巧匠遣诣京”[20]，又一次将江南建筑技艺带至汴京。直到北宋后期，江南仍保持着这种技术优势，所以苏轼在《灵璧张氏亭园记》中说：“华堂夏屋，有吴蜀之巧”[21]，说明苏州、成都两地的建筑以工巧闻名于时，居于全国领先地位。

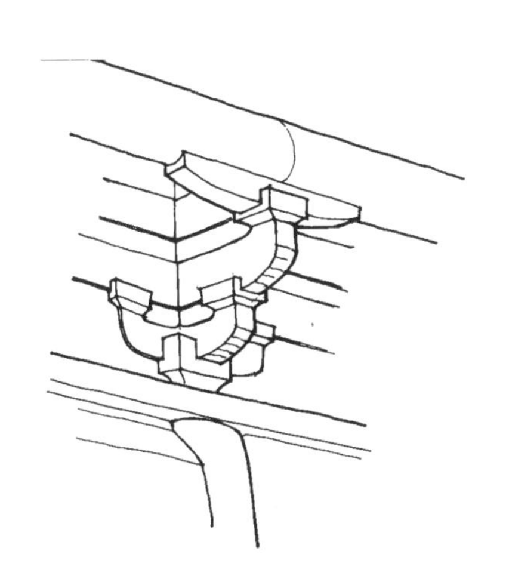

图 1-28 河北易县药师殿柱头铺作（跳头不用令栱，只用替木承撩风槫）

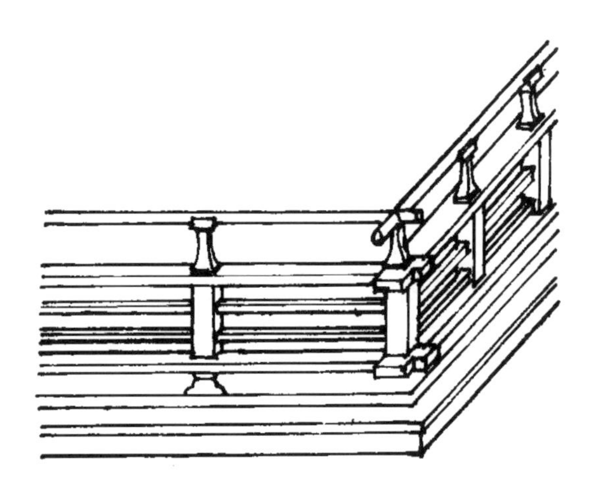
图 1-29　宋张择端《清明上河图》所示酒楼阑干(寻杖绞角)

图 1-30　《清明上河图》所示桥梁阑干(外侧加斜撑)

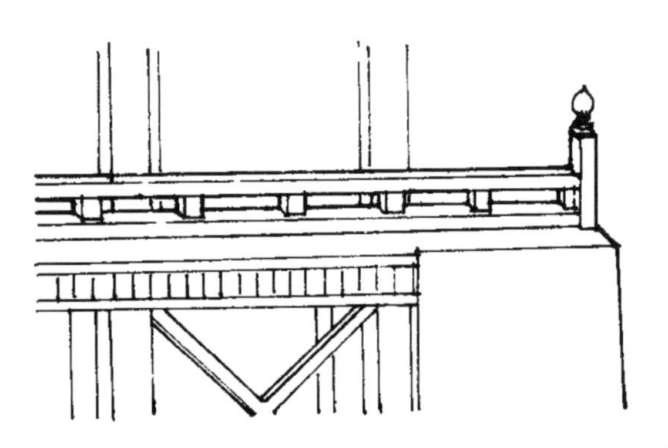
图 1-31　宋画《闸口盘车图》中阑干

第二，北宋汴京位于汴河上游，其地原是唐代汴州。唐时江淮地区已是朝廷经济来源所倚，京师物资供应主要通过汴河取之于江南，汴州位于京师与江淮间的水运要冲，唐代已很繁荣。北宋建都于此以后，江南的粮食及其他物资通过汴河源源不断运到汴京。经济上的密切联系必然带来文化、技术等方面的交流，因此，江南与汴京之间的技术交流也是势所必然的。这种交流所形成的共同性也许就是促成南宋绍兴十五年(1145 年)平江知府王唤在苏州重刊《法式》的原因之一。而这次重刊又加强了《法式》对当地建筑的影响，所以直到明代，苏州、徽州、赣东北等地仍保留着梭柱、月梁、木櫍、板壁隔断等宋代旧法。

三、《营造法式》的内容取舍

上面已经讲到，编写《法式》目的在于控制工料，节制开支，因此“制度”一项旨在树立用工估料的样板，而非全面提供设计样式与施工依据。因此其选材内容与构件尺寸都倾向于高档化，对低档类建筑与做法即使很普及也不会收入书中。而且在叙述“制度”的做法时，只讲其然，不讲其所以然，对这些做法的功能原因、结构原因及审美原因一概不予涉及。以下举例说明：

例子之一是阑干。《法式》小木作制度只收了“钩阑”两种：重台钩阑和单钩阑，而从宋画上可以看到，除了上述钩阑外，至少还有两种阑干：一种是卧棂阑干；另一种是坐槛阑干。前者在酒楼、桥梁上用得很多，造型简洁大方，省工省料，是一种历史久远的传统做法，汉画像石、画像砖所镌楼阁、桥梁上颇多此种阑干(图 1-29、1-30)；后者多用于室外平台，造型更为简洁，只是在蜀柱上安放坐槛，转角处或立望柱(图 1-31)。大概由于这两种阑干比较简单，所以不予收录，不然在将作监负责工程多年的李诫，不至于连京师常见的阑干式样都不知道。

又如大木作制度详细叙述了殿阁、厅堂类建筑的做法，而对一种称为“柱梁作”(22)的木构架，只列了个名词，未作任何解释，详情不知，推想可能是一种不用斗栱而使柱、梁直接结合的木构架(参见图 2-1)，官府、朝廷的次要房屋和附属建筑以及库房、散屋、营房等采用之，可能近乎清式的“小式”建筑。另一种大木做法称为“单斗只替”(23)(参见图 3-6)，书中也未作任何解释，但从所用功限的多少，可以知道这是一种比最简单的斗栱“把头绞项作”和“斗口跳”还要简单的做法(24)，推想是在柱头栌斗上加一条替木来承托梁和槫。这两种低档大木做法虽在次要房屋中可能是普遍使用的，但《法式》也只是一笔带过。对斗栱的叙述，也着重计心、重栱的殿阁铺作；对偷心、单栱的厅堂铺作，则较简略，而厅堂的室内斗栱基本没有涉及。

再如石作雕镌制度，《法式》卷三《石作制度》说：“雕镌制度有四等：一曰剔地起突，二曰压地隐起花，三曰减地平钑，四曰素平。”但卷二十八“诸作等第”中又说：“石作，镌刻混作、剔地起突及压地隐起花，或平钑花(混作谓螭头或钩阑之类)，右为上等；柱碇、素覆盆、地面、碑身……右为中等。”这里比石作雕镌制度又多了一种“混作”。混作就是圆雕。卷十二《雕作制度》(即雕木作)中有说明(25)。一面贴“地”的圆雕则可称之为“半混”(26)。此外，还有两种雕刻有实物而石作雕镌制度未录：一种是“实雕”；另一种姑名之曰“平钑”。这两种都是就地雕出花纹，不斫去“地”。“实雕”是借用卷十二雕作制度的名称(27)，苏州市发掘瑞光寺塔基时，露出副阶叠涩座(即须弥座)束腰上的石雕图案，即是“实雕”一例(图 1-32)。因实雕不斫去地，用工省而收效佳，所以后世运用颇广(图 1-33)。至于“平钑”这个名称，是笔者从“减地平钑”移用过来的，两者差别

图 1-32 苏州瑞光塔副阶叠涩座束腰云纹——实雕(宋)

图 1-33 苏州府文庙棂星门实雕柱头及云板(明)

图 1-34 山西洪洞广胜下寺水神庙大殿石门砧平钑雕(元)

仅在于去不去地。平钑是阴刻线条花纹图案(图 1-34),著名的西安大雁塔门楣石刻佛殿图就是平钑刻法,唐、宋、元、明许多碑身正侧面花纹、墓志盖周边花纹等等常用平钑刻法。"减地平钑"是在上述平钑花纹的空隙处,浅浅斫去一层"地",一般斫深不超过 1 毫米。平钑刻法较之隐起花纹简单,但对石面平整和光洁的要求很高,否则阴刻线条不够明显,但其减地部分则不要求十分平整,甚至故意斫出匀布的点和线,以加粗其质感,使之与平钑花纹产生对比。

总括起来,石雕的品类实际上有八种,即:

(1)混作——圆雕;

(2)半混——圆雕仅备三面,另一面贴地;

(3)剔地起突 *——高浮雕,去地;

(4)压地隐起 *——低浮雕,去地深 2 毫米以上;

(5)减地平钑 *——线刻,去地甚少,在 1 毫米以下;

(6)实雕——高或低浮雕,就地雕出,不去地;

(7)平钑——线刻,不去地;

(8)素平[28]*——无花纹。

在建筑色彩方面,对木构架部分《法式》有彩画作制度作了详细叙述,屋面色彩则由瓦的品种来定:用本色"素白瓦"者灰色;用渗碳的"青掍瓦"者黑色;用琉璃瓦者作绿色或黄色。但书中对重要的墙面色彩却未阐明,只能根据卷十三《泥作制度·用泥》所列墙壁抹面材料的配合比和操作方法来推断:当时官式建筑内外墙面的颜色有土红、浅黄、灰、白四种。是用石灰分别掺入红土、黄土、粗墨与白土等配合而成灰泥抹于墙面。各色灰泥抹面干厚 1 分 3 厘,相当于一层薄薄的贴面层,施工方法是在未干时收压多遍,使表面产生光泽。这种抹面显然比表面刷色法耐久。大致当时红灰、青灰、黄灰三种用于宫室、寺观、祠庙等高档建筑,而白灰则用于一般衙署、库务、营房、厅堂、门屋等建筑,再次等的房屋(应包括一般民宅、商铺等建筑)则用麦糠细泥[29]。所以,土黄色墙面是当时汴京城内街景的基调,其间点缀着红、黄、灰、白等官方建筑的墙面色彩(参见本书第八章　二、墙的抹面层与色彩)。

列举以上例子,并非苛求于《法式》,要求著者编写一部包罗万象的建筑设计、施工大全。既然编写此书的目的是为了关防工料,势必着重用料尺寸、用工定额,也必然要选录官式建筑最有代表性的做法作为变造用材的准则。问题在于我们今天解读《法式》时必须恰如其分地给以认知,而不能认为《法式》是无所不包的。

四、宋代官式建筑分类

设定建筑等级,按规格及质量高低进行分类,有利于区别对待、控制工料,特别在建筑量较大的情况下,更需要这种分类。《法式》中虽未明确列出建筑分类,但从各卷所述内容可以看出实际上官式建筑有三类:

第一类:殿阁。包括殿宇、楼阁、殿阁挟屋、殿门、城门楼台、亭榭等。这类建筑是宫廷、官府、庙宇中最隆重的房屋,要求气魄宏伟,富丽堂皇。

第二类:厅堂。包括堂、厅、门楼等,等级低于殿阁,但仍是一组官式建筑群中的重要建筑物。

* 为石作制度所列四种雕法。

第三类：余屋。即上述二类之外的次要房屋，包括殿阁和官府的廊屋、常行散屋、营房等。其中廊屋为与主屋相配，质量标准随主屋而高低。其余几种，规格较低，做法相应从简。

这三类房屋在用料大小、构造方式、建筑式样上都有差别：

用料方面，殿阁最大，厅堂次之，余屋最小。《法式》规定房屋大木用料尺度以"材"为标准，"材"有八等，根据房屋大小、等第高低而采用适当的"材"（详见第二章、二），其中殿阁类由一等至八等，均可选用，厅堂类就不能用一、二等"材"，余屋虽未规定，无疑级别更低。对于同一构件，三类房屋的材用料也有不同的规定，例如柱径：殿阁用二材二栔[30]至三材；厅堂用二材一栔；余屋为一材一栔到二材。梁的断面高度，以四椽栿和五椽栿为例：殿阁梁高二材二栔；厅堂不超过二材一栔；余屋准此加减。槫的直径：殿阁一材一栔或二材；厅堂一材三分°，或一材一栔；余屋一材加一、二分°这样就使这三类建筑的用料有了明显的差别。

在构造上，殿阁的木架做法和厅堂不同，殿内常用平棋（原文作"棊"，现代汉语作"棋"）和藻井把房屋的结构和内部空间分为上下两部分；平棋以下要求宏丽壮观，柱列整齐，柱高一律，内柱及内额上置内槽斗栱以承天花板（含平棋、平暗、藻井三种），殿内装修华美，天花板以上因被遮蔽，无需讲究美观，但求坚牢即可，所以采用"草架"做法，槫栿不必细致加工，枋木矮柱可以随宜支撑，以求梁架稳固。至若厅堂，则不用平棋、藻井[31]，内柱皆随屋顶举势升高[32]，柱外侧的梁（乳栿、三椽栿等）插入内柱柱身，使木架的整体性得到加强，斗栱较简单，通常只用斗口跳、四铺作，但也有用至五铺作、六铺作者[33]，因无天花板，外檐斗栱后尾做法与殿阁有别，为了美化室内露明梁架，梁、柱、槫、枋等交接处须用栱、斗、驼峰等作装饰，这也是和殿阁不同之处。关于余屋，书中并无专论，仅从零星叙述中推测有两种情况：殿阁的廊屋为配合主殿，规格较高，可于屋顶置鸱尾，用斗栱；一般余屋如官府廊屋、常行散屋、仓库营房等，则用柱梁作、单斗只替和把头绞项作等简单做法[34]。

在建筑式样方面，殿阁多用四阿殿与九脊殿屋顶，面阔可达十一间，如加副阶则成十三间。斗栱出跳可多至八铺作。屋面用瓦尺寸大，可用琉璃瓦与青棍瓦，正脊垒瓦最多可达 37 层，所以屋脊很高。厅堂屋顶一般只用"厦两头造"（即清式歇山顶）和"不厦两头造"（或称"两厦造""直废造"，即清式悬山顶），屋面用筒瓦或板瓦作盖（如板瓦作盖则檐口用重唇板瓦和垂尖花头板瓦），正脊用兽而不用鸱尾。常行屋舍式样未详。

关于各类建筑的等级关系，《法式》卷十三《瓦作制度·垒屋脊》一节叙述最为详尽，从正脊高低（垒瓦多少）可以看出房屋等第高下（参见第五章、四）。不过，在实际工程中，殿阁与厅堂的界限并非绝对不可逾越，做法上相互交叉的现象并不少见，浙江宁波保国寺大殿就是一个半厅半殿的混合体。

《法式》所采用的建筑分类当然不是李诫的新创造，而是"自来工作相传"的老办法。由于《法式》对此并未列条专论，所以今天加以整理，对了解宋代建筑全貌有一定帮助，因为迄今我们所看到的宋代木构主要是一些庙宇的个别殿堂楼阁，类型很不齐全，通过研究《法式》的建筑分类，使我们多少能增加对宋代建筑全貌的了解。

五、研究方法的讨论

今天我们研究《营造法式》当然不能满足于就事论事，局限于书中叙述的制度、功限、料例本身,而是希望透过这些资料更多地了解宋代建筑的各个方面。但是研究不能脱离当时的客观存在和历史的真实而凭主观臆断得出结论。在这方面梁思成先生为我们树立了治学的榜样,他从调查大量实物开始,对比《法式》各种版本,校核原文,用严格的科学态度对大木作以上各卷作了迄今最形象而准确的解释。但是现在也有一种倾向,就是从良好的愿望出发去拔高《营造法式》所反映的宋代建筑水平。例如有文章认为《法式》大木作制度所列"材有八等"是一组根据梁的强度计算得出的有等比级数关系的数字,因此我国在这方面取得的成就比欧洲还早 6 个世纪,也就是说,在伽利略通过悬梁实验取得初步的梁的抗弯强度计算方法之前,我国早已有之[35]。这样的结论是值得商榷的。这里撇开该文验算方面的问题不谈,单就《法式》本身所提供的信息而言,就可以认为"材有八等"是经验数据而不是什么科学研究与实验的结果。信息之一是:这八等材料并非如该文想象那样是按等比级数关系组成因而不能随便改变其组合结构,恰恰相反,是可以根据工程需要临时采用其他数值的,对此,《法式》在卷二的"总例"中作了原则规定(见上文),并于卷十九在七等材与八等材之间另立一种五寸材,专用于军队的营房,所以认为有等比级数的材料力学强度关系的说法,显然是不能成立的;信息之二是:李诫已明确写出他的资料来自工程实践,是传统经验的汇集,是匠人智慧的结晶。因此,除非有确凿的证据证明宋代确已有了类似伽利略那样的实验验证研究成就,否则上述结论是难以令人信服的。

在研究《法式》的过程中,我感到对许多问题的看法如果从工程实践的角度去观察和分析可能会获得较为确切的理解。例如对角柱生起和立柱侧脚,长期以来人们接受这样一种观点:这是为了调整视觉,增加房屋外观的稳定感。然而令人不解的是:当房屋的檐柱被外墙包住后,墙的收分代替了侧脚,侧脚也就变得毫无意义了;角柱生起所形成的檐口反翘曲线和古代希腊建筑的情况正好相反,这种对立现象又如何能解释为都是改善了同一种视觉效果呢?而在清式建筑中基本上取消了生起和侧脚,难道因此可以说清式建筑艺术水平下降了吗?这一连串的问题使人不得不对纯美学分析的方法产生怀疑而尝试用其他的办法,例如从结构和施工的角度去解释生起和侧脚的必要性。

从木架建筑的整体受力状态来分析,生起和侧脚对木构架起着增加内聚力的作用。这一点在施工过程中尤为重要。唐宋时期,最高档次的殿阁建筑采用层叠式木构架,即整个构架由柱框层、铺作层和屋盖层依次架叠而成,柱与柱之间仅靠阑额联系,柱框层的整体性极差。采用了立柱侧脚的做法后,屋顶静荷载所产生的水平分力使柱头向室内方向挤压,阑额由受拉势态变为受压势态,从而可以避免在施工过程中因柱头外闪而出现散架的危险(这种危险在阑额与柱头间采用直榫而非燕尾榫联系时尤为明显,例如唐代及五代的某些佛殿),房屋建成后,外墙对柱子的固持虽可加强柱框层的稳定性,但此时侧脚对于抵抗风力和其他水平作用力仍可起到一定作用。

角柱生起则使建筑物的所有柱头并不处在同一水平面上,而是在一个从房屋中心向四角延伸而形成的盆状曲面上,铺作层也因此落在这个凹曲面上。这样就使铺作层和屋盖层的木架都处于向内微倾的挤压势态中,从而增加了整个木构架的内聚力和稳定性。

但是,侧脚和生起对施工来说却增加了许多麻烦。首先,柱头平面和柱脚平面的尺寸各不相同,放线时必须把柱础的中心都按侧脚所需尺寸向外移出,柱子两端截面也与柱中心线成了非垂直的角度关系。其次,按照斗栱的施工程序,铺作层先要在地面上组装一次,然后再拆开上架合拢。由于角柱生起后铺作层落在凹面上，所以地面组装时也必须按各柱升起值垫高，否则上架合拢时势必因尺寸不符而使榫卯难以扣合。由此可见，侧脚和生起虽然只是木构架尺寸上的微小调整，却牵动着整个平面和木构架，对施工带来的困难特别多。所以明清两代改进了木构架的整体联系：在柱与柱之间添设了随梁枋与穿插枋；去掉柱、梁、檩之间的斗栱，使三者直接相交；去掉楼阁的暗层，改层叠式结构为通柱式的整体结构。这些措施大大加强了木构架的整体稳定性，从而使生起和侧脚在结构上已变得不重要了，而施工上的种种麻烦终于使匠师们抛弃了这种费工费时的做法。

第一章注释

(1)《宋会要辑稿》第七十五册，职官三〇。

(2) 同上。

(3)《宋会要辑稿》第七十五册，职官三〇：神宗"熙宁二年……十月二日，以修感慈塔都计料杨琰为茶酒班殿侍，充八作司指挥。……初，八作司度修感慈塔用工三十四万六千八百六十，(杨)琰度减十八。至是工毕，上以其材可用，故命之。"按：东、西八作司是北宋汴京营造官方建筑的施工部门，有泥作、赤白作、桐油作、石作、瓦作、竹作、砖作、井作等。另有广备指挥，有大木作、锯匠作、小木作等二十一作。

(4)《宋史》一六五，职官志五，将作监："元祐七年，诏颁将作监修成营造法式。"

(5)《营造法式·劄子》《营造法式·总诸作看详》。

(6) 宋制五品以上官员墓碑高一丈一尺八寸，六品以下高六尺(据杨宽《中国古代陵寝制度研究》)。

(7) 此殿建于宋大中祥符六年(1013年)。参阅《文物参考资料》1957年第8期。

(8) 根据笔者1973年调查及戚德耀先生提供的资料。

(9) 此塔建于宋大中祥符三年（1010年）。笔者于1980年曾参与该塔修复设计。

(10) 杭州灵隐寺双塔建于宋建隆元年（960年，即吴越后期）；寺前二幢为吴越王钱氏家庙前旧物，北宋时移于此；闸口白塔亦为吴越时遗物。

(11) 参阅《文物》1965年第8期47页。

(12) 参阅《文物》1961年第6期302页。

(13) 江南屋角自南宋至元代逐渐形成了嫩戗发戗：南京栖霞山舍利塔(南唐建)、杭州石塔、镇江甘露寺铁塔[元丰元年(1078年)建]屋角起翘平缓。南宋绍定五年(1232年)所建苏州宝带桥石塔，子角梁起翘较高，与大角梁成45°交角；泉州开元寺南宋石塔和四川大足宝顶山南宋摩崖石刻的建筑物，屋角起翘都较高。元至正二十三年(1363年)所建苏州天池山寂鉴寺石殿屋角已接近明、清苏州一带"嫩 戗发戗"。

(14)《法式》卷十三《泥作制度》。

(15) 同上。

(16) 见《古文观止》卷九王禹偁《黄冈竹楼记》。浙江吴兴钱山漾及湖北等地原始社会建筑遗址均曾发现应用竹材及竹席的例子。

(17)《营造法式》卷一《总释上·飞昂》："今谓之下昂者，以昂尖下指故也。……又有上昂，如昂桯挑斡者，施之于屋内或平坐之下。"

(18) 皖南歙县潜口村汪善宅，俗称"司谏第"，现存三间堂屋，是明洪武间遗物，前檐斗栱有上昂。

(19)《法式》卷四《爵头》。

(20)《宋史·丁谓传》："初议营昭应宫，功料须二十五年，(丁)谓令以夜继昼，……七年乃成。"《宋史·李溥传》："时营建玉清昭应宫，溥与丁谓相表里，尽括东南巧匠遣诣京，且多致奇木怪石以傅会帝意。"

(21)《古今图书集成》卷一一九，园林部。

(22) 见《法式》卷五《举折》注及卷一《序目·举折》注。但后者写作"柱头作"，不知何者正确。依文义，似取"柱梁作"较妥。

(23) 见《法式》卷十九《拆修挑拔舍屋功限》《荐拔抽换柱栿等功限》两节。或称"单斗直替"，见《宋会要辑稿》第二十九册，礼三三，钦圣宪肃皇后陵寝条。

(24)《法式》卷十九《拆修挑拔舍屋功限》："拆修铺作舍屋每一椽，榑檩滚转脱落全拆重修一功二分，(斗口跳之类八分功，单斗只替以下六分功)揭箔番修挑拔柱木修整檐宇八分功(斗口跳之类六分功，单斗只替以下五分功)。”

(25)《法式》卷十二《雕作制度·混作》：“凡混作雕刻成形之物，令四周皆备，其人物及凤凰之类，或立或坐，并于仰覆莲花或覆瓣莲花坐上用之。”

(26) 借卷二十四雕木作功限及卷二十八雕木作等第所用名称。

(27) 卷十二《雕作制度·剔地洼叶花》：“若就地随刃雕压花纹者，谓之实雕。”

(28) 目前对“素平”有两种解释：一种认为素平是阴刻线条花纹；笔者认为素平即不雕任何花纹，即“通素”“素造”，柱础覆盆不雕花纹者称素覆盆，阶基、门砧、柱碇、地面、碑身、踏道等凡不雕花者均称“素平”“素造”或“通素”。凡雕刻线条者应称之为“平钑”。但素平对石面的平整光洁程度和平钑有同样高的要求。

(29)《宋会要辑稿》第一百四十七册，食货五五：“景德四年……九月诏：‘今皇城内外，亲王宫宅、寺观祠庙用石灰泥，诸司、库、务、营舍、厅堂、门屋用破灰泥(石灰+白土+麦䵃)，自余止麦䵃细泥’。”

(30) 材“上加辅助料称“栔”，栔=2/5 材，分°=1/15 材。对于“材”“栔”“分°”，将另文讨论。见第二章、二。

(31) 按卷八《小木作制度三》规定，平棊、藻井均限于殿内。厅堂等不用天花板者称为“彻上明”(《法式》)或“彻脊明”(《思陵录》)。

(32) 卷五《大木作制度二·柱》：“若厅堂等屋，内柱皆随举势定其长短。”又见卷三十一侧样图。

(33) 卷三十一厅堂等侧样十八幅，其中十七幅均用四铺作，仅一幅用六铺作，卷十三《瓦作制度·用兽头等》：“厅堂三间至五间以上，如五铺作……或厅堂五间至三间，斗口跳及四铺作造。”

(34) 卷五《举折》：“若余屋、柱梁作或不出跳者……”此处不出跳者当是指把头绞项作、单斗只替和柱梁作。

(35) 杜拱辰，陈明达：《从营造法式看北宋的力学成就》，《建筑学报》，1977.1。

第二章　木构架（大木作　之一）

一、宋代官式建筑木构架的基本类型

木构架是中国古代建筑的骨架，是构成建筑空间和体量的关键因素，因此有关木构架的研究，对了解一个时期的建筑有着重要作用。《营造法式》对大木作做法有相当详细的叙述，现存宋代建筑遗物，大木作部分也远比小木、彩画、砖瓦等作丰富，这是研究工作的有利条件。但《法式》大木作偏重高档的官式建筑，遗物以佛道寺观的殿宇为多，而大量性建筑则缺乏必要例证，这又是研究工作中困难的一面。

根据《法式》大木作制度、功限、料例、图样各卷并参照实物和有关资料，可知宋代官式建筑木构架有三类：柱梁作、殿阁式、厅堂式。

（一）柱梁作

这是一种整体构架。用于殿阁及厅堂以外的次要屋宇（余屋）。

“柱梁作”的名称仅见于《法式》卷五《举折》：

“举屋之法，如殿阁楼台，先量前后橑檐枋心相去远近，分为三分（若余屋柱梁作或不出跳者，则用前后檐柱心），从橑檐枋背至脊槫背举起一分。”（序目《举折》同，但柱梁作写成“柱头作”）。

从上文可以看出：“柱梁作”有别于“（斗栱）不出跳者”，应是不用斗栱的做法；而举屋之法又都从檐柱心计算屋架进深。符合这种情况的应是柱与梁直接结合的构架方式，或是柱上安栌斗和替木的“单斗只替”一类做法。

由于缺乏实物，所以不得不寻找相应的间接资料来研究这类木构架。其中最有参考价值的是《清明上河图》中所反映的建筑资料。此画作于宋徽宗政和至宣和年间[1]，上距《营造法式》刊行时间不过15年，作者张择端是北宋皇家画院的专业画师，擅长界画，“尤嗜于舟车、市桥、郭径”。这幅《清明上河图》中所表现的房屋，画法写实，形象准确，建筑细部也刻画认真，一丝不苟。例如屋面铺瓦，《法式》规定仰瓦压四留六，画中房屋布瓦稀疏，颇能与《法式》相符（清式做法规定仰瓦压七露三或压六露四）；画中勾连搭屋顶有排水用的水槽，《法式》小木作制度虽有《水槽》一节，但未附图，此画可补其不足；城门楼上的钩阑、柱、枋、斗栱、屋角等都表现得具体逼真，甚至转角铺作多一跳由昂也都交代得明白无误，说明画家对汴京的建筑做法有相当深刻的了解，和文人画的随意挥洒、信手拈来是迥然不同的。这种严肃表现对象的画法使我们有理由把画中的建筑资料作为研究当时木构架的一种旁证。

画中的房屋除少数第宅门楼和城门楼台之外，绝大多数是临街的酒楼、茶馆、医铺、作

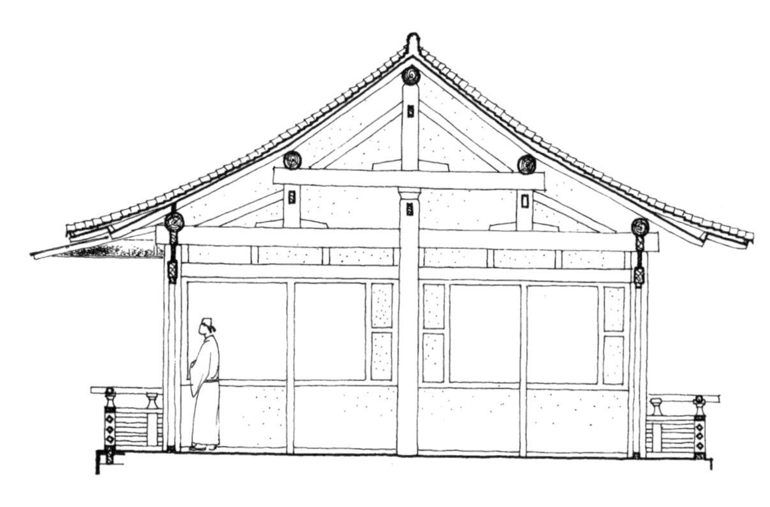

图 2-1 《清明上河图》中"久住王员外家"后院楼房第二层剖面推想图(四架椽屋分心用三柱)

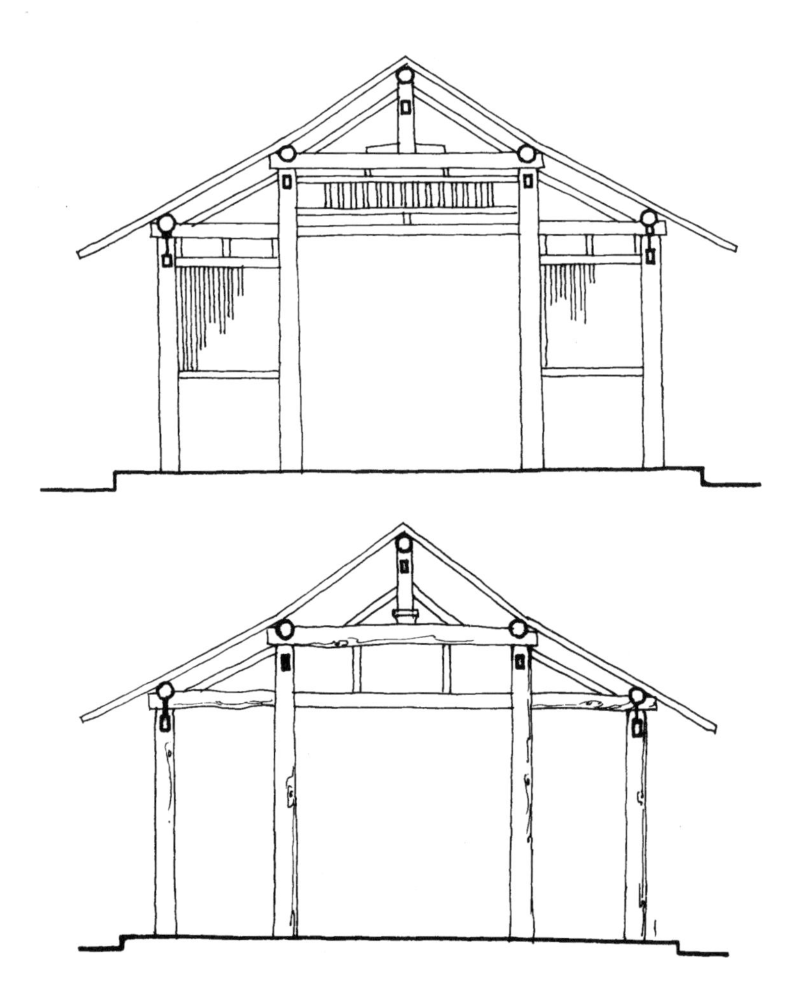

图 2-2 《清明上河图》中所示市房柱梁作木构架两例(四架椽屋前后劄牵用四柱)

坊、驿站、脚店和民舍,都是无斗栱的柱梁作四架椽屋,这和宋代"**庶人屋舍许五架**"[2] 的规定是吻合的。

这种房屋所用的木构架有二式:一是"四架椽屋分心用三柱"(图 2-1);二是"四架椽屋前后劄牵用四柱"(图 2-2)。其中有些房屋是酒楼、医铺、楼阁,其柱梁、枋串、叉手、搏风板等,加工规整,做法讲究;另一些茶棚、小铺、民舍等,则加工粗糙,形象简陋,明显地反映了屋主的经济力量和社会地位的区别。但这两类木构架有其共同特点:叉手(或"虻翅"[3])上端支于蜀柱上,托脚上端支于内柱上,从而形成稳定的三角形构架,比殿阁、厅堂叉手、托脚之支于槫下侧有更好的整体性;"分心用三柱" 的梁架有平梁,中柱只上升到平梁下皮,不与脊槫相接,而在平梁之上另置蜀柱承脊槫,其做法和《法式》卷三十一所载厅堂几种分心式构架相同,应是当时汴京通行之法;脊槫和平槫下都以合楮加固,较之《法式》厅堂图样中的所用各式驼峰更为简洁;在平梁和牵梁下用顺栿串联系,使木架进深方向的稳定性比官式建筑更好,有些房屋柱上画有出榫,按其位置应是顺脊串或顺身串。通过叉手、托脚和各种"串"的联合作用,使木构架具有较强的整体性,这对店堂、酒楼、楼阁等空间开敞而缺乏外墙的建筑物特别必要,也很合适。这也反映出民间建筑比官式建筑更注重实用价值。

由于等级制度和财力物力的影响,官式建筑柱梁作与民间柱梁作之间在材等、用料、加工以至架数、间数等方面都会有区别,可惜目前尚无具体实物与图样可资比较。

与"柱梁作"相类似而等级稍高的木构架是"单斗只替"。《法式》有关"单斗只替"的条文有:

卷十九《拆修挑拔舍屋功限》:"**拆修铺作舍屋每一椽:槫檩衮转脱落全拆重修,一功二分(斗口跳之类八分功,单斗只替以下**

六分功）[4]；揭箔番修，挑拔柱木，修整檐宇，八分功（斗口跳之类六分功，单斗只替以下五分功）。”同卷《薦拔抽换柱栿等功限》：“薦拔抽换殿宇楼阁等柱栿之类每一条，……单斗只替以下四架椽以上舍屋栿，四架椽一功五分……”

上文说明单斗只替是比斗口跳更简单而省工的做法。同卷《常行散屋功限》中，斗口跳以下所列名件只有斗、替木，而无栱，故推想“单斗只替”是在柱上置栌斗，斗上再安替木以承梁、槫。《法式》卷五《柎》规定：“造替木之制，其厚十分，高一十二分，单斗上用者其长九十六分；令栱上用者，其长一百四分……”这里所指单斗上用替木的做法，应即是单斗只替。此类实例可见于河北新城开善寺大殿[5]，山西大同下华严寺海会殿（辽建，已毁）平槫与襻间之间[6]、河北正定隆兴寺摩尼殿（宋建）平槫、脊槫与襻间之间[7]也有单斗上加替木的做法，不过这些都是作为殿宇和厅堂中的次要部分来加以使用的。合于《法式》所说作为一种木构架等级的，尚未发现宋代实物，但可见诸江、浙一带的明代官僚第宅中，其式样为栌斗上加替木、“楷子”或“花楷”（图 2–3、2–4）[8]，花楷多刻作云纹、蝉肚等，是彻上明造厅堂中的一种装饰品。直至清代，苏州一带第宅厅堂中仍广泛应用此种花楷，当地匠人称之为“机”[9]（也有些明代住宅栌斗上不用花楷而用素枋，枋上安槫，可称之为“单斗素枋”）。

图 2–3　江苏常熟明严讷宅单斗只替

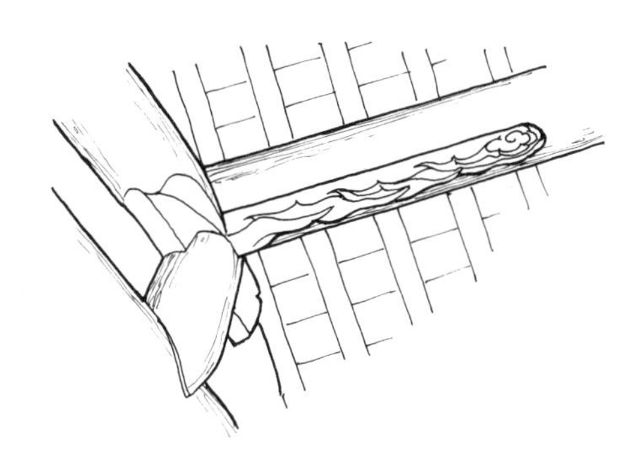
图 2–4　江苏常熟明吏部尚书赵用贤宅花楷

（二）殿阁式木构架

这是一种层叠构架，用于殿阁类建筑。之所以把这类木构架称为“层叠式构架”，是因为它们都由若干层次分明的木构架上下相叠而成，若是一座殿宇，则有三层，即柱框层、铺作层、屋盖层；如果是一座楼阁，则再叠加若干柱框层和铺作层。这种层层相叠的构造方法，自唐至清，九百余年一脉相承，始终为高级殿宇所沿用。其中佛光寺大殿是现存最早的此类实例（图 2–5、2–6），北京故宫太和殿则是晚期的代表（图 2–7）。层叠式楼阁虽无宋代典型实例，但辽代所建独乐寺观音阁和佛宫寺塔等也可作为同一时代的佐证加以类比研究（图 2–22~2–24）。

从《法式》卷三十一四种殿阁侧样中可以看出，这些木构架都由柱框、铺作、屋盖三层依次相叠而成（图 2–8~2–11）。

1. 柱框层

由高度基本相同的内、外柱组成，仅由于角柱“生起”而使各柱的高度略有参差。各檐柱之间仅靠一圈阑额和地栿来联系，檐柱与内柱之间则无直接联络构件，因此柱框的整体性很

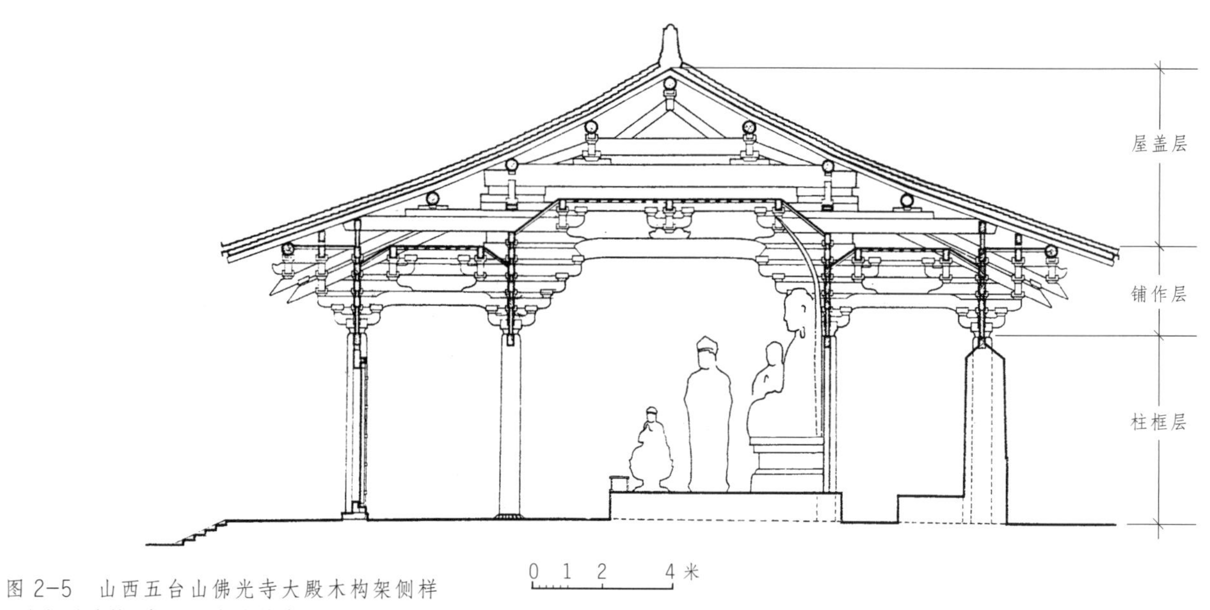

图 2-5 山西五台山佛光寺大殿木构架侧样
(引自刘敦桢《中国古代建筑史》)

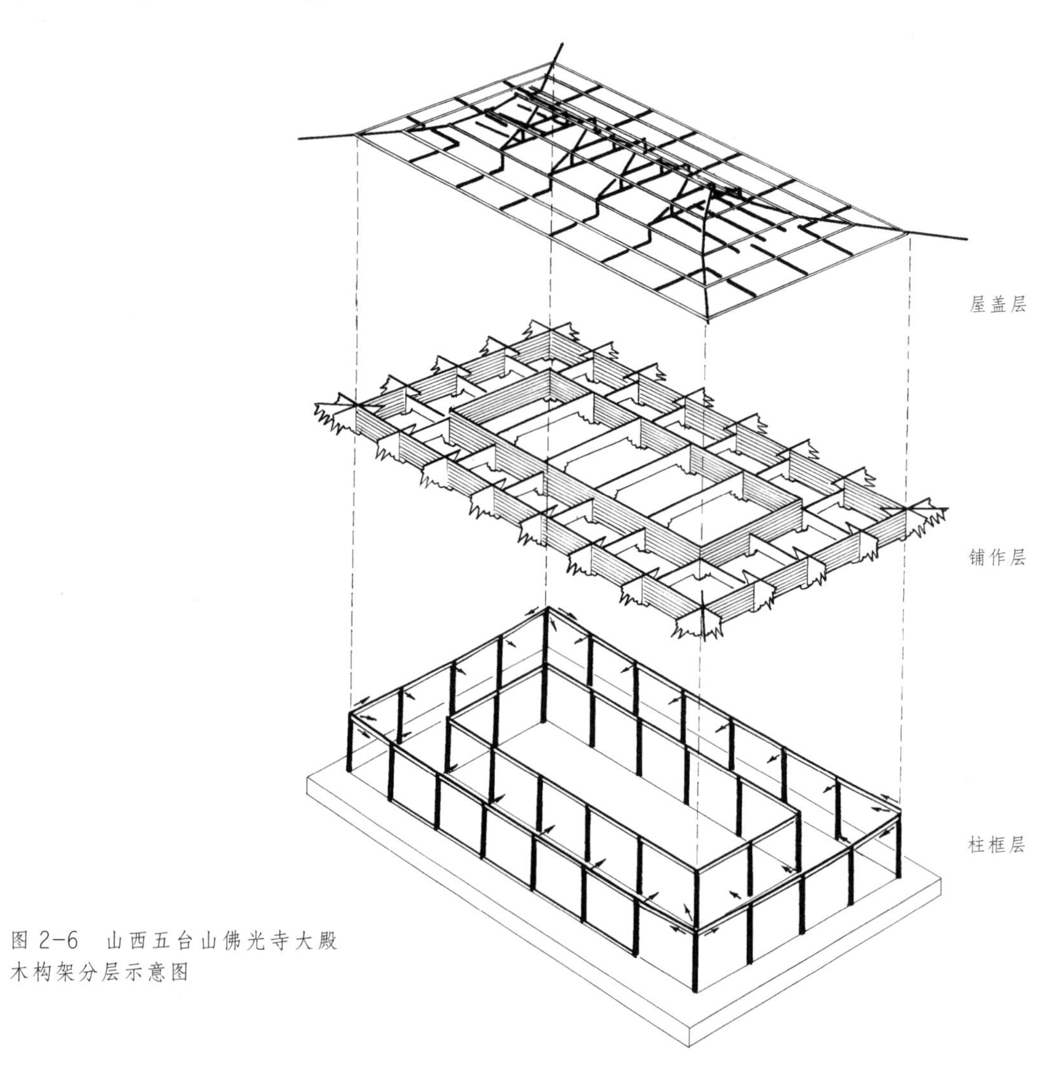

图 2-6 山西五台山佛光寺大殿木构架分层示意图

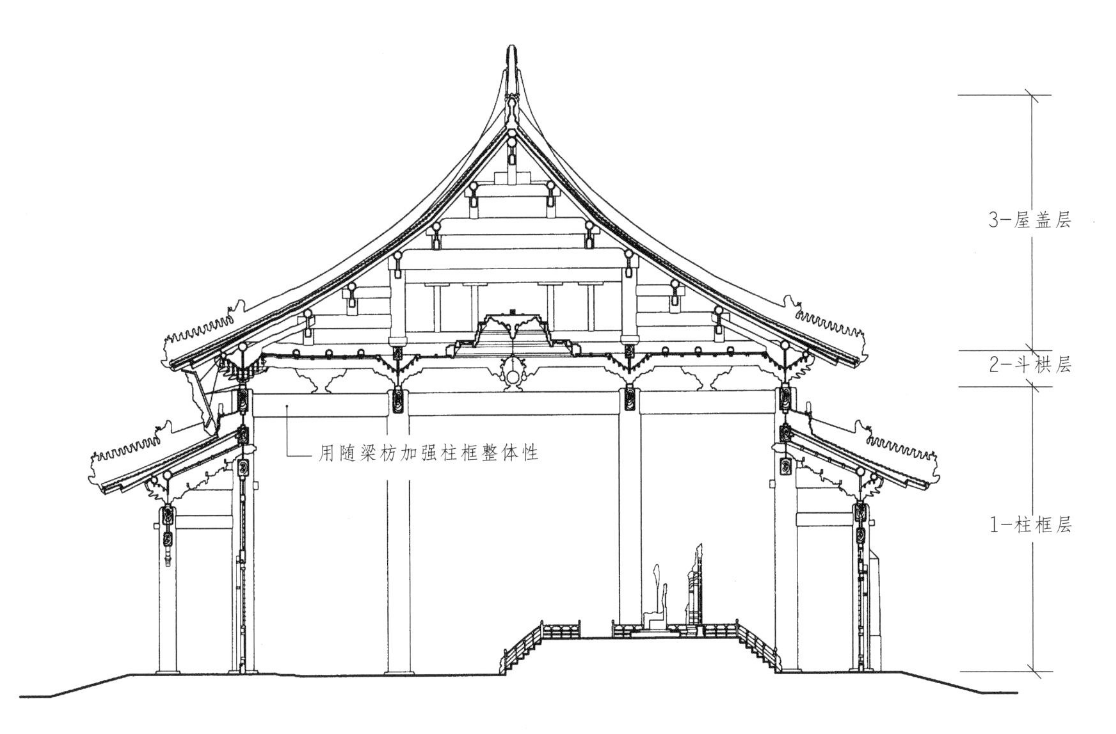

图 2-7 北京故宫太和殿木构架分层图(清)
(据刘敦桢《中国古代建筑史》图)

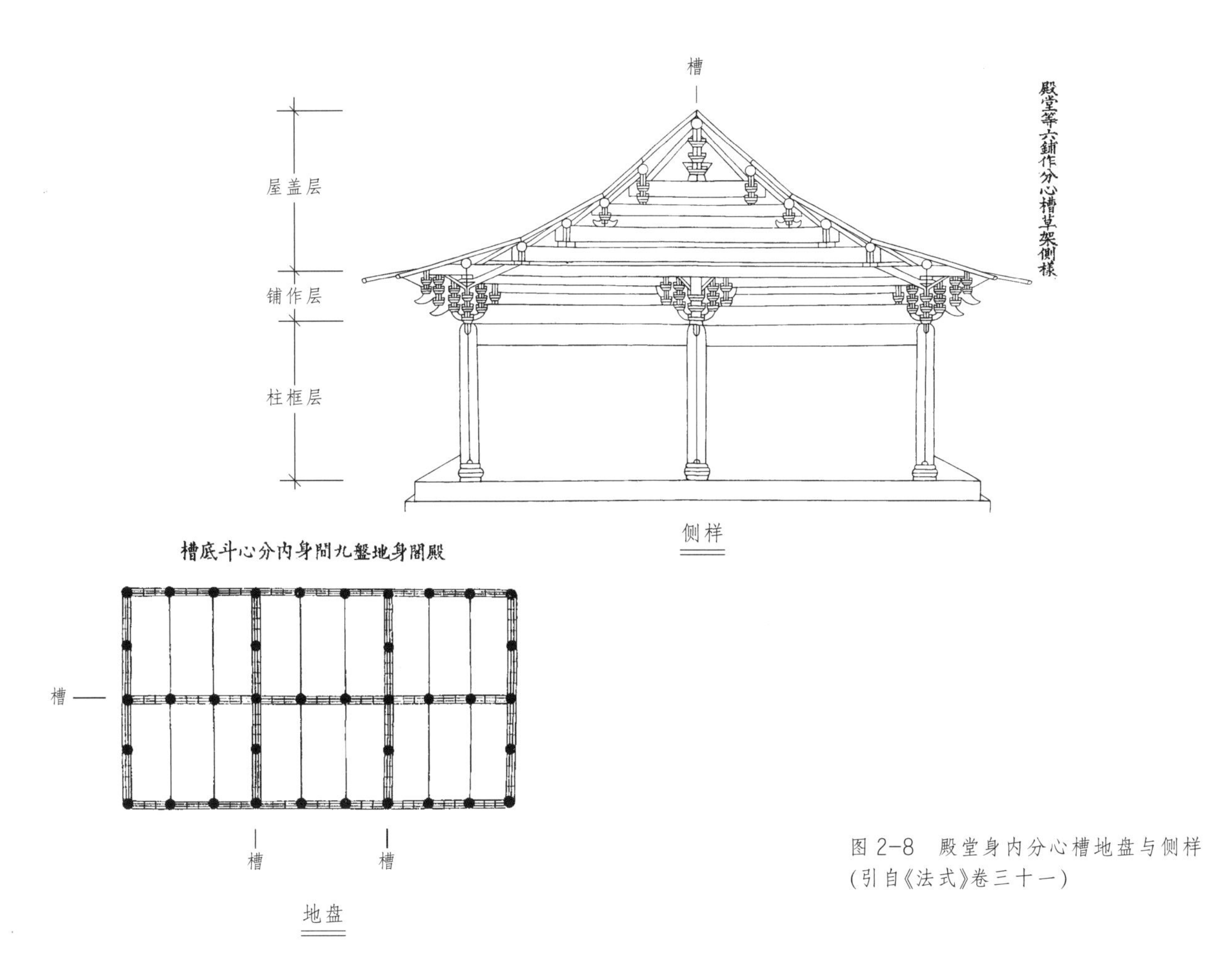

图 2-8 殿堂身内分心槽地盘与侧样
(引自《法式》卷三十一)

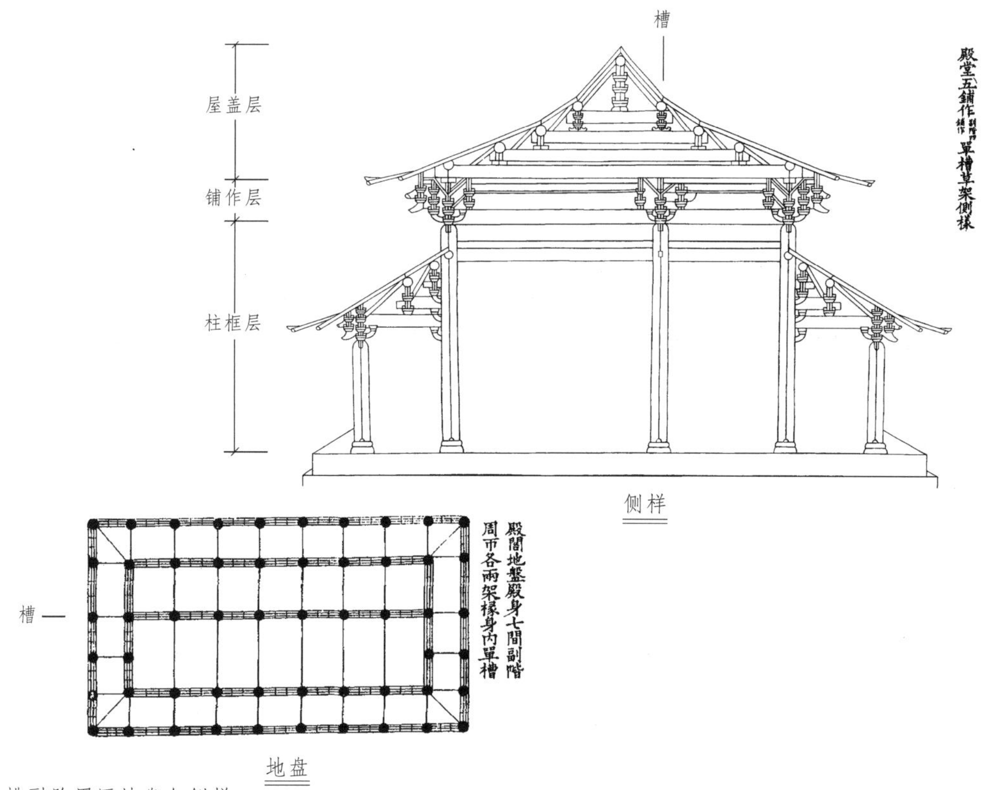

图 2-9　殿堂身内单槽副阶周匝地盘与侧样
(引自《法式》卷三十一)

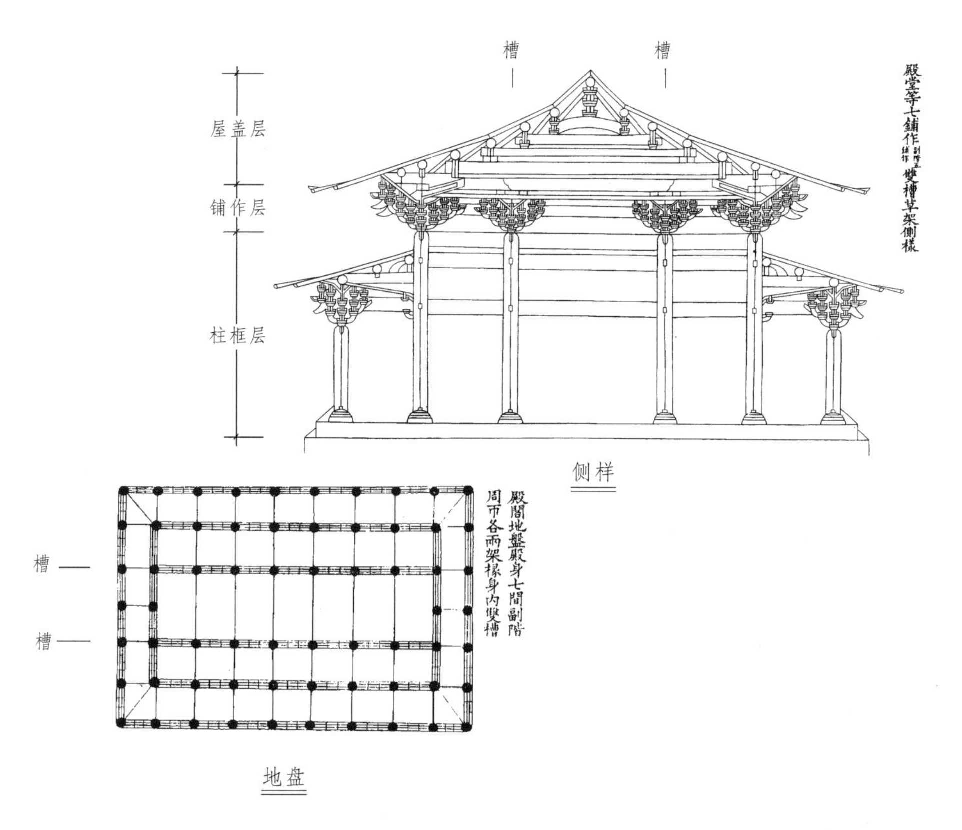

图 2-10　殿堂身内双槽副阶周匝地盘与侧样
(引自《法式》卷三十一)

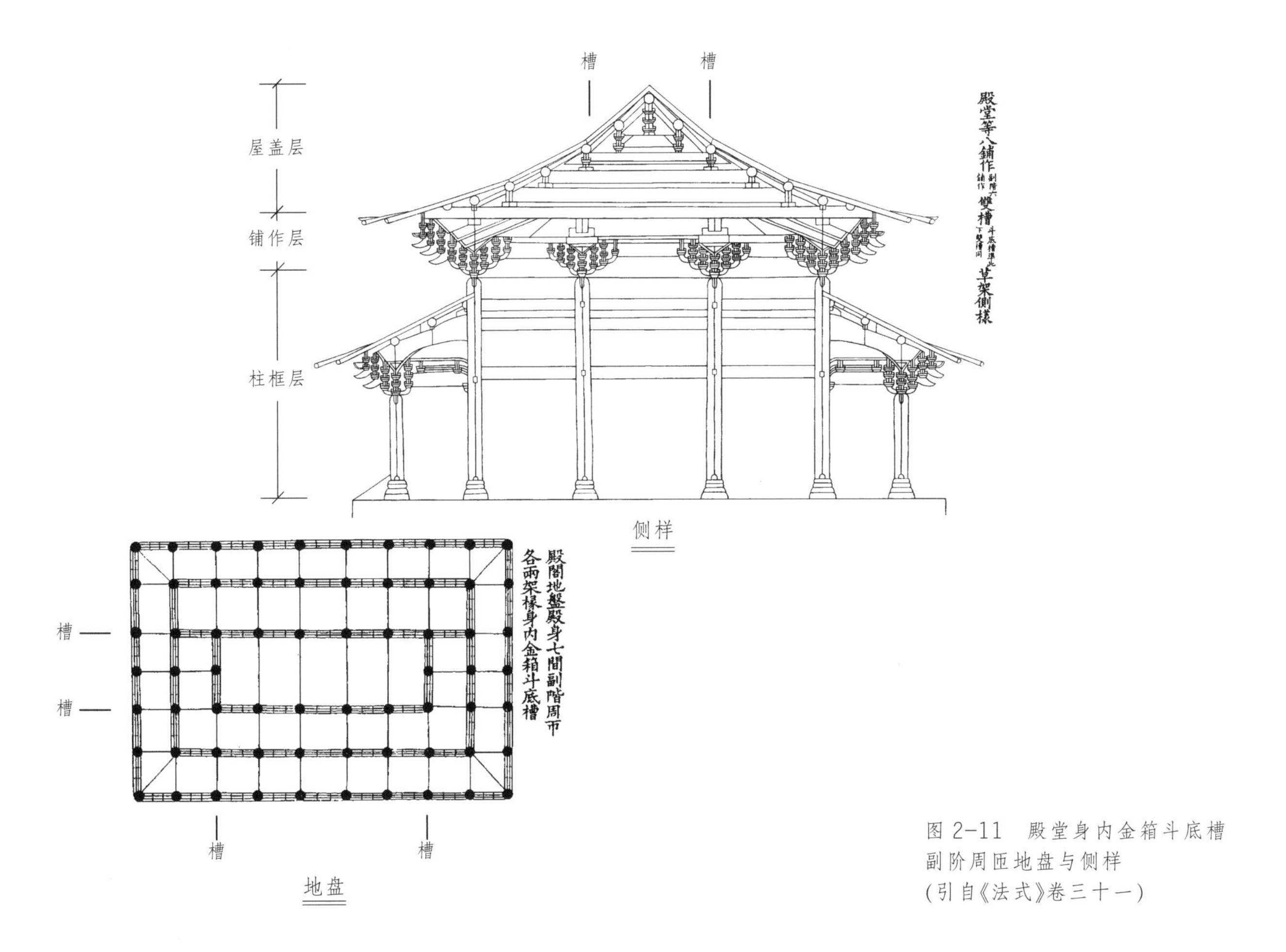

图 2-11 殿堂身内金箱斗底槽副阶周匝地盘与侧样
(引自《法式》卷三十一)

差，必须依靠厚墙或斜撑的撑持，才能承受水平方向的作用力。这种依赖厚墙稳定柱子的方式在唐长安大明宫麟德殿、含元殿、佛光寺大殿中都可看到，甚至还可追溯到汉长安南郊明堂辟雍和秦咸阳一号宫殿的做法。虽然这种柱框层有上述缺陷，但由于柱高划一，室内空间完整，斗栱纵横罗列，气势极其堂皇，所以历来都用作高级殿堂结构。在重檐殿宇中，上述结构缺陷因有副阶周匝而得到一定程度的弥补（因副阶犹如一圈飞撑环绕于殿身周围，提高了整个木构架抵抗水平力的性能）。

2. 铺作层

是木构架最复杂的部分，由栱、昂、枋子、月梁等相互纵横交叠而成，是支承屋架和挑檐的支座，屋顶重量通过斗栱而传之柱头，同时又是殿堂上华美的装饰。各组斗栱间顺槫方向有罗汉枋、柱头枋和栱眼壁支撑固实，顺栿方向有明栿扣搭联络，从而使铺作层形成一种有一定刚性的框架。对于明栿的作用，《法式》卷五规定："凡明栿只阁平棊，草栿在上承屋盖之重。"所以明栿实际上是天花梁和搭络前后柱头铺作的联系梁，而不是承重构件。草栿才是承受屋面重量的主要构件。

《法式》卷三十一所载殿阁地盘图四幅，正是铺作层和柱子分布的平面图：圆点为内外柱，单线为明栿，复线为阑额与铺作。其中分心槽一例多用于殿门，其余三种是重檐殿阁。由于铺作层在结构上占有重要地位，更由于施工特别复杂，所以在整个大木作中被列为上等工，而其他柱额梁栿则属中、下等工（卷二十八《诸作等第》）。分槽是殿阁特有的做法，所谓"槽"是指殿身内柱列及其上所置铺作，由此推演，柱列及铺作的轴线也称为槽。如"骑槽檐栱”即指骑于檐柱缝上的华栱;“衬枋头骑槽”是指衬枋头和柱头枋正交骑于檐柱缝之意。这里“槽”与“缝”是同一个意思。

3. 屋盖层

殿阁因有平棋、藻井,屋盖的梁栿槫枋都被遮蔽,所以这些构件的加工可不必讲究,只需草草略施斤斧即可,“草栿”“草架”之名遂由此而来。屋面荷载通过椽、槫而传于草栿、角梁,再分别传于柱头铺作和转角铺作,最后由各朵铺作下的栌斗传之于柱头上。

在草栿与斗栱之间,还要加一道“压槽枋”,形成周匝交圈的梁垫,从而使屋盖更稳当地坐落在铺作层上,但在现存宋代实例中并无这类压槽枋遗存。为了屋顶梁架稳定,草架槫栿之间还须支撑各种木料,即《法式》卷五所载:“凡平棋之上,须随槫栿用枋木及矮柱敦㭯随宜枝樘固济。”这是没有规格的自由架设,只求坚固即可。至于屋面斜坡作用于槫所产生的水平推力,则由槫下侧的叉手和托脚予以平衡(如梁头上开“抱槫口”,即由抱槫口抵消水平力,此时托脚已无多大作用)。

斗尖亭榭,或称撮尖亭子[10]。其木架构造基本上属于层叠式,但屋盖做法有其特殊性。由《法式》卷三十亭榭斗尖用筒(板)瓦举折两幅图样可知(图2-12-A、2-12-B),亭子大角梁后尾长度并非一架椽,而是一直延伸到亭心,交于枨杆(清式称“雷公柱”)下端,因而大角梁集中承受屋面荷载,作用于转角铺作上的水平推力相当大,如何抵消这种水平推力是一个值得研究的问题。在清式攒尖亭子上,则有若干道交圈的箍状檩子分别抵消各段椽子和由戗、角梁的水平推力,《法式》亭子图样对此交代不清,角梁上虽有簇角梁三折形成举折,但槫与角梁的关系也未表明。不过有一点似可肯定:算桯枋上所示水平线应是平棋,那么,平棋上面的

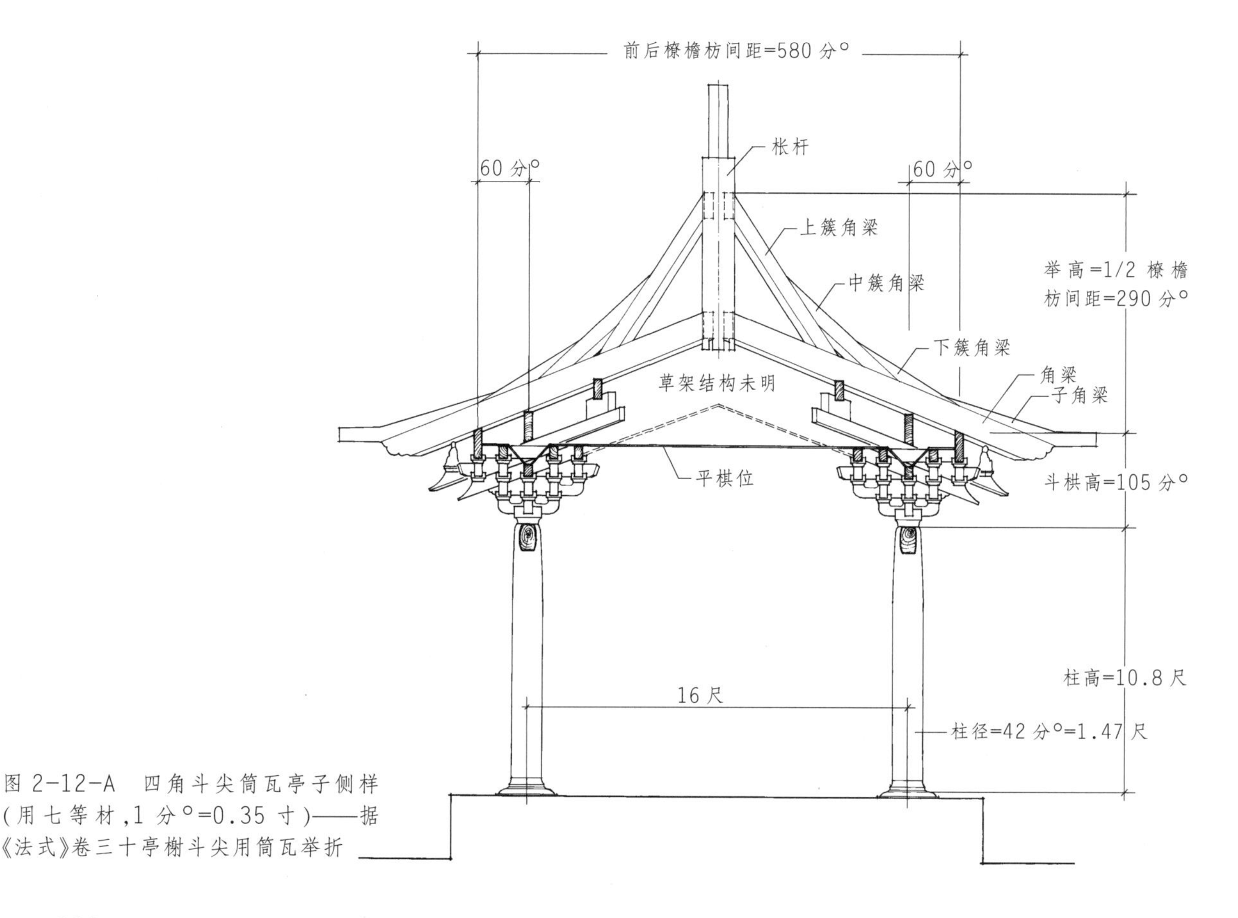

图2-12-A 四角斗尖筒瓦亭子侧样(用七等材,1分°=0.35寸)——据《法式》卷三十亭榭斗尖用筒瓦举折

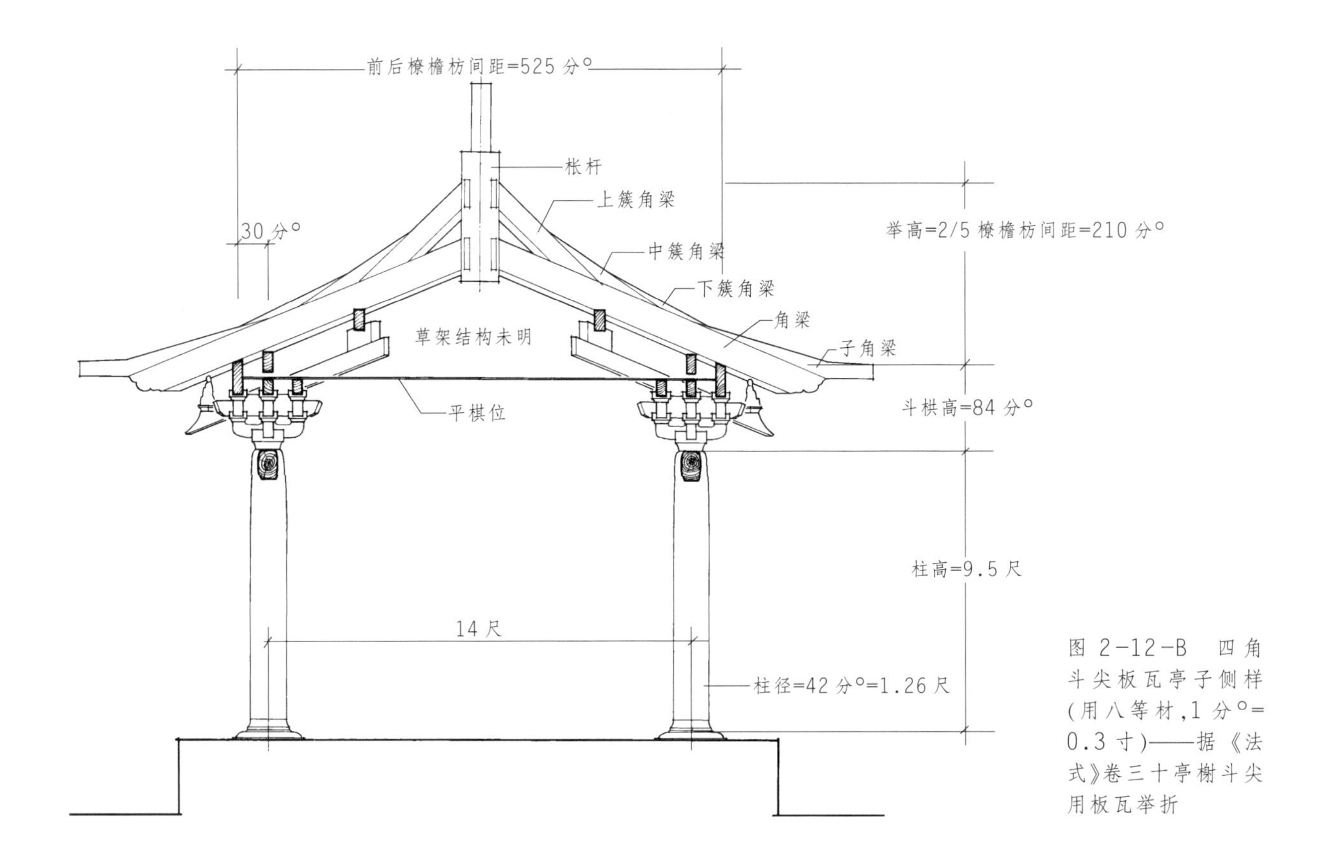

图 2-12-B　四角斗尖板瓦亭子侧样（用八等材，1分°=0.3寸）——据《法式》卷三十亭榭斗尖用板瓦举折

构造可以采用草架做法。因此大角梁的水平推力除依靠柱头枋、罗汉枋等交圈来抵消外，还可用拉杆予以平衡。

由于亭子要求开敞，墙面甚少，所以柱框如何稳定也是一个大问题。除阑额与地栿起联系作用外，在宋画中还可看到亭榭柱间常设钩阑、鹅项阑槛（即后世所称"飞来椅""美人靠"）或坐槛，对加固柱框也起着积极作用。

（三）厅堂式木构架

这是一种混合整体构架，用于厅堂类建筑。

这种构架《法式》收录的图样最多，从十架椽屋至四架椽屋共侧样18幅（卷三十一《厅堂等间缝内用梁柱第十五》），再加八架椽重檐厅堂举折图一幅（卷三十《举折屋舍分数第四》），共19幅，反映了这类房屋的重要地位。

厅堂式木构架的特点是：构架体系和柱梁作属同一类型，即内柱高于外柱，梁栿后尾及顺栿串插入内柱（即栿项柱），顺榑方向则有顺脊串、顺身串、腰串等联络各柱，从而使木构架联结成整体框架。但和柱梁作也有不同之处，如房屋尺度大，进深可达十架椽用六柱；外檐均有斗栱（从斗口跳至六铺作，但做法与殿阁有所区别）；室内都不用平棊，作彻上明造，因而榑栿柱枋交接处都有斗栱、替木、驼峰等加固并美化；梁栿可作直梁，也可作月梁；屋顶可作重檐及厦两头转角造。这些做法表明：厅堂式构架是以柱梁作的结构体系为基础，吸收殿阁式的加工和装饰手法而形成的一种混合式木构架，兼有柱梁作结构整体性和殿阁式某些建筑艺术效果，因此成为官式建筑中最常用的木架类型。

《法式》所载19种厅堂木构架可以分为五组：

（1）十架椽屋——有三柱、四柱、五柱、六柱共五式，外檐斗栱均四铺作，不用昂（图2-13-A~2-13-E）。

（2）八架椽屋——有三柱、四柱、五柱、六柱共六式，除一例为六铺作用昂外，其余均四铺作，不用昂（图2-14-A~2-14-F）。

（3）六架椽屋——有三柱、四柱共三式，均四铺作，不用昂（图2-15-A~2-15-C）。

（4）四架椽屋——有二柱、三柱、四柱共四式，均四铺作，不用昂（图2-16-A~2-16-D）。

（5）重檐——身内八架椽屋通檐用二柱、四铺作；副阶用乳栿、劄牵，斗栱用斗口跳（图2-17）。

厅堂式构架比殿堂式构架灵活多样，能适应各种平面和进深的需要，而实际运用时，类型可能还要多一些，例如《法式》六架椽屋图样未载"通檐用二柱"一式，而实例则有山西平遥镇国寺大殿；又如"十架椽屋用四柱"，《法式》只载对称式，而实物则有不对称布置（如大同善化寺大殿）。

上述三类木构架是《法式》归纳的基本类型（图2-18）。它们之间虽有区分，但实际运用时常有相互跨类混用的现象，例如河北正定隆兴寺慈氏阁，基本上是厅堂式构架，但脊槫缝与平槫缝掺有柱梁作做法（图2-19）；太原晋祠圣母殿（图2-20）、山西大同善化寺普贤阁（图2-21）则兼有殿阁式与厅堂式构架的特点。

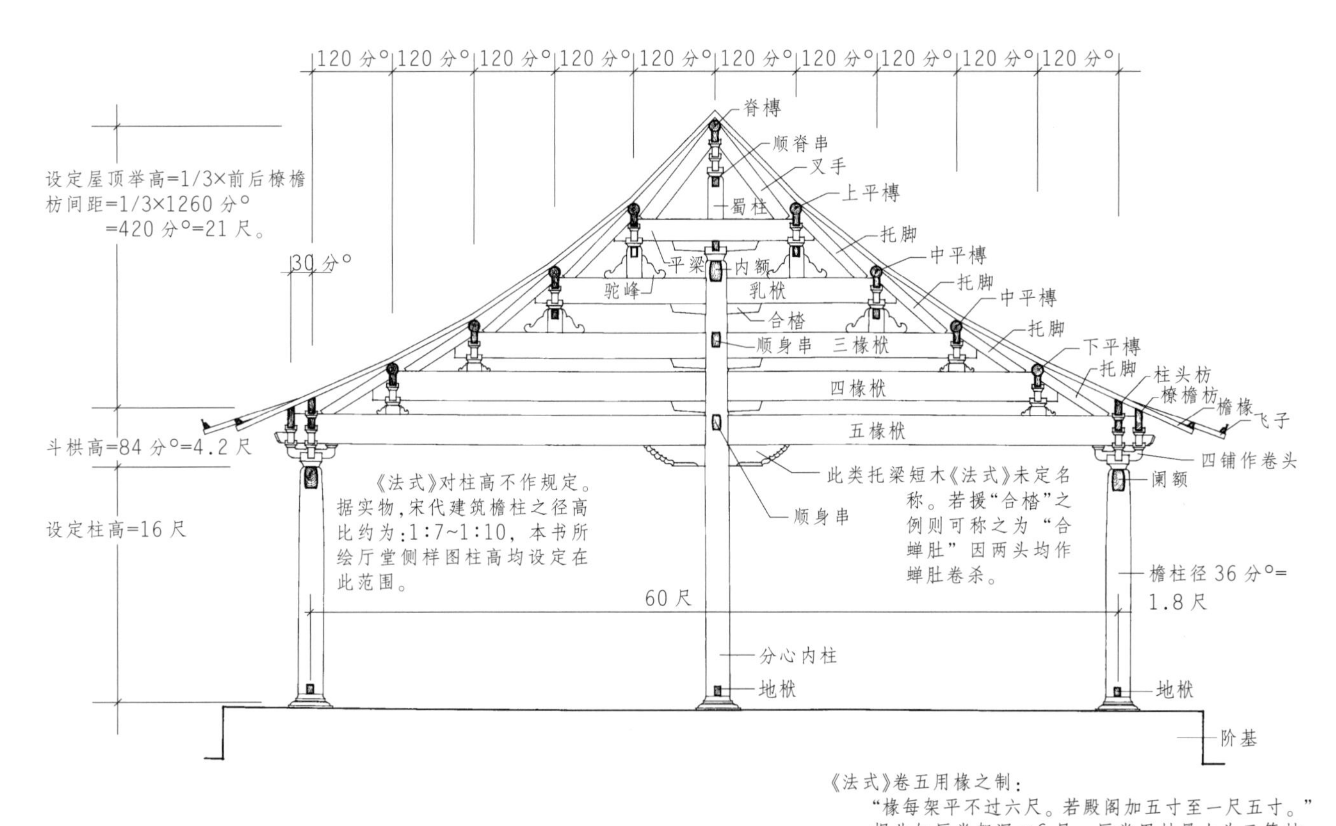

图 2-13-A　十架椽厅堂——分心用三柱（用三等材，1 分°=0.5 寸）

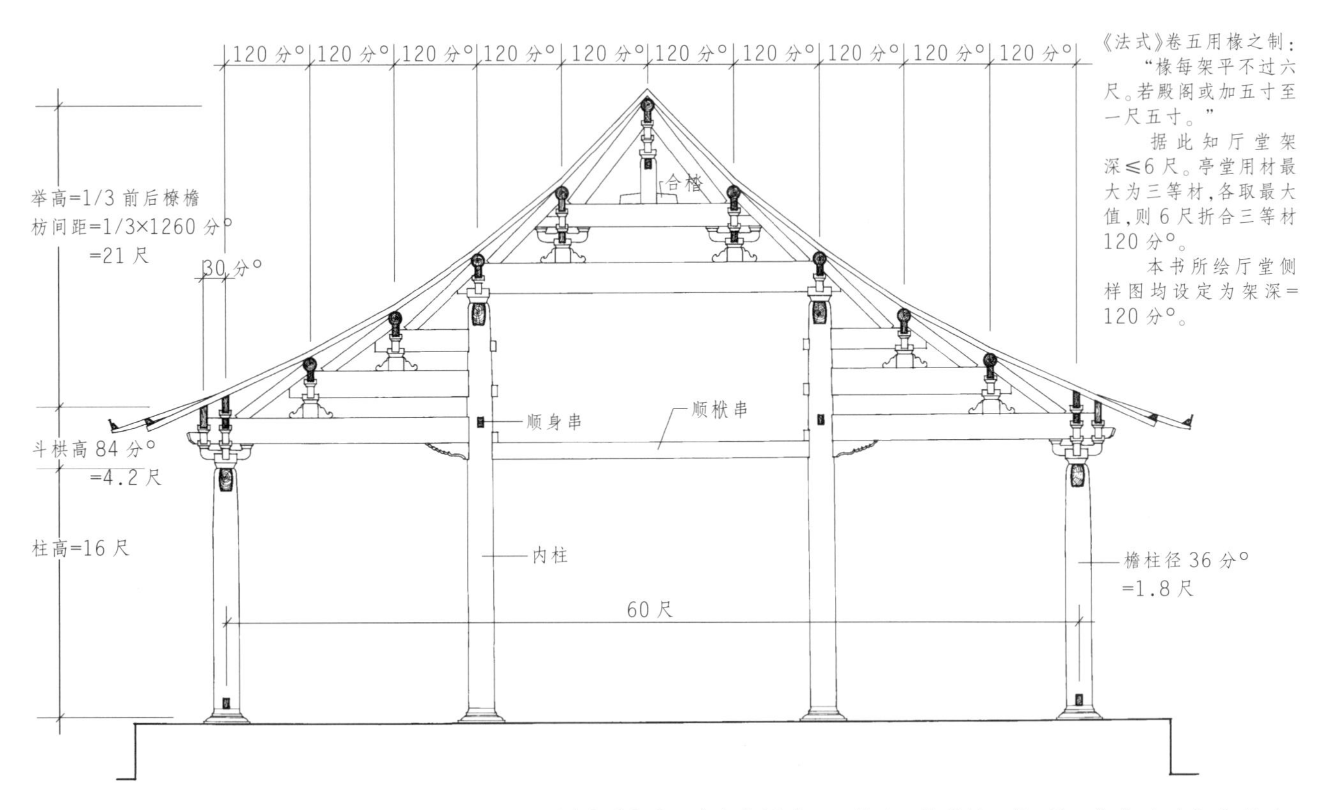

图 2-13-B　十架椽厅堂——前后三椽栿用四柱（用三等材，1 分°=0.5 寸）

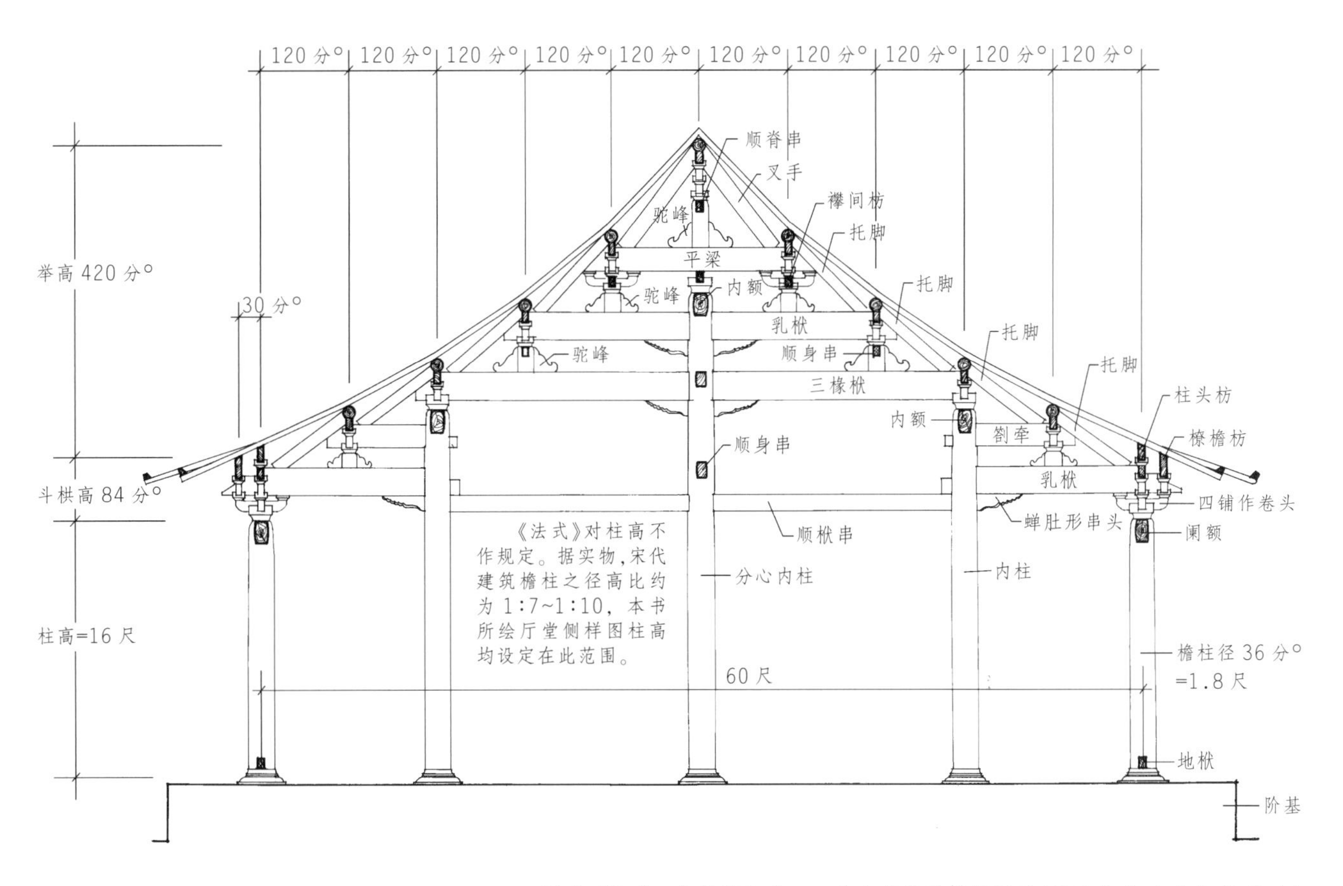

图 2-13-C　十架椽厅堂——分心前后乳栿用五柱（用三等材，1 分°=0.5 寸）

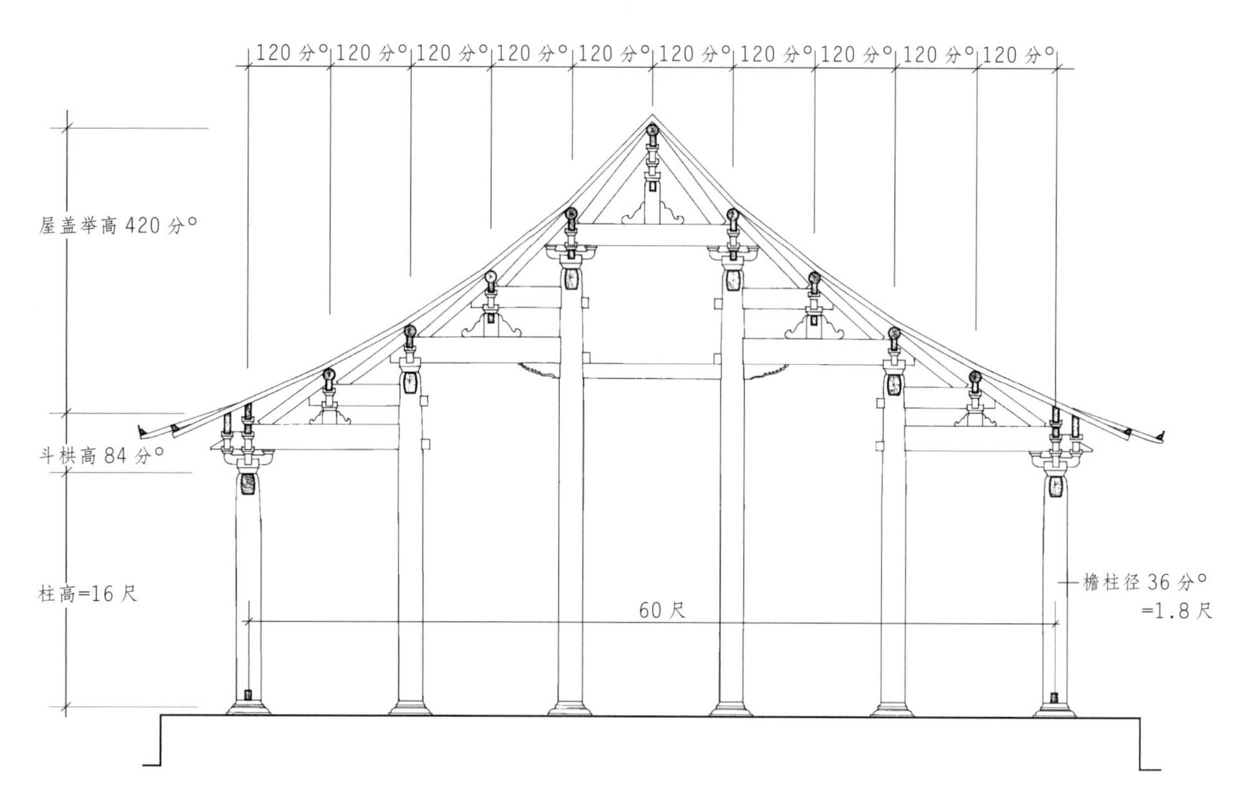

图 2-13-D 十架椽厅堂——前后并乳栿用六柱(用三等材,1 分°=0.5 寸)

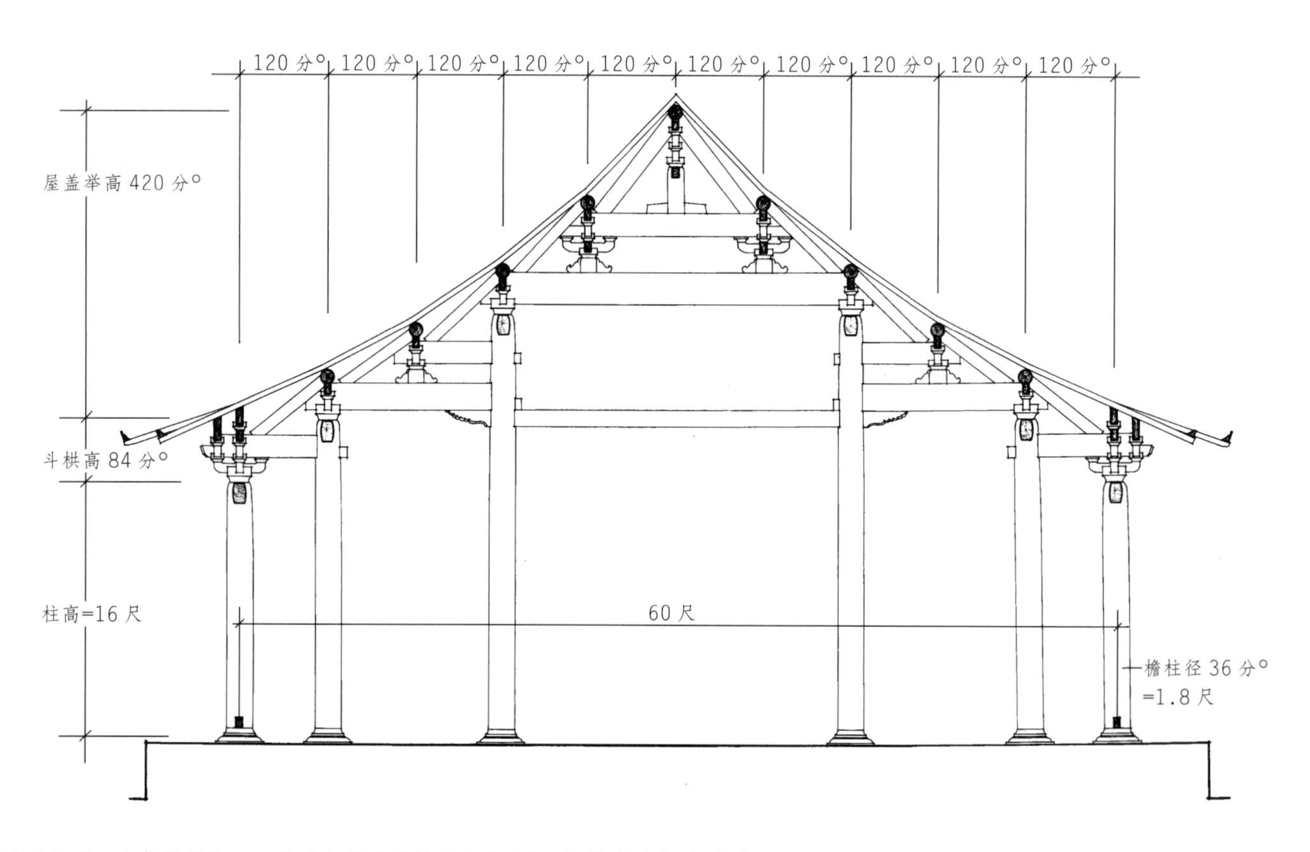

图 2-13-E 十架椽厅堂——前后各劄牵乳栿用六柱(用三等材,1 分°=0.5 寸)

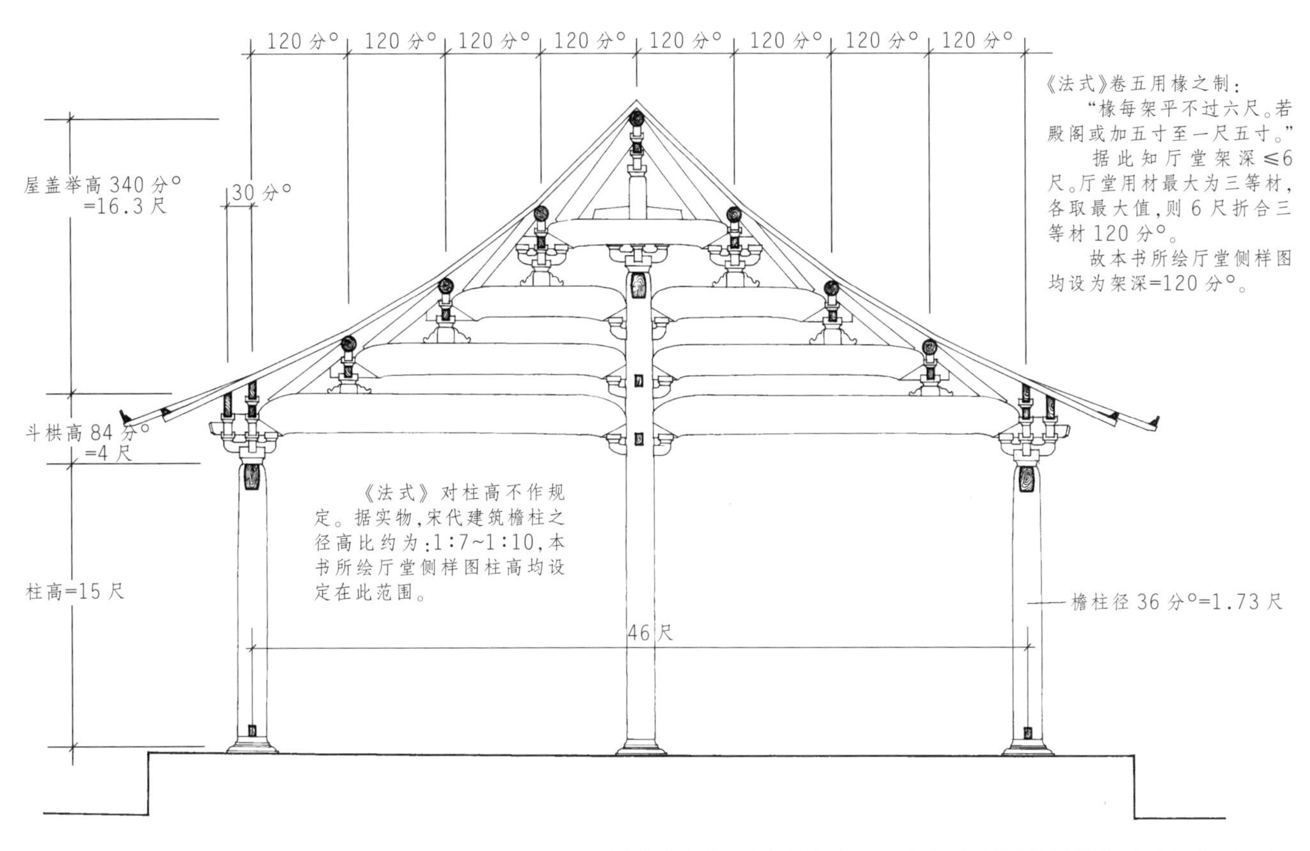

图 2-14-A　八架椽厅堂——分心用三柱(用四等材,1 分°=0.48 寸)

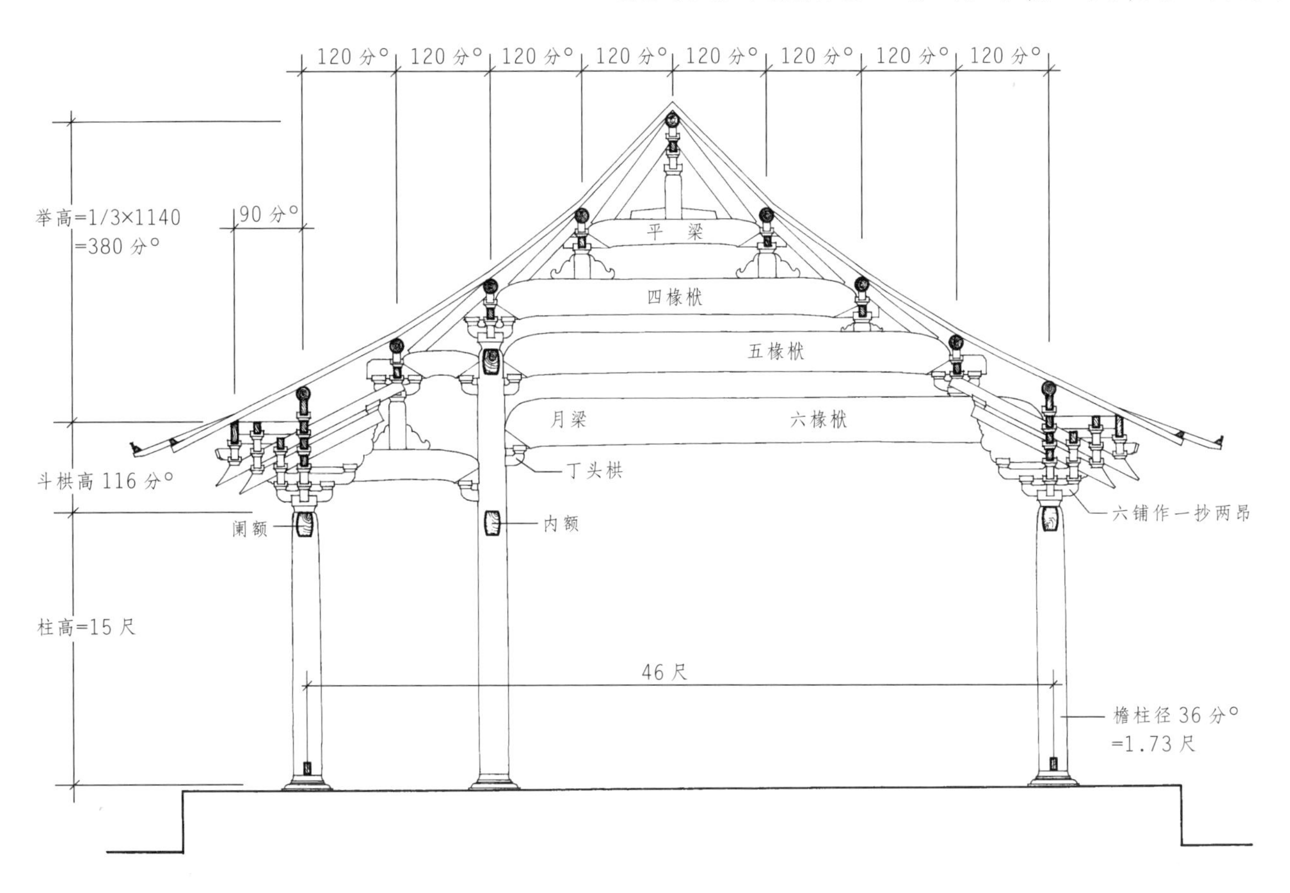

图 2-14-B　八架椽厅堂——乳栿对六椽栿用三柱(用四等材,1 分°=0.48 寸)

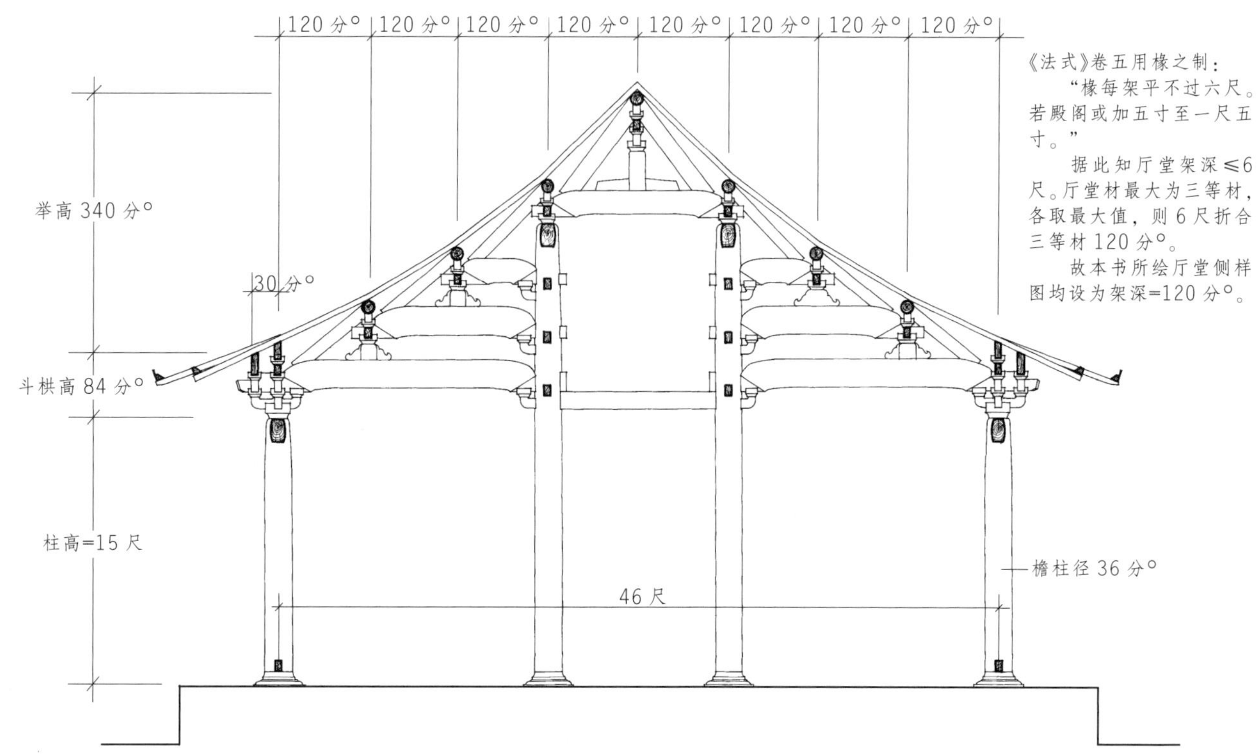

图 2-14-C　八架椽厅堂——前后三椽栿用四柱
(用四等材，1 分°=0.48 寸)

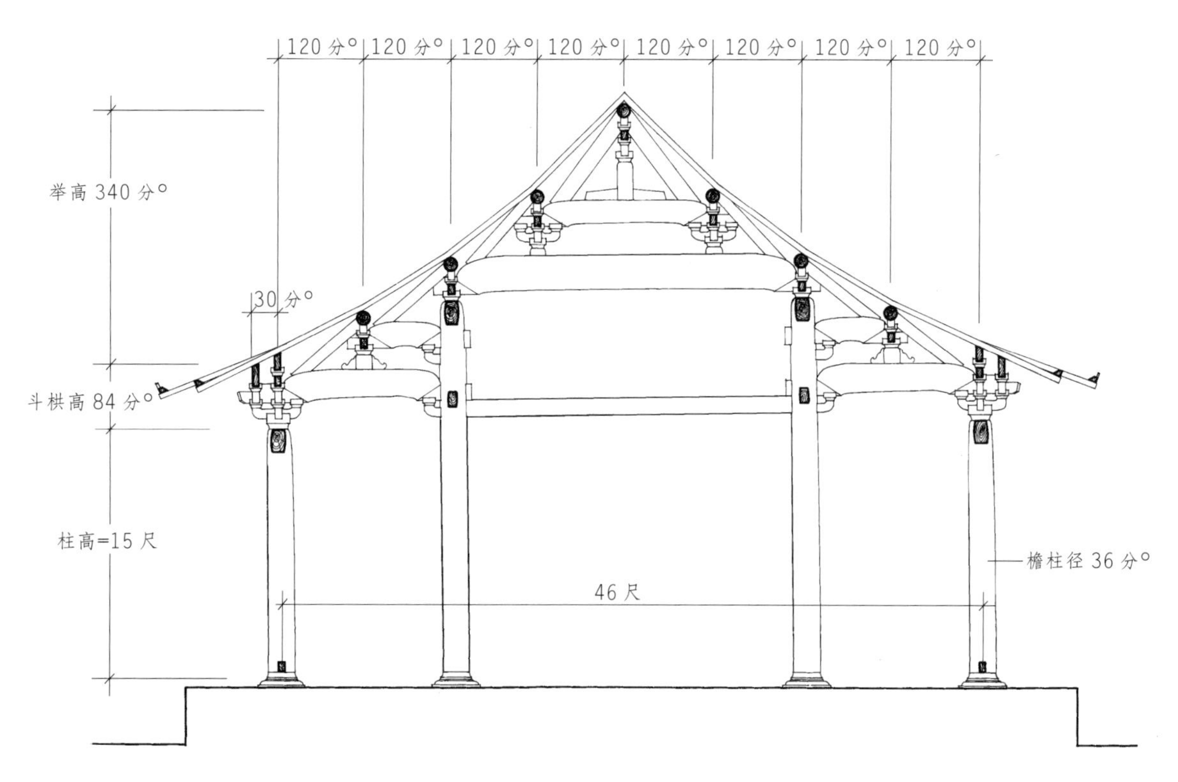

图 2-14-D　八架椽厅堂——前后乳栿用四柱
(用四等材，1 分°=0.48 寸)

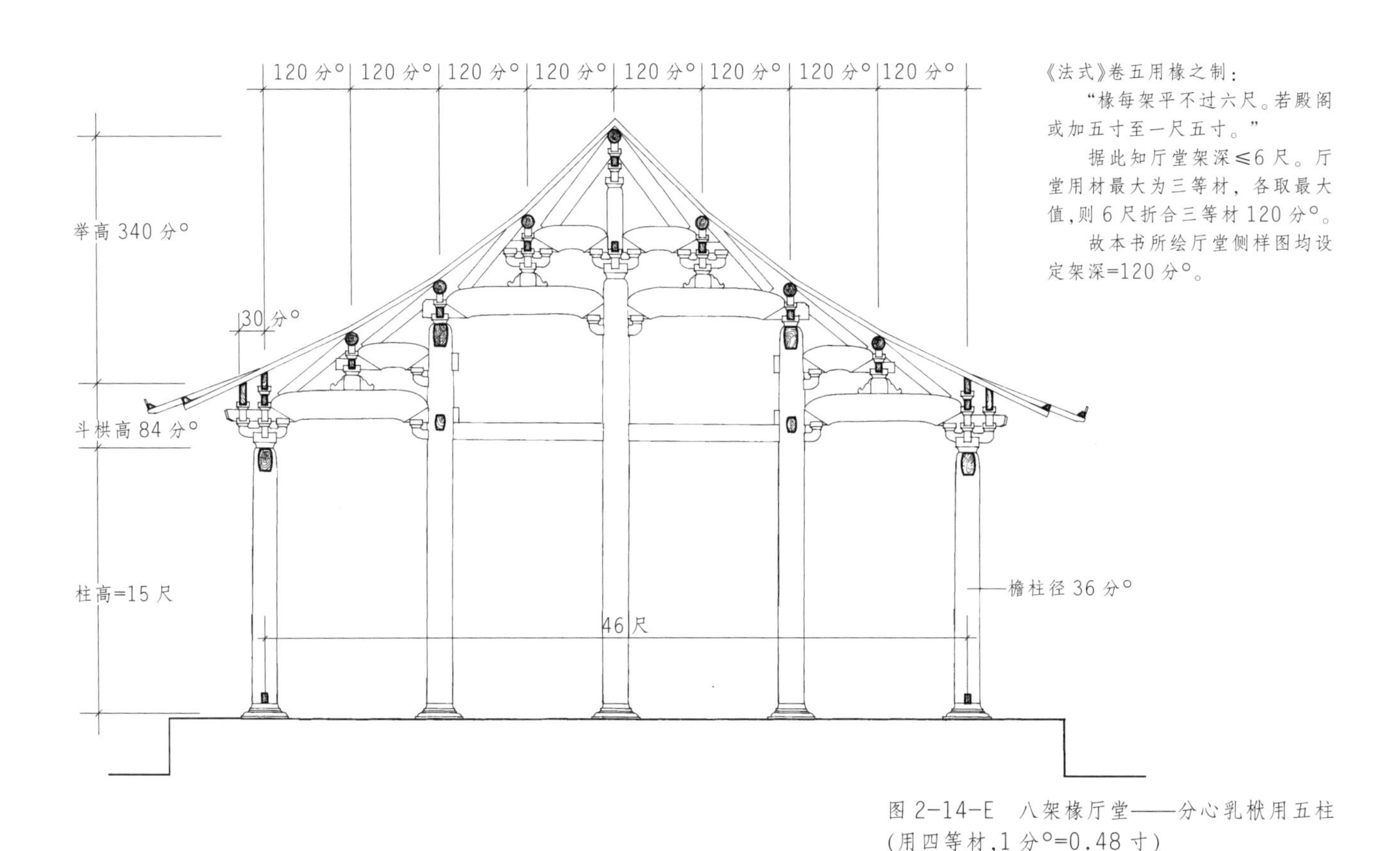

《法式》卷五用椽之制：

“椽每架平不过六尺。若殿阁或加五寸至一尺五寸。”

据此知厅堂架深≤6 尺。厅堂用材最大为三等材，各取最大值，则 6 尺折合三等材 120 分°。

故本书所绘厅堂侧样图均设定架深=120 分°。

图 2-14-E　八架椽厅堂——分心乳栿用五柱（用四等材，1 分°=0.48 寸）

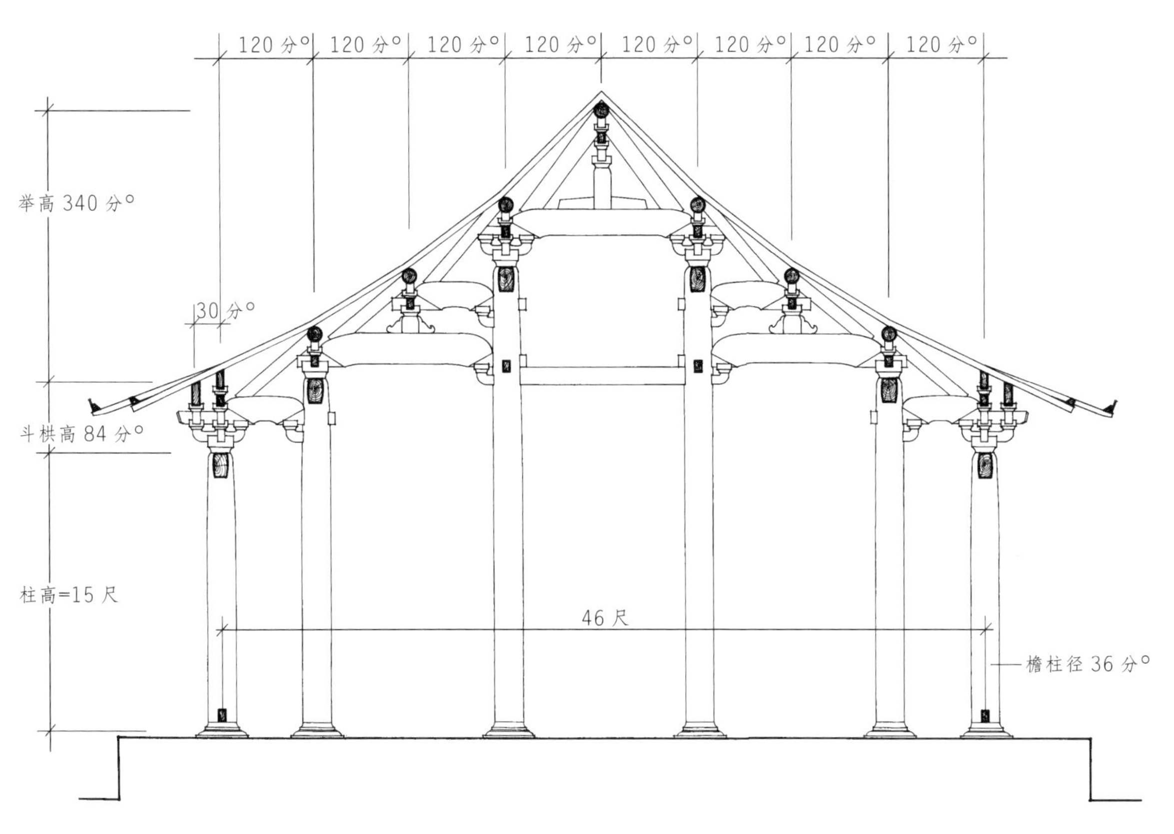

图 2-14-F　八架椽厅堂——前后劄牵乳栿用六柱（用四等材，1 分°=0.48 寸）

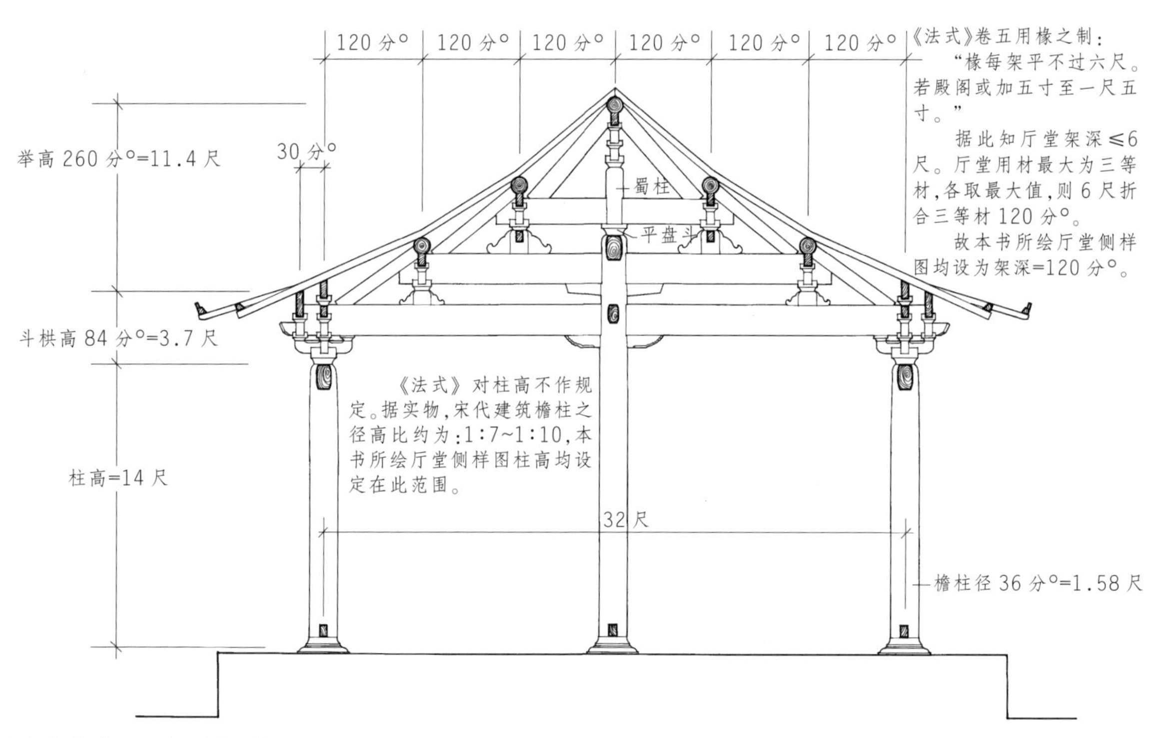

图 2-15-A　六架椽厅堂——分心用三柱
(用五等材，1 分°=0.44 寸)

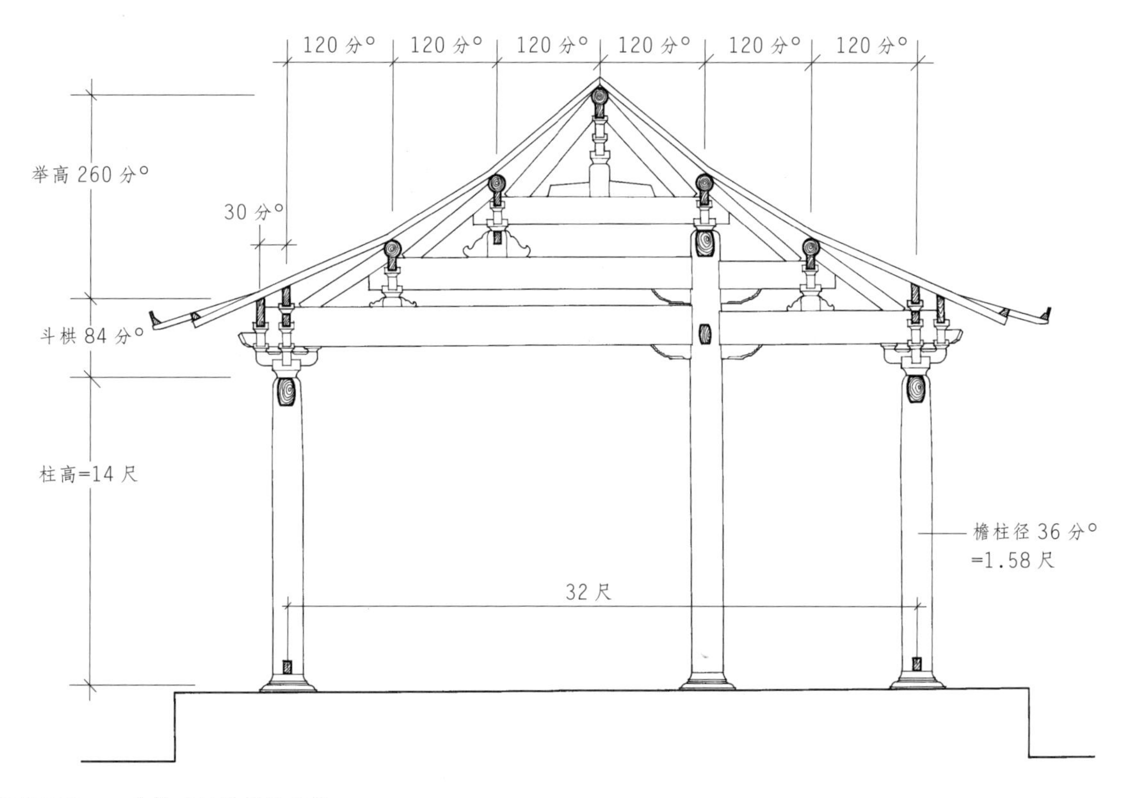

图 2-15-B　六架椽厅堂——乳栿对四椽栿用三柱
(用五等材，1 分°=0.44 寸)

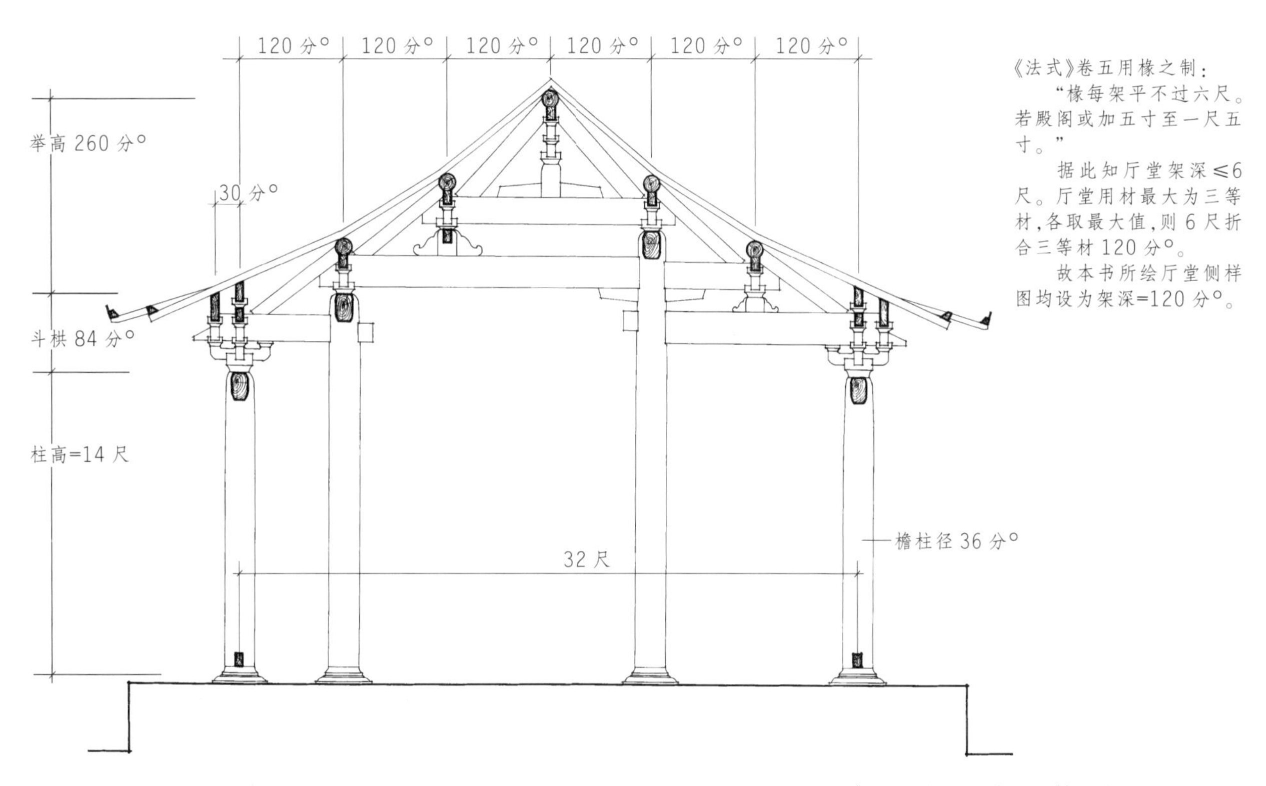

图 2-15-C 六架椽厅堂——前后乳栿劄牵用四柱
（用五等材，1 分°=0.44 寸）

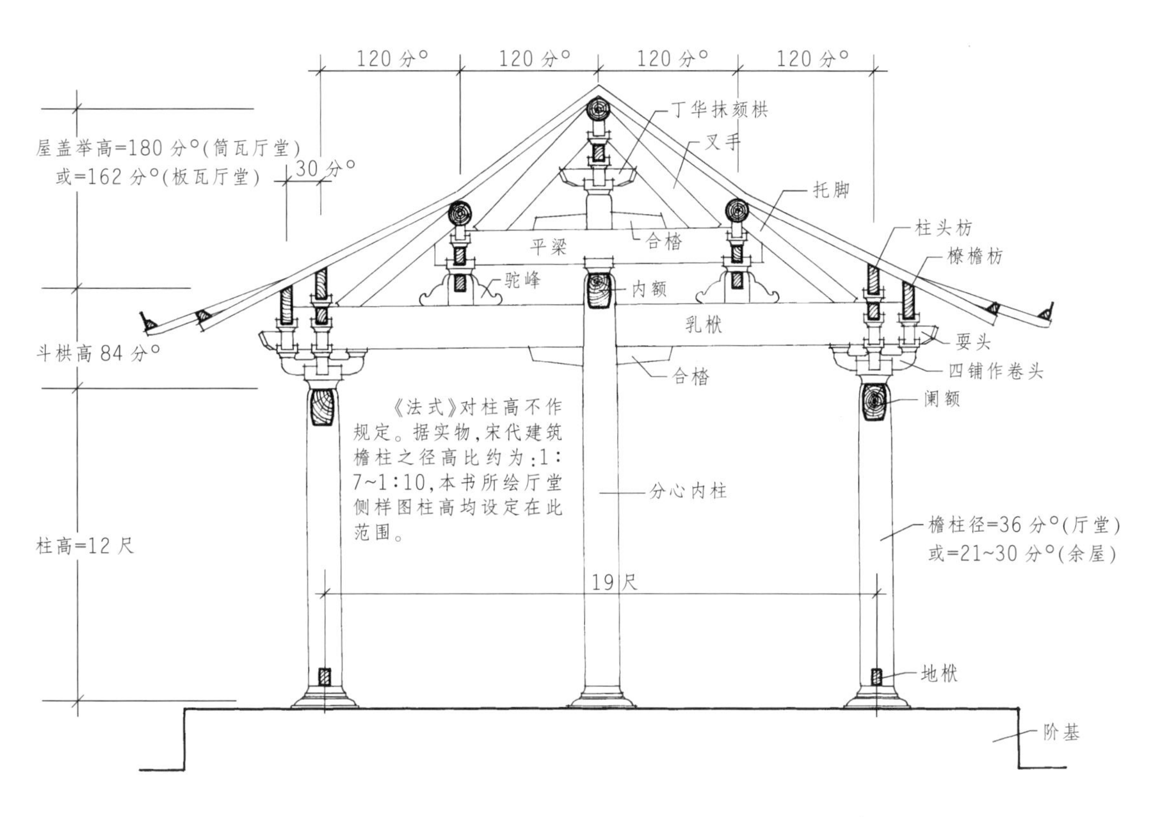

图 2-16-A 四架椽厅堂——分心用三柱
（用六等材，1 分°=0.4 寸）

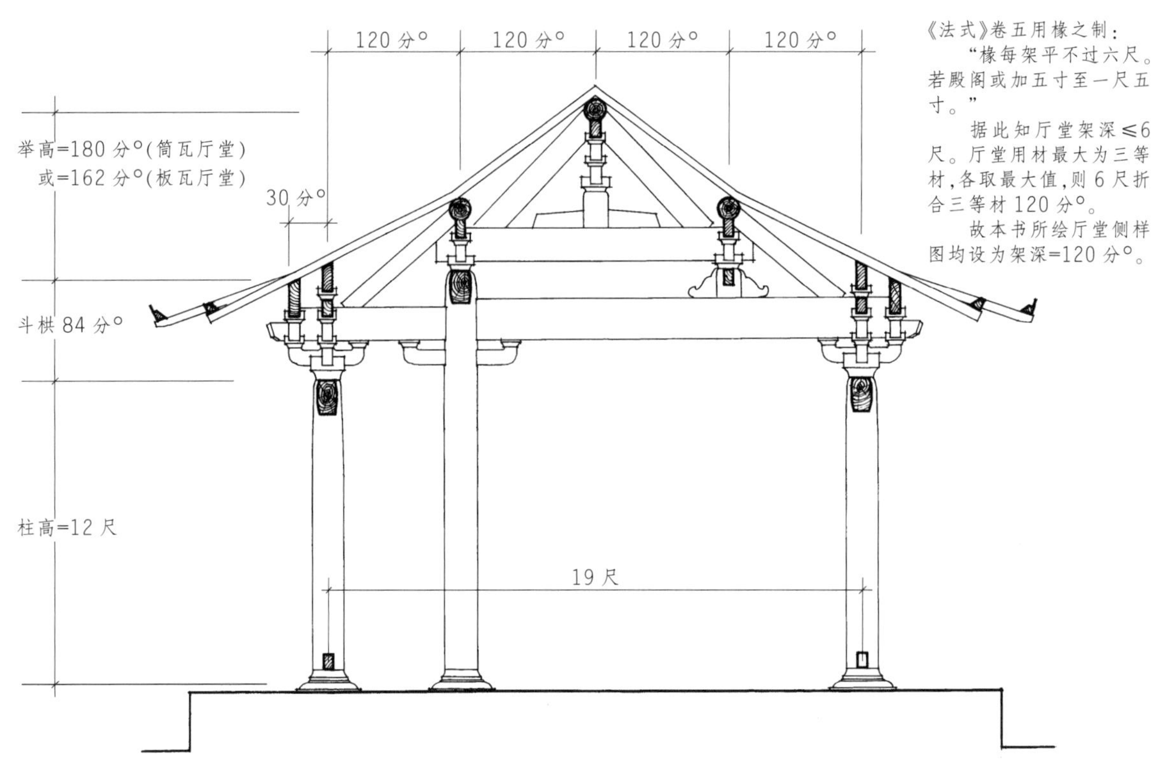

图 2-16-B 四架椽厅堂——劄牵三椽栿用三柱
(用六等材，1 分°=0.4 寸)

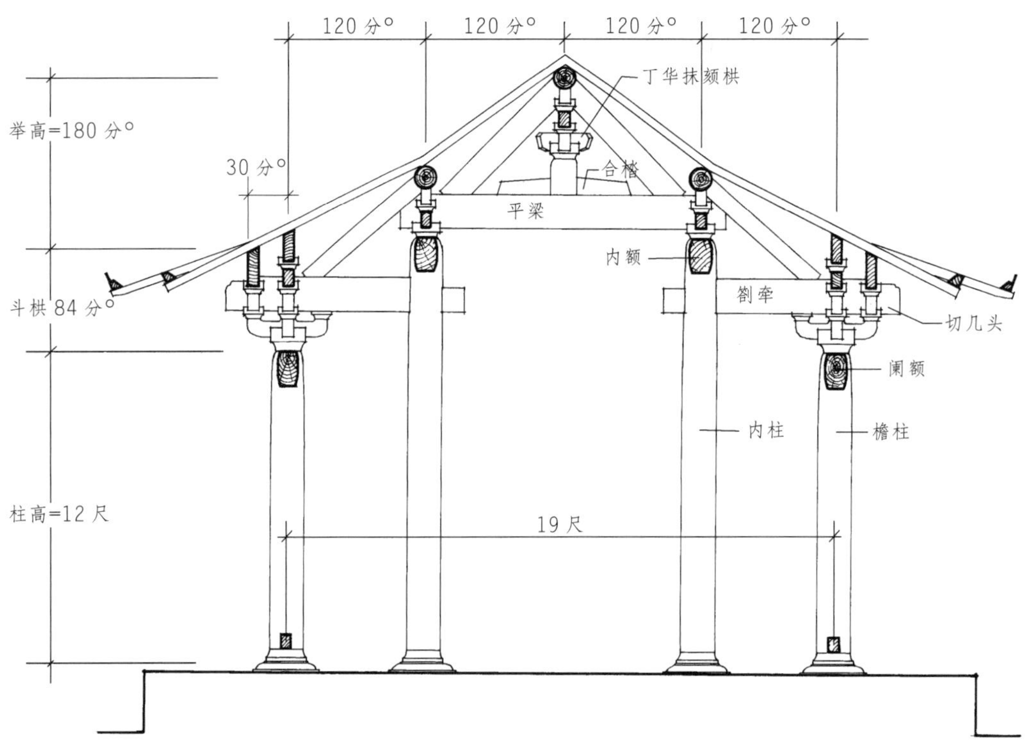

图 2-16-C 四架椽厅堂——前后劄牵用四柱
(用六等材，1 分°=0.4 寸)

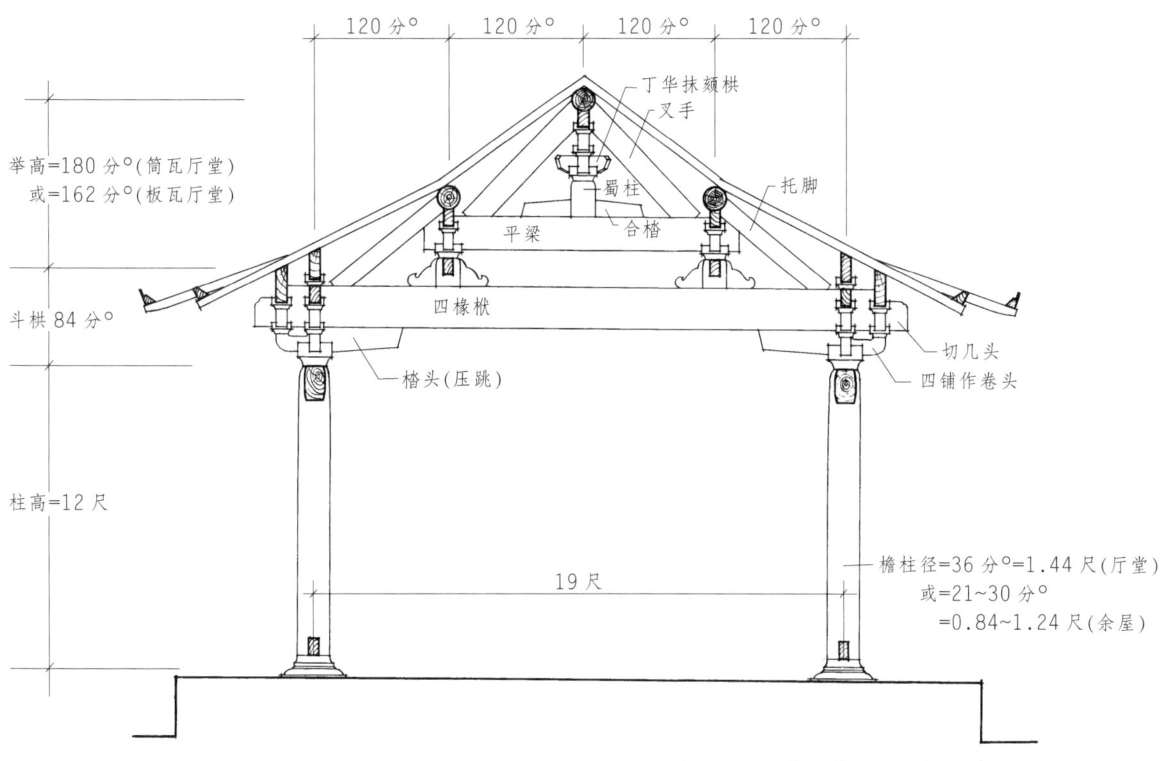

图 2-16-D 四架椽厅堂——通檐用二柱
(用六等材,1 分°=0.4 寸)

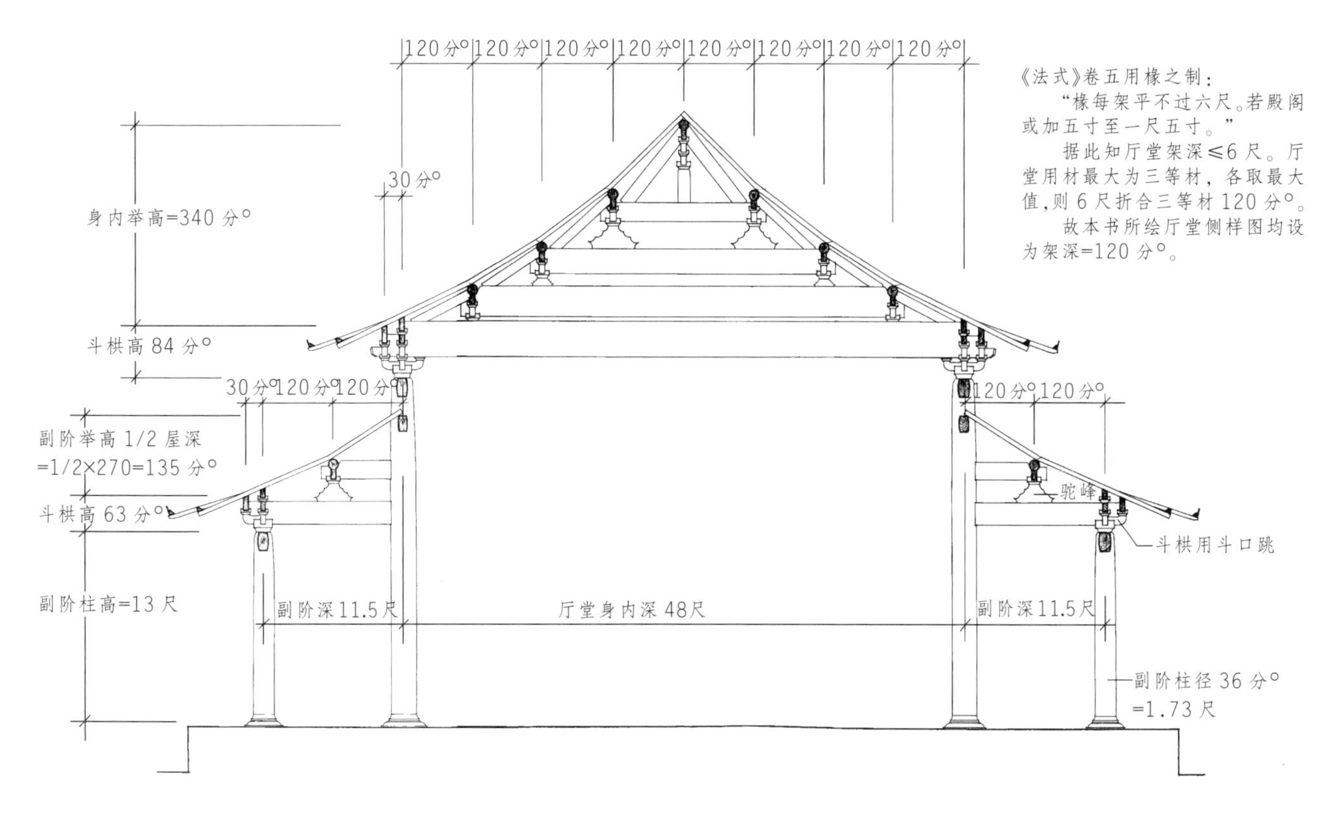

《法式》卷五用椽之制:
"椽每架平不过六尺。若殿阁或加五寸至一尺五寸。"
据此知厅堂架深≤6 尺。厅堂用材最大为三等材,各取最大值,则 6 尺折合三等材 120 分°。
故本书所绘厅堂侧样图均设为架深=120 分°。

图 2-17 重檐厅堂——身内八架椽通檐,副阶二架椽
(副阶四等材,身内三等材)(据《法式》卷三十《举折屋舍分数第四》图)

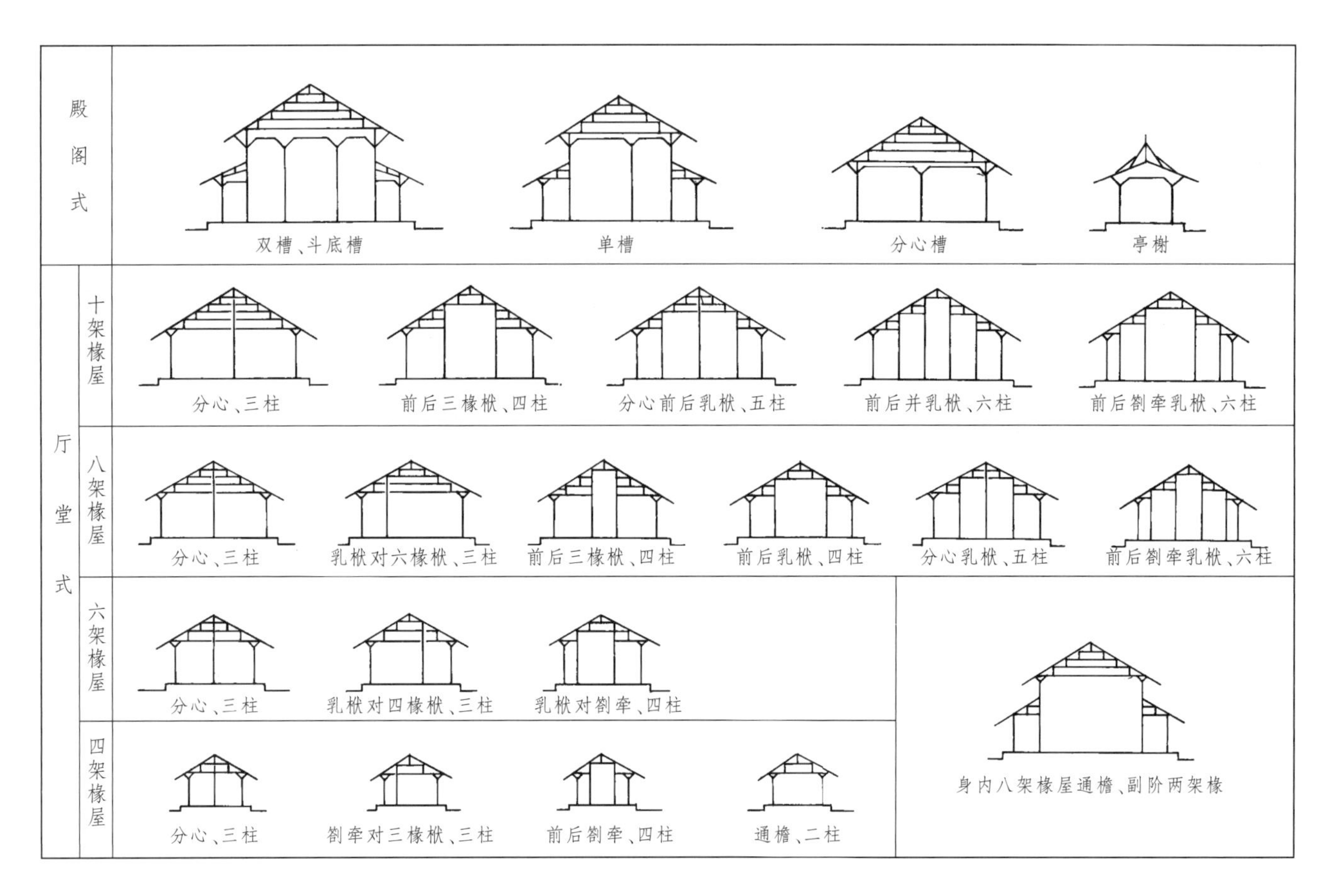

图 2-18 《营造法式》所录木构架类型一览表

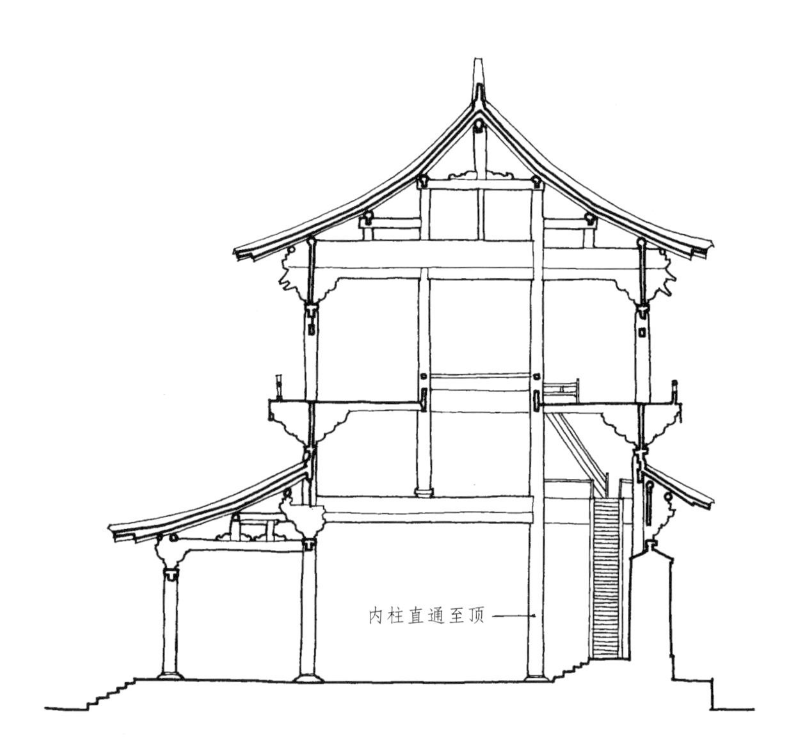

图 2-19 河北正定隆兴寺慈氏阁木构架侧样(宋)
(摹自《中国营造学社汇刊》四卷二期,梁思成《正定调查纪略》)

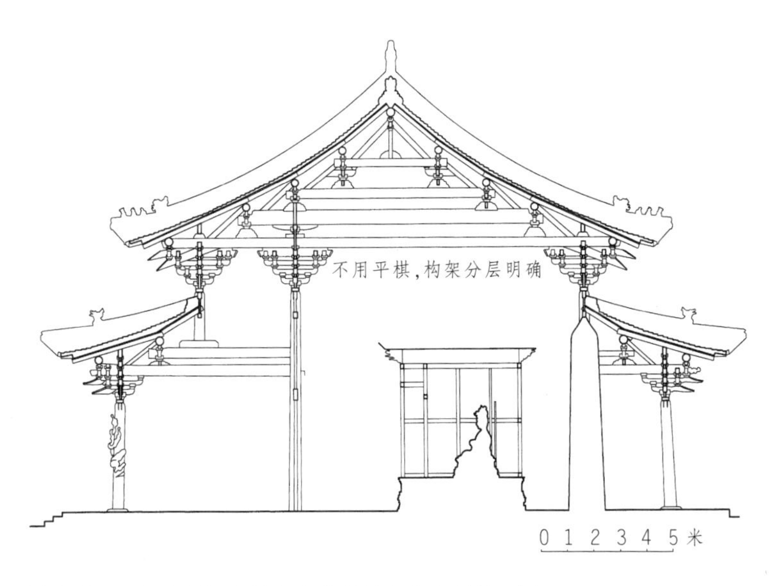

图 2-20　山西太原晋祠圣母殿明间木构架侧样（宋）

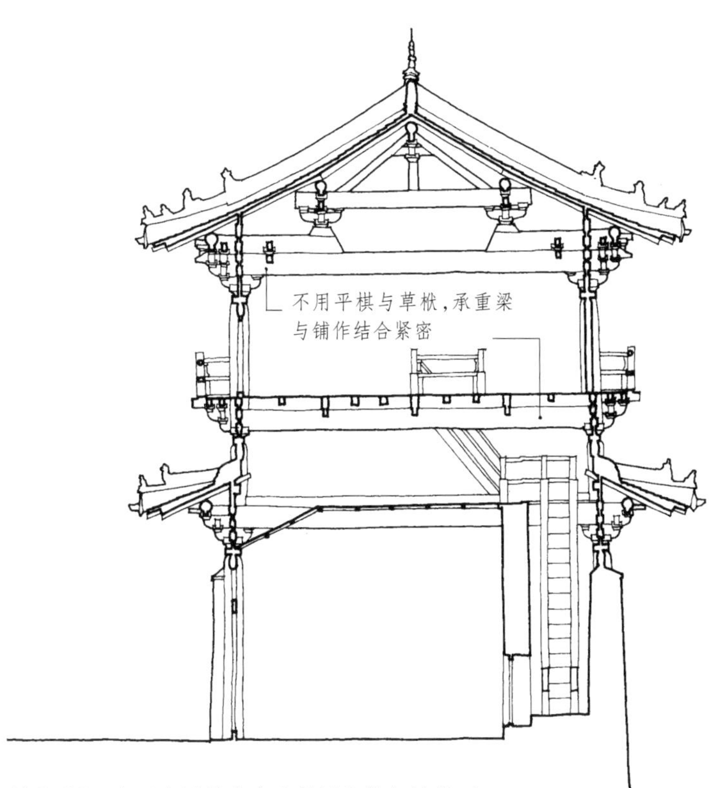

图 2-21　山西大同善化寺普贤阁木构架侧样（金）
（摹自《中国营造学社汇刊》四卷三、四期合刊，梁思成、刘敦桢《大同古建筑调查报告》）

（四）楼阁木构架

对于楼阁的木构架，《法式》未列图样，与之有关的图样与文字记载也限于“平座”与“柱侧脚”两项，无法详究其全貌，因此只得从同时代的遗物中探讨其做法。根据宋、辽、金五座楼阁，其木构架大致也分为两类，即：殿阁式层叠构架与厅堂式混合整体构架。

1. 层叠构架楼阁

天津蓟县独乐寺观音阁及山西应县佛宫寺塔属之（图 2-22 ~ 2-24）。一座二层楼阁的结构层次如下（自上而下）：

（1）屋盖梁架；

（2）上檐铺作（外跳承檐）；

（3）上层柱框；

（4）平座铺作（上铺楼面板）；

（5）平座柱框；

（6）下檐铺作（外跳承腰檐）；

（7）下层柱框。

如建造二层以上的楼阁，每增一个楼面，就增加四个结构层，即自上而下为：平座铺作（上铺楼面板）、平座柱框、腰檐铺作、楼层柱框。如此递增至五层、七层……即成木塔。应县佛宫寺塔的木构架就是平面为八角形的殿阁式层叠构架。这种楼阁的楼层数与结构层数的关系是：

楼层数×4−1= 结构层数。

因此佛宫寺塔的结构层数是：5×4−1=19

2. 混合整体构架楼阁

河北正定隆兴寺转轮藏殿（图 2-25）、慈氏阁（图 2-19）属之。两座楼阁因室内有高耸的佛像与转轮经藏，所以楼层外檐虽设平座可供登临凭眺，但室内无暗层，而将底层室内空间升高，加以充分利用。在这点上比层叠式构架不利用暗层空间的做法要优越些。由于内柱升高至楼板面或直通至屋顶栿槫之下（如慈氏阁），整个木架整体性得到加强。这种构造方式，实际上是厅堂做法的延

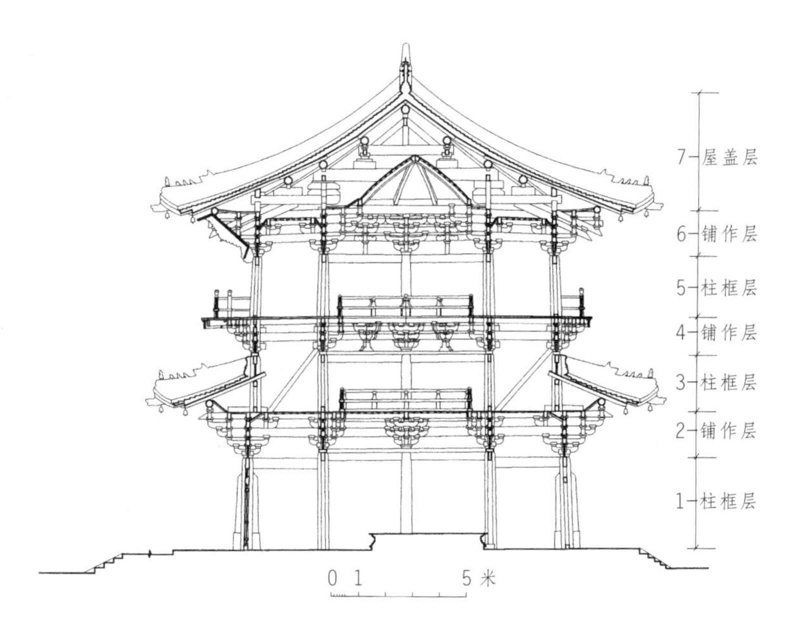

图 2-22 天津蓟县独乐寺观音阁木构架分层图(辽)
(据刘敦桢《中国古代建筑史》图)

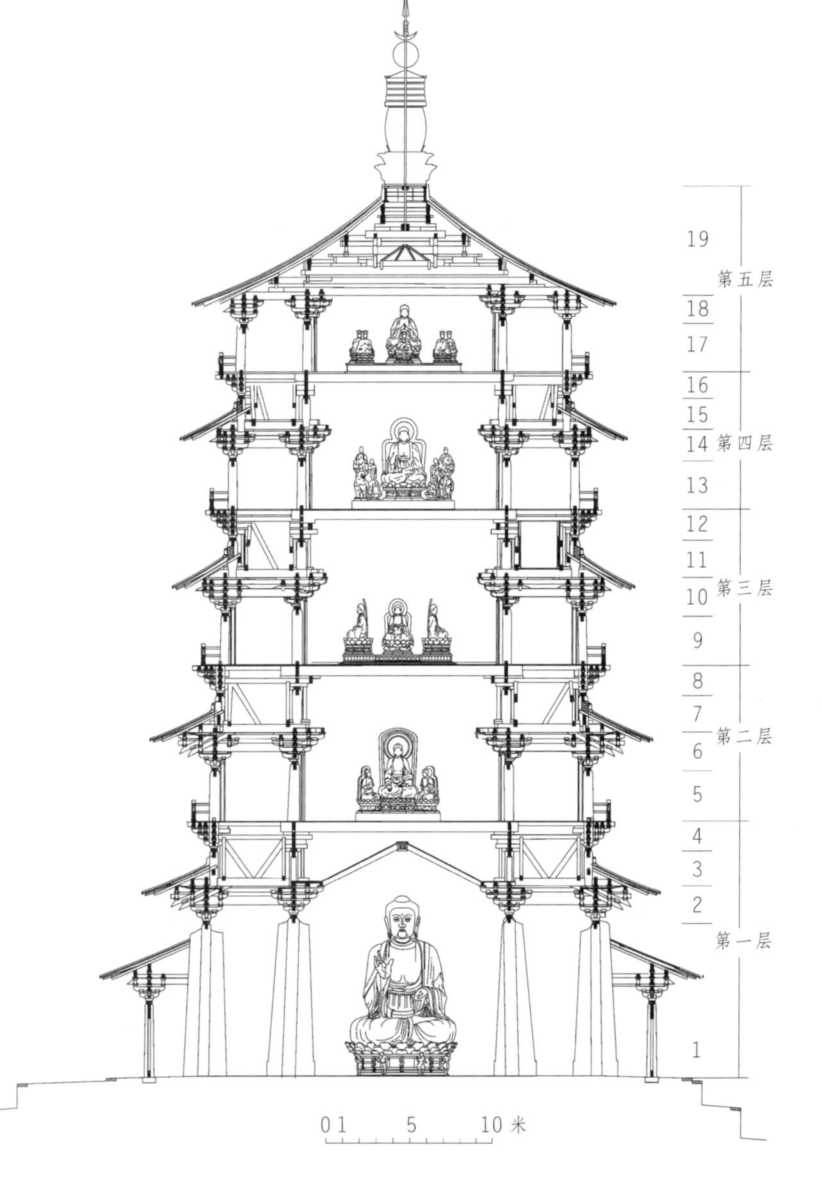

图 2-23 山西应县佛宫寺塔木构架分层图(辽)
(据刘敦桢《中国古代建筑史》图)

铺作层
楼面层
平座铺作层
叉柱造
暗层柱框

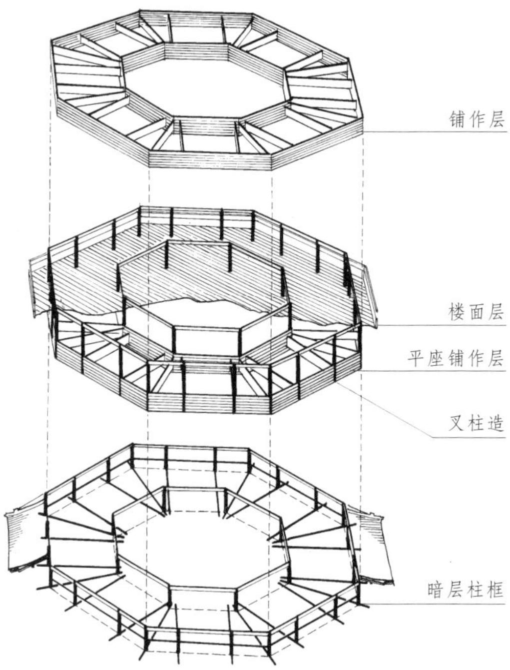

图 2-24 山西应县佛宫寺塔层叠构架示意图

伸。明清时期楼阁建筑都采用此类柱子直通屋顶的“通柱法”，如明初的四川平武报恩寺万佛阁、清中叶的承德普宁寺大乘阁等（图2-26），就是继承了上述做法。从规模及梁架做法来看，大同善化寺普贤阁应属厅堂类，但上下楼层间的构架则用层叠法（图2-21）。

解决上述两类楼阁上下构架相叠的节点构造，《法式》载有二法：一曰“叉柱造”，即上层柱的柱根落于平座栌斗之上，栌斗用一枚；二曰“缠柱造”，即上层柱的柱根落于平座栌斗内侧，转角铺作栌斗用三枚，每面均见二枚。但在五座宋、辽、金楼阁中，并未发现后一种做法。此外，实物中还有以下三种做法不见于《法式》：

（1）平座柱叉立于铺作内侧梁枋上，虽近似缠柱造，但不用附角斗，如正定隆兴寺转轮藏殿；

（2）上层柱立于柱头枋及楼面铺板枋上，如隆兴寺慈氏阁；

（3）平座柱立于草栿、枋子之上，再置于铺作层上，如蓟县独乐寺观音阁、应县佛宫寺塔平座的做法。

由此可见，对各种做法《法式》只提供样板，实际工程中远比《法式》丰富多样。

楼板在稳定楼阁木构架方面起着重要作用。由于木构架榫卯繁多，稍有契合不严，或木材变形，就可因误差积累而导致整个建筑物的倾侧或晃动。《法式》卷十九平座楼面板厚可达两寸，如拼紧钉实，确能起水平刚性板作用，使楼阁得到稳定。五代末年喻皓在杭州解决梵天寺木塔晃动问题，就采用了这一方法[11]。

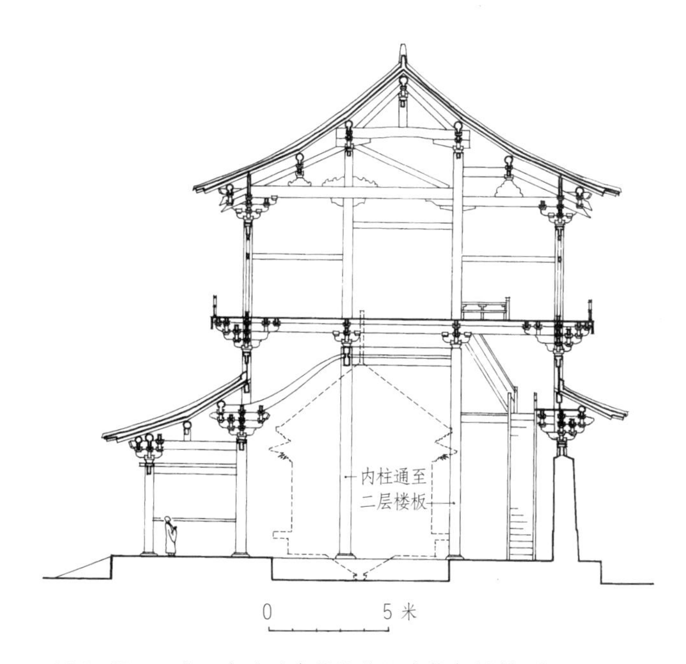

图2-25　河北正定隆兴寺转轮藏殿木构架侧样（宋）
（引自《中国营造学社汇刊》四卷二期，梁思成《正定调查纪略》）

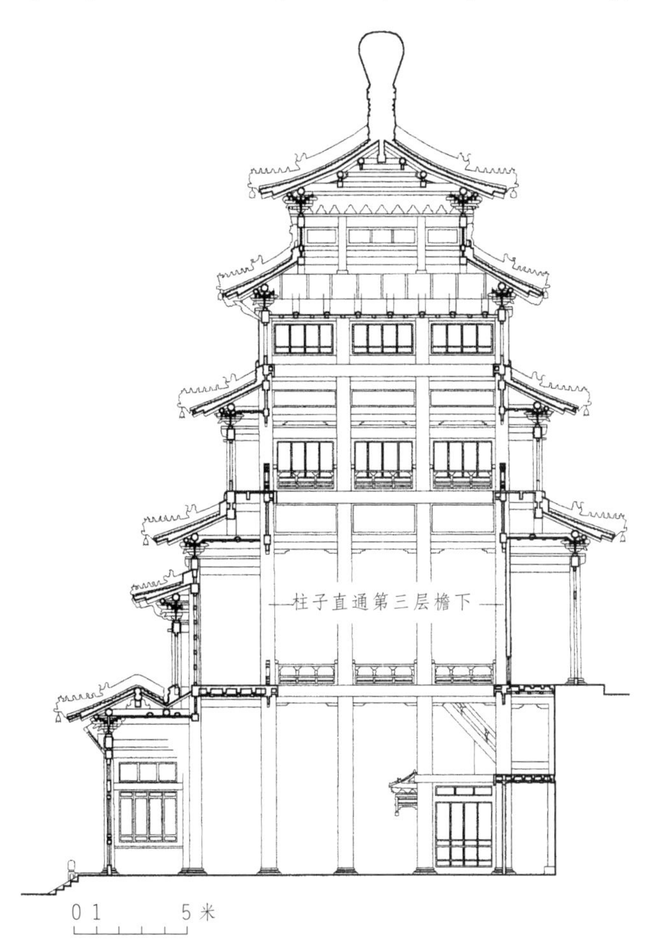

图2-26　河北承德普宁寺大乘阁木构架侧样（清）
（据刘敦桢《中国古代建筑史》图）

二、材、栔、分°* 模数

我国古代木架建筑经两汉至南北朝，技术和艺术日趋成熟，式样也渐臻定型，中唐

*“栔，音至”，见《法式》卷一《总释上·材》；分，音份，意同，本书采用梁思成先生所创符号“分°”。

以后斗栱已相当复杂，敦煌盛唐壁画中的佛殿已用了柱头七铺作和补间五铺作，和佛光寺大殿斗栱出跳数相同。木构架和铺作越来越复杂，势必要求有统一的尺度标准，以便把大量分别加工的构件拼装起来。从山西五台山南禅寺大殿和佛光寺大殿的木构架来看，唐代后期木构件用料已趋规格化，栱、枋断面也接近 3∶2[12]，所以用栱、枋断面尺寸作为用料标准的办法，虽在当时的文献资料上尚无记述，但实践中可能已在使用。

到宋代，斗栱式样更繁复，柱头铺作、补间铺作都可达八铺作（出五跳），补间铺作可用两朵，且可逐跳重栱计心造。这样，大木作加工更复杂，材料消耗也增多，如以一座规模不大的三开间分心槽殿堂为例，按《法式》做法，假定斗栱用六铺作，补间铺作逐间两朵，则共计内外斗栱 38 朵，斗、栱、昂等构件两千余件，加上梁柱、枋额、槫栿等（未计椽子），总共约 2200 件，其中铺作构件数约占 90%，且卯口复杂，精确度要求甚高，属上等工，如无统一尺度标准和周密的施工组织计划，很难设想能把这么多零件顺利地拼装起来[13]。

工程的实际需要促使匠师们非有统一的模数不可，而从构件数量、加工复杂程度和卯口拼合要求严密等方面来看，采用栱、昂、方桁等所共用的断面尺寸作为度量房屋高深或部件大小的基本单位无疑是最恰当的。于是“以材为祖”的模数制终于被制定出来。

所谓“材”本来是指具体的枋料，不仅有断面尺寸，而且可以按长度计算功限，《法式》卷十七《大木作功限一·栱斗等造作功》规定“造作功并以第六等材为准，材长四十尺，一功”即可说明这一点。所以“材”又称“方桁”，方桁则包括柱头枋、罗汉枋、算程枋等材料[14]。为了把实物概念转化为尺度概念，《法式》又把这种枋料的断面高度定为度量的基本单位——材，如“梁广四材”，“柱径三材”，意即四倍、三倍于材的断面高度。

《法式》规定：1/15 材的断面高度为 1“分”（即“份”。为了和尺、寸、分相区别，材分值用梁思成先生所创符号——分°来表示），材的高宽比为 3∶2，故宽为 10 分°，“分°”是度量微小尺寸时所用的单位。在材与分°之间又取栔作为中间辅助单位，“栔”是足材和单材之间的差额，按《博雅》：“栔，缺也”的释义，足材缺栔为单材（单材即“材”），材高 15 分°，栔高 6 分°，故足材高 21 分°，这样便形成了“材·栔·分°”三级模数体制，无论巨细尺寸，都可用这三个单位来表示。这一模数体制，不仅有利于施工，而且也便于设计与估工估料，无疑是我国古代建筑史上的一项重要创造。

《法式》卷四规定：“凡构屋之制，皆以材为祖。”又说：“凡屋宇之高深，名物之短长，曲直举折之势，规矩绳墨之宜，皆以所用材之分以为制度焉。”如果单从字面理解，似乎房屋一切尺寸都根据所用材等的“分°”来标示。但是，如果研究一下《法式》各卷使用的尺度标准，则可发现：第一，材·栔·分°模数主要适用于大木作，偶尔也用于其他部分（如立基高度）；第二，在大木作中，仅是各种构件的大小（如柱、梁、额、槫、斗、栱等）才用材分°表示，至于房屋的许多整体尺度则不用材分°而直接用丈、尺、寸表示，这种情况在大木作中有八处：

（1）两槫之间的水平距离——“架深”；

（2）从橑檐枋心跳出的屋檐深度——“檐出”；

（3）布椽疏密；

（4）屋顶两端伸出的“出际”；

（5）屋顶“举折”之法；

（6）四阿殿脊两头向外“增出”；

（7）角柱"生高"；

（8）转角造屋角檐口向外"生出"。

上述八种尺寸，前五种虽不用材分°表示，但受用材等第高低而受到一定的间接影响；后三种则与用材等第无关，不论用哪一等材，都使用同一尺度。至于像柱子高度，《法式》甚至不作尺度规定。说明"以材为祖"是以有利于工程，便于使用为目的，而并不是机械地强求一律的。

《法式》所列的"材"共八等，分别适用于各种不同类型和大小的官式建筑。但是，"材有八等"指的应是主要材等而并不是全部材等，不能把它理解为绝对完整和不可变易的东西。因为就在《法式》本身所述内容中，还有两种材未被列入八等之内：其一是七、八等材之间的五寸材（见卷十九《大木作功限三·营屋功限》）；另一种是一寸八分材（见卷八《斗八藻井》）。前者用于营房屋，后者用于殿阁藻井。后者虽属小木作，用料较小，但大木作第八等材也用于藻井，说明大木与小木用材界限并非绝对。若把上述两种材包括在内，《法式》所录的材共有十种。且《法式》卷二《总例》规定："诸营缮计料，并于式内指定一等，随法算计。若非泛抛降，或制度有异，应与式不同，及该载不尽名色等第者，并比类增减。"这条有关用料方面的总则说明，一般情况下均按《法式》规定的某一等计算用料，如果遇到制度有异，也可采用不同的式样、等第，并参照《法式》中类似规格来增减估算用料。可见《法式》的各种规定都有灵活运用的余地，遇有工程实际需要，可以变通使用。所以在八等材之外，另定其他材等，和《法式》总例的精神是相符的（表2-1）。

表 2-1 《法式》用材等级

用材等级	断面尺寸	适用于何种建筑物
第一等	9寸×6寸	殿身九至十一间者用之。副阶及殿挟屋比殿身减一等，廊屋（两庑）又减一等
第二等	8.25寸×5.5寸	殿身五至七间者用之。副阶、挟屋、廊屋同上减一等
第三等	7.5寸×5寸	殿身三间、殿五间、堂七间用之（此处"殿身"与"殿"有区别，殿身是指重檐建筑上檐覆盖的部分，殿是指全殿）
第四等	7.2寸×4.8寸	殿三间、厅堂五间用之
第五等	6.6寸×4.4寸	殿小三间、厅堂大三间用之
第六等	6寸×4寸	亭榭、小厅堂用之
第七等	5.25寸×3.5寸	小殿、亭榭等用之
（未入等）	5寸×3.3寸	营房屋用之
第八等	4.5寸×3寸	殿内藻井、小亭榭施铺作多者用之
（未入等）	1.8寸×1.2寸	殿内藻井用之

从表2-1还可以看出：八等材之间的差额是不同的，第一、二、三等之间和第六、七、八之间均差0.75寸；而第三、四、五、六等之间的差额较特殊，分别是0.3寸、0.6寸、0.6寸。造成这种现象的原因是什么？当然可有种种分析，但从《法式》编写目的以及实际工程中可以变通运用等情况来看，最大可能性还是为了便于掌握工料：第一、二等材料用料硕大，限于少数最高级殿堂，所以不常使用；第三、四、五、六等材是一般殿阁、厅堂、亭榭所用，是常用材，用量大，耗材多，为了精确掌握工料消耗，把这几种材的等级分得细些，差额小些，对节制开支是有好处的。《法式》规定斗栱等造作功以第六等材为准，也从侧面说明了这种材的使用是频繁的，是工匠们所习见的。至于在第七、八等材之间增加一种五寸材，也反映了这种材的特殊性与常用性。北宋兵制，收天下劲旅，列营京畿，东京常驻禁军数十万[15]，可见由于营房量大面广，

故专设此材等。我国古代因木材日益匮乏，小材愈来愈被大用，事实上，第七、八等材在宋代已不是无关紧要的材，不少宋塔用料都接近这两种材，就显示了这一迹象。以至发展到清代，故宫最隆重的太和殿，栱的断面也仅为 12.6 厘米×9 厘米，还不及《法式》的八等材，由此可见用材趋势的一斑。

《法式》规定"材"的高宽比为 3∶2。这种比例关系既简单易记，又易于分辨木材的两个不同面，施工中使用方便，这可能是匠师们采用这个比值的原因。至于是否与材料力学概念有关，至今尚无任何实证可据（表 2–2）。

表 2–2　若干宋代建筑的用材情况

建筑物名称	建造年代	用材情况			
		高×宽（厘米）	高×宽（折合寸）	宽/高	约略相当的材等
福州华林寺大殿	964	33×17	10.3×5.3	1/1.94	1 等
山西榆次永寿寺雨花宫	1008	24×16	7.5×5	1/1.5	3 等
福建莆田玄妙观三清殿	1009	29×9.5~12	9×3~3.75	1/3~1/2.4	3 等
苏州瑞光寺塔	1010				
底层		18×12	5.63×3.75	1/1.5	6~7 等
上层		19×14	5.94×4.38	1/1.36	5~6 等
浙江宁波保国寺大殿	1013	21.5×14.5	6.72×4.53	1/4.8	4~5 等
太原晋祠圣母殿	1023–1031	21.6×16	6.75×5	1/1.34	4 等
上海松江兴圣教寺塔	949–1094	13×10	4.06×3.13	1/1.3	8 等
河北正定隆兴寺摩尼殿	1052	21×16	6.56×5	1/1.31	4 等
安徽广德天寿塔（底层）	1102	16.3×10.5	5.09×3.28	1/1.55	7 等
河南登封少林寺初祖庵	1125	18.5×11.5	5.78×3.59	1/1.61	6~7 等
江苏常熟兴福寺塔	1130	11.5×8	3.59×2.5	1/1.44	8 等以下
苏州玄妙观三清殿	1179				
上檐		23.8×16.5	7.44×5.16	1/1.44	3 等
下檐		19×9	5.94×2.81	1/2.11	6等
河北正定隆兴寺转轮藏殿	12 世纪	24×16.5	7.5×5.16	1/1.45	3 等
浙江绍兴永思陵大殿	南宋初		5.25×3.5		据记载为 7 等 见本章注释 28

注：1 宋尺合 30.9~32.9 厘米（据刘敦桢《中国古代建筑史》附录三）。本表设定 1 尺 =32 厘米。

当然，如果按矩形梁的边缘最大应力 $\sigma_{max}=6M/bh^2$（M 为弯矩，b 为梁的宽度，h 为梁的高度）来分析，提高梁高 h 值对增强梁的抗弯能力是十分有利的，因此近代建筑中木搁栅的高宽比都大于 2∶1，甚至达到 5∶1、6∶1（加剪刀撑）。福州华林寺大殿所用 33 厘米×17 厘米的材，其比值近于 2∶1，莆田玄妙观三清殿所用材的比值接近 3∶1（柱头铺作华栱为 29 厘米×10.5 厘米，补间铺作华栱为 29 厘米×9.5 厘米，泥道栱为 29 厘米×12 厘米），比《法式》所定断面似乎更为合理。但是，由于"材"作为矩形梁来使用的情况较少，主要是华栱和下昂这两种外挑构件，而大量的"材"（即方桁）则作为联络构件来使用，如罗汉枋、柱头枋、串、襻间等。因此，上述提高 h 值的做法，对这些非受弯构件来说没有太大的实际意义。而对受力最集中的柱头铺作华栱，《法式》制定了"足材"=材+栔=21 分°予以应对。这样的"单材"与"足材"的分工，使木材利用更为合理，也有利于节约工料。

三、定"地盘"——木构架的平面设定

《法式》所称"地盘"即今日所谓"平面"。

中国传统木构架建筑的基本组成元素是“间”。无论历史文献或百姓生活中，对房屋数量规模都有“为屋××间”，或“毁屋××间”之类的描述，“间”是构成单体建筑和群体建筑的基础。

在《法式》中我们也可以看到，用“间”的多少来表示房屋规模大小，并由此规定用料等第高低和深广丈尺之数，例如大木作用材制度规定：一等材用于殿身九间至十一间；二等材用于殿身五间至七间……瓦作用瓦制度规定：殿阁厅堂五间以上用筒瓦长1尺4寸，广6寸5分，三间以下用筒瓦长1尺2寸，广5寸等。

“间”是指相邻两缝（榀）梁柱构架之间的空间（在平面图上则表现为面积）。“间”的大小由“间广”（面阔、开间）、“间深”（进深）及由柱高与屋面举高为基础组成的高度来决定。用若干个这种基本单元“间”并联起来，就构成三间、五间、七间……各种不同规模的屋宇。由此形成的地盘十分简洁、明晰，只要看清柱网布置，就可以了解房屋布置及其上部结构的梗概，这是以木构架为承重体系的中国古代建筑的特色和优点。

对于上述“间”的概念，唐、宋、明、清一脉相承。到清代，虽有“进深每山分间”之说，但只限于庑殿等四转角屋宇的山面外观（见清工部《工程做法》卷一），未对室内空间（面积）分间，进深仍用檩数（架）来计算。

到近代则产生了另一种“间”的定义，即梁思成先生在《清式营造则例》中提出的：“凡在四柱之中的面积都称为间。”（见该书第二章，18页）但是拿这个定义来解释《法式》中的地盘时就遇到了困难，例如：《法式》卷三十一《殿阁地盘分槽等第十》的殿阁身地盘，九间，身内分心斗底槽图样（图2-8），图题标明该殿为九间，但按“四柱之中的面积都称为间”的定义解释，该殿应是十八间，而不是九间。再看下图，标题为“殿阁地盘，殿身七间，副阶周匝各两架椽，身内金箱斗底槽”（图2-11），按《清式营造则例》的定义，此殿殿身应是二十三间，而不是七间。

对其他两种殿阁地盘图的解释也同样是行不通的。至于厅堂结构，因柱梁构架变化很多，各间进深方向柱数多少不一，甚至难以准确划定四柱之间的“间”。

因此，我们认为“四柱之中的面积都称为间”的定义至少在宋代建筑中是不适用的。

不过，这个概念在其后的古建筑研究中似乎已被不少人接受，而且还延伸到对房屋进深方向的表述中，例如经常可以看到“面阔×间，进深×间”的说法，有的著述还提出了宋代建筑以进深二椽为一间的新论断（见陈明达《营造法式大木作研究》第二章及第五章），使“间”的概念变得更加紊乱。所以，现在有必要予以澄清：在中国古代建筑中，对房屋空间（面积）分间只限于面阔方向，进深方向采用另一种单位——“架”来表述。在《法式》中，“架”数即是椽数，例如进深四椽，即称为“四架椽屋”，进深六椽即称为“六架椽屋”。这和清式用檩数计架数的办法不同。

对此，我们还可以从有关唐、宋、明各朝建筑的文献中得到印证：

《册府元龟》卷六一，唐文宗营缮令：“三品以上堂舍不得过五间九架，……门屋不得过三间五架；五品以上堂舍不得过五间七架，……门屋不得过三间两下……；六品、七品以下堂舍……”(16)

《宋史》卷一五四，舆服志六所载南宋临安大内崇政、垂拱二殿之规模为：“每殿为屋五间，十二架，修（深）六丈，广八丈四尺，殿南檐屋三间，修一丈五尺，广亦如之；两朵殿各二间，东西廊各二十间，南廊九间，其中为殿门三间六架……”

《明史》卷六八，舆服志："公主府第……厅堂九间十一架，……正门五间七架；……官员营造房屋：……公侯前厅七间两厦九架，中堂七间九架，后堂七间七架，门三间五架，……廊庑庖厨从屋不得过五间七架；一品、二品，厅堂五间九架，……门三间五架；……三品至五品，厅堂五间七架，……门三间三架；……六品至九品，厅堂三间七架，门一间三架；……庶民庐舍……不过三间五架……"

从上述唐、宋、明三朝屋宇制度可以看出，"间"与"架"是规范房屋深广的基本单元，"间架深广"一词因此也成为惯用语而屡见于宋代文献之中。其后，"间架"二字还成为表述空间关系和空间架构的常用语。不过在架数的规定上，唐、明用单数，宋代用双数，可能前者以榑数计，后者以椽数计（《法式》也以椽数计）。

这里还须补充一点：在宋代，当殿身有副阶周匝时，副阶仍以展开的"间"数计算，如建中靖国元年（1101年）皇太后陵寝献殿为："殿身三间，副阶一十六间。"（《宋会要辑稿》第二十九册，礼三三）据此来解读《法式》卷三十一殿阁地盘金箱斗底槽图，则可称为"殿身七间，副阶二十六间"。

在《法式》卷三十一大木作制度图样中，仅有地盘图四幅，均属殿阁类建筑（图2-8~2-11）。其实这四幅图可以归为三类，即：金箱斗底槽、双槽、单槽。分心斗底槽其实只是单槽的变体，所以在《殿堂等六铺作分心槽侧样第十四》图中注文曰：

"殿侧样，十架椽，身内单槽，外转六铺作，重栱出单抄两下昂，里转五铺作，重栱出双抄。"

注文中把单槽和图题中的分心槽等同起来，可见二者实为同一分槽类型，所不同的是分心槽的"槽"居于殿中心，单槽则偏于一侧。而图示分心槽九间殿还用横向的两个柱列把室内划分为左、中、右各三间，这种十字交叉用"槽"的方式可能是为了强调殿内三个主题（例如三洞门，或三主位之类）。

前文已谈到，殿阁类结构由柱框层、铺作层与屋盖层相叠加而成。这种结构可使柱子不必与屋顶的榑在同一垂直线上，因而使地盘布置取得了一定的灵活性。例如殿身十架椽双槽，其内槽柱的位置可定在两榑缝之间，而不必与榑相对应。长度达十椽的栿也可因草架做法而采取三料相接的办法来解决特长料的供应困难（见《法式》卷三十一《殿堂等七铺作双槽草架侧样第十二》）。

《法式》未列厅堂类房屋的平面图，但从所列侧样之丰富（共19幅）可知，其地盘种类当比殿阁类屋宇丰富得多，宋、辽、金实物遗存也证明了这一点。

四、定"侧样"——木构架的剖面设定

《法式》所谓的定"侧样"就是作房屋木构架的剖面设计。匠师们的办法是用1/10的比例尺在平正的墙面上画出房屋的剖面图，由此求得屋盖举折、梁栿长短、榫眼距离等种种尺寸，作为施工的依据（见《法式》《序目》及卷五《举折》）。这种侧样和今天的"放样"相似，是工程中的重要环节。

早在《法式》编写之前，喻皓就在《木经》中把房屋分为下、中、上三份[17]，下份即阶基、中份为柱子、斗栱，上份为屋盖。定"侧样"也就是在剖面上确定这三部分的做法和尺寸：

（一）下份

下份即阶基。

阶基的做法有两种：一种是低阶基，用于一般殿阁、厅堂、亭榭等建筑物，高度为五至六材（卷三《壕寨制度》），约合二柱径；另一种是高阶基，用于楼台，高 1~4 丈，或更高（卷十五《砖作制度》）（参见图 8–15、8–16），最高的当推城门楼台和凭城而筑的观赏用楼阁，如宋平江府城上的姑苏台、齐云楼、平江府子城正门门楼（图 2–27、2–28）、武昌黄鹤楼、岳州岳阳楼、黄冈月波楼等[18]。这类楼台是继承春秋战国以来高台建筑的传统，到宋代仍相当流行。就阶基材料而言，则有石、砖两种：石阶基用于殿宇，作“叠涩座”式，是高级的阶基做法；砖阶基使用面较广，普遍用于殿阁、厅堂、亭榭、楼台，可做成“须弥座”（在石作称“叠涩座”，同物异名），也可作成无线脚的普通阶基式样。后者的垒砌方法有“平砌”和“露龈砌”两种，所谓“平砌”，就是阶基外表有一层斫磨的细砖做面层，收分极少，仅 1.5%，所以外观比较精致；“露龈砌”则是上一砖比下一砖收进 1~5 分，收分最大可达 20%，适合于阶基高的楼台式殿阁（图 8–17）。

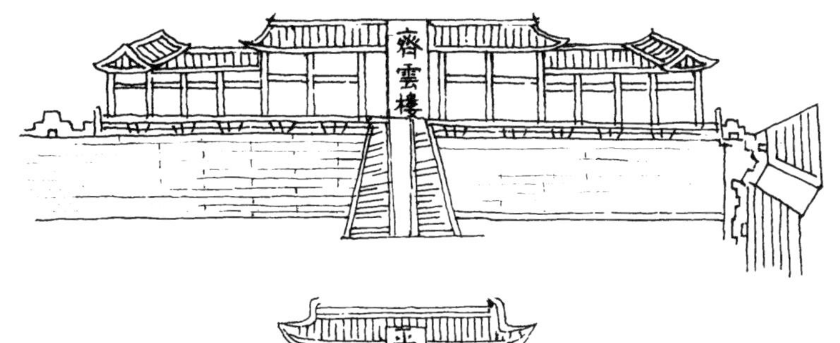

图 2–27　宋绍兴二年（1132 年）《平江图碑》所示齐云楼

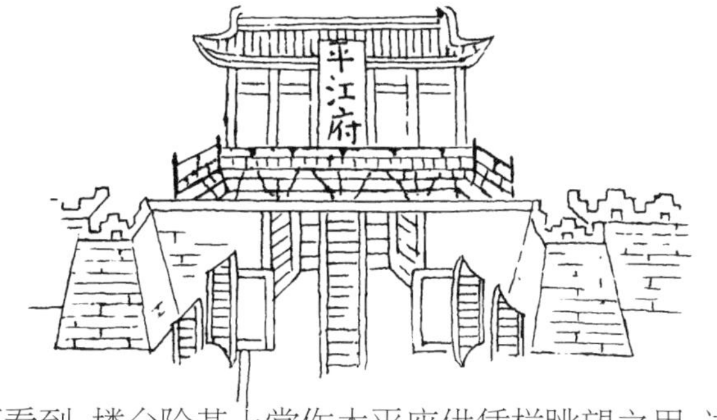

图 2–28　宋绍兴二年《平江图碑》所示府衙子城城门楼台

从宋画中还可看到，楼台阶基上常作木平座供凭栏眺望之用，这就是“自地立柱谓之永定柱，柱上安搭头木，木上安普拍枋，枋上坐斗栱，……四周安雁翅板……”的做法（《法式》卷四《平坐》）。这种平座使楼台的轮廓线更觉曲折多姿，但明清已不用，因为木平座在安全、耐久等方面终究不及砖石结构。

对于阶基宽度，《法式》仅有“阶头随柱心外阶之广”一句（卷三《石作制度·殿阶基》），而未作具体尺寸规定。但《法式》对阶基排水是重视的，首先规定了砖铺阶基地面的坡度：室内为 1‰或 2‰；室外阶头为 2%~3%。同时还规定阶外砖散水应根据檐上滴水的远近来铺砌。所以可以肯定，实际工程必然注意阶头收入滴水线以内，并有一定距离（清式做法：回水=1/5 或 1/4 上檐出）。对于楼台阶基，《法式》砖作制度规定：“阶头自（永定）柱心出三尺至三尺五寸。”这一宽度小于一般楼阁亭榭的上檐出[19]，符合排水要求；在构造上，则永定柱外有足够厚度的砖墙起稳定和保护作用[20]。

阶基的踏道用石或砖。不过砖作另有“慢道”（即坡道）做法，供厅堂、城楼等用。《木经》曾把宫中“慢道”分为“峻”“平”“慢”三等。《法式》仅载 1：4 及 1：5 两种坡度，前者用于厅堂，作成“三瓣蝉翅”或“五瓣蝉翅”（见图 8–27）；后者用于城楼。高级慢道还可用“花砖”铺面（唐长安大明宫麟德殿已有莲花砖慢道[21]）。

(二)中份

1. 柱高

在决定房屋高度时,檐柱高有重大影响,《法式》卷五《柱》有“厅堂等屋内柱皆随举势定其短长,以下檐柱为则”的条文。但下檐柱高度是多少?《法式》无具体规定,仅有“若副阶、廊舍,下檐柱虽长不越间之广”一句。副阶和廊舍[22]都不是单独存在的屋宇,仅是主屋的附屋,又和主屋在同一庭院内,故其尺度必须适宜于陪衬主屋,其中副阶的“间广”和主屋相等,廊舍的间广也应和副阶相称,但其高度必须显著低于主屋,因而产生了间广与柱高的制约关系。至于对殿阁、厅堂及其他独立性房屋未作上述限制性规定,而据宋代文献记载,殿宇间广都是根据实际情况直接决定丈尺多少。

既然在《法式》中不能得到柱高的尺度,只得从实物中寻找答案。根据现存唐宋时代木构,檐柱径与柱高之比多在1/7~1/10之间(图2-29),个别达1/11[23](清官式建筑有斗栱者檐柱径高比为1/10,无斗栱者为1/11.4)。按《法式》规定的殿阁、厅堂、余屋三类柱径的材分°值算出尺寸,即可酌定檐柱高。不过,以当时所建皇室工程实际用材状况来验算,《法式》所订各项柱径的材分°值似乎都偏高。试以一座殿身三间、副阶周匝的殿宇为例:《法式》规定,此殿殿身用三等材,副阶用四等材;再按大木作制度,“凡用柱之制,若殿阁即径两材两栔至三材。”故此殿副阶柱径为:

两材两栔=42分°,用四等材,为42×0.048尺=2.016尺;

三材=45分°,用四等材,为45×0.048=2.16尺。

但用《法式》完稿后仅一年(1101年)所建皇太后陵献殿来验算:该殿殿身三间,副阶周匝,副阶平柱高1丈[24]。按径高比1∶10~1∶7折算,柱径应是1.0~1.43尺。与《法式》规定折算得出的2.016~2.16尺相差达102%~51%。而皇太后献殿应处在官式建筑中之高档位,尚且有如此大的差距,可见《法式》所定的制度标准过高,在实际执行中仍需灵活掌握,不可一概照搬。

关于内柱的高度,殿阁式构架内外柱基本同高,厅堂类构架内柱根据屋面举折之势求得内柱高度。

重檐建筑殿身柱高度是由副阶柱高+副阶铺作及榑、椽高+副阶屋面举高+阑额及额下垫板高等几个因素组成的,不可能由某个固定比例关系来决定(诸如事先确定副阶柱高与殿身柱高之比为1∶2之类的说法显然是不符工程实际需求的)。

《法式》详细规定了檐柱的“侧脚”与角柱“生高”,这种做法,普遍见之于唐、宋、辽、金、元、明各代建筑中。对于“侧脚”和“生高”产生的原因,学界存在不同的看法,对此笔者已在第一章、五中阐述了自己的观点,此处不再赘述。

2. 铺作高(图2-29)

对于铺作的详细做法将另文讨论,这里只涉及其总高与跳深。

“铺作”一词有两种涵义:狭义地说是指斗栱本身;广义地说,也指殿阁斗栱所在的结构层逐层铺叠的做法。铺作计数从栌斗起算至衬枋头,故四铺作则包含栌斗、华栱(或华头子内华栱加下昂)、耍头、衬枋头四层,总高三材四栔;五铺作为栌斗、华栱、下昂与华头子、耍头、衬枋头,共五层,总高四材五栔;六铺作比五铺作多一层下昂,共六层,总高五材六栔减2~5分°;七铺作、八铺作分别为:七层,高六材七栔减4~10分°;八层,七材八栔减6~15分°。如用一等材八铺作,则斗栱总高为8.28~8.82尺。

斗栱出跳一般是每跳 30 分°（两材），但跳数多至七铺作、八铺作时，就要适当减少出跳深度，例如用全计心造做法，则第一外跳不减，里跳减 2 分°；第二跳以上里外各减 4 分°。所以若用一等材八铺作，斗栱外跳总深为 134 分°，合 8.04 尺。如加上橑檐枋以外的檐出 7.68~8.64 尺，则飞檐从檐柱心出 15.7~16.7 尺（4.9~5.2 米）。

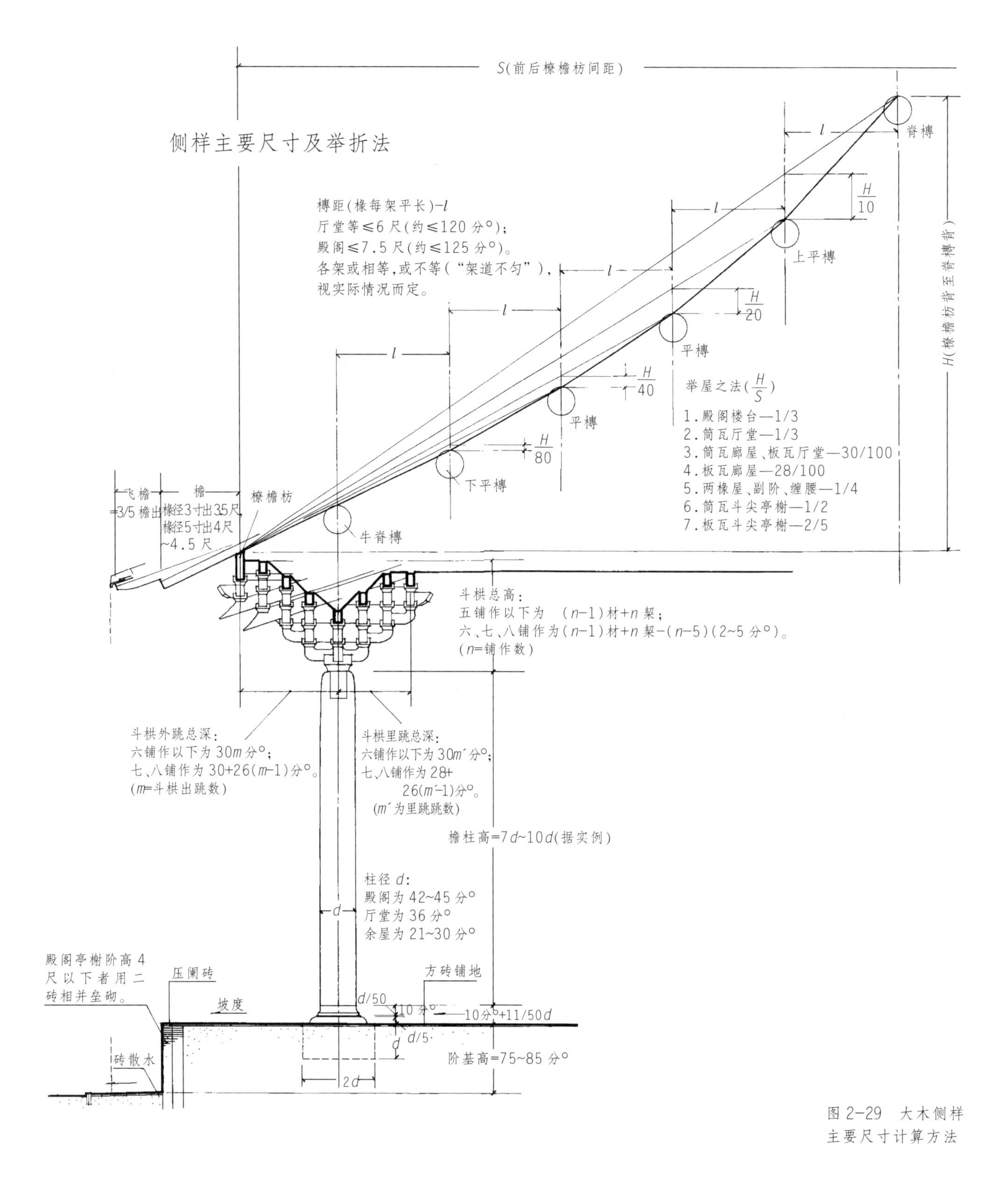

图 2-29 大木侧样主要尺寸计算方法

（三）上份

1. 架深（图 2–29）

宋代房屋进深由椽架数及椽平长（架深）决定，若确定用几架椽屋，椽平长为几何，即可知全屋进深几何。《法式》对椽平长有如下规定："椽每架平不过六尺，若殿阁或加五寸至一尺五寸。"这种只作极限值规定，而不定出具体材分°的办法，使房屋设计有较多灵活余地。为了探讨各类房屋各种材等的架深和进深，试将上述极限值折算成材分°：

《法式》卷四《材》规定：厅堂、廊屋（属余屋类）最大用材为第三等，"每架平不过六尺"，二者都用最大值，则架深 6 尺折合材分为 120 分°，殿阁最大用材为第一等，架深最大 7.5 尺，折合为 125 分°。以建中靖国元年（1101 年）所建皇太后陵献殿作对照，该殿"共深五十五尺，殿身三间，各六椽"；"副阶十六间，各两椽"（《宋会要辑稿》第二十九册，礼三三）[25]，殿身深六椽，前后副阶各两椽，通深十椽，故平均架深为 5.5 尺，按《法式》规定，殿身三间则用三等材（见表 2–1），其分°值为 0.05 尺，折合架深 110 分°，符合上述殿屋不超过 125 分°的极限值；副阶用四等材，折合架深 115 分°，也在规定范围之内。

根据上述两种极限值推算各种材等房屋的架深，是《法式》中可以据之探求房屋进深的渠道之一（表 2–3）。但按此法推出的也只是约略相当的数值。且《法式》允许"架道不匀"[26]，各架架深可有参差。

表 2–3　殿阁、厅堂、余屋三类房屋用椽及架深推算

材等	分°值（寸）	殿阁		厅堂		余屋	
		椽径（寸）9~10分°	架深（尺）≤7.5 尺（125 分°）	椽径（寸）7~8 分°	架深（尺）≤6 尺（120 分°）	椽径（寸）6~7 分°	架深（尺）≤6 尺（120 分°）
一	0.6	5.4~6	≤7.5				
二	0.55	4.95~5.5	≤6.9				
三	0.5	4.5~5	≤6.3	3.5~4	≤6	3~3.5	≤6
四	0.48	4.32~4.8	≤6.0	3.36~3.84	≤5.8	2.88~3.36	≤5.8
五	0.44	3.96~4.4	≤5.5	3.08~3.52	≤5.3	2.64~3.08	≤5.3
六	0.4	3.6~4	≤5.0	2.8~3.2	≤4.8	2.4~2.8	≤4.8
七	0.35	3.15~3.5	≤4.4	2.45~2.8	≤4.2	2.1~2.45	≤4.2
八	0.3	2.7~3	≤3.8	2.1~2.4	≤3.6	1.8~2.1	≤3.6
注		殿阁、亭榭用一至八等材		厅堂最高用第三等材		余屋中的廊屋比殿阁减两等，故最高为第三等材	

另一种探求殿宇架深的办法是根据平棋的尺寸来推算，因为宋代平棋是按间广与架深整片制作的（和清式分成许多小块不同）。一片平棋的长等于间广，广等于架深。《法式》卷五造梁之制曰："凡平棋枋，在梁背上，广厚并如材，长随间广，每架下平棋枋一道。"指出了平棋的大小与间、架的关系。又卷八造殿内平棋之制规定："每段以长一丈四尺，广五尺五寸为率，其名件广厚，若间、架虽长广，更不加减。"

由此可以得知，宋代一般的殿屋以广 14 尺、架深 5.5 尺为常见尺寸，故取之作为样板（参见图 4–31）。而这一架深尺寸，也和上述皇太后陵献殿的架深正相符合。

2. 檐出

对于檐出的长短，是根据椽径大小来决定的。《法式》规定："造檐之制皆从橑檐枋心出，如椽径三寸，即檐出三尺五寸；椽径五寸，即檐出四尺至四尺五寸。檐外别加飞檐，每檐一尺，出飞子六寸。"由此算得椽径与檐出的关系如表 2–4。

檐椽外跳部分是悬臂梁，其橑檐枋处支点上弯矩比上架椽（简支梁）的弯矩大得多。若按三等材、斗栱七铺作计算如图 2–30：

表 2–4　椽径与檐出的关系

椽径(寸)	檐出(尺)	椽径/檐出	飞子出 =6/10 檐出(尺)	总出(尺)	椽径/总出	适用何种建筑、材等
3	3.5	1/11.7	2.1	5.6	1/18.7	殿阁八等材，厅堂六等材，余屋四至五等材
5	4~4.5	1/8~1/9	2.4~2.7	6.4~7.2	1/12.8~1/14.4	殿阁二至三等材
参照以上二例椽径与檐出的比值，根据已知椽径可约略推算得檐出，例如殿阁用一等材，椽径用 6 寸，其檐出等各项数值可按径 5 寸椽的数值×6/5 求得						
6	4.8~5.4	1/8~1/9	2.88~3.24	7.68~8.64	1/12.8~1/14.4	殿阁一等材

椽平长 =6 尺，椽径 =5 寸，檐口总出 7.2 尺，斗栱出跳 108 分°=108×0.5=54 寸 =5.4 尺，假设椽上荷载 =q 斤/尺(按平长计算)；

上架椽最大弯矩 $M_4=\dfrac{ql_4^2}{8}=4.5q$ 斤·尺。

橑檐枋支承点檐椽弯矩 $M_1=\dfrac{ql_1^2}{2}=25.9q$ 斤·尺。

可知檐椽弯矩 M_1 比上架椽弯矩 M_4 大好几倍，因两椽断面相同，故应力也相差好几倍，上架椽的安全系数较檐椽大得多，檐椽无疑是个薄弱环节。

3. 举折

对于屋顶举折，《法式》有详细规定。所谓举折，包含“举”与“折”两个内容。“举”就是脊槫与橑檐枋的高差（无斗栱时为脊槫与檐槫的高差），“折”就是屋顶剖面的折线。

举屋之法，有以下七种：

（1）殿阁楼台

$\dfrac{H}{S}=\dfrac{1}{3}\approx\dfrac{33}{100}$；

H——橑檐枋背至脊槫背之高

S——前后橑檐枋间距，无斗栱时为前后檐柱心间距

（2）筒瓦厅堂

$\dfrac{H}{S}=\dfrac{1}{4}+\dfrac{8}{100}=\dfrac{33}{100}$；

（3）板瓦厅堂及筒瓦廊屋

$\dfrac{H}{S}=\dfrac{1}{4}+\dfrac{5}{100}=\dfrac{30}{100}$；

（4）板瓦廊屋之类

$\dfrac{H}{S}=\dfrac{1}{4}+\dfrac{3}{100}=\dfrac{28}{100}$；

（5）副阶、缠腰、两椽屋

$\dfrac{H}{S}=\dfrac{1}{4}=\dfrac{25}{100}$；

（6）八角及四角筒瓦斗尖亭榭

$\dfrac{H}{S}=\dfrac{1}{2}=\dfrac{50}{100}$；

（7）八角及四角板瓦斗尖亭榭

$\dfrac{H}{S}=\dfrac{2}{5}=\dfrac{40}{100}$。

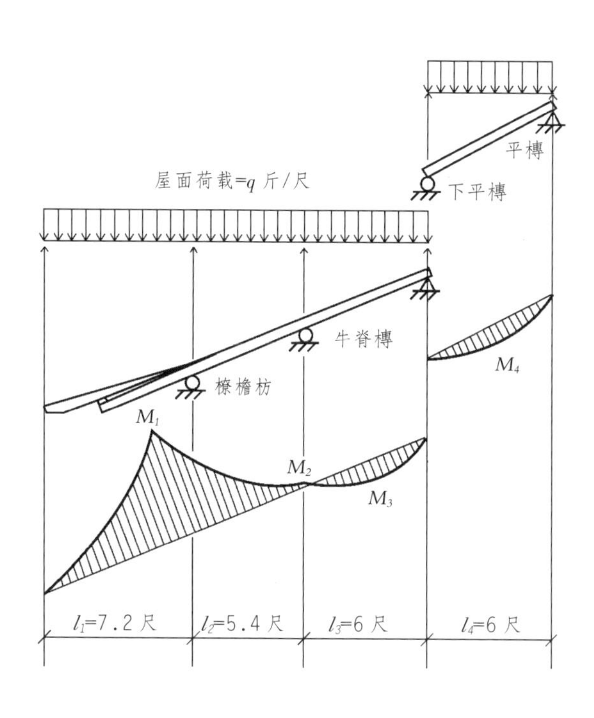

图 2–30　殿阁用三等材，七铺作，椽径 5 寸，其檐椽、上架椽受力情况及弯矩图

其中以亭榭举高值最大，殿阁次之，厅堂再次之，副阶最小。

举屋之法，在《考工记》中就有“葺屋三分，瓦屋四分”的记载(即草房举高=1/3 进深，瓦房为 1/4 进深)，说明战国时匠人就根据屋面铺材排水能力来决定屋顶坡度。不过，同为瓦屋面，若屋面进深大，瓦沟所积雨水就多，坡度也须相应提高，以利排除雨水。因此上列《法式》举屋之法对殿阁和筒瓦厅堂两种体量大的房屋规定了较陡峻的坡度，而对板瓦厅堂、廊屋、副阶等，则按进深大小，依次降低举高，这是一种既满足排水要求又符合节约原则的措施。其中斗尖亭榭属于观赏建筑，屋顶举高最多，显然不单纯是由于排水要求。另一方面，宋代板瓦较大(《法式》所定最大板瓦长 1.6 尺，宽 1 尺，清式最大板瓦长 1.35 尺)，仰瓦布瓦稀疏(压四露六)，因此可以采用较平缓的坡度。

折屋之法，如图 2-29 所示。

根据《法式》所定举折与清式举架相比，二者所得屋顶剖面折线颇为接近，(同样以十架椽屋剖面作图，清式按五举、六举、六五举、七五举、九举所画屋面折线与宋式基本相同)，证明宋、清两代官式建筑屋面坡度变化不大，结合《考工记》“瓦屋四分”之说，可以看出：$H/S=1/3\sim1/4$ 是我国古代长期实践得出的处理瓦屋面坡度的有效经验。

五、再谈定“侧样”中的架深

中国古代木架建筑设计中最关键的尺度之一是房屋的进深，而进深的大小又维系于槫距(架深)大小。《法式》对架深作了极限值规定，即“椽每架平不过六尺，若殿阁或加五寸至一尺五寸”(卷五用椽之制)。这是一个既有限制又有灵活性的规定。根据这个规定可分别求得：殿阁架深以 125 分°、厅堂架深 120 分°为最高值，并由此而求得整个房屋的进深(详见上文)。但迄今为止，对于架深值的认识存在不同看法：梁思成《营造法式注释》卷上，271~288 页，大木作制度图样中采用 120 分°至 131 分°不等的数值；陈明达《营造法式大木作研究》则推定为 150 分°。

为了检验上述数据在实际工程中的真实可信度，下面根据《法式》卷三十一《殿堂等八铺作(副阶六铺作)双槽(斗底槽准此，下双槽同)草架侧样第十一》作三种不同架深的殿堂剖面图，以资比较。采用的数值是：

架深：125 分°、100 分°、150 分°(图 2-31~2-33)；

材等：殿身用第一等，

副阶用第二等；

殿身柱高：30 尺——《法式》大木作料例所提供的最长柱材[27]。

将这三种图和现存宋代殿堂中规模较大的实例——晋祠圣母殿和正定隆兴寺摩尼殿比较，可以发现采用 125 分°与 100 分°的架深所作殿堂，其内部空间的高、深比例与实例颇为接近，空间也比较适合于殿堂宏伟轩昂的要求。不过以上所举圣母殿和摩尼殿，都是八架椽屋，为了增加图与实例之间的可比性，试将图中殿堂也改用八架椽来核算。空间比率(用柱高与进深相比)见表 2-5。

其中采用 125 分°时所得柱高／屋深比值最接近圣母殿和摩尼殿，证明采用这一架深是较为符合实际的。假若再以《法式》规定的极限值来检验 150 分°方案，用一等材时，架深=

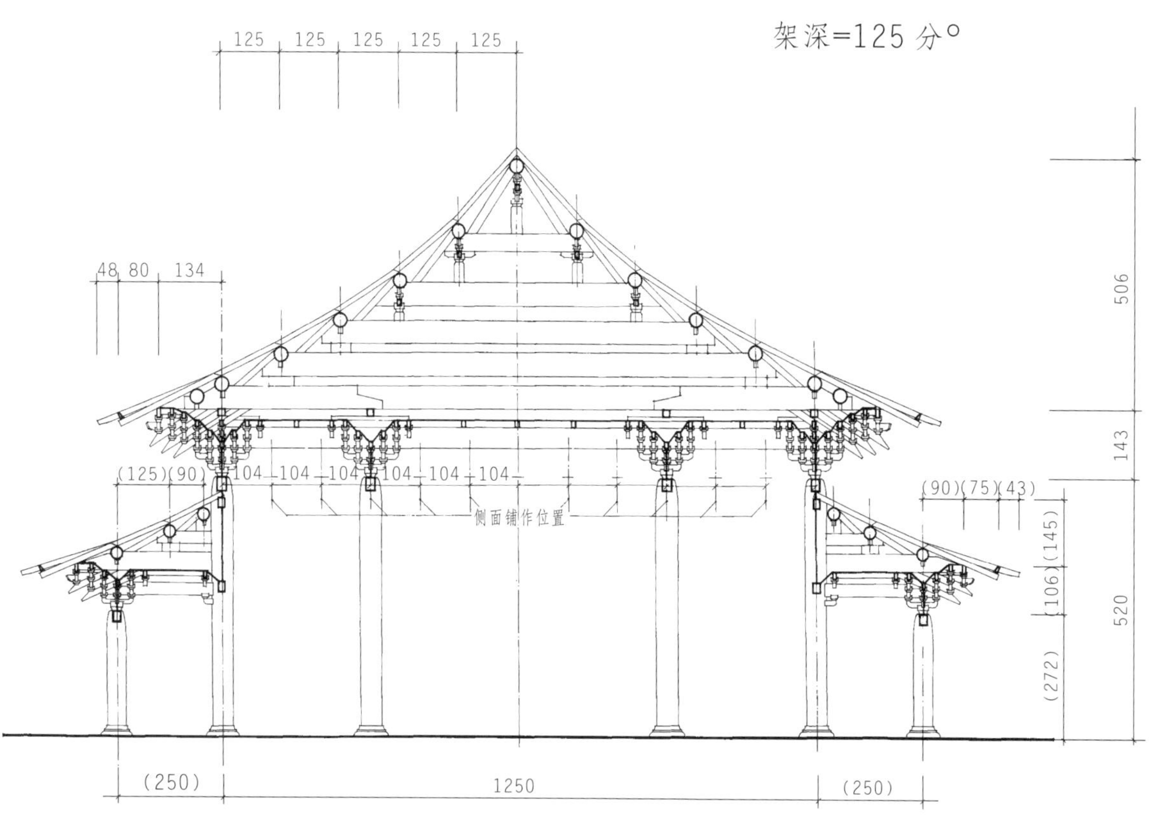

图 2-31　架深=125 分°的殿堂剖面（殿身十椽，用一等材；副阶两椽，用二等材，材分值在括号内标示）

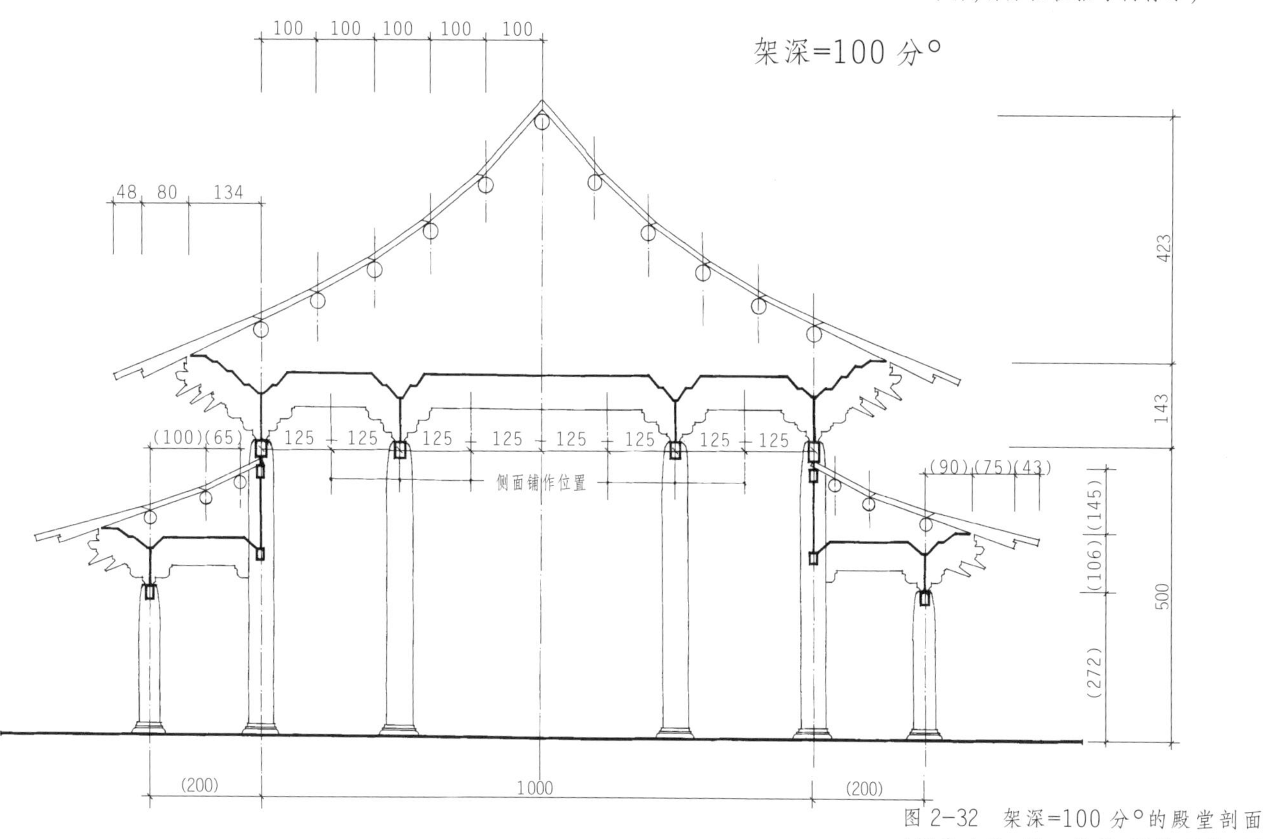

图 2-32　架深=100 分°的殿堂剖面（殿身十椽，用一等材；副阶两椽，用二等材，材分值在括号内标示）

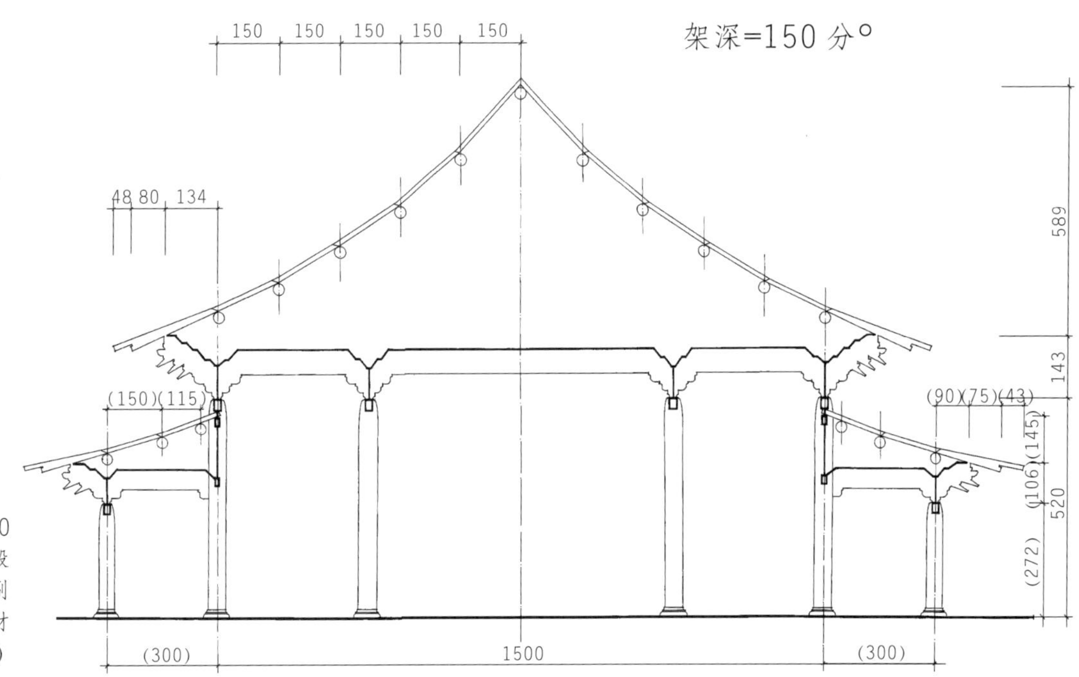

图 2-33 架深=150分°的殿堂剖面（殿身十椽，用一等材；副阶两椽，用二等材，材分值在括号内标示）

表 2-5 宋代殿堂内部空间高、深比举例

	屋深	角柱高	柱高/屋深
晋祠圣母殿殿身	14.96 米	8.03 米	1/1.86
隆兴寺摩尼殿殿身	18.32 米	8.72 米	1/2.1
架深 100 分°	48 尺	30 尺	1/1.6
架深 125 分°	60 尺	30 尺	1/2
架深 150 分°	72 尺	30 尺	1/2.4

注：角柱在诸柱中最高，故一律取角柱柱高值。

150×0.06=9 尺，超过了殿阁最大架深为 7.5 尺的限度，可见这种方案并不符合《法式》大木作制度规定，和实物也有差距。其实，《法式》规定椽平长厅堂不大于 6 尺、殿阁不大于 7.5 尺，其间还是有灵活余地的。因为椽平长的决定不是孤立考虑，而是与屋面荷载大小有关（用琉璃瓦还是用素白或青掍瓦，前者重，后者轻；瓦下垫层是厚还是薄？），也与椽径大小有关（殿阁椽径 9~10 分°，厅堂 7~8 分°，余屋 6~7 分°），并与椽子所用材质有关。如果从安全角度考虑，则椽长小于《法式》所定极限值较为恰当，因此，建中靖国元年（1101 年）皇太后陵献殿用 110 分°的椽平长值是稳妥之举。

这里还有一个问题需要讨论，即《法式》卷十七《殿阁外檐补间铺作用栱斗等数》载有：“下昂，八铺作三只（一只身长三百分……）七铺作二只（一只身长二百七十分……），六铺作二只（一只身长二百四十分……）。”在补间铺作中，这几只昂的后尾支于下平槫下，因此有人认为：减去这些昂的外跳部分，所剩的里跳长度就等于架深值，即 150 分°（见陈明达《营造法式大木作研究》15 页）。但是，验算表明，实际上是不能得到这种结果的，请看：

第一种验算方法：

按《法式》此处词意，“身长”是指昂身之实长（即下昂全长减去昂尖的长度），身长换算为平长，用 cos20°10′ 相乘（下昂与水平面夹角约 20°10′），则三昂平长分别为：281 分°（八铺作上用）、253 分°（七铺作上用）、225 分°（六铺作用）。减去外跳长度（按梁思成《营造法式注释》245~246 页图示，三者外跳分别是 134 分°、108 分°、90 分°）所剩里跳为：147 分°、145

分°、135分°。

第二种验算方法：

把“身长”解释为水平长度，（虽不符《法式》用词原意，姑且存此一说）则300分°、270分°、240分°分别减去外跳134分°、108分°、90分°后，所剩里跳为：166分°、162分°、150分°。

以上两种情况，不论采用何种算法，各下昂里跳都不是划一的数值，但都超过125分°之数。那么如何来解释这种现象呢？这里试作这样的推论：《法式》卷十七所用的下昂长度分°值，是为下昂部件留出了备用长度，以便在上架安装时不致因昂尾长度不够而造成重大返工。由《法式》卷十七、卷二十八可知，铺作制作分为两步：第一步是分别制成昂、栱、斗等零件；第二步是组装上架，即“安勘、绞割、展拽”工作，两道工序分开进行（参见本书第三章，五），在安装中出现误差是可想而知的，尤其是昂与槫的斜交，误差可能更大，昂尾留出备用长度，看来对调整这种误差是十分必要的。这和大角梁施工中经常出现误差而需临时调整长度是同样的情况。民间有“长木匠、短铁匠”之谚，意为木匠下料宁长勿短，长了最后可以截去，短了无法补救；铁匠锻铁越锤越长，故下料宁短勿长。因此可以认为，大木作功限中注出的下昂身长——300分°、270分°、240分°，只是第一步构件加工时所采用的尺寸；而第二步按架深≤125分°组装上架时，还须根据架深将昂的后尾绞割调整，（在平棊上面的昂尾，也可不必将多余部分截去），一旦安装完毕，前面所定的300、270、240三个数字也就不再有什么意义。如果这个推断正确，那么对于上述验算中所得下昂里跳长度超过实际所需而又参差不齐的状况也就不足为怪了。我们在测绘曲阜孔庙金碑亭时，就曾见到平棊上面昂尾超过榱子及抹角梁而呈参差不齐的状况，在宁波保国寺大殿的平棊上面，昂尾长度也明显超过一架椽，即越过了下平槫缝。这两例都印证了下昂身长必须留有备用长度的推想。另一方面，房屋的架深有大有小，限定用300分°、270分°、240分°也不能适应实际需求（如遇架深大，昂的长度就不够；架深小，则又剩余），所以这个分°值只是估算功限而提供的一个参考值，切不可认为这是计算架深的一个规范性数值。

六、定“正样”——木构架的立面设定

（一）影响房屋立面的八种因素

决定房屋立面的主导尺度是间数和屋高。但是中国古代建筑有个特点，就是立面和剖面不可分割，这是因为屋顶在立面上起着很大作用，而屋顶的高度又必须根据屋深和举高来确定，所以房屋的深、广、高三者都直接影响立面。按照《法式》大木作制度，这三者又可剖析为八个因素：

（1）建筑类别——属于殿阁类，还是厅堂类、余屋类？前者高大，后者依次卑小。

（2）正面间数——由一间到十三间。一间是门屋、亭子；十三间是十一间的殿身周围加副阶周匝，在《法式》中，有时称“殿身十一间”（见卷四“第一等材”条），有时称“十三间殿堂”（见卷五《柱》）。这里，“殿身”专指重檐建筑上檐屋顶所覆盖的部分。

间数和建筑物的类别是有联系的：殿堂由三间至十三间；厅堂由三间至七间；余屋、廊屋都是殿阁和厅堂的配房，间数根据需要决定。

（3）间广——就是每间的宽度，《法式》对此未作具体丈尺或材分°的规定，只在卷四《总

铺作次序》的注释中有如下一段文字：

“若逐间皆用双补间，则每间之广丈尺皆同。如只心间用双补间者，假如心间用一丈五尺，则次间用一丈之类。或间广不匀，即每补间铺作一朵不得过一尺。”

从中可以得知以下三种间广与补间铺作的关系：

第一，如各间都用两朵补间，则间广相同；

第二，如中间一间用补间二朵，其余各间用一朵，则心间与次间间广之比为 3∶2；

第三，若逐间大小不一：各间用一朵补间铺作时，间广相差不能超过 1 尺；用二朵补间铺作时，相差不能超过 2 尺。但是，由于对这一段文字的理解不同，竟引出了许多争论。笔者将在下文对此进行讨论。

（4）檐柱高度——《法式》对此未作规定，只能从唐宋建筑遗例中归纳得出柱径与柱高之比为 1/7~1/10，再按《法式》卷五用柱之制推算出柱高，酌情选定尺寸，例如：

殿阁柱径为 42~45 分°，故柱高为 294~450 分°；

厅堂柱径为 36 分°，故柱高为 252~360 分°。

事实上，《法式》所订柱径分°值可能偏高，对此前文已论及，此处从略。

（5）屋深——见前两节求架深之法，各架深之和为屋深。并由此求得屋顶举高。

（6）屋顶式样——宋代还未规定用屋顶形式表示房屋等级高低，但实际上存在以下次序：

①最隆重的屋顶是重檐四阿殿和九脊殿。重檐在宋代已盛行，故《法式》用材制度中最高一档材（一至四等）都适用于重檐的殿堂。卷三十一四幅殿阁侧样中有三例是重檐；

②四阿殿（庑殿），适用于殿或殿身五至十一间；

③九脊殿（歇山），适用于殿阁三至十一间；

④厦两头造（歇山），适用于厅堂三至七间和亭榭；

⑤不厦两头造，又称两厦、两下，清代称悬山，适用于厅堂三至七间；

⑥撮尖（攒尖），适用于四角、八角亭子。

其中，四阿殿为了保证正脊有足够的长度，平面以接近 2∶1 的矩形为好，其正面间数和椽数的关系以下面的数值较适当：

五间——用 6 架；

七间——用 8 架；

九间——用 10 架；

十一间——用 10~12 架。

如椽数增加，宜将正脊两端向外增出，使之加长，以免产生脊短局促之感。这就是《法式》制定“脊槫增出”制度的原因（详见下节）。

九脊殿和厦两头造，宜于方形与矩形平面，适应性大，形象也比较丰富，能用于各类建筑。在唐代，这原是王公以下居第和厅堂上使用的一种屋顶。把它用到殿阁上，就称为“九脊殿”，式样也稍有不同（详见下节）。

不厦两头造就是中国古代最基本、最常见的两坡顶，但在《法式》中反而没有一个能反映其特色的名称，仅和厦两头造对应加“不”字而称之，表明它只是一种两头没有出厦的房屋而已。在唐称“两下”，《宋史》舆服志称“两厦”，周必大《思陵录》则称“直废造”[28]。

宋代还没有硬山建筑的遗例和文献资料，《法式》也未提及，可能硬山在宋代还未形成一种定型的屋顶形式，原因是受墙体材料限制。在宋代，墙体以土为主(包括版筑、土坯、竹笆墙——即“编竹造”)，为了保护山墙免受雨水冲蚀，屋顶必须悬出，做成“不厦两头造”。直到明代砖墙普及之后，硬山顶才成为普遍使用的一种既经济又适用的屋顶形式。

(7)铺作——铺作在建筑立面上是极有性格的装饰化结构部件，又因其出跳而为屋檐增加深度，使建筑加强了体量和明暗对比。到宋代，铺作已成为表现建筑物等级高低的一种重要手段，它的布置方式、式样繁简、用料大小、出跳多少，都和建筑类别与房屋大小有密切联系。一般是：殿阁用 4~8 铺作，计心造，多用上、下昂，用材大；厅堂用斗口跳到 6 铺作，用昂或不用昂，昂尾露明于室内时作必要的形象处理，用材稍小；余屋用柱梁作、单斗只替及斗口跳等较简单的斗栱。

(8)材等——由《法式》用材制度可知，决定选用何种材等的根据主要有二：一是房屋类别，如果是殿堂类房屋，用材就大，如是厅堂余屋类，用材就小；二是房屋正面的间数，如果间数多，用材就大，反之则小。可见研究《法式》用材等级和材分°值，不能离开这两个前提条件去孤立地观察，否则必然会走入歧途。

(二)关于间广和柱高的讨论

前文已经指出，《法式》对间广和柱高都未作具体规定，设计时可能根据实际需要与可能，灵活掌握，定出尺寸。推想这是《法式》作者客观地反映了当时建筑业的状况——没有制定统一的计算间广和柱高的标准；或者是故意不在条文上订死，以免造成实际工作中的困难，但绝不会由于疏忽而遗漏了这么两个重要的尺度。在卷五平棋枋、阑额、襻间、槫各条中都有“长随间广”的条文，可见《法式》作者深知间广牵连着许多重要部件，是工程中一项关键性尺寸，绝不会掉以轻心。对于柱高，卷五《柱》也订出了副阶柱“长不越间之广”、厅堂内柱“皆随举势定其短长，以下檐柱为则”以及详尽的角柱生起的数值，卷二十六甚至还列出了多长的柱料用于多大的殿堂，而唯独没有订出下檐柱高的尺寸和分°值。因此，如果今天我们一定要为《法式》制订一项统一的、标准的间广和柱高的材分°值，那是不符合当时的历史情况的，或者说是违背《法式》作者原来意图的。

对于铺作之间的距离，《法式》也未订出标准。但是有人认为：卷四《总铺作次序》的一项数字——“如只心间用双补间者，假如心间用一丈五尺，则次间用一丈之类”，是指六等材的房屋而言，因此从中可以算出铺作间距为 125 分°，并据此定出各类建筑物的面阔(陈明达《营造法式大木作制度研究》第 8~14 页)。我们究竟应该如何来理解这项数字呢？为了弄清《法式》作者的原意，必须对大木作制度中几处同类型的叙述方法——“假如……之类”的用法作一番考察：

卷四《栱》，关于华栱有：“交角内外，皆随铺作之数，斜出跳一缝(栱谓之角栱，昂谓之角昂)其华栱则以斜长加之(假如跳头长五寸，则加二分五厘之类……)。”按华栱跳长为 30 分°计算，五寸可折合每分°=0.167 寸，和八等材中任何一等材无关，而且是除不尽的数值。这足以证明作者只是为了说明角栱与华栱之间的关系而任意选择的一个简单整数——“五寸”，并非专指某一材等华栱的出跳尺寸。

还可以举出其他例子。不过这已足够说明作者在这类叙述方式中使用的数值都是任意简单整数，目的是为了说明正文中的概念，并非指具体某一材等的某种实际尺寸。因此，上述“假如心间用一丈五尺，则次间用一丈之类”，也应属于这种情况，我们也就不能由此得出结论，认为这“一丈五尺”和“一丈”必定是六等材房屋的间广；当然也不能以此为根据，得出铺作间距的分°值。

对于《总铺作次序》：“或间广不匀，即每补间铺作一朵，不得过一尺。”所规定的“一尺”这个极限值，也可以有两种理解：一种理解认为作者是在限制间广不匀；另一种理解则认为是在限制铺作分布不匀，这两种情况都有可能。如按前者计算，则补间铺作用一朵时，各间之广相差不超过1尺，补间用二朵时，各间之广相差不超过2尺；如用后一种理解计算，则补间用一朵时，各间之广相差不超过2尺，补间用二朵时，各间之广相差不超过3尺（即各间铺作之朵距相差不超过1尺）。但从文意分析，这段注文旨在说明三种不同的间广问题，故以前者的可能性为大。当然，这里所指的“一尺”，对各种材等的建筑都适用，因此也就没有必要再去找出这“一尺”等于多少材分°。

关于角柱生起，卷五《柱》规定：“至角，则随间数生起角柱。若十三间殿堂，则角柱比平柱生高一尺二寸（平柱谓当心间两柱也。自平柱叠进向角，渐次生起，令势圜和。如逐间大小不同，即随宜加减。他皆仿此。）十一间生高一尺，九间生高八寸，七间生高六寸，五间生高四寸，三间生高二寸。”这里已明确规定生起值“随间数”，而不随材等，即上述规定适用所有材等，而非专指哪一等。间数和材等之间诚然是有联系的，例如六等材不可能用于十三间殿堂，一等材也不会用于三间殿堂。但把角柱生起值和材等大小直接联系起来，显然不符《法式》的规定（见陈明达《营造法式大木作研究》第18页）。

现在还有一个问题值得讨论：究竟《法式》有没有给“间广”制订过某种标准的材分°值？似乎这个问题至今还困扰着一些年轻的研究者，笔者曾看到一篇博士生论文，花很大气力去推导面阔方向间广和进深方向“间广”的材分°值，结果是延误了论文。其实，《法式》对间广、进深、柱高不作丈尺或材分°规定，是有其原因的：

首先，作为建筑工程预算定额，《法式》的任务是为各种建筑部件制订用料、用工标准，以利“关防功料”，至于建筑空间尺度的控制，则不属它的职责范畴。

其次，官式建筑的间数、间广、进深、架数、柱高等尺度，事关功能、礼制及形象需要，历来都由朝廷或主事官员确定，尤其是一些重要的殿宇，还有廷议、奏准等过程。例如宋徽宗政和五年（1115年）建明堂，廷议其制度时对各堂室的深、广甚至都以筵（九尺）为单位计算[29]。南宋高宗永思陵上、下宫门、殿均直接定出间广与柱高的丈尺[30]。而间数、间广、进深、柱高等还和当时的财力及材料供应能力直接有关。

所以，想从《法式》的字里行间寻找一套标准的间广、架深（甚至进深方向的所谓“间广”）的材分°值，不仅是不必要的，也是徒劳的。

（三）屋顶端部处理

1. 四阿殿脊槫增出（图2-34）

《法式》卷五造角梁之制有：“凡造四阿殿阁……如八椽五间至十椽七间，并两头增出脊槫各三尺（随所加脊槫尽处，别施角梁一重，俗谓之吴殿，亦曰五脊殿）。”

为何脊槫增出三尺的规定局限于以上少数几种椽数和间数的房屋？原因很明显：五间四椽、五间六椽、七间八椽、九间十椽、十一间十椽、十一间十二椽的四阿殿，平面接近2∶1，正脊有足够的长度，不必增出。唯有上述两种情况，既属常用，又感正脊局促，因此《法式》才制定了脊槫增出之法。

2. 不厦两头（两下、两厦）造屋顶的出际

“出际”是指屋顶悬出于两侧山面柱头之外的部分，其作用是保护山墙和山面梁架免受雨水侵蚀。因此，出际的长度和房屋进深、山尖高度有直接关系：房屋深、山墙宽，则山尖高，出际也应该长；房屋浅，山墙窄，山尖低，则出际也可以短。《法式》根据这一原则，制订了一个简便易行的出际制度（只根据椽数定出际之长，和间数、材等无关）：

两椽屋	出际 2~2.5 尺
四椽屋	出际 3~3.5 尺
六椽屋	出际 3.5~4 尺
八椽、十椽屋	出际 4.5~5 尺

这个规定当然主要针对不厦两头造的厅堂、余屋类建筑，厦两头造厅堂、亭榭的出际做法也应包括在内，对此将在下一节加以讨论。

3. 厦两头造与九脊殿（图 2-35~2-37）

厦两头造用于厅堂，九脊殿用于殿阁。二者形式相似，而构造有区别。

厦两头造又称“二厦头”（见《宋会要辑稿》礼三三，宪肃皇后献殿），系由不厦两头造发展而成，就是把两坡顶房屋的两梢间加上披檐成为两厦，所以称之为“厦两头”。按《法式》卷五造角梁之制：“凡厅堂并厦两头造，则两梢间用角梁，转过两椽（亭榭之类转一椽。今亦用此制为殿阁者，俗谓之曹殿，又曰汉殿，亦曰九脊殿）。”可知厅堂梢间的两厦，其深为二椽，即包括檐柱缝至中平槫缝的范围，中平槫以上部分仍按两坡顶做法。对此《法式》未另立出际制度，应可按不厦两头造办理。亭榭建筑规模小，不可能转过二椽，故只转过一椽，即山面两厦范围自檐柱缝至下平槫缝止，深一架椽。

九脊殿做法比较复杂。《法式》卷五出际之制：“若殿阁转角造即出际长随架（于丁栿上随架立夹际柱子以柱槫梢，或更于丁栿背方添阔头栿）。”这里“出际长随架”和夹际

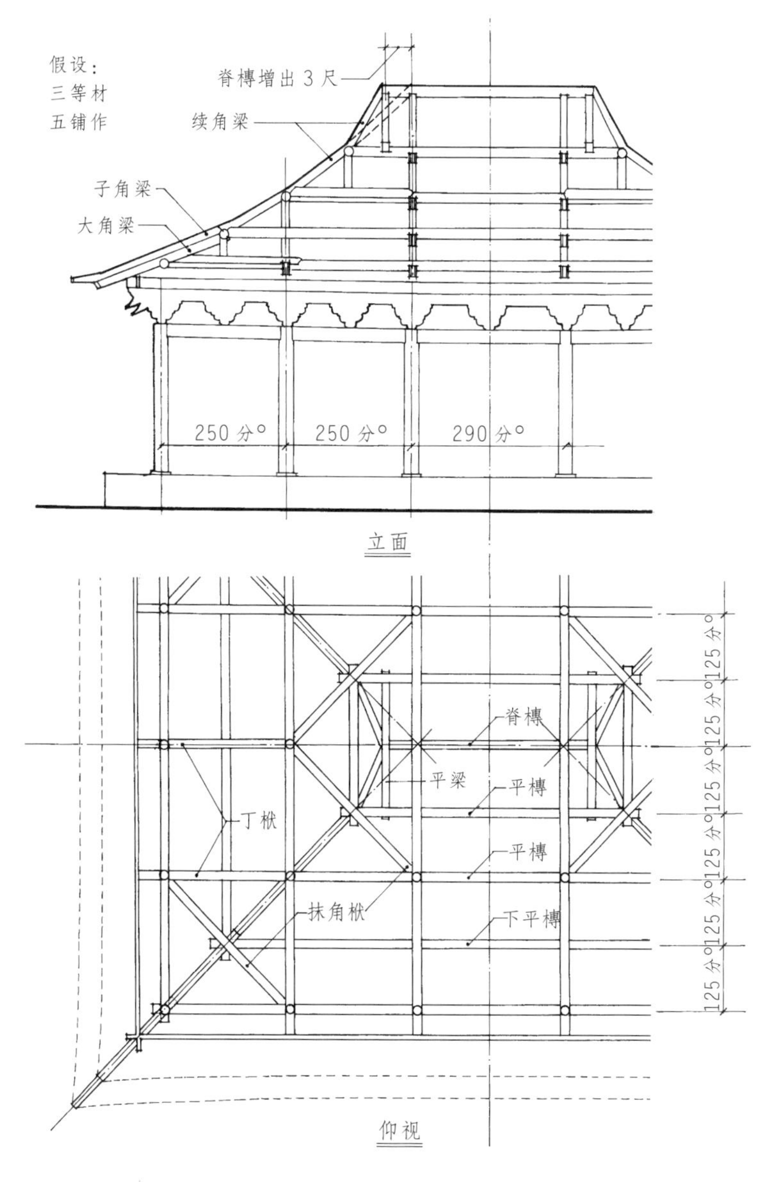

图 2-34 四阿殿木构架举例——五间八椽殿堂脊槫增出做法

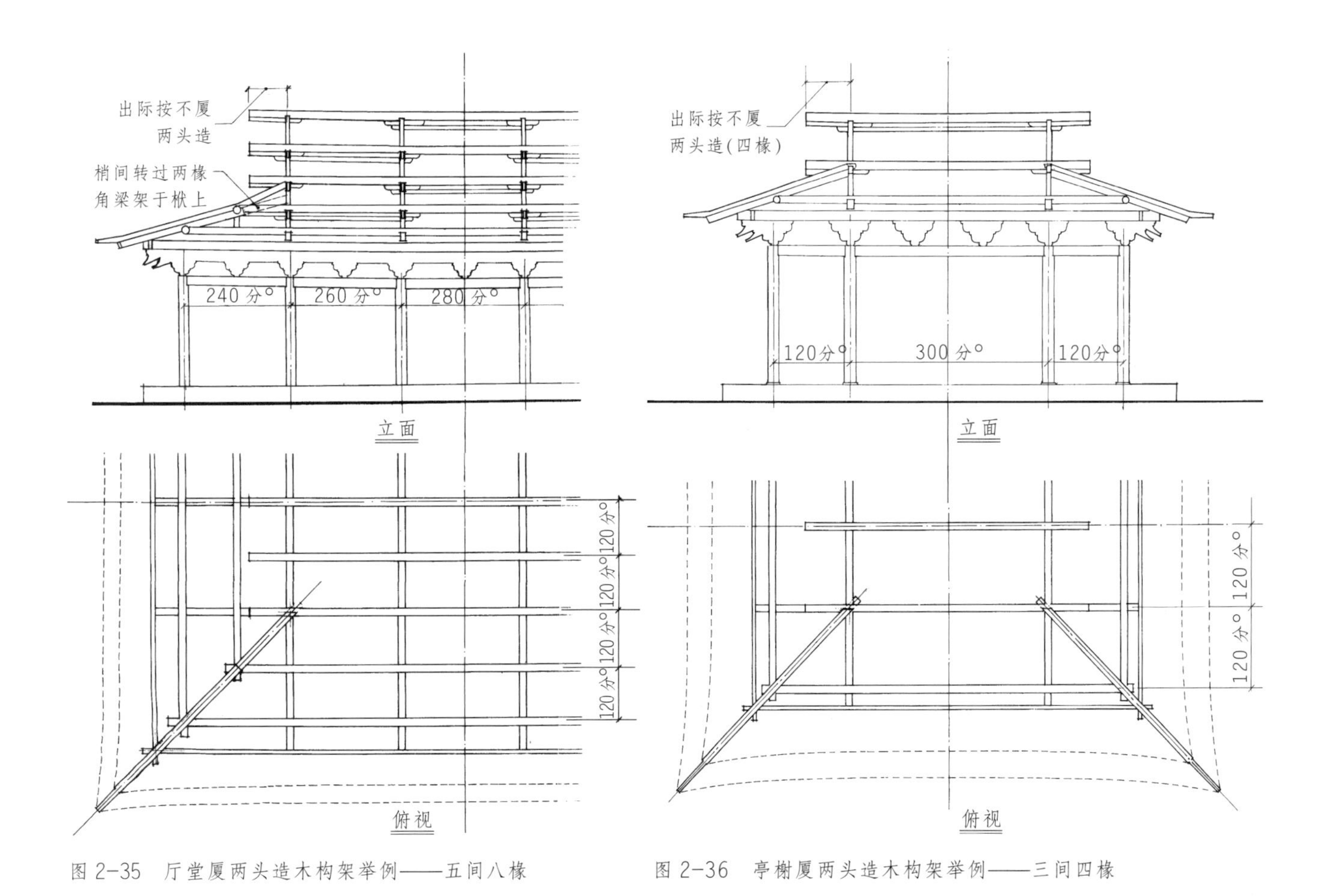

图 2-35　厅堂厦两头造木构架举例——五间八椽

图 2-36　亭榭厦两头造木构架举例——三间四椽

图 2-37　九脊殿木构架立面图——五间十架殿堂出际做法

柱子、阑头栿如何具体结合？因原文过于简略而无法深究。这里可作两种推想：一种是梢间之广大于二椽，须于丁栿上立阑头栿、夹际柱，柱上承槫、槫梢出际长一架椽；第二种是梢间广等于二椽，即于山面的下平槫位置施阑头栿，立夹际柱，柱上承槫，槫梢出际按不厦两头造制度。在唐、宋遗例中，还有殿堂按厅堂厦两头做法的例子（如正定隆兴寺摩尼殿）。

（四）屋顶转角做法

四阿殿、九脊殿、厦两头造、撮尖亭榭四类屋顶都有转角造——即屋顶转角做法。其关键是如何布置角梁和角椽。角梁包括大角梁、子角梁、隐角梁和四阿殿屋角联结大角梁而上的续角梁（清式称为由戗）。子角梁和隐角梁都安在大角梁背上（清式将二者合一而为子角梁）。

1. 角梁后尾支撑结构

大角梁担负着转角出檐部分的重量，是屋角结构的主干，它的前部支点在橑檐枋缝和牛脊槫缝，后尾支点则在下平槫缝。对于如何处理大角梁后尾支承点的结构，《法式》并未阐明，在唐宋遗例中可以看到四种办法：

（1）抹角栿——在丁栿上或铺作上安 45°抹角斜梁承角梁尾；

（2）檼衬角栿——在大角梁之下，其平面投影与大角梁重合，外端支于转角铺作上，里端支于草栿上（清式称递角梁）；

（3）丁栿——在房屋山面（丁头）所作顺身方向的梁，草栿、明栿均可（清式称顺梁、扒梁）；

（4）铺作后尾——由转角铺作及近角两朵补间铺作昂尾（或里跳华栱），从三个方向集聚，共同承托大角梁尾。其中抹角栿、檼衬角栿、丁栿都曾在《法式》大木作制度中提到，但做法未详。

从屋角自重分布情况来分析，如果把角梁分成前后两段，中间主要支点在橑檐枋缝上，那么角梁前段与后段所受荷载（屋面自重）相差并不悬殊，也就是说大角梁后尾加于支座上的作用力并不太大，一些依靠斗栱里跳来作支承点、或是把大角梁后尾压在下平槫之上的遗例，都能持久地保留至今，也可证明这一点。不过，考虑到地震、风雪等突发性破坏因素，把大角梁后尾压在槫下较为稳妥、安全，因此，从唐到清，绝大多数遗例采用这种办法。《法式》指出，隐角梁压在大角梁之上，而隐角梁又须和檐椽取平以承板栈（即望板），可知大角梁后尾位置低于椽子，应该是压在槫下的。隐角梁两面各隐入一椽份位，以容纳角椽后尾。其他续角梁也隐入一椽份，以容转角各架的椽头。但山西一带宋、金建筑大角梁后尾位置甚低，致使屋角起翘高于明清官式做法，与《法式》不符，当属地方手法。

2. 角椽布置

按《法式》卷五用椽之制：“若四裴回转角者，并随角梁分布，令椽头疏密得所，过角归间（至次角补间铺作心），并随上、中架取直。”可知角椽一般都自补间铺作中心线处开始逐渐作类似放射形的布置，直至与角梁相靠，这一部分椽子还必须相应地把椽头逐渐向外伸出，至角梁处和角梁头相齐，这就是屋檐的“生出”，其制为：

一间——生出 4 寸；

三间——生出 5 寸；

五间——生出 7 寸；

五间以上根据具体情况酌量增加。不论何类建筑、何种材等都用此制。相比之下，清式建筑生出尺度约比宋式大一倍多（清式为 3 椽径，而《法式》上列数字不超过 1.5 椽径）。

屋角升高的总值（心间飞子头背和子角梁头背的垂直差距）虽比清式大，但由于角柱生起所形成的檐口微缓曲线向屋角自然过渡，没有明显的起翘点，再配以屋脊和屋面曲线，使整个屋顶和屋角，呈现出轻盈优美的形象而无生硬之感（《法式》对屋角升高的值并无规定）。

（五）制图学上的创新——“变角立面图”

对于有出跳的斗栱，用现代工程制图方法绘制的立面图不易使人获得完整的空间形象概念，尤其当出跳数多时，立面上令栱、瓜子栱、慢栱与泥道栱层层相叠，难于表达清楚它们

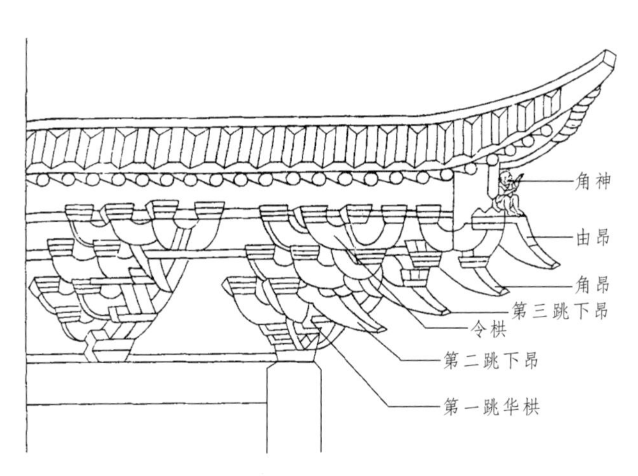

1.转角铺作表示法(引自《法式》卷三十)

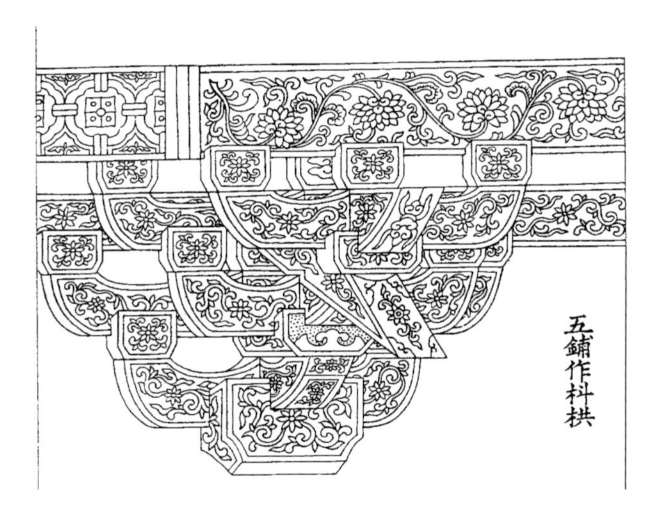

2.斗栱彩画表示法(引自《法式》卷三十四)

图 2-38　铺作变角立面图二例

之间的相互关系。《法式》作者创造了一种新的方法,即将出跳缝线偏转 20°左右,把华栱、下昂的侧面以及跳头上十字相交栱的侧面都表示出来,而这些构件的立面图形仍照原样不变。这种方法既保持了立面图的准确尺寸,又使出跳构件的空间关系清晰地呈现于人们眼前,而比之于轴测图与透视图则又简便易画,非常适合于表现复杂的多出跳斗栱。由于这种图式在现代制图学中也无先例,因此我们姑且定名为"变角立面图"(图 2-38)。

这样,《法式》所用图式,除平面图("地盘")、剖面图("侧样")、立面图("正样")、轴测图(斗栱分件图及其他构件图)之外,又多了一个新品种——"变角立面图"。《法式》卷三十《铺作转角正样第九》的八幅图及卷三十三各项铺作彩画图都是这种画法,笔者推算其出跳构件所示宽度约为出跳距离的 1/3,约合出跳缝线偏转角在 20°~25°之间。角度偏转过大,则易压叠相邻铺作,过小则难以将栱、昂侧面表示清晰。

七、大木构件

《法式》建立的"以材为祖"的模数制是中国木架建筑在设计、施工上取得的一大成就,而结构稳定性的提高、榫卯节点日益精密、构件外观愈趋美化则是宋代大木作技艺的三项重要进步。

木构架部件原来都因结构需求而产生,但是为了美化建筑物,在其发展过程中逐渐产生了对这些构件的艺术再加工。在宋代,这种再加工的原则似乎可以用"柔化"二字来概括。所谓"柔化",就是对那些看来显得笨拙生硬的构件端部和表面作出得体的曲线、曲面或近似曲线的折线,使之刚柔相济,产生既有支承荷载的力度感,又有外形柔和的美感。对此《法式》主要采取两种办法:一曰"杀",如"卷杀",即是将构件砍削成近似弧状的折线,这类构件有栱、月梁、梭柱、替木、飞子等，所占数量最多。再如斜“杀”，就是将构件端部斜向切去，成若干棱角，如昂头、耍头等。还有所谓“紧杀”，是指柱头上所作覆盆状卷杀；二曰“䫜”，与凹音义相同，即将斗下的斜面(欹)、木櫍上的斜面、下昂尖的斜面及月梁下面(及其肩部)砍削成凹弧线或折线。这些措施使宋代大木构件达到了力与美的和谐统一。

下面按各部件分别叙述。

(一)柱

1)种类

柱按断面形状分有圆柱与方柱两种，在卷十九《大木作功限三·殿堂梁柱等事件功限》中记有“或用方柱，每一功减二分功。若壁内暗柱，圆者每一功减三分功，方者减一分功”。可知除圆柱外还有方柱，但实物多用圆柱，方柱较少。实例中还有八角柱与蒜瓣柱(即瓜楞柱)，如江苏苏州玄妙观三清殿前檐柱为八角柱，浙江宁波保国寺大殿用蒜瓣柱。

按加工程度分有直柱和梭柱两种，卷三十《大木作制度图样上》绘有直柱、梭柱(图 2-39~2-42)。直柱有自然收分，外观平直，柱头做覆盆紧杀。卷五则对梭柱叙述甚详：“凡杀梭柱之法：随柱之长，分为三分，上一分又分为三分，如栱卷杀，渐收至上径比栌斗底四周各出四分。又量柱头四分，紧杀如覆盆样，令柱头与栌斗底相副。其柱身下一分杀，令径围与中一分同。”(此处所引原文中的“分”应读作“份”，下同。)上部之卷杀说得较清楚，但柱身下部有否卷杀，《法式》没有说清楚。“其柱身下一分杀，令径围与中一分同。”这“中一分”甚为费解，究竟为“上一分”中的“中一分”，还是全柱的“中一分”，从字面上看似为前者，柱两端都做卷杀就较近梭型，也符合《法式》图样。但从全文看来，这“中一分”还应是全柱的中一份，使下一份直径同中一份。因为天然原木是有收分的，下粗上细，要使下一份径围同中一份，就需要加工“杀”。在“法式”相关的短短的条文中，上部卷杀说得很详尽，而下部仅一语带过，如果下径也须卷杀，似也应交代清楚，绝不至于遗忘的。上一份因做了卷杀，直径是逐

《法式》卷三十《梁柱等卷杀第二》图中有梭柱及直柱图。但卷五用柱之制仅列梭柱做法，未录直柱。今按《法式》所定殿阁柱及厅堂柱之规定，作梭柱与直柱于右。

本梭柱用于：
殿三间
用四等材，1 分°=0.48 寸
柱径二材二栔=42 分°=2 尺
柱高 15 尺，约合 7.5 柱径

本直柱用于：
厅五间
用四等材，1 分°=0.48 寸
柱径二材一栔=36 分°=1.7 尺
柱高 13 尺，约合 7.5 柱径

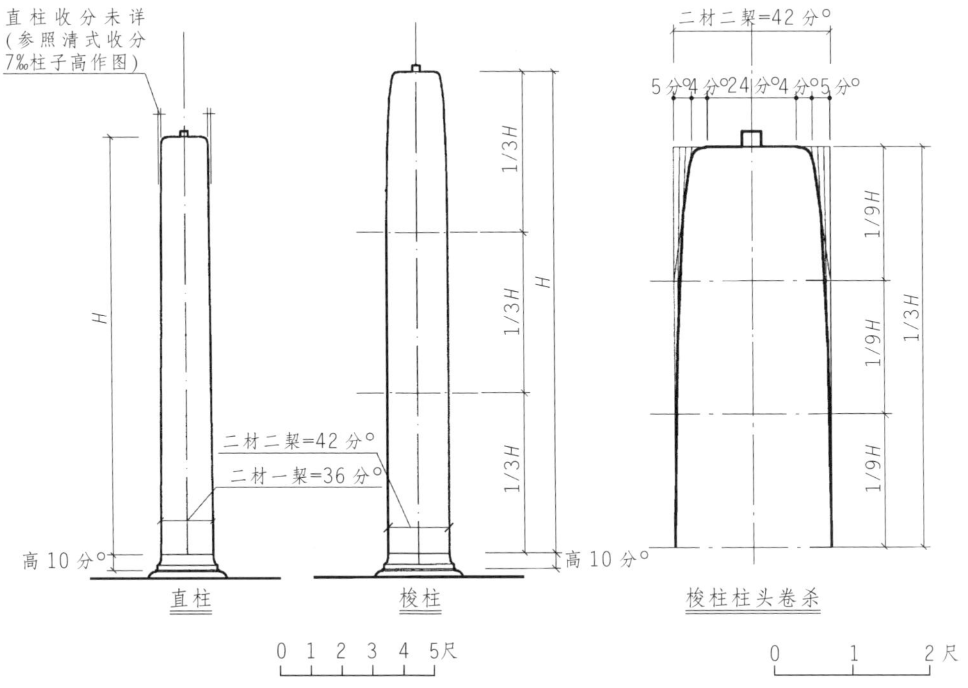

直柱收分未详
(参照清式收分
7‰柱子高作图)
H
二材二栔=42 分°
二材一栔=36 分°
高 10 分°
1/3H
1/3H
1/3H
H
高 10 分°
二材二栔=42 分°
5 分°4 分°24 分°4 分°5 分°
1/9H
1/9H
1/9H
1/3H
直柱
梭柱
梭柱柱头卷杀
0 1 2 3 4 5尺
0 1 2尺

图 2-39　柱子做法二则

图 2-40　杭州闸口白塔（五代）所表现的梭柱

图 2-41　杭州灵隐寺石塔（五代）所表现的梭柱

图 2-42　浙江湖州飞英塔内石塔（宋）表现的梭柱

渐收小的，严格地说，其“中一分”并没有固定的径围，如何使下一分与它相同呢？图样中虽然下部卷杀有所表示，但此“卷杀”很短。梭柱下部有卷杀的实例见于北齐定兴义慈惠石柱上三间小殿，到宋代仅在南方尚可见下部卷杀的实例，如广州光孝寺大殿、福建莆田玄妙观三清殿等。可能早期梭柱上下都有卷杀，到宋代已主要是上部卷杀。也许《法式》对下部卷杀已无严格的规定，一般不做，因此，文中未提而图样中却有表现。

梭柱外观秀丽，有较好的艺术效果，但其加工复杂，极为费工；而且只有用于廊下、后面有阴影衬托时，效果才明显，当柱间有墙或装修时，其效果即大打折扣，所以《法式》已予以简化，只有上部才做卷杀，以后梭柱便逐渐消亡了。

2)柱的材分°

《法式》卷五规定：“凡用柱之制：若殿阁，即径两材两栔至三材（注：42~45 分°），若厅堂柱即径两材一栔（36 分°），余屋即径一材一栔至两材（21~30 分°）。”但在卷二十六《诸作料例·大木作》则规定：“朴柱，长三十尺，径三尺五寸至二尺五寸，充五间八架椽以上殿柱。”“松柱，长二丈八尺至二丈三尺，径二尺至一尺五寸，就料剪截，充七间八架椽以上殿副阶柱，或五间、三间八架椽至六架椽殿身柱，或七间至三间八架椽至六架椽厅堂柱。”

按卷四用材制度，殿身三至五间用三等材至二等材，而松柱用于殿身之料最大直径仅 2 尺，合二等材 36.36 分°，合三等材 40 分°，已小于上述用柱之制 42~45 分°的要求。又按用材制度，七间八椽以上殿之殿身应用二等材或一等材，副阶用柱减殿身一等，用二等材或三等材，2 尺松柱也小于制度规定。再看朴柱用于五间八架椽以上的殿柱，按用材制度，这种殿用二等材或一等材，柱径 42~45 分°折合 2.31~2.7 尺，而朴柱径为 3.5~2.5 尺，反而明显大于制度所需柱径。可见松柱按制度要求使用，则感料小；而朴柱则感料大。一小一大，二者之间有误差，说明实际工程中对《法式》的使用可能也存在差异。

与实例对比，则可看出《法式》用柱之制规定偏大，只有少数例子如河北正定隆兴寺牟尼殿殿身为 45 分°，绝大部分在 40 分°以下，大体相当于厅堂用柱的标准。也许用柱之制所定的是最高标准，而实际执行时限于大料紧缺或经济实力稍逊，不得不降格以求。有人从结构上验算，认为按《法式》制度，柱子负荷能力远远超过实际荷载，安全储备过大，浪费材料[31]。

柱高《法式》只规定"若副阶廊舍，下檐柱虽长不越间之广"。"若厅堂等屋内柱，皆随举势定其短长，以下檐柱为则。"只对下檐柱作了一个最大限制。实例檐柱径与柱高之比在 1/7~1/10 左右，大多在 1/8~1/9 左右。如果现在我们要设计一个宋式建筑，则可以首先根据当心间间广及立面要求确定檐柱高，然后根据径高比 1/8~1/9 确定柱径。

3）櫍

卷一《总释上·柱础》引《说文》解释："櫍，柎也，……古用木，今以石。"实例中有苏州罗汉院大殿带有櫍形的石柱础（参见图 7-13、7-14）。江南一带明代建筑尚有此类石础，如苏州府文庙大成殿檐柱柱础。但《法式》还是记有木櫍的做法。一般认为櫍的木纹与柱成 90°正角，有利于防阻水分上升。但櫍处于柱下，受的压力较大，如木纹横放，成为横纹受压，按木结构原理横纹承压强度大大低于顺纹承压强度，受潮后其强度更为降低，变形亦增加，对结构是不利的，所以把木櫍换成石碛，对防腐才比较有利，南方的一些明清古建，石柱础很高，才是防潮的有效措施。

4）拼合柱（图 2-43）

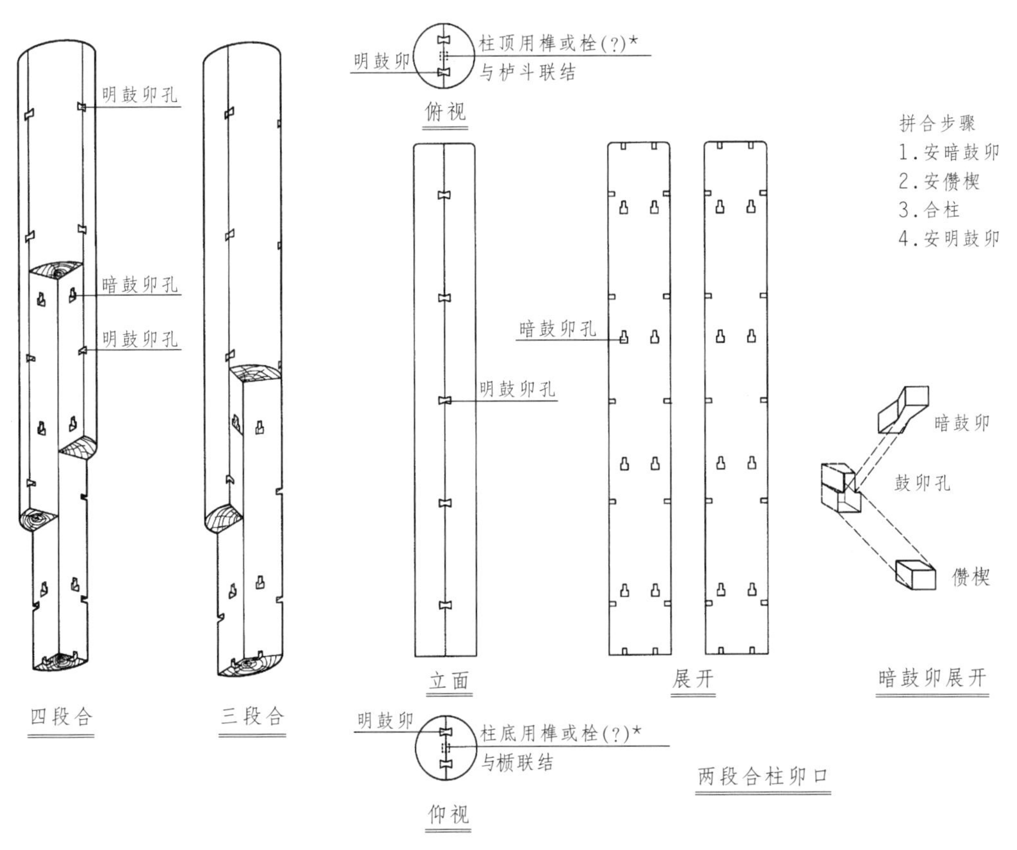

图 2-43　拼柱法（据《法式》卷三十图）

*（?）表示作者尚未确定的内容。

卷三十图样中的合柱鼓卯，有两段合、三段合、四段合。这是缺乏大料时用较小的木料合成大柱的办法，可见当时大料已不易得。实例有宁波保国寺大殿的拼合蒜瓣柱与包镶蒜瓣柱。虽与《法式》所示拼合方法不同，但实质相同。

5）侧脚（图 2-44）

卷五解释侧脚：“凡立柱，并令柱首微收向内，柱脚微出向外，谓之侧脚。”但这种做法使柱础平面及柱头平面尺寸都不是整数而出现畸零尺寸，给施工带来不便。但具体如何做侧脚，《法式》同卷所云却与上述不一，“凡下侧脚墨，于柱十字墨心里再下直墨，然后截柱脚、柱首，各令平正”。这里“柱十字墨心”与“直墨”应是加工时，木工所弹的柱两头截面上的十字中心线及其在柱身上的上下连线，“下侧脚墨”，是在柱脚十字墨心之里（而不是之外），根据侧脚程度在柱身上再弹一根直线与原来柱心线成一夹角，即侧脚后柱的中垂线。因此看来，侧脚只是把柱脚向外撇出，而不是柱头向里收进，这既符合“侧脚”二字的含义，又能从实例中得到印证。

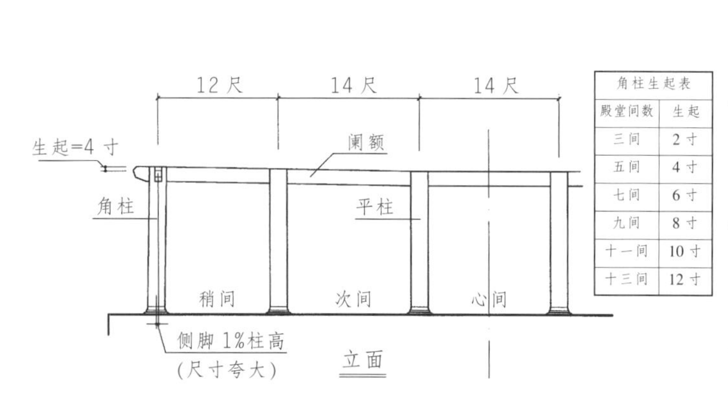

角柱生起表	
殿堂间数	生起
三间	2寸
五间	4寸
七间	6寸
九间	8寸
十一间	10寸
十三间	12寸

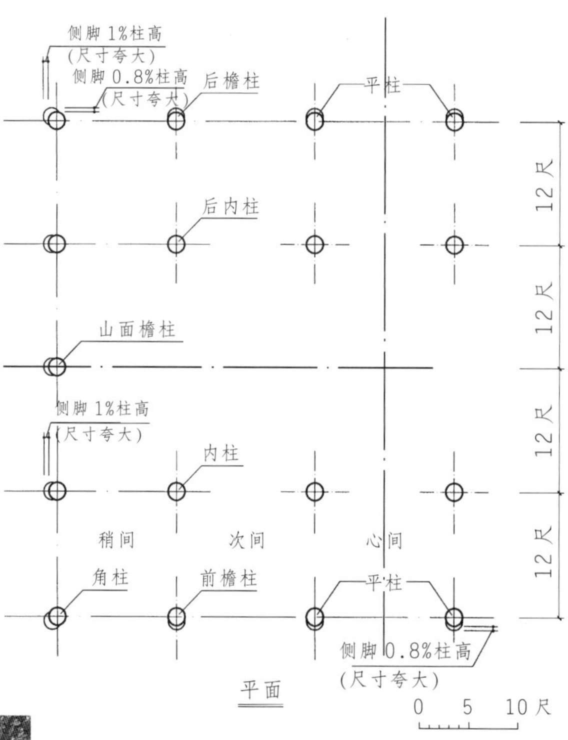

图 2-44 角柱生起与柱侧脚示意图（以五间八椽屋为例，图中生起与侧脚尺寸均有夸大）

图 2-45 河南登封少林寺初祖庵（宋）正侧面角柱生起

6）角柱生起（图 2-45~2-48）

宋式檐柱当心间两柱称平柱，由平柱至角柱逐渐生起增高，使檐口呈现出柔和的曲线，这是宋式的特点，而清式的檐柱就高度相同，没有角柱生起，檐口到了近角才起翘，显得较为生硬。《法式》规定生起随间数而定，十三间殿堂角柱比平柱高 1 尺 2 寸，每减两间递减 2 寸，直至三间生高 2 寸。角柱生起虽然在建筑艺术上能取得良好的效果，但是相对费工，而且造成其上的铺作中心线倾斜，使铺作在安装时要经调整，增加麻烦。

（二）梁

1)分类

梁按形状分有直梁、月梁两种(图2-49)，按所处位置及加工程度分有明栿、草栿之分。直梁外观平直，月梁是经过艺术加工的梁。梁栿在平棊以下或视线所及的即为明栿，在平棊之上不能见到的为草栿，明栿加工精细，草栿加工较粗，因在平棊之上，无必要精雕细刻。殿堂明栿只承平棊，不承屋顶荷载，屋顶荷载由草栿承担。

月梁用于明栿，其特点是梁身拱起，在梁的两端，各在梁底、梁背、梁肩做卷杀，梁身两侧及底面有琴面，梁头成斜项，与材同宽，伸入铺作。梁下顱材分°似应指梁边而非指断面之中间，因《法式》卷五造月梁之制梁底卷杀"第六瓣尽处下顱五分°"，其下有注云："去三分留二分作琴面。"梁底中间实际只去三分°，至两边才为五分°，如果中间即凹五分°，琴面则需再加二分°，就无所谓"去留"了。斜项的上点应在斗耳之外，虽然《法式》有"斗口外两肩各以四瓣卷杀"的说法，但这样做斗耳就要碰到梁身，施工就要增加麻烦。平梁、劄牵的卷杀与其他明栿的做法略有不同。月梁饱含力度感又富有装饰趣味。在江南一带尚有与月梁相似的梁一直流传至近代，即《营造法原》中的扁作梁。而在北方，月梁至明代就已绝迹，取而代之的是断面近于方形的沉重的矩形梁。

2)材分°数

宋式的梁栿用所承屋顶的椽数来称，与清式以梁上所承的桁数来称不同。劄牵相当于清式的单步梁，本身不荷重，只是联系梁。平梁用于脊下，是屋顶梁架最上层的梁，即清式的太平梁。乳栿相当于清式双步梁，承两椽屋顶。

从表2-6中材分°数看，有的梁高是以材栔叠合与铺作相契合，但有的也不以材栔叠合，有用两材、三材、四材为高的，可见梁

图2-46　敦煌莫高窟窟檐（宋）角柱生起（斗栱用五铺作卷头单栱造）

图2-47　河南临汝风穴寺大殿（金），角柱生起较多

图2-48　天津蓟县独乐寺观音阁（辽），角柱生起较少

高不一定要与铺作材栔相合。

《法式》对梁高的规定有些地方不尽合理，如殿堂梁栿三椽栿、乳栿相同，四椽栿与五椽栿一样，而六椽栿以上就止于60分°，这是不符合力学原理的。又如乳栿与三椽栿承屋盖的草栿反比不承屋盖的明栿要小，更是显然不合理。可见有的规定并不是从受力角度而是从外观形式出发的，如用六铺作以上的平梁、乳栿、三椽栿就比用四、五铺作的大，其实用铺作与屋顶荷载的大小并无紧密、直接的联系。如用六铺作以上的梁栿跨度可能比四、五铺作的跨度大这样的结构上的原因来解释，那么，四椽、五椽、六椽乃至八椽栿却为何不按所用铺作来分呢？劄牵并不承重，却也按铺作出跳与否分成两种高度，也不能用结构的原因来解释。很可能一般用铺作数多的房屋比铺作数少的房屋等级要高些，故梁也要大些，以显示等级的不同。再如厅堂梁栿，月梁就比直梁大了许多，虽然月梁底部经过加工断面高度要减少一些，但差距没有如此之大，无疑是从形式出发的。苏南一带的扁作梁存在一种虚拼法，即梁不是整体实木，只是下部为实木，上部只是两侧有板而中空。这表明梁实际上并不需如此大木料，纯为满足外观要求而已。当然上述扁作梁不完全相同于宋代月梁，举此例仅为说明月梁实际上不需如此大料。

"凡方木小，须缴贴令大；如方木大，不得裁减，即于广厚加之。如碍槫及替木，即于梁上角开抱槫口。若直梁狭，即两面安槫栿板，如月梁狭，即上加缴背，下贴两颊，不得剜刻梁面。"（《法式》卷五《梁》）

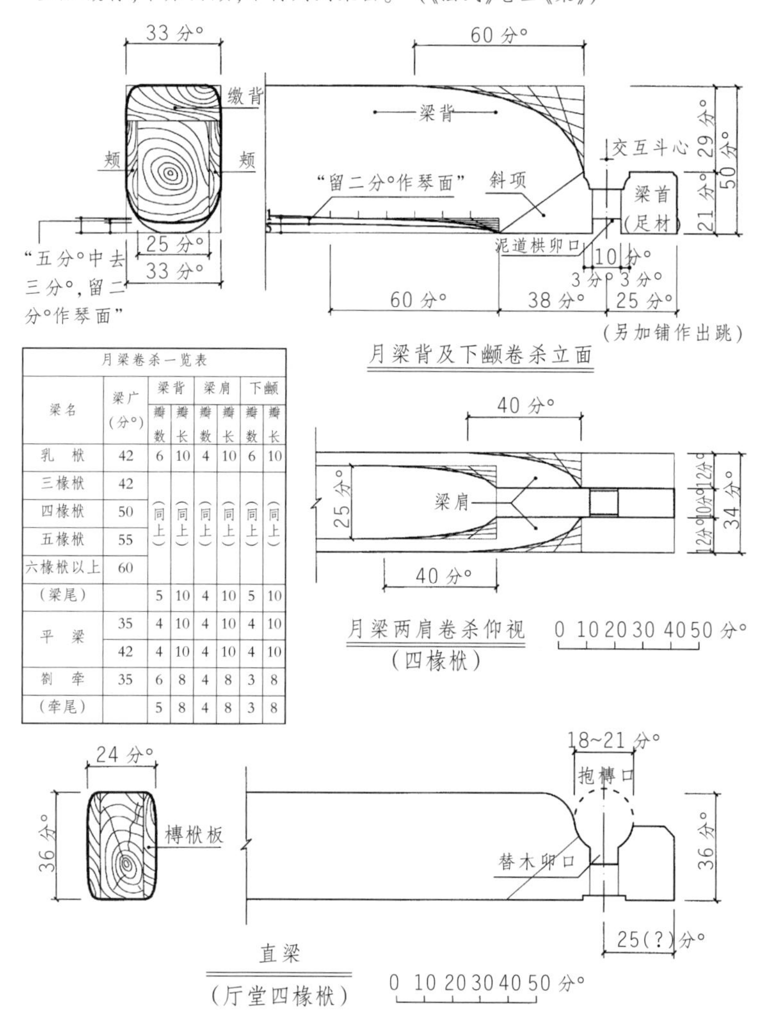

月梁卷杀一览表

梁名	梁广（分°）	梁背		梁肩		下颇	
		瓣数	瓣长	瓣数	瓣长	瓣数	瓣长
乳栿	42	6	10	4	10	6	10
三椽栿	42	（同上）	（同上）	（同上）	（同上）	（同上）	（同上）
四椽栿	50						
五椽栿	55						
六椽栿以上	60						
（梁尾）		5	10	4	10	5	10
平梁	35	4	10	4	10	4	10
	42	4	10	4	10	4	10
劄牵	35	6	8	4	8	3	8
（牵尾）		5	8	4	8	3	8

图2-49　月梁与直梁各一例

表2-6　《法式》梁栿高之材分°数

梁栿名称	斗栱类型	殿堂		厅堂	
		草栿（分°）	明栿（分°）	直梁	月梁
劄牵	斗栱不出跳	21	21		
	斗栱出跳	30	30		
平梁	斗栱四、五铺作	30			
	斗栱六铺作以上	36			
乳栿	斗栱四、五铺作	30	36		42
	斗栱六铺作以上	42	42		
三椽栿	斗栱四、五铺作	30	36	30	42
	斗栱六铺作以上	42	42		
四椽栿	斗栱四铺作至八铺作	45	42	36	50
五椽栿		45	42	36	50
六至八椽栿		60	60		60

3)拼合梁

除柱可拼合外，梁也可拼合，卷五有云："凡方木小，须缴贴令大。""若直梁狭，即两面安槫栿板。如月梁狭即上加缴背，下贴两颊，不得刻剜梁面。"(参见图2-49)。第一句指出如方木小，可用缴贴的方式即拼合木料，使梁达到要求的截面。后一句分别指直梁与月梁的缴贴方法。但《法式》的叙述不明确，"若直梁狭……若月梁狭……"。什么为"狭"？是梁不够高，还是不够宽？直梁狭在两面安槫栿板，似指不够宽；月梁狭却上加缴背又下贴两颊，似乎既不够高也不够宽。根据实例来看，缴贴主要是上下拼合，即上加缴背，它增加了梁的高度，梁的高度增加比宽度增加更能增加承载能力，这符合结构原理。梁两侧贴板可能是为了解决梁两侧的琴面与"不得刻剜梁面"的问题，起小木作中裹栿板的作用，裹栿板上"皆雕华造"，即雕刻花纹。《法式》用词不很严格，上述"狭"为一例，又如"广"，材高、梁高均称"广"，开间之面阔亦称"广"，布椽之椽心距亦称"广"。

4)梁与槫的关系

《法式》中梁与槫原是通过斗栱相连的，一般情况下不直接联系，但在某些情况下却产生了关系。卷五中有"如方木大不得裁减，即于广厚加之。如碍槫及替木，即于梁上角开抱槫口"。当梁所用之方木大于所要求的尺寸时，就可能与槫及替木相碰，《法式》就指示了在梁的上角开抱槫口，把矛盾予以解决。当然这种情况只发生于直梁上，因月梁两端做卷杀、斜项，一般不会发生"碍槫及替木"的。这本是一种特定情况下的处理办法，但是开了抱槫口，却使槫与梁的联系更紧密，加强了结构的整体性，这种做法逐步演变成清式做法的桁椀，成了不可或缺的固定模式，可以说是木结构技术的进步(图2-49)。

(三)额

额有阑额、檐额、由额、屋内额等，地栿也列入额内，由于所用位置及功能之不同而有不同的名称及材分°。

1)阑额(图2-50)

阑额用在檐柱头之上，是联系檐柱的主要构件，当用补间铺作时，额还上承补间铺作。其高为二材，厚为2/3高，入柱卯为1/2厚，阑额两端的两肩做四瓣卷杀收至卯厚。如额上不用补间铺作，则额上别无荷载，它只起联系作用，其厚则取1/2高。额两侧由于入柱卯而做卷杀，这是木结构的特点，直至清代也未变化，现在常常看到一些用钢筋混凝土做的仿古建筑，由于无需榫卯，梁端直入柱头，没有卷杀，这符合钢筋混凝土的构造，却失去了木构的特征。

阑额至角柱，《法式》没有出柱之榫头(相当于清式之霸王拳)，但在实例中有的却有出榫，如河南登封少林寺初祖庵大殿就有耍头状的出榫(参见图3-4)，许多辽代建筑也做有垂直截割的出榫。至角做出榫对防止年久后榫卯松动、角柱脱榫外闪是有益的，可使结构更趋牢固。

按《法式》阑额上直接坐铺作，别无其他构件，只是在平座搭头木上才有普拍枋，但在实例中阑额之上也常有普拍枋，如太原晋祠圣母殿。增加普拍枋一道，好似在柱头上又增加了一道圈梁，柱框层整体性更强，所以宋以后木构中普拍枋被普遍采用，清代即为平板枋，但它们的高宽比例不同，普拍枋矮而宽，平板枋则高而窄。阑额两侧《法式》没有规定必须做琴面，

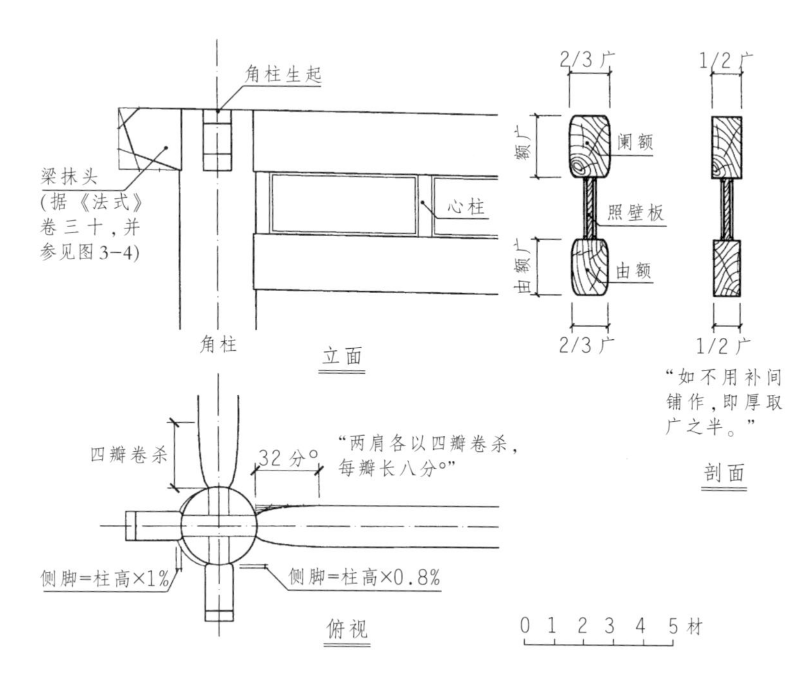

图 2-50　阑额与由额

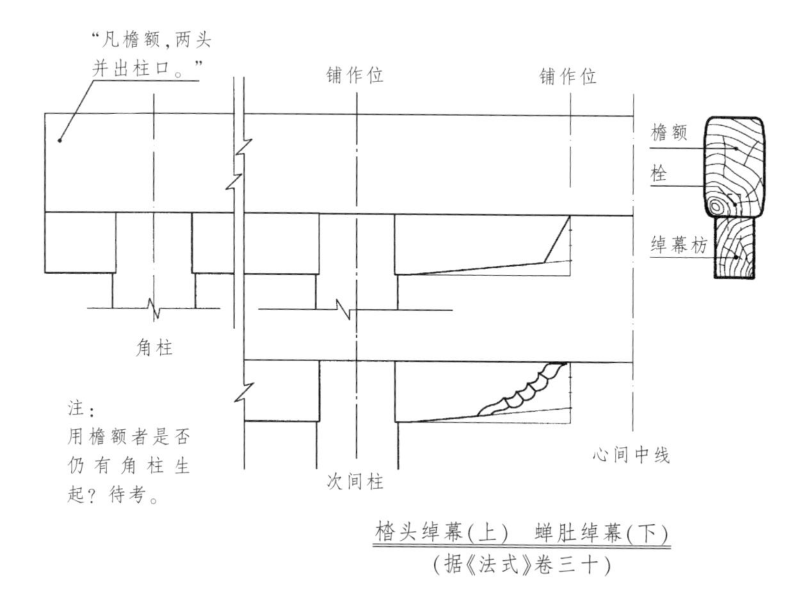

图 2-51　檐额与绰幕

但实例中常做成琴面。

2)檐额(图 2-51、2-52)

檐额"两头并出柱口，其广两材一栔至三材，如殿阁即广三材一栔或加至三材三栔。檐额下绰幕枋，广减檐额三分之一，出柱长至补间，相对作楷头"。殿阁之檐额广可达 51 分°至 63 分°，最大已超过了殿阁六至八椽栿以上之 60 分°用材，且其下尚有绰幕枋，广也可达两材两栔即 42 分°，也达到四椽至五椽明栿用材，组合成《法式》记载之最大规格的构件。它们的厚亦应如同阑额"减广三分之一"。按檐额用材之大，它应该上承荷载，不仅仅作联系构件，如常见于陕、甘一带之檐下大额，其上可直接架屋架而不用柱子。另外，如建于金太宗天会十五年(1137 年)之佛光寺文殊殿，采用了减少内柱，用纵向大内额承屋架的结构形式，这样的大额似与檐额的作用相同，文殊殿建成距《法式》成书(1100 年)不久，这种结构形式的出现绝不会是孤立的，而檐额可能正是这种结构形式的先导。至于《营造法式注释》所载河南济源济渎庙临水亭及山西长治上党门那样的"檐额"，实际上只有檐额的外观形式，而无能够承荷载的、实质上的结构作用，因为中间又有两柱支撑于下，开间尺寸不大，因而它们的用材一点也不大，只是阑额通做而已。

《法式》料例记："广厚枋，长六十尺至五十尺，广三尺至二尺，厚二尺至一尺八寸，充八架椽栿并檐栿、绰幕、大檐头。""松枋，长二丈八尺至二丈三尺，广二尺至一尺四寸，厚一尺二寸至九寸，充四架椽至三架椽栿、大角梁、檐额……"绰幕用较大的广厚枋，而檐额反用较小的松枋，疑《法式》将位置颠倒了，只有调换过来，才比较合适。但檐额广可达 63 分°，如用一等材，广即达 3 尺 7 寸 8 分，厚 2 尺 5 寸，已超过了最大的大料模枋(广 3 尺 5 寸，厚 2 尺 5 寸)，这也是《法式》前后不符之一例。

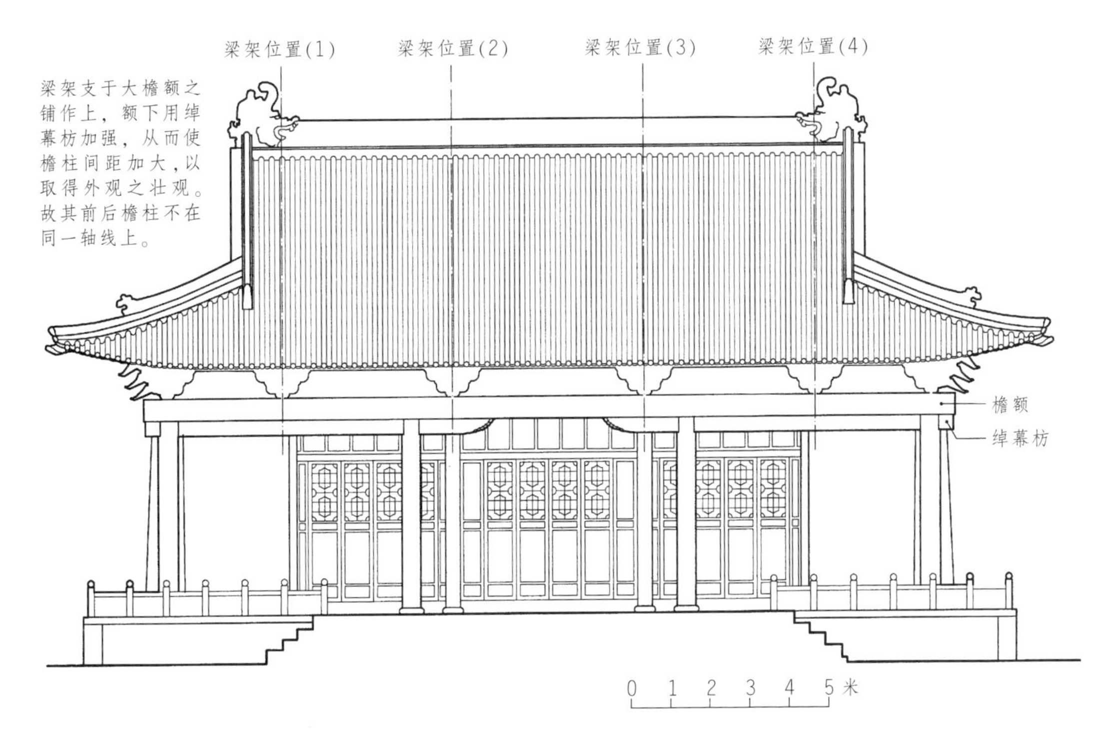

图 2-52 檐额实例——陕西韩城文庙大成殿（元代）（西安冶金建筑学院资料）

3）由额（图 2-50）

由额主要是联系构件，如无副阶，则用于阑额之下，高下随宜。如有副阶，副阶檐柱额下不用由额，则安于殿身檐柱副阶竣脚椽下。其广减阑额 2 分°至 3 分°，即 27 分°至 28 分°，其厚《法式》未说明，但根据其“出卯、卷杀并同阑额法”推断，似厚亦应减去广的 1/3。

4）屋内额

屋内额亦为联系构件，其广才 18~21 分°，厚仅取广的 1/3，用料不大，用于屋内柱或驼峰间。

5）地栿

地栿是联系柱脚的构件，用材广 17~18 分°，厚为广的 2/3，“至角出柱一材”，“上角或卷杀作梁切几头”。但北方宋代实例均不用地栿，看来柱子由于上面有较大的压力，柱脚或有榫头，是不会轻易移动的，如果柱间有墙，则稳定性更好。另外，如果地栿被包砌在墙内，不能通风，极易导致腐朽，故在北方，地栿的实际意义不大。

（四）角梁

按《法式》卷五《阳马》造角梁之制，角梁有大角梁、子角梁、隐角梁、续角梁四种。续角梁在功限内明列，制度内只说“余随逐架接续”。角梁之长“大角梁自下平榑至下架檐头，子角梁随飞檐头外至小连檐下，斜至柱心。隐角梁随架之广，自下平榑至子角梁尾，皆以斜长加之”。由于造檐之制规定“椽头皆生出向外，渐至角梁，若一间生四寸，三间生五寸，五间生七寸（五间以上约度随宜加减）”，故角梁之长还须相应生出，生出之尺寸与房屋间数成正比，这与清式做法略有不同，清式一般角梁固定冲出 3 椽径或 4.5 斗口。

用隐角梁是《法式》的特点，清式无隐角梁之称。《法式》子角梁只至角柱中心线，而隐角梁又自此起始，由于子角梁与隐角梁断开，此断面上只有大角梁承荷，这种做法比较复杂，且又出现结构不连续的断面，减弱了结构的整体性。清式子角梁后段与老角梁同长，取消了这段的隐角梁，加强了角梁的整体性，更有利于角梁的承荷。大角梁之后的续角梁即清式的由戗。

角梁用材，大角梁广28~30分°，厚18~20分°，子角梁广18~20分°，厚15~17分°，隐角梁广14~16分°，厚同大角梁或16~18分°。大角梁断面高厚比为3：2，与《法式》梁、枋一致。

《法式》对角梁的具体做法或没有交代，或语焉不详。是在大木作制度中说得最不清楚的，如大角梁如何与橑檐枋、下平槫交接？如何与子角梁、隐角梁连接？就根本未提。大角梁"头下斜杀长三分之二"。其下注云："或于斜面上留二分°，外余，直卷为三瓣。"斜杀长2/3，究竟为梁长之2/3还是梁高之2/3？似乎应为梁高之2/3，如为梁长之2/3，则斜面太长，而且梁头只留2分°，显得太小，与全梁比例不协调。如为广之2/3，则较相称（图2-53）。又如子角梁："头杀四分°，上折七分°。"均有待更进一步的研究。实例中角梁的做法有多种，并不限于《法式》所述，这也说明《法式》制度不是唯一标准，并不包罗一切。

（五）槫及橑檐枋

殿阁槫径21~30分°，厅堂槫径18~21分°，余屋槫径16~18分°，橑檐枋广30分°、厚10分°。

橑檐枋至角，其上贴生头木（即清式之枕头木），与角梁平齐。槫至两头梢间，背上亦贴生头木，与前后橑檐枋相应，使屋面在纵向亦形成曲面，屋顶曲线更显柔和秀丽。清式做法除檐檩外，其他檩上均不设枕头木，屋面在纵向显得较为平直。

《法式》规定用橑檐枋，强调不用撩风槫，实例中北方却多见撩风槫，而南方较普遍用橑檐枋，如宁波保国寺大殿、苏州玄妙观三清殿及众多五代至宋的砖石塔如杭州闸口白塔、苏州罗汉院双塔以及镇江甘露寺铁塔等均用橑檐枋。

（六）椽

殿阁椽径9~10分°，厅堂径7~8分°，余屋径6~7分°。椽至下架，即加长出檐，出檐从橑檐枋心出，椽径3寸，檐出3尺5寸，椽径5寸，檐出4尺至4尺5寸。檐椽外又加飞子，飞子为方形，广为8/10椽径，厚为7/10椽径，飞子出跳为檐椽出跳之6/10。与清式略有不同，清式出檐规定，有斗栱时出檐为21斗口，无斗栱则为檐柱高之3/10，飞椽与檐椽出跳之比为1：2。《法式》飞子头底下及两侧做卷杀，经过艺术加工，给人以秀美之感（图2-54）。江南有些明

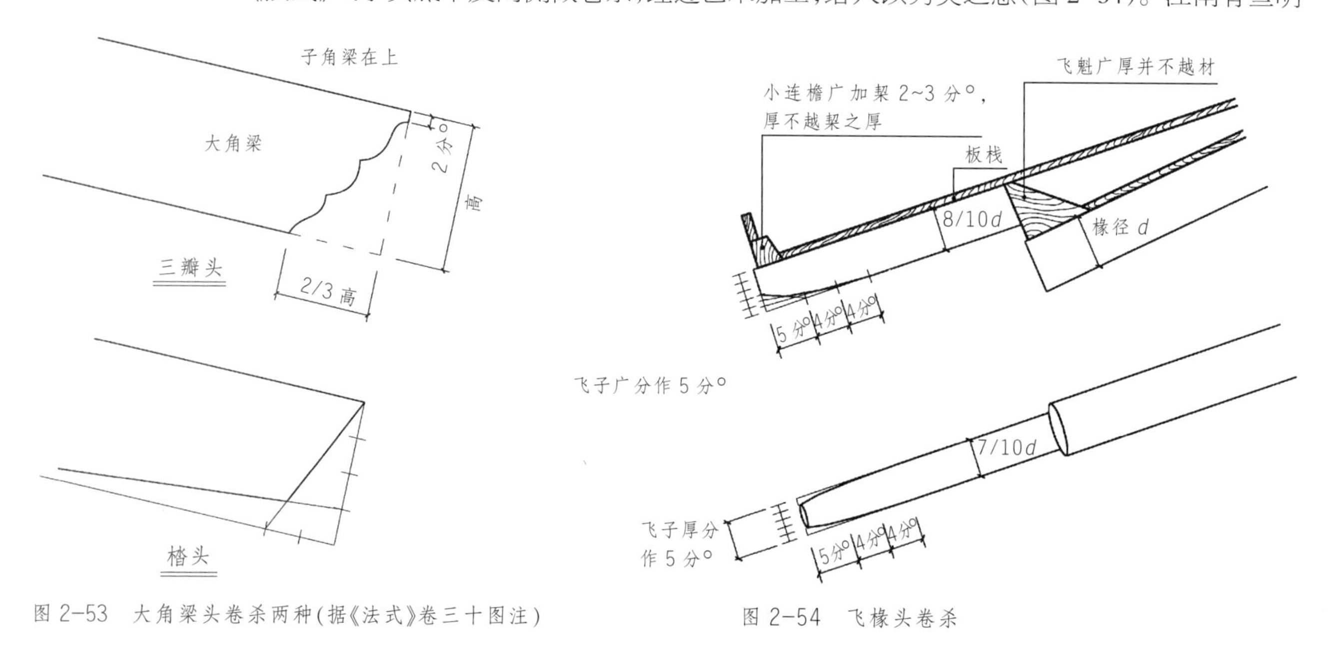

图2-53 大角梁头卷杀两种（据《法式》卷三十图注）

图2-54 飞椽头卷杀

代建筑尚保留飞椽头的卷杀做法，这也是与清式不同之处。

（七）蜀柱、叉手、托脚

殿阁蜀柱径一材半，余屋蜀柱径根据梁厚而定。叉手、托脚是梁架中的斜构件，起稳定作用。叉手用于脊部，殿阁广 21 分°，余屋 17~18 分°，厚取广之 1/3。托脚用于其他中、下平槫缝，广随材（15 分°），厚亦为广的 1/3。宋以前叉手还用来直接承脊槫，如五台佛光寺大殿即用叉手支承脊槫，不用蜀柱。宋式因为脊下用了蜀柱，槫与梁、蜀柱是通过斗栱连接起来，就用叉手、托脚来支撑、稳定结构。到明清时，桁与梁通过桁椀直接联系，节点结合大大加强，就不需叉手、托脚来稳定，于是叉手、托脚就消失了。

（八）串、襻间

串、襻间均为联系构件，功能在于加强结构的整体性。襻间广厚并如材，即 15 分°×10 分°，与各架槫平行，联系各槫下的斗栱。襻间长随间广，两头伸出做半栱，在间内于材上隐刻半栱。襻间有一材、两材之分，若一材，每隔一间用一根，两头伸出及隐刻令栱，若两材，则每间用一根，上下相闪，伸出及隐刻慢栱或瓜子栱。

串有顺脊串、顺栿串、顺身串、承椽串等。顺脊串在脊槫下，联系左右两缝蜀柱，断面广厚如材，或加 3~4 分°。顺栿串用于厅堂式木构架的栿下，联系前后内柱，两头出柱在乳栿或劄牵下作丁头栱或楷头，广 21 分°，厚 10 分°。顺身串与槫平行，联系左右内柱。承椽串在殿身柱间，承副阶椽。

清式每桁（檩）均由桁条、垫板、枋三样构件组成，梁下又增加了随梁枋，其断面亦比顺栿串大，整个结构的整体性得到加强，串、襻间也就不需要了。

（九）替木

替木厚 10 分°，广 12 分°，用于槫下，随其下用单斗、令栱、重栱不同而长度分别为 96 分°、104 分°、126 分°，栱头做三瓣卷杀。在宋、辽、金实例中常可见到替木的应用，《法式》里且有单斗只替的做法。这种做法的余绪，直到近代在苏南一带尚在应用（见本章中有关木构架的基本类型一节），而在清式做法里已经少见替木了。

第二章注释

（1）徐邦达：《宋张择端清明上河图的说明、考证》，1953 年，中国古典艺术出版社；张安治：《张择端清明上河图》，1979 年，人民美术出版社。

（2）见《宋史》卷一五四，舆服志六。

（3）“虻翅”之名见于《法式》卷十九《营屋功限》：“叉手每一片二厘五毫功（虻翅三分中减二分功）。”此处虻翅归于叉手条目下，应是同类物，而所需工额仅叉手 1/3，可想见其制作简率，构件较小。故疑画中短小之叉手即为虻翅。“虻翅”之名或因其状如飞虻的两翼而来。

（4）“单斗只替以下”应是指单斗只替和柱梁作。

（5）祁英涛：《河北省新城县开善寺大殿》，1957 年 10 月《文物》。

（6）梁思成、刘敦桢：《大同古建筑调查报告》，《中国营造学社汇刊》第四卷第三、四期合刊本。

（7）刘敦桢：《中国古代建筑史》，1980 年，中国建筑工业出版社。

(8)“楷子”“花楷”，均见《法式》卷十九《殿堂梁柱等事件功限》“替木”条。因列于替木条目下，应是同类物。

(9)姚承祖、张至刚：《营造法原》，1959年，中国建筑工业出版社。

(10)卷十三瓦作制度称“撮尖亭子”，卷三十举折图样称“亭榭斗尖”。

(11)沈括《梦溪笔谈》卷十八：“钱氏据两浙时，于杭州梵天寺建一木塔，方两、三级，钱帅登之，患其塔动，匠师云：‘未布瓦，上轻，故如此’。方以瓦布之，而动如初，无可奈何，密使其妻见喻皓之妻，贻以金钗，问塔动之因。皓笑曰：‘此易耳，但逐层布板讫，便实钉之，则不动矣’。匠师如其言，塔遂定，……人皆服其精练。”

(12)祁英涛、柴泽俊：《南禅寺大殿修复》，1980年第11期《文物》；梁思成：《记五台山佛光寺的建筑》1953年第5-6期《文物参考资料》。

(13)外檐斗栱用六铺作重栱出单抄双下昂，里转五铺作重栱出双抄，并计心，其所用斗、栱、昂数如下：

补间铺作　20朵　斗数=32×20=640件，栱、昂数=19×20=380件；

柱头铺作　6朵　斗数=25×6=150件，栱、昂数=14×6=84件；

转角铺作　4朵　斗数=34×4=136件，栱、昂数=34×4=136件；

铺作所用方桁数　30×5=150件；

内檐斗栱用六铺作重栱出上昂，偷心跳内当中施骑斗栱，其斗、栱、昂数如下：

补间铺作　6朵　斗数=32×6=192件，栱、昂数=19×6=114件；

柱头铺作　2朵　斗数=25×2=50件，栱、昂数=14×2=28件；

铺作所用方桁数=9×7=63件；

以上计斗1168件，栱、昂、方桁等955件，共2123件。

柱、额、地栿、槫、蜀柱、驼峰、叉手、托脚、串、襻间、替木等约200余件。

(14)卷一《总释上》：“材……今或谓之方桁。”卷十七：铺作每间用方桁等数包括柱头枋、罗汉枋、算桯枋各项在内。

(15)《宋史》卷一九四，兵志八，廪给之制：“宋惩五代之弊，收天下甲兵数十万，悉萃京师。”卷九十三，河渠志：“参知政事张洎言……‘今天下甲卒数十万众，战马数十万匹，并萃京师’。”

(16)《册府元龟》卷六一，帝王部，立制度二：“唐文宗太和六年六月……准营缮令：王公以下舍屋不得施重栱藻井；三品以上堂舍不得过五间九架，仍厅厦两头，门屋不得过三间五架；五品以上堂舍不得过五间七架，亦厅厦两头，门屋不得过三间两下，仍通作乌头大门……；六品、七品以下堂舍不得过三间五架，门屋不得过一间两下。非参官不得造轴心舍及不得施悬鱼、对凤、瓦兽、通栿、乳梁装饰。庶人所造堂舍不得过三间四架，门屋不得过一间两下……”

(17)见沈括《梦溪笔谈》卷十八。

(18)姑苏台、齐云楼均见《平江图碑》，黄鹤楼见宋画，岳阳楼见范仲淹《岳阳楼记》，月波楼见黄禹偁《黄冈竹楼记》。

(19)殿阁楼台：如用三等材，上檐出约6.4~7.2尺；如用八等材，上檐出约4.6尺。再加上檐铺作出跳比平座铺作多1~2跳，则三等材上檐自檐柱心出比平座多出约6.4~8.5尺，八等材上檐自檐柱心出比平座多出约4.6~5.5尺。

(20)楼台：基高1~2丈者，永定柱外侧墙厚4砖，约4×0.65=2.6尺；基高2~3丈者，墙厚5砖，约5×0.65=3.25尺；基高4丈以上，墙厚6砖，约6×0.65=3.9尺。

(21)见《唐长安城大明宫》第38页，图版伍叁：2，1959年，科学出版社。

(22)在宋代“廊舍”“廊屋”“廊”，都是指殿宇、厅堂前庭院四周的廊庑，廊之一侧有房，另一侧临空；“行廊”“柱廊”才是今天我们所理解的独立廊子。

(23)据陈明达《营造法式大木作制度研究》表37提供的数字折算。

(24)《宋会要辑稿》第二十九册，礼三三：“徽宗建中靖国元年正月十三日皇太后崩……献殿一座，共深五十五尺，殿身三间，各六椽，五铺，下昂作事，四转角，二厦头，步间修盖，平柱长二丈一尺八寸；副阶一十六间，各两椽，四铺，下昂作事，四转角，步间修盖，平柱长一丈。”

(25)同上。

(26)《法式》卷五《举折》有“如架道不匀”一句。

(27)《法式》卷二十六《诸作料例·大木作》："朴柱长三十尺，径三尺五寸至二尺五寸，充五间八架椽以上殿柱。"

(28)《宋史》卷一五四："庶人舍屋，许五架，门一间，两厦而已。""两厦"又写作"两下"，朱熹《仪礼释宫》："人君之堂屋为四注，大夫、士则南北两下而已。"宋李如圭《礼仪集注》卷十七："倚庐之制，既练，又别为两下之屋。"南宋周必大《思陵录》所录永思陵上、下宫殿门都是直废造屋顶，即两坡的悬山顶。并见注释16。

(29)《宋会要辑稿》礼二四，蔡攸议明堂制度言。

(30)周必大《思陵录》："上宫，殿一座，三间六椽，入深三丈，心间阔一丈六尺，两次间各一丈二尺。……五寸二分五厘材（注：即《法式》所定七等材）……殿门一座，三间四椽，入深二丈，心间阔一丈六尺，两次间各阔一丈二尺。……下宫，殿门一座，三间四椽，入深二丈，各间阔一丈四尺……前后殿二座，各三间六椽，入深三丈，各间阔一丈四尺，……平柱高一丈一尺……"

(31)王天：《古代大木作静力初探》，1992年，文物出版社。

第三章 铺 作（大木作 之二）

铺作是木构架（大木作）的一部分，因其结构复杂与地位特殊而单立一章。

一、概说

当人们走近佛光寺大殿这座唐代殿堂的阶前，走进室内时，其疏朗雄大的斗栱给人以强烈的感受。中国古代建筑远看屋顶、近看斗栱这两个最醒目的特色，在这里得到淋漓尽致的表现。到了编写《营造法式》的年代，斗栱的装饰价值已逐渐被夸张，那些琳琅满目的铺作，有不少部分已失去了原来的结构价值而有了独立的装饰意义：一些房屋开间并不大，也排列了补间铺作；室内纵横罗列的大量斗栱，也是为了承载天花以及烘托皇权和神灵的至高无上。出现这种倾向，当然和北宋时期整个官式建筑追求精巧华丽的总趋势是分不开的，而这种风气沿袭至明清，导致斗栱的累赘程度达到了无以复加的地步。从《法式》所录斗栱图样来看，编者也着眼于复杂的、装饰性强的重栱全计心铺作，对一些简单斗栱和偷心造、单栱造则比较忽视，但恰好是这些简单的做法还较多地保留着斗栱原本的价值和意义。为了使这个曾在我国建筑历史上绽放过异彩的创造不致被追求繁缛豪华的风气所掩盖，我们应该努力让那些简朴真实的铺作恢复其应有的地位。

（一）出跳承檐

铺作的基本功能是承托悬出的屋檐，其他的承梁、承天花、承平座等功能都是由此衍生的（图 3-1~3-4）。

曾闻老工匠有句口诀叫做“檐不过步”，意为出檐不能超过步架，否则就有倾覆的危险，而在保证出檐安全方面，斗栱起着关键作用。对此，可以用《法式》的相关规定，来对这个原理进行一番检验：

（1）以一座三间小厅堂为例，按《法式》规定可用六等材。如架深用 6 尺，椽径用 0.3 尺，则檐出为 3.5 尺，飞子出跳为 2.1 尺，总檐出为 5.6 尺。如用柱梁作或单斗只替（无斗栱出跳），则总檐出与架深比为 5.6：6 等于 1：1.07，虽在“檐不过步”范围之内，但比例接近 1：1，安全系数差，如遇大风、大雪、上屋维修甚至地震等突发事件，屋檐垮塌的可能性极大。

（2）仍以上述厅堂为例，采用斗口跳铺作。斗栱出跳 30~40 分°（即将梁头伸出，刻作华栱头，上承橑檐枋）。仍用六等材，每分°0.04 尺，椽径 0.3 尺，总檐出为 5.6 尺。檐步架深 + 斗口跳出跳 =6 尺 +1.2~1.6 尺 =7.2~7.6 尺。总檐出与檐椽后尾长度之比为 5.6 ：7.2~5.6 ：7.6，等于 1：1.286~1：1.357，安全系数比上例有了改善。

（3）假如七间厅堂，用三等材，六铺作。按《法式》规定，椽径用 7 分°=0.35 尺，总檐出 5.6 尺，架深 6 尺。斗栱出跳 90 分°，等于 90×0.05 尺 =4.5 尺。檐步架深 + 斗栱出跳 =6+4.5=10.5 尺。总檐出与檐椽后尾长度比为 5.6：10.5=1：1.9。比上例斗口跳又增加了安全系数。

（4）假设一座殿屋，殿身九间，用一等材，八铺作。按《法式》规定椽径为 9 分°，即 0.54 尺，架深用 7.5 尺则总檐出为 4.8+2.9=7.7 尺，斗栱出跳 134 分°，即 8.04 尺。橑檐枋以内后尾长度为檐步架深 + 斗栱出跳 =8.04+7.5=15.54 尺。总檐出与檐椽后尾长度之比为 7.7：15.54=1：2.02，安全系数大为提高。

以上验算表明，斗栱在解决檐部稳定性方面作用明显，即使最简单的斗口跳，也能大幅度改善屋檐的安全状况。

从外形看，斗栱构件繁多，十分复杂，实际上可以根据构件性能分成两大类：一类是起承重作用的主干部件，有华栱、昂、栌斗等；另一类是主要起稳定作用的平衡构件，包括罗汉枋、柱头枋、瓜子栱、慢栱、令栱等一些与承重构件十字相交的构件。两者组成复合结构，坐落在柱头上，再以梁、栿、枋压之，就成了一个较为稳定的承重支撑体系。

作为主要的承重构件——华栱与下昂，从结构性能上说都是悬臂梁（一平一斜），最忌在身内开挖卯口，但是如果遇有十字相交的栱与枋，就不得不开卯口而牺牲其结构强度。为此，《法式》规定，华栱开卯口，必须在栱身下，且深不超过 5 分°（足材栱卯口深 1/4.2 栱身，单材栱深 1/3 栱身）；下昂身内则尽可能不开卯口，其他构件（如耍头）与昂相遇应尽量做到“放过昂身”（《法式》卷四《爵头》），实在无法“放过”（如与昂十字相交的栱），也只能“于昂身开方斜口深二分°”（卷四《飞昂》），且卯口在昂身下方。

上昂用于室内承平棊或室外托平座，是斜撑与斜梁的混合体。室内上昂只有在斗栱

图 3-1　河南登封少林寺初祖庵（宋）心间铺作

图 3-2　河南登封少林寺初祖庵（宋）五铺作一抄一昂柱头铺作

图 3-3 河南登封少林寺初祖庵(宋)五铺作一抄一昂补间铺作

两侧的平棋藻井高低不一时方有意义，如果像苏州玄妙观三清殿那样，斗栱两侧的平棋在同一高度上，就不如用华栱承托平棋来得简单易行。《法式》所列四幅上昂侧样图(五铺至八铺)都是两侧的平棋(枋)高低不一。当然，处理这类平棋也可不用上昂而用半截华栱来解决，如同五台山佛光寺大殿室内所做的那样。

上昂的出现较早，唐高宗总章二年(669年)关于明堂规制的诏书中就有“下柳(柳即昂)七十二枚，上柳八十四枚”的记述(《旧唐书》二二)，《法式》也把下昂与上昂对应并叙，两者的重要性似乎不相上下。而事实上，迄今上昂遗物极少，下昂则遍及全国各地，究其原因，不外一是制作较复杂，且可用华栱替代；二是其结构作用不及下昂重要，所以明代以后的官式建筑中再也没有见过上昂实例。

斗，不论其大小、位置如何，都是栱、昂、枋的支座。其中栌斗集中了梁架与斗栱上的全部重量，所受压力极大，多层木楼阁底层的栌斗甚至可以被压裂成碎片(如山西应县佛宫寺塔)。

图 3-4 河南登封少林寺初祖庵(宋)五铺作一抄一昂转角铺作及梁抹头

起平衡作用的构件也绝不是可有可无，而应视斗栱出跳多少而决定哪些跳头上需用十字相交的栱、枋，哪些跳头上则可不用。这就产生了“计心造”和“偷心造”两种不同做法。

(二)计心造、偷心造、影栱

若在华栱或昂的出跳跳头上安放与之十字相交的栱和枋，这一跳就称为“计心”，如果不用这些栱和枋，则称为“偷心”。

在结构性能上，跳头上的栱(瓜子栱、慢栱、令栱)、泥道栱、枋(罗汉枋)基本上不承重，仅为相邻各朵斗栱之间的支撑，起到稳定整个铺作的作用。因此，其卯口都开在上方，而且较深，以便让华栱和昂获得较大的通过断面。重栱全计心造有很强的装饰性，华丽、隆重（见本章三、殿阁铺作插图）；单栱计心造较简约轻巧；偷心造结构性能明确，栱斗外观疏密有致（见本章二、厅堂铺作插图）。但是全偷心造铺作如出跳数多（七铺、八铺），也会产生不稳定，所以实际上往往采取部分偷心和部分计心相结合的做法。

"影栱"就是柱头缝上的栱，又称扶壁栱、泥道栱。

影栱的做法和跳头上用计心造还是用偷心造有关，其主要的关联因素是视觉效果。

《法式》所举扶壁栱做法有五种：

第一种——全计心造斗栱

无论是重栱造还是单栱造，凡是逐跳计心的，其扶壁栱都用重栱加素枋；

第二种——五铺作一抄一昂，下一抄为偷心（图 3-5-1）

为了弥补因偷心而出现的视觉空缺，扶壁栱采用重栱素枋上再加一层单栱素枋；

第三种——单栱六铺作两抄一昂，或一抄两昂，下一抄偷心

扶壁栱用泥道重栱素枋或两层单栱素枋上下相叠（图 3-5-2、3-5-3）；

第四种——七铺作两抄两昂，下一抄偷心

扶壁栱做法与上列第三种相同（图 3-5-4）；

第五种——八铺作两抄三昂，下两抄偷心（图 3-5-5）

扶壁栱用单栱素枋，上加重栱素枋。

以上《法式》卷四《总铺作次序》所列扶壁栱只是一种举例，实际运用中变化很多，远不止上述五种。但从中可以看出，扶壁栱和跳头上有无横栱（计心或偷心）关系密切，其实质是在调整视觉效果，使铺作出跳部分的疏密轻重和柱头缝上的枋、栱相互协调，从而能得到匀称、和谐的景象。而这种扶壁栱的方案选择，对结构似乎没有什么影响，也就是说，这纯粹是一种建筑造型上的考虑。

（三）补间铺作的布置

1. 朵数

从建筑形象与结构两方面来分析，补间的设置应根据房屋规模大小、等级高低、开间大小等因素来决定。凡高大的殿堂，等级高、开间大，补间就用得较多；反之，补间就可以少用或不用。总之，必需根据实际情况灵活布置。《法式》大木作制度对补间的朵数只提到两种情况——每间用双补间及心间用双补间、次间用单补间，但实际上宋代建筑中补间布置是多种多样的，例如：

第一，不用补间。卷八《钩阑》就提到："凡钩阑分间布柱，令与补间铺作相应……如补间铺作太密，或无补间者，量其远近，随宜加减。"实例有山西榆次永寿寺雨花宫、山西晋城青莲寺等多处。

第二，心间用一朵，次间不用。如河北易县开元寺观音殿等，多见于小型殿宇。

第三，各间都用补间一朵。如太原晋祠圣母殿等。

第四，小亭榭铺作可以多于二朵。卷四用材制度规定，第八等材用于殿内藻井或小亭榭施铺作多者。而藻井可用补间铺作五朵（见卷八《斗八藻井》），亭榭应与之相类似。

第五，心间用二朵，其余用一朵。

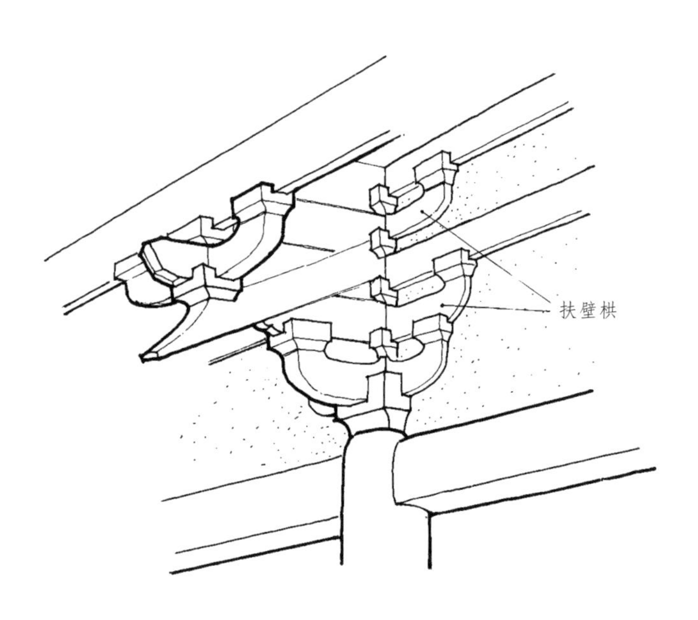

1. 五铺作一抄一昂，
偷心造，
扶壁栱用重栱素枋+单栱素枋。

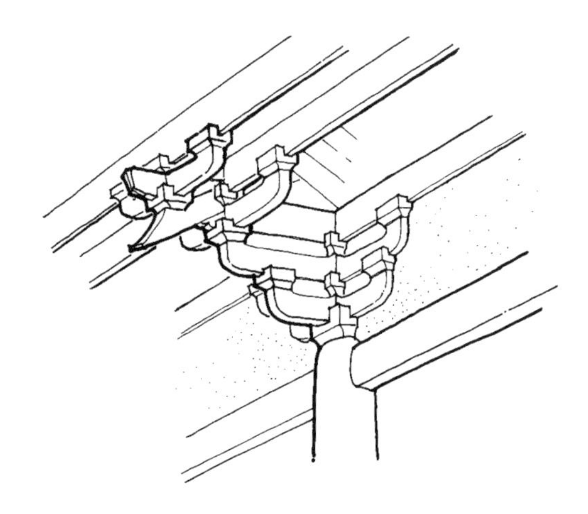

2. 六铺作两抄一昂，
下一抄偷心，
扶壁栱用重栱。

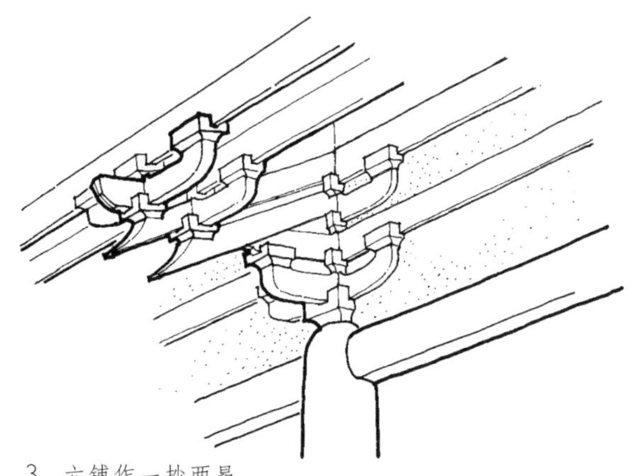

3. 六铺作一抄两昂，
扶壁栱用两层单栱。

扶壁栱(影栱)

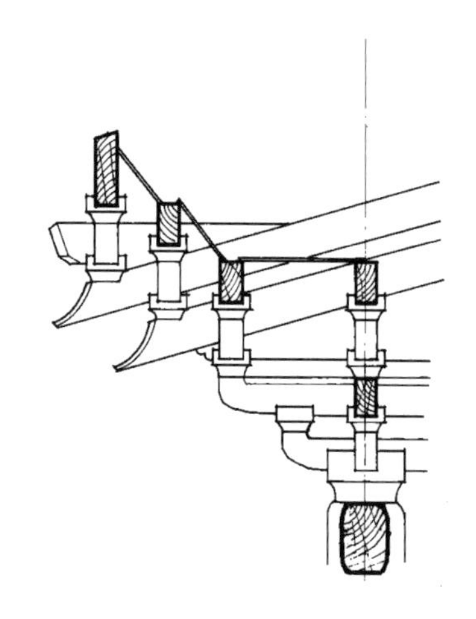

4. 七铺作两抄两昂，
下一抄偷心，
扶壁栱用两层单栱。

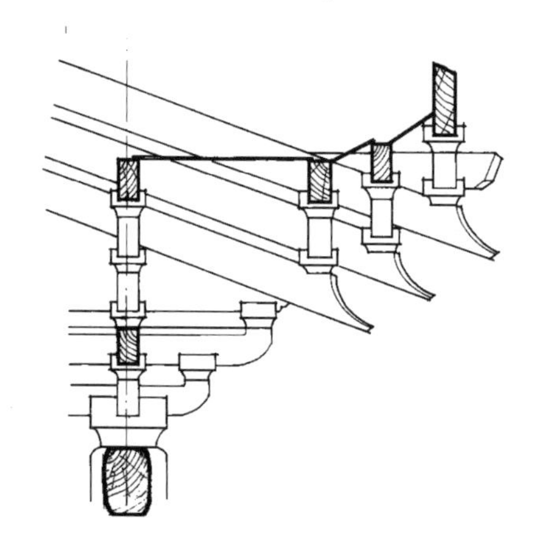

5. 八铺作两抄三昂，
下两抄偷心，
扶壁栱用单栱上安重栱。

图 3-5 偷心造铺作的扶壁栱做法五例

第六，各间都用二朵（第五、六项见卷四《总铺作次序》）。

2. 间距（中到中）

《法式》对铺作间距只要求分布均匀，而没有规定尺寸与分°值［参阅第二章　六、（二）节］。实例也表明，宋代木构建筑上铺作排列疏密参差不一：密者间距 110 分°，疏者 199 分°、205 分°，不用补间者可达 303 分°（表 3-1）。《总铺作次序》规定“或间广不匀，即每补间铺作一朵，不得过一尺”，也只是相对地限制各间的补间铺作间距不能相差太多，以免产生零乱之感。从我国古代营造制度的发展来看，直至明代官式建筑中尚未显出各朵斗栱之间距存在统一的规定，正式出现斗栱之间的标准间距，是在清雍正年间编制工部《工程做法》的时候。

表 3-1　宋代木架建筑补间铺作布置及铺作间距

建造年代	建筑名称	正面各间用补间数（朵）与铺作间距（分°）							
		心间		次间		次间		梢间	
		补间	间距	补间	间距	补间	间距	补间	间距
1008	山西榆次永寿寺雨花宫	0	303					0	264
1013	浙江宁波保国寺正殿	2	131					1	110
1023-1031	太原晋祠圣母殿殿身	1	174	1	143			1	131
	副阶	1	174	1	143	1	131	1	110
1051	河北正定隆兴寺摩尼殿殿身	2	123	1	180			1	157
	副阶	1	205	1	180			1	157
12 世纪	隆兴寺转轮藏殿上层	2	123					1	147
1179	苏州玄妙观三清殿殿身	1	199	1	164	1	164	1	121
	副阶	2	132	1	164	1	164	1	121
12 世纪	隆兴寺慈氏阁上层	2	119					1	126
	腰檐	2	119					1	139
1125	河南登封少林寺初祖庵	2	114					1	141

注：表列数字引自陈明达《营造法式大木作研究》（文物出版社，1981.10）及祁英涛《对少林寺初祖庵的初步分析》（《科技史文集》第 2 辑）。

根据慢栱长度为 92 分°，加两侧散斗跳出各 2 分°，共得 96 分°，因此使用重栱造铺作时，两朵之间相距不应小于 100 分°，这是就其最小极限值而言；最大距离则等于间广，即不用补间铺作时两朵柱头铺作之间的距离，例如山西榆次永寿寺雨花宫心间两铺作间相距 4.85 米（303 分°）。

《法式》卷二十一《小木作功限二·栱眼壁板》：“栱眼壁板一片，长五尺，广二尺六寸（于第四等材栱内用）。”提供了一个栱眼壁板的长度和材等，因而可以算出其长度的分°值为 104 分°，加上它两侧的栌斗底宽 24 分°，扣除板子嵌入栌斗中的 3 分°，得出铺作间距约为 125 分°，这是从《法式》列举的尺寸中唯一可以推算斗栱间距的例子，但也无法证明这就是当时通行的标准值，只能说《法式》举此一例作估工样板而已。其实，在这条“栱眼壁板”的注中还写道：“若长加一尺，增三分五厘功，材加一等，增一分三厘功。”那就是说，这条栱眼壁板也可以长至 6 尺以上，如仍用四等材，6 尺长的栱眼壁其长可折合为 146 分°；若仍用 5 尺长，材加一等用三等材，则板长折合 121 分°。这个注文本身就说明不存在统一的铺作间距。

3. 合理性

在斗栱发展过程中，柱头铺作、转角铺作是屋盖重量的主要载体，最先出现在木构架体系中。补间铺作作为辅助结构，从无到有，由简到繁，从一朵发展到多朵，从单纯结构作用转向结构装饰并重，再发展到装饰作用被夸大到掩盖结构作用的地步。宋代的斗栱则处在第二阶段，即结构装饰并重的阶段，其具体表现为：

1)补间铺作仅 1~2 朵

由于一般殿宇的间广都在 1 丈 2 尺以上,补间以一朵、二朵为限,结构作用仍较明显。出檐深远,两柱头之间如无支撑点,很难保持檐口线稳定不变(事实上,我们可以看到一些古建筑檐口线下陷成波形),所以补间的设置已成为不可缺少之举。《法式》有"当心间须用补间铺作两朵,次间及稍间各用一朵"一说。由于当心间的间广比次间大,再加上安放匾额等因素,用两朵补间是适宜的。总体看来,宋代补间数量较合理,其后明清时期平身科数量剧增,清《工程做法》已达六攒、八攒。

2)补间出跳和柱头铺作一致

在唐、五代建筑上,还可看到补间铺作出跳少于柱头铺作的例子(如五台山佛光寺大殿及平遥镇国寺大殿),但宋代建筑的补间铺作出跳一般已和柱头铺作相等(如宁波保国寺大殿、少林寺初祖庵、《法式》大木作制度图样)。

3)大量应用重栱计心造

《法式》大木作及宋代实例都表现出这种倾向,这是斗栱装饰化的重要标志。

二、厅堂铺作

厅堂类房屋等级比殿阁类低,使用的斗栱也较简洁;厅堂室内不做平棋,梁架露明,所以结合梁架用斗栱作装饰并藉以加强节点的结构联系。这是厅堂斗栱的两大特点。下面先就厅堂檐下斗栱进行讨论:

(一)单斗只替(图 3-6、3-7)

就是用一个栌斗和一只替木把柱、梁、槫三者结合起来。这种做法简洁可取,结构性能明确,在云冈石窟中已用于石刻佛殿檐柱上,推想在唐宋低档官式建筑上曾普遍使用。日本奈良时期一些建筑也常用这种办法,法隆寺东院传法堂(建于公元 761 年前)即为一例,其式样和我国略有不同的是:宋代单斗只替伸出的梁头立面成长方形(切几头或耍头),日本则作上大下小的梯形。明代江南一带官僚第宅中仍流行单斗只替。明清时期盛行的"雀替",音与形均似由"隻替"转化而来。

(二)把头绞项作(图 3-8、3-9)

把单斗只替上的替木换成令栱加素枋,就成了把头绞项作。在麦积山石窟中已有这种斗栱的完整形式,敦煌唐代壁画中更是普遍。现存唐代砖塔如西安兴教寺玄奘塔、登封会善寺净藏塔等,也用这种斗栱来装饰檐下墙面,这是最早移植于砖建筑上的一种斗栱,可以想见在当时是何等流行。据壁画及上述两塔遗例所示,其补间或作斗子叉手,或不用补间;转角则将令栱与柱头枋伸出作耍头或切几头(如玄奘塔),即令栱、柱头枋都和切几头(或耍头)相列。

(三)斗口跳(图 3-10)

将把头绞项作的梁头伸出作成华栱头,栱头安交互斗承托橑檐枋(但不用令栱),即成斗口跳。这是最简单的出跳斗栱。早期实物有山西平顺天台庵,稍后有平顺龙门寺配殿、大同

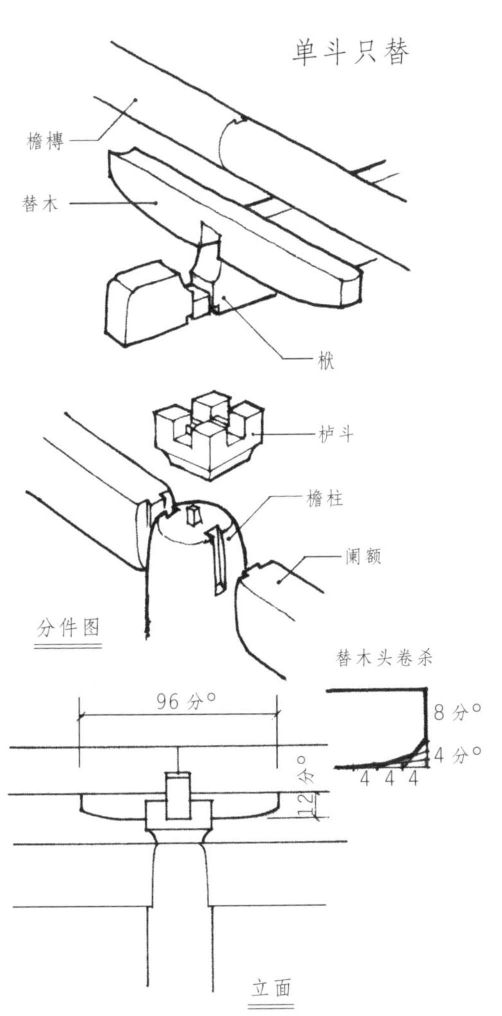

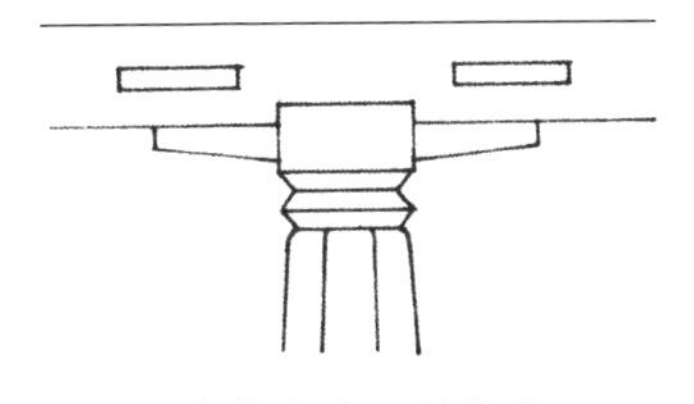

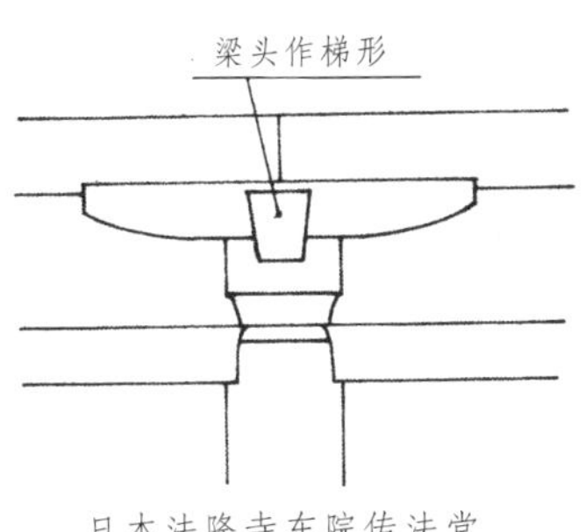

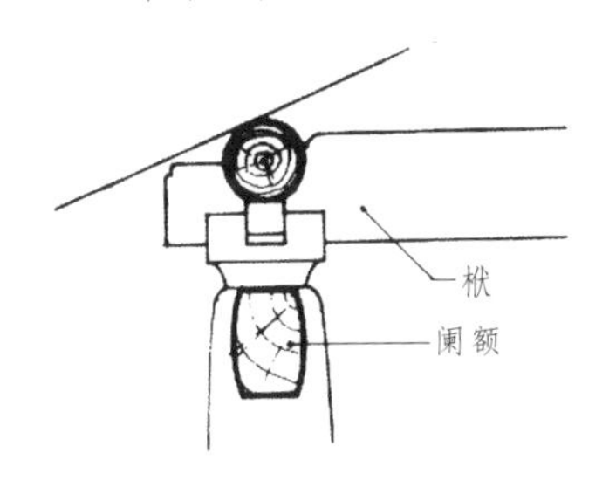

图 3-6 单斗只替

图 3-7 山西太原晋祠圣母殿前鱼沼飞梁（宋）单斗只替及永定柱

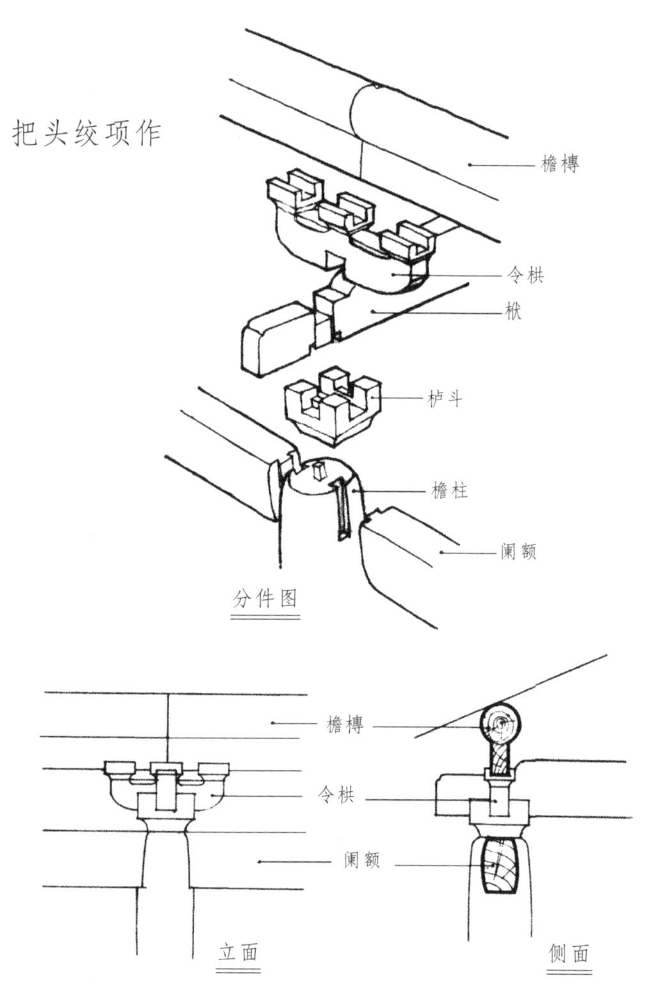

图 3-8 把头绞项作

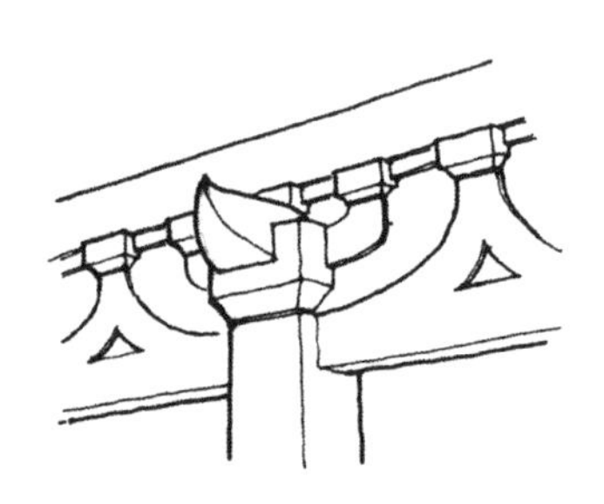

麦积山第五窟窟檐石刻把头绞项作

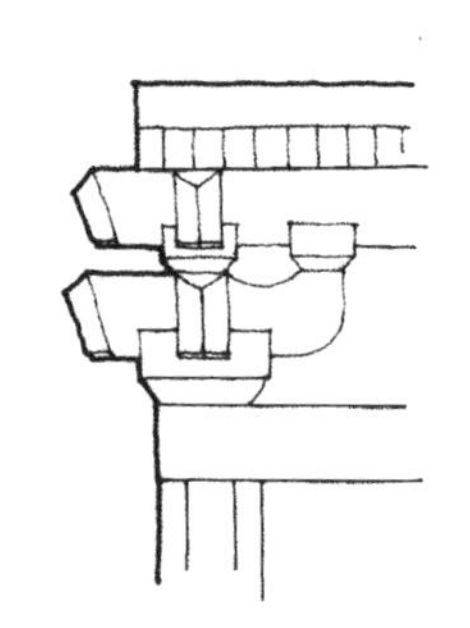

西安兴教寺玄奘塔砖刻把头绞项作(唐)

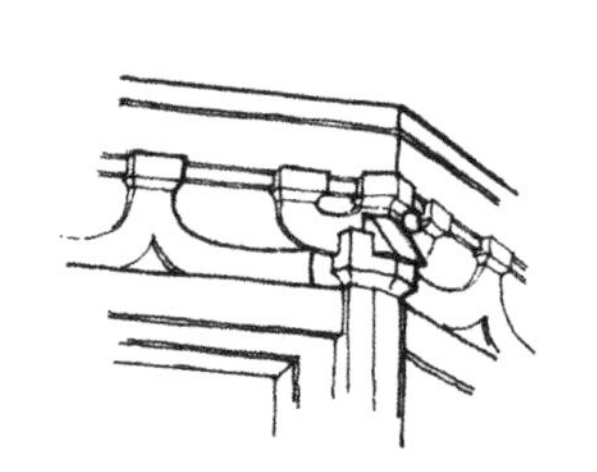

登封会善寺净藏塔砖刻把头绞项作(唐)

图 3-9 西安兴教寺塔(唐)把头绞项作砖斗栱

华严寺海会殿、易县开元寺观音殿等处，但后三者做法和《法式》稍有不同，即在华栱头之下，加垫了一层十字相交的小替木，用以辅助华栱，使之加大出跳。这是一种简洁而合理的办法，颇能表示斗栱的结构性能，造型也很优美。《法式》卷三十举折图所示副阶斗栱即是斗口跳。其补间做法有斗子蜀柱（海会殿）、华栱头出跳承橑檐枋（苏州宝带桥石塔，1232 年建）等式样，斗子叉手、单栱造虽未见实例，但其等级是相当的，应该可以使用。

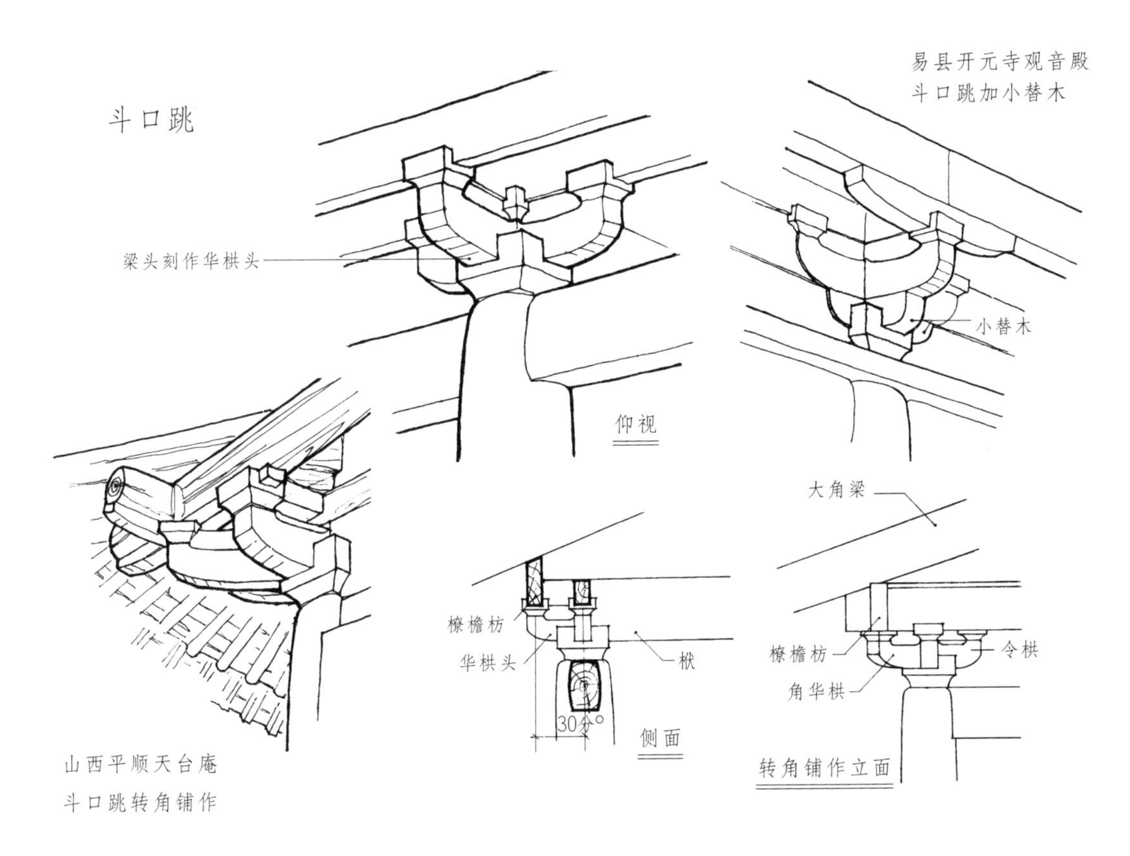

图 3-10　斗口跳

（四）四铺作（图 3-11~3-13）

据《法式》各卷所记，四铺作广泛用于厅堂三至五间，4~10 椽，其做法为：

（1）外跳可用昂或用华栱；

（2）柱头铺作里跳可将华栱压于梁下，或将里跳华栱改为楷头压于梁下（卷四华栱："若造厅堂里跳承梁出楷头者，更加一跳，其楷头或谓之压跳。"），卷三十一四架椽屋通檐用二柱侧样所用也是这种压跳斗栱；

（3）补间铺作里跳可有两种做法：第一种是在华栱上用挑斡，作为支于檐柱缝与下平槫缝间的斜梁，以平衡外檐作用于华栱外跳上的重量。《法式》卷四造昂之制下昂条有："若屋内彻上明造，即用挑斡，或只挑一斗，或挑一材两栔（谓一栱上下皆有斗也。若不出昂而用挑斡者，即骑束阑枋下昂桯）。"所谓不出昂而用挑斡者，即指此法，实例有苏州虎丘二山门；第二种是在里跳华栱上用令栱，其上施罗汉枋以平衡外檐的作用力，其实这是殿阁做法，只是不用平棋而已，不如第一种干净利落，这种做法晋冀一带小殿宇上较为多见，实例如山西繁峙岩山寺文殊殿。

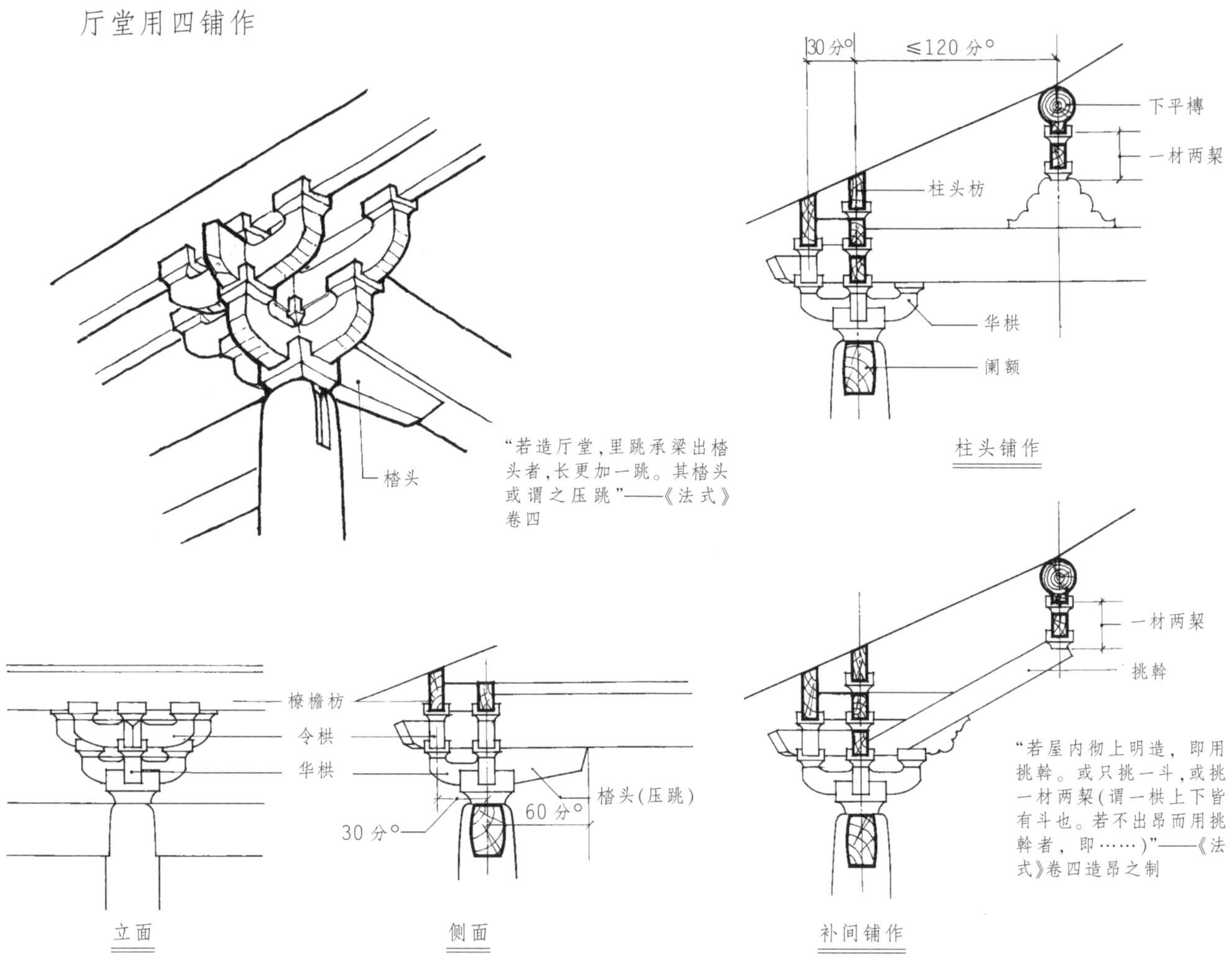

厅堂用四铺作

30分° ≤120分°

下平槫

一材两栔

柱头枋

华栱

阑额

柱头铺作

栱头

"若造厅堂，里跳承梁出楷头者，长更加一跳。其楷头或谓之压跳"——《法式》卷四

橑檐枋

令栱

华栱

楷头(压跳)

60分°

30分°

立面

侧面

一材两栔

挑斡

"若屋内彻上明造，即用挑斡。或只挑一斗，或挑一材两栔(谓一栱上下皆有斗也。若不出昂而用挑斡者，即……)"——《法式》卷四造昂之制

补间铺作

图3-11　厅堂用四铺作

图3-12　河南临汝风穴寺大殿(金)
四铺作一昂，柱头铺作及补间铺作

图3-13　河南临汝风穴寺大殿(金)
四铺作一昂，补间铺作与转角铺作

（五）五铺作（图 3-14~3-16）

未见于卷三十一厅堂侧样中，但卷十三《瓦作制度·用兽头等》有："厅堂三间至五间以上，如五铺作造，厦两头者……"可证较大的厅堂也用五铺作。其式可有两种：一是外跳用二抄，里跳柱头铺作用华栱或楷头压于梁下，补间铺作用挑斡；二是外跳用一抄一昂，昂后尾压于上架梁头下，华栱里跳压于梁下。实例有山西榆次永寿寺雨花宫。或是将昂尾及里跳华栱均压于梁栿之下，类似殿阁做法，而无平棊与明栿，如山西高平开化寺大殿等。此法在晋南较为普遍。

图 3-14 河北正定隆兴寺摩尼殿（宋）下檐转角铺作（五铺作，双抄，偷心造，令栱作鸳鸯交手栱，与侧面令栱出跳相列）

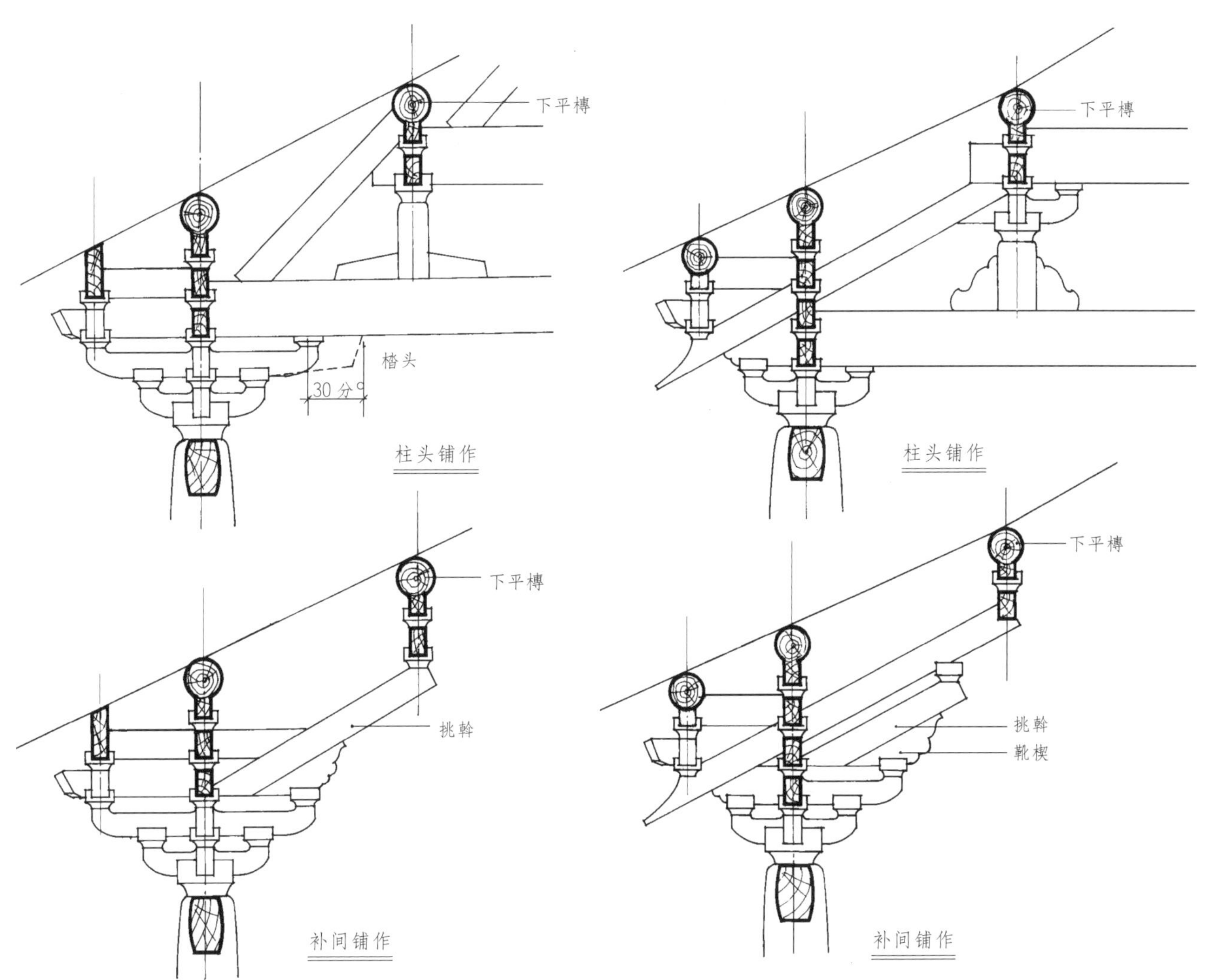

图 3-15 厅堂用五铺作（双抄，偷心造）

图 3-16 厅堂用五铺作（一抄一昂，偷心造）

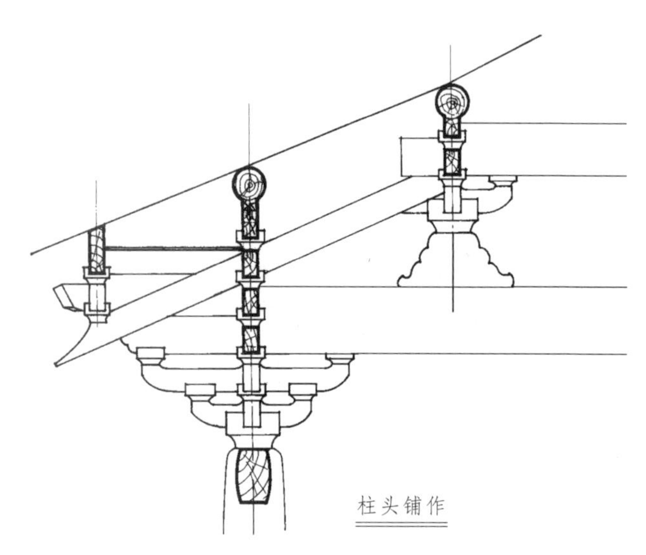

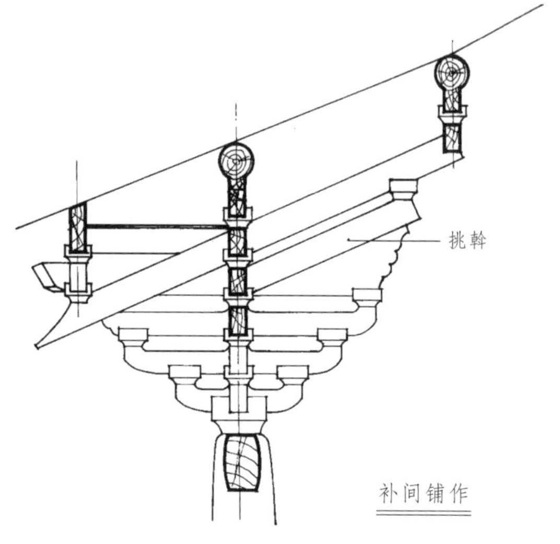

图 3-17　厅堂用六铺作(两抄一昂,逐跳偷心)

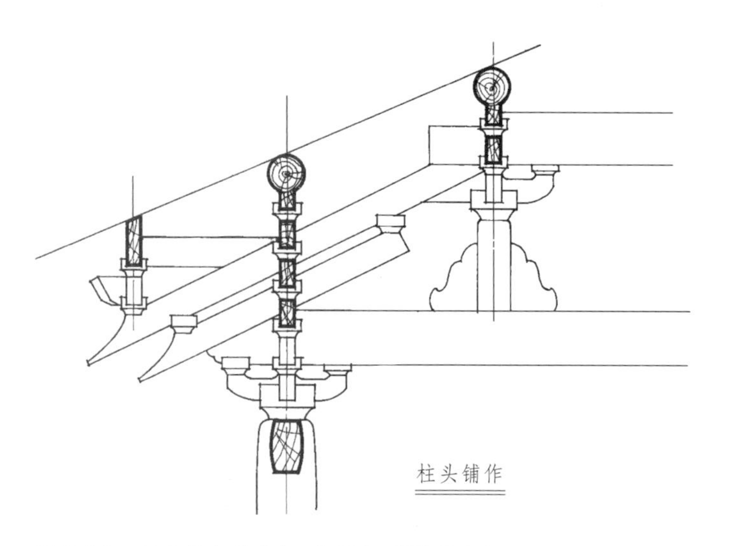

图 3-18　厅堂用六铺作(一抄两昂,逐跳偷心)

图 3-19　山西大同善化寺三圣殿(金)斗栱(六铺作一抄二昂,重栱计心造,近角补间铺作用鸳鸯交手栱与转角铺作相连)(朱光亚摄)

(六)六铺作(图 3-17~3-19)

见于卷三十一八架屋乳栿对六椽栿用三柱侧样中,应属最高一级厅堂使用(七间,8~10 椽)。其式也可有两种:一抄两昂、两抄一昂。若简化成全偷心造,虽尚无遗例可证,但其做法充分发挥了铺作的作用,形象也简洁可取。

(七)厅堂室内斗栱(图 3-20)

《法式》对厅堂室内斗栱无专论,仅在卷三十《槫缝襻间第八》及卷三十一《厅堂等间缝内用梁柱第十五》的各个图样中可以见其梗概。由于厅堂结构是彻上明造,梁架节点的形象处理极为重要。

《法式》图中所示厅堂室内斗栱约有如下几种:

1. 丁头栱(图 3-21)

均在梁栿下插于柱内,一般都作单栱,实物也有重栱者,实例如福州华林寺大殿及宁波保国寺大殿。内转角用的 45°丁头栱,《法式》称之为"虾须栱",是以形赋名。

2. 单栱造、重栱造

以顺槫方向施放为主,其作用在于加强两槫交接处的联结,并适当改善槫的受力状态。但顺栿方向用斗栱托梁头或在两梁之间施单栱替木如清式隔架科者较少。也有在顺

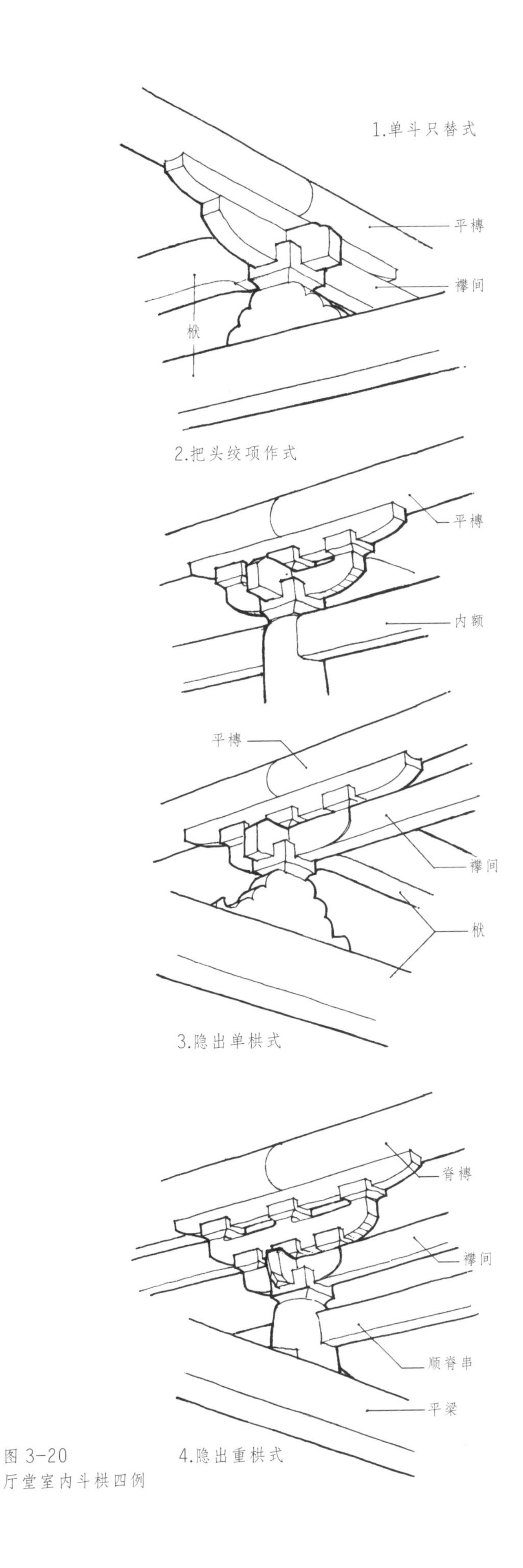

图 3-20
厅堂室内斗栱四例

图 3-21 浙江宁波保国寺大殿（宋）
栿项柱及串下丁头栱

身串上加单栱一重至两重，或仅在素枋上隐出单栱上加散斗，这种做法在宋、辽建筑上多有所见，华林寺大殿也用此法。

3. 十字形栱

即单栱与单栱，单栱与重栱或重栱与重栱十字相交，用以承托梁、槫之交接处。这种构造对加强节点、丰富梁架造型都有很好的作用，所以运用较广。也有三层栱相叠的例子，如福州华林寺大殿，但这种做法在宋代较少见，《法式》也未载。

三、殿阁铺作

在前面《木构架的基本类型》一节中，我们已讨论了柱框层、铺作层和屋盖层的结构特征和作用。其中铺作层在殿阁类建筑中有极其重要的地位，它是一个由大量枋子、月梁等构件纵横相交组成的庞大木构架，再辅以众多栱昂和替木等构件，形成既是柱框

图 3-22　浙江宁波保国寺大殿(宋)
檐下斗栱七铺作双抄双下昂,单栱造,下一跳偷心

层的强有力的稳定机制,又是屋盖层的可靠托座。同时,它的装饰作用也被充分发挥出来,这点在殿阁铺作上表现得尤为突出。

殿阁类房屋等级最高,使用铺作较复杂而且种类较多。由于它在檐下层层叠叠,纵横出跳,显得十分华丽、精致,引人注目,成为中国古代建筑中最具特色的构件。这类铺作由外檐铺作与身槽内铺作构成,有平座时还包括平座铺作。

(一)外檐铺作

外檐铺作既有重要的结构作用,又有华丽的装饰作用,是铺作中的重点。外檐铺作按所处位置不同分为补间铺作、转角铺作、柱头铺作三种,它们的基本构造形式相似,又有本身的特殊做法。

1. 构造

根据《法式》,外檐铺作外跳,凡用栱头即称出抄(一作"出杪")或卷头,也即用华栱出跳,四铺作用一抄或一插昂,五铺作用一抄一昂,六铺作一抄两昂或两抄一昂,七铺作两抄两昂(图 3-22),八铺作两抄三昂(参见图 4-68、4-69)。它们均在最上一跳上"横施令栱与耍头相交,以承橑檐枋",里跳全为出抄。

补间、转角、柱头三种铺作的里外跳基本如上所述。转角铺作于 45°方向外跳增加角华栱与角昂,里跳为内角华栱。角昂上别施由昂,由昂上安角神或宝瓶。影栱及各跳头上的瓜子栱、慢栱在角柱中心线与跳头外的一头改为出跳,这样一种相交出跳的栱称为"列栱",其相列的程序为:泥道栱与华栱出跳相列;瓜子栱与小栱头出跳相列;慢栱与切几头相列;令栱与瓜子栱出跳相列。列栱与清式角科的做法不同,在出跳方面只出一跳,不像清式搭角闹均与搭角正一样出昂。转角铺作与补间铺作布置一般应"勿令相犯",但有时候,如梢间面阔较窄时,也避免不了相犯，《法式》指示了处理办法，如横向栱相碰，可用连栱交隐之鸳鸯交手栱，即在相连的两栱中心合用一斗，斗下隐刻作两栱头相交状。如里跳后尾碰，可将相犯之补间铺作减去上面一跳。在实例中尚有将补间铺作出跳略斜，使后尾避开转角铺作之后尾，如天津宝坻广济寺三大士殿。

柱头铺作之昂不能在屋内上出，即压在草栿或丁栿下，铺作里跳出一跳或两跳华栱，上承明栿。此明栿不一定为乳栿，需视地盘槽式而定。通过明栿将外檐铺作与身槽内铺作联系起来，构成木构架之铺作层（图 3-23~3-27）。

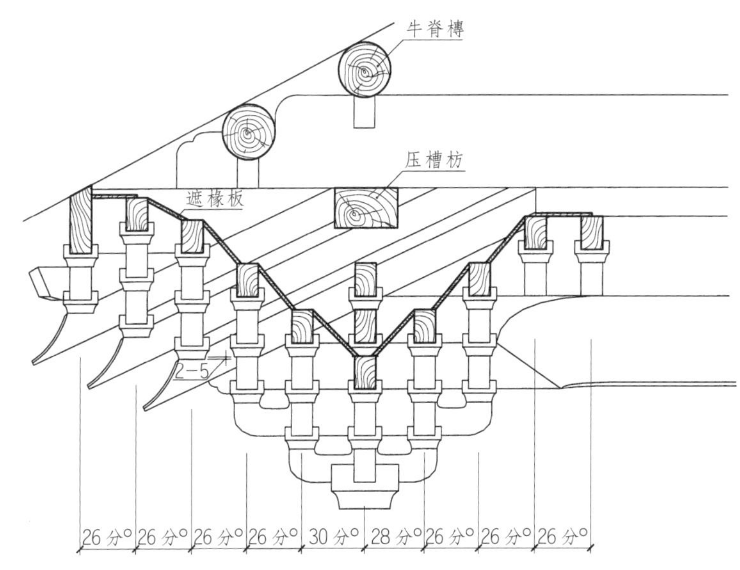

图 3-23 八铺作（里转七铺作）柱头铺作剖面

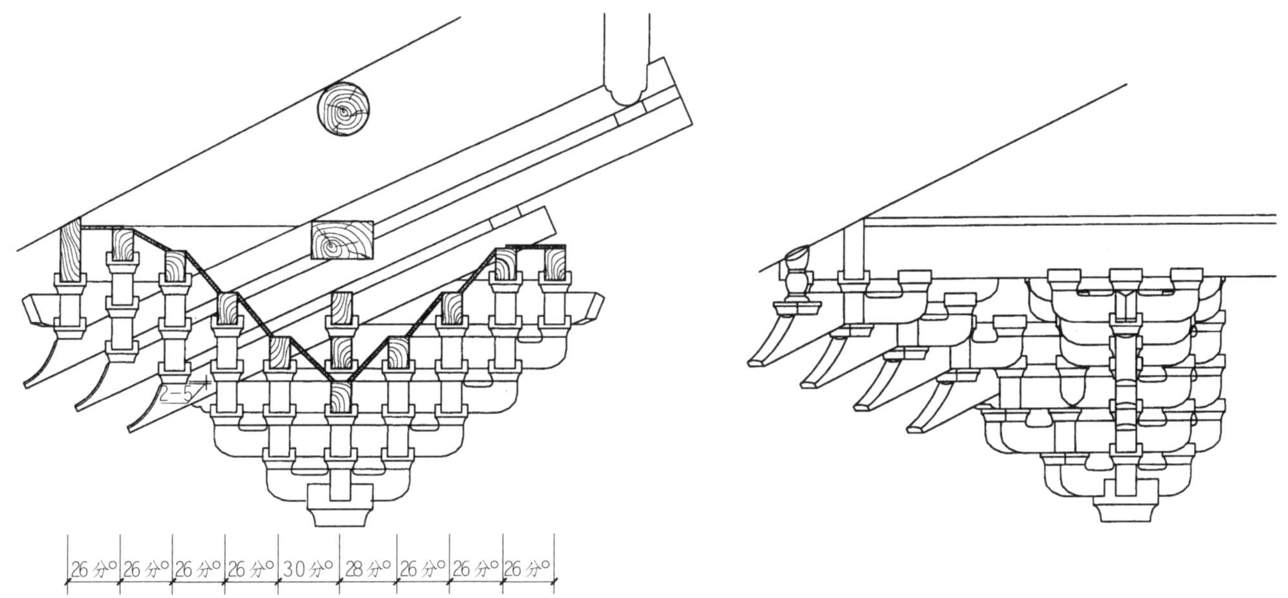

图 3-24 八铺作补间铺作剖面

图 3-25 八铺作转角铺作立面

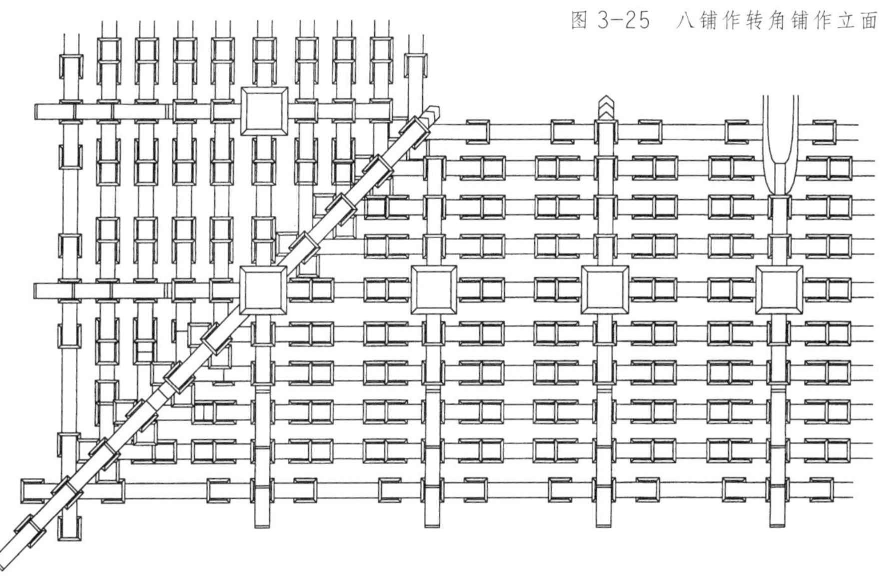

图 3-26 八铺作（里转七铺作）转角、补间、柱头铺作仰视平面

图 3-27 河北正定隆兴寺转轮藏斗栱（宋）——下檐用八铺作，双抄三下昂，重栱计心造；上部山花蕉叶下用八铺作，卷头，重栱计心造

2. 铺作减铺

《法式》卷四华栱条下云："若累铺作数多，或内外俱匀，或里跳减一铺至两铺。"《总铺作次序》里又说："若铺作数多，里跳恐太远，即里跳减一铺或两铺。"前一条不太明确，既可里外俱匀，似乎减与不减均可，后一条说得很明白，里跳需减一铺或两铺。何谓铺作数多？以上两条都未明确，但功限《殿阁外檐补间铺作用栱斗等数》内加注曰："八铺作里跳用七铺作，若七铺作里跳用六铺作，其六铺作以下，里外跳并同。"从这里看铺作数多应为七铺作、八铺作。但在大木作制度图样内，却不完全一样，亦有外转六铺作，里转五铺作的。这说明一般五铺作以下不减铺，六铺作可减可不减，七铺作、八铺作需减铺。功限记殿阁外檐铺作最多为八铺作，而身槽内铺作最多仅为七铺作，说明外檐铺作外转八铺作，里转至少减一铺。这些反映了当时的实际做法是很灵活的，《法式》因要"关防工料"，才对一些做法加以一定的规范，但它并不是僵化的、一成不变的。

铺作数多，为什么里跳要减铺？原因是"里跳恐太远"。外檐铺作之里跳与身槽内铺作之外跳相对称，里跳太远，则身槽内铺作之外跳亦远，铺作占的空间过大，前后铺作间的距离(即平棊的宽度)相应变小，它们的比例就要失调，在建筑空间方面肯定不妥。另外铺作数多时，外檐昂上之坐斗下降，如里跳不减铺，则里跳因均用卷头，其高度要比外跳高，平棊就有可能高于草栿之梁底，把草栿露出，这是应当避免的。再一个就是解决上面所说的转角铺作与补间铺作后尾相碰的问题。

3. 铺作减跳

这里的减跳指的是跳长的减短，至于《法式》卷四《总铺作次序》里："凡转角铺作须与补间铺作勿令相犯，……或于次角补间近角处从上减一跳。”此处的减跳，实即减铺。为叙述方便起见，将身槽内铺作之减跳也放在此一节内。《法式》卷四华栱条注曰：“若铺作多者，里跳减长二分，七铺作以上即第二里外跳各减四分，六铺作以下不减，若八铺作下两跳偷心，则减第三跳，令上下跳交互斗畔相对。若平座出跳抄栱并不减。”这些规定还是比较笼统、不够详尽、明确，给后人留下许多疑问。如里跳减长 2 分°，仅是里跳第一跳减，还是每跳均减？七铺作以上第二里外跳各减 4 分°，这里当然包括七铺作，但它们的第三跳、第四跳、第五跳是否减？如减，又怎么减？六铺作以下不减，是否包括六铺作在内？在功限里我们可以找到一些跳长的信息。功限《殿阁外檐补间铺作用栱斗等数》内出跳方向的华栱只列出长×跳，没有列出长度，有长度的如内华栱长 78 分°，衬枋头长自 60 分°至 120 分°，其中只有四铺作衬枋头长 60 分°尚能说明问题外，其他均因与昂相交，被昂隔断，不能反映铺作之跳长。再有下昂有长度，但能否反映跳长尚有不少问题，后面谈及昂长时再细述。在《殿阁外檐转角铺作用栱斗等数》内我们可以从列栱发现一些跳长。四铺作中有令栱列瓜子栱分首两只，身长 30 分°；耍头列慢栱两只，身长 30 分°；可见四铺作外跳 30 分°，跳长不减。五铺作令栱列瓜子栱两只，身内交隐鸳鸯栱，身长 56 分°；瓜子栱列小栱头分首两只，身长 28 分°；可见其第一跳为 28 分°，第二跳亦为 28 分°，外跳均减去了 2 分°，与制度不符了。六铺作有华头子列慢栱两只，身长 28 分°；瓜子栱列小栱头分首两只，身长 28 分°；瓜子栱列小栱头分首两只，身内交隐鸳鸯栱，身长 53 分°；慢栱列切几头分首两只，身长 28 分°；表明其外跳第一跳为 28 分°，第二跳为 25 分°，第三跳不能确定。七铺作同样如此。八铺作第一、第二跳亦相同，唯第三跳有慢栱列切几头分首两只，身内交隐鸳鸯栱，长 78 分°，说明第三跳亦为 25 分°，至于第四、第五跳即无从查考了。

有人认为外檐转角铺作所列名件有两种出跳长度，一种据列栱长度得出，如上面所述。一种是角内昂、角内由昂、交角昂等，按其长度推算，外跳逐跳应为 30 分°[1]。实际上这是不大可能的，同列之名件怎么可能有两种长度标准呢？所以得出这样的结论，无非是认为房屋架深为 150 分°，这是值得商榷的（对于架深是否为 150 分°，上文已有讨论，附录三将再作分析）。虽说《法式》制度与功限不尽相符，但在铺作减跳这一点上是一致的，对此我们不能视而不见。

身槽内铺作出跳份数也可以从《殿阁身内转角铺作用栱斗等数》中得知。四铺作用令栱列瓜子栱，身长 30 分°；耍头列慢栱，身长 30 分°；可以看出四铺作跳长不减，为 30 分°。七铺作到五铺作，列栱有瓜子栱列小栱头，身长 28 分°；慢栱列切几头，身长 28 分°；瓜子栱列小栱头，身内交隐鸳鸯栱，身长 53 分°；慢栱列切几头，身长 53 分°；慢栱列切几头，身内交隐鸳鸯栱，身长 78 分°；骑栿令栱（注：《法式》漏列“瓜子栱”），身内交隐鸳鸯栱，身长 53 分°；从中可以得出第一跳为 28 分°，第二跳为 25 分°，第三跳为 25 分°。第四跳可从七铺作用角内两出耍头，身长 288 分°推知，288÷1.4÷2−78≈24.86 分°，第四跳也可为 25 分°。外檐铺作之里跳与身槽内铺作相应，我们似也可把这些出跳份数视为外檐铺作里跳之跳长。

当八铺作下两跳偷心时，则减第三跳，而偷心部分不减，即是说下两抄不减而从昂出跳处减，而且要减得令上下两跳斗畔相对，似乎与铺作的构造有某种联系，这些尚待进一步研究。

从实例来看，铺作的跳长不很规律，一般第一跳最长，第二跳最短，而第三跳、第四跳介于第一跳与第二跳之间，似乎很少遵守《法式》制度，比较灵活、自由（见《营造法式大木作研究》之《唐宋木结构建筑实测记录（七）》）。

铺作减跳的原因现在还不清楚，从设计、施工的角度看，似乎没有必要，累计所减的长度也不大，对铺作的结构作用起不到多大的影响，反而增加了设计、施工的麻烦。清式做法斗栱出跳整齐划一，设计、施工更为便利，也更符合模数制。

纵观功限内所列铺作名件长度，有的只笼统标长×跳，有的标出了材分°，其间有错讹、脱漏，显示其记叙标准不一，有杂乱之感，与制度也有许多不符，这也反映了当时做法灵活，功限长度只是提供一个计算的样板，我们不能把它看作铁定的制度。另外，我们也可察觉，李诫虽然在将作监供职多年，对营造颇有经验，所谓"其考工庀事必究利害，坚窳之制、堂构之方与绳墨之运，皆已了然于心"。但他毕竟只是一名主管行政官员，既非画宫于堵的都料匠，亦非躬身劳作的人匠，他的经验主要偏于管理，并不能涵盖营缮诸作的种种细节，虽然著书时亦"勒人匠逐一讲说"，"与诸作谙会经历工匠，详悉讲究规矩，比较诸作利害"，但古代匠人师徒薪火相传，师承不同，做法自各有异，所以在《法式》中留下了种种差异与缺憾。

（二）身槽内铺作

身槽内铺作相对较简单，一般里外只用卷头，多用重栱计心造，亦有用上昂者。转角铺作增加角内华栱，用列栱，外跳用明栿与外檐铺作的里跳联系。柱头铺作则里外跳均出一抄或二抄，上承明栿，外跳即与外檐柱头铺作的里跳相对应，里跳则通过明栿与后檐之柱头铺作相连，使全部铺作连成一个整体的铺作层。

身槽内铺作由于里外跳铺作相同，故而天花处于同一高度，这是《法式》的一个特点，在实例中较少见，一般都是身槽内中间的天花高于四周的天花，此时采用上昂较为合宜，可使槽身两侧之空间与斗栱增添变化。

（三）平座铺作

关于平座铺作，卷四造平座之制只提供了部分情况，尚有一些规定散见于栱、昂、斗中及卷十七、十八功限中楼阁平座外檐补间及转角铺作用栱斗等数处，卷三十图样中有三个平座转角铺作正样。把这些综合起来，才能得出平座铺作比较完整的概念。

卷四《平坐》云："造平坐之制，其铺作减上屋一跳或两跳，其铺作宜用重栱及逐跳计心造作。"功限中也首先指出："楼阁平坐，自七铺作至四铺作，并重栱计心，外跳出卷头，里跳挑斡棚栿及穿串上层柱身。"所以平座铺作最多至七铺作。

在华栱条下有"若平坐出跳，抄栱并不减"，说明平座铺作出跳之跳长为每跳30分°。

在齐心斗条下有注曰："若施之于平坐出头木之下，则十字开口，四耳。"齐心斗用在令栱栱心，坐于耍头之上，外檐铺作齐心斗只开一字横口，二耳，但平座铺作十字开口，四耳，正是由衬枋头外伸而形成，在此，衬枋头又称出头木。

卷四《飞昂》云："上昂施之里跳之上及平坐铺作之内。"在平座转角正样中有七铺作重栱出上昂，但在功限内平座铺作却根本没有提到上昂。

在《楼阁平坐补间铺作用栱斗等数》中所记的华栱及耍头、衬枋头的长度来看，华栱从四铺作到七铺作，身长从60分°至150分°，平座抄栱每跳长为30分°，四铺作至七铺作外跳应从 30~120 分°。它们的里跳均只有 30 分°，应不做卷头。从用斗数、用枋桁及遮椽板数也显示里跳不用斗，也不施枋子及遮椽板。平座里跳一般在楼板之下、平棋之上的暗层内，没有必要做得像外跳一样。耍头自四铺作至七铺作，其身长自 180~270 分°，其里跳均长 150 分°。而衬枋头又比耍头长 30 分°，为 210~300 分°，正好外跳伸出 30 分°成出头木，而里跳仍为 150 分°。耍头与衬枋头里跳加长至 150 分°，可能正是起"挑斡棚栿"的作用，但何谓棚栿，没有说明，可能即地面枋与铺板枋。

《楼阁平坐转角铺作用栱斗等数》所列名件是按缠柱造作法，它的铺数与出跳与补间铺作相同，由于增加了附角斗，各列栱身长随之增加 32 分°，正侧面附角斗上各出入柱华栱、入柱耍头。转角铺作跳上瓜子栱、慢栱、令栱等皆与华栱或耍头相列，不用小栱头、切几头，即卷四《栱》中瓜子栱与小栱头出跳相列下注："若平坐铺作即不用小栱头，却与华栱头相列。"这与殿阁外檐、身槽内转角铺作不同。

《法式》平座铺作功限未述及柱头铺作，因宋式平座柱头铺作做法与补间铺作基本相同。

《法式》没有记载平座身槽内铺作，因为处于暗处，它的做法完全可以简化，不必如外檐这样做斗及栱，正如卷五中所指出："凡平棋之上，须随榑栿用方木及矮柱敦桥，随宜枝樘固济。"

这里对平座结构的其他方面也一并予以叙述。

平座构造，在下为平座柱，柱上安搭头木，木上安普拍枋，枋上坐铺作。平座与上层柱的结合方式有叉柱造与缠柱造两种。即卷四《平坐》内所说："凡平坐铺作若叉柱造，即每角用栌斗一枚，其柱根叉于栌斗之上。若缠柱造，即每角于柱外普拍枋上安栌斗三枚。""若缠柱造，即于普拍枋里用柱脚枋，广三材，厚二材，上生柱脚卯。"叉柱造柱头铺作与转角铺作一样柱根叉于栌斗之上，缠柱造柱头铺作用附角斗，里跳用柱脚枋，上层柱向里收进 32 分°，叉立于柱脚枋上。叉柱造做法可在辽、宋遗构中见到，如天津蓟县独乐寺观音阁、山西应县佛宫寺释迦塔、河北正定隆兴寺转轮藏殿。缠柱造未见实例，按《法式》所述，应是在转角上栌斗两侧各增加一个附角斗，附角斗上也有一缝铺作，里面用柱脚枋，上层柱退进，立于柱脚枋上。至于平座柱与下层柱的结合，若平座起于地面，则平座柱用永定柱，"凡平坐先自地立柱，谓之永定柱"。若平座在下屋上，平座柱则叉立于下层铺作上，或在铺作上另加枋木，柱即叉立在其上。

关于平座的楼面结构，《平坐》内云："平坐之内，逐间下草栿，前后安地面枋，以拘前后铺作，铺作之上安铺板枋，用一材，四周安雁翅板，广加材一倍，厚四分°至五分°。"草栿按间施于柱头铺作上，而地面枋则是每补间铺作设一条，与草栿平行，在衬方头之上，铺板枋与地面枋垂直相绞，上面铺楼板。"里跳挑斡棚栿"似应为铺作里跳伸出，上承棚栿，即由耍头及衬枋头后尾来挑斡棚栿。有人认为地面枋应是与铺作上衬枋头（铺作以内即成铺板枋）成直角相交绞井口的构件，两端安于草栿上，故有"拘前后铺作"的作用[2]。按《法式》，前后应是指进深方向，如《营造法式看详》和卷五的《举折》中都谈到举折之制"先量前后橑檐枋心相去远近……"，"若余屋柱梁作，或不出跳者，则用前后檐柱心"。卷五《栋》里亦有："背上并安生头木，……与前后橑檐枋相应。"前后橑檐枋、前后檐柱无疑都是进深方向。故"拘前后铺作"应是联系外檐与身槽内铺作。如地面枋与铺作出跳方向垂直，它拘的就不是"前后"铺作，而是“左右”铺作了。如果地面枋、铺板枋与衬方头处在同一高度，衬方之外端尚需安雁翅板，高两材，就要将下面的耍头之大部分遮挡，对耍头的精细加工就成了无用之功，这与《法式》关防工料的主旨不符(图 3-28)。实例中，楼面结构要比这简单，多为耍头与衬枋头外檐与身槽内相联制作，出头木下不做耍头，上面铺地板。

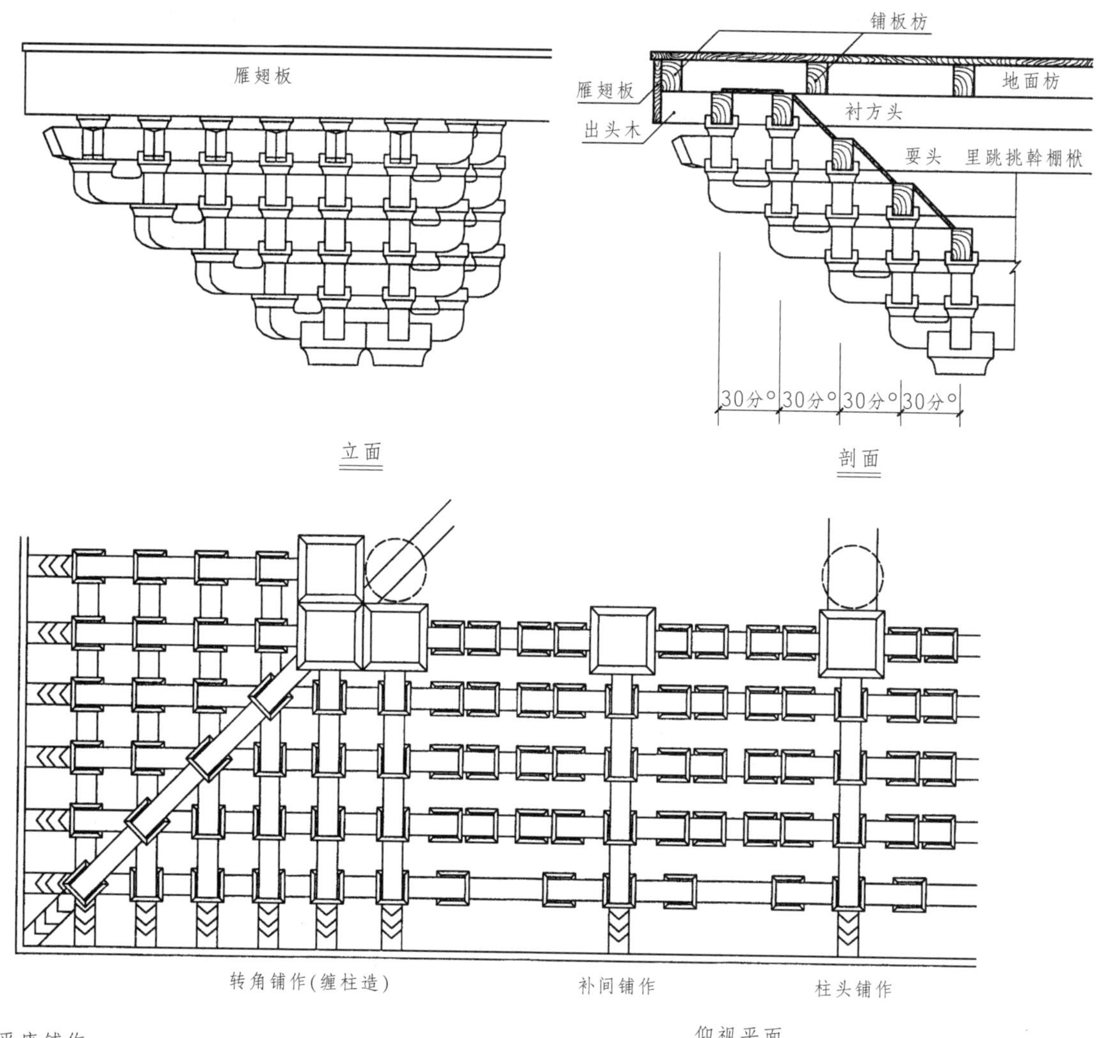

图 3-28　七铺作平座铺作

四、铺作部件

铺作部件有栱、斗、昂、枋等。

(一)栱

栱有五种，华栱、泥道栱、瓜子栱、慢栱、令栱。

华栱用于出跳，也称抄栱、卷头、跳头等，即清式的翘。因出跳受力，所以用足材，且开口在下，只是在补间铺作用单材，说明补间铺作不是主要受力部件。华栱长 72 分°，栱头四瓣卷杀。转角 45°用的称角栱，在身槽内转角里跳上用者为虾须栱，如宁波保国寺大殿所见。插在柱上的称为丁头栱。

足材栱即《法式》所谓“材上加栔者，谓之足材”，但实际上足材栱并不是由材加栔两种枋料构成，而是高为一材一栔的整根枋料，其上隐刻栱眼，而且也没有每一边刻去 3 分°之深。经常看到有些介绍清式古建的书籍把足材栱解释为正心栱，因为华栱在清式里被称为翘，栱用足材者只有正心栱了。但是这已不是《法式》出于受力而用足材的初意了，而是出于施工的方便，因此这种解释是不全面的。斗栱作为中国建筑最具特色的构件，并不只局限于清式，这样就容易误导读者，尤其是初学者。

《法式》记载华栱为与泥道栱或瓜子栱相交，在下面所开卯口之上，两面各开子荫深1分°。这是由于木材湿胀干缩的特性，干缩时各向的收缩率不同，构件的纵向（顺木纹纤维方向）收缩小于横向收缩，故华栱的横向收缩要大于泥道栱或瓜子栱的纵向收缩，就可能在相交处不能严丝合缝而露出缝隙，影响外观，所以要开子荫用来掩盖缝隙。但是开了子荫却使华栱在此的断面宽度减小1/5，是不利于华栱受力的，所以实际工程中往往不开子荫。

泥道栱用于铺作横向中心线上（即清式的正心瓜栱），长62分°，四瓣卷杀，泥道栱为单材栱，与清式正心栱为足材、且厚度增加一垫栱板厚不同。

瓜子栱用于跳头，长62分°，四瓣卷杀与泥道栱相同，唯卷杀瓣长度不同。

慢栱施之于泥道栱、瓜子栱之上，长92分°，四瓣卷杀，在泥道栱上者，有称为泥道重栱。

令栱用于铺作里外最上一跳的跳头之上与屋内榑下，有时还用于单栱造之扶壁栱上，长72分°，五瓣卷杀。

栱头卷杀《法式》规定很细，但铺作处于高处，并不在可以仔细观察的视距范围内，这种细微的变化，难以引人注目，对外观效果起不了多大作用，徒然费工，增加麻烦。实际上宋代苏南栱头卷杀均为三瓣，简化了做法，并不影响外观。可见《法式》也只是为了核算工料，才规定了制度，而且是比较复杂的一种做法，以提供比类参考，不是不可变的，《法式》本身也指示了一些变通的做法，如华栱里跳减多，亦可做三瓣卷杀。

（二）斗

“造斗之制有四”，一为栌斗，二为交互斗，三为齐心斗，四为散斗。

栌斗就是用于铺作最下层的大斗，常用方斗，有时也可在柱头上用圆斗，此时补间铺作上需用讹角斗，讹角斗就是把方斗的四角刻成内凹状。

交互斗用于出跳之栱、昂上，可能因为斗上十字开口、上承十字交叉的构件，故称交互斗，即清式的十八斗。在替木下用时，只需顺身一个方向开口。在梁栿下横用时，即称交栿斗，但斗长要增加。用于转角出跳及由昂上时，因不能做斗耳，即称平盘斗。

齐心斗用于栱心上，顺身开口，在用于平座出头木下时，才十字开口。

散斗用于栱的两端头，如铺作偷心亦用于华栱的跳头上，即清式的槽升子。

斗在高度上分为耳、平、欹三部，其比例均是2∶1∶2，清式称为耳、腰、底，它们的比例是一样的，不同的是宋式斗欹是一凹曲面，而清式斗底为直面。

栌斗及交互斗在出跳方向开口上还留有隔口包耳，但根据华栱的开口来看，第一跳华栱开口宽20分°、深5分°，而栌斗的隔口包耳外口宽16分°、深4分°，华栱在交互斗处的开口宽16分°、深4分°，交互斗的隔口包耳外口宽13分°、深2分°，它们并没有互相紧密咬合，而是留有余隙，隔口包耳起不到作为暗销以固定华栱的作用。即使将华栱的开口缩小使与隔口包耳紧密咬合，但由于隔口包耳与华栱的接触面并没有增加，实际上对限制华栱的移动并没有多大的帮助（图3-29）。

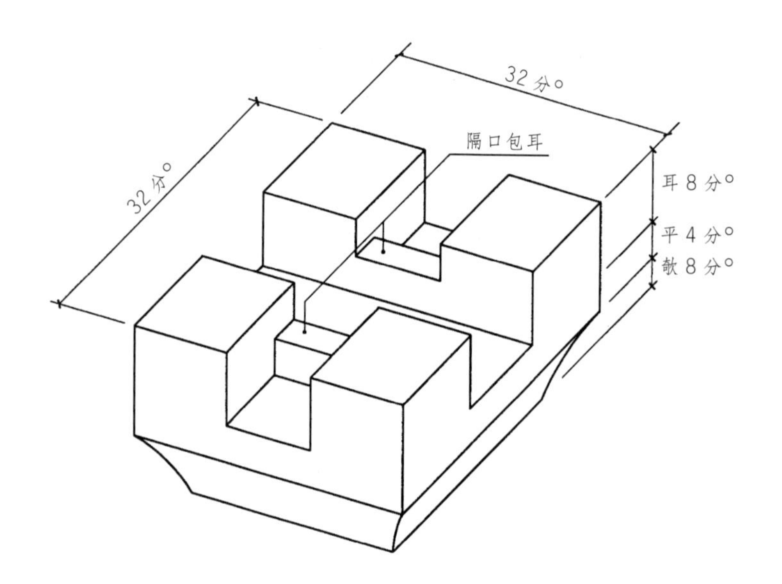

图3-29 栌斗

(三)昂

昂有两种，一曰下昂，二曰上昂。昂与华栱一样主要作用是出跳承重，但它还可调节出跳与挑高的关系。早期昂的结构作用十分突出，显得刚健、明确，后来由于木构架技术的演进，斗栱的结构作用减退而装饰作用加强，昂的结构作用也随之逐渐消失，迨至清代，檐部出跳主要由硕大的挑尖梁头承担，斗栱也变得纤小、繁密，以至昂也名存而实亡，变成假昂，仅把外跳华栱头(翘头)做成昂嘴形式而已。

1. 下昂

下昂用于外檐铺作的外跳，除角昂用足材外，其余均用单材，在北方实例中也有用足材者。其形状为垂尖向下而昂身向上，《法式》规定："若昂身于屋内上出，皆至下平槫。"这主要用于补间铺作，转角铺作只有角昂伸出，而柱头铺作昂尾压在梁下，就不能上出至下平槫。

昂与水平面的夹角，《法式》并没有具体的规定，只有"若从下第一昂，自上一材下出斜垂向下，斗口内以华头子承之"。下面第一昂，上自上一材，即比此昂高一层且里一跳的枋子，下即同层的华头子。但自上一材下出并无具体规定，下面的华头子也只规定"自斗口外长九分"，但没有规定它的高度，因此昂的角度并不固定，可以按照实际需要伸缩调整。影响昂斜度的主要有铺作出跳份数，架深即下平槫与外檐柱中心的距离，而它们都不是硬性规定死的，一成不变的，铺作出跳之跳长要减，架深只有上限即每架平不过六尺，若殿阁，或加五寸至一尺五寸，而无下限，架道还可不匀。这些都是变数而不是常数，所以昂的角度也不可能规定死。故《法式》卷四《飞昂》里云："若屋内彻上明造，即用挑斡，或只挑一斗，或挑一材两栔，如用平棊，即自槫安蜀柱以叉昂尾。"明确昂的角度可以调整。证之唐、宋、辽、金一些实例，下昂的角度大致在20°至25°左右。

《法式》规定："凡昂上坐斗，四铺作、五铺作并归平，六铺作以上，自五铺作外，昂上斗并再向下二分°至五分°。"四铺作只是用插昂，五铺作只用一昂，里跳且尚未伸出铺作，实质上没有起到昂的作用，故昂上斗并"归平"。自五铺作外，昂上斗位置下降是昂的功能和做法所决定的，因为昂斜垂向下，而使昂上斗位置下降，如八铺作从上第一、第二昂，七铺作从上第一昂，六铺作从上第一昂，它们的昂上之斗已不可能与其他斗"归平"，而各铺作从下第一昂，即华头子承托之昂，其昂上斗从构造上原可"归平"，现在下降，这是主动的调整行为。

人们常把下昂比作杠杆，以它来使挑檐重量与后面屋面重量平衡。最能体现这种作用的是外檐补间铺作，但《法式》补间铺作在受力方面只是配角，而不是主角，《法式》规定补间铺作的华栱用单材就是最好的说明。处于主要支配地位的应是柱头铺作，柱头铺作上如要解决挑檐的问题，就不一定非用昂才能解决，用华栱出跳一样能解决。但用昂就把铺作的外跳部分的高度降低了，从而将檐部降低，这样也就把房屋总高度降低了，这就不仅仅是建筑形式的问题，在经济上也有重要意义。此外，北宋房屋墙体多为土墙，卷十三《泥作制度》中垒墙是土坯墙，卷三《壕寨制度》中筑墙是板筑土墙，《法式》虽有垒砖墙之制，但视其高宽之比，收分之斜率，砖墙似乎不是应用于房屋中。檐部低一些，对保护土墙也是有利的。

昂尖的形式　《法式》记载有三种：“自斗外斜杀向下，留厚二分，昂面中𣮚二分，令𣮚势圆和”；“亦有于昂面上随𣮚加一分，讹杀至两棱者，谓之琴面昂，亦有自斗外斜杀至尖者，其昂面平直，谓之批竹昂。”第一种为《法式》正文所载，昂面凹圆，我们可以把它称为凹面昂。早期的昂极少装饰，如具南北朝晚期风格的日本法隆寺金堂之昂尖，即简单的截割。至唐代出现了批竹昂，如山西五台佛光寺大殿。在一些辽代建筑，如天津独乐寺观音阁、山西应县佛宫寺释迦塔上都可见到。批竹昂加工仍较简单，但其装饰性却大大加强了。凹面昂即将批竹昂平直的昂面加工成中凹的曲面，而琴面昂则进一步将此曲面讹杀至两棱，使昂面形成双向曲面，艺术加工愈益细致，装饰性越发加强。从昂尖的变化中，我们也可看到中国古代建筑的风格，从唐代的雄健至宋代的柔和、华丽的轨迹之一斑。实例中尚可见一种面中不凹而讹杀至两棱的批竹昂，有称其为“琴面批竹昂”者，如山西太原晋祠圣母殿之昂（图 3-30）。

昂的长度　在《法式》制度里仅对上昂明确了每跳之长，但对普遍使用的下昂却未作规定，在卷十七铺作用栱斗等数里却注上了昂长，但又未明确是昂的斜长还是心至心的平长，由此引出了不同的理解。《法式》惯例凡称身长多为实长，尤其是斜构件。卷四铺作制度中称身长者，如泥道栱、瓜子栱、慢栱、令栱等，明确其分别为 62 分°、62 分°、92 分°、72 分°，都是实长而不是心长。出跳方向的华栱第一跳也规定长 72 分°，也是指的实长。只有各列栱只列心

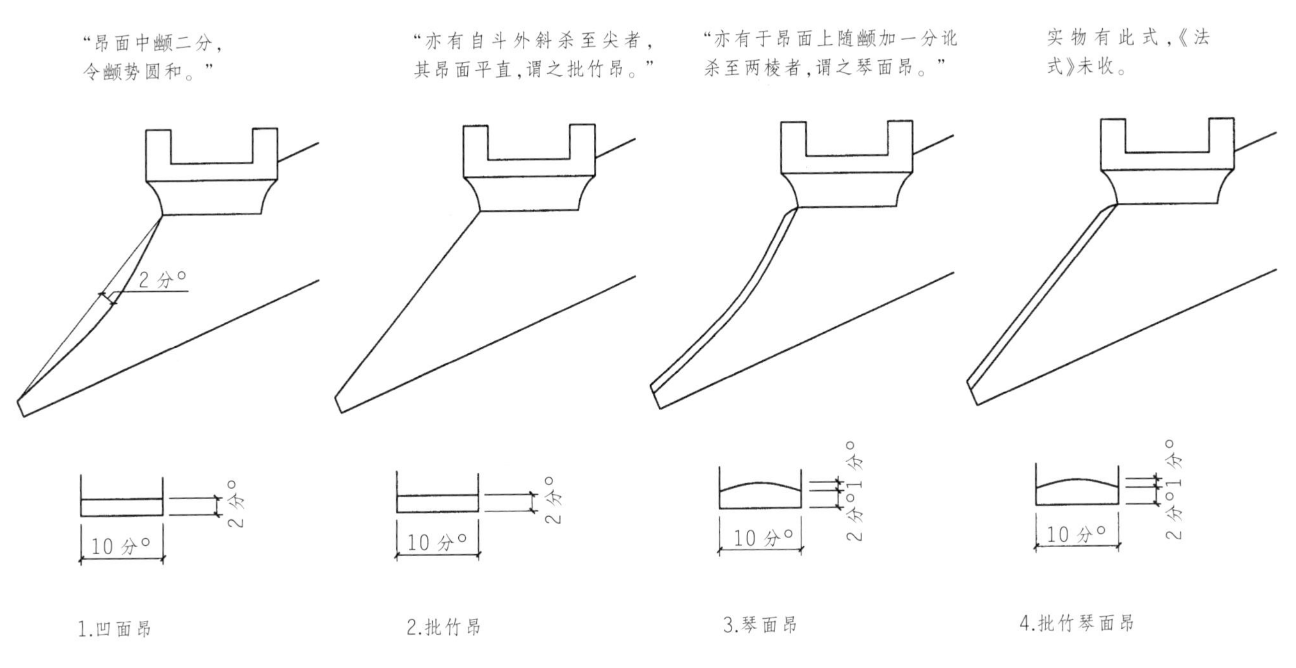

图 3-30　下昂尖卷杀四种

长，这是因为列栱不是单一之栱，其两头分别为不同之栱，故只列中间的心长，两边再加各栱头的长即可得出栱全长。卷五《阳马》："凡角梁之长，大角梁自下平槫至下架檐头、子角梁随飞檐头外至小连檐下，斜至柱心，隐角梁随架至广自下平槫至子角梁尾，皆以斜长加之。""凡造四阿殿阁……其角梁相续直至脊槫，各以逐架斜长加之。"《椽》亦指出："长随架斜"，《檐》"凡飞子……尾长斜随檐"。这些斜构件全都是实长。"用椽之制，椽每架平不过六尺。"非实长就交代了"平"。昂也是斜构件，其长也应为实长，外檐补间四铺作插昂身长 40 分°，据制度"若四铺作用插昂，即其长斜随跳头"。它无疑是实长，所以同列的其他昂长也应该是实长。五铺作昂一只，身长 120 分°，按功限所示，五铺作也减跳，120 分°就不是心长而是实长了。六铺作二只，分别长 150 分°、240 分°；七铺作二只，分别长 170 分°、270 分°；八铺作三只，分别长 170 分°、270 分°、300 分°，因为铺作需减跳，这些昂长均为实长而非心长。具体验算可见前面定侧样一节。

《法式》所列的昂长比较零乱，补间铺作与转角铺作的昂长也不统一，如外檐补间铺作其最上一昂八铺作长 300 分°、七铺作 270 分°、六铺作 240 分°，其差均为 30 分°，但转角铺作交角昂最上一层，八铺作 165 分°、七铺作 140 分°、六铺作 100 分°，其差分别为 25 分°、40 分°，角内昂长度应为补间昂长按方一百，其斜一百四十有一而得，核之二者，发现有许多不符，显然其中有误。

下昂长度为何不列在制度中？功限所列各铺作昂长又不统一？其原因可能就是因为昂的角度不能固定，以至昂长也不能固定，是以无法在制度中反映。而上昂之长，只关系铺作本身，不涉及其他方面，因而可以在制度中规定心长。但它在功限中却未提及。但是要论下昂功限，长度就必不可少，否则无法计算，所以就列出了长度，但这个长度仅能作为一个计算功限参照的样板，因此就不能把它们视作制度而推而广之。

2. 上昂

上昂做法在北方罕见踪迹，唯在江南可多处目睹。上昂正好与下昂相反，其昂头上挑，昂身斜收向里。它的作用也与下昂相反，能在出跳较小的情况下，取得挑得更高的效果（图 3-31）。从所存实例来看，上昂用于殿屋身槽内铺作、平座铺作及藻井之中。但《法式》各卷对之

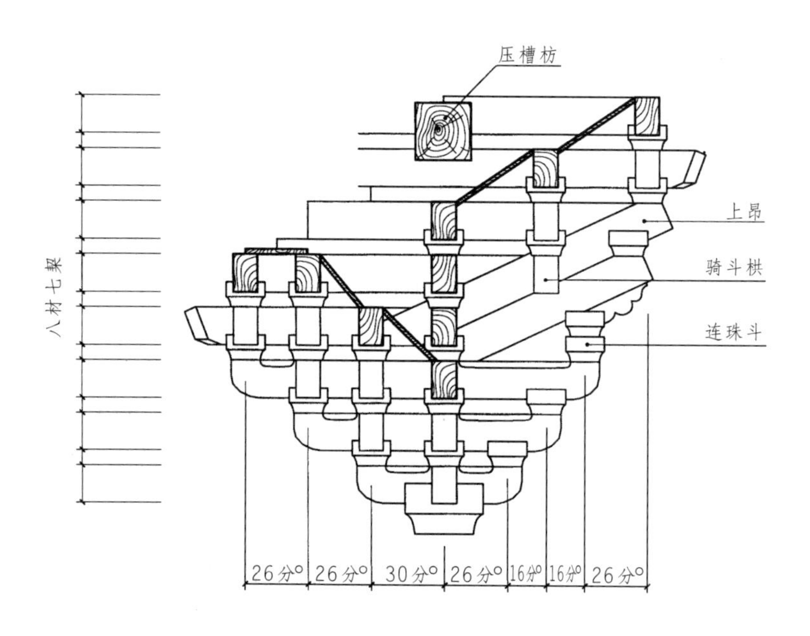

图 3-31　八铺作重栱出上昂，偷心跳内当中施骑斗栱

叙述互有参差，读之使人迷惘。如卷四《飞昂》内说："凡昂之广厚并如材。其下昂施之于外跳，……上昂施之里跳之上及平坐铺作之内。"卷一《总释上·飞昂》注云："又有上昂，如昂桯挑斡者，施之于屋内或平坐之下。"明确上昂用于屋内及平座铺作上，但卷四《总铺作次序》内又说："凡铺作并外跳出昂，里跳及平坐只用卷头。"这里就产生了矛盾，上昂究竟如何用？

凡铺作均有里外跳，外檐之里外跳自然没有问题，下昂施之于外跳，当然是指外檐之外跳，这毋庸置疑。大木功限外檐铺作中均指出外跳出下昂，里跳出卷头。按《法式》惯例，身槽内铺作与外檐铺作一样，其外跳是指向屋外，里跳指向屋内，这在功限《殿阁身内转角铺作用栱斗等数》内分得明白无误。上昂施之里跳或屋内，肯定不能在外檐之里跳上，只能施于身槽内铺作之里跳上。实例有苏州玄妙观三清殿及北寺塔内之上昂，但三清殿的上昂对称施于身槽内铺作之里外跳上。

上昂又用于平座铺作，根据卷三十楼阁平座转角正样，七铺作重栱出上昂、偷心、跳内当中施骑斗栱图样明确画出上昂系用于平座外檐铺作外跳之上。实例可见浙江湖州飞英塔平座之上昂。

《总铺作次序》里所说与上面明显不符，实际上它只是指外檐铺作。总铺作次序按理应该针对全部铺作，不仅指外檐铺作，但从它的上下行文可以看出，它主要说的是外檐铺作，因为后面接着说的"铺作数多，……里跳减一铺或两铺"，这里显然是指外檐之里跳，身槽内铺作里外跳俱匀，不存在里跳减铺的问题。在注释铺作出跳与铺数时，所出栱、昂数，如七铺作出两抄两昂、八铺作出两抄三昂等，全为外檐铺作所用。接着"自四铺作至八铺作，皆于上跳之上横施令栱与耍头相交，以承橑檐枋，至角各于角昂之上别施一昂，谓之由昂，以坐角神。"这里说的还是外檐，凡此等等。出现这样的情况，可能主要因为外檐铺作比较复杂，以它为代表容易说清问题，其他铺作即可参照。但这种写法，毕竟系统性、条理性较差，容易混淆不清。

"里跳及平坐只用卷头"，这句话显然不够准确、全面，外檐里跳只用卷头，而身槽内铺作之里跳及平座均可用上昂，就不是只用卷头。

制度里专门记载昂的《飞昂》明确上昂与下昂相对应，但在其他部分却说"里跳及平坐只用卷头"，似乎完全忽略了上昂。在功限外檐铺作中，详细记录了下昂的数量、长度，但在身槽内与平座铺作里却都没有提及上昂。在《营造法式看详·诸作异名》中明白指出飞昂"其名有五，……五曰下昂"。下昂即飞昂，上昂连名称都已沦于末路。也许由于上昂在宋代只流行于江南一带，对北方虽有一些影响，但未曾得到普遍的应用，故其地位与重要性已显著低于下昂。

3. 昂栓

《法式》卷四《飞昂》云："凡昂栓，广四分至五分，厚二分。若四铺作，即于第一跳上用之；五铺作至八铺作，并于第二跳上用之。并上彻昂背，（自一昂至三昂，只用一栓，彻上面昂之背。）下入栱身之半或三分之一。"但在实物中却未见到昂栓。顾名思义，昂栓的作用应是把昂与栱拴在一起，也许是怕昂发生错位滑落，而用昂栓把它们固定。从施工角度看，这很不方便，因为既为"栓"，则它与被拴之构件必须结合紧密，不可晃动，它们的配合需要很精确。但铺作各构件又为预制，在加工、组装中不可避免地留有误差，多层构件组装后，就很难保证开孔位置均正确无误，如此昂栓就难以穿入。其实在构造上通过各个卯口，上下左右均已拉结，每朵铺作已成整体，尤其是重栱计心造，昂不会滑落，昂栓就成多余，故实例中均不用昂栓。

（四）栔与暗栔

《法式》记载栔"广六分，厚四分"，似乎应是一种小的枋料，其用途主要是构成足材，所谓"材上加栔者谓之足材"，照字面理解，足材应该是材加栔两块枋木叠合而成，但实际并非如此。据《法式》，足材用于铺作出跳方向上的构件，如华栱、耍头、衬枋头等，但它们的用料并不是材与栔的叠加，而是广为材高加栔高的一块整料。这在耍头、衬枋头上已毫无疑义，华栱只是在上"隐出心斗及栱眼"，从许多实例来看，刻去的部分很浅，绝不是把栱眼刻剩4分°。《法式》卷五《梁》有"不得剜刻梁面"的规定，梁上如需雕刻花纹，则另加裹栿板来解决，显然，这是为了保护大梁，使无损于受力。华栱乃为出跳受弯构件，用足材可使其抗弯能力比单材提高近一倍，如把足材上部6/10宽的木料挖去，就失去了用足材的意义，也不符合《法式》不损伤材木的精神。因此，栔作为枋料构成足材的功用已不存在，在大木作功限内，各铺作用栱、斗等数中也没有栔。

作为一种实物存在于《法式》中的"暗栔"是"施之于栱眼内，两斗之间者"，其广厚同栔。在功限内殿阁外檐补间铺作自八铺作至四铺作各通用暗栔两条，一条长46分°，一条长76分°。八铺作、七铺作又各加两条，长随补间广。外檐转角铺作自八铺作至四铺作各有暗栔四条，两条长31分°，两条长21分°。殿阁身槽内补间铺作自七铺作至四铺作各有暗栔两条，一条长76分°，一条长46分°。身槽内转角铺作，自七铺作至四铺作各有暗栔四条，两条长31分°，两条长21分°。楼阁平座补间铺作与转角铺作，自七铺作至四铺作各分别有暗栔两条，一条长76分°，一条长46分°。另有暗栔四条，两条长68分°，两条长53分°。根据暗栔的定义及数量，它们的作用无疑是用来封堵泥道栱及其上泥道慢栱之栱眼。殿阁外檐及身槽内转角铺作所用长31分°的暗栔，长度应为36分°，不是31分°，平座转角铺作暗栔分别长53分°、68分°，减附角斗32分°，则为21分°，36分°，它们之间的差为15分°，符合转角泥道栱与慢栱的长度之差，殿阁转角铺作亦应如此。殿阁外檐补间铺作，八铺作、七铺作又加两条暗栔似无道理，其长随补间之广与定义不符，如施于柱头枋之间，又位于遮椽板之上，已无必要，而且长可直随间广，似有"蛇足"之嫌。实际上身槽内铺作因在屋内，没有用暗栔的必要，实例中也常有不用暗栔，而用灰泥填充。至清代，随着斗栱的演变，正心缝上的正心瓜栱、正心万栱均用足材，暗栔完全不复存在。

（五）耍头、衬枋头

耍头与衬枋头应属于铺作的构件，虽然在大木作制度中衬枋头被列在梁下，但在功限中铺作用栱斗等数均列有耍头、衬枋头，如果没有它们，铺作在出跳方向就少了两个构件，前后令栱之间，橑檐枋与平棊枋之间就没有联系了。它们的开口如同华栱一样，都在下面，所以它们不仅仅是联系构件，也能起部分受力的作用。《法式》将它列在梁下也有一定的道理。耍头与令栱相交，属同一层次，伸出令栱外的端部加工成耍头（清式称为蚂蚱头）。衬枋头与橑檐枋相交。

（六）枋

每朵铺作均依靠枋子左右联系，功限中也列有铺作每间用枋桁等数，枋子有柱头枋、罗汉枋等，柱头枋用于正心缝上（即清式的正心枋，但正心枋用足材）。罗汉枋用于跳上，它们的断面均同材，只是所用位置不同。

五、铺作安装

关于铺作功限，《法式》只提到两种，一为“名件造作功”，二为“安勘、绞割、展曳功”。卷十七、十八，大木作功限一、二，于卷尾都列出：“凡铺作……其铺作安勘、绞割、展曳，每一朵取所用斗、栱等造作功十分中加四分”“凡转角铺作，各随所用每铺作斗、栱一朵，如四铺作、五铺作取所用栱、斗等造作功，于十分中加八分为安勘、绞割、展曳功；若六铺作以上，加造作功一倍。”

名件造作功即构件制作用功，安勘、绞割、展曳功即为铺作安装用功，安勘、绞割、展曳也就是铺作安装的工序。

何谓“安勘、绞割、展曳”？在大木作《殿堂梁柱等事件功限》后有“凡安勘、绞割屋内所用名件，柱、额等加造作功名件功四分”。《城门道功限》里有“凡城门道取所用名件等造作功五分中加一分为展曳、安勘、穿拢功”。《跳舍行墙功限》里造作功下注有“穿凿、安勘等功在内”。综合看来“安勘”应为对已制作好的构件进行校验、试装的意思。小木作牌的功限很说明问题，其功限分成造作功与安挂功，造作功包括安勘头、带、舌、华板在内，牌主要由头、带、舌及华板组成，卷八《小木作制度三·牌》内解释：“……其牌首（牌上横出者），牌带（牌两旁下垂者），牌舌（牌面下两带之内横施者）。”所谓“安勘头、带、舌、内华板”即将头、带、舌及华板经过检验，拼装成牌，然后再“安挂”。“勘”字为校核、审查之意，在结构复杂，榫卯较多的整体组合过程中，因为加工过程中存有误差，榫卯有时不可能严丝合缝正合适，会出现各种问题，就需要在安装过程中对榫卯加以校核、勘查，故称为“安勘”。

清工部《工程做法则例》卷二十二，各项斗栱木作用工规定：“以上斗科，每木匠一百工，外加草架摆验安装斗科，木匠十五工。”这里“草架摆验”即地面试装。在建设部批准于 1989 年 3 月 1 日试行的《仿古建筑及园林工程预算定额》第三册、第五章斗栱部分更将“草架摆验”列在斗栱制作里，说明“草架摆验”只是在制作过程中的试装，它不是正式的安装。宋式铺作因为檐柱有生起，使铺作中心线偏斜，其安装比清式更复杂，更需要在地面先行试安装。

“安勘”的同时，必须对构件进行修整，需要锯、削等加以“绞割”，以使构件能合缝安装，榫卯紧密。有的构件如柱头枋之类，其端部无榫卯，也需要在安装时截割。

“展曳”功只有铺作和城门道功限有，“展曳”似指从中线开始，将构件向两侧伸展、排放。

铺作的安装即先在地面试拼装，用来校核、检验斗、栱的榫卯、互相的配合，从中发现问题，经过调整、修正，然后进行正式、全面的上架安装。

第三章注释

(1) 陈明达：《营造法式大木作研究》，1981 年，文物出版社。

(2) 同上。

第四章　小木作

和唐代相比，宋代建筑的一大进步是木装修水平的提高及其在室内外的广泛应用。从文献资料和壁画中可以知道，唐以前室内空间的划分与围合主要依靠帷幕、帐幔等织物来完成，而门窗则用板门与直棂窗。给人总的印象是木装修还不发达，小木作技术水平较低。到了宋代，情况有了很大变化，室内的木质隔截物、格子门窗以及其他室内外木装修都迅速发展起来。传统的织物分隔室内空间的现象虽然没有完全退出历史舞台，但相比之下，新兴的木装修显然具有节省开支、经久耐用、易于清洗等优点，特别对气候温润潮湿的地区来说，木质隔截物更为适用，因而最后终于取代帷幕、帐幔而成为室内装修的主流。在《营造法式》诸作制度中，小木作的篇幅将近总量的一半，可见其内容的丰富以及所占地位的重要，同时也映衬出宋代官式建筑中木装修的发达与繁荣。在《梦粱录》中，甚至还记录有南宋大内勤政殿有木制的"木帷寝殿"。

在小木作中最具有代表性的格子门在唐代建筑上尚未出现。而近年在杭州西郊"灵峰探梅"风景点出土的五代吴越时期的一座五层方形石塔上，每层四面都刻有球纹格子门四扇（图 4-1、4-2），这是已知最早建筑物上的格子门实例，说明江南一带开创了使用格子门的先河。这就不免再次使人想到喻皓、《木经》以及江南建筑在技术水平的领先地位，因而率先创造并使用适用、美观的格子门。

客观的需要是促进建筑发展的动因，而建筑业本身的内在因素则是保证这种发展的重要条件。从《营造法式》制度、功限、料例三部分来看，当时建筑业的管理达到了相当高的水平，单就木工来说，宋代就分为五个工种，即：锯作、大木作、小木作、雕作、旋作。锯作负责分解割截原木，使之成为枋料、板料，为其他四种木作提供坯材，是木料加工的第一环节；大木作是整个建筑的骨干和灵魂，技术要求高，难度大；小木作负责木装修制作，名目繁杂，较为费工；雕作要求娴熟的技艺，能精巧地表现各种纹样图案；旋作就是车木工，专门从事圆形构件和装饰件的加工。对这五个工种中的大木作、小木作、雕作，《法式》都有详细的式样、尺寸以及用料用工的参照标准，显示宋代建筑业已达到很高的专业化程度。这种根据工种的不同特点进行分工并提出严格指标要求的管理方式，无疑会大大提高工作效率，节约材料与人工，促进技术的发展。这应是宋代小木作及其他一些工种取得长足进步的根本原因之一。

这里还有一个饶有趣味的问题——宋代出现的大量技艺高超、加工细致、品种繁多的木装修，是否说明当时已使用了刨子这一木材表面细加工的工具？从现存木构建筑看，唐代尚未使用刨子，表面加工是用"斤"（即锛）与刀（削刀）及铲等来完成的，因此许多建筑的木构件上留有明显的锛痕[1]。唐柳宗元《梓人传》中也只提到了锯、斧、刀三种工具，南宋文献中已有平推刨的记载[2]。有一种看法认为：用凿子靠在尺上同样也可以加工出精致的小木作和家具的线脚来，因为至今此法仍在北方一些地区的木工中使用。因此《营造法式》中所开列的六种格子门边框线脚是用凿子而不用刨子来加工的[3]。总之，这个问题虽然和小木作与家具的发展有着重大关系，但要得出确切而全面的结论尚须进一步研究。

《法式》所载木装修共有 42 项，在全书各类工种里，篇幅最浩繁，但却远不如大木作那样留有较多宋代实物可资对照研究。因此今天我们对宋代小木作的了解还存在不足，特别对有些项目如佛道帐、转轮藏等的做法与名称，还不能完全解释清楚。好在每个小木作品都有较强的独立性，不像大木作那样，作为一个完整的框架体系，它的各个局部的形制、尺寸都有相互制约关系。因而对小木作的每种木装修可以分别进行研究，也不至于因某一部分的不易深入而影响其他部分。不过，正由于这种特点，《法式》罗列的 42 种木装修也容易使人产生零散而缺乏系统性的感觉。为此，这里按其功能特点归纳为七类加以阐述★：

图 4-1 杭州“灵峰探梅”出土五代石塔上的四直球纹格子门（黄滋摄）

一、门窗类

（一）门

《法式》所列门有外门与内门之分：外门含乌头门、板门、软门三种；内门则仅有格子门一种。

1. 乌头门（图 4-3、4-4）

又称棂星门[4]，位于住宅、祠庙正门之前，是一种独立的建筑物。唐、宋时六品以上官员住宅前可设置这种仪门[5]。宋代也用于祠宇、坛庙前，例如《宋史》卷九九：“南郊坛制……仁宗天圣六年，始筑外壝，周以短垣，置灵星门。”《宋史》卷一二三：“濮安懿王园庙……庙三间，二厦，神门屋二所及斋院，神厨，灵星门。”金代所刻“宋后土祠图碑”所表

图 4-2 杭州“灵峰探梅”出土五代石塔所示一间四扇格子门（六出球纹格）（黄滋摄）

★本书小木作图样的制作，除神龛、经橱两部分外，曾参照梁思成先生《营造法式注释》有关部分。

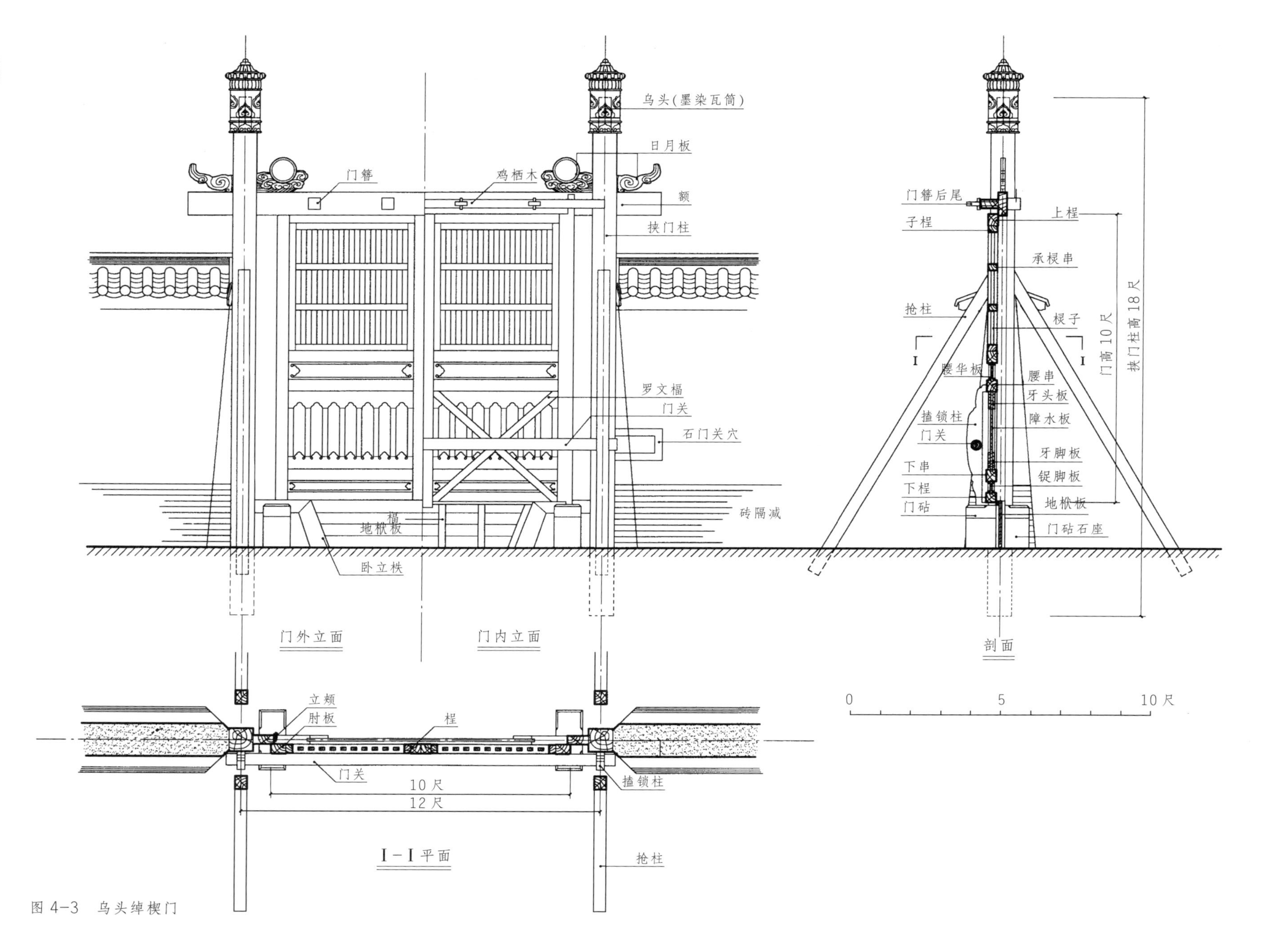
乌头（墨染瓦筒）
日月板
门簪
鸡栖木
额
挟门柱
罗文福
门关
石门关穴
砖隔减
福
地栿板
卧立株
门外立面
门内立面
门簪后尾
子桯
上桯
承棂串
抢柱
棂子
I
I
腰华板
腰串
牙头板
搕锁柱
障水板
门关
牙脚板
下串
锭脚板
下桯
地栿板
门砧
门砧石座
门高10尺
挟门柱高18尺
剖面
0
5
10尺
立颊
肘板
桯
门关
10尺
12尺
搕锁柱
I-I平面
抢柱
图 4-3　乌头绰楔门

图 4-4　苏州府文庙棂星门(明)所示日月板
(刻金乌为日,玉兔为月,其中金乌已漶漫不清)

示的祠庙布局,前面也设有棂星门。门的形式简单,仅用两根木柱栽入地中夹持中间的门扇，木柱顶上套瓦筒用以防雨水腐蚀,用墨染黑,故称“乌头”[6]。门扇上部用透空棂格,由门外可望及门内。门上有额枋联系二柱,门限(地栿板)为活动式,必要时可抽去,以通车马。地栿板由立柣与卧柣夹持定位。这样的乌头门也称为“乌头绰楔门”。

关于乌头绰楔门,《法式》未作专题叙述,仅在卷二十五彩画作功限中有:“乌头绰楔门(牙头护缝、难子压染青绿,棂子抹绿)一百尺(若高广一丈以上,即减数四分之一。如若土朱刷间黄丹者，加数二分之一)……一功。”

这种乌头绰楔,应是乌头门的一种特殊做法。其特殊之处在于“绰楔”。

何谓绰楔?绰,宽也;楔是门两旁木。《尔雅·释宫》“枨谓之楔”注:“门两旁木也。”《说文系传》:“即今府署大门脱限者，两旁斜柱两木于橛之端是也”(转引自《辞海》1947 年版)。据此,则绰楔门是官府大门,门限很高,以示高贵、威严,而必要时又可抽去以利通行者,和断砌门相似而又有区别:一是阶基不断开;二是门限(地栿板)两旁立柣有斜势,有利于上下装卸门限。在江南明清祠庙、衙署官宅遗存中尚可看到这种门制。在苏州这种大门称“将军门”(图 4–5)(见姚承祖、张

图 4-5　苏州庙宇、官署之“将军门”——《法式》所称“绰楔门”
(高地栿板,高门砧,立柣有斜势,地栿板可抽去,图示地栿板已抽去上半部)

至刚,《营造法原》第42页插图八－一,中国建筑工业出版社,1986年,第二版)。

因此,《法式》所称"乌头绰楔门"可能就是采用了这种绰楔的乌头门。卷三十二小木作制度图样中的乌头门,应即是乌头绰楔门。列于其后图中的牙头护缝软门和合板软门二式,其门两旁立柣均高而作倾斜状,应亦属"绰楔门"一类(图中均未画出地栿板)。

《新五代史》卷三十四,李自伦传:"天福四年正月,尚书户部奏,深州司功参军李自伦,六世同居,奉敕准格按格孝义旌表……敕曰:……高其外门,门安绰楔……"可知绰楔是外门所附的一种装置,而非独立的门式。

《法式》卷三十二乌头门图中未画出日月板的具体形象,仅作轮廓示意图,其原因可能是该板归雕作,故小木作匠师不画。

2. 板门(图4-6、4-7)

这是一种用木板实拼而成的门,用作宫殿、庙宇的外门,有对外防范的要求,所以门板厚达1.4~4.8寸(视门高而定),极为坚固,也很笨重。门扇不用边框,全部用厚板拼成,拼合接缝有牙缝造与直缝造两种(有企口与无企口)。各板之间须用硬木"透栓"若干条贯串起来,以保证门扇联成一个整体,这是板门拼合构造中的一种重要措施。直至明清,城门仍用此法。《法式》还指出:在透栓之外,须用"劄"作为门板合缝的固持件,其作用较透栓稍逊。此外板背还须用5~13条楅(清式称穿带)联结,楅则固定在两侧的肘木上,肘木比身口板稍厚,上下各伸出一个圆柱形转轴——鑻,上鑻套于鸡栖木(清式称连楹)的孔中,下鑻入于门砧(清式称门枕)的孔中。门低小时,门砧用木制;门高大时,门砧用石,且须用铁件加强上下转轴及轴承。

城门防御要求更高,其板门尺度更大,用料也更厚重。

为通车马而将当心间阶基断开的门称为断砌门。断砌门需启闭,因此必须做一种活动的地栿板(门限),通车时将板抽去,关门时将板插上。板的两端则靠带凹槽的立柣来夹持。门的构造做法与上述板门相同(图4-8)。

门板用铁钉钉于楅上,板上用木材车成馒头状的"浮沤"(清式称门钉)予以装饰。这种木浮沤是沿用唐代殿门的旧法[7]。

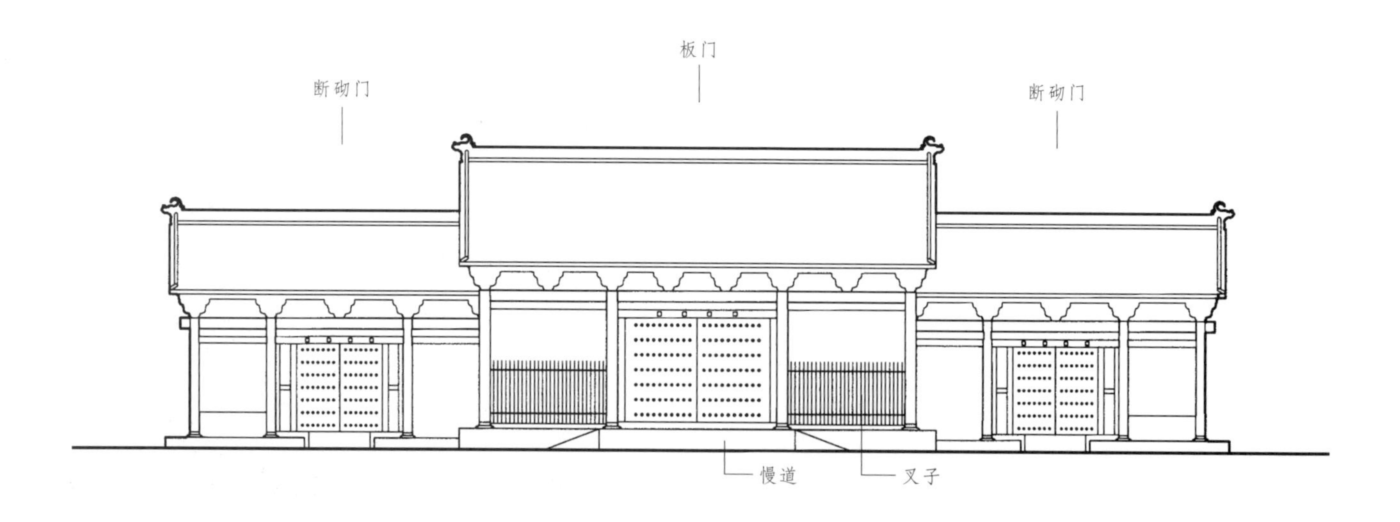

图4-6 板门、断砌门配置示意图
(据《清明上河图》之佛寺山门)

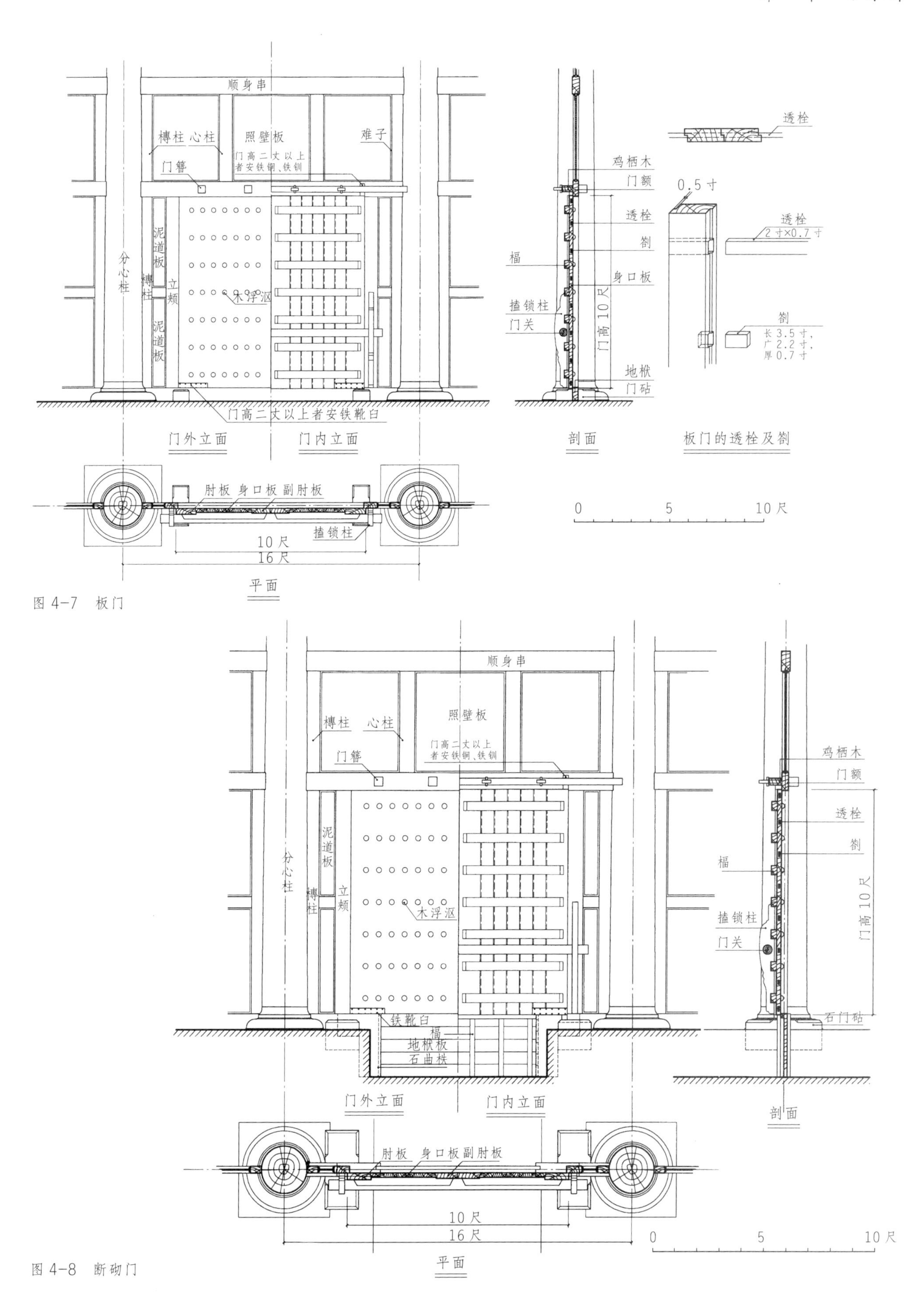

图 4-7　板门

图 4-8　断砌门

表 4-1　板门高度与部件的关系

门高(尺)	肘板、副肘板断面(宽×厚)(寸)	身口板厚(寸)	楅(条)	上下门轴	上下轴承
≤7	≤7×2.1	≤1.4	5	肘板上留出木镶	只用上下伏兔,不用鸡栖木与门砧
8~11	8×2.4	1.6~2.6	7	同上	上用鸡栖木,下用木门砧
12~13	13×3.9			同上	上用鸡栖木，下用铁桶子、鹅台、石门砧
14~19	14×4.2~15×5.7	2.8~3.8	9		
20~22	15×6~15×6.6	4~4.4	11	上镶安铁锏，下镶安铁桶子、铁靴臼(套在肘板下)	上用鸡栖木，孔内加铁钏(即铁环)；下用石门砧、石地栿、铁鹅台
23~24	15×6.9~17×7.5	4.6~4.8	13		

3. 软门(图 4-9、4-10)

这也是一种板门,从其构造方法来推测,似是分隔内院的门,因防御要求较低,故用料较板门薄而小。门内也只用手栓、伏兔或承枴楅等防御能力较低的锁门构件。其所以称“软”可能是和外门的“硬”相对应而言的。软门的形式有两种:一种就称为“软门”,其构造方法和格子门相似，即用周边的桯和身内的横条——腰串构成框架，再在框架内镶以木板而不用格子;另一种称“合板软门”,其构造方法和板门相似,也是一种实拼门,即门板周边也不用框架,而由肘板与楅联结木板,与板门不同之处在于门高最大限于 13 尺,身口板厚度比板门减 1/4,肘板与楅的用料也略小。这是一种防御性能逊于板门而强于软门的门。

如软门高大,也可用铁桶子、石砧、鹅台之类以加强轴与轴承,其法与板门同。

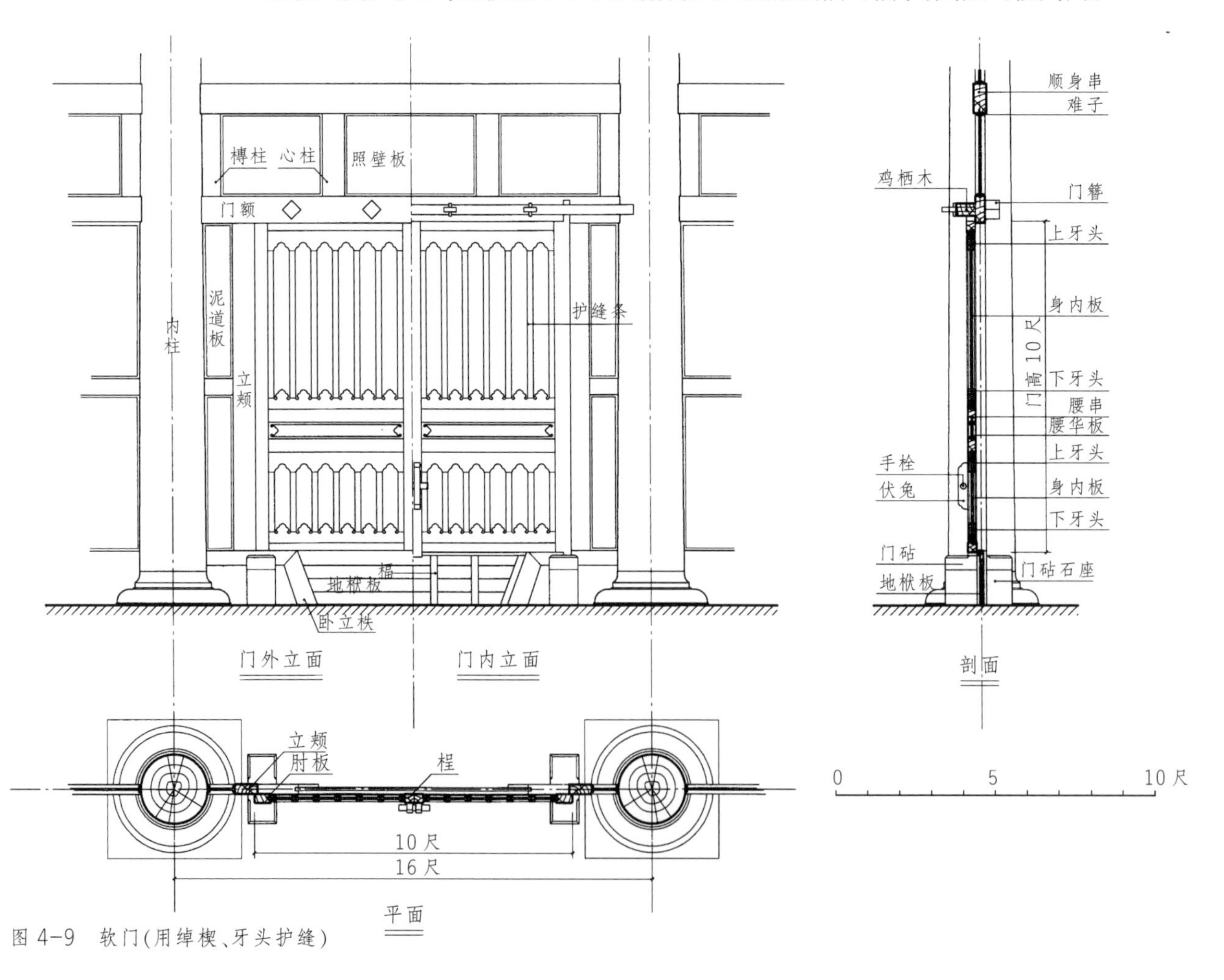

图 4-9　软门(用绰楔、牙头护缝)

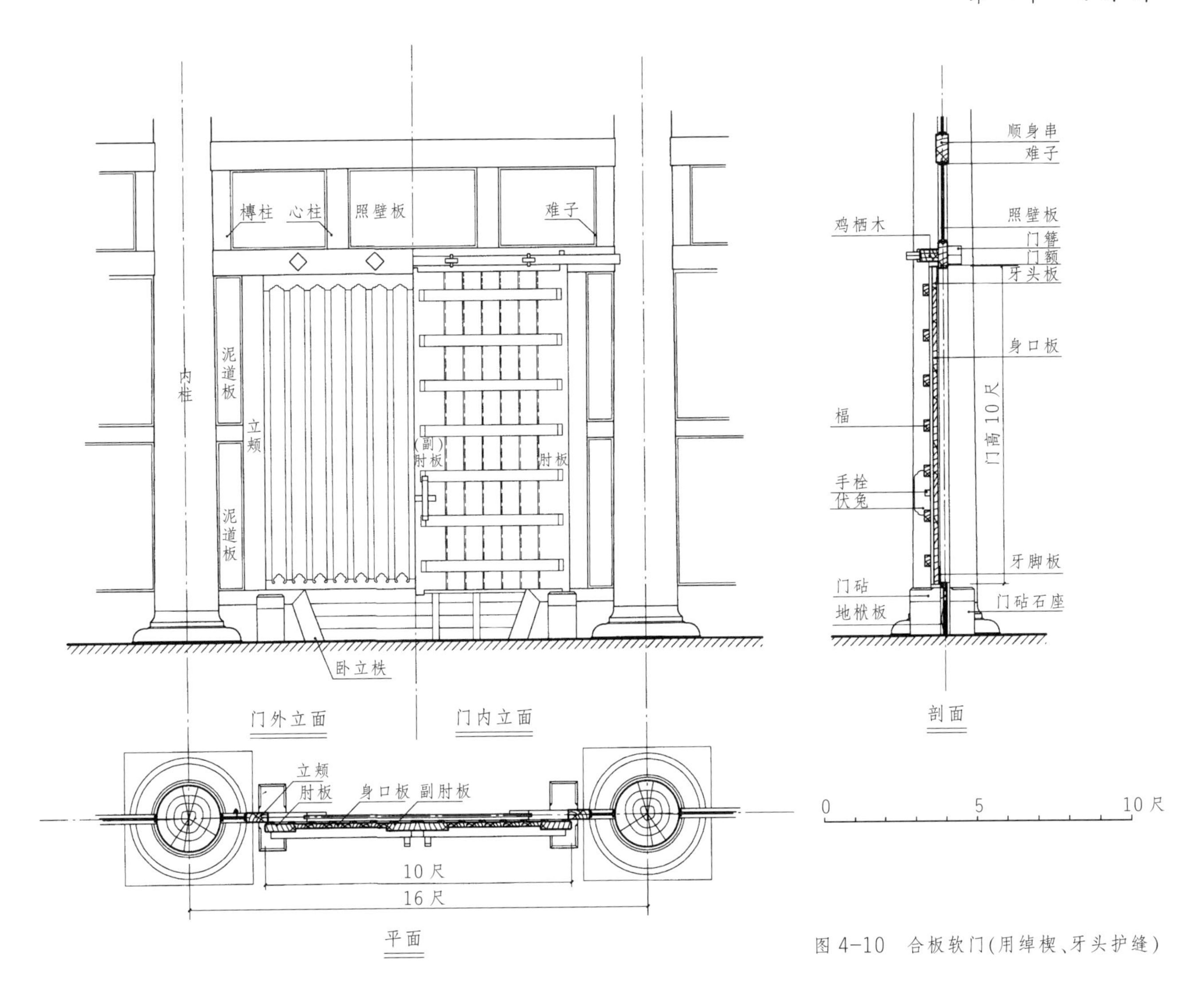

图 4-10　合板软门(用绰楔、牙头护缝)

《法式》卷三十二《小木作制度图样》中的"牙头护缝软门"与"合板软门",所绘均属绰楔门,其木门砧作悬空状,明显不合构造原理,将无法承受门扇的重量。究其原因,当是工种之间的界限所致,即小木作工匠只画小木作做法,而未表示石作门砧,以致出现图中不合理的现象。本书图中已弥补了这一缺陷,补画了木门砧下的石座。

4. 格子门(图 4-11~4-24)

因门的上部有供采光的格子(方格、球文格)而得名。自五代至清末将近千年中,中国建筑都采用这种方式解决室内的采光问题,直到玻璃普及后,这种以木格子为骨架,以纸或绢、蛎壳等为被覆物的门窗才退出历史舞台。

格子门以周边的桯及身内横向的腰串构成框架。每扇除去上下桯、腰串及腰华板后所剩的长度分为三份,腰下一份嵌障水板,腰上二份装格眼。格眼周边另有子桯为框,可整体安装于门桯形成的框上。

格子门的边框——桯的线脚有六种,从繁到简,供不同等级的建筑物使用(图 4-16)。构成格眼的"条桱"(即棂子)也有繁简不同的式样共十二种(图 4-20)。格眼则列出了四斜球文格、四直球文格和四直方格三种。桯、子桯、条桱的宽面(即"广""厚"中的广)都是朝外的,和明清时期窄面朝外的做法正好相反。《法式》所列其他小木作项目凡用桯与条桱,

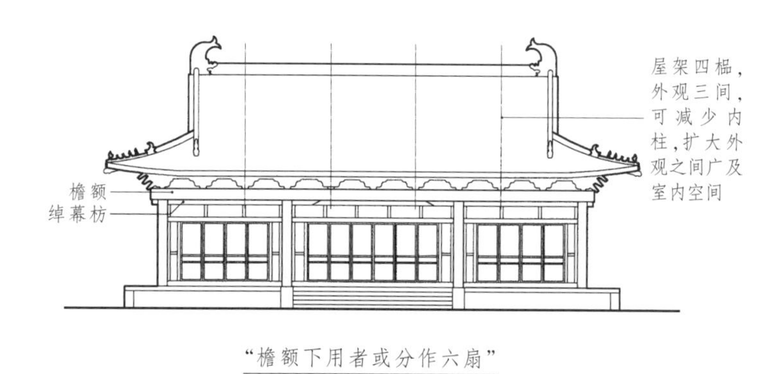

"檐额下用者或分作六扇"

"每间分作四扇""稍间狭促者只分作二扇"

图 4-11 格子门分扇示意图

都作如此处理。说明小木作工匠还未能充分把握木料的最佳受力状态而加以合理利用。

从《法式》所列各种桯与条桱的复杂线脚来看，如果没有一套行之有效的工具和加工方法，那是难以完成这项高水平工程的。我们推测当时虽然没有线脚刨（线脚刨是刨子发展后期产物），但必须有大小不同的圆凿和扁凿。凿在中国古代有着久远的历史，宋代已臻于成熟。但从《法式》卷二十一所规定的格子门用工数来看，一间四扇格子门（高 1 丈、总宽 1.2 丈），最高用工达 60 工，最简单的方格眼格子门，也要 15 工。说明由于工具限制，工效仍较低。

"两明格子"有里外双重格眼、腰花板和障水板，并用双层纸被覆，桯和腰串的厚度则增加至足以容纳双层结构。这种门的防寒性能较好，适宜于冬天保暖要求高的房屋（图 4-21）。

图 4-12 山西朔州崇福寺弥陀殿格子门（金）及牌（朱光亚摄）

图 4-13 山西朔州崇福寺弥陀殿次间格子门（金）(朱光亚摄)

格子门的重量较轻,其门另设“搏肘”附于边桯上作为转轴。门各部分用料也较小。关门后不用横向的卧关(即门闩)而用拨棨或立棨。门上、下轴承也不用鸡栖木与门砧,而用小构件伏兔，均表示门的防御要求较低,重量较轻。

门的启闭方式,从卷三十二格子门额限图来看,四扇门中,两旁二扇是固定的,但必要时可以卸去,中间两扇则可启闭。为了满足门在关闭时能紧扣于门额与门限上,《法式》卷七规定:“**桯四角外上下各出卯长一寸五分,并为定法。**”这些出卯,对门框的榫卯结合也有一定好处。门关闭时的锁定方式有两种:“丽卯插栓”与“直卯拨棨”(见《法式》卷三十二格子门额限图)，我们试作复原图于后(图 4-22~4-24)。

图 4-14 山西朔州崇福寺观音殿（金）格子门及牌(朱光亚摄)

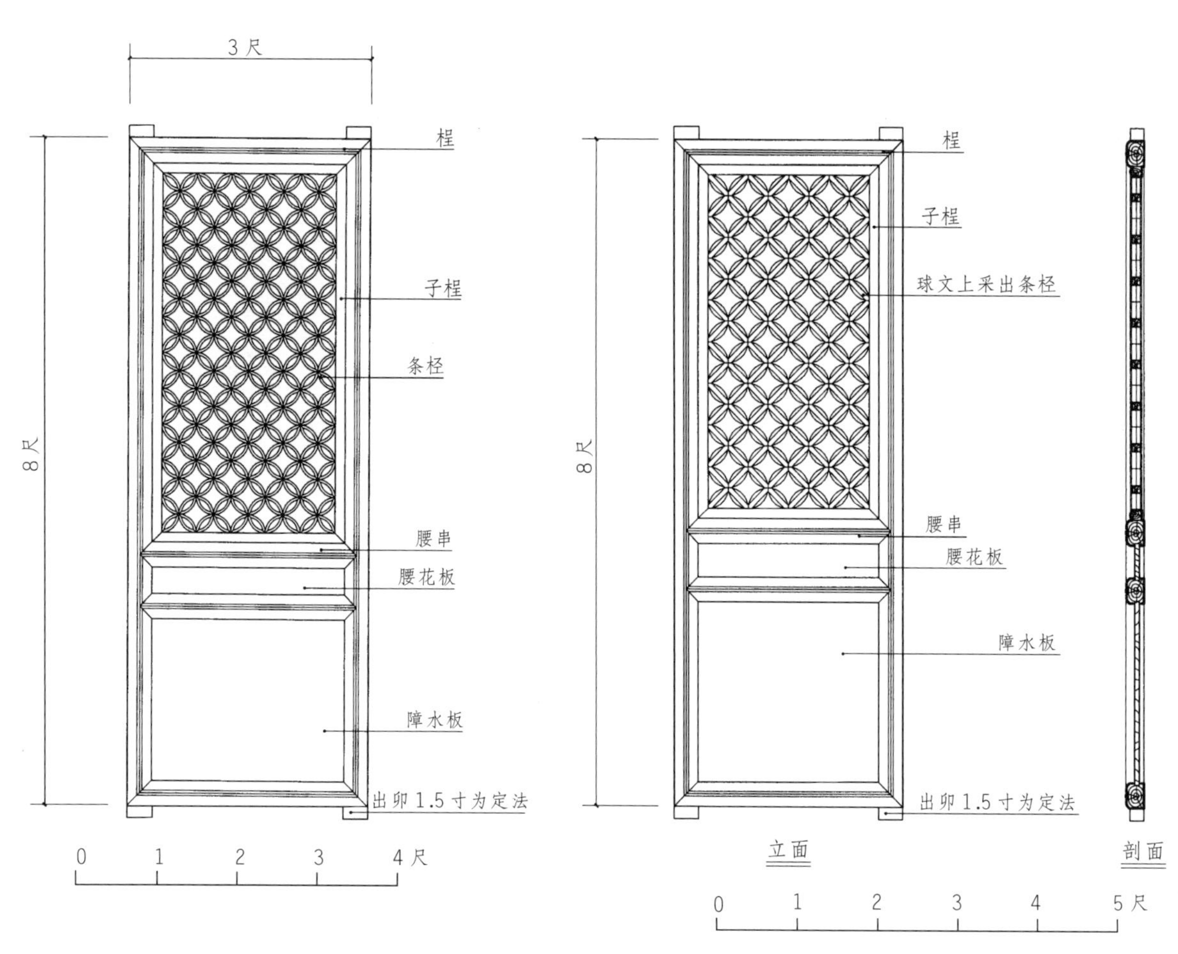

图 4-15　四斜挑白球文格眼门

图 4-17　四斜球文重格眼门(球文上采出条桱)

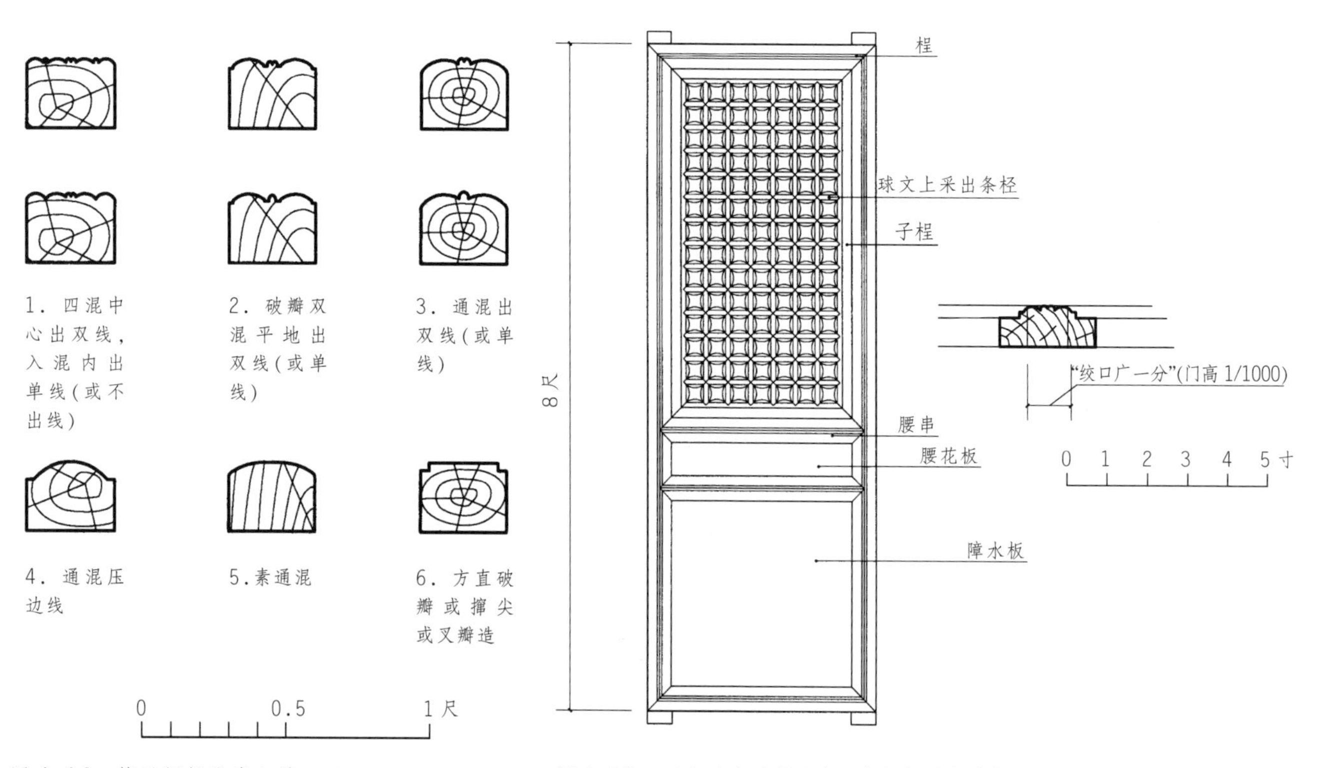

图 4-16　格子门桯线脚六种

图 4-18　四直球文重格眼门(球文上采出条桱)

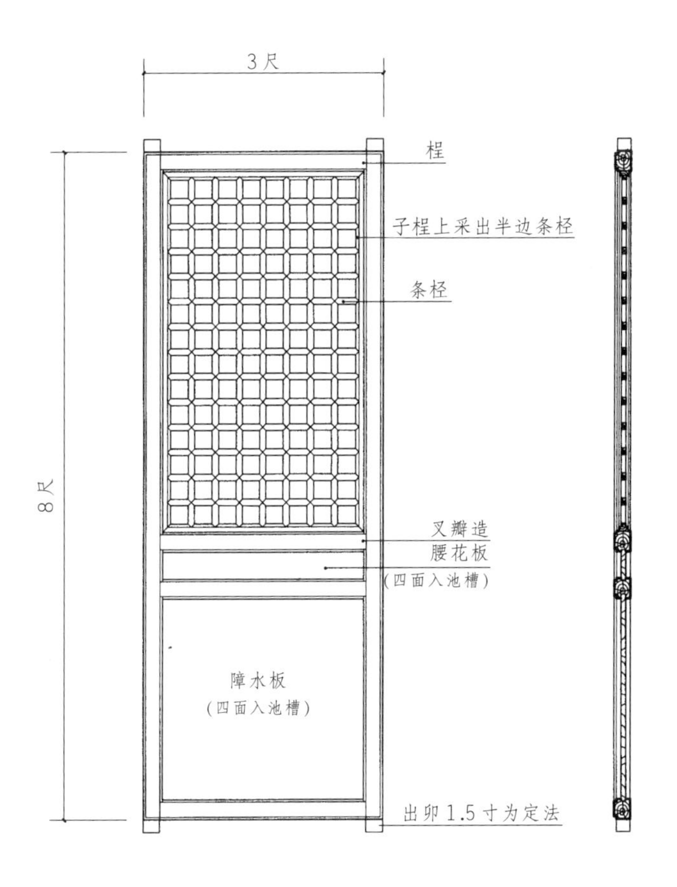

图 4-19　四直方格眼门立面与剖面

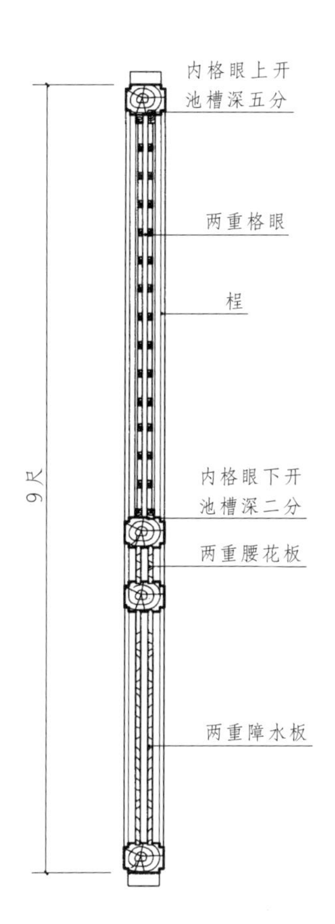

图 4-21　两明格子门剖面

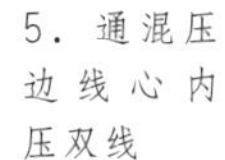

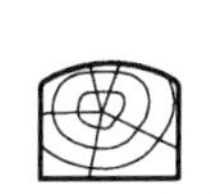

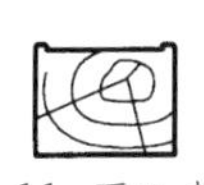

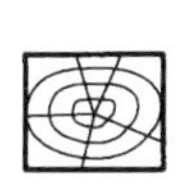

图 4-20　四直方格眼条桱断面类型十二种

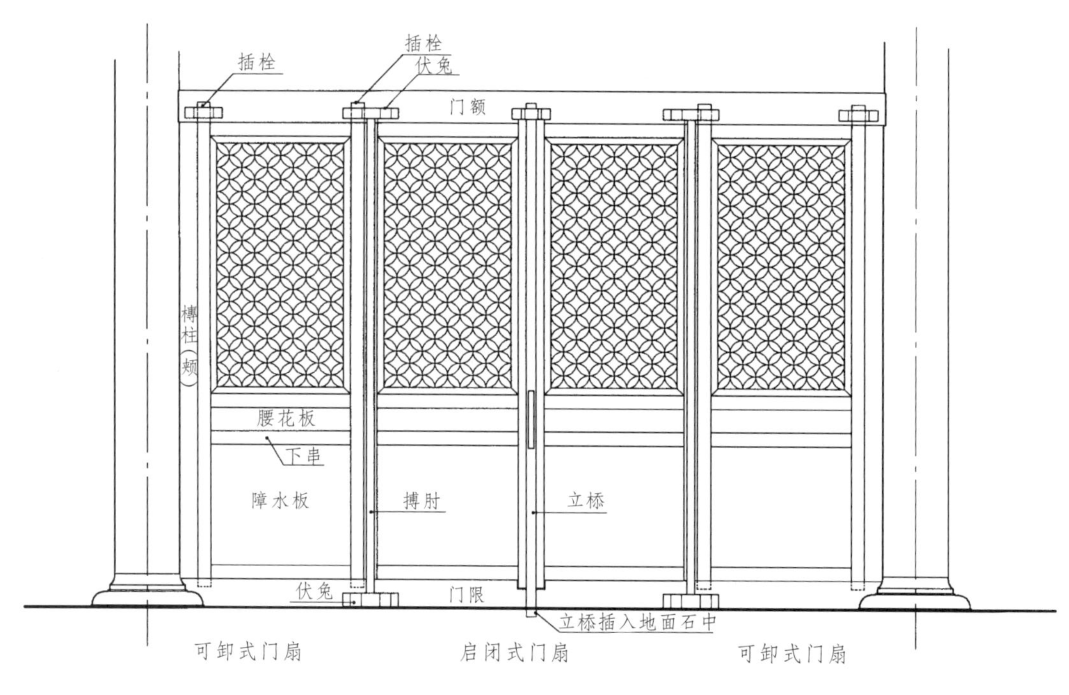

图 4-22 格子门锁定方式之一——丽卯插栓（据《法式》卷三十二格子门额限图推想）

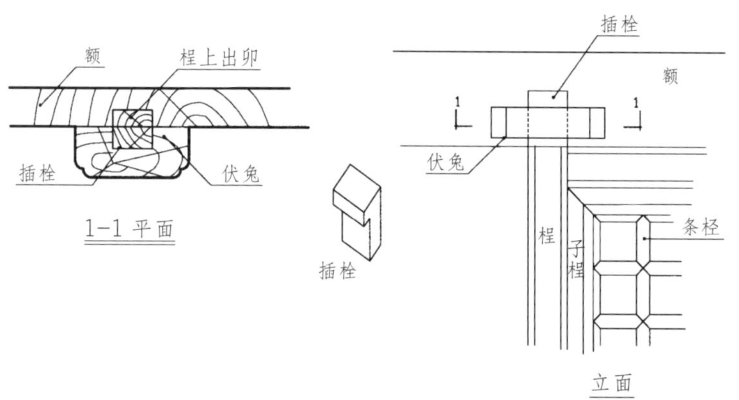

图 4-23 丽卯插栓大样

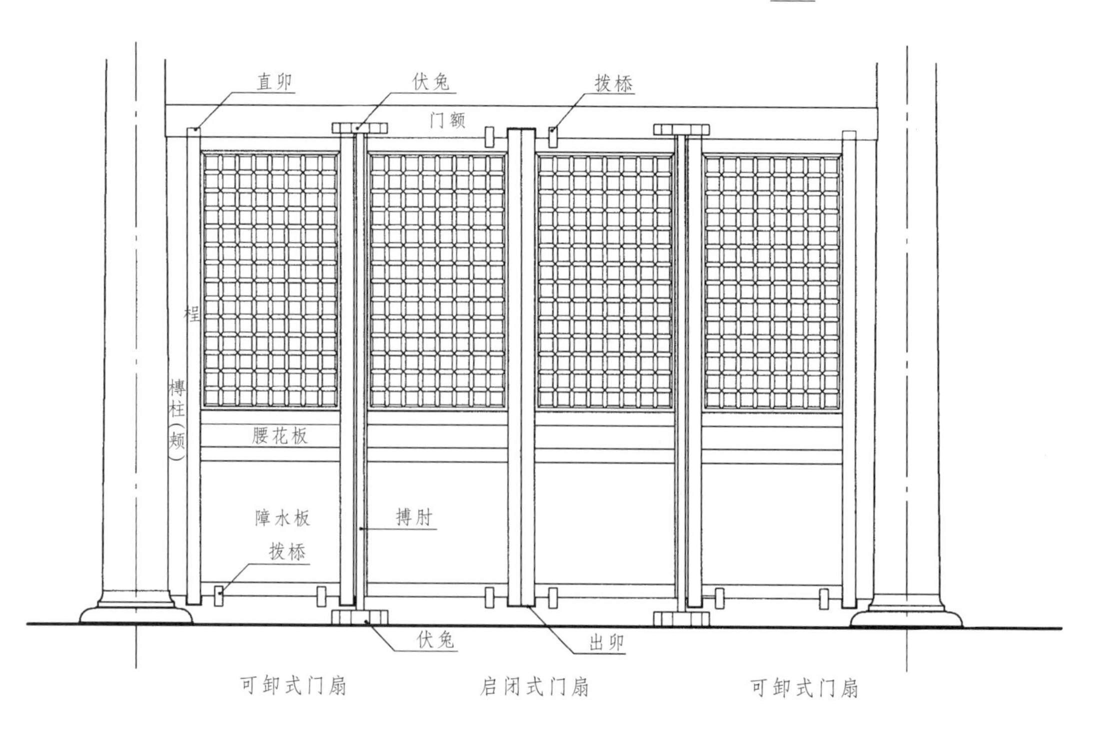

图 4-24 格子门锁定方式之二——直卯拨桥（据《法式》卷三十二格子门额限图推想）

(二)窗

宋代仍大量使用传统的、不可启闭的直棂窗,但也出现了可启闭的窗——阑槛钩窗。

1. 直棂窗(睒电窗)(图4-25)

直棂窗有两种:一种是"破子棂窗",即将方木条依断面斜角一剖为二成两根三角木条做窗棂,三角形底边一面向内,可供糊纸;另一种是"板棂窗",即用板条做棂子,内外两侧均为平面。还有一种是将棂条做成曲线形或波浪形,称为"睒电窗",施于殿堂后壁之上或佛殿壁山高处,也可以装在平常高度上作"看窗"。

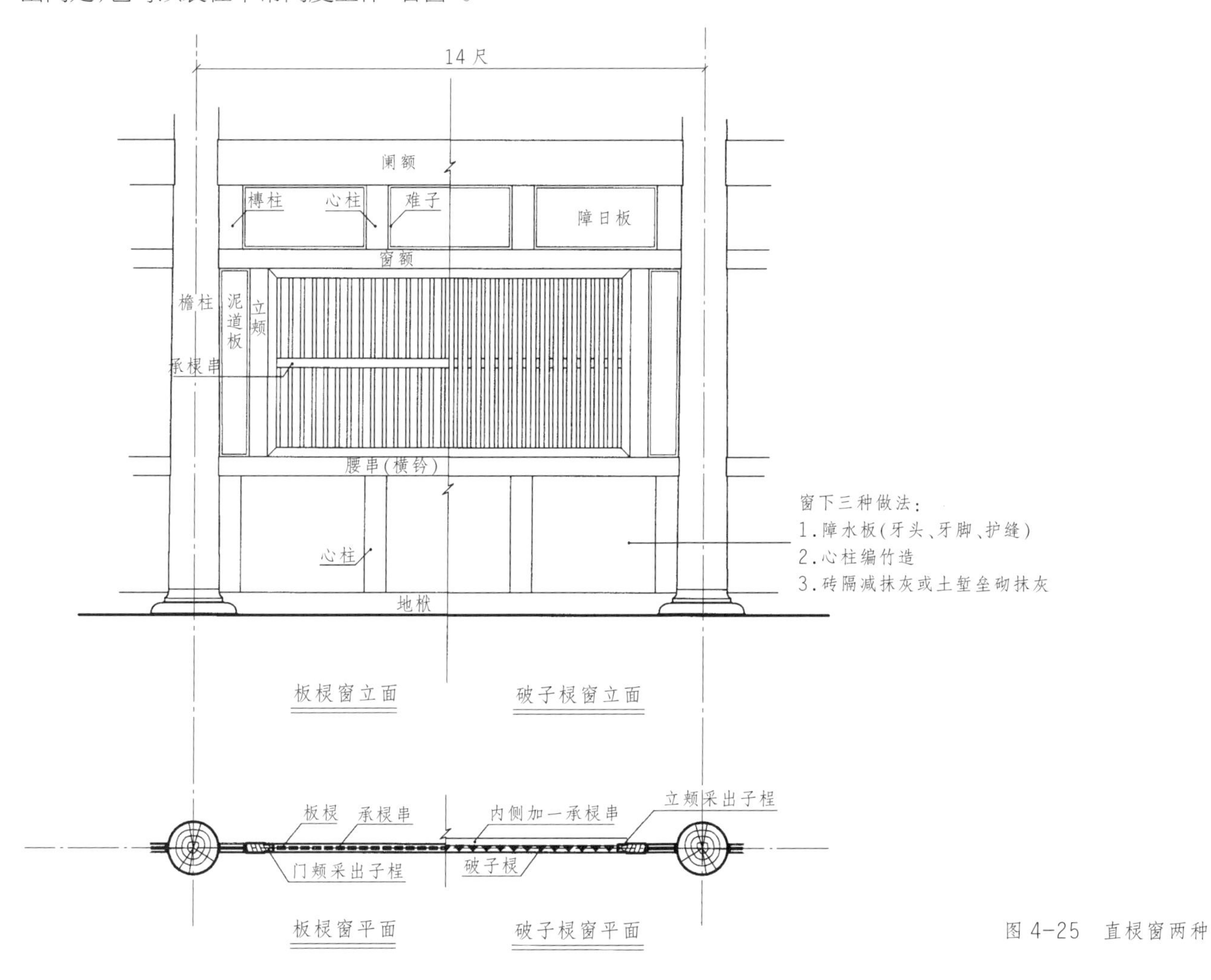

图4-25 直棂窗两种

2. 阑槛钩窗(图4-26)

这是一种有靠背栏杆和坐槛的窗子,主要用于楼阁上,可以临窗倚坐,浏览窗外风光。《法式》规定此窗"每间分作三扇",与格子门每间分作六扇、四扇、二扇的双数门扇不同。窗幅较宽,所用条桱也比格子门粗。这种窗在宋画《雪霁江行图》《清明上河图》中所画的江船上可以看到,但在宋代建筑中尚未发现实物遗存。明清江南园林及民居中的"美人靠""飞来椅"则是这种窗的承传。"钩窗"之名,或因窗外设有钩阑而得之。《清明上河图》中城门内外两处酒楼有人倚窗而坐,窗外钩阑为卧棂造,用蜀柱斗子,是类似阑槛钩窗的一种做法,所缺的只是一条可供坐憩的槛面板而已。而图中所表示的江船上,则有完全意义的"阑槛钩窗"。这种窗的出现,打破了采光、通风、观赏都不佳的直棂窗的一统天下,开创了中国古代

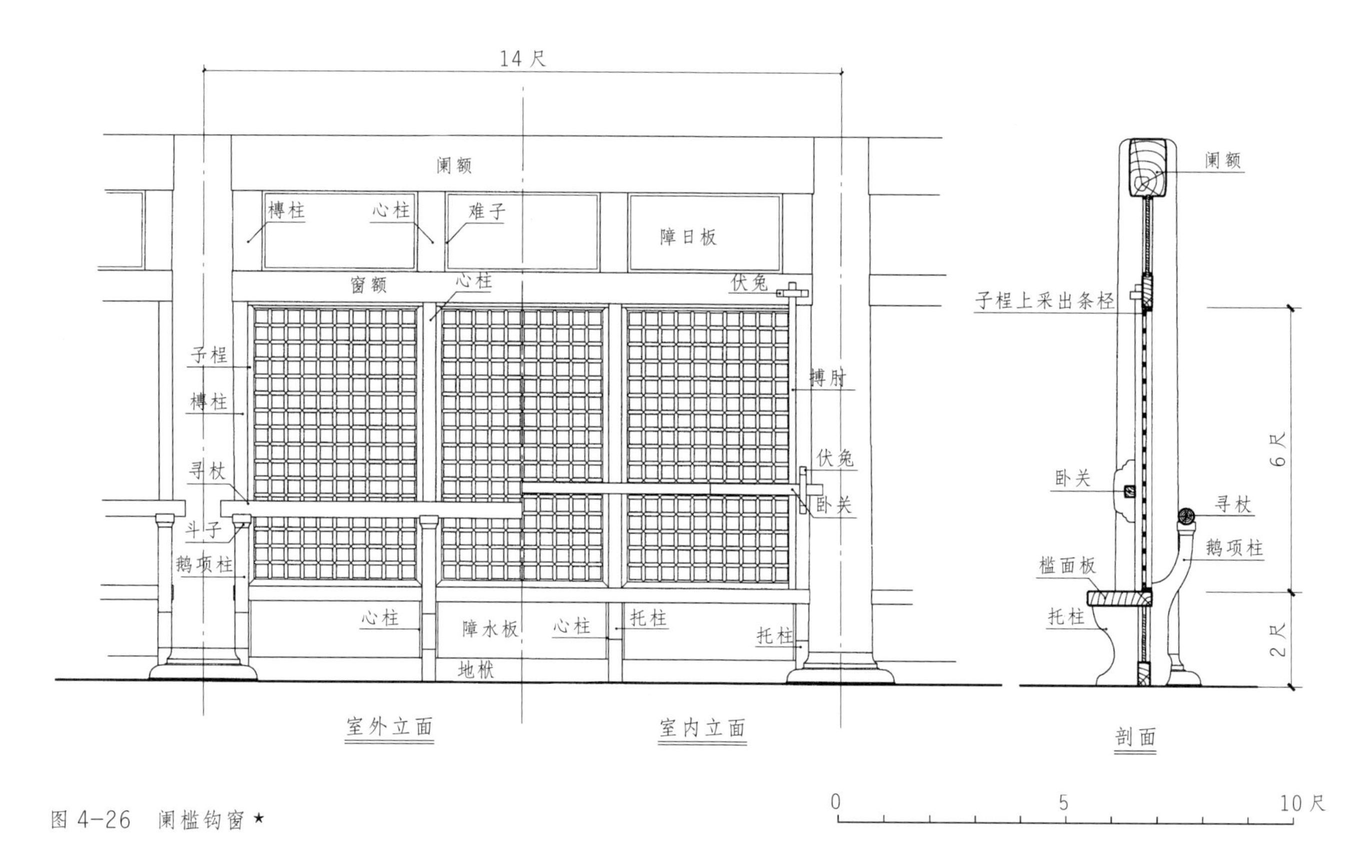

图 4-26 阑槛钩窗★

窗子发展的新纪元,从此,直棂窗逐步被可启闭式窗所替代。不过,《法式》所述钩窗每间分作三扇,中设心柱两根,窗扇偏大,使用上也不够理想,似乎还没有和格子门的理念完全合拍。实际上,如果每间也分作四扇,则可取消心柱,窗幅也可适当减窄,使用上、构造上都更合宜。也许这正好反映出初期使用格子窗的一种不成熟状态?

此窗构造分为上部的窗与下部的坐槛两部分:窗扇四边无桯(边框),仅有子桯与条桱;坐槛设槛面板,板外侧是鹅项柱、云栱(或蜀柱斗子、蜻蜓头等)和寻杖;板下设心柱、槫柱、托柱及障水板。

此窗为何每间分为三扇?为何称为"钩窗"?窗幅较宽而又不用边桯,搏肘(窗轴)如何能坚实地固定于窗扇上?这些都是需要进一步推敲的问题。

有一种说法认为:"钩窗"是"钓窗"之误(见《中国大百科全书·建筑、园林、城市规划》474页"靠背栏杆"条),不知何据。

二、室内隔截类(图 4-27)

用作室内空间分隔的木装修品种较多,主要有以下几种:

(一)截间板帐(图 4-28)

此处沿用了唐以前传统的"帐"的概念,实际上是立于前后柱之间的一种板壁,用以分隔左右两间的空间,说明宋代虽已事实上用木材替代布帛分隔室内空间,但观念上仍未摆脱旧时帷帐习俗的影响。板帐的高度 6~10 尺,上下分别用额枋与地栿固定于柱子上,再以槫柱、

★按宋画所示资料,承托寻杖的部件有两种:一为云栱,一为斗子。本图采用较简洁的斗子。

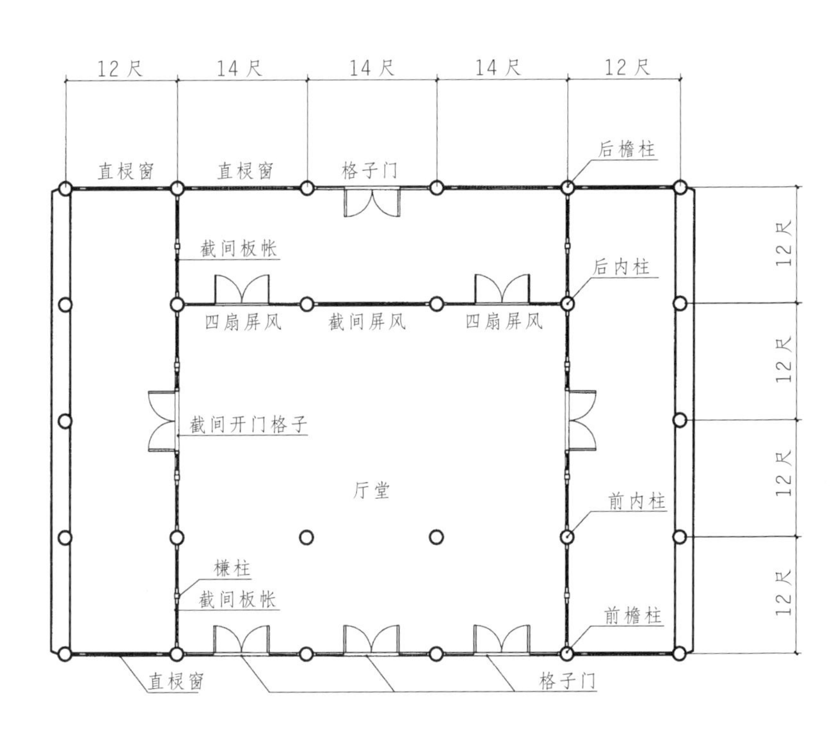

大木作

1.厅堂构造用厦两头造。

2.心间、次间用八架椽,前后乳栿用四柱。

3.两厦头山墙用心柱。

4.材等:用六等材。

小木作

1.后内柱心间安截间屏风,两次间安四扇屏风,屏风上再安照壁板。

2.厅堂两侧用截间板帐及截间开门格子隔出两耳室。

3.中间三间前檐柱安格子门各四扇(中间两扇可启闭,两侧格子门固定而可卸),窗安直棂窗,门上、窗上用障日板,窗下用心柱编竹造。

4.心间后檐柱安格子门,窗安直棂窗,门上、窗上用障日板,窗下用心柱编竹造。

图4-27　厅堂室内隔截设想图

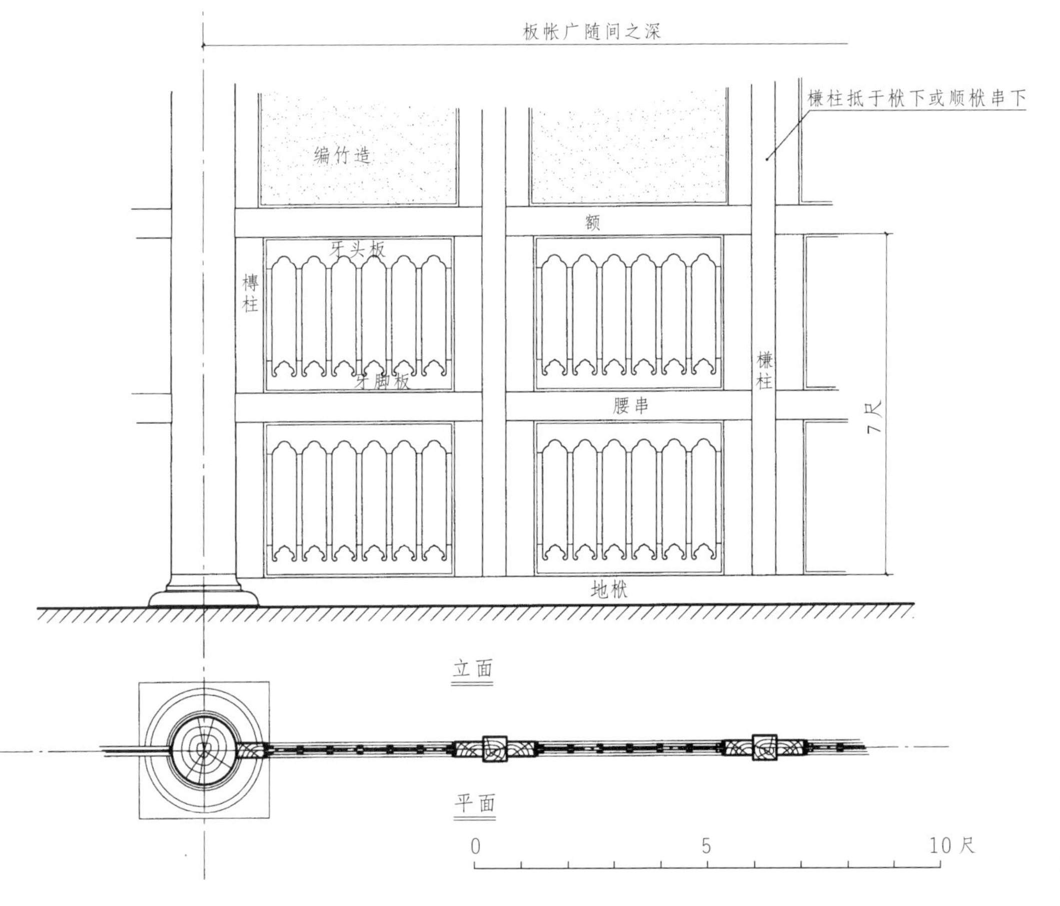

图4-28　截间板帐

槏柱、腰串分割后填以 0.6 寸厚的木板。木板则依靠压条——“难子”固定于框架上，而非边框上开出嵌槽。为防止木板收缩后出现裂缝，两面都用护缝条压缝，护缝条上下两端可用三瓣的或如意头状的牙头板作为装饰。板帐以上空缺部分如何处理，《法式》未作说明。但从使用角度考虑，可能还需用“横钤立旌”之类加以分隔，再以编竹造填之。如此则下部板壁犹如今天的护墙板，而上部则为抹灰墙面，可以充分收到分隔空间的效果。

(二)截间格子(图 4-29)

即仿照格子门的样式，将分间的隔截做得富有装饰效果：下部安板，上部用球文格眼。其中又分为殿内截间格子和堂阁内截间格子两种：前者高大，用料厚重；后者低矮，用料也较轻巧。上述两种做法都是固定式的，即不可移动的。但殿内截间格子可在障水板部分设一扇小门，由于此门尺寸过于低矮，似非正常出入之用。另有一种“开门格子”的做法，即在截间格子上再开两扇可开启的格子门，便于相邻二间之内人员的往来。

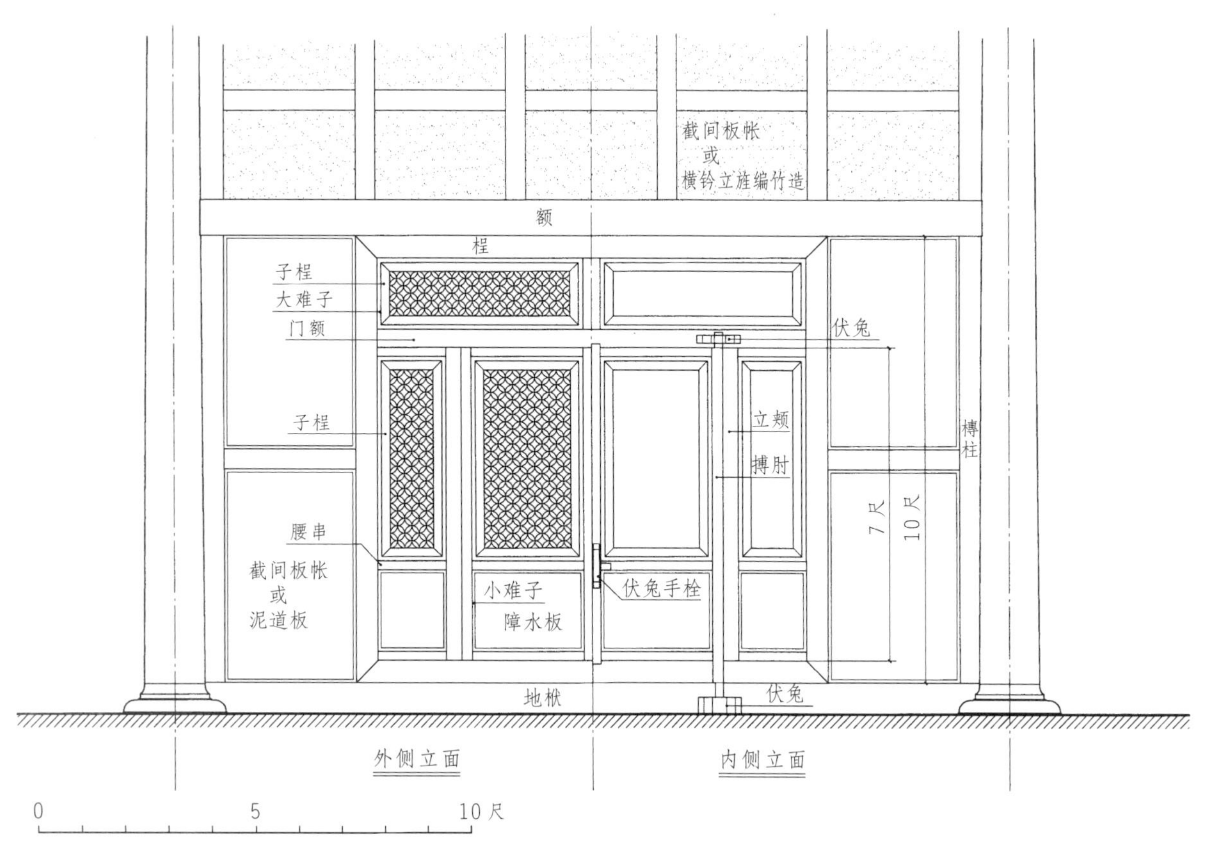

图 4-29 截间开门格子

(三)板壁

做法和格子门相同，只是把上部的格眼换成 0.6 寸厚的木板，再用若干扇这种有框的构件拼成整片壁面，作为室内的分隔。这种板壁在江南一带明清建筑中仍被广泛沿用，留存众多遗物。

(四)隔截横钤立旌

这是一种木框架,以之作为墙筋,再填以木板或编竹造抹泥粉面,形成相当于近代常用的灰板墙。其用途相当广泛,《法式》列出的就有三种:一是用作室内的照壁;二是用于门窗或墙的上部(门窗左右当同样可作为泥道来使用);三是作为截间之用(即用于前后柱之间,分隔相邻两间)。可见这是宋代最常用的一种室内隔截,但《法式》小木作只叙述木骨架本身做法而未及填充物与被覆物,这是由于各工种在编写时只顾及本工种的做法而不涉及配套工种的缘故。

(五)照壁屏风骨(图 4-30)

照壁屏风安于殿堂心间后部左右两内柱之间,作为主座的背衬屏障之用。其做法有整片式与四扇式,也有固定式与启闭式之分。

整片式称"截间屏风骨",即在两柱之间用额(上)、地栿(下)、榑柱(两侧)形成边框,沿边框内加一圈"桯"形成内框,桯内用木条作成大方格格眼,再在其上糊纸或布帛,即成为照壁屏风。《法式》小木作对屏风骨上所覆之物并未述及。但据宋叶梦得《石林燕语》卷四记载:"元丰既新官制,建尚书省于外,而中书、门下省、枢密、学士院设于禁中,规模极雄丽,其照壁屏下悉用重布,不糊纸。尚书省及六曹皆书《周官》,两省及后省枢密、学士院皆郭熙一手画,中间甚有粲然可观者。而学士院画'春江晓景'尤为工。"可知当时官厅照壁屏风一般都用纸糊,只有禁中规制宏丽的两省、两院才用布覆。而照壁屏风上都有字画为饰,其中多为

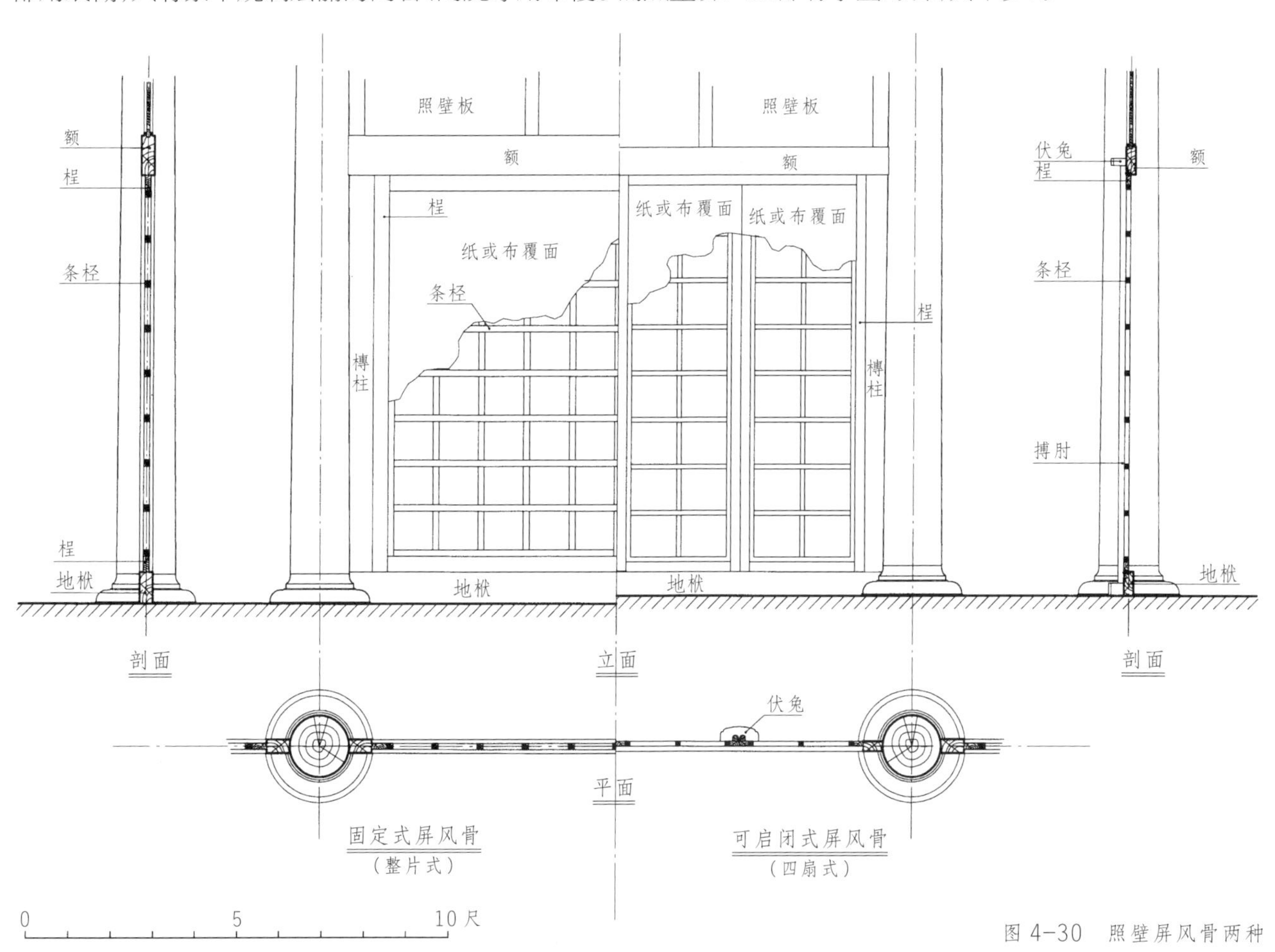

图 4-30　照壁屏风骨两种

宋代大画家所作的山水画。

四扇式屏风骨的构造方法和上述整片式相似，只是须用边程做成四副木骨架后再安装于额、地栿和槫柱所形成的框架内。这种屏风也可以做成启闭式，即在桯上加转轴——搏肘，并在额及地栿上设轴承（伏兔）即可。

（六）照壁板、障日板、障水板、栱眼壁板

这些都是面积较小的隔板。

照壁板有殿阁照壁板与廊屋照壁板两种，前者是殿内左右前后内柱间照壁的上部隔板，相当于清代之"走马板"，其下为照壁屏风，用以加强室内空间分隔效果。后者用于殿阁廊柱上阑额与由额之间，相当于清代的由额垫板，但较宽，且用心柱予以分割。

障日板位于格子门及窗子之上，用以分隔室内与室外，有障遮日光的作用，故有此称。障水板则位于建筑物部件的下部，用于防止雨水侵入。

栱眼壁板嵌于檐下相邻两泥道栱之间，其作用为分隔室内外，这对天气寒冷的北方地区很有必要，而南方则多不安栱眼壁板。《法式》卷十二《竹作制度》及卷十三《泥作制度》均有栱眼壁做法（分别见"隔截编道"及"画壁"两项），可知除木板之外，也可用编竹抹泥造，并施以绘画。

三、天花板类

天花板古称承尘。天花板之名始见于明代。如明弘治十八年（1505 年）《阙里志》卷十一大成殿条有："龙顶天花板四百八十六片"、大成寝殿条有："天花凤板"的记载。宋时承尘之法有三，即平暗、平棋、藻井，都是沿用唐时旧法。此类承尘都只用于殿、阁、亭三种建筑物，厅堂及余屋都不用。

（一）平暗

是最简单的一种承尘做法，即用木椽做成较小的格眼网骨架，架于算桯枋上，再铺以木板。一般都刷成单色（通常为土红色），无木雕花纹装饰。现存五台山佛光寺大殿内部即用平暗承尘。

（二）平棋（图 4-31~4-33）

是一种有较大方格或长方格式样的天花板，规格高于平暗，用木雕花纹贴于板上作为装饰，并施以彩画。其构造方法为：用木板拼成约 5.5 尺×14 尺（即一椽架×一间广）的板块，四边用边桯为框加固，中间用楅若干条把板联结成整体，板缝均用护缝条盖住，以免灰尘下坠，这是身板上面的结构做法，身板下的装饰则用贴（厚 0.6 寸宽 2 寸的板条）分隔成若干方格或长方格，再用难子（细板条）作护缝，并用木雕花饰贴于方格内。整个板块则架于算桯枋（清称天花枋）上。这和明清天花板每一格单独用一块木板的做法不同。相比之下，明清做法较轻巧，装卸自如，便于修理，上文《阙里志》所述大成殿"龙顶天花板四百八十六片"即属此类做法；宋式的整板做法较笨重，安装和修理都不方便。

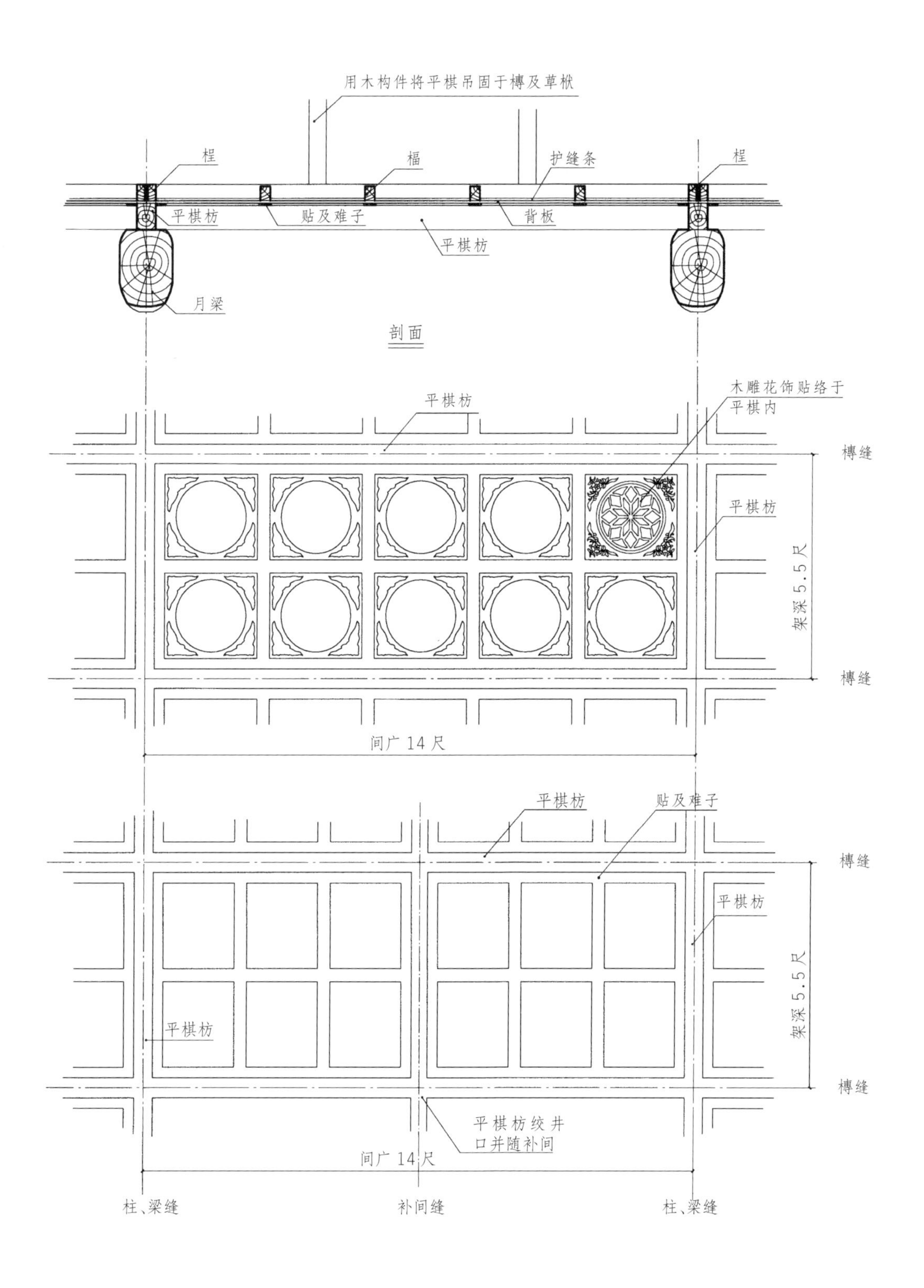

图 4-31 平棊分布隔截两例
(上图无补间铺作,下图补间铺作一朵)

图 4-32 山西大同华严寺薄伽教藏殿平棊之一(辽)

图 4-33 山西大同华严寺薄伽教藏殿平棊之二(辽)

(三)藻井(图 4-34~4-44)

位于殿阁中心部分,用以突出室内主体位置(御座、佛座、神座)上的空间。藻井有两种规格:一种是大藻井,用于殿身内;一种是小藻井,用于殿前副阶内。两者之间除尺寸大小不同之外,式样也有繁简之别:前者自下而上有三个结构层——方井层、八角井层、斗八层,所用斗栱为六铺作与七铺作;后者自下而上仅两个结构层——八角井层、斗八层,所用斗栱为五铺作。

《法式》小木作所述藻井仅上述两种。但金代有菱形及六角藻井(山西应县净土寺大殿),元代有圆形藻井(山西芮城永乐宫三清殿)。由于《法式》只提供估算工料的典型例证,并不提供全面式样,因此不能排除宋代存在斗八、斗四以外的藻井式样。

藻井的形式看似十分复杂,其实结构十分简单:在算桯枋(天花枋)上施方形和八角形箱式结构两层,再加一个八角形盖顶即成。至于那些柱子、门窗、斗栱等等(甚至是“天宫楼阁”)都是贴上去的装饰品,是仿大木作缩小比例尺作成的。两种藻井的做法分别如下:

斗八藻井的结构层次为:①在算桯枋框上安方形箱式斗槽板,在上面再加方形的内有八角孔的板(由压厦板与角蝉板组成),并在此板上施随瓣枋构成的八角框;②框上安八角箱式斗槽板,板上又加八角环形压厦板与随瓣枋;上施八角形“斗八”即成。至于斗栱,则按大木作一等材的 1/5 制作,用下昂或不用下昂仅用卷头与上昂均可。

小斗八藻的结构层次为:①在算桯枋内加抹角作成八角框,在框上立八角箱式斗槽板,上施八角环形压厦板;②板上施八角形“斗八”。斗栱、柱枋则按大木作六等材的 1/10 比例缩小。

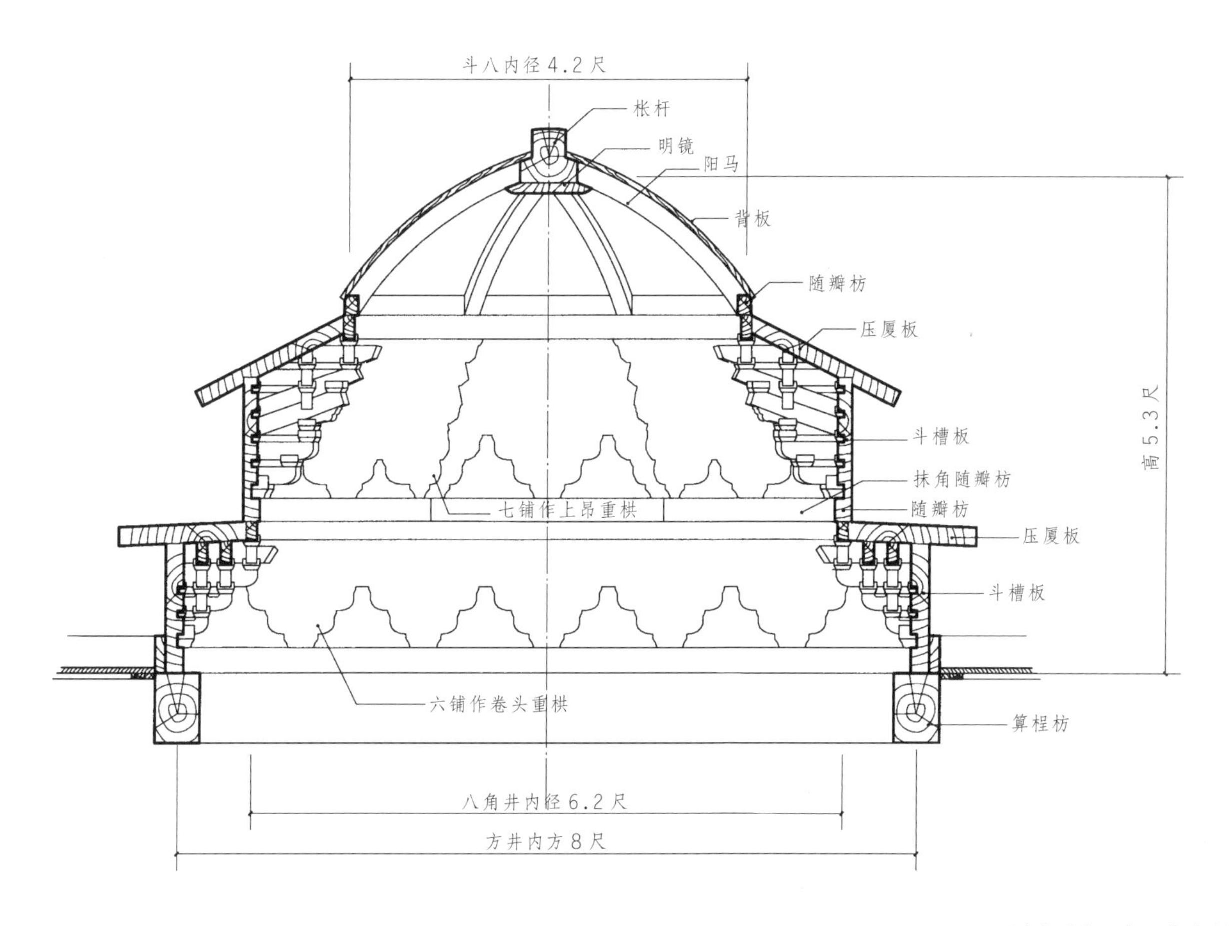

图 4-34　斗八藻井剖面图

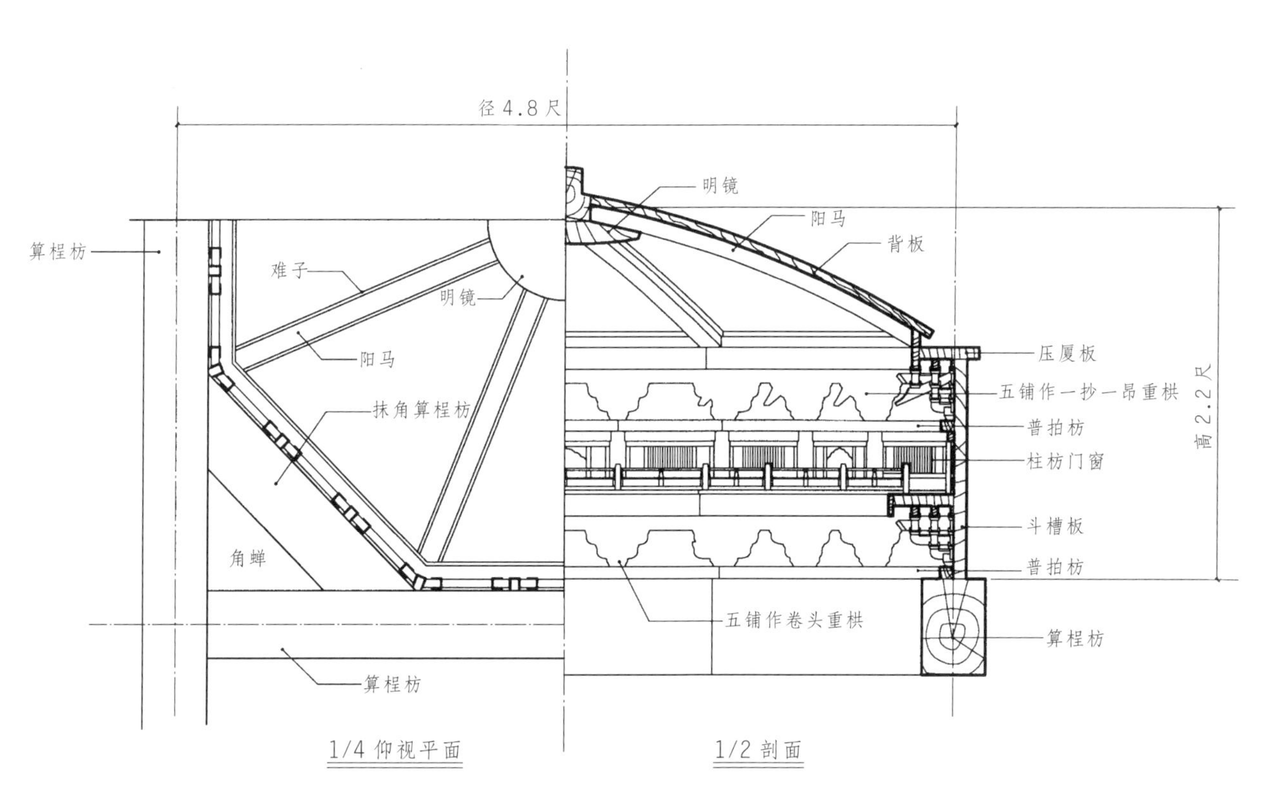

图 4-35　小斗八藻井

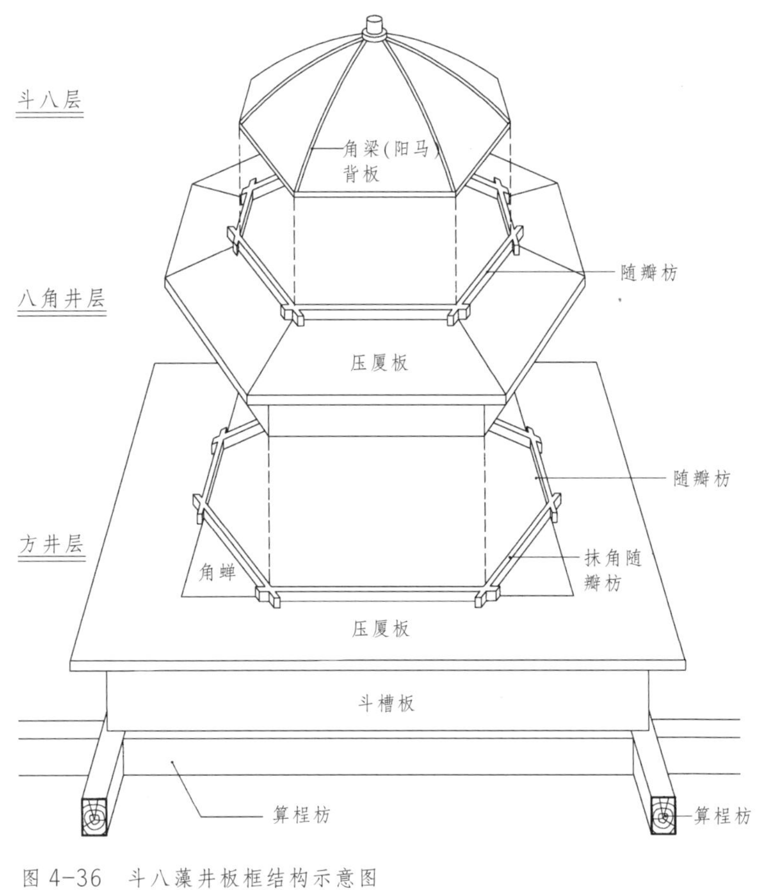

图 4-36　斗八藻井板框结构示意图

图 4-37　浙江宁波保国寺大殿斗八藻井(宋)

图 4-38　浙江宁波保国寺大殿斗八藻井(宋)仰视

图 4-39　苏州虎丘云岩寺塔第三层通向塔心内室过道上的斗八藻井(宋初)

图 4-40　苏州北寺塔第三层通道上的藻井(宋)

图 4-41　山西应县净土寺大殿八角藻井(金)

图 4-42　山西应县净土寺大殿方形藻井(金)

图 4-43　山西应县净土寺大殿六角藻井(金)

图 4-44 山西应县净土寺大殿天宫楼阁(金)

四、室外障隔类

《法式》所列室外障隔物有木制护栏与篱落两大类,共五种:

(一)叉子(图 4-45)

"叉"有挡住之意,叉子即木栅栏。一般用于不需门窗而又要适当阻挡观众的屋宇,例如祠庙大门门屋、佛寺山门等等,也用于道路分隔,如宋汴京宣德楼前御道,即用叉子分隔成三股道:中间为专用御道,两边为市民行道。在叉子的棂子、望柱等构件上还施以雕刻及彩绘,形成华丽的装饰。

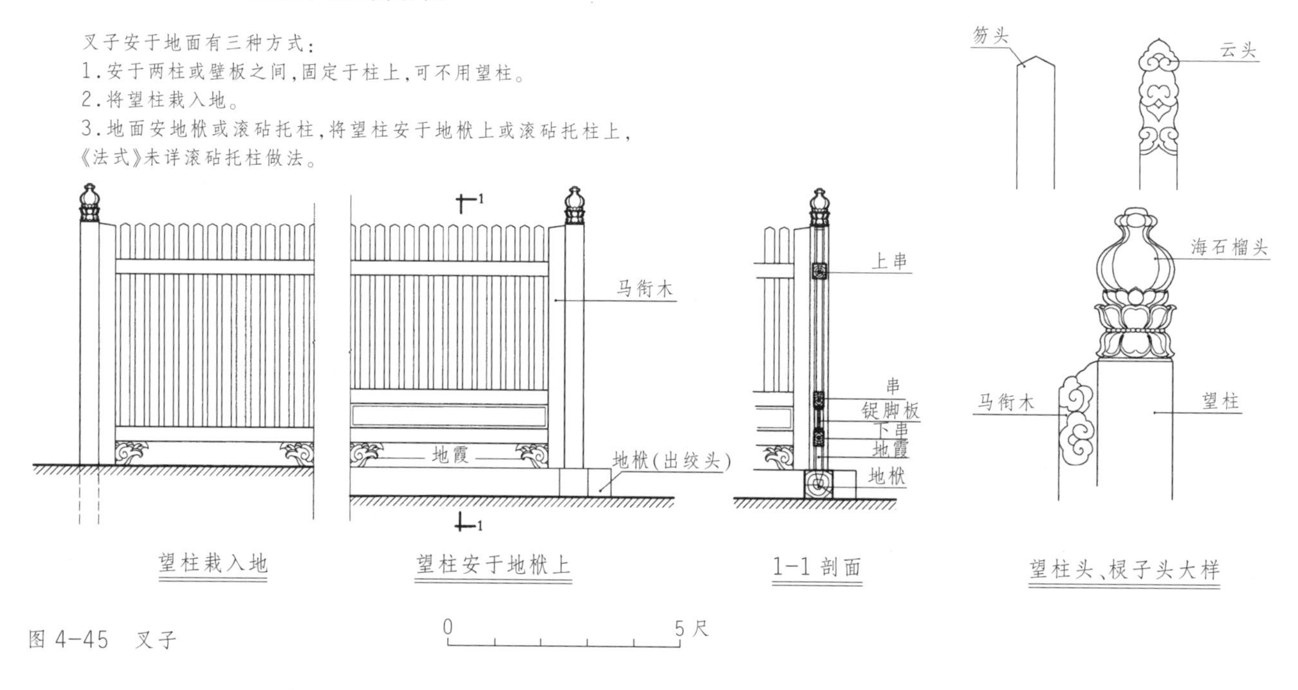

图 4-45 叉子

(二)拒马叉子(图 4-46)

又称梐枑、行马,是一种置于宫殿、衙署门前可移动的障碍物,用以构成警戒线,防止人马闯入,故其棂子相互斜交,形成立体的空间构造。《通雅·宫室》:“行马,宫府门设之,古赐第亦门施行马……宫阙用朱,官寺用黑,宋以来谓之杈。”故“叉子”之名,实源于行马,因其棂子出首交叉相向的缘故。《法式》对行马的做法叙述有缺项,据之难以确定其下部构造,仅推理而作之如图所示。

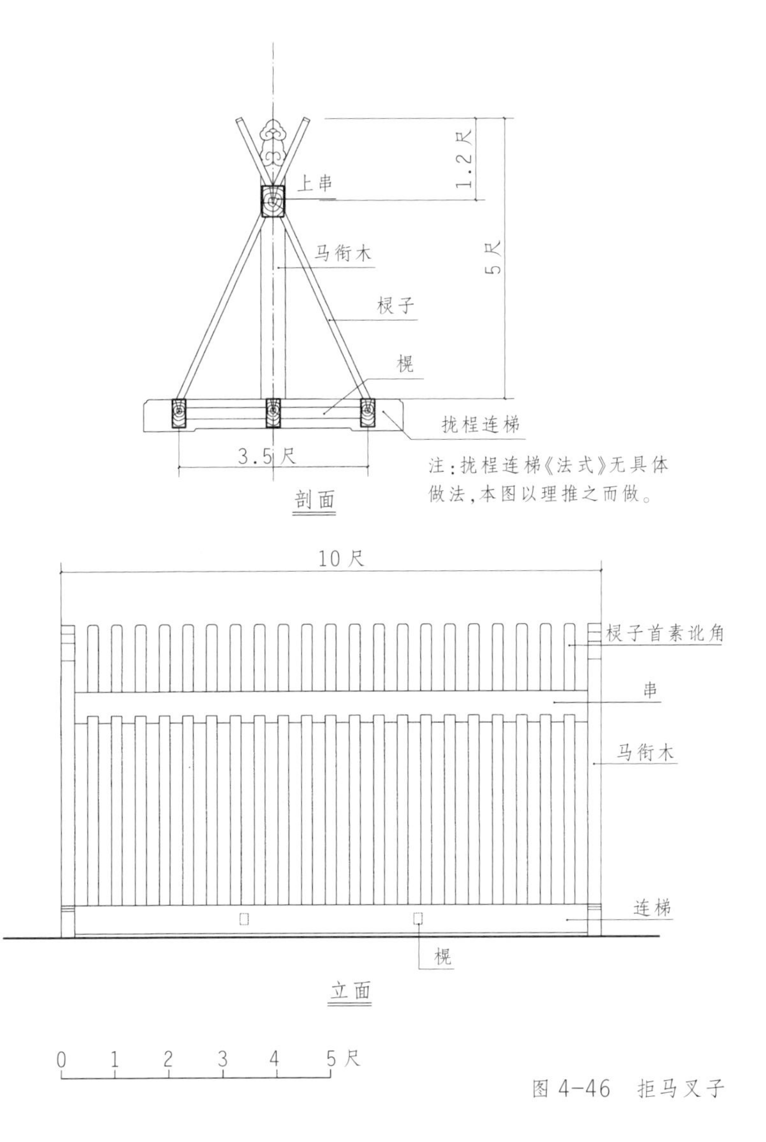

图 4-46　拒马叉子

(三)钩阑(图 4-47、4-48)

即木栏杆。多用于楼阁亭榭的平座及室内胡梯上。从唐代壁画及宋画中还可以看到室外平台上使用木钩阑的例子,但由于木料不耐久,到明代,室外木钩阑基本上已被石栏杆所代替。

《法式》所列钩阑有重台钩阑与单钩阑之分。殿宇高大,木栏杆高度为 4~4.5 尺时,则用重台钩阑;堂宇低小则用 3~3.6 尺高的单钩阑。二者的式样差别在于:前者用上下两重花板;而后者仅用一重花板,或不用花板而用万字造、钩片造、卧棂造等较简洁的做法。殿前钩阑有一种特殊的形式,称为“折

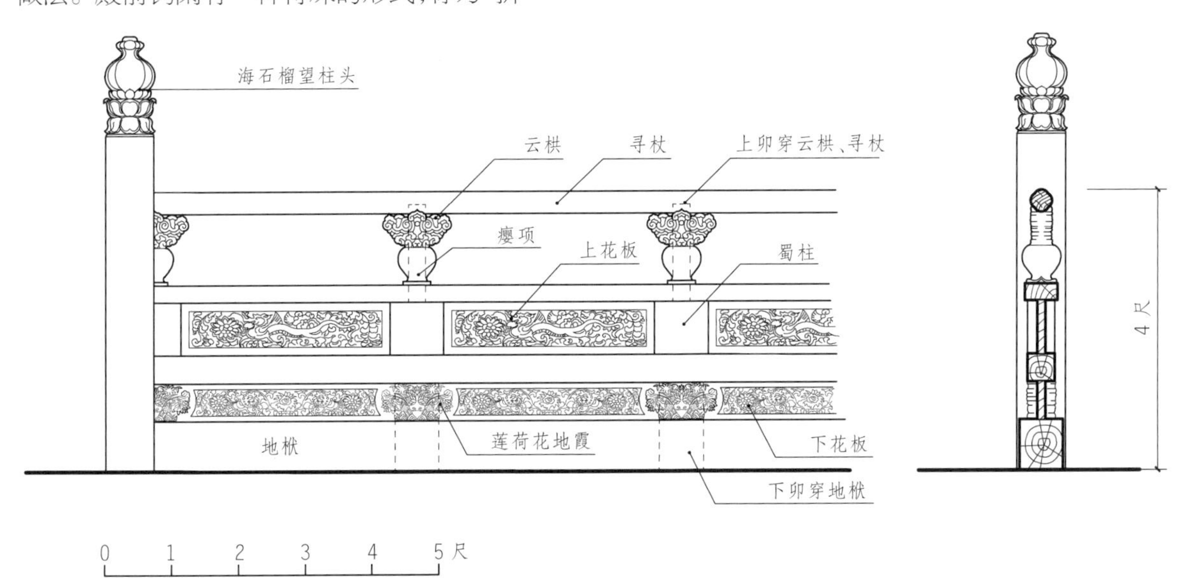

图 4-47　重台钩阑(云栱、地霞、花板均按《法式》卷三十二《云栱等杂样第五》)

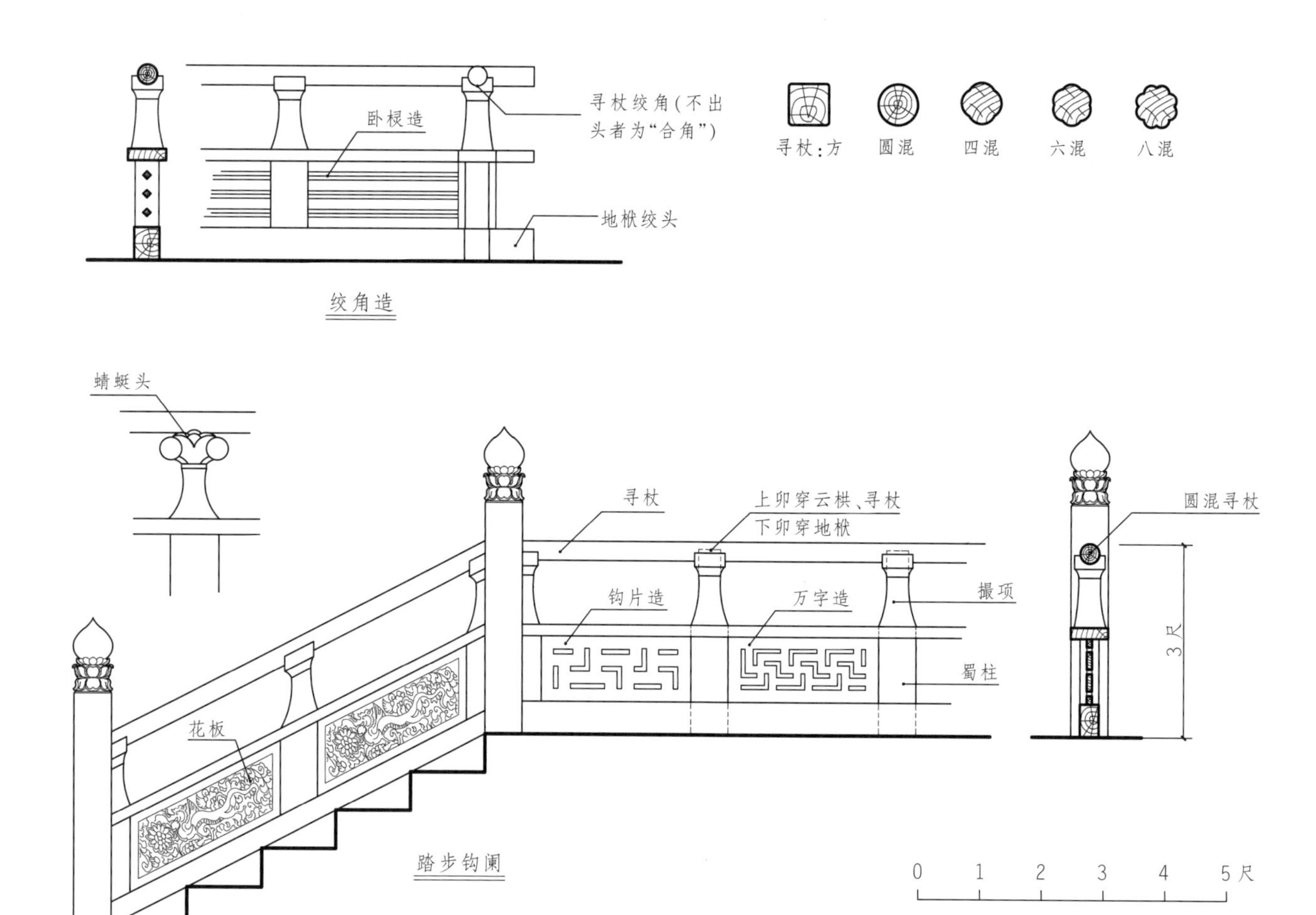

图 4-48　单钩阑的几种做法：
花板造，钩片造，万字造，蜻蜓头，
斗子蜀柱，寻杖方、圆、四混、六混、八混

槛"，即在中心线位置上有意断缺一段寻杖，这是为纪念汉成帝大臣朱云当廷直谏拉折殿槛的故事而传流至宋的式样，用以表示皇帝容纳臣下犯颜直谏的大度（朱云直谏事见《汉书》卷六十七，朱云传）。

木栏杆转角多用木望柱，也有不用望柱者。不用望柱时，两边寻杖至角出头相交，以加强二者之间的结合，称为"寻杖绞角"。如果是较简单的蜀柱斗子钩阑，两寻杖相交可不出头，称为"寻杖合角"。以上数种钩阑，都能在宋画中看到。

（四）露篱（图 4-49）

"露"有露天之意，露篱是一种以木框架填以编竹的藩篱。木框架由植于地内的立旌（立柱）和横钤（横枋）组成，顶上覆以木板做成的两厦屋面保护篱身，身内所用"隔截编道"做法可见于《法式》卷十二《竹作制度》。

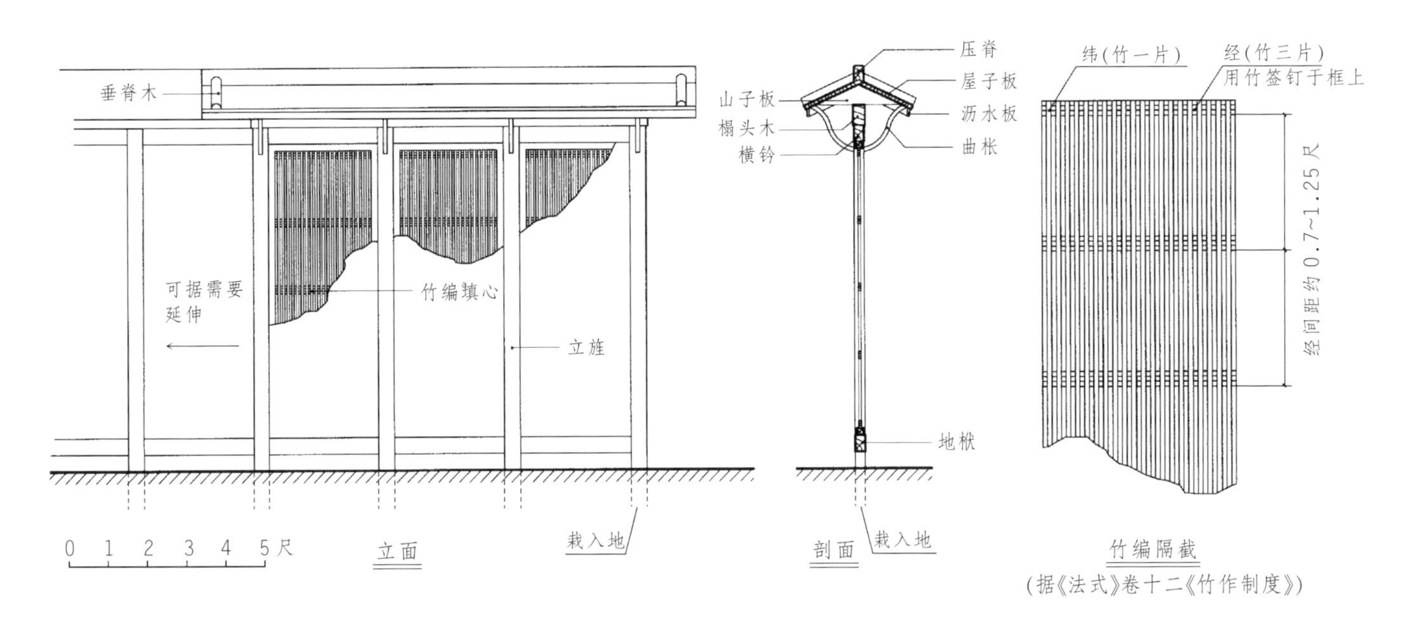

图 4-49　露篱

(五)棵笼子(图 4-50)

推测是一种围于树干周围形如笼子的护栏,平面有方形、六角形、八角形三种。笼的角柱高约 5 尺,笼身上小下大,与树干形体相呼应。

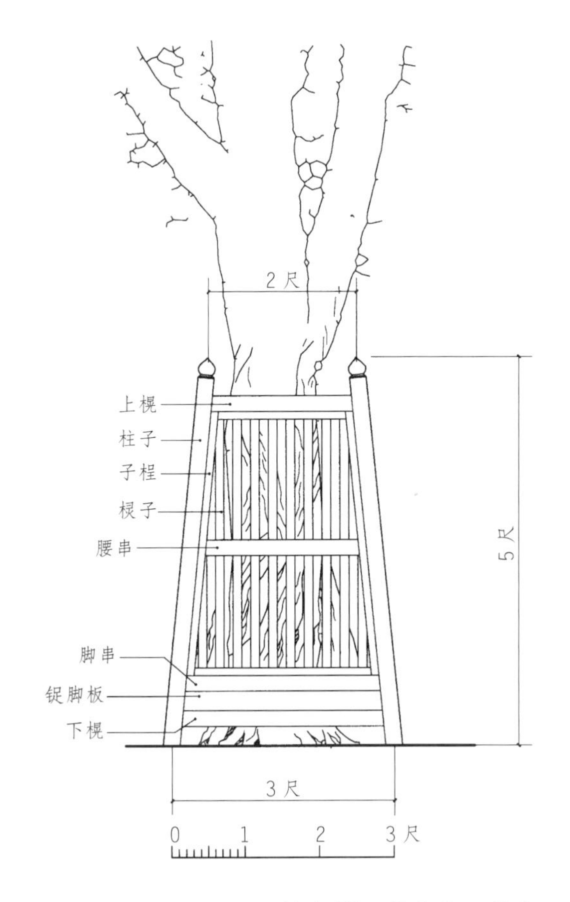

图 4-50　棵笼子(四柱式)

五、杂件类

(一)胡梯(图 4-51)

即楼梯。为何冠以"胡"? 是否因此式来自西域,和中国本土原有楼梯有所不同? 抑或是"扶梯"的转音? 尚难遽下结论。胡梯有两颊 (楼梯梁)、促板 (侧立者)、踏板(平放者)、望柱、钩阑、寻杖等构件。《法式》所定梯身坡度约 45°,失之陡峻,但辽金楼阁实例都与此相似,可能是当时通例。踏板与促板等宽,每高 1 丈,分作 12 级,每级高宽约为 100 寸 /12=8.33 寸,高宽相加约 50 厘米,大于当今常用尺寸 (45 厘米),所以登临时较为费力。胡梯的结构特点是由两根斜梁(颊)支承所有其他构件。踏板与促板嵌于两颊内侧所刻槽中,并以"榥"作锚杆拉结两颊。两侧钩阑也安于颊上,常用最简单的卧棂造。楼层高时,可以作两盘至三盘的胡梯(今称"两跑""三跑")。

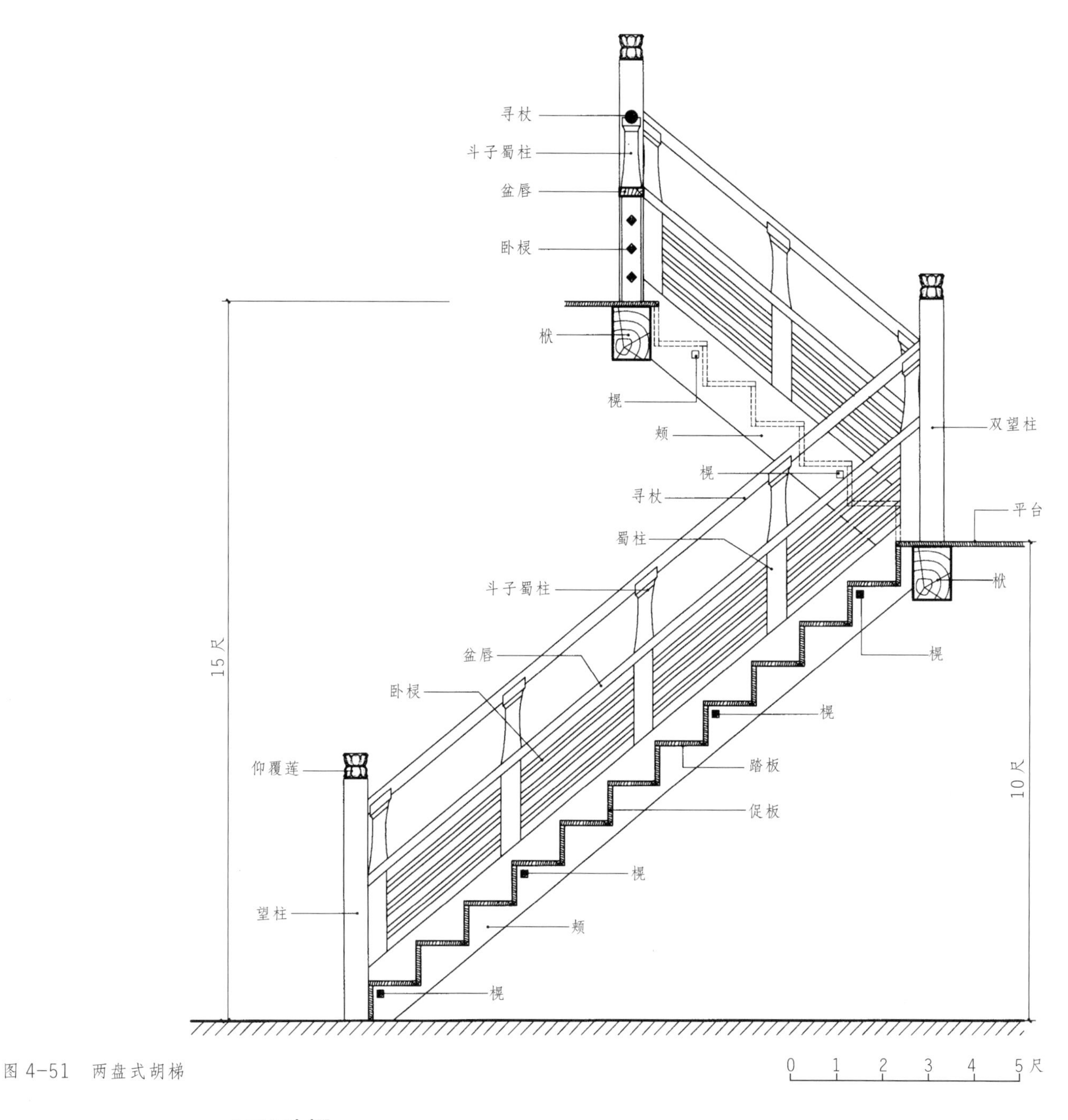

图 4-51 两盘式胡梯

(二)地棚

棚是在支柱上阁置木板或竹笆,可以承物。地棚即木地板。《法式》所述木地板仅用于粮仓、库房。地板离地面 1.2~1.5 尺,用短柱支承枋子,再在枋子上铺木板。地板侧面空档则用"遮羞板"覆盖遮挡。

(三)板引檐

板引檐是从屋檐向外接出的一段木板,其作用是遮阳并把檐头的雨水引向阶外远处,以免侵及平座及阶基。其做法是用跳椽自檐口下向外支出。在《法式》竹作制度中有障日篛一项,其位置也由檐头向外接出,《清明上河图》所示民间房屋普遍使用这种竹席制作的障日篛,但未见用板引檐者。

（四）擗帘杆

支于殿堂外檐斗栱或檐椽下，作为悬挂、支撑竹帘的依托。唐宋殿阁多悬竹帘于门窗外作为遮蔽视线与挡风雨之用，后来这种擗帘杆逐步演变为明清时的擎檐柱。

（五）水槽

即木制的屋面排水天沟，接于檐下，槽身沿屋檐延伸，中间高、两侧低，两头出水；或一头出水者，另一头用板封死。《清明上河图》中可见此物形象。

（六）牌（图4-52，参见图4-12、4-14）

用以题写建筑物名称，安于檐下，即匾。

（七）护殿阁檐竹网木贴

殿阁外檐斗栱繁复，其间空隙成为鸟雀构巢作窝的渊薮，鸟雀粪便污染殿庭环境，喧闹声也有损庙堂神圣，故需用网将斗栱罩起来，不使鸟雀进入。在宋代，多用竹丝编成，再用框木支于檐下，即本项所列护殿阁竹网木贴。其实小木作加工极其简单，即用木条将竹网压于檐椽头（网上端）及额枋上（网下端），中间分成若干间即成。

（八）裹栿板

为了使殿阁内的明栿更显华丽，在梁的两侧与下面包贴雕花板作装饰，这就是裹栿板，是"雕梁画栋"的遗风。但现存宋代建筑中未见此种遗例。

（九）垂鱼、惹草（图4-53）

垂鱼、惹草是房屋山面搏风板上的装饰件，用于厦两头造、九脊殿及两厦造的出际。虽然搏风板与木构架并无内在结构关系，但从施工程序看应与大木作相联（搏风板与后续工序瓦作有关）。

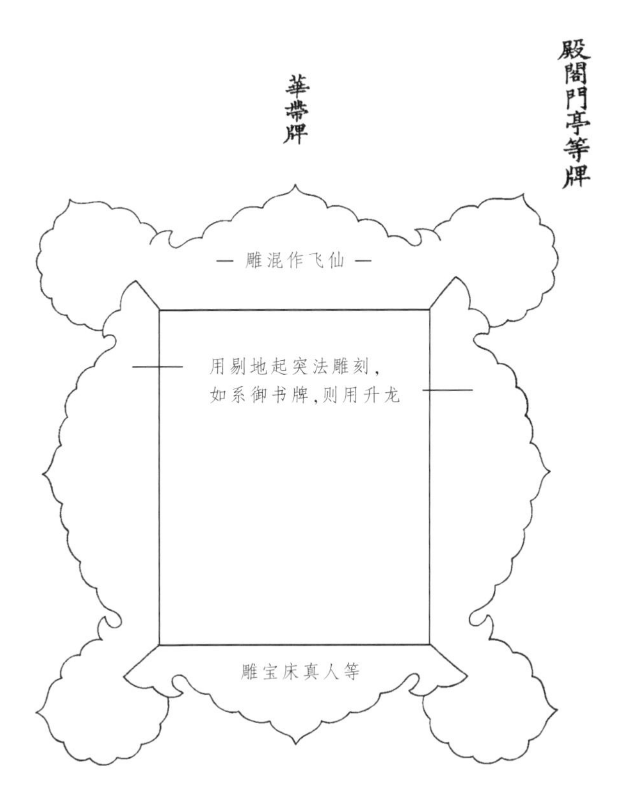

图4-52 牌（见《法式》卷三十二小木作图样及卷十二）

图4-53 垂鱼、惹草
（图见《法式》卷三十二小木作图样，雕刻采用实雕法，见《法式》卷十二）

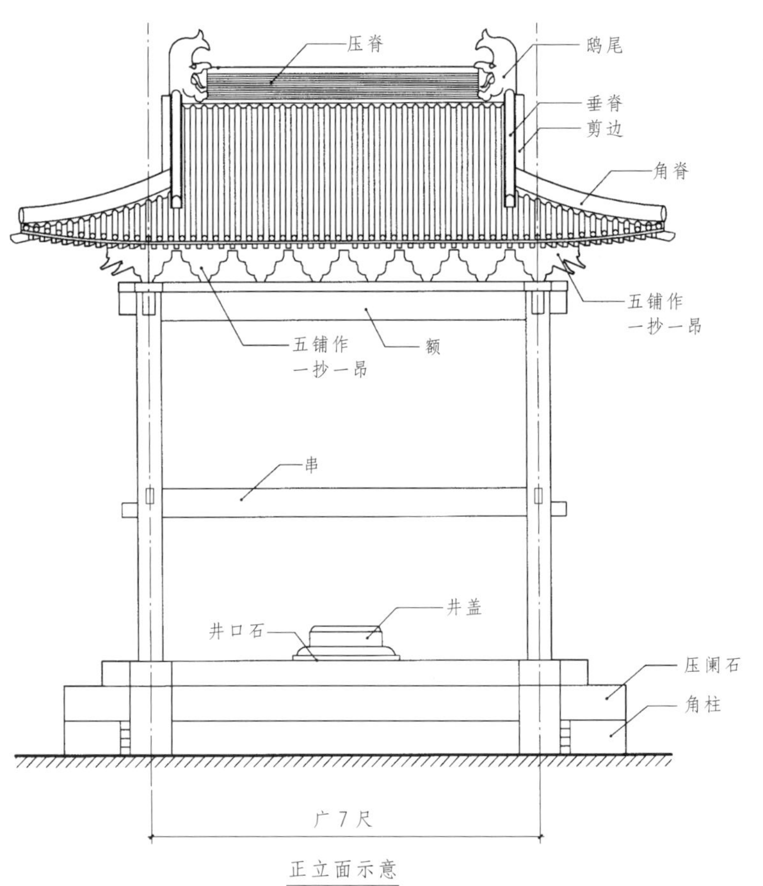

六、井亭类(图4-54)

在宋代,井亭属于小木作,其全部构件都用木料制作,不用瓦件。《法式》所列井亭有两种:一为井亭子;二为井屋子。井亭子规格较高,有斗栱,屋顶作为九脊殿式,屋面施以木制瓦陇、屋脊及鸱尾;井屋子规格较低,不用斗栱,屋

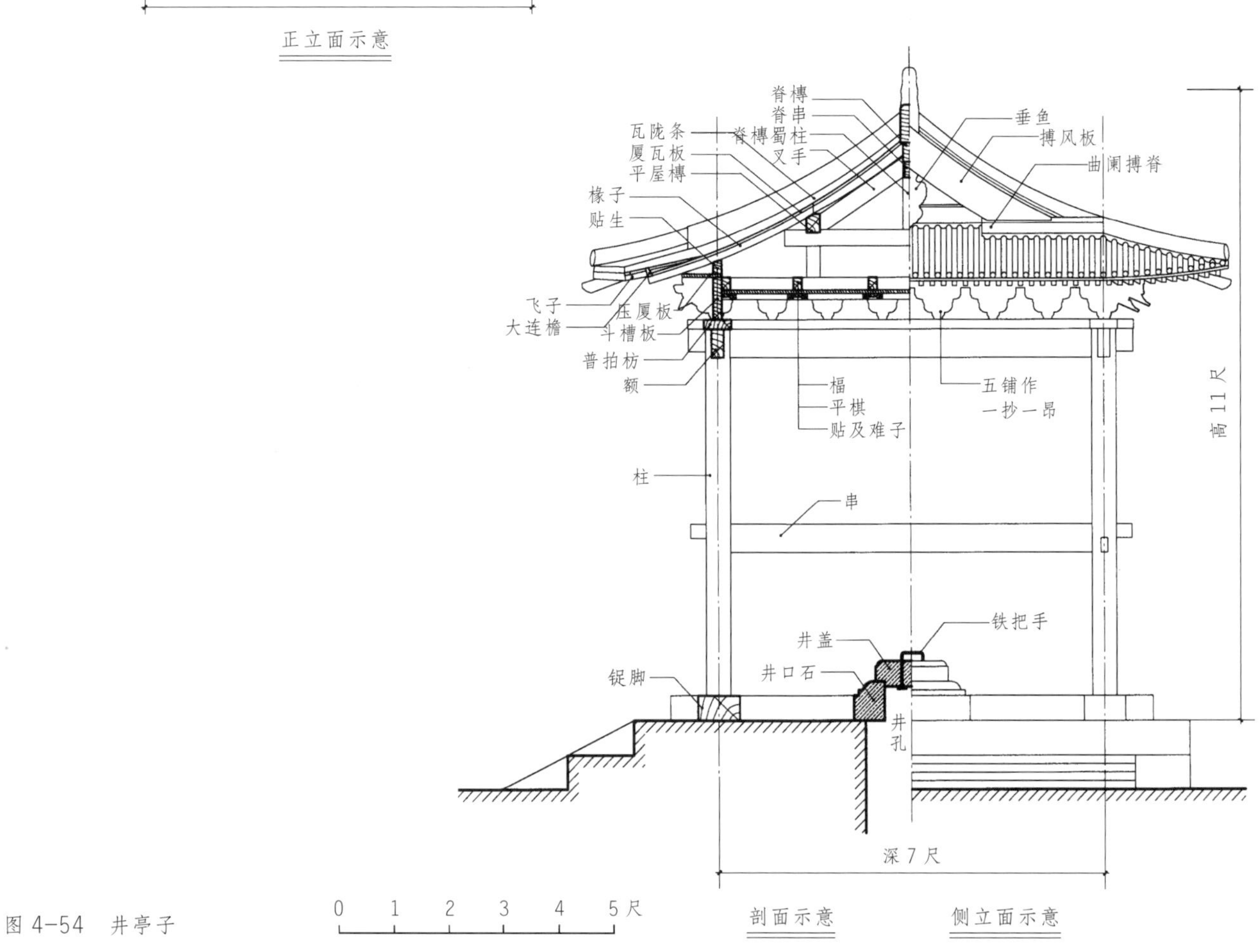

图4-54 井亭子

顶两厦造，不用瓦陇，仅有屋面板。两者平面作方形，规模都较小，井亭子7尺见方，井屋子5尺见方，这和明清时期大木作井亭的规模相差甚远。两者屋顶均无透空的采光孔，故不能借助天光照见井水之深浅，且木制屋面长期暴露室外，不耐久，可见宋时井亭尚未达到明清时的成熟程度。

七、神龛、经橱类

这是佛寺、道观中供奉神像、庋藏经书用的龛与橱。

《法式》所列神龛有四种，即：佛道帐、牙脚帐、九脊小帐与壁帐。这里称“帐”是袭用唐代室内分隔主要用帷帐时的旧称，实际上已名不副实。四帐之中以佛道帐规格最高，尺度最大，雕饰最华丽，牙脚帐与九脊小帐次之。壁帐是倚墙而立的神龛。

《法式》所列经橱有两种：一种是转轮经藏；另一种是壁藏。所谓“藏”就是指佛道经书，也指收藏经书之处。转轮经藏是一种八角形的经橱，中间有轴可以转动，佛教徒认为，凡推之旋转一周，和看读诵念一遍经书有同样的功德。这对一般下层信徒颇具吸引力，因为用这种方法取得功德，一不需识字念经，二不耗费时间，得来十分容易。这是南朝梁代佛徒傅翕所创的办法[8]，唐宋颇为流行[9]。现存河北正定隆兴寺转轮藏以及四川江油窦圌山云岩寺飞天藏是宋代的遗物，其中飞天藏所供为神像而非经籍，但做法与转轮经藏相同。明清时期在各地所存的转轮藏就更多了。

壁藏就是倚墙而立的经橱。山西大同下华严寺薄伽教藏殿内的壁藏，是完整的辽代遗物。

（一）佛道帐（图4-55~4-60）

佛道帐居佛道神龛中的最高档次，规模宏大，式样复杂，十分费工。据《法式》卷九及卷二十二所例举的一座佛道帐，高29尺，宽59.1尺，深12.5尺（均据帐身，下同），帐身作五间殿，所需工日为4957.9个。这座外观华丽的神龛自下而上由五个层次叠加而成：

（1）帐座　仿殿阁阶基形式，首先用最高级的芙蓉瓣（即莲瓣）叠涩座（即须弥座）作基座，上施重台钩阑，形成完整的殿阶基，阶前安弧形踏道“圜桥子”；再在阶基上起一层平座，其永定柱、普拍枋、五铺作卷头斗栱都一一按大木作式样缩小比例做出。

帐座结构则由众多柱子（“立榥”）和横枋（“卧榥”）构成。因须承受佛像的重量，故“立榥”较为密集，面阔方向为每1.2尺安一根，进深方向约每3尺安一根，从而构成全座的柱网。再以透栓、榻头木、柱脚枋、卧榥（有猴面榥、连梯榥、梯盘榥、曳后榥、马头榥等众多名称，实际上都是长短不同的枋料）等横向构件和剪刀撑式的“罗文榥”，把柱网联结成牢固的构架，上面铺板，形成帐座的承载面。

（2）帐身　是龛的主体，内安神像或神主。其形式也仿大木作殿堂式样，有内外槽柱。前面内槽柱两侧各安格子门一扇，殿内施平棋与斗八藻井。两侧及后壁都用木板封住，不开门窗。外槽柱上作虚柱及欢门、帐带（内槽柱缝上仅作欢门、帐带，而无虚柱，虚柱位置为立颊代替），当是前代帐幔与帐带形象的小木作表现手法。帐柱上不用阑额，而用隔斗板。铺作则依托斗槽板为基壁，贴附于板上，并以压厦板作压顶，以求简化结构而保存对大木作的仿效。内槽柱的下部则用“锃脚”固定柱脚，其作用与地栿相似，但锃脚比地栿高，装饰性较强。

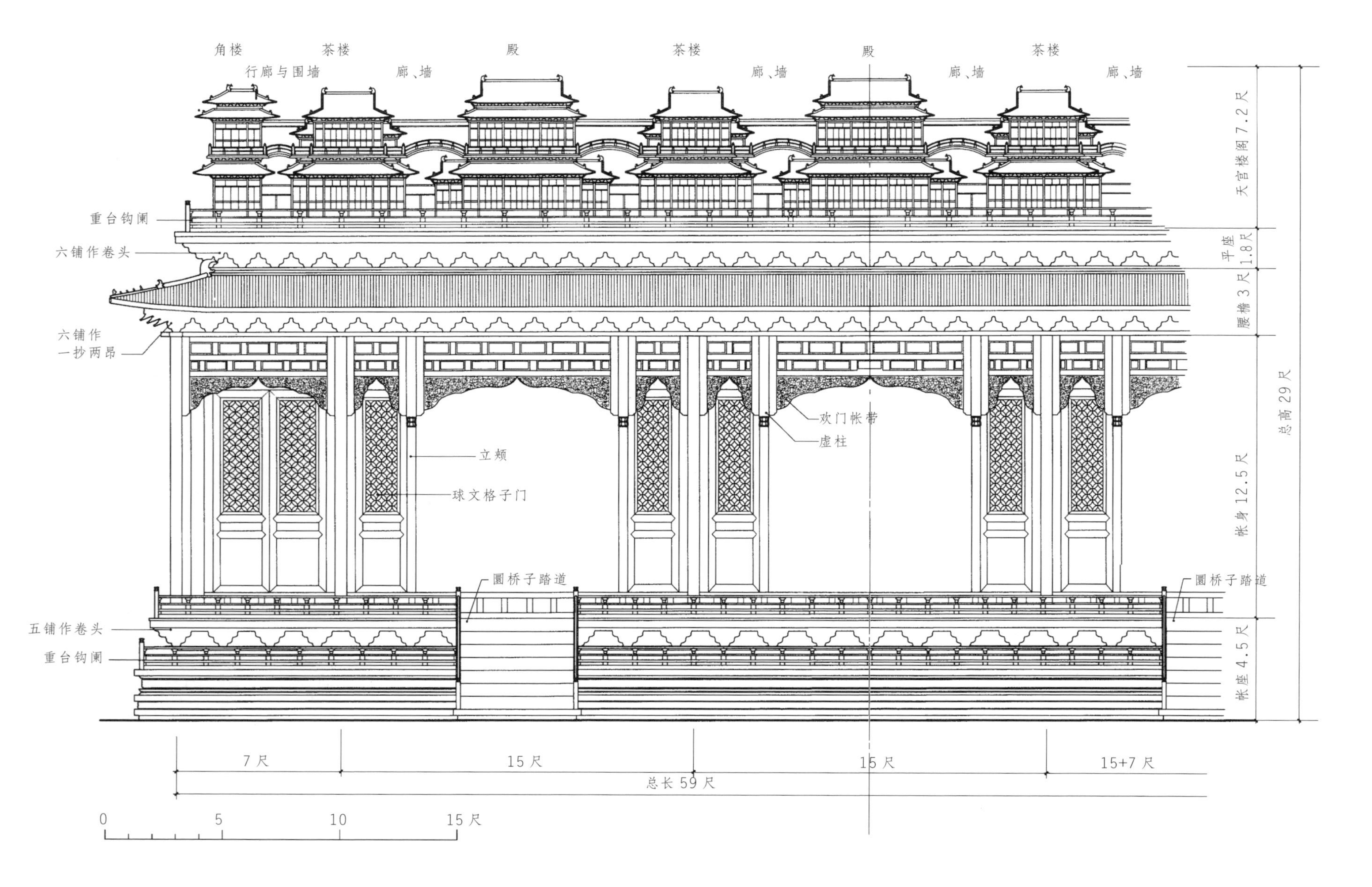

图 4-55　佛道帐（上安天宫楼阁）1/2 立面示意图

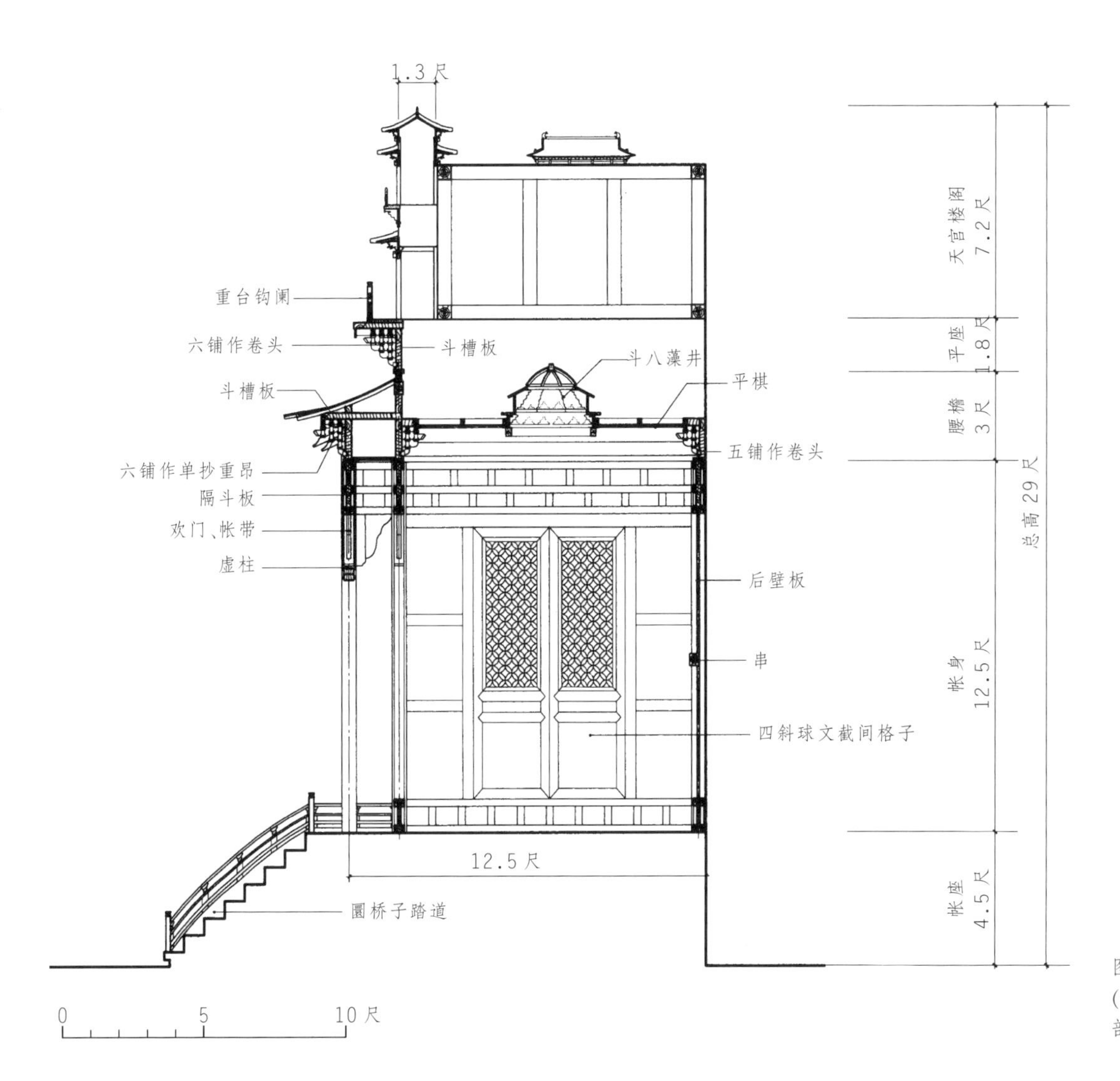

图4-56 佛道帐(上安天宫楼阁)剖面示意图

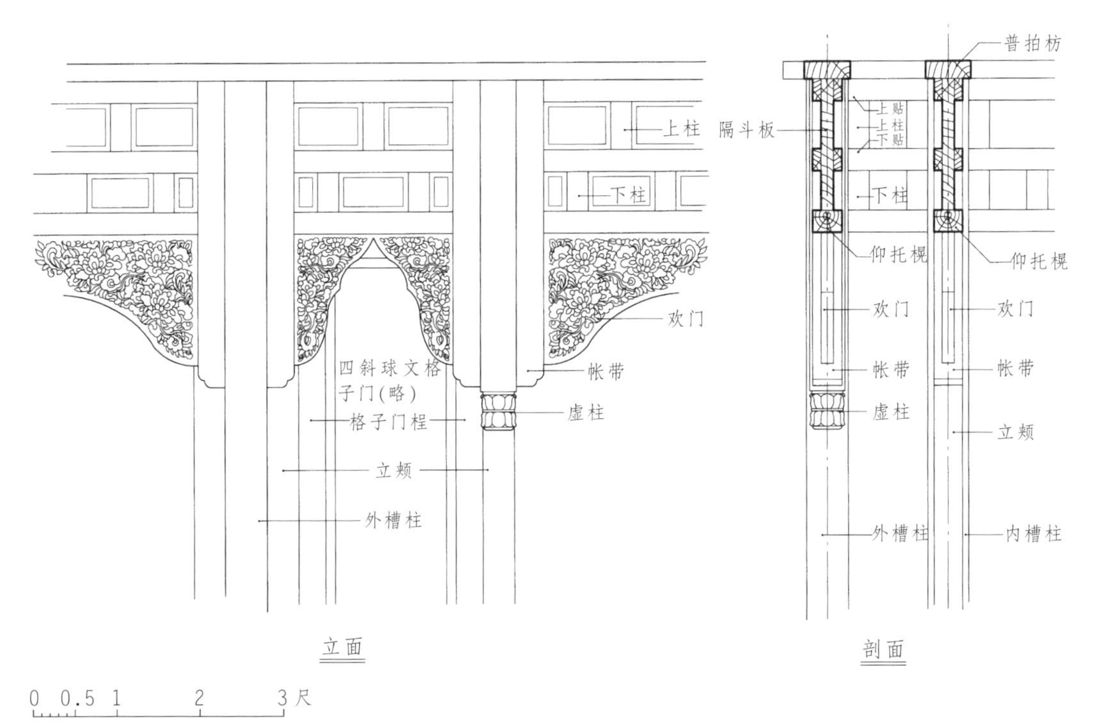

图4-57 佛道帐隔斗板、欢门、帐带大样示意图

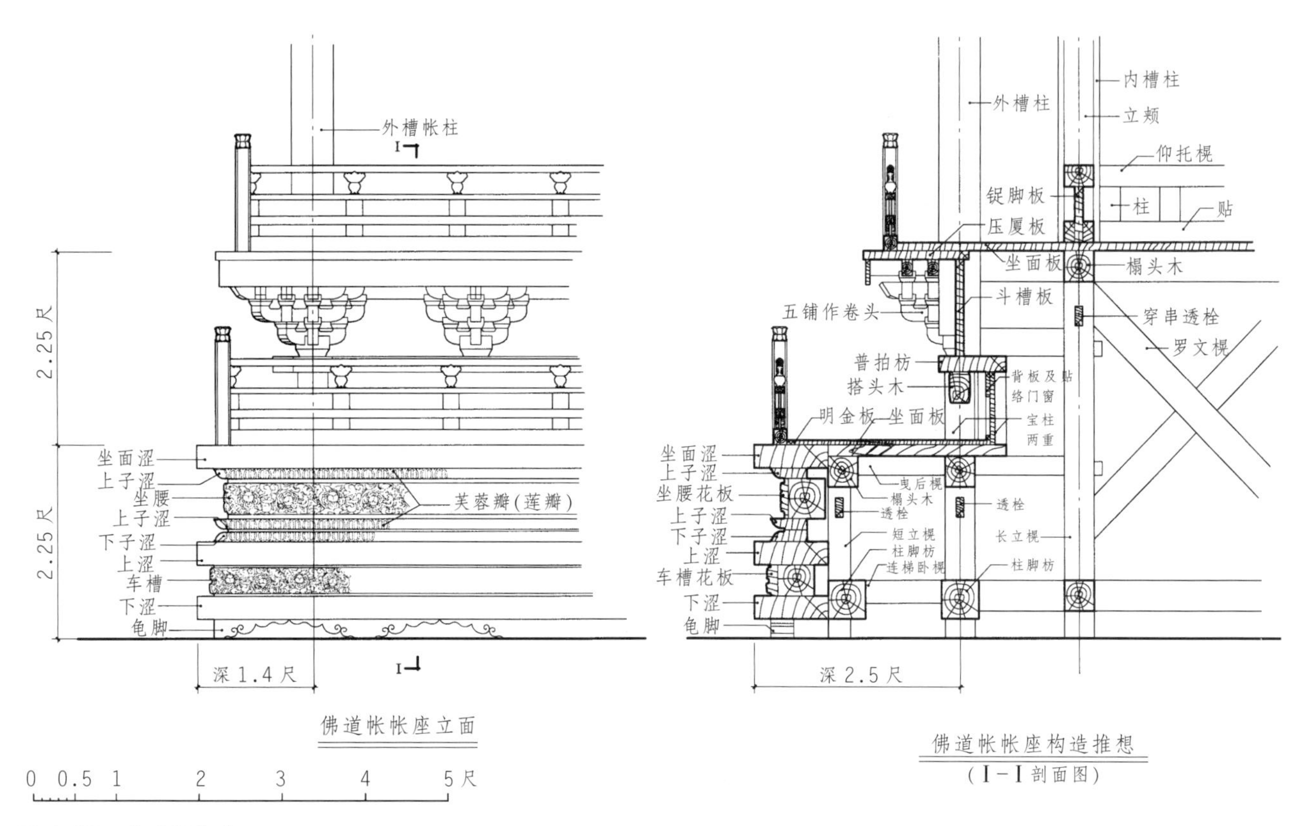

图 4-58 佛道帐帐座

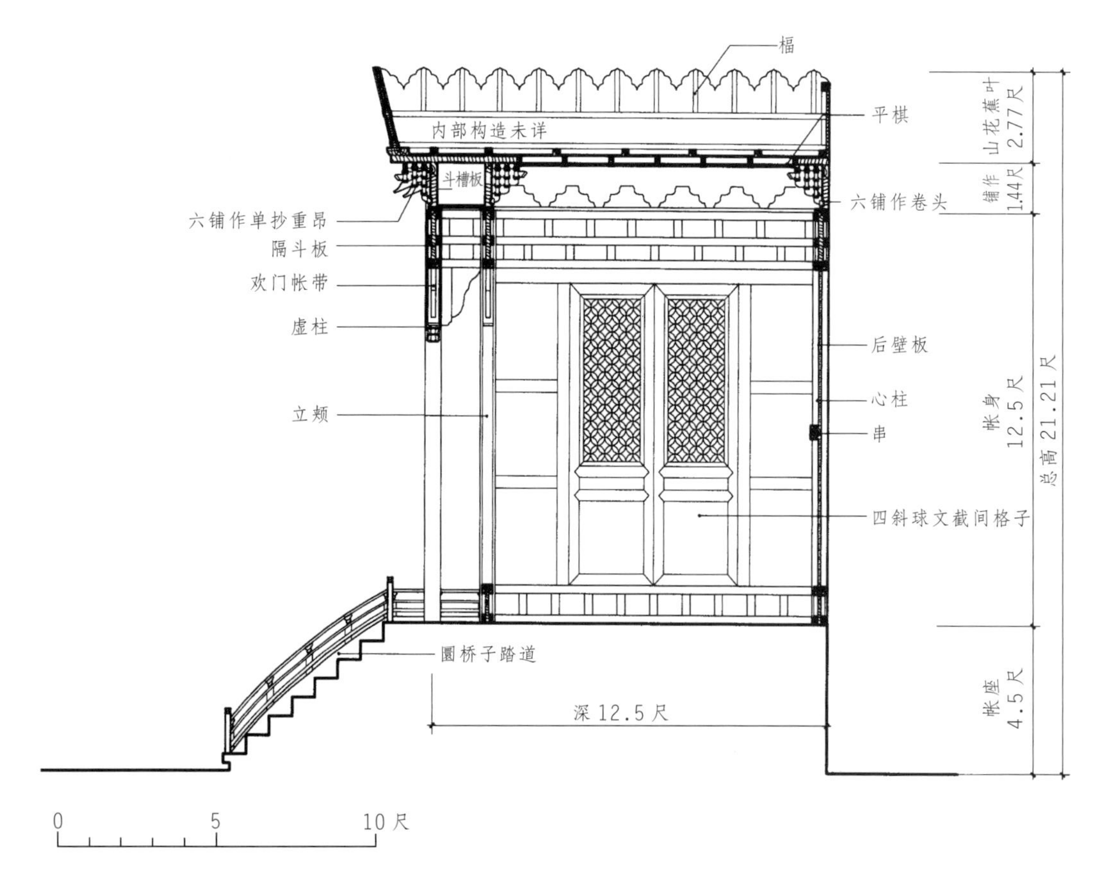

图 4-59 佛道帐(上安山花蕉叶)剖面示意图

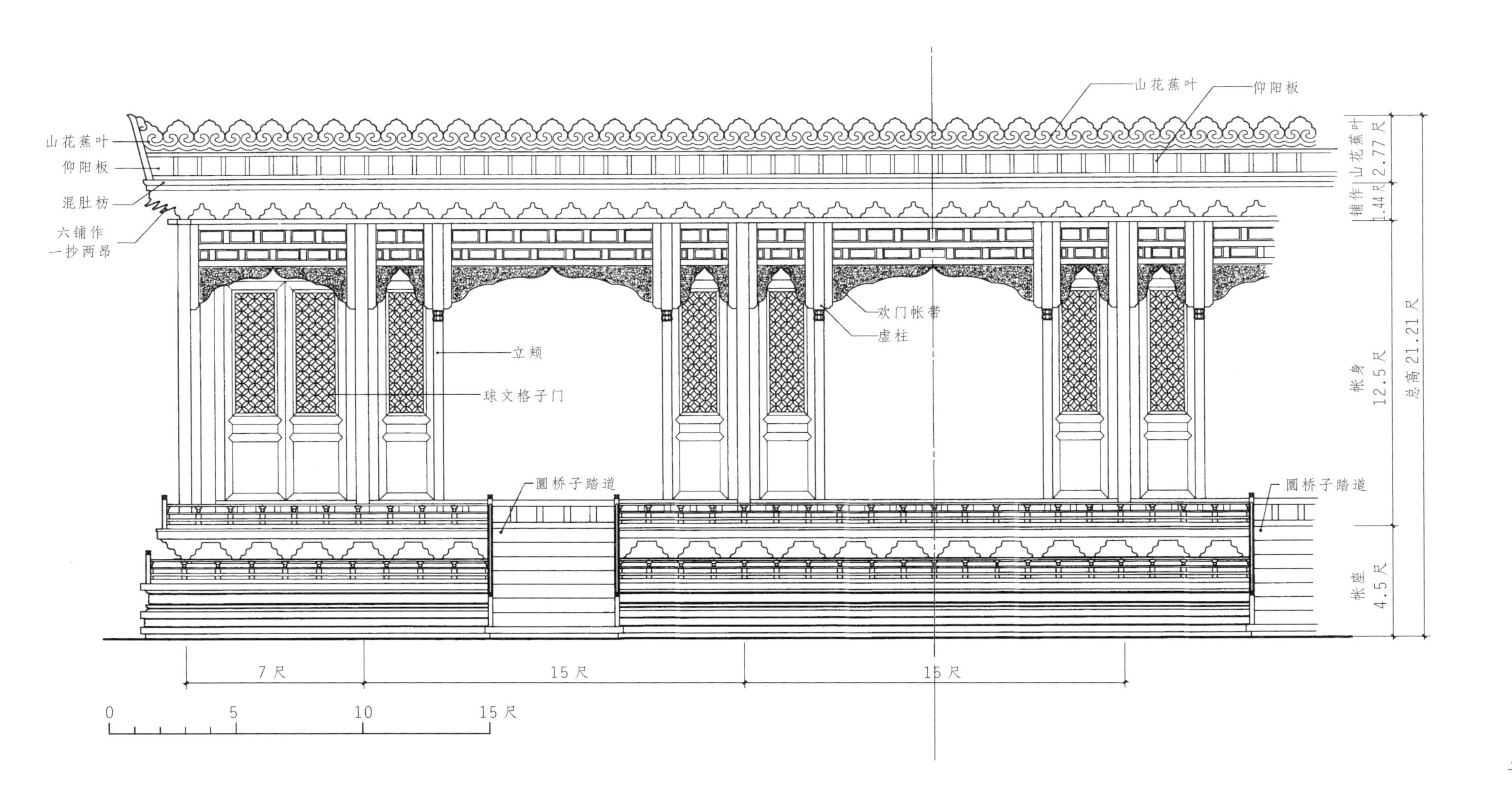

图 4-60　佛道帐(上安山花蕉叶)1/2立面示意图

(3)腰檐　仿大木作腰檐式样,有普拍枋、六铺作一抄两昂重栱造斗栱、大角梁与子角梁、椽与飞子、搏脊与角脊、瓦陇等等,一应俱全。

(4)上层平座　腰檐上再出柱头,上施普拍枋、六铺作卷头重栱造斗栱、雁翅板、单钩阑,形成天宫楼阁的平座。

(5)天宫楼阁　用以象征佛、道的天国境界,所以殿宇楼阁重叠,十分繁复,而所用比例就更小,犹如一组建筑模型放在帐身顶部,其中有九脊殿、茶楼带挟屋(清式称耳房)、角楼、殿挟屋、龟头屋(清式称抱厦)行廊(清式称游廊),九脊殿殿身则施重檐。几乎宋代官式建筑的式样都在这里作了展示。帐顶如不用天宫楼阁,则用山花蕉叶。这是较简单的处理方式。

上述五个层次的外观式样都依大木作缩小而成,但其内在结构则不完全按大木作做法,还另有许多特有的构件名称,至今这些名称还不能全部确切地加以解说清楚。不过佛道神龛和经橱注重的是外观效果和它所营造出来的宗教氛围,对内在结构的规范则远不如大木作那样地严格。特别像天宫楼阁,只求远看及仰看效果,《法式》对其内部做法也未予叙述,功限中竟略而不记。

(二)牙脚帐(图 4-61~4-63)

牙脚帐居神龛中的第二档次。据《法式》卷十及卷二十二所例举的牙脚帐,高 15 尺,宽 30 尺,深 8 尺,三开间,所耗工日为 869.3 个。其形制自下而上分为三个层次:

(1)帐座　用较低而简单的牙脚座。下用龟脚,中间用壸门为饰,不用叠涩莲瓣,座上安重台钩阑。帐座结构为面阔方向每 1 尺用立棍一根,进深方向每 2.5 尺用立棍一根,由此组成柱网,再以各种卧棍联结成全座构架,上铺面板。

(2)帐身　做法与佛道帐相似,有内外槽柱。但前面内槽柱两侧不用格子门而用泥道板,殿内施平棋而不用斗八藻井。

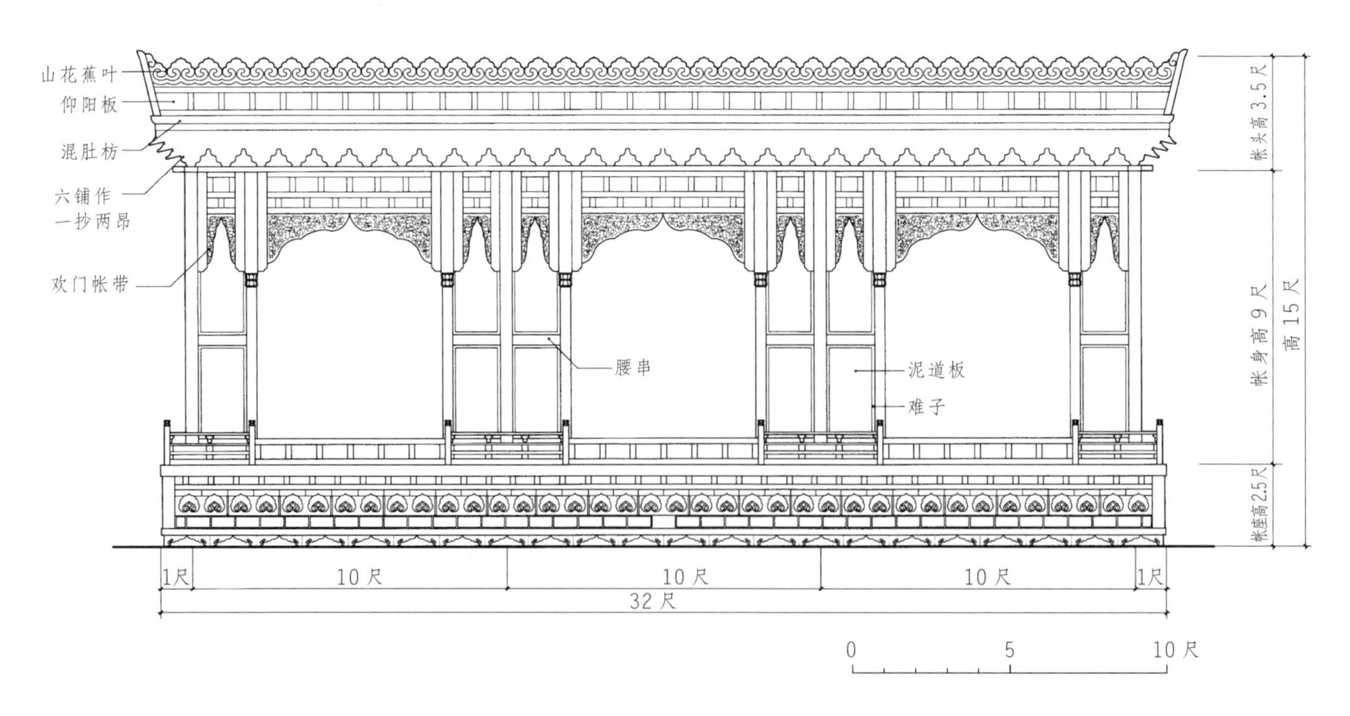

图 4-61　牙脚帐立面示意图

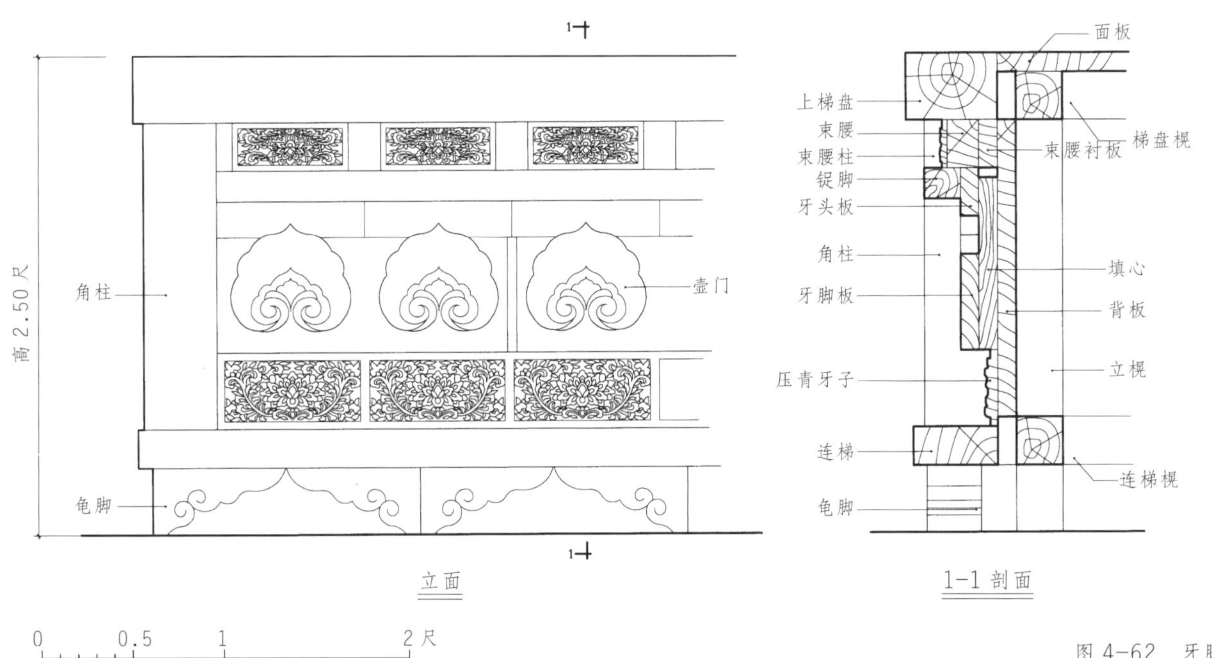

图 4-62　牙脚帐、九脊小帐帐座推想图

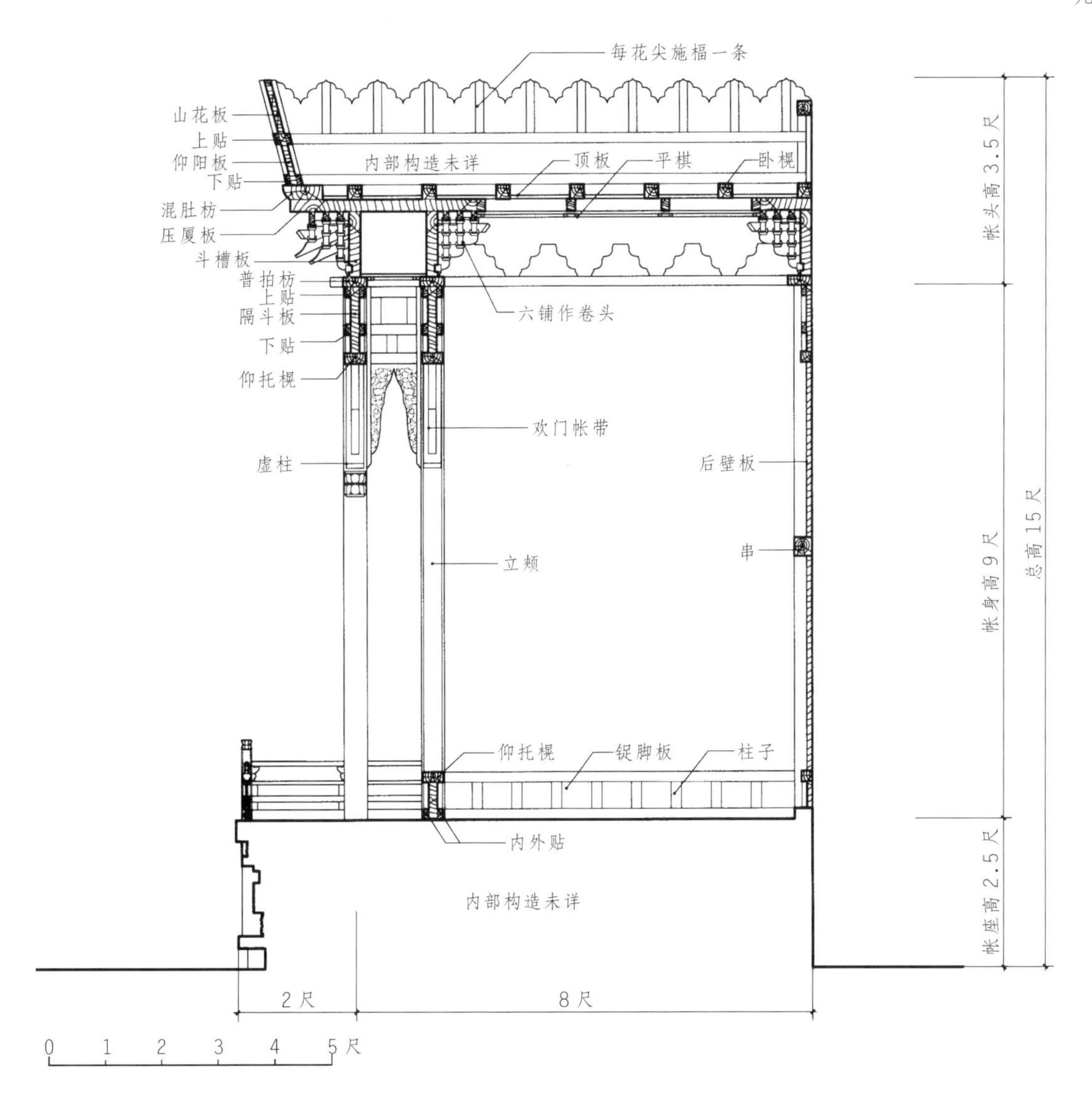

图 4-63　牙脚帐剖面示意图

(3)帐头　不用腰檐及天宫楼阁，仅用仰阳山花板及山花蕉叶，用六铺作单抄重昂重栱斗栱承托，式样大为简化。

(三)九脊小帐(图4-64)

九脊小帐规格较牙脚帐又低一等。据《法式》卷十及卷二十二所举例子，高12尺，宽8尺，深4尺，一开间，所耗工日为243.1个。其形制自下而上为三层：

(1)帐座　式样与上述牙脚座相同。

(2)帐身　形式与牙脚帐相同，但高度较小，面阔仅一间。

(3)帐头　用九脊殿式屋顶，五铺作一抄一昂斗栱，屋盖形式仿大木作九脊殿做法。

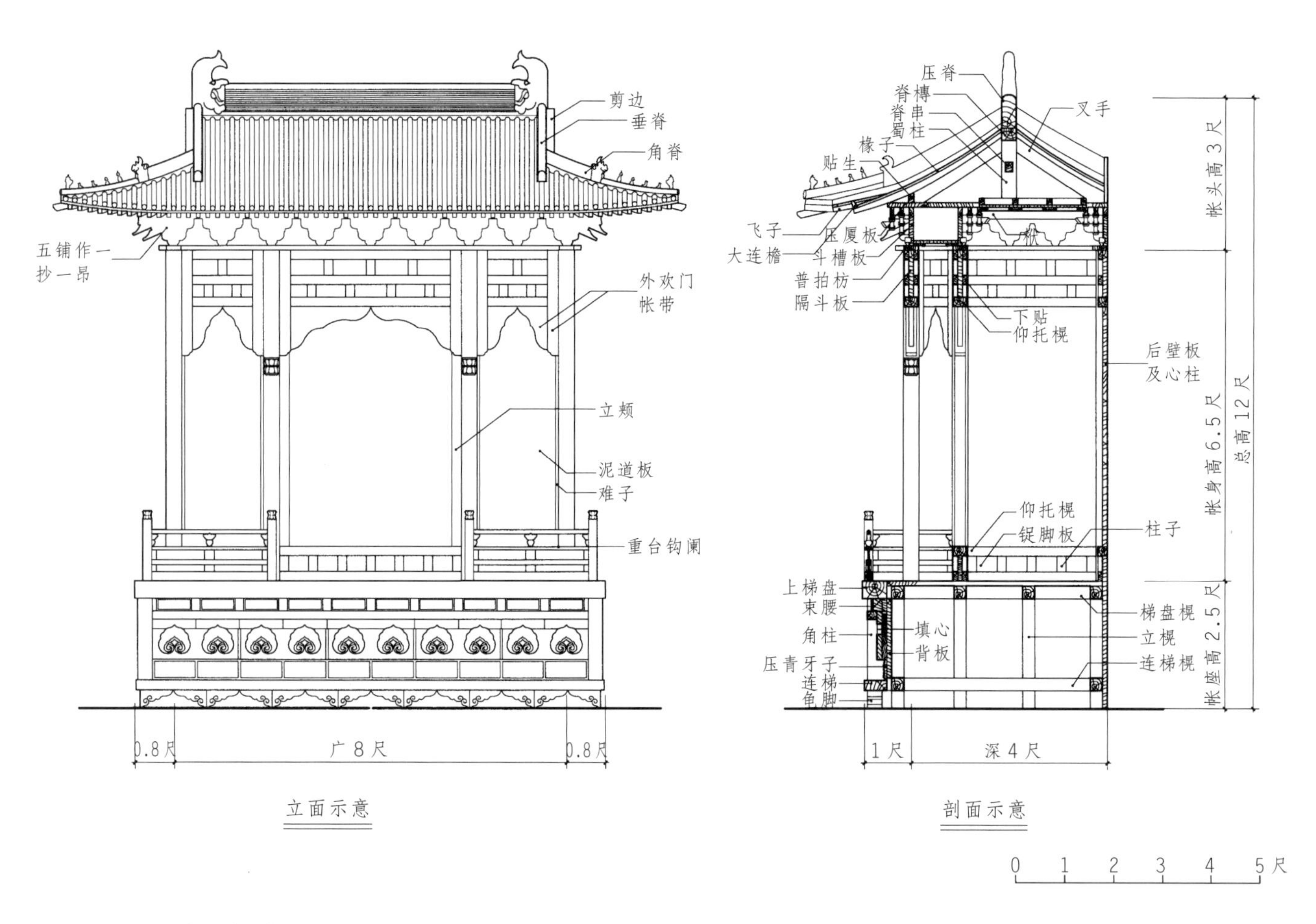

图4-64　九脊牙脚小帐

(四)壁帐(图4-65)

《法式》卷十《壁帐制度》中无帐座一项，这并不等于不用帐座，因为不用小木作帐座，也可用砖、石帐座(《法式》各作写作习惯，一般都只述及本工种的做法而不及其他工种)。但帐身特高，可达13~16尺。帐头仍用仰阳山花板及五铺作斗栱。按补间铺作13朵推算，每间广11尺左右，而所耗工日甚少，其中每间安卓功(即最后装配所需之工)仅及九脊小帐的13%。可见其式样较为简单。

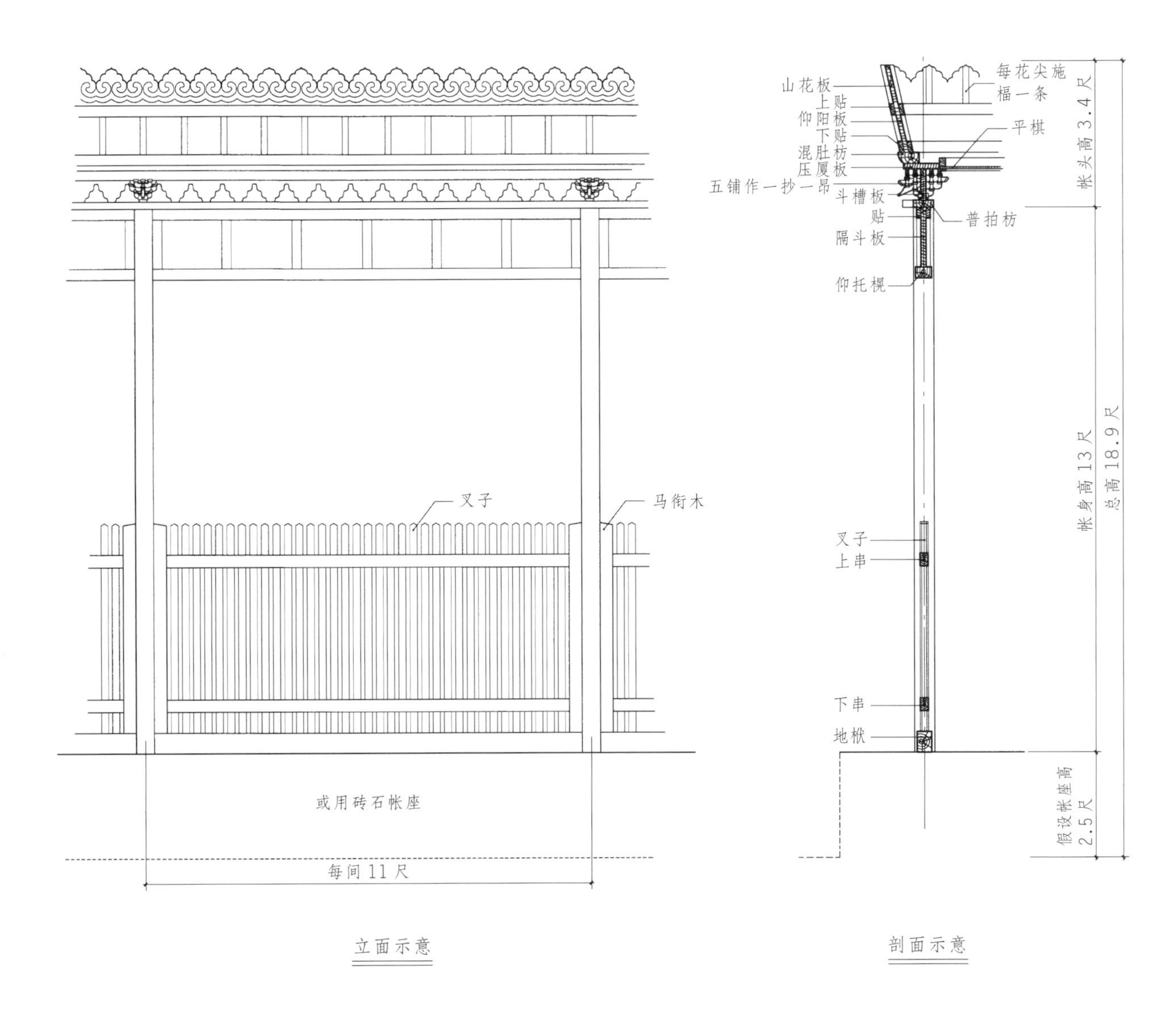

图 4-65　壁帐

(五)转轮经藏(图 4-66~4-79)

转轮经藏的复杂程度比佛道帐有过之而无不及。《法式》卷十一及卷二十三所例举的一座转轮藏平面为八角形,高 20 尺,径 16 尺,共需耗工日 2440.2 个。其结构为里外三层:外为外槽,中为里槽,内为转轮。

(1)外槽　自下而上由帐身、腰檐、平座、天宫楼阁组成经藏外观,形式与佛道帐相似,但不用帐座,柱子直落地面,八面做法相同。

(2)里槽　自下而上为帐座、帐身、帐头。帐座形式与佛道帐相同。帐身八面均开门,以供经匣出入。里槽柱与外槽柱共同组成轮藏的周廊,并成为转轮立轴的支架。

(3)转轮　由转轴与经格组成。经格共上下 7 格,每格由 8 辋 16 幅构成骨架,再安上格板及壁板,7 格共盛经匣 14 枚,全藏八面共可存经匣 112 枚。

作图显示,《法式》所录转轮经藏与现存宋代所遗两座实物不同,即并非整座轮藏可以转动,而只有内层的转轮可以转动,其余两层则固定于地面。这种做法的优点是:中心立轴通过"十字套轴板"而支在外槽、里槽上,可使整个轮藏不必依靠建筑物的木构架而独立,而且自重较轻，辐上荷载小，立轴受力也小，转动轻便；最大的缺点则是使用不便，操作推动转轮的部位也极为有限，无法供大批信徒使用。

转轮经藏的外貌可按《法式》所列尺寸画出，但其内部结构则难以准确求得，图中所示仅是一种推想，有待进一步确定。

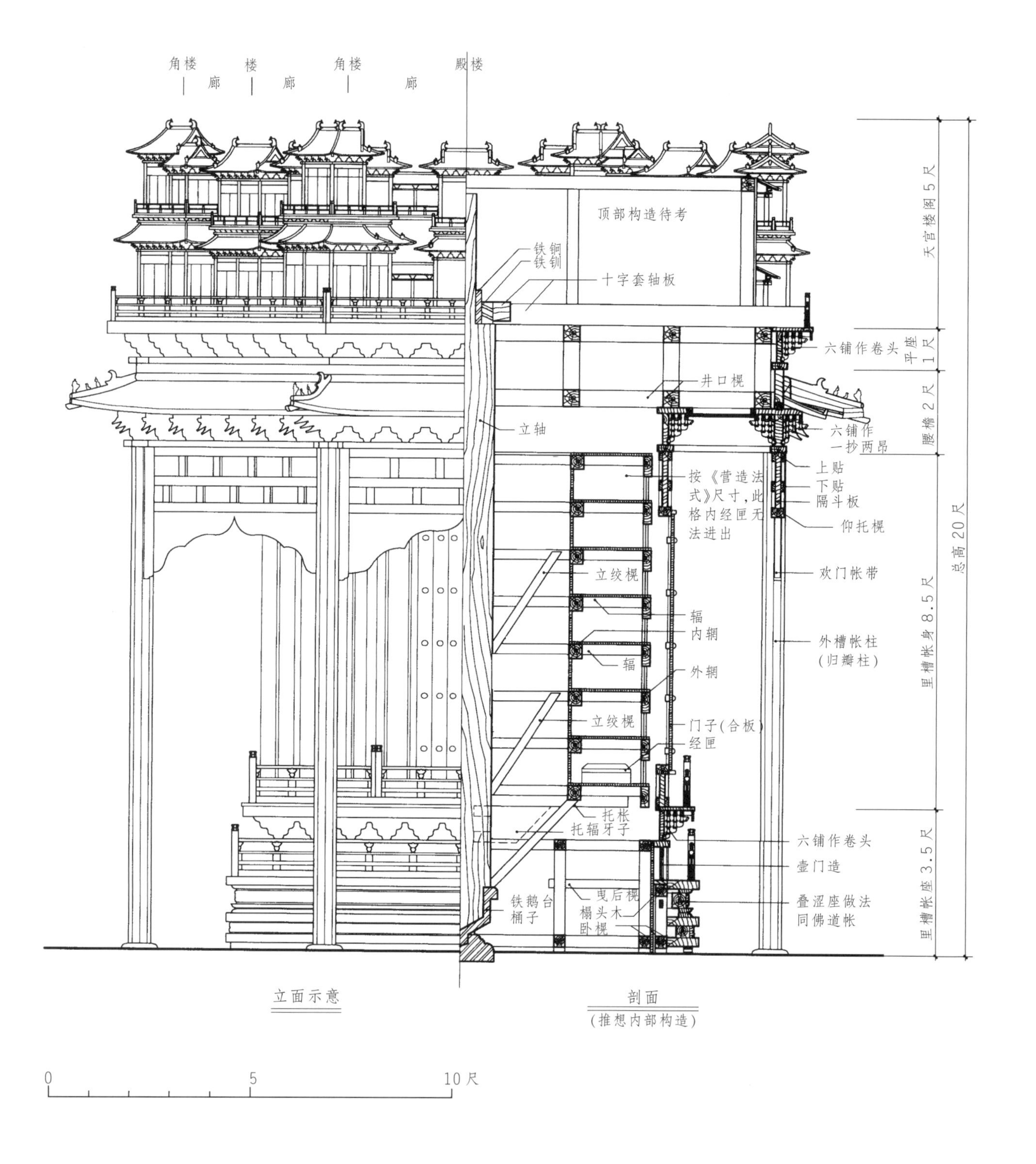

图 4-66　转轮经藏立面、剖面图

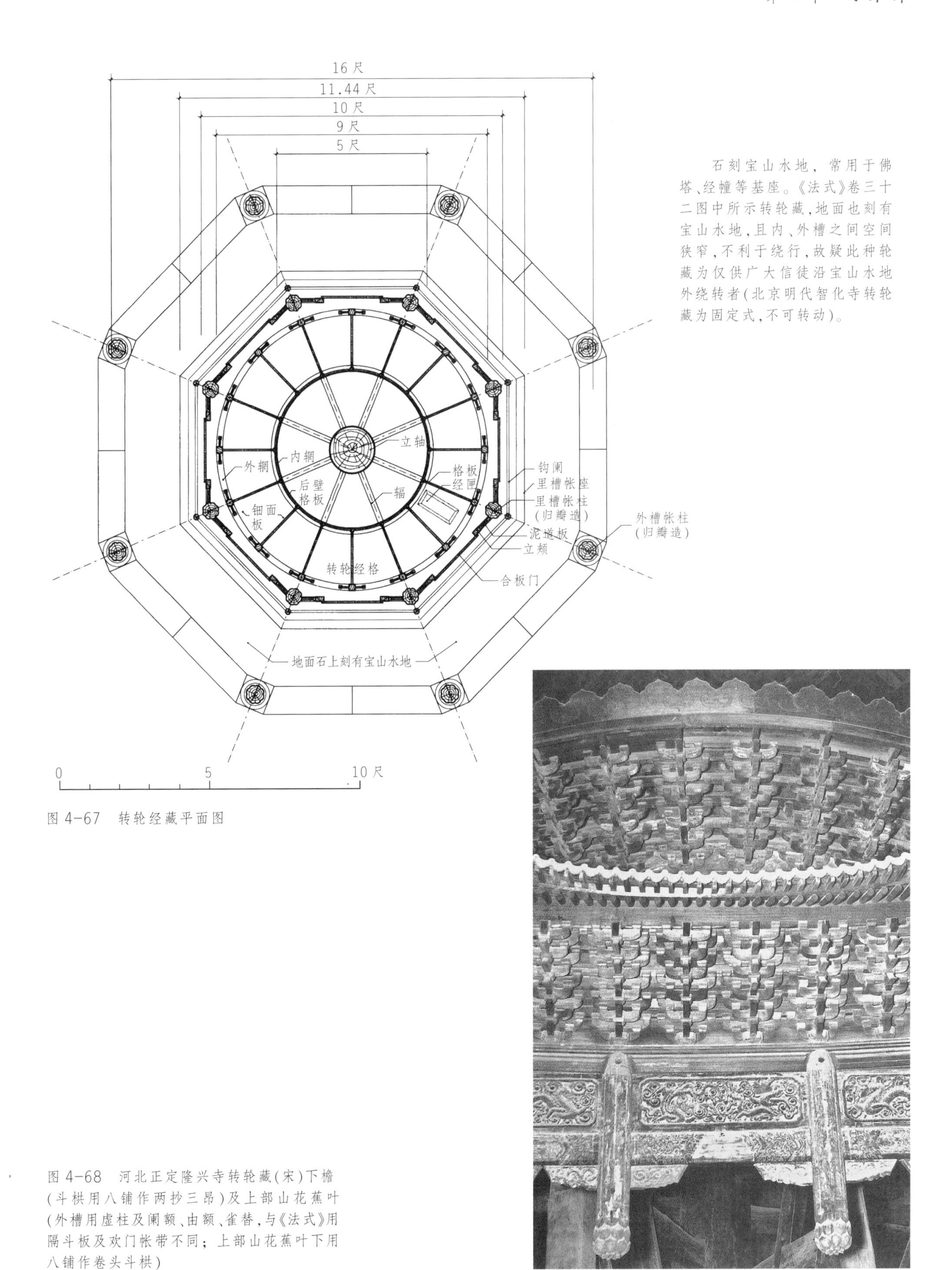

图4-67　转轮经藏平面图

石刻宝山水地，常用于佛塔、经幢等基座。《法式》卷三十二图中所示转轮藏，地面也刻有宝山水地，且内、外槽之间空间狭窄，不利于绕行，故疑此种轮藏为仅供广大信徒沿宝山水地外绕转者(北京明代智化寺转轮藏为固定式，不可转动)。

图4-68　河北正定隆兴寺转轮藏(宋)下檐(斗栱用八铺作两抄三昂)及上部山花蕉叶(外槽用虚柱及阑额、由额、雀替，与《法式》用隔斗板及欢门帐带不同；上部山花蕉叶下用八铺作卷头斗栱)

图 4-69　河北正定隆兴寺八角形转轮藏全景(宋)(外槽柱、额、枋、檐、铺作均依大木作规制缩小比例制作，顶部用铺作支承山花蕉叶而不用天宫楼阁。藏经用之经格已无存，故可见立轴及经格的支撑构件)

图 4-70　河北正定隆兴寺转轮藏(宋)铁鹅台

图 4-71　河北正定隆兴寺转轮藏(宋)立轴顶部(立轴上端套于十字套轴板中，并用铁锏加固轴头)

图 4-72　河北正定隆兴寺转轮藏(宋)主轴上跳出的辐与立绞棍

图 4-73　河北正定隆兴寺转轮藏(宋)
外槽转角铺作(八铺作)及角梁、翼角椽

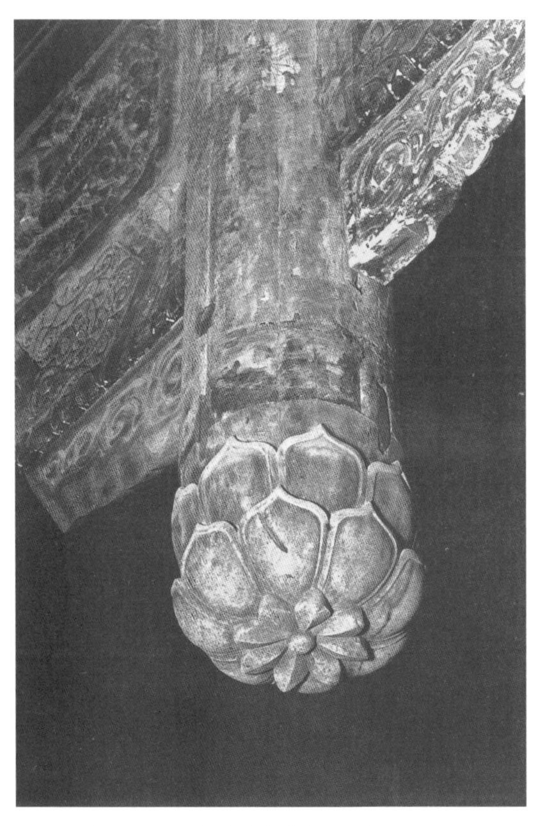

图 4-74　河北正定隆兴寺转轮藏(宋)
虚柱、莲花

图 4-75　河北正定隆兴寺转轮藏(宋)
屋角兽头、角脊、子角梁、角梁
(檐口滴水及筒瓦似为后世改作)

图 4-77　四川江油窦圌山云岩寺飞天藏腰檐下斗栱出七跳

原有神像均已不存

图 4-76　四川江油窦圌山云岩寺飞天藏（宋）全景（外观颇似八角形三层楼阁，但第二层无腰檐而作天宫楼阁二重，第三层作天宫楼阁一重，上以檐口作结束。结构分层不似大木作明确）

图 4-78　四川江油窦圌山云岩寺飞天藏立轴下之铁鹅台

图 4-79　四川江油窦圌山云岩寺飞天藏（宋）仅存的道教神像之一（1984 年中国建筑工业出版社出版的刘敦桢《中国古代建筑史》第 261、262 页照片中神像尚完整）

(六)壁藏(图 4-80、4-81)

《法式》卷十一及卷二十三所例举的壁藏高 19 尺,宽 30 尺另加左右两摆手 12 尺,深 4 尺。其外观与佛道帐相似,即自下而上由帐座、帐身、腰檐、平座、天宫楼阁五层组成。帐身内上下分作 7 格,每格盛经匣 40 枚,全藏共置经匣 280 枚。

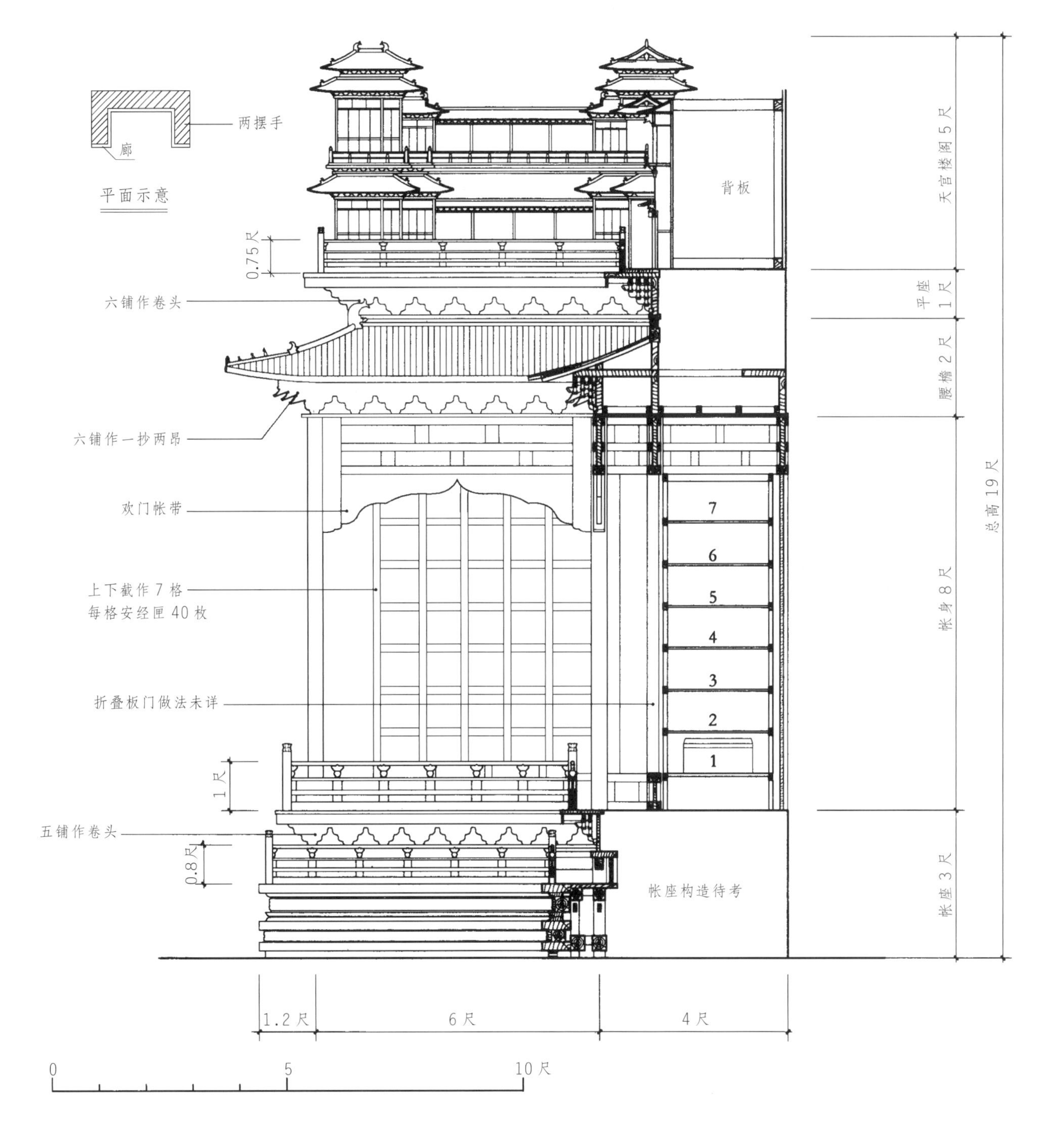

图 4-80　天宫楼阁壁藏
I-I 剖面示意图

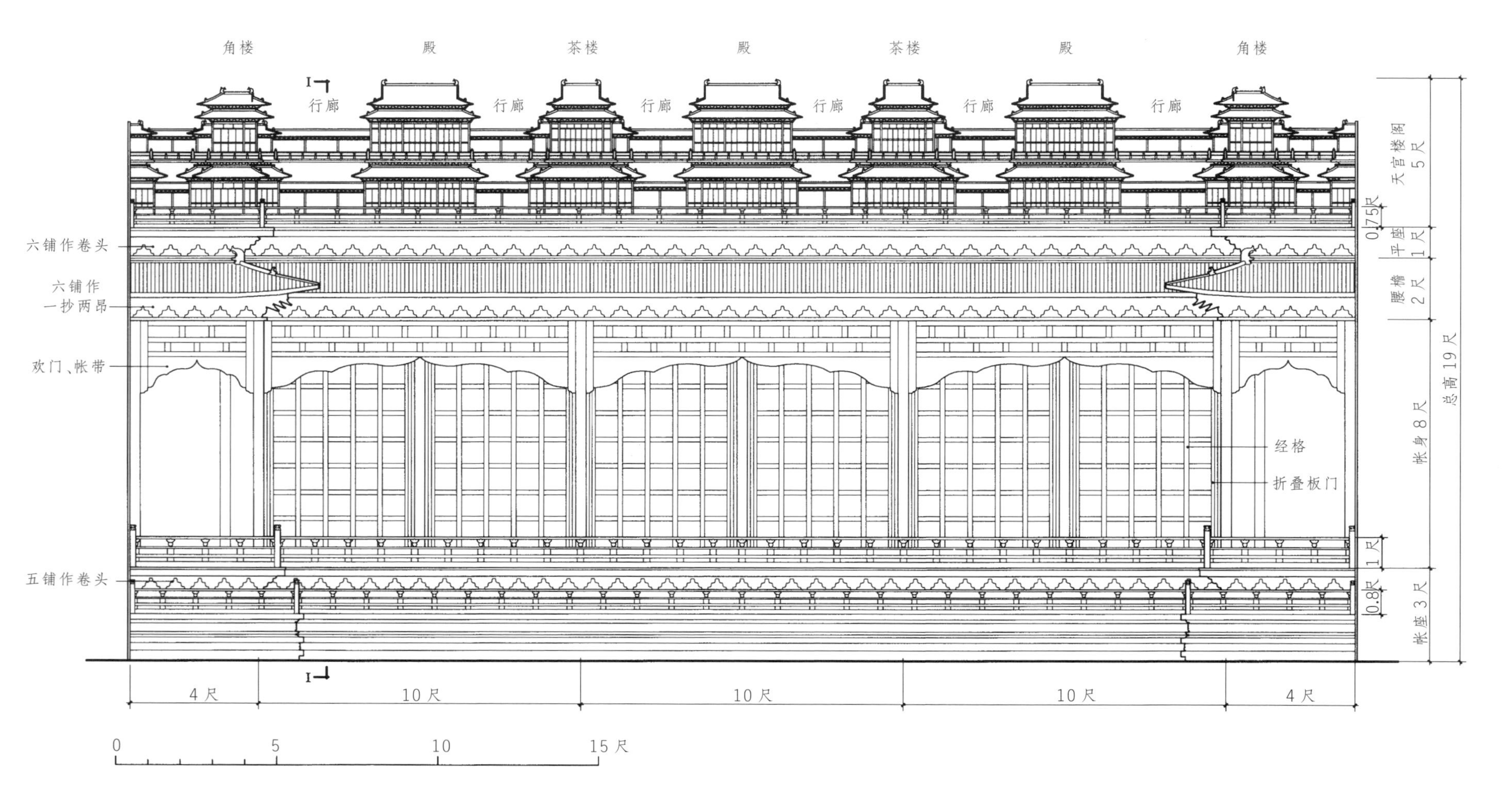

图 4-81　天宫楼阁壁藏立面示意图

表 4–2 《法式》例举的神龛、经藏尺寸及用工数

	名称	总尺寸(尺)			各部分高度(尺)			用工数(工日)			
		高	宽(柱距)	深(柱距)	帐座	帐身	帐头	造作工	拢裹工	安卓工	总计工
1	佛道帐	29	59.1(五间造)	12.5	4.5	12.5	12	4209.9	468	280	4957.9
2	牙脚帐	15	30(三间造)	8	2.5	9	3.5	704.3	105	60	869.3
3	九脊小帐	12	8(一间造)	4	2.5	6.5	3	167.8	52	23.3	243.1
4	壁帐		每间 11			13~16				每间 3	
5	转轮经藏	20	径 16, 每棱宽为 6.66		(外槽)	12	8	1935.2	285	220	2440.2
					(里槽)3.5	8.5	1				
6	壁藏	19	30+8(三间加两摆手)	4	3	8	8	3285.3	275	210	3770.3

(表内数字据《法式》卷九、十、十一小木作制度及二十二、二十三小木作功限)

表 4–3 《法式》小木作品种一览表

	构件名称	功能及特点
门窗类	乌头门	住宅、祠庙前的一种仪门,原是唐代六品以上官宅前所用,也称棂星门。
	板门	实拼板门,用作外门,有防御要求,故用料厚重。
	软门	也是板门,用料稍轻,疑为内院所用。
	格子门	宋代房屋上通用的门,因上部有木格子,可糊纸供采光,故名。
	破子棂窗	直棂窗,因棂子用方木一剖为二用之,故名。
	板棂窗	直棂窗之棂子用板条者。
	睒电窗	板棂窗之变种,即将板棂做成波形曲线。
	阑槛钩窗	窗下加坐槛,可坐而远眺。坐槛外有栏杆,形如后世的美人靠
室内隔截类	截间板帐	用木板所做的室内分间隔断物。
	殿内截间格子	殿内用格子替代板帐做分间隔断者。
	堂阁内截间格子	厅堂、楼阁内所用分间格子。其中有格子门两扇可开启沟通者,称为截间开门格子。
	板壁	按格子门式作边框,但以木板代替格子,用以分隔室内。
	隔截横钤立旌	用横、直方木构成框架,再填以抹灰墙或木板用以分隔室内者。
	照壁屏风骨	室内后内柱间所安固定屏风骨架,上覆布或纸。可做成一整片,也可做成四扇供开启。
	殿阁照壁板	室内后内柱间的上部隔板。
	廊屋照壁板	廊屋阑额与由额间的隔板。(清式称由额垫板)
	障日板	门窗之上的隔板,用以分隔室内外。
	栱眼壁板	相邻两铺作泥道栱间的隔板,用以分隔室内外
天花板类	平暗	殿阁天花板的一种,即用木椽作成方格网,架于明栿及算桯枋上,其上铺以木板。
	平棊	殿阁天花板中较高档豪华的一种。即用木板拼成板块,架于明栿及算桯枋上。板下用木条分隔成方格或长方格,格内贴络木雕花饰。
	藻井	室内上部空间的重点装饰,《法式》所载仅八角形一种
室外障隔类	叉子	宋代正规的木栅栏,用于宫殿、庙宇、衙署之前。
	拒马叉子	用交叉的木棂做成的路障。
	钩阑	用于御座前、楼梯上及平座等处的木栏杆。
	露篱	以木为骨架的竹篱笆。用于室外,故称"露篱"。
	棵笼子	木制的树干护笼,有方形、六角形、八角形数种
杂件类	胡梯	即室内楼梯。
	地棚	即木地板,用于仓贮建筑。
	板引檐	由檐口下伸出之木板,用以遮阳,并引出雨水。
	擗帘杆	檐下的室外帘架。
	水槽	檐口的引水天沟。
	牌	匾额。
	护殿阁檐竹网木贴	为保护檐下斗栱,防止鸟雀在其中构巢而以竹丝网罩之,竹网则用木贴钉在椽及额上。
	裹栿板	为达到"雕梁画栋"的豪华效果,用雕花板包裹于明栿两侧及下面。
	垂鱼、惹草	山面搏风板下的装饰物
井亭	井亭子	木制小亭,支于井上保护井水,屋顶作九脊殿式。有斗栱及木瓦陇。
	井屋子	木制小屋,支于井上,做两厦顶,无斗栱及瓦陇,较井亭子为低而小
神龛、经橱类	佛道帐	安放佛、道神像的木龛,仿五开间殿阁建筑,其上再置天宫楼阁,以象征神仙天界。
	牙脚帐	较简化的神龛,三开间,无天宫楼阁。
	九脊小帐	一开间九脊殿式神龛。
	壁帐	靠壁的神龛,较简单。
	转轮经藏	八角形经橱,中有轴,可推之转动,形象华美。
	壁藏	依壁而立的经橱

注:《法式》卷二十五《彩画作》有"华表柱",柱头立鹤子,设日月板,但小木作制度未列此项。

第四章注释

(1) 据山西省古建筑保护技术研究所柴泽俊先生来信称:“唐代建筑梁架加工多是不用刨子,佛光、南禅皆如此,辽代应县木塔、金建佛光寺文殊殿等皆很明显,全用锛子加工而成。”

(2) 南宋戴侗《六书故》所记刨为:“皮教切。治木器,构之以木而推之,捷于铲”。转引李浈:《中国传统建筑木作工具》第四章、第二节,2004年,同济大学出版社。

(3) 河北省古建筑保护技术研究所孟繁兴先生所言。

(4)《法式》卷二十五《诸作功限·彩画作》有“乌头绰楔门”一项。说明乌头与绰楔同在一门上。

(5)《宋史》卷一五四,臣庶室屋制度:“六品以上宅舍,许作乌头门。”

(6)《册府元龟》卷六一,帝王部,立制度二及卷一四〇,帝王部,旌表四:“……王仲昭,六世同居,其旌表有:厅事步栏,前列屏树、乌头正门、阀阅一丈二尺,二柱相去一丈,柱端安瓦筒,墨染,号为乌头。”

(7) 唐段成式《酉阳杂俎》卷十五,诺皋记下:“京宣平坊,有官人夜归入曲(曲即坊内小路——笔者注),有卖油者张帽驱驴驮桶,不避,导者搏之,头随而落,……及巨白菌如殿门浮沤钉。”“浮沤”即水面气泡。

(8)《释门正统》卷三,塔庙志:“初,梁朝善慧大士傅翕,……创成转轮之藏,令心信者推一匝,则与看读同功。”

(9) 白居易《苏州南禅院千佛堂转轮经藏石记》:“堂之中,上盖下藏,盖之间,藏九层,佛千龛,彩绘金碧以为饰。环盖悬镜六十有二。藏八面,面二门,丹漆铜锴以为固。环藏敷座六十有四藏之内,转以轮,止以柅(即车轧,用以止车——笔者注)。经函二百五十有六,经卷五千五十有八。”(《全唐文》卷六七六)。

第五章　瓦　作

屋顶在我国古代建筑中有着特殊的地位,它的形式多样,曲线优美、轮廓丰富。巧妙组合起来的屋顶,能使建筑群显示出一种独具魅力的美感。可以这样说,在某种意义上中国古代建筑艺术是一种屋顶的艺术。屋顶处理的好坏,直接影响着整个建筑形象的成败。

在宋代,这一点也得到了充分发挥,我们可以从宋画中所表现的滕王阁、黄鹤楼等建筑中为这个结论找到最好的注脚。所以《法式》对屋顶各种瓦件式样、尺度与房屋的等级规模之间的关系也十分注重,规定得特别具体、详细,比任何其他工种都周全。在大木作制度中,我们已经知道各种大小构件通过"材""分°"模数来建立房屋大木构件的尺度关系,而在瓦作制度中则是通过直接的比照来定出尺寸的,即每一种瓦件——筒瓦、板瓦、屋脊、鸱尾、兽头、嫔伽、蹲兽、滴当火珠等,它的尺寸规定都和房屋的类型、开间、进深直接联系在一起。这种现象虽在其他工种中同样存在,但瓦作表现得最为典型。

一、瓦的种类

(一)按质地分

《法式》所载的瓦按质地分有三种:

1. 素白瓦

即普通的粘土瓦,呈青灰色。

2. 青掍瓦

即在普通粘土瓦的外表有一层黑色的薄膜,其形成机理是在烧变过程中使瓦的表面渗入碳素而形成黑色。制作过程大致是:在瓦坯入窑前先将表面磨去坯布纹,再用卵石碾压光洁,抹一层滑石粉后装窑;烧时用松柏柴、羊屎及麻籸浓油发烟,并要掩盖不令透烟,使瓦的表面逐渐吸收烟中之碳。

由于青掍的制作与烧制过程复杂,宋代以后已罕有应用。近年国内所产黑色银光瓦,其屋顶远观效果有青掍瓦的沉稳感,而质量胜过青掍瓦,各地颇多采用。

3. 琉璃瓦

制作瓦坯的土称"白土",北方称"坩子土",呈灰白色,烧成后呈白色或浅黄色。质次者颜色灰暗,影响琉璃的色彩鲜明度。涂于瓦坯上的釉料是黄丹、洛河石和铜末三者研成粉末后和水调成,其中黄丹是助熔剂;洛河石的主要成分是石英,烧变后可在瓦上形成琉璃膜;铜末是绿琉璃瓦的着色剂。我国古代的琉璃瓦都是二次烧造:第一次烧成瓦坯,温度为1100~1200 ℃,第二次烧出釉色,温度为800~900 ℃。二次烧成的琉璃瓦色彩鲜亮、光泽灿耀,效果较好，但釉面与坯体如结合不牢固，则易于剥落。近年生产的琉璃瓦采用一次烧成法，其优点是釉面与坯体结合牢固，不易剥落，但色泽较差，不及二次烧成者亮丽。

(二)按形式分

《法式》列出的瓦按形式分，有下列六种：

1. 筒瓦

用于殿阁、亭榭、厅堂等较高档次屋宇的盖瓦。瓦坯在筒形木模上制作，每筒划成二片，瓦的断面成半圆形(图 5-1、5-2)。其大小规格有 6 等(表 5-1)。

表 5-1 筒瓦规格

	长(尺)	口径(尺)	厚(尺)	备注
1	1.4	0.6(0.65)	0.06	1.各种规格的瓦均须留出晾干及烧变所收缩的尺寸。 2.( )中数字为《法式》卷十三《瓦作制度》所列，与窑作制度略有不同
2	1.2	0.5	0.05	
3	1(0.9)	0.4(0.35)	0.04	
4	0.8	0.35	0.035	
5	0.6	0.3(0.35)	0.03	
6	0.4	0.25(0.23)	0.025	

(本表据《法式》卷十五《窑作制度》)

2. 板瓦

供各类房屋屋面作底瓦，也供厅堂、散屋等档次较低的房屋作盖瓦之用。板瓦坯在筒模上划成 4 片，其断面成 1/4 圆的弧线(图 5-1、5-2)。板瓦的大小规格有 7 等，其规定见表 5-2。

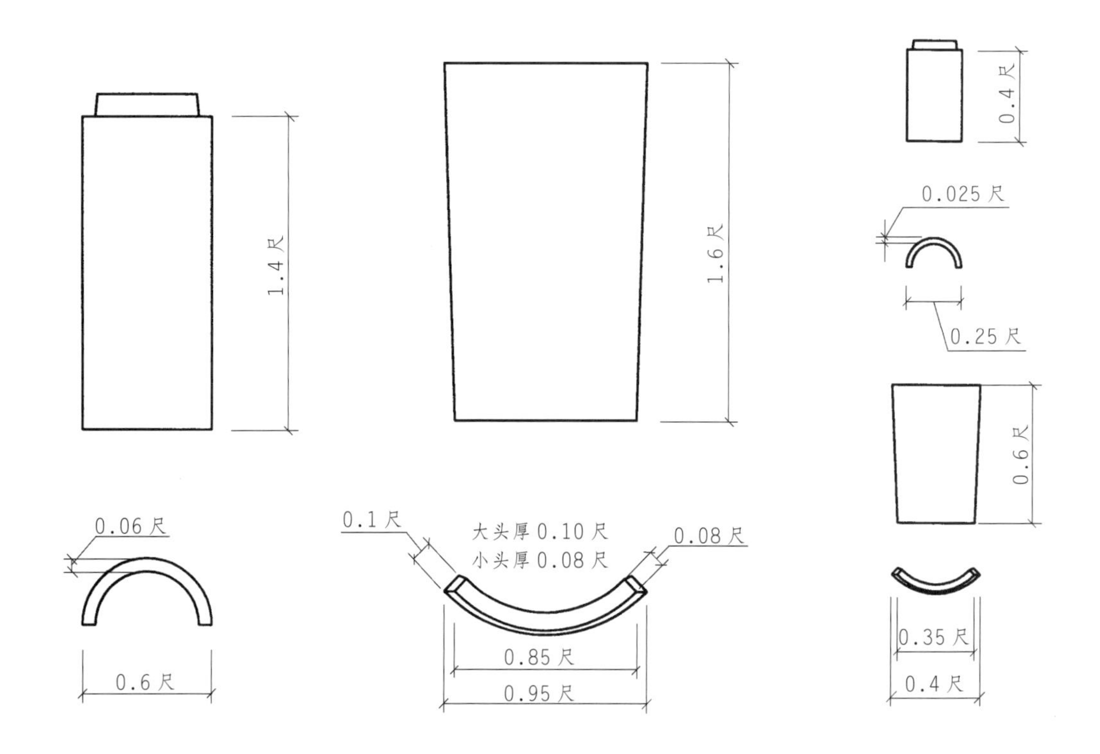

图 5-1　最大筒瓦、板瓦　　图 5-2　最小筒瓦、板瓦

表 5-2 板瓦规格

	长(尺)	口径(尺)	厚(尺)	备注
1	1.6	0.95(1.0) 0.85	0.1 0.08	1.板瓦有大小头之分，两头的宽度与厚度均不同。表列同格两个数字表示大小头尺寸。 2.( )中数字为《法式》卷十三《瓦作制度》所列，与窑作制度略有不同
2	1.4	0.7(0.8) 0.6	0.07 0.06	
3	1.3	0.65(0.7) 0.55	0.06 0.055	
4	1.2	0.6(0.65)	0.06 0.05	
5	1.0	0.5(0.6)	0.05 0.04	
6	0.8(0.85)	0.45(0.55) 0.4	0.04 0.035	
7	0.6	0.4(0.45) 0.35	0.04 0.03	

（本表据《法式》卷十五《窑作制度》）

3. 檐口筒瓦、板瓦

檐口所用花头筒瓦(即清式“勾头”)有遮挡屋面灰土垫层露头及装饰檐口的作用，瓦身则需在制坯时留出钉孔，以便用长钉固定于连檐木或屋面板上，以防坠落伤人。檐口重唇板瓦有排泄雨水与装饰檐口的功能，其式样与清式“滴水”不同。如屋面所铺盖瓦、底瓦全为板瓦，则檐口盖瓦用“垂尖花头板瓦”，其作用也在于挡住屋面灰土垫层的露头和装饰檐口，这种瓦直至清代尚在山东等地被使用（图 5-3）。滴水状的檐口板瓦在南宋已见于四川大足石刻中(图 5-4)。

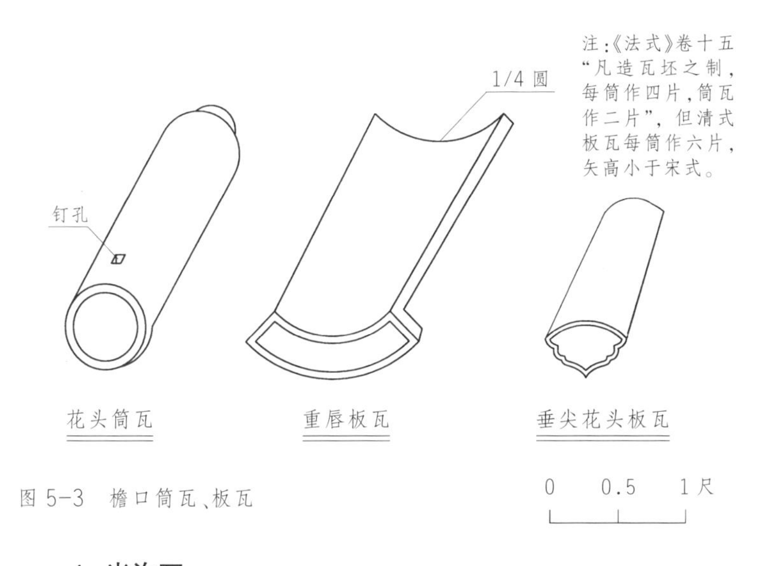

图 5-3 檐口筒瓦、板瓦

图 5-4 四川大足宝顶山南宋石刻屋角
（檐口用如意头状滴水，而非重唇板瓦）

4. 当沟瓦

用于屋脊与瓦陇的相交处，可使脊下部紧扣瓦陇，以防雨水渗入。有大当沟瓦与小当沟瓦之分：大当沟瓦用于筒瓦屋面；小当沟瓦用于板瓦屋面(即盖瓦也用板瓦)。大当沟瓦用一口筒瓦制成，而小当沟瓦则用一口板(筒)瓦制作二枚(图 5-5-1、5-5-2)。

5. 线道瓦

用于屋脊之下、当沟瓦之上，也是脊的一部分，但侧面露于脊外，成线道，故称线道瓦。线道瓦用筒(板)瓦一片划成二口，宽为筒瓦一半，长与筒瓦相同(图 5-5-3、5-5-4)。

6. 条子瓦

又称垒脊条子瓦(见《法式》卷二十六《诸作料例一·瓦作》)或垒脊瓦,用于垒砌屋脊之用。宋代正脊、垂脊、搏脊都用条子瓦加纯石灰垒砌而成,最高的正脊可垒37层条子瓦。条子瓦宽为筒(板)瓦一半,长也是筒(板)瓦一半(图5-5-5、5-5-6)。

关于小当沟瓦、线道瓦、条子瓦三者究竟是用筒瓦来打造?还是用板瓦来打造?《法式》有三处不同的记载:

"大当沟,(以筒瓦一口造)"
——《法式》卷二十六《瓦作》

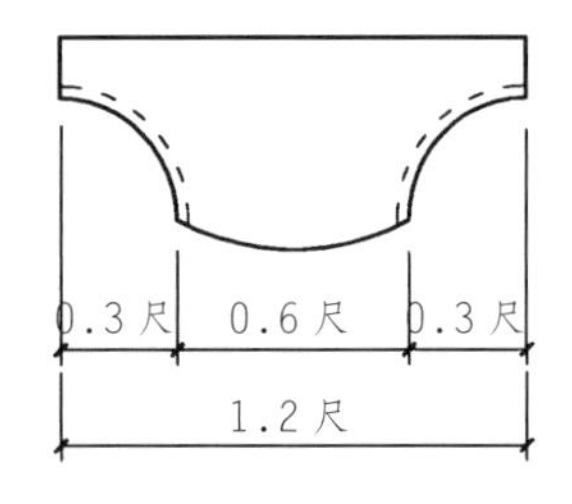

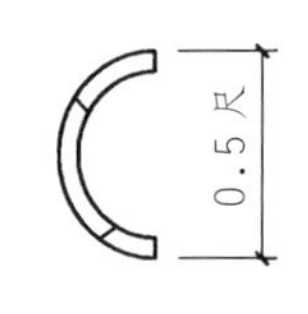

注:大当沟瓦所用筒瓦应比本等筒瓦小一号,方符合尺寸要求。

1.筒瓦打造大当沟瓦
(此例本等筒瓦用1号,当沟瓦用2号)

"小当沟每板瓦一口造二枚"
——《法式》卷二十六《瓦作》

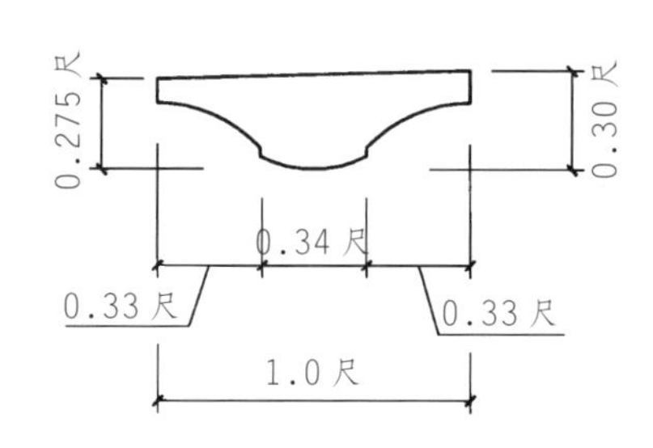

2.板瓦打造小当沟瓦

"线道(以筒瓦一口造二片)"
——《法式》卷二十六《瓦作》

3.筒瓦打造线道瓦

"条子瓦(以筒瓦一口造四片)"
——《法式》卷二十六《瓦作》

5.筒瓦打造条子瓦

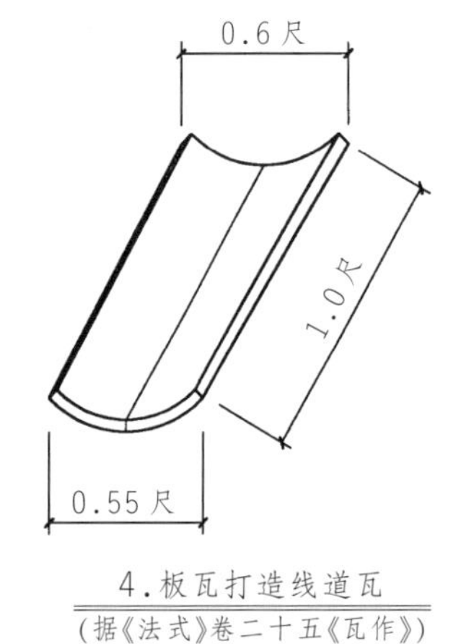

4.板瓦打造线道瓦
(据《法式》卷二十五《瓦作》)

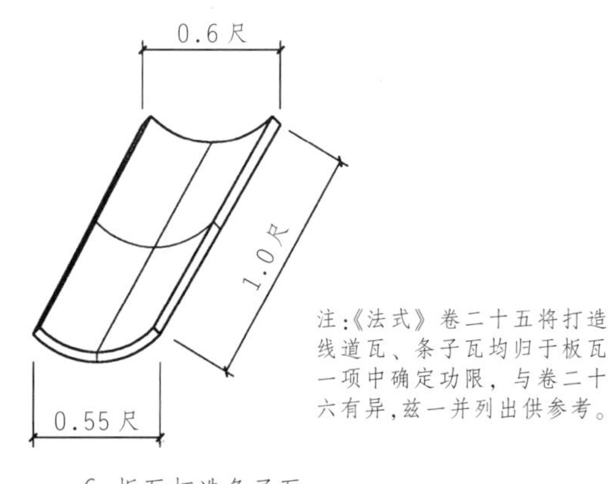

注:《法式》卷二十五将打造线道瓦、条子瓦均归于板瓦一项中确定功限,与卷二十六有异,兹一并列出供参考。

6.板瓦打造条子瓦
(据《法式》卷二十五《瓦作》)

图5-5 造当沟瓦、线道瓦、条子瓦之制

(1)卷十五窑作制度:“凡造瓦坯之制,候曝微干,用刀剺划,每桶作四片(筒瓦作二片,线道瓦于每片中心划一道,条子瓦十字剺划)。”

(2)卷二十五瓦作功限:“打造筒板瓦 琉璃板瓦 线道每一百二十口……条子瓦比线道加一倍。

青掍素白……板瓦 线道每一百八十口,条子瓦每三百口,小当沟每四百三十枚。右各一功……”

(3)卷二十六瓦作料例:“线道(以筒瓦一口造二片),条子瓦(以筒瓦一口造四片)……小当沟每板瓦一口造二枚”。

其中窑作制度中未说明打造线道瓦、条子瓦是用板瓦还是用筒瓦。而“功限”与“料例”的表述则有明显矛盾:前者把线道、条子瓦、小当沟都归入板瓦打造之列;后者则把线道与条子瓦归入筒瓦打造之列,而小当沟却用板瓦打造。造成这种矛盾现象的原因可能有二:

第一是《法式》转抄中的文字错误,即瓦作“料例”中二处所记“筒瓦”都是“板瓦”之误。

第二是作为脊上的小构件,二者均可随机使用,所以《法式》并未把二者严格区别开来。

具体分析起来,板瓦有大小头之分,做成小当沟后仍有大小头,使用较不便。不过小当沟用于板瓦屋面,在缺少筒瓦的情况下,使用板瓦取材较易;筒瓦无大小头之分,做成小当沟、条子瓦、线道瓦也无大小头,更加符合使用要求。二者各有优缺点,所以笔者认为筒瓦、板瓦都有打造成小当沟、线道瓦和条子瓦的可能性。

二、瓦的选用

根据房屋体量大小、等级高低选用瓦的形式与尺寸,《法式》对之有明确规定,其间反映出来的规律有两条:一是高档建筑用筒瓦(含琉璃瓦、青掍瓦、素白瓦)铺设屋面;低档建筑用板瓦铺设屋面;二是屋面高大者用瓦尺寸大,相反则小。其具体规定如表 5-3。

表 5-3 各类建筑用瓦规格

	屋宇档次及规模	所用筒瓦(尺)			所用底瓦(尺)		
		长	口径	厚	长	口径	厚
屋面铺筒瓦	殿阁、厅堂等五间以上	1.4	0.65	0.06	1.6	1.0	0.1 0.08
	殿阁、厅堂等三间以下	1.2	0.5	0.05	1.4	0.8	0.07 0.06
	散屋	0.9	0.35	0.035	1.2	0.65	0.06 0.05
	小亭榭柱心相去方 1 丈以上	0.8	0.35	0.035	1.0	0.6	0.05 0.04
	小亭榭柱心相去方 1 丈	0.6	0.25	0.03	0.85	0.55	0.04 0.035
	小亭榭柱心相去方 9 尺以下	0.4	0.23	0.025	0.6	0.45	0.04 0.03
屋面铺板瓦	厅堂五间以上				1.4	0.8	0.01 0.08
	厅堂三间以下及廊屋六椽以上				1.3	0.7	0.06 0.055
	廊屋四椽及散屋				1.2	0.65	0.06 0.05

(本表据《法式》卷十三《瓦作制度·用瓦》及卷十五《窑作制度·瓦》)

三、瓦的铺设

无论是筒瓦还是板瓦经过烧制后不可避免地产生一定程度的变形，其中筒瓦如果不经加工、挑选就上屋铺设，必然会使屋面产生陇行不齐、线形不畅的结果。所以《法式》规定，筒瓦上屋前必须经过“解挢”和“撺窠”二道工序。所谓“解挢”就是将瓦口、瓦边都修斫整齐，使筒瓦能放置平稳；所谓“撺窠”就是把修斫过的筒瓦，通过一个木板上的半圆形孔洞，以检测筒瓦的尺寸，把口径大小不同的筒瓦归类使用，以保证每一瓦陇用瓦的整齐划一(图 5–6)。这一道工序很重要，对屋面瓦作施工质量的好坏起着直接影响，即使在今天的工程中，也不应放弃。

椽子上铺设屋面基层的方式，《法式》卷十三用瓦之制列有三种：一是柴栈，是用小原木稍作加工后满铺，最为厚实坚牢，被列为上等；二是板栈，即用木板铺设，被列为其次；三是竹笆苇箔铺设，在各类建筑物上都可使用，只是殿阁上所有的笆箔层数较多(竹笆 1 层及苇箔 4~5 层)，而厅堂及余屋则笆箔层数较少（竹笆 1 层及苇箔 2~4 层，或只用苇箔 2~3 层)(图 5–7)。在江南一带少数明代建筑上有用厚木板(厚约 5 厘米)满铺于桁条上而不用椽子、望板的做法，其坚固耐久可与《法式》柴栈相媲美。

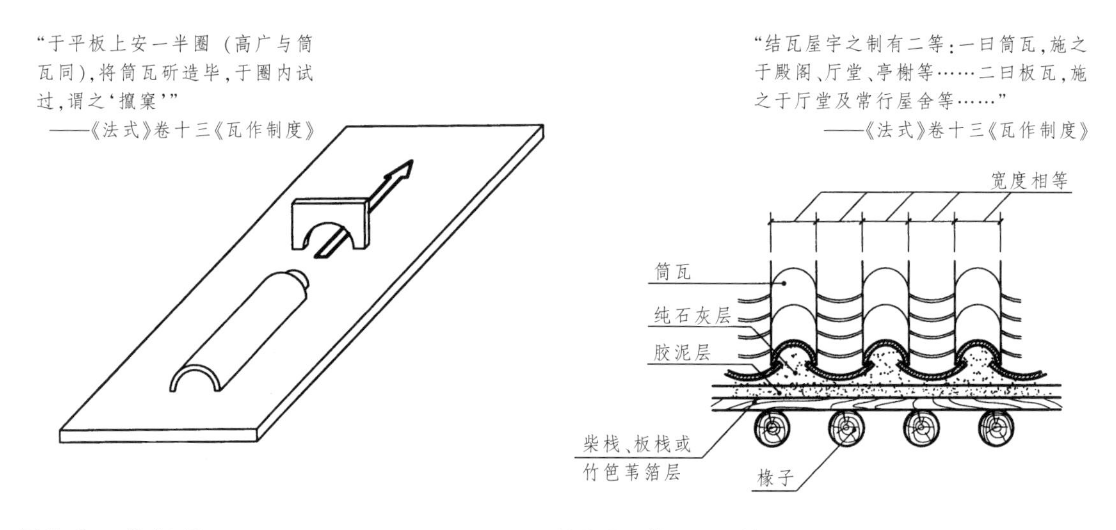

图 5–6 “撺窠”图　　图 5–7 筒瓦屋面剖面图

在屋面基层上抹灰结瓦也有几种做法：用于柴栈上者，先用泥(黏土 +䴬，䴬即麦秆切成小段)抹平，再在上面用石灰(石灰 + 麻捣)结瓦。用于板栈和笆箔者，或只用石灰麻捣随抹随结瓦，或用泥先抹平后再在上面抹石灰或泥结瓦。其间《瓦作制度·用瓦》还谈到用“**破灰泥及浇灰下瓦者**”，可知还有用“破灰泥”及“浇灰”两种结瓦法。其中关于破灰泥，《泥作制度》载有抹面用的破灰，是用石灰加白蔑土及麦麸合成(麦麸即麦壳)，故瓦作结瓦用破灰泥也应由石灰、土及麦壳合成。

《法式》规定上下两底瓦之间相搭重叠部分占全瓦的 4/10，即“压四露六”(图 5–8~5–10)。这和清式“压六露四”或“压七露三”相比，显得防雨的安全系数较差，一旦某一底瓦破裂，水即渗漏至屋面基层，而清式做法“压六”“压七”都有三瓦相叠，所以即使一瓦破裂，雨水还不会渗漏，安全系数较大。另一方面，清式底瓦相对而言比宋式底瓦为宽，也有利于防止雨水漫溢。这些说明自宋至清，屋面防水措施是有进步的。

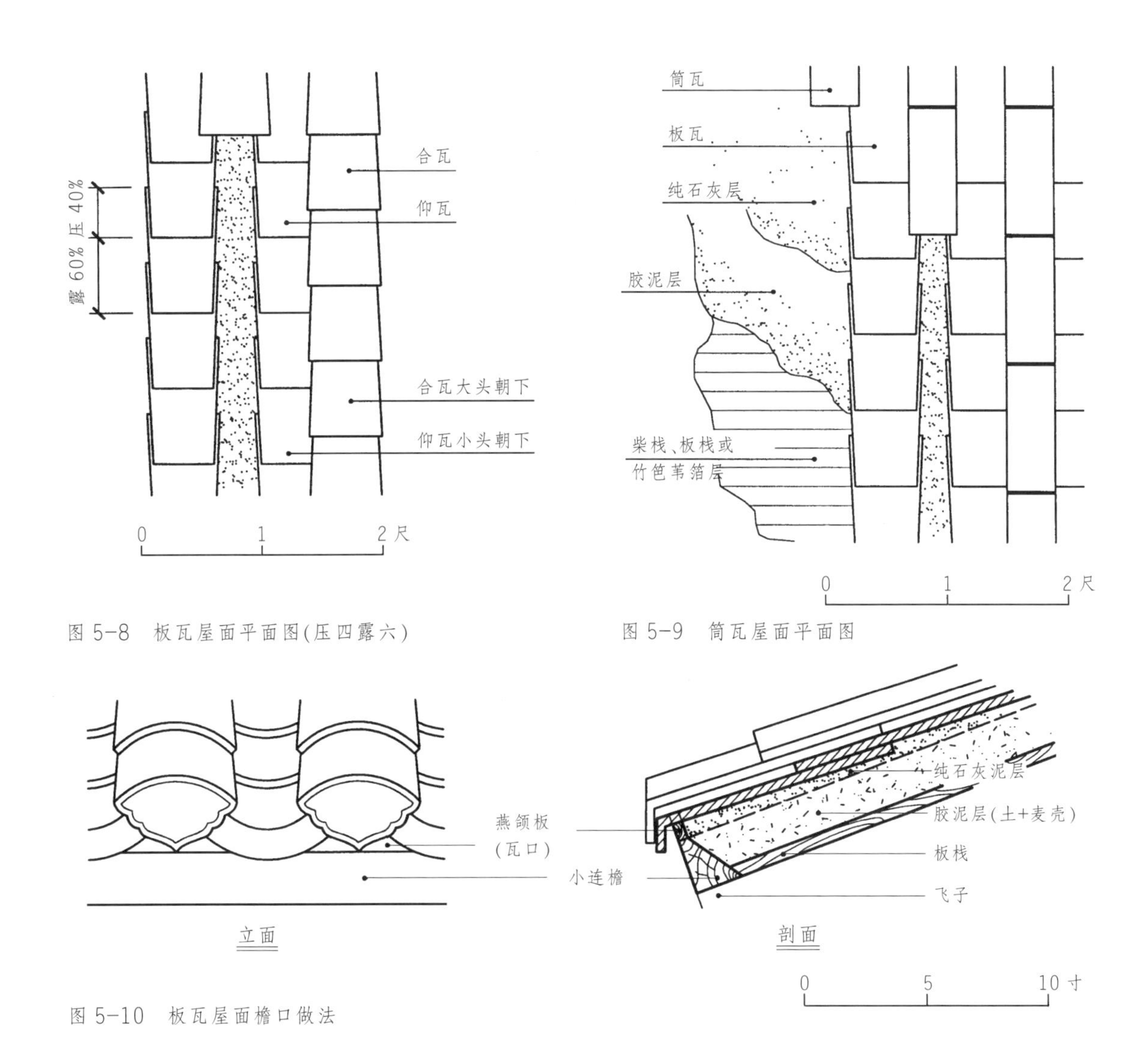

图 5-8 板瓦屋面平面图(压四露六)

图 5-9 筒瓦屋面平面图

图 5-10 板瓦屋面檐口做法

筒瓦扣于板瓦上,其侧面留有节缝,须用石灰填补,以防雨水漫入,即《瓦作制度》所说"以灰点节缝"。

檐口花头筒瓦用"葱台钉"钉牢于屋面基层上,以防下坠。葱台钉的钉身较长,其上以滴当火珠(清式用馒头状的钉帽,江南一带则用立神)罩住钉头以防雨水侵入。凡屋面高峻的殿宇,还必须在正脊下两侧第四、第八筒瓦加钉,称"着盖腰钉",以防瓦陇下滑造成危害(图 5-14)。

四、屋脊

屋脊是中国古代建筑屋面的重要装饰,也是两屋面相交处的防水结构处理。宋代屋脊由垒脊瓦砌成,其构造和元代以后用预制的通脊不同。从脊的坚固程度以及施工方便来衡量,元代以后的通脊无疑是技术上的一大进步(图 5-11~5-13)。

《法式》所载屋脊的高度由垒脊瓦的层数多少来确定,而垒脊瓦的层数又和建筑物的类型及规模有关,其规定见表 5-4。

宋代屋脊的构造自下而上依次由当沟瓦、线道瓦、垒脊瓦、合脊筒瓦四个层次组成:

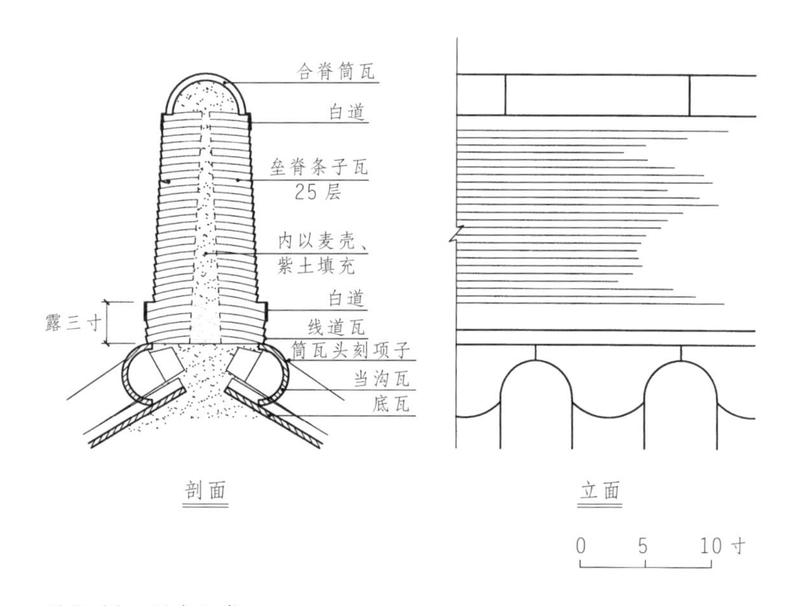

图 5-11 厅堂正脊

(1)当沟瓦——无论大当沟还是小当沟都需紧扣于盖瓦与底瓦上。要求筒瓦结瓦时当沟所压的筒瓦头上要刻出 3 分深的“项子”,使筒瓦与当沟更紧密地结合在一起。

(2)线道瓦——在当沟瓦之上,垒脊条子瓦之下,除白道覆盖处,还要露出 2.5~3.5 寸的宽度。

(3)垒脊瓦——根据房屋类型及体量大小选择用瓦层数(线道瓦计入层数内)。脊的宽度正脊为 0.8~1 尺,垂脊为 0.6~0.8 尺。脊自下而上有收分,正脊收 2/10,垂脊收 1/10。脊瓦两壁内的填充物为土加麦壳,《法式》卷二十六记有:

“瓦作

垒脊……

用泥,垒脊九层为率,每长一丈:

麦麸一十八斤(每增减二层各加减四斤);

紫土八担(每一担重六十斤,余应用土并同,每增减二层各加减一担)。”

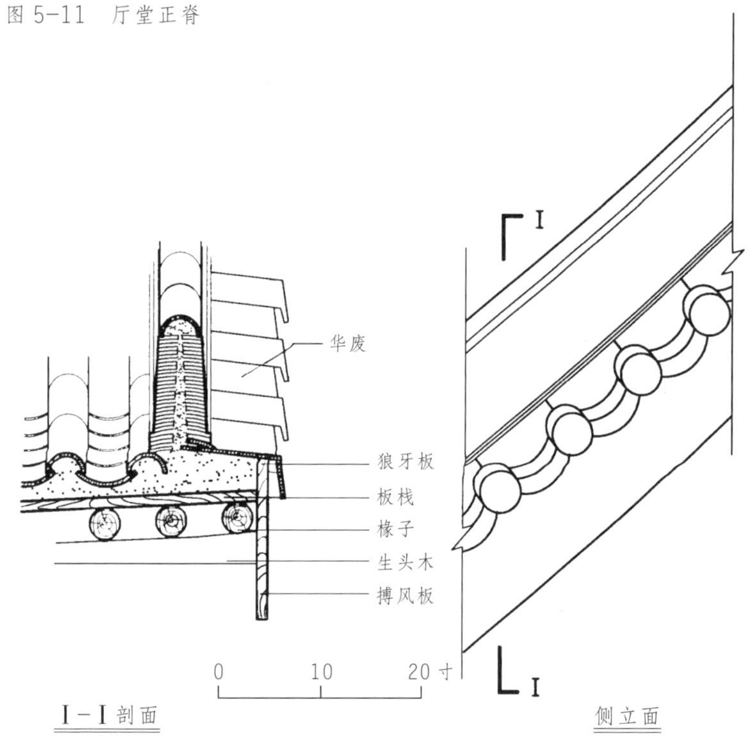

图 5-12 垂脊与华废

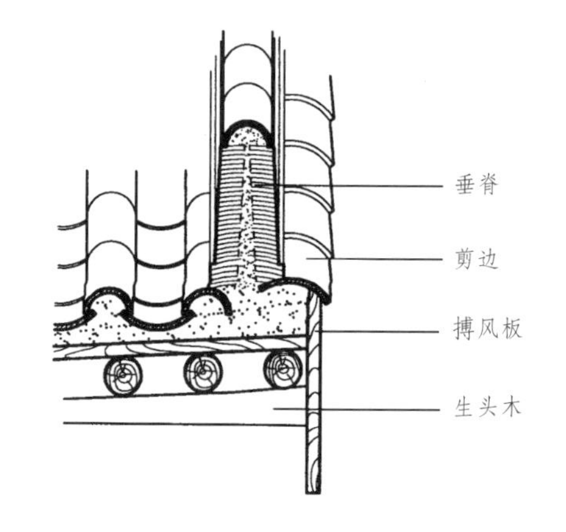

图 5-13 垂脊与剪边

表 5-4 各类建筑屋脊高度(包括线道瓦、垒脊瓦二者的层数)

建筑类别	开间与进深	正脊用脊瓦层数	垂脊用脊瓦层数
殿阁	三间八椽 五间六椽	31 层(开间与进深增加,脊瓦层数也增加,到 37 层止)	比正脊低 2 寸
堂屋	同上	21 层(增至 25 层止)	
厅屋	同上	19 层(增至 25 层止)	
门楼屋	一间四椽 三间六椽	11 层或 13 层 17 层(至 19 层止)	
廊屋	四椽	9 层(至 11 层止)	
常行散屋	六椽	用大当沟者 7 层,用小当沟者 5 层(各增 2 层止)	
营房	二椽	3 层(至 5 层止)	

(本表据《法式》卷十三《瓦作制度·垒屋脊》)

这是高度为九层长 1 丈的条子瓦垒脊用泥量。由此推知脊内填充物为紫土或其他土和以麦壳而成。麦壳可以起到减轻重量的作用。

在线道瓦上部及垒脊瓦上部与合脊筒瓦相交处，各用石灰泥出一条白线，称为"白道"，目的在于加强脊的水平方向的划分，以避免笨拙感。

(4) 合脊筒瓦——在垒脊瓦之上扣筒瓦一行，这是屋脊的防水需要。垂脊的合脊瓦应低于正脊筒瓦。在殿阁建筑中，合脊筒瓦之上还附有走兽，每隔三瓦或五瓦安走兽一枚，走兽有九种：① 行龙；② 飞凤；③ 行狮；④ 天马；⑤ 海马；⑥ 飞鱼；⑦ 牙鱼；⑧ 狻猊；⑨ 獬豸。这种正脊走兽在清官式建筑中已不用，但其角脊上的蹲兽名目大致与此相同，仅个别的有差别。

五、华废与剪边(图 5-12、5-13)

在垂脊外侧，横向施花头筒瓦及重唇板瓦以排脊上之水，称为华废(清称"排山勾滴")。如垂脊外侧不用华废，仅用板瓦一路顺脊而下，则称为"剪边"，是一种简化的垂脊外排水处理方式(与清式所称"剪边"含义不同)。

六、鸱尾、龙尾、兽头(图 5-14~5-16)

鸱尾是殿阁类建筑屋顶上的特有装饰，用以表示这类建筑的重要地位。最大的鸱尾高达 1 丈，雄踞屋顶最高处，气势雄伟。除宫殿之外，各州的衙署正门及城门楼也可以用鸱尾，但不得用铁拒鹊(见《宋史》卷一五四，臣庶室屋制度)。鸱尾的高度与房屋的性质、大小有关，《法式》对此所作规定见表 5-5。

除鸱尾之外，又有一种龙尾，其所在位置、高低、作用与鸱尾相同，但二者同样高度时，其造作工比鸱尾多 1/3，安装工比鸱尾多 3/5，可见前者比后者形象更复杂，操作更困难。高 3 尺以上的龙尾，还须加襻脊铁索两条进行加固。不过，从《法式》的叙述来看，宋代官式建筑正脊用兽以鸱尾为主，龙尾为辅。而元、明、清三朝实物均沿袭龙尾的传统，鸱尾的影响在官式建筑上几乎绝迹，只在浙、赣、闽等地区民间建筑上可以看到类似鸱尾的鱼尾脊饰。这和元代以后龙的装饰日益普遍化的趋向是一致的。

兽头用于正脊及垂脊等处(图 5-14、5-17)。用于正脊的兽最高 4 尺，不及鸱尾最高数之

表 5-5　各种殿宇的鸱尾高度

建筑类别	开间与椽数	鸱尾高度(尺)	备注
殿屋	九间八椽以上 有副阶 无副阶	 9~10 8	
	五至七间	7~7.5	不计椽数
	三间	5~5.5	
楼阁	三檐者	7	与殿五间同
	二檐者	5~5.5	与殿三间同
殿挟屋		4~4.5	
廊屋之类		3~3.5	廊屋即殿前庭院周围的廊庑，其转角正脊用合角鸱尾
小亭殿等		2~2.5	

(本表据《法式》卷十三《瓦作制度》)

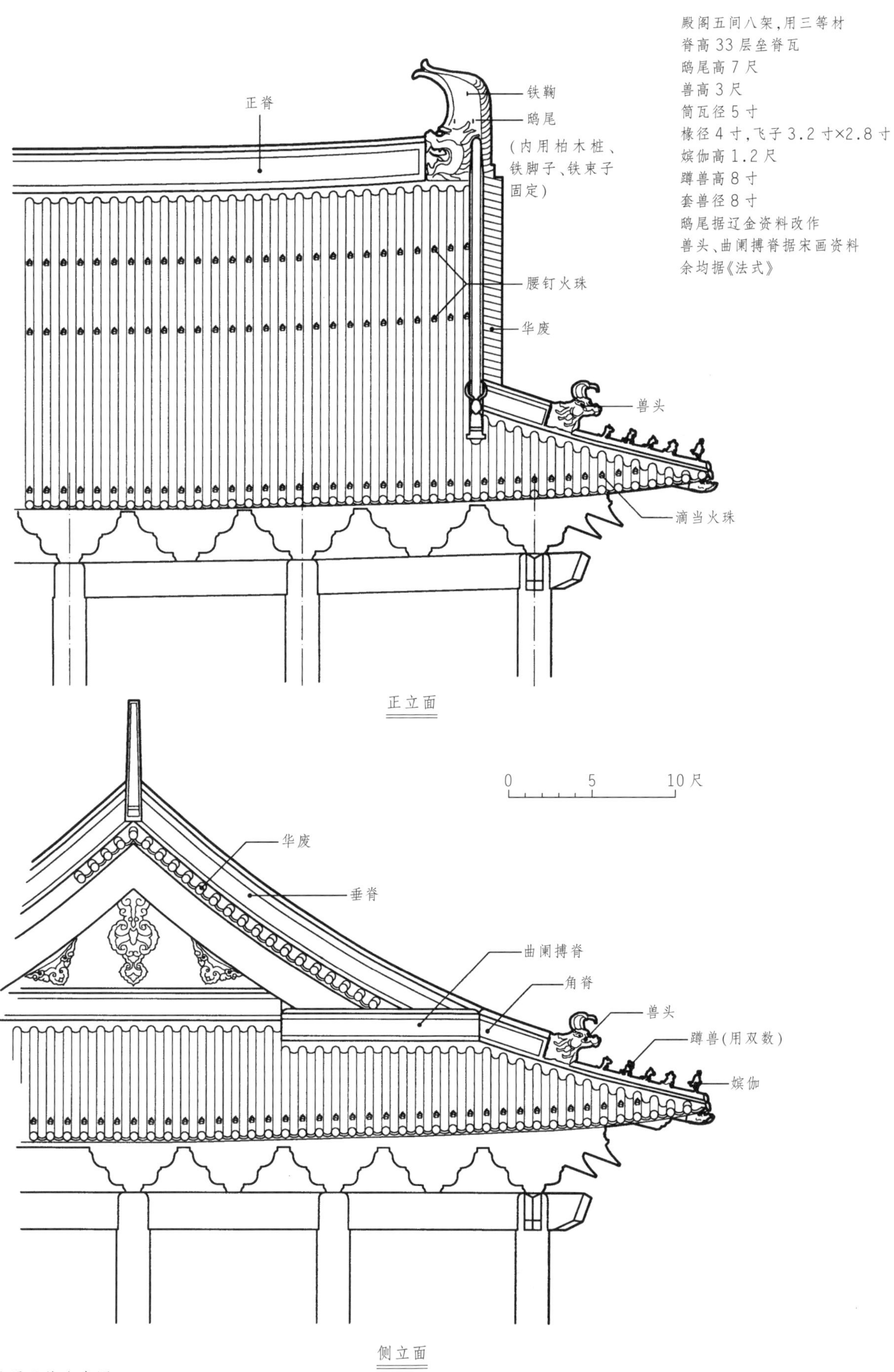

图5-14 屋顶瓦件分布图

图 5-15　陕西咸阳唐昭陵出土鸱尾

图 5-16　天津蓟县独乐寺山门(辽)(鸱尾为辽式)

图 5-17　河南开封祐国寺琉璃塔(宋)角梁、套兽、嫔伽、兽头及重唇板瓦

半,形象较为轻盈,适宜于楼阁和较次要的殿宇、厅堂及散屋使用。

《法式》对鸱尾、龙尾、兽头的稳定与安全十分重视,采取了多种措施:

(1) 鸱尾与龙尾均用柏木桩二条(高 3 尺以下者用一条,直径 3~3.5 寸)固持于脊槫缝的木构件上;

(2) 鸱尾与龙尾两侧面用铁鞠(形似蚂蟥钉之铁扣)把分件烧制成的块体拉结成整体;

(3) 龙尾用两条铁索(一长一短,两头各带铁脚)襻于脊上,称为“襻脊铁索”;

(4) 鸱尾用铁脚子 4 枚、铁束 1 枚加固。二者具体作用、做法均不明,似是安于构件内部藏而不露的铁件;

(5) 兽头用于殿阁与厅堂之正脊、垂脊,用一条铁钩及一条带铁脚的“系腮铁索”加固。

另外还有一种“抢铁”,当鸱尾高 3 尺时,用抢铁 32 枚,鸱尾每增高 1 尺,抢铁加 8 片。按《法式》的用语习惯,“抢”是斜撑之意,如乌头门上的抢柱,即斜撑柱,清式称为“戗柱”。这种数量众多的铁件,究竟起什么作用?如何安放?尚不清楚。至于在抢铁上所施的“五叉拒鹊子”,应是一种防鸟在鸱尾上停留而引起污染的措施(以上各条见《法式》卷十三及卷二十六)。

七、套兽、嫔伽、蹲兽、火珠(图 5-14、5-17)

套兽套于子角梁首,上面用钉加固。

嫔伽是梵语“迦陵频伽”的简称,佛经中称:“山谷旷野,多有迦陵频伽,出妙声音,若天若人。”意译为妙音鸟或美音鸟,置于宋代建筑屋角角脊之端,作人首鸟身站立状,西夏王陵遗址中出土颇多。明永乐十四年(1416年)所建武当山金殿,角脊端部之嫔伽已改为"仙官驭凤",仙官双手捧笏,侧坐于凤背,作参见玄武大帝状,已从佛教含义改为道教含义。明后期至清代,又改作"仙人骑鸟",其宗教含义淡化。

蹲兽置于角脊嫔伽之后,用八、六、四、二的双数,与清式用单数正相反。不厦两头造(悬山)屋顶则可只用一枚嫔伽或一枚蹲兽。

火珠有三种:一为檐口滴当火珠,起钉帽作用;二为撮尖亭子用作宝项的火珠,有四面出火焰和八面出火焰两种形式,其直径为1~3.5尺不等,根据亭子大小而定;三为佛道寺观殿阁正脊中心的火珠,直径1.5~2.5尺,两侧各出一焰,下用盘龙或兽面作座托起火珠,内用柏木桩支于脊槫之上。

综观《法式》瓦作制度,所有筒瓦、板瓦、屋脊、鸱尾、兽头、嫔伽、蹲兽、滴当火珠等屋面瓦件,其所用尺寸都与建筑物的性质、规模相互联系参照确定,这里显然包含着对局部与整体的比例关系的考虑,也显示了对瓦件所产生的建筑形象的推敲。所以《营造法式》虽然不是一部为建筑设计而编写的书,但透过瓦作制度等章节,仍可窥见当时建筑意匠的若干表现(表5-6、5-7)。

表5-6 兽与脊的高度关系

建筑类别	正脊瓦层数	兽高(尺)	垂 脊
殿阁	37	4	垂脊减正脊2寸
	35	3.5	
	33	3	
	31	2.5	
堂屋等	25	3.5	
	23	3	
	21	2.5	
	19	2	
廊屋等	9	2	
	7	1.8	
散屋等	7	1.6	
	5	1.4	

(本表据《法式》卷十三《瓦作制度》)

表5-7 套兽、嫔伽、蹲兽、滴当火珠高度

建筑类别	套兽径(尺)	嫔伽高(尺)	蹲兽		滴当火珠高(尺)	备注
			数量(枚)	高度(尺)		
四阿殿九间以上 九脊殿十一间以上	1.2	1.6	8	1	0.8	
四阿殿七间 九脊殿九间	1	1.4	6	0.9	0.7	
四阿殿五间 九脊殿五至七间	0.8	1.2	4	0.8	0.6	
九脊殿三间 厅堂三至五间 厦两头造	0.6	1	2	0.6	0.5	厅堂斗栱用斗口跳或四铺作者
亭榭(厦两头、撮尖)	0.6	0.8	4	0.6	0.4	
用6寸筒瓦者	0.4	0.6	4	0.4	0.3	
斗栱用斗口跳或四铺作者	0.4	0.6	2	0.4	0.3	

(本表据《法式》卷十三《瓦作制度》)

第六章　彩画作

中国古代的建筑彩画始于原始社会的神庙。在辽宁西部红山文化的女神庙遗址中，就发现了六千年前室内墙面彩画的残块，那是用白与赭红两种颜色绘成的几何图案[1]。神庙的建筑物十分简陋，是在不规则的平面上挖成浅穴后用木骨泥墙构筑而成，但是为了烘托女神的神圣与庄严，在室内墙面上却刻意用纹彩和线脚装饰起来，可见从一开始，建筑彩画就是在营造室内庄严氛围的要求下开始发展起来的。其后，在木构件上涂饰色彩、绘作图画以增加建筑物华美程度的做法日益增多，如《论语》有"山节藻棁"（斗上画山纹，梁上短柱画藻纹），《左传》记载了鲁庄公宫室"丹楹刻桷"（柱饰红色，椽刻花纹），而《礼记》"楹，天子丹，诸侯黝，大夫苍，士黈"的记述，说明春秋战国时期的建筑用色已和社会的等级紧密结合起来。到了汉代，建筑用色与彩绘更为发达，如西汉昭阳殿"椽榱皆绘龙蛇，萦绕其间"（《西京杂记》）。董贤宅"柱壁皆绘云气花葩、山灵鬼怪"（《西京杂记》）。灵光殿则画飞禽走兽、山神海灵（《灵光殿赋》）。除了上述彩画、壁画之外，汉代的室内，还常以文绣覆盖墙与柱，如班固《两都赋》中说的："屋不呈材，墙不露形，裛以藻绣，络以纶连。"甚至一些富人大贾也用文绣张挂在墙上，如《汉书·贾谊传》称："美者黼绣，是古天子之服，今富人大贾嘉会召客者以被墙，……且帝之身自衣皂绨，而富民墙屋被文绣。"此外，汉代宫室墙面上还用一种"金釭"作装饰，即在两柱间加固土墙的横枋上安上圆形的金色饰件，上面缀以玉、珠、翠羽，形成色彩艳丽的列钱形图案。

唐代沿袭汉代旧法，室内有的采用壁衣、柱衣、地衣装饰建筑，有的则用壁画、彩画装点墙面与木构，彩画的重点位置是藻井、承尘与梁柱栋椽。现存敦煌壁画及唐墓所表示的众多天花藻井实例中，可以推知当时宫殿、庙宇等建筑中彩画的大致情形。日本僧人圆仁在他的《入唐求法巡礼记》中提到五台山金阁寺金阁，"阁九间三层，高百余尺，壁檐椽柱，无所不画"，而另一处寺院贞元戒律院则是"栋梁椽柱，妆画微妙"[2]。可见唐代佛寺殿阁作彩画的情况也时有所见。从五代南唐国主李昪墓中的柱、枋、斗栱上满布以红色衬地、青绿枝叶的缠枝牡丹花彩画中，也许可以窥知唐代晚期彩画风格之一二，因为南唐李氏标榜继承唐代国统，其风格也极力攀附唐代形制[3]。不过，从唐代壁画及诗文描述中所得到的印象，建筑物的外观仍以朱白二色为主（木构为朱，墙面为白），这也是两汉、南北朝以来所沿用的传统色调。上述日僧所见佛寺室外木构上遍绘彩画也许不是唐代建筑的普遍现象。

到了宋代，唐以前那种用绨绣被覆墙面和梁柱的风气依旧存在，例如宋仁宗景祐三年（1036年）曾下诏禁止臣庶使用"纯锦遍绣"来作壁衣、柱衣[4]，说明当时富豪之家用织物作建筑物室内被覆的现象仍比较普遍，而朝廷禁止的仅仅是用高级的纯锦遍绣织物而已。但另一方面，宋代的建筑彩画也已发展到了成熟阶段，具有很高的水平。《营造法式》彩画作所作的详尽记录，为我们展示了一幅完整的宋代彩画斑斓绚丽的历史图卷。看来，宋代彩画的成熟已经宣告织物被覆建筑室内的时代即将结束。毕竟那些墙上、柱上以及梁栋、天花板上拖拖挂挂的布帛锦绣织物不仅耗资巨大，且既累赘又不便，远不如彩画干净利索，正如帐幔帷幕之不如小木作的方便和挺括一样，二者最终被淘汰的命运已是不可逆转的了。

一、宋代彩画的色彩与构图特点

《营造法式·彩画作制度·总制度》中有这样一段话："五色之中，唯青、绿、红三色为主，余色隔间品合而已。其为用亦各不同，且如用青，自大青至青华，外晕用白。朱绿同。大青之内，用墨或矿汁压深。此只可以施之于装饰等用，但取其轮奂鲜丽，如组绣华锦之文尔。至于穷要妙夺生意，则谓之画，其用色之制，随其所写，或浅或深，或轻或重，千变万化，任其自然，虽不可以立言，其色之所相亦不出于此，唯不用大青、大绿、深朱、雌黄、白土之类。"

这短短的百余字勾画出了彩画的用色要领和锦绣色彩、图案的渊源以及它和绘画用色的不同之处。由于彩画要求达到华美鲜丽的装饰效果，所以用青（蓝）、绿、红三色为主，其他颜色只是掺合其间构成多彩多姿的图形。其间还用"起晕"的办法，使青、绿、红三种颜色能调和地组合起来，绝不因相互之间的强烈对比而产生不协调的感觉。而用白线压浅色晕道和用墨线（或紫矿汁线）压深色晕道，目的在于加强颜色的对比度，使之达到最强烈的色彩效果。至于绘画写生，则应穷其要旨，形神兼备，随所写对象而用色，或深或浅，千变万化，无一定之规，但其色相也不出此范畴，只是不用大青、大绿一类粗重颜料而已。

彩画之所以采用如此鲜丽的色调，显然是由宫殿的总体环境所要求的。朝堂所有仪仗、车舆、陈设都是金碧辉煌，美轮美奂，连官员平时朝觐所穿的公服（常服）也是紫、朱、绿、青四色。[5] 加上宋代绿、黄琉璃瓦屋面的兴起，提高了建筑整体色彩的鲜明度，彩画必然也要与之相适应了。而檐下及室内彩画所处的阴暗环境，更突现了鲜丽色彩的重要性。

关于宋代彩画的构图与图案内容，其来源大致有三个方面：

一是木构件及附件的残留痕迹。如额枋两端的如意角叶，是汉代壁带两端铜接件式样的反映（清式和玺彩画额枋两端所画更与之相像）。七朱八白彩画则是唐代大小额枋及二枋间壁板与短柱的残留形式。

二是纺织品图案。也就是上文《法式·彩画作制度·总制度》中所说的"组绣华锦之文"。这种图案在彩画中的数量很大，如团窠、琐纹、簇四、簇六、锦纹等，其实这也是柱衣、壁衣之类的残留形式。

三是传统的壁画、彩画，如云纹、仙灵、禽兽、人物等。

二、宋代彩画的分类

《法式》所载彩画有五种：

（1）五彩遍装（或称五彩装饰）；

（2）碾玉装（或称青绿碾玉）；

（3）青绿叠晕棱间装（或称青绿棱间）；

(4)解绿装饰屋舍；

(5)丹粉刷饰屋舍。

根据《法式》卷二十八《诸作等第》的分类，这五种彩画又分为三等：五彩遍装及碾玉装为上等；青绿棱间与解绿装饰为中等；丹粉刷饰为下等。这是从彩画所产生的装饰效果以及工料消耗的多少来划定的。

如果从它们的色调特点来划分，则可分为以下三类（表 6–1）：

1. 多彩色调的彩画

即“五彩遍装”彩画，其间朱、绿、青、黄、赭、紫、金等各色并用，图案华美，色彩富丽，用料高档，用于最高级别的殿堂。实物如辽代大同下华严寺薄伽教藏殿内梁栿及天花的彩画即与此类彩画相近，其画面是在红、蓝色上画五彩花与飞天，以寓佛说法时天雨花之意。但此种彩画图像极为繁杂，画工水平要求很高，费工费料，明洪武以后直至清代，可能已不再使用。

2. 青绿色调的彩画

即冷色调彩画。碾玉装与青绿叠晕棱间装属此类。这类彩画在明清官式建筑中得以继承发展，成为主要彩画品种，如各种旋子彩画、“一统江山”彩画等。

3. 红黄色调的彩画

即暖色调彩画。解绿装饰与丹粉刷饰属此类。这类彩画是六朝、隋唐以来朱柱白墙色调的延续与发展，在明清江南民间的庙宇、祠堂、第宅建筑中仍可见到，所留实物很多。

以上五种三类彩画都是装饰在大木作构件上的。小木作的色彩除平棊、栱眼壁外另有一套制度，但比大木作彩画要简单得多，一般仅在小木作部件上通刷土红或“合朱”“合绿”，讲究一些的，则重点加染少量青绿色或描绘彩色图案。

对于彩画的使用，宋代限制较宽松，如《宋史》舆服志有：“臣庶屋室制度……凡民庶家不得施重栱藻井及五色纹彩为饰。”说明品官家是可以五彩为饰的。而明初的制度就严格多了，如洪武二十六年（1393 年）定制，官员房屋不得用歇山、重檐、重栱及绘藻井。公侯家的梁栋、斗栱、檐桷可以五彩绘饰，门窗、枋柱用金漆饰（金漆即黄丹刷后罩熟桐油），一品至五品官员梁栋、斗栱、檐角用青绿绘饰，六品至九品厅堂梁栋只许刷土黄（三十五年又改六品至九品只许刷粉青）。品官房舍的门窗一律不得用丹漆（见《明史》舆服志）。由此可以看出，明代初期仍遵循宋《营造法式》房屋彩绘的质量等级制度，即由高到低分为三档：五彩→青绿→丹粉（土黄）刷饰，但执行时间似乎不长。

表 6–1　各类彩画特点一览

<table>
<tr><th>序　号</th><th colspan="2">彩画名称</th><th colspan="3">特　点</th></tr>
<tr><td>1</td><td colspan="2">五彩遍装</td><td colspan="2">用各种颜色、各种图案及写生画，遍绘大木构件，起四晕、可贴金</td><td>多彩色调</td></tr>
<tr><td>2</td><td colspan="2">碾玉装</td><td colspan="2">用青绿二色图案画大木构件，很少朱色，不画人物与禽兽之类，起四晕，或用金，称“抢金碾玉”</td><td rowspan="2">青绿色调
（冷色为主）</td></tr>
<tr><td>3</td><td colspan="2">青绿叠晕棱间装</td><td colspan="2">用青绿二色作大木构件边缘色，起三晕，身内作青、绿素色或仅有简单图案（再添一道红晕道者称三晕带红棱间装）</td></tr>
<tr><td rowspan="4">4</td><td rowspan="4">解绿装</td><td>解绿画松</td><td>土黄地上画松木纹</td><td rowspan="4">大木构件通刷土黄或土红，间画图案或花卉，用青、绿二晕缘道</td><td rowspan="6">红黄色调
（暖色为主）</td></tr>
<tr><td>解绿卓柏装</td><td>土红地上画松木纹及球纹</td></tr>
<tr><td>解绿结花装</td><td>土红地上画图案、花卉</td></tr>
<tr><td>解绿赤白装</td><td>土红地上画燕尾、八白</td></tr>
<tr><td rowspan="2">5</td><td rowspan="2">丹粉
刷饰</td><td>丹粉刷饰</td><td colspan="2">土红通刷木构件，画白缘道</td></tr>
<tr><td>土黄刷饰</td><td colspan="2">土黄通刷，用白缘道或黑缘道</td></tr>
<tr><td>6</td><td colspan="2">杂间装</td><td colspan="2">不是一种独立的品种，只用以上各类彩画拼凑即可</td><td></td></tr>
</table>

三、六种彩画分述

（一）五彩遍装（图 6-1~6-6）

这种彩画是在梁、柱、额、栱、斗、椽、连檐、檐下屋面板、栱眼壁板、平棊等处都画上五彩花纹、云纹图案或人物、神仙、飞禽、走兽、花卉的写生画，所以称为“遍装”。花纹图样都采用“间装”法，即各种不同的颜色相互间隔配置：青色地上的花纹用赤、黄、红、绿相间画成，构件外棱则用红色叠晕的缘道；红色地上的花纹用青绿相间，心内用红色画成，构件边棱用青色叠晕缘道；绿色地上的花纹用赤、黄、红、青相间画成，边棱用青、红、赤、黄叠晕的缘道。其间，边棱及花纹内还可以贴金，称为“五彩间金”（见《法式》卷十四、卷二十五）。可以想见，这是一种极力用丰富的色彩堆砌出豪华气氛的做法。

这种彩画所用的图像内容也最广泛多样，其中有花卉（共九种）、琐纹（共六种）、飞仙、飞禽、走兽、人物、云纹等七大类（参见《法式》卷三十三图样）。

叠晕之法，多达四晕。以青色为例，由浅到深依次是：青华（即粉蓝，绿为绿华，红为朱华）、三青（绿为三绿，红为三朱）、二青（绿为二绿，红为二朱）、大青（绿为大绿，红为深朱），大青之内，用墨线压心（朱以深色紫矿压心，绿以深色草汁压心），青华之外，压白线一道。构件边棱的晕由深至浅从边向内退晕，花纹则与之相对由浅到深退晕。

下面是各种构件五彩遍装彩画的具体做法：

柱　分为柱头、柱身、柱脚三部分：柱头是指与额枋相接的部位，画锦纹或琐纹；柱身也可画锦纹与柱头相应，或作海石榴等花卉图案，或作五彩飞凤之类，或画四瓣、六瓣团窠图案（参见《法式》卷三十三《彩画作制度图样上·五彩额柱第五》）柱身上下与柱头及櫍之间各有一道青或绿的叠晕分隔带；櫍画莲花瓣，用青色或红色叠晕。

梁　外棱用青（或绿、或朱）作边缘，并叠四晕（由外向内退四晕），身内画五彩花卉或琐纹图案，外侧与梁外棱相对应退晕，图案之外的空隙用朱、青、绿三色间隔填充作地，衬出花纹。其间也可以作人物、神仙、飞禽、走兽、花卉等写生画（参见《法式》卷三十三《彩画作制度图样上·五彩杂花第一、五彩琐纹第二、飞仙及飞走等第三、骑跨仙真第四》）。

额　檐额、大额、由额两头与柱相交处，都画如意头角叶（三瓣、两瓣等），长为宽的 1.5 倍，形成构图框架，（参见《法式》卷三十三《五彩额柱第五》），再在其中布置各种花纹、琐纹及写生画，其内容与梁相同。边棱的缘道叠晕也与梁相同。

斗栱　斗、栱、昂、枋的边棱的叠晕方法和梁额相同，缘道内的花纹与衬色也与之相同。但不用飞禽、走兽等，因构件面积不及梁额宽阔，不宜作此种写生画。

椽　檐椽断面为圆形，故椽头面子画叠晕莲花、出焰明珠或叠晕宝珠等，相邻两椽头面子需青与红相间用色。椽子身内作缠枝牡丹、石榴等六种通用花纹或团窠、方胜等图案，以青、绿、红作衬地。飞子头画四角柿蒂或玛瑙，其身内有多种作法：或作青、绿色的连珠，或作方胜，或作两尖窠或作团窠；如椽身两侧与下面不同，则下面用遍地花或锦纹，两侧用青绿叠晕棱间装（即晕道内仅作青或绿单色）。檐椽与飞子的花纹还要相互错开，如檐椽用遍地花，飞子即用素地锦。反之亦然。

大连檐　立面画三角形叠晕柿蒂花，或作霞光。

白版　即出檐下的屋面板，画两尖窠、素地锦，以红、青、绿作衬地。

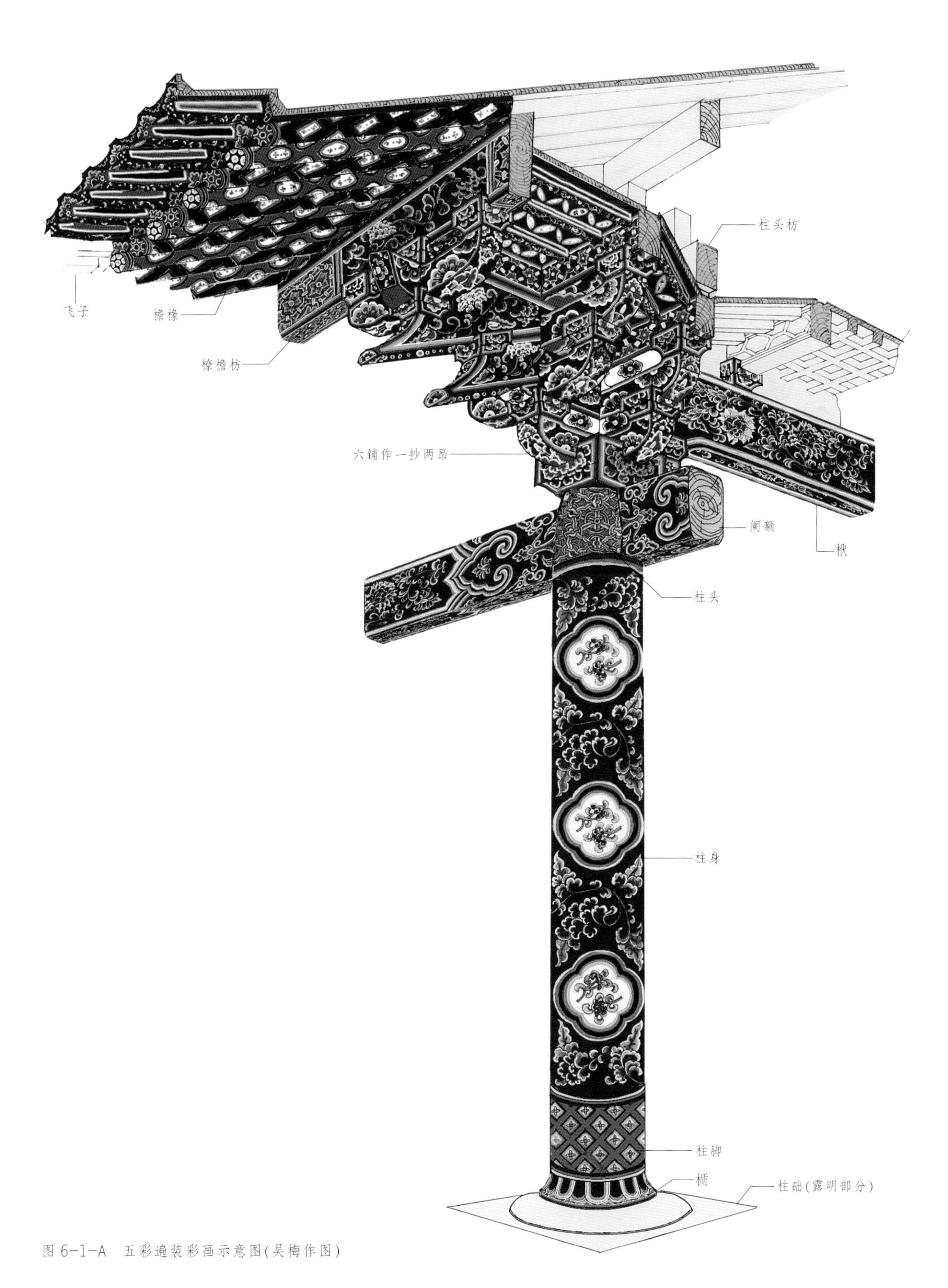

图 6-1-A 五彩遍装彩画示意图(吴梅作图)

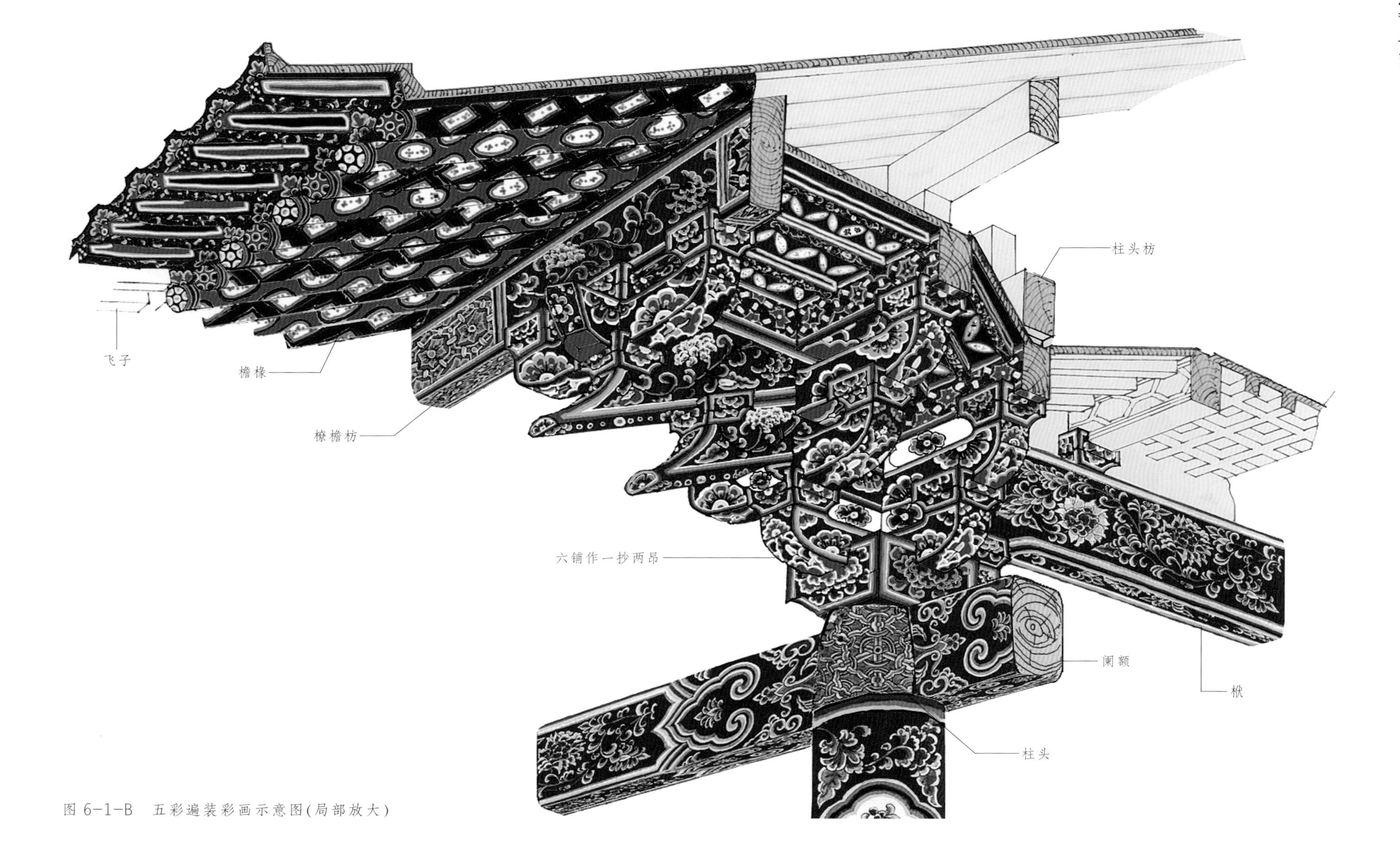

图 6-1-B　五彩遍装彩画示意图(局部放大)

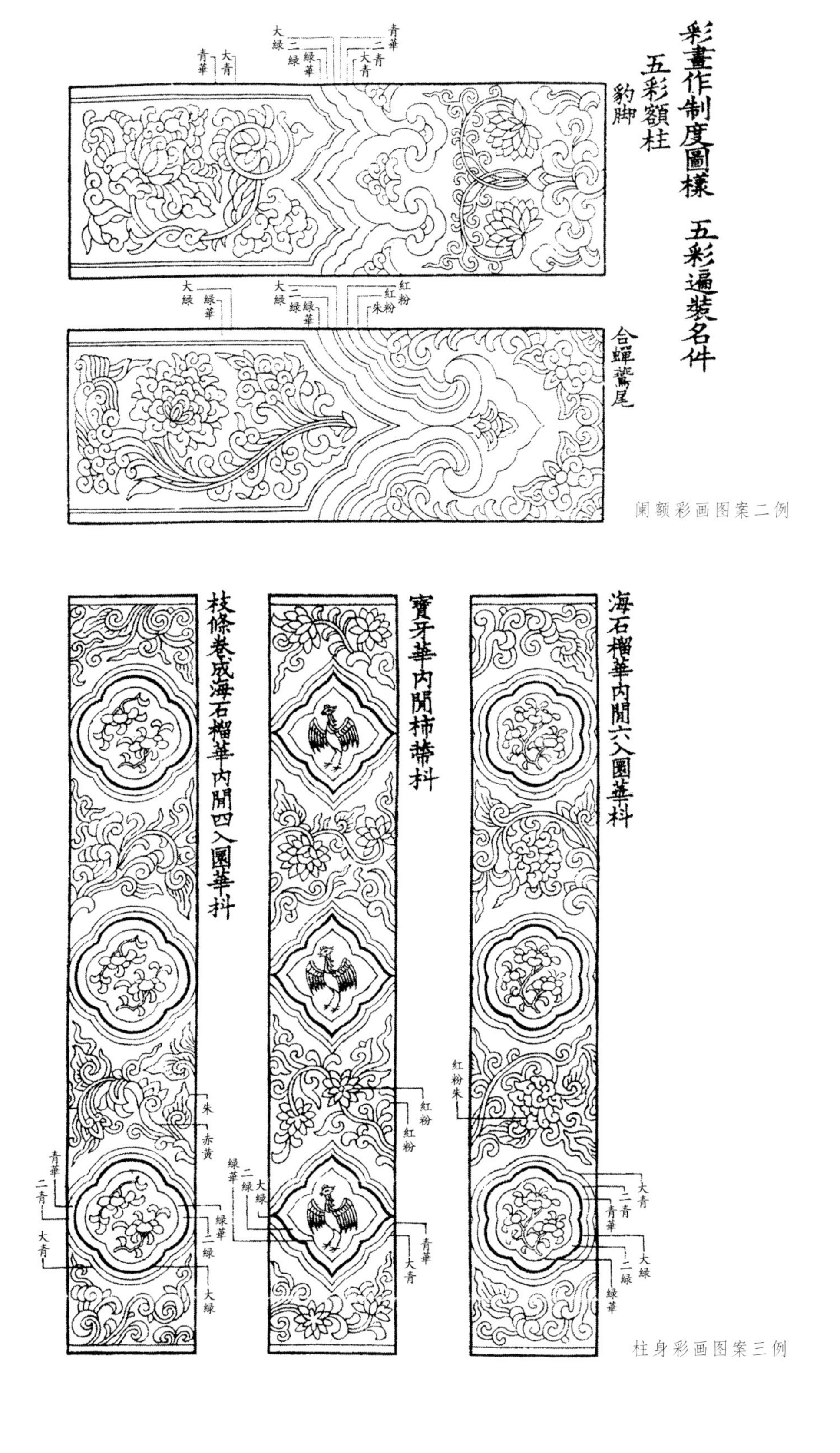

阑额彩画图案二例

柱身彩画图案三例

图 6-2　五彩遍装彩画阑额、柱身图案举例（引自《法式》卷三十三）

飞子、椽子彩画图案二例

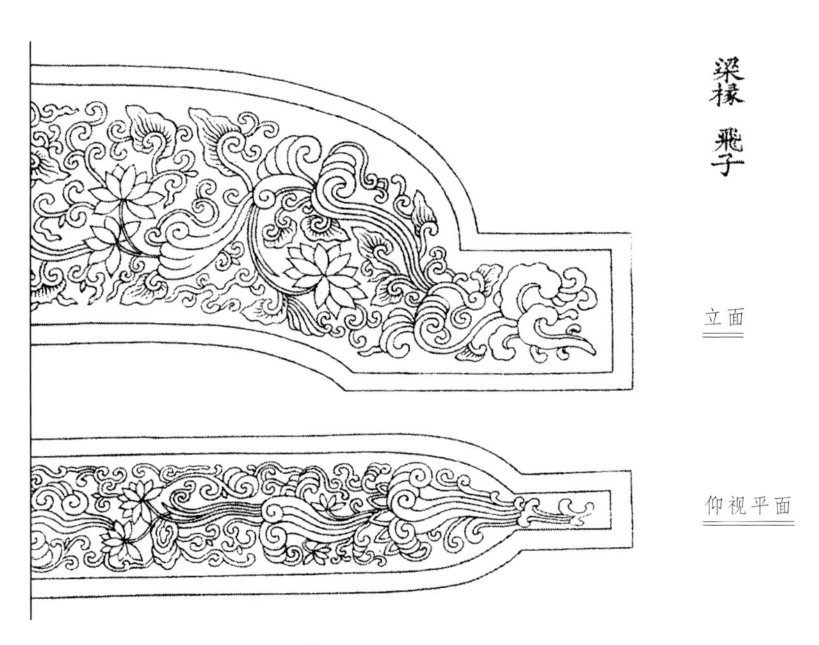

月梁彩画图案一例

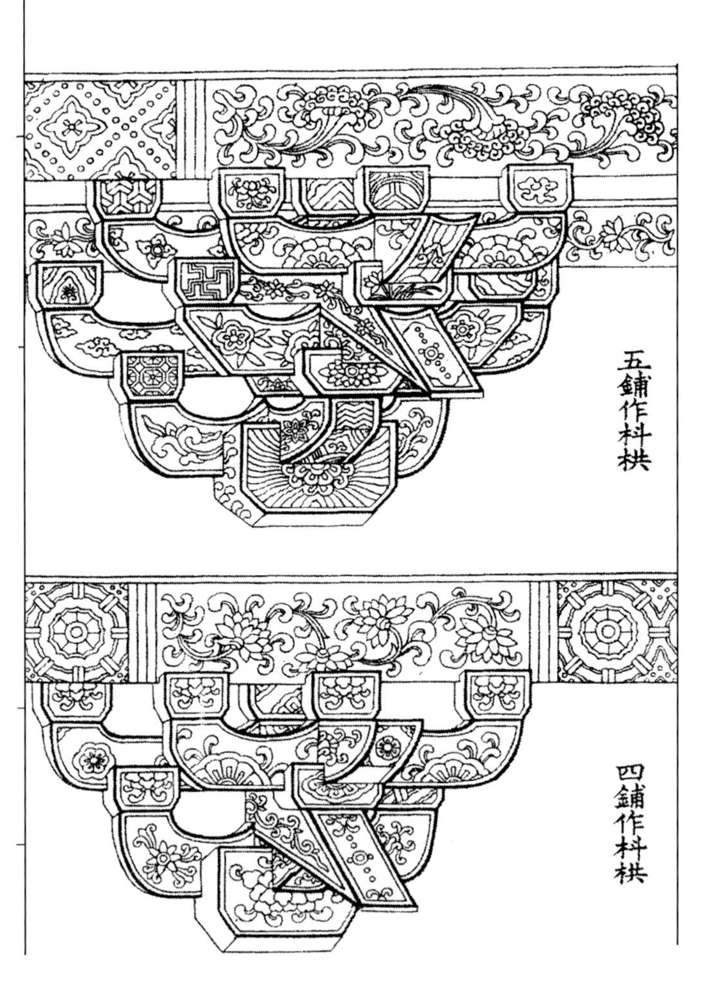

斗栱彩画图案二例

图 6-3　五彩遍装彩画月梁、椽子、斗栱图案举例
(引自《法式》卷三十三)

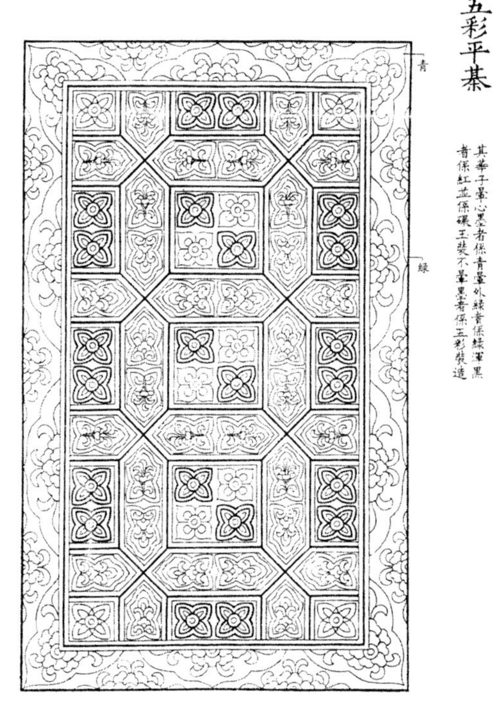

长方形平棋一例

方形平棋一例

图 6-4　五彩遍装彩画平棋图案举例
(引自《法式》卷三十三)

平棋　按方形或长方形平棋格布置图案。《法式》卷三十三有图样四种。

栱眼壁　栱眼壁有两种：一用木板，一作粉壁。可作写生人物、花卉，或用木雕盆花安于壁上，并施色彩（参见雕作制度，其中专列一项"雕插写生花"用于栱眼壁内）。

图 6-5　五彩遍装彩画栱眼壁内图案一例
(引自《法式》卷三十三)

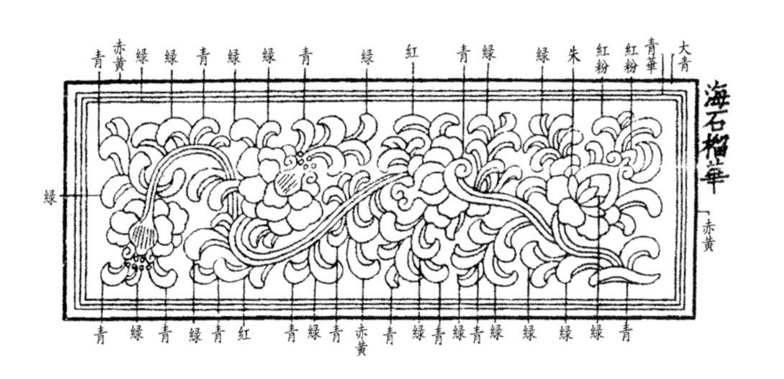

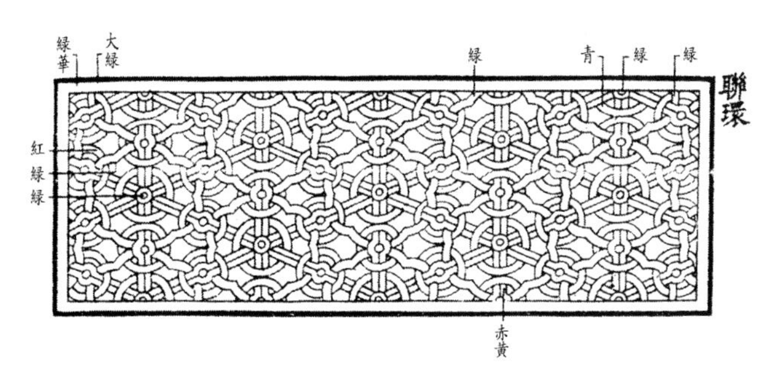

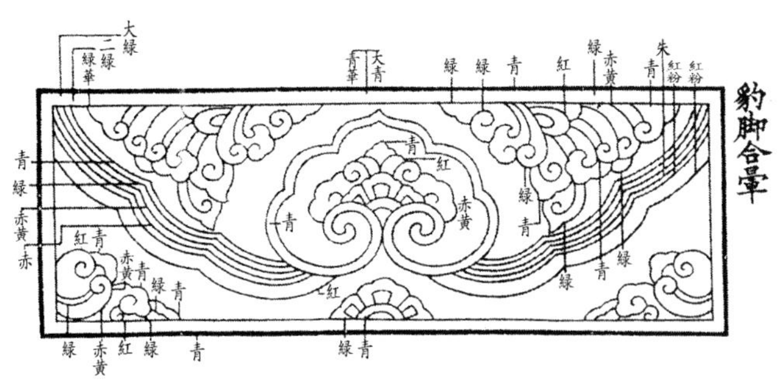

图 6-6　五彩遍装彩画图案及注色三例
(引自《法式》卷三十三)

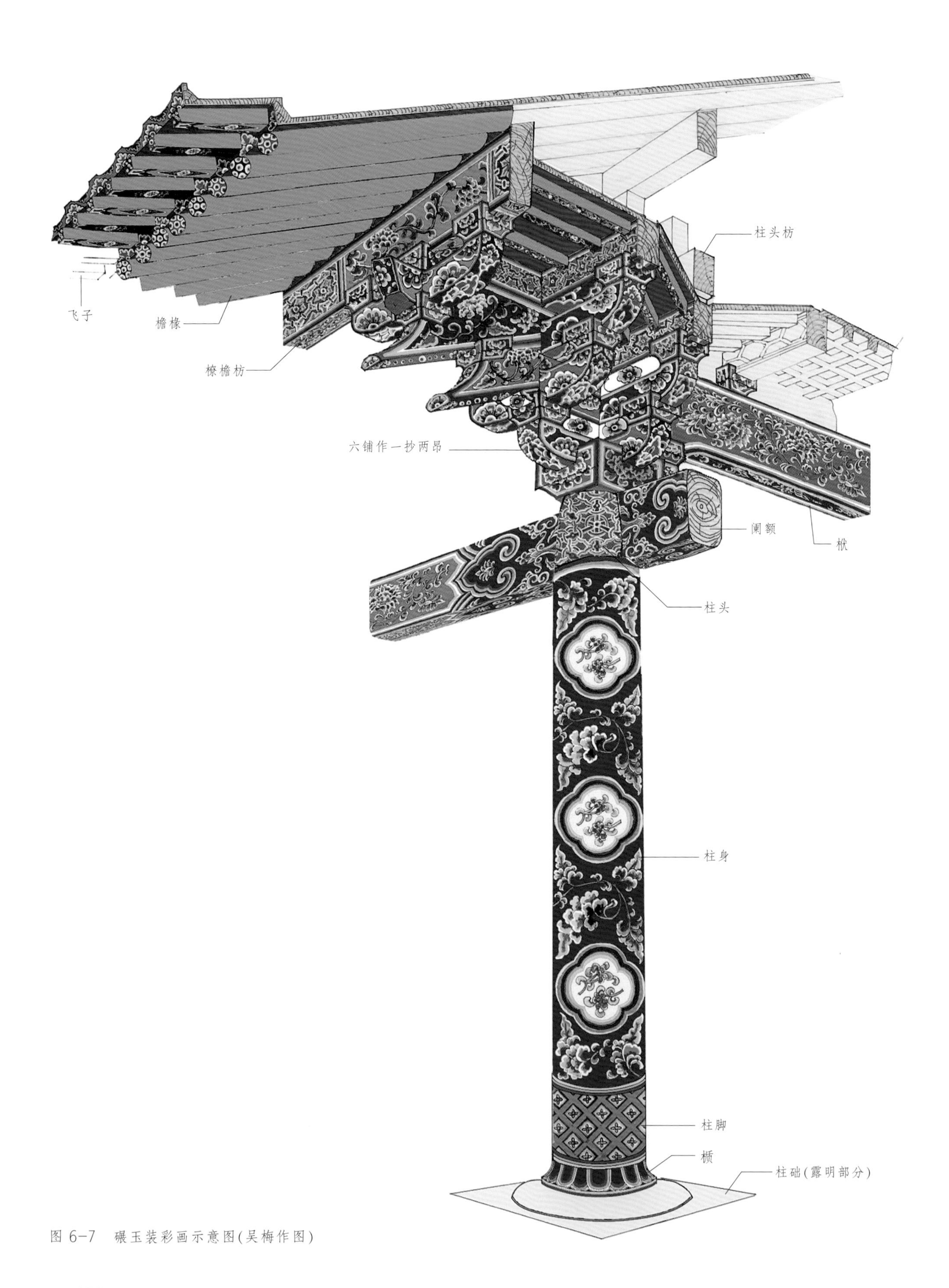

图 6-7　碾玉装彩画示意图(吴梅作图)

（二）碾玉装（图 6-7~6-9）

“碾玉”一词可能是因为青绿晕色与碾玉颜色相似而来。白居易《游宝称寺》诗有句曰：“酒嫩倾金液，茶新碾玉尘。”唐代用茶碾末煮饮，故新茶颜色如同玉尘。

碾玉装的特点即是木构件的边棱缘道和图案花纹都用青绿二色相间叠晕构成，形成冷色调的彩画。花纹间贴金箔者称为“抢金碾玉”（见《法式》卷二十五《诸作功限二·彩画作》）。此种彩画与五彩遍装突出的不同之处有两点：

一是以青绿二色为主，基本不用红色；

二是图像内容以花纹、琐纹等图案为主，不用各种人物、花卉、神仙、飞禽、走兽等写生画。

其木构件彩画具体做法如下：

柱　柱身用素绿色，或碾玉花纹，或“间白画”（此法详情不明，可能是一种白底彩画，见《法式》卷十四《碾玉装》）；柱头用五彩锦，或只用碾玉花纹；櫍作莲花，施青晕或红晕。

梁、额、枋、斗栱　外棱四周边缘用青或绿叠晕，如用绿色边缘，则身内花纹作于淡绿地上，并以深青作衬地，托出花纹。花纹的用色与五彩遍装相同，只是内容不用写生画和各种较复杂的图案花纹。叠晕也与五彩遍装相同。

椽　椽头作出焰明珠，或莲花，或簇七明珠，椽身用素绿或碾玉花纹；飞子正面青绿合晕，两旁或退晕，或素绿。

仰板　即出檐部分的屋面板，用素红，或作碾玉装花纹。

（三）青绿叠晕棱间装（图 6-10、6-11）

这是一种由青绿外棱与身内素色相间用色、相对起晕而构成的彩画。梁、额、斗、栱均无花纹，仅柱、椽有简单花纹作重点装饰，和清式“一统江山”彩画相似。其具体做法是：

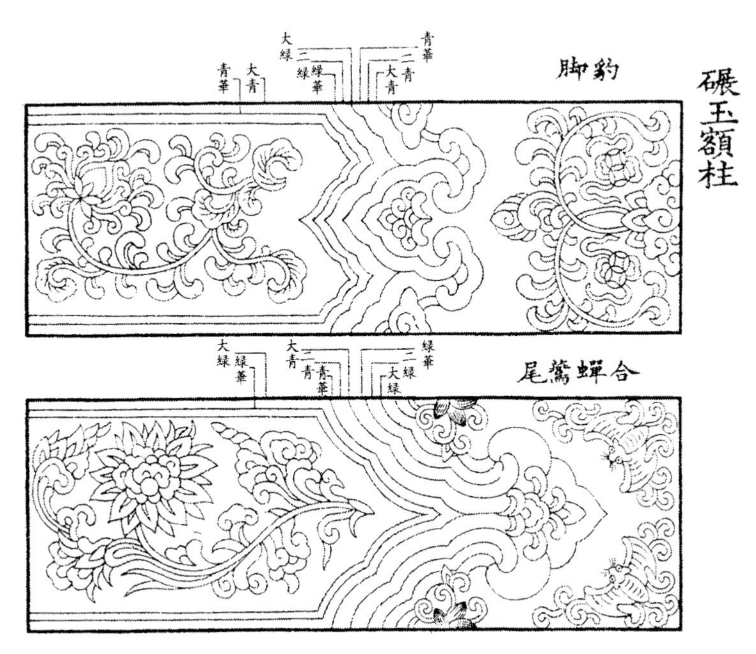

阑额彩画图案二例

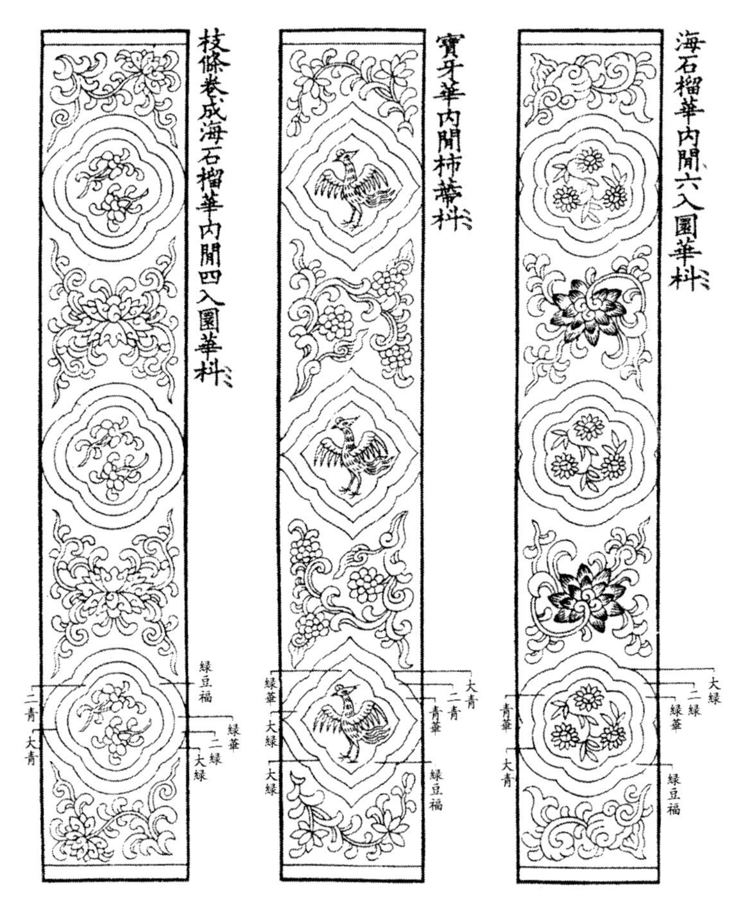

柱身彩画图案三例

图 6-8　碾玉装彩画阑额、柱身图案举例（引自《法式》卷三十三）

飞子、椽子碾玉彩画图案一例

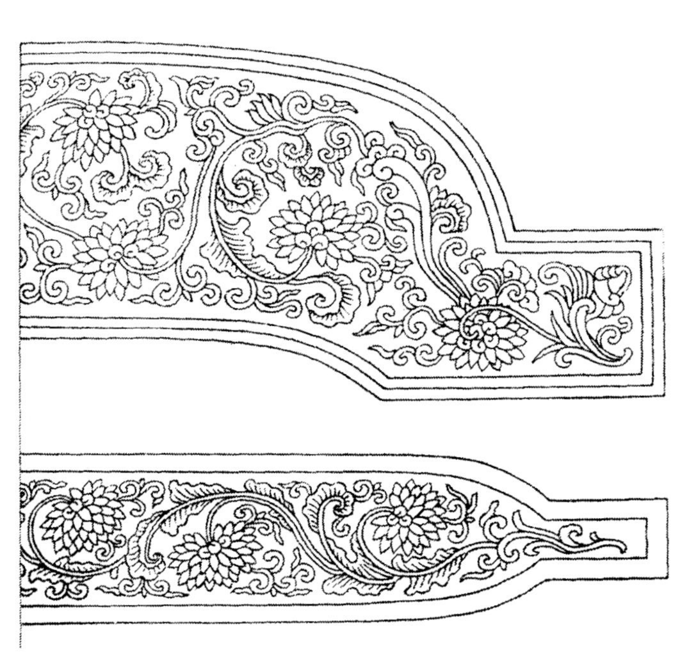

月梁碾玉彩画图案一例

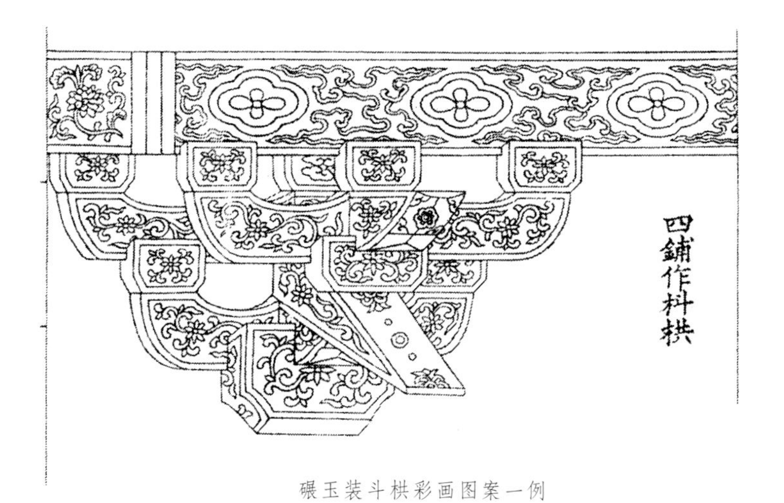

碾玉装斗栱彩画图案一例

碾玉单栱栱眼壁彩画图案一例

图 6-9　碾玉装彩画梁、椽、斗栱、栱眼壁内图案举例(引自《法式》卷三十四)

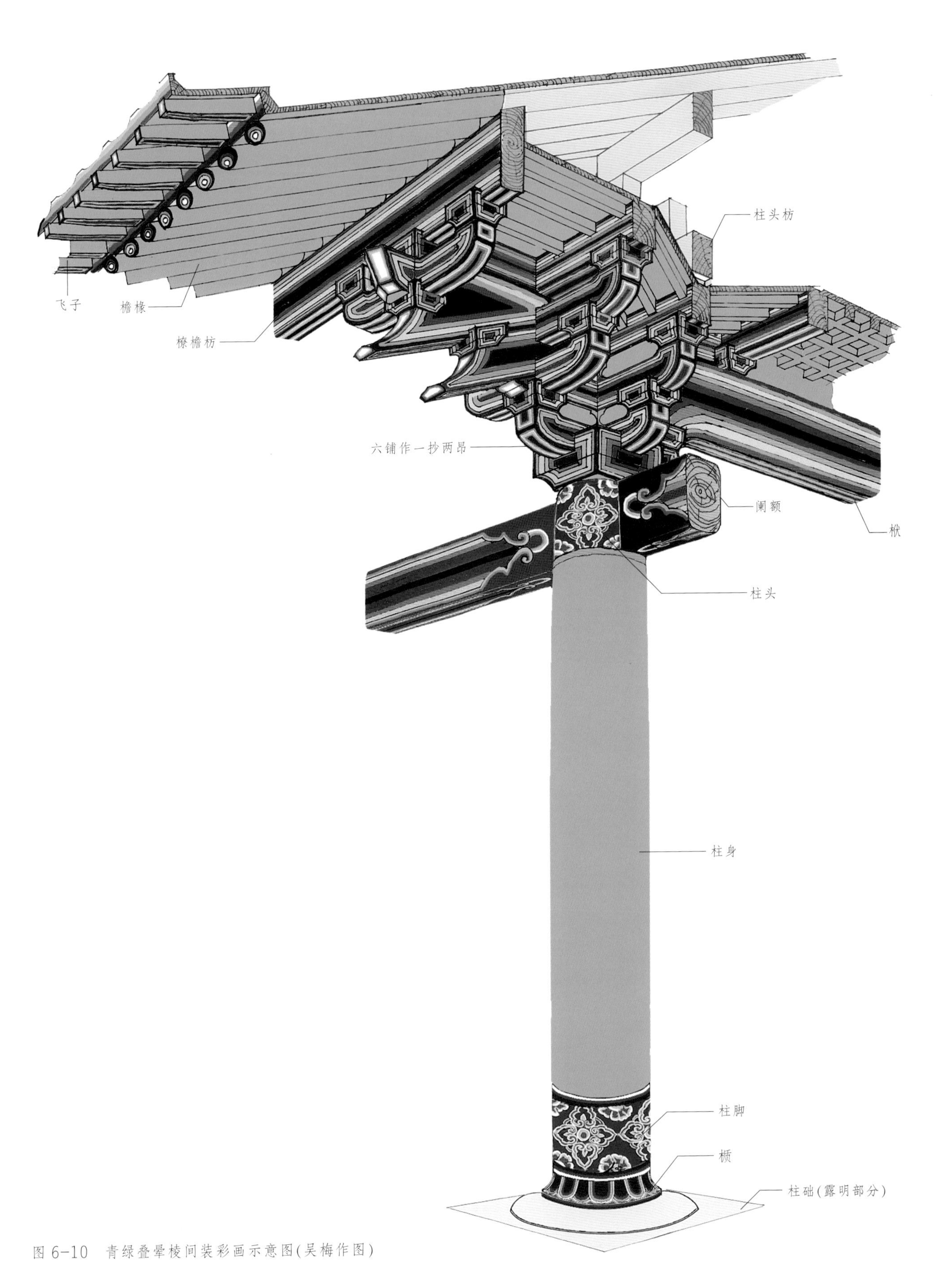

图 6-10　青绿叠晕棱间装彩画示意图(吴梅作图)

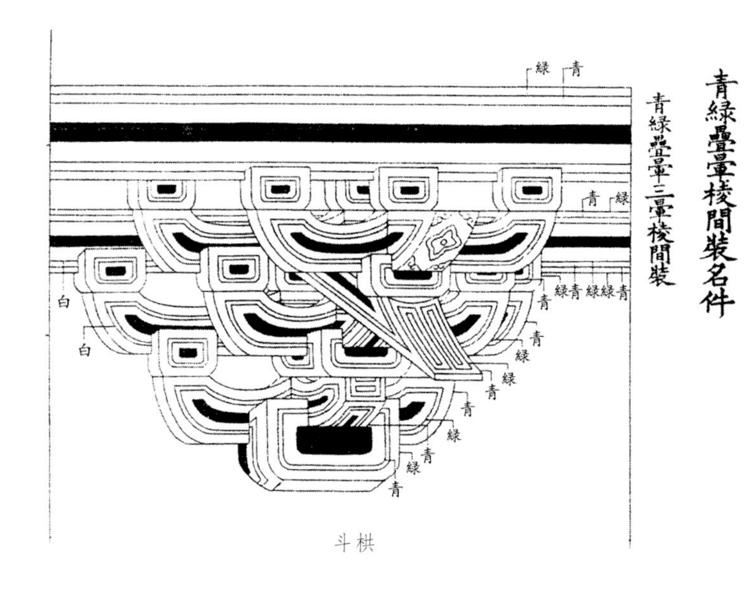

斗栱

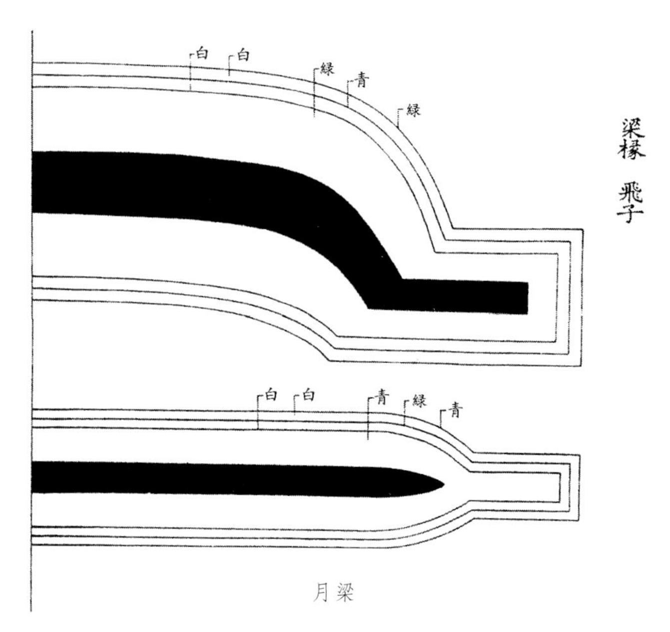

月梁

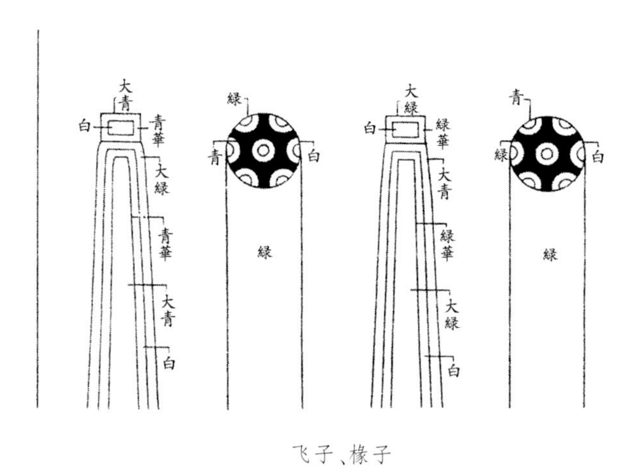

飞子、椽子

图 6-11　青绿叠晕棱间装彩画图案举例（引自《法式》卷三十四）

柱　柱身素绿，或碾玉花纹，或笋纹；柱头作四合如意头，青绿退晕；櫍作青绿叠晕莲花，或五彩锦纹，或团窠、方胜、素地锦。

梁、额、枋、斗栱　外棱用青绿叠晕缘道，身内用青绿与外棱相对退晕，称为“两晕棱间装”。这类彩画的外棱晕道比五彩及碾玉少一道，即仅用青（绿）华、二青（绿）、大青（绿），而不用三青（绿）。但身内仍用四晕道。还有一种“三晕棱间装”，即在上述两晕棱间装的身内颜色中再加一层颜色，由外向内逐层相包，即青—绿—青，或绿—青—绿相间用色。

如将中间层的青或绿改用红色，则又称“三晕带红棱间装”。

椽　椽身素绿，椽头作明珠或莲花；飞子、大小连檐并青绿退晕；飞子两旁素绿，无花纹。

（四）解绿装饰屋舍（图 6-12、6-13）

这种彩画以土红色为主。凡梁、额、枋、斗、栱等木构件都通刷土红，其外棱边缘则用青绿叠晕相间，例如斗用绿，栱即用青之类。晕只用二道，即大青（大绿）、青华（绿华）不用二青（绿）、三青（绿）。在檐额、大额、由额和梁栿的两端还可相对作如意头、燕尾等图案。归纳起来，这类彩画，大致有四种形式：

1. 解绿画松

在构件上通刷土黄后，用墨画出松木纹，再以紫檀色相间刷染（紫檀色即用墨渗土红调和而成），最后用墨点出木节，构件下面则用合朱通刷。在画有松纹的梁栋两端及中央部位，往往还画有锦纹及其他花纹为饰。这种松纹彩画在江南明清建筑中甚为流行，如歙县西溪南村绿绕亭桁上彩画、呈坎罗东舒祠宝纶阁彩画、苏州东山杨湾明善堂桁椽彩画（维修时被无知修缮者用桐油遍刷，彩画遭到破坏）等。曲阜孔庙大堂后的穿

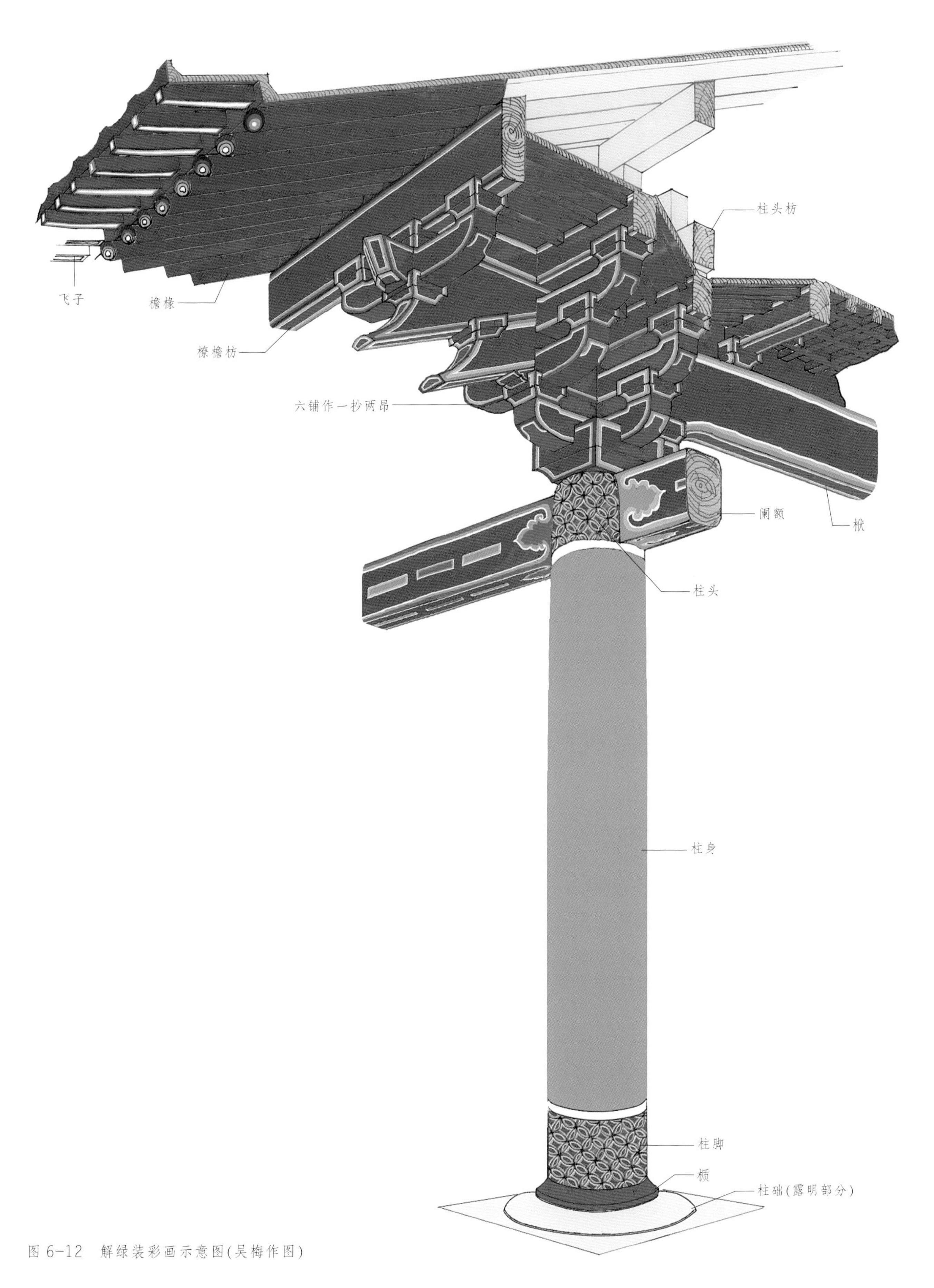

图 6-12 解绿装彩画示意图(吴梅作图)

堂梁架上，也用这种松纹彩画。

2. 解绿卓柏装

在土红地上用墨或紫檀点画簇六球纹和松纹间杂相配的解绿装，称之为卓柏装。这种彩画在江南庙宇建筑中也有所见。

3. 解绿结花装(图 6-14)

在斗栱、枋子等木构件的土红地上，相间布置写生花卉或图案花纹者，称之为解绿结花装，在江南庙宇建筑中也时有所见。

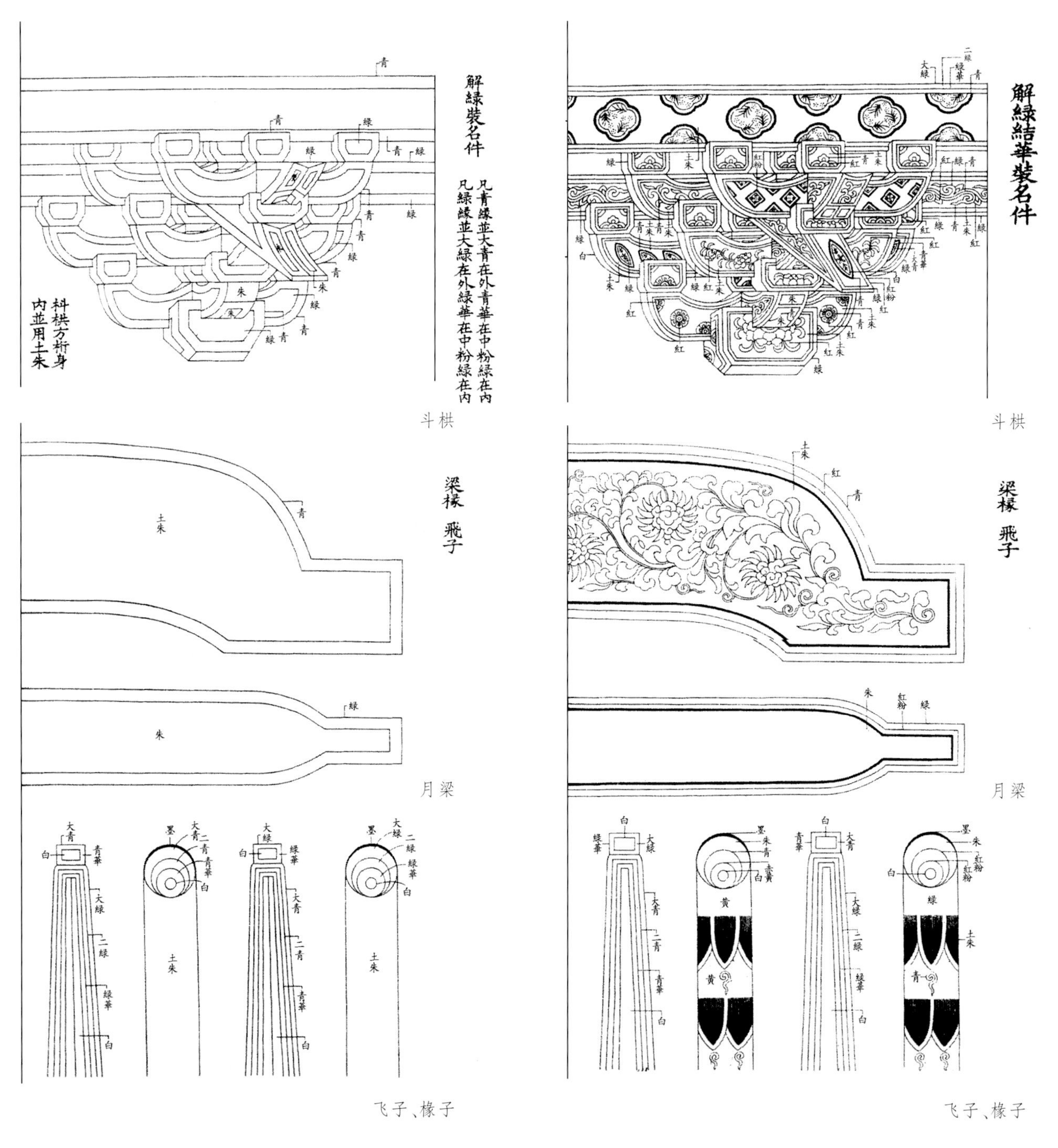

图 6-13 解绿装彩画图案举例
(引自《法式》卷三十四)

图 6-14 解绿结花装彩画图案一例
(引自《法式》卷三十四)

4. 解绿赤白装

《法式》卷二十五及卷二十八有“解绿赤白”的名目，但具体做法不明。结合卷十四“燕尾八白等并用青绿叠晕相间”之说，以及丹粉刷饰屋舍项内“七朱八白”做法，推测应是：构件身内土红、外棱青绿叠晕，梁、额两端有燕尾及如意头，身内均匀布置若干白色长方块而成“七朱八白”构图。苏州虎丘塔内壁上即有这种彩画形式（在壁上粉出额枋及七朱八白、如意头式样）。

解绿装饰屋舍彩画的其他各部分画法：

柱头　刷红色，用雌黄（即二硫化砷，橙黄色）画方胜及团窠，或以五彩画四斜或簇六球纹锦。

柱身　通刷合绿（以雌黄 + 淀，即靛合成）。画笋纹；或用素绿。

柱脚　其图案与柱头相同。

椽　椽头作青绿叠晕明珠。椽身通刷合绿（合绿成分见下节“小木作刷饰 2. 合朱刷”）。

槫　此种解绿彩画用于较低等级的建筑，无承尘（平棋之类），故槫上需作彩画。作绿地笋纹，或素绿。

影作　即在阑额或檐额上的栱眼壁上作形如人字形斗栱的彩画，其构图内容为：上作莲花托斗子，下作项子及两脚（见《法式》卷三十四图样）。壁内通刷土红，上端及两头用青绿叠晕作缘道，斗子、莲花、项子、两脚均用青绿叠晕。

对于“解绿”一词，似可理解为“以绿为界”，即用绿（青）缘道，界出（解出）木构部件。

（五）丹粉刷饰屋舍

这是用土红或土黄刷染木构的做法，是最简单的一种建筑色彩装饰。用土红刷者称“丹粉刷饰”，用土黄刷者称“土黄刷饰”。

1. 丹粉刷饰（图 6-15、6-16）

木构件的两侧及上面用土红通刷，下面用黄丹（橘黄色）通刷，下棱用白粉画缘道，不起晕。这里，白缘道有着勾勒轮廓的重要作用，《法式》卷十四对之作具体规定：白缘道至两端斜讹向下收住。斗栱、梁栿、阑额枋、替木、叉手、托脚、驼峰、大连檐、搏风板等所用白缘宽度为构件本身的 1/8，但绝对尺寸掌握在 0.5~1 寸之间。

栱头、替木头、绰幕枋头、楷头、角梁头下面刷黄丹，靠上边刷白燕尾，长 5~7 寸，燕尾每边宽为构件宽之 1/4，中心留 1/2，上刷横白线宽 0.15 寸。耍头和梁头的正立面也刷黄丹，并在其中画白色的“望山子”（一个等腰三角形，宽为构件宽之 1/2，高为构件高之 2/3）。

檐额、大额（阑额）里外有“八白”刷染法，又称“七朱八白”。即将额中心 1/5~1/7 的宽度，依额的长度匀分为八格。每格画一长方形的白块，两端的白块与柱子直接相连接，称“入柱白”。这类“八白”彩绘在江、浙一带五代及宋代建筑的遗物上用得相当普遍，如宁波保国寺大殿、杭州灵隐寺石塔、苏州虎丘塔、镇江北固山铁塔等。直至明代，许多住宅的梁枋上仍保留着“八白”彩绘的图形（虽然已无朱白色彩之分）。可见其在江南影响面极广，延续的时间也很长。惟所用白块之数未必符合“八”之数，有的仅五白、六白。

柱　柱头及柱脚刷黄丹，上下各用白线作界。柱身通刷土红。

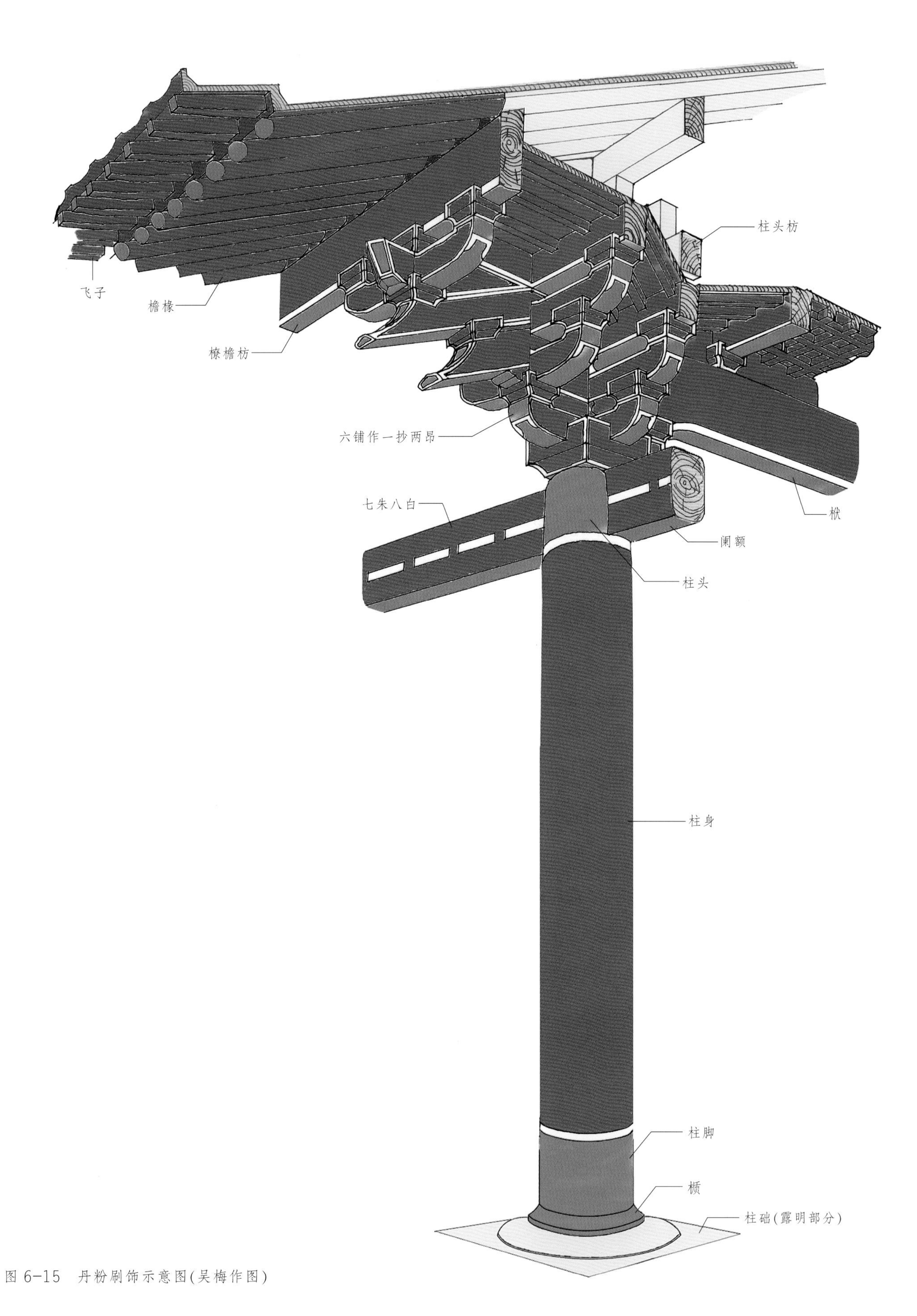

图 6-15　丹粉刷饰示意图(吴梅作图)

椽、榑、门、窗之类　通刷土红。但破子棂窗子桯、照壁屏风的难子、椽头刷黄丹。

平暗、板壁　刷土红。

影作　与解绿装影作图案相似，在栱眼壁或额上壁内画斗子、莲花、项子、两脚，但用色不同，即不用青绿，而以红、黄两色相间刷染，再用白线勾勒花纹。

丹粉刷饰的土朱须刷二遍，最后用胶水罩一遍。

2. 土黄刷饰(图 6-17、6-18)

其刷染方法与丹粉刷饰相同，只用土黄代替土红即可。但这种彩画也可用墨缘道替代白缘道，或在墨缘道两侧再用白线压边。用墨作缘道效果比用白缘明显，因白色与黄色对比较差。

(六)杂间装

就是把上述五彩、碾玉、青绿棱间、解绿等彩画掺合起来，形成一种混杂的彩画，以求得色彩的鲜丽。其配合方法是：

(1)五彩间碾玉装　即五彩遍装 6/10 配碾玉装 4/10；

(2)碾玉间画松纹装　即碾玉装 3/10 配画松装 7/10；

(3)青绿三晕棱间及碾玉间画松纹装　即青绿三晕棱间装 3/10，碾玉装 2/10、画松装 4/10(原文三者相加少 1/10)；

(4)画松纹间解绿赤白装　即画松文装 5/10，解绿赤白装 5/10；

(5)画松纹卓柏间三晕棱间装　即画松纹装 6/10、三晕棱间装 2/10、卓柏装 2/10；

(6)间红青绿三晕棱间装及五彩遍装与画松纹装　可参照上列相关彩画决定所占份数。

由此可见，宋代彩画制度比较灵活，并不忌讳“杂”，各种彩画可以相互拼凑，发挥各自的长处，产生另一种“杂”的效果。

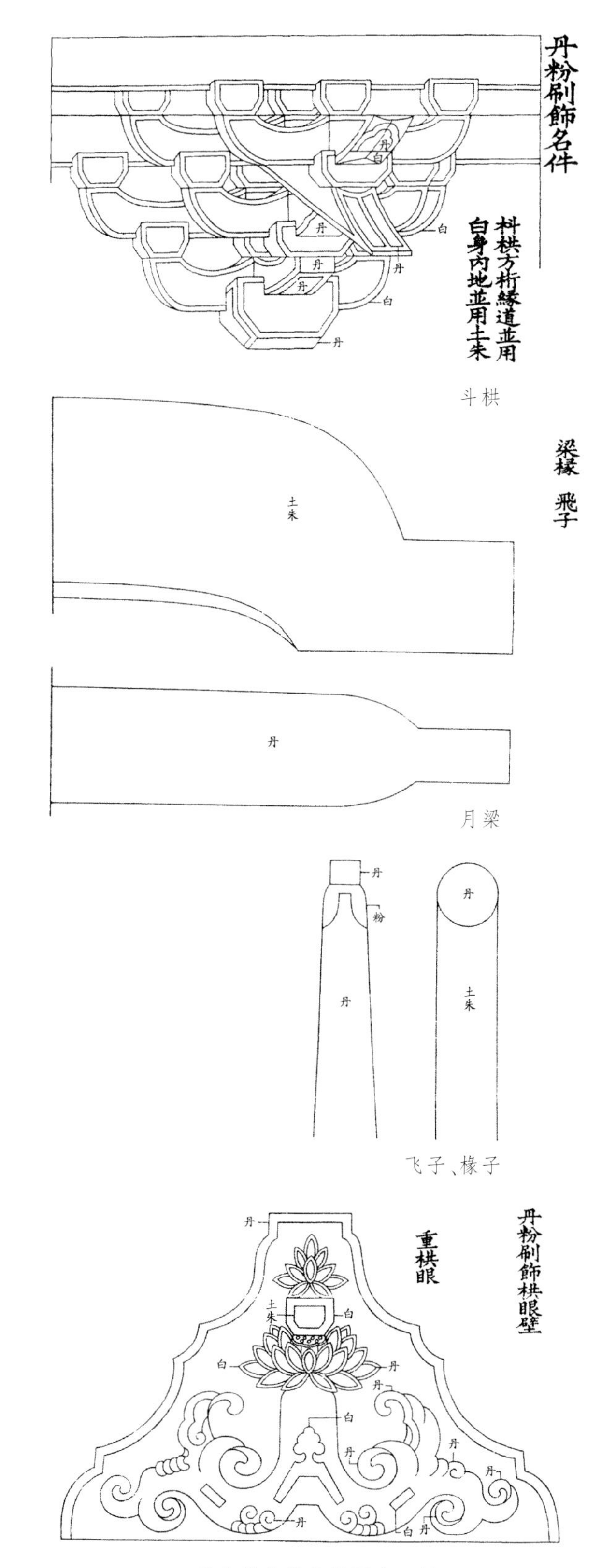

图 6-16　丹粉刷饰白缘道图案举例(引自《法式》卷三十四)

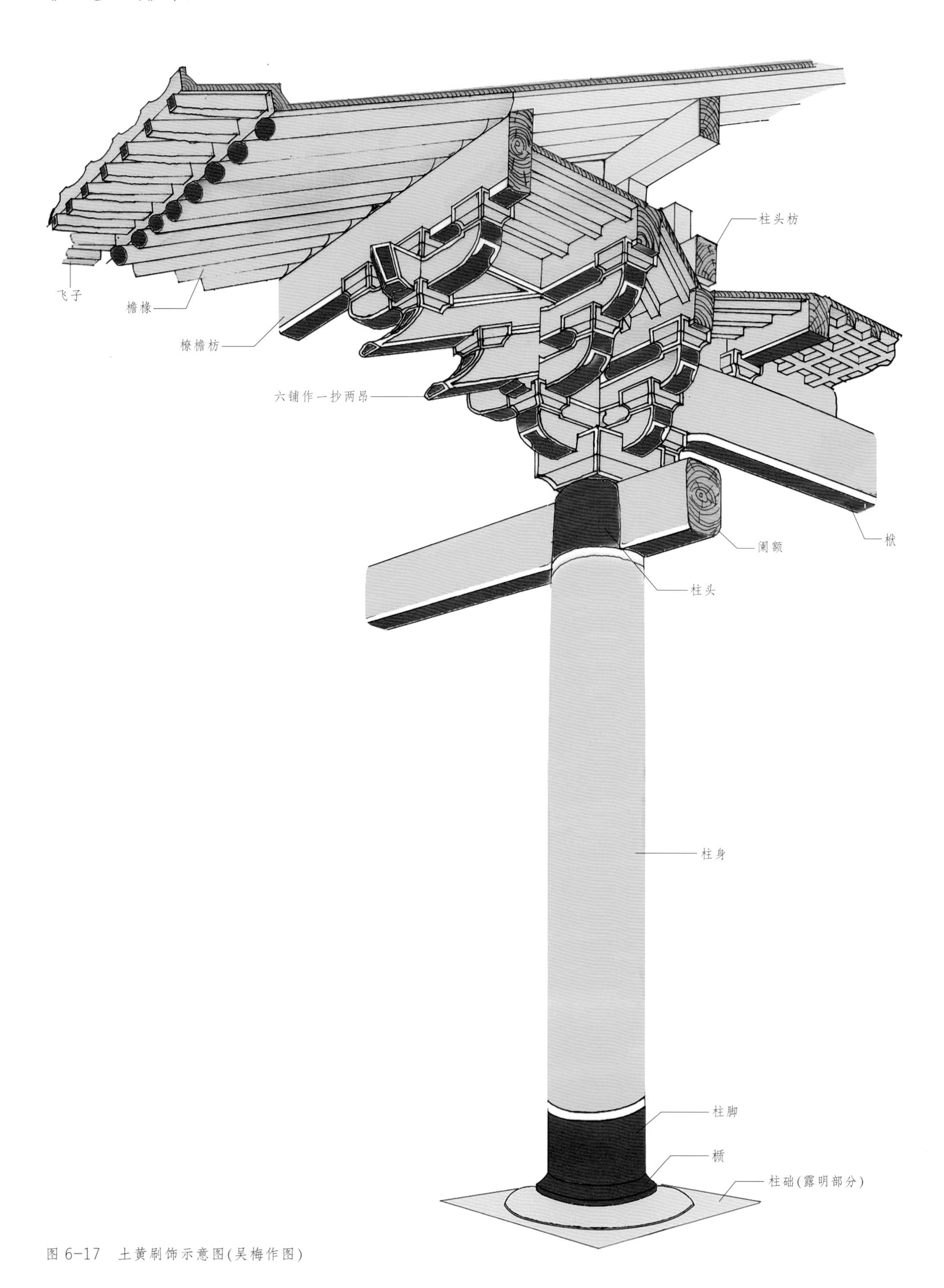

图 6-17　土黄刷饰示意图(吴梅作图)

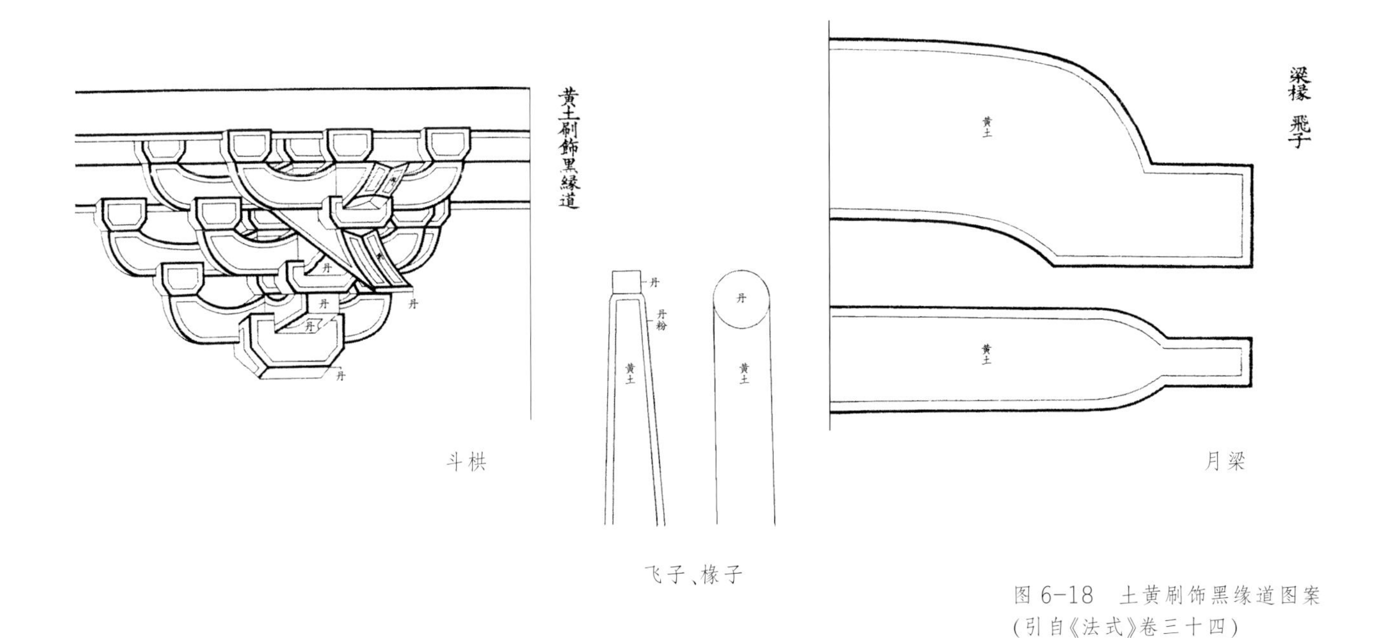

图 6-18　土黄刷饰黑缘道图案
(引自《法式》卷三十四)

四、小木作刷饰

《法式》彩画作制度中，并未对小木作刷饰色彩作出全面规定，仅对平棋及栱眼壁提供了彩画图样。但在卷二十五《诸作功限二·彩画作》中列出土朱刷与合朱刷二项，从中可窥见若干小木作部件的色彩处理。

1. 土朱刷

即用土红刷饰。用于板壁、平暗、门窗、叉子、钩阑、棵笼子等，其间也可间杂使用黄丹、土黄及绿色，或用青绿作护缝、牙子等边棱的分界(即"解染")。

2. 合朱刷(或合绿刷)

"合朱"是一种合成色，一斤合朱由黄丹 10 两与紫粉 6 两合成；一斤"合绿"则由雌黄 8 两与淀(即靛青)8 两合成(见《法式》卷二十七彩画作料例)。其刷饰部件见于《法式》卷二十五彩画作功限一项者有：

格子门　合朱刷染门，如门用合朱画松，则难子及壶门解压青绿(即用青绿画界)；如门用合绿，可于障水板刷青地，描绘戏兽、云子之类；如朱红染门，其难子、壸门、牙子则解(界)染青绿。如土朱刷门，也可间用黄丹。

平暗、软门、板壁之类　这些部件可刷合朱，其难子、壸门、牙头护缝则解(界)染青绿；也可通刷素绿；或抹合绿，则牙头护缝解染青华；或朱红刷染，则牙头护缝等可解染青绿。

槛面、钩阑　或刷合朱，或抹合绿，或染朱红。其万字钩片栏板、难子则界染青绿；或障水板上描染戏兽、云子。

叉子　叉子刷合朱，其云头、望柱头用五彩装或碾玉装；叉子也可染朱红或抹合绿。

棵笼子　如棵笼子刷合朱，则间刷素绿。牙子、难子等界压青绿。

乌头绰楔门　如门刷染合朱，则牙头护缝、难子压染青绿，棂子抹绿；或土朱刷间染黄丹。

窗抹合绿，难子刷黄丹，颊、串、地栿刷土红。

五、彩画施工

宋代彩画施工分为衬地、衬色、布细色三个步骤：

1. 衬地

先在木构件上用胶水遍刷。如果是贴金地，则须用鱼鳔胶刷。然后再据各类彩画的不同要求刷衬地：

五彩遍装　在胶水干后，先刷一遍白土，再刷一遍铅粉，形成白色的衬地。

碾玉装或青绿棱间装　在胶干后，用1/3青淀加2/3茶土，合而刷之，形成浅蓝衬地。茶土是白土的一种，淀即靛（靛青）。

贴金箔　在鱼鳔胶干后，刷五遍白铅粉，再刷五遍土朱铅粉，形成比较厚实平整的浅土红衬地。然后再用薄胶水贴金，用绵（在宋代应是丝绵）压实，再用光洁的玉或玛瑙砑光。（可见宋代彩画不用沥粉贴金法，也不用熟桐油作贴金粘合剂，与清式做法有异）。

壁画　先在已完工的平整画壁上刷胶水，再用上好白土纵横各刷一遍，干后即可施画。壁画的墙面平整度要求很高，故《法式》卷十三《泥作制度》对造画壁有详细规定。宋代墙体为土墙，为防止画壁开裂、脱落，画壁施工过程中须加横向竹篾和钉子、麻花，用粗泥、中泥、细泥分层抹平，最后还须在细泥层未干前将表面收压10遍，使之平整光滑，然后刷胶及衬地，最后作画。

2. 衬色

在干透后的衬地上，按彩画不同颜色的图案花纹，刷一层"草"色作底，以衬托画面色彩，使之更鲜艳，效果更好。

青色画面的衬色用1/3螺青加2/3铅粉合成，为浅青色；

绿色画面的衬色用上述合成浅青色再加槐花汁，为浅青绿色；

红色画面的衬色用紫粉加黄丹，掺以铅粉，成浅红色；或只用黄丹。

3. 布细色

在上述衬色上，按图形叠晕、填色、压线。五彩装和叠晕碾玉装，则用赭线描于浅色晕之外；其余几种彩画则用墨线描绘，在墨线与浅色之间，还须用白线压墨道。

4. 颜料

彩画所用颜料，主要有以下各项（据《法式》卷十四、二十七）：

红色　朱砂（深朱、二朱、三朱、朱华）、土朱、紫矿粉、心子朱红。

黄色　雌黄、黄丹、土黄、藤黄。

蓝色　石青（大青、二青、三青、青华）、淀（靛）、螺青、青黛。

绿色　石绿（大绿、二绿、三绿、绿华）、槐花。

赭色　赭石。

白色　铅粉、白土、茶土。

黑色　墨煤、细墨。

贴金　金箔。

其中朱砂、石青、石绿系由矿石中取出，色彩鲜艳，历久不变。一些明清时期甚至更早的建筑中，数百年前的彩画，仍色相分明，灿然可观，靠的就是这种矿物颜料和金箔。这些石色除取得矿石之艰难外，加工也极不易，必须经过捣细、淘取初色、研末、再淘澄分色——即分成四等：澄于最上层为最淡者为青华（石绿为绿华，朱砂为朱华），其次色稍深者为三青（石绿为三绿，朱砂为三朱），再次色深者为二青（石绿为二绿，朱砂为二朱），最下层色最深者的为大青（石绿为大绿，朱砂为深朱），大青（大绿、深朱）之下为残渣。这些水中的颜料取出待干后才可和胶水应用。每斤颜料用胶 2~8 两，视颜料品种而定（见《法式》卷二十八《诸作用胶料例》），其中用槐花汁合色者须用白矾作固色剂。

桐油主要用于贴金及制作“金漆”（所谓金漆，即刷黄丹后罩熟桐油），也可揩于彩画表面作保护层。《法式》卷十四有《炼桐油》一节记述之。

第六章注释

(1)《辽宁牛梁河红山文化女神庙与积冢群发掘简报》，1986 年 8 月《文物》。

(2) 日僧圆仁：《入唐求法巡礼行记》卷二、卷三。

(3) 南京博物院编著：《南唐二陵发掘报告》，1957 年，文物出版社。

(4)《宋史》卷一五三，舆服志五：“景祐三年（诏），臣庶之家……凡帐幔、缴壁、承尘、柱衣、额道、项帕、覆旌、床裙毋得用纯锦遍绣……”。其中缴壁当是壁衣；额道、项帕可能是额枋、梁栿上所用的裹束织物。

(5)《宋史》卷一五三，舆服志五：“公服……宋因唐制，三品以上服紫，五品以上服朱，七品以上服绿，九品以上服青。”

第七章　石　作

宋代石作主要用于木架建筑的阶基部分，如柱础、角石、角柱、叠涩座、地面石、踏道、钩阑、门砧等。此外还有一些石刻品与石构筑物，如流杯渠、石拱券、井口石、幡竿颊、碑碣等。全部石造的建筑物多为佛塔、经幢、墓室和桥梁，但《法式》未及这些石建筑。

一、石料加工

从遗物看，宋代中原一带建筑用石料采用石灰岩，其优点是石质较细，便于加工雕刻，也为制作精美细腻的石雕创造了前提。按《营造法式》石作制度的规定，石材加工须经以下步骤：

1)打剥

这是对石块坯材的第一道粗加工，即用錾子点剥石块的高突之处，使之大体就平；

2)粗搏

第二步是用錾和凿稀疏地依次加工一遍，使石材表面深浅趋于匀齐；

3)细漉

密布錾凿，使石面基本取平；

4)褊棱

用褊錾将石块边棱镌刻周正，尺寸准确，这是确定石材轮廓的重要步骤(褊，狭窄也，褊錾即狭錾)；

5)斫砟

用斧刃斫石材表面使之平正，如用二遍斧或三遍斧，斧纹应相互交叉垂直；

6)磨砻

用沙子夹水磨去斧纹；

7)雕镌

《法式》石作制度所列雕镌有四种，即：素平、减地平钑、压地隐起、剔地起突。但实际上还有几种雕法并未被记录，对此本书第一章“三、《营造法式》的内容取舍”中已有论述，此处不赘(图7-1~7-10)。

素平与减地平钑两种要求表面平整光滑，需斫三遍斧，再磨砻。雕减地平钑花时，磨砻后，还需上一遍墨蜡(墨蜡 = 黄蜡 + 细墨，见《法式》卷二十六石作料例)，然后描花纹钑造。“钑”即线刻，犹如线条勾勒作画。

雕压地隐起须斫两遍斧，然后描绘花纹、镌刻；雕剔地起突只需斫一遍斧即可描绘花纹、

图 7-1 浙江湖州飞英塔内所藏宋代石塔叠涩座(上涩减地平钑牡丹花，子涩平钑回纹，束腰起突双狮奔嬉)

图 7-2 苏州罗汉院大殿石柱压地隐起花纹

图 7-3 河南登封少林寺初祖庵石檐柱压地隐起花纹

图 7-4　江苏无锡惠山寺宋代石桥(桥身南侧压地隐起牡丹及化生)

图 7-6　河南巩县宋陵瑞禽图(实雕隐起石刻)

图 7-5　苏州瑞光塔副阶叠涩座束腰剔地起突双狮奔嬉石刻一组(5 幅)及拂菻*控狮图石刻
(照片由苏州市文管会提供)

* 拂菻即东罗马帝国之地,今之西亚地,《营造法式》有拂菻图,与此图甚合。

图 7-7　河南巩县宋陵瑞禽图(实雕起突石刻)

图 7-8　河南临汝风穴寺大殿角石(半混石狮)

图 7-9　河南巩县宋陵石狮(混作)

图 7-10　河南巩县宋陵文臣石像(混作)

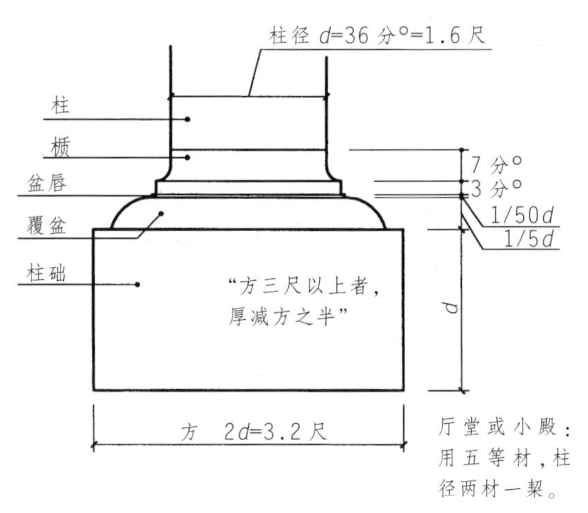

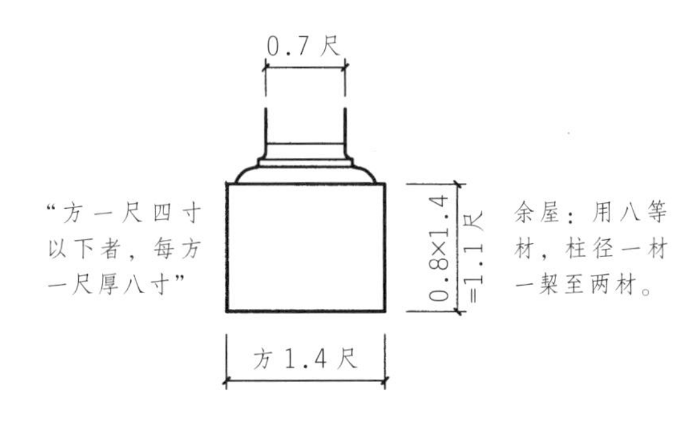

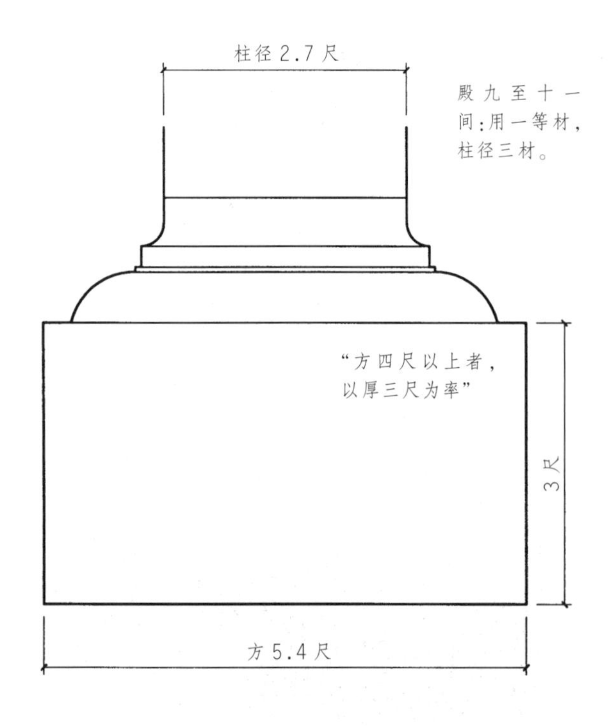

图 7-11　柱础做法

镌刻。这两种雕刻完成后还需用翎羽加细砂反复刷之，使花纹内石色青润。最后再罩一层蜡（参见《法式》卷十六《石作功限》）。

石刻的花纹内容为海石榴（"海"有遍布之意）、宝相花、牡丹花、蕙草（以上花纹多作缠枝式）、水浪、宝山等。在这些花纹内，还可以夹雕龙凤、狮子、禽兽、化生（童子）一类内容。

二、房屋用石

（一）柱础

"造柱础之制其方倍柱之径"。础石平面方 2 柱径，高 1 柱径。但绝对尺寸在 3 尺见方以下的柱础，其高度需适当增加，例如方 1.4 尺的柱础，高度可达 1.4 尺×0.8=1.12 尺。柱础上如作覆盆，其高度为 1/10 础宽 =1/5 柱径，或作素覆盆，不施雕饰；或雕牡丹、海石榴、宝相花等花纹；或雕铺地莲花（一般为重瓣莲花）、仰覆莲花（仰莲 + 覆莲）、宝装莲花（即花瓣上刻有减地平钑或压地隐起花纹）。如为仰覆莲花，则高度加倍（图 7-11~7-14）。

（二）角石、角柱

二者均用于阶基的转角部分。角石与压阑石相平，但比压阑石稍厚，上面可雕半混狮子（图 7-8），或仅作素平，两侧雕减地平钑或压地隐起花纹，或雕剔地起突龙凤间云纹（图 7-15）。

角柱在角石之下，其长度据阶基的高度而定，阶基高减角石厚即是角柱之长。角柱有加固阶基转角的重要作用。如用砖阶基或用砖须弥座作殿阶基时，其角石的加固作用就更显著。据卷二十九《石作制度图样》所示，角柱有两种：一种用于普通阶基，即上述角柱；另一种用于殿阶基的叠涩座，其特点是角石、角柱联为一体，束腰及上下涩则与叠

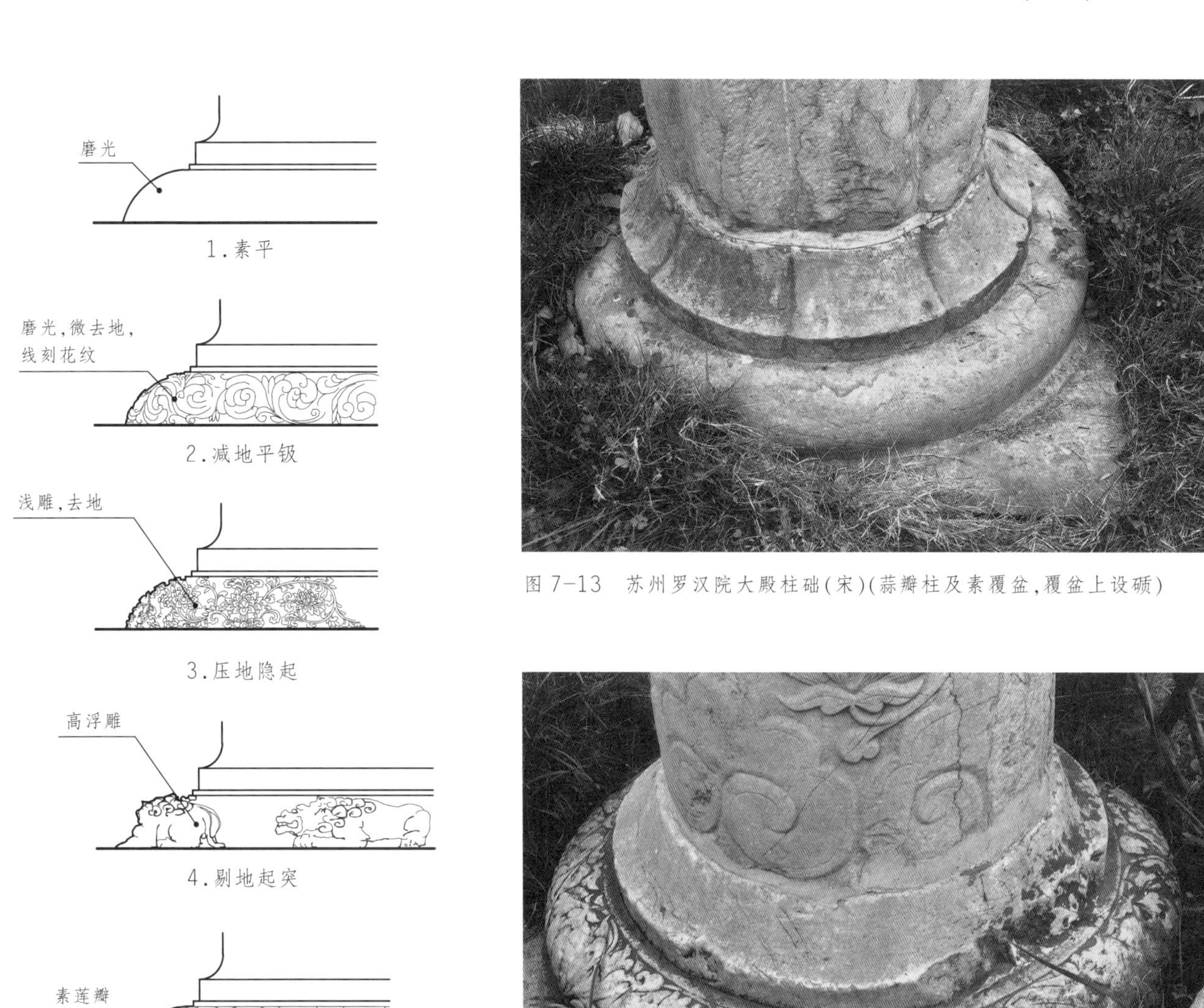

图 7-12 柱础雕镌种类示意

图 7-13 苏州罗汉院大殿柱础(宋)(蒜瓣柱及素覆盆,覆盆上设櫍)

图 7-14 苏州罗汉院大殿柱础(宋)(覆盆雕压地隐起花纹,覆盆上设櫍)

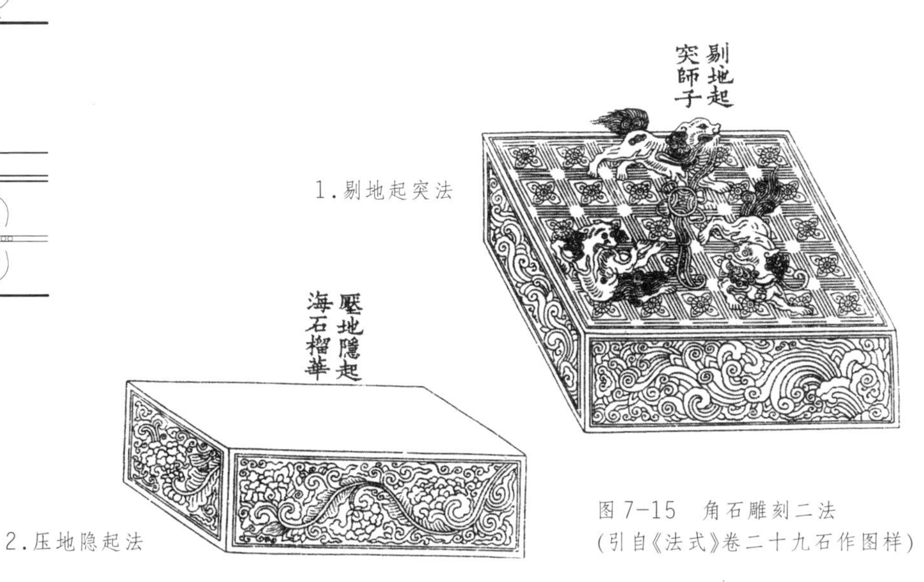

图 7-15 角石雕刻二法
(引自《法式》卷二十九石作图样)

涩座之进出相一致。这种角柱存在构造上的疑问(图 7-16),因无实物可证,不知实际操作解决的办法。

(三)殿阶基(图 7-16~7-22)

石作殿阶基用叠涩座,由若干叠涩与仰覆莲线脚组成,砖作称须弥座,式样基本相同,但石作仅规定“其叠涩每层露棱五寸,束腰露身一尺”,而砖作须弥座每涩露砖一层,为 2 寸或 2.5 寸,壸门柱子高三砖。显示石作尺寸限制较少,而砖作受砖厚度制约。

(四)压阑石、地面石、殿内地面斗八

压阑石用于阶基棱边,与角石相平。压阑石内的阶基地面,或用方砖铺砌,或用地面石铺砌。压阑石、地面石的标准石块尺寸为 3 尺×2 尺×0.6 尺(图 7-23)。

在建筑实例中,遗有殿心石的做法,即在殿堂中心位置施巨大石板一块。也有在石面雕镌花纹图案的,但如《法式》卷三所说及卷二十九图中所示的殿内斗八石刻图案,则未见遗例,可能这是大内宫中的规制。

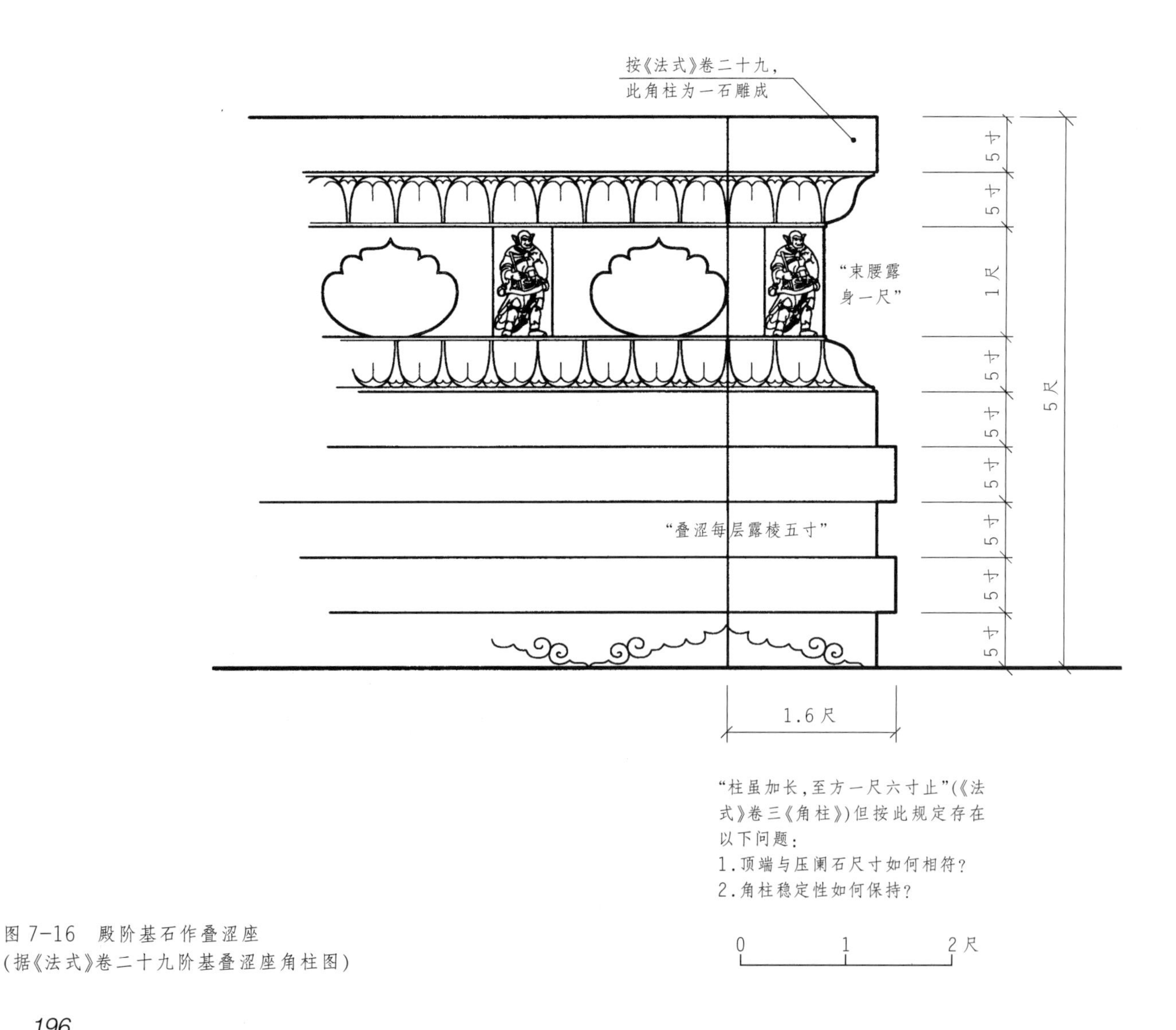

图 7-16 殿阶基石作叠涩座
(据《法式》卷二十九阶基叠涩座角柱图)

图 7-17　浙江湖州飞英塔内所藏宋代石塔叠涩座
(仰覆宝装莲瓣,束腰起突双狮奔嬉图,座下不用龟脚而用海山)

图 7-18　河北正定隆兴寺大悲阁佛座石刻(宋)

图 7-19　河北正定隆兴寺大悲阁佛座托神(半混)(朱光亚摄)

图 7-20　河北正定隆兴寺大悲阁佛座龙柱（起突）（朱光亚摄）

图 7-21　河北正定隆兴寺大悲阁佛座莲花柱（朱光亚摄）

图 7-22　南京栖霞寺五代舍利塔叠涩座

（五）殿阶螭首

《法式》石作制度规定："造殿阶螭首之制，施之于殿阶对柱及四角随阶斜出。"按文义，螭首的位置在殿阶的四角及"对柱"之处。这里所说的柱，并未指明是殿柱还是阶上石栏杆的望柱，而又无宋代殿阶基螭首实例可供参考，所以具体布置情况及螭首形象均不明。但从实际操作来分析，如"对柱"之柱所指为殿柱，则未必能与望柱位置相合，势必造成工程上的困难，所以看来还是所指为望柱的可能性较大。在明清时期实物中，殿前露台的螭首也和望柱相对应，而与殿柱无关。

（六）踏道（图 7-23）

踏道宽度随房屋间广。踏步高 5 寸，宽 1 尺。两边副子各宽 1.8 尺（砖作宽 1.2 尺或 1.3 尺）。两侧象眼根据阶基高度而定其线道层数：阶高 4.5~5 尺者 3 层；阶高 6~8 尺者 5~6 层。线道每层深 2 寸。最下一踏前安土衬石，其两端安望柱石座，可知踏道上斜钩阑以望柱而非抱鼓石作结束。

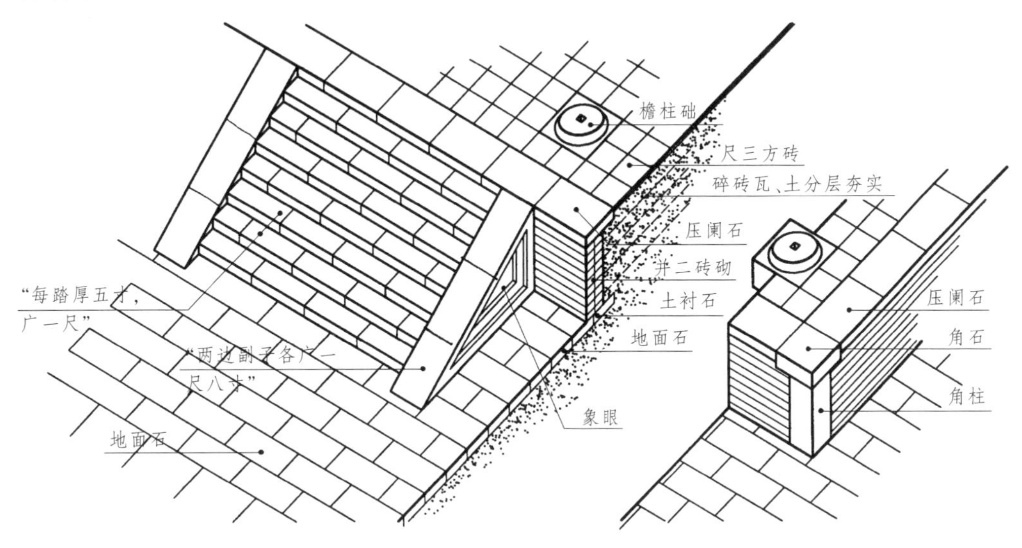

图 7-23　阶基、踏道等示意图

（七）钩阑、螭子石（图 7-24~7-28）

此处"钩阑"是指石栏杆。在宋代，石栏杆望柱较稀疏，两柱间距较大，两片钩阑对接需用榫卯结合，而栏板固定于地面则主要依靠下面螭子石的承托，栏板的稳定性及安全性较差。所以明清时加以改进，每一栏板立一望柱，取消螭子石，直接安于台基上的地栿，石栏杆的安全性能得到了提高。

《法式》所定石钩阑式样有重台钩阑与单钩阑两种：前者华丽，高 4 尺，有上下二重花板，故称"重台"；后者简约，高 3.5 尺，有花板一重，雕刻压地隐起花纹或钩片造、万字造等简单图案（钩片、万字可透空，也可不透空）。

在斜坡道和踏道两侧的钩阑，其斜高等于正钩阑之高。

望柱的做法分为柱身与柱础两部分：柱身作八角形或六角形（见《法式》卷二十九望柱图），头上刻狮子等像生；柱础为柱径之倍（2 柱径），刻作覆莲，完全套用木柱及柱础的格局。其稳定性显然不如明清时将望柱榫直接栽入地栿为好。

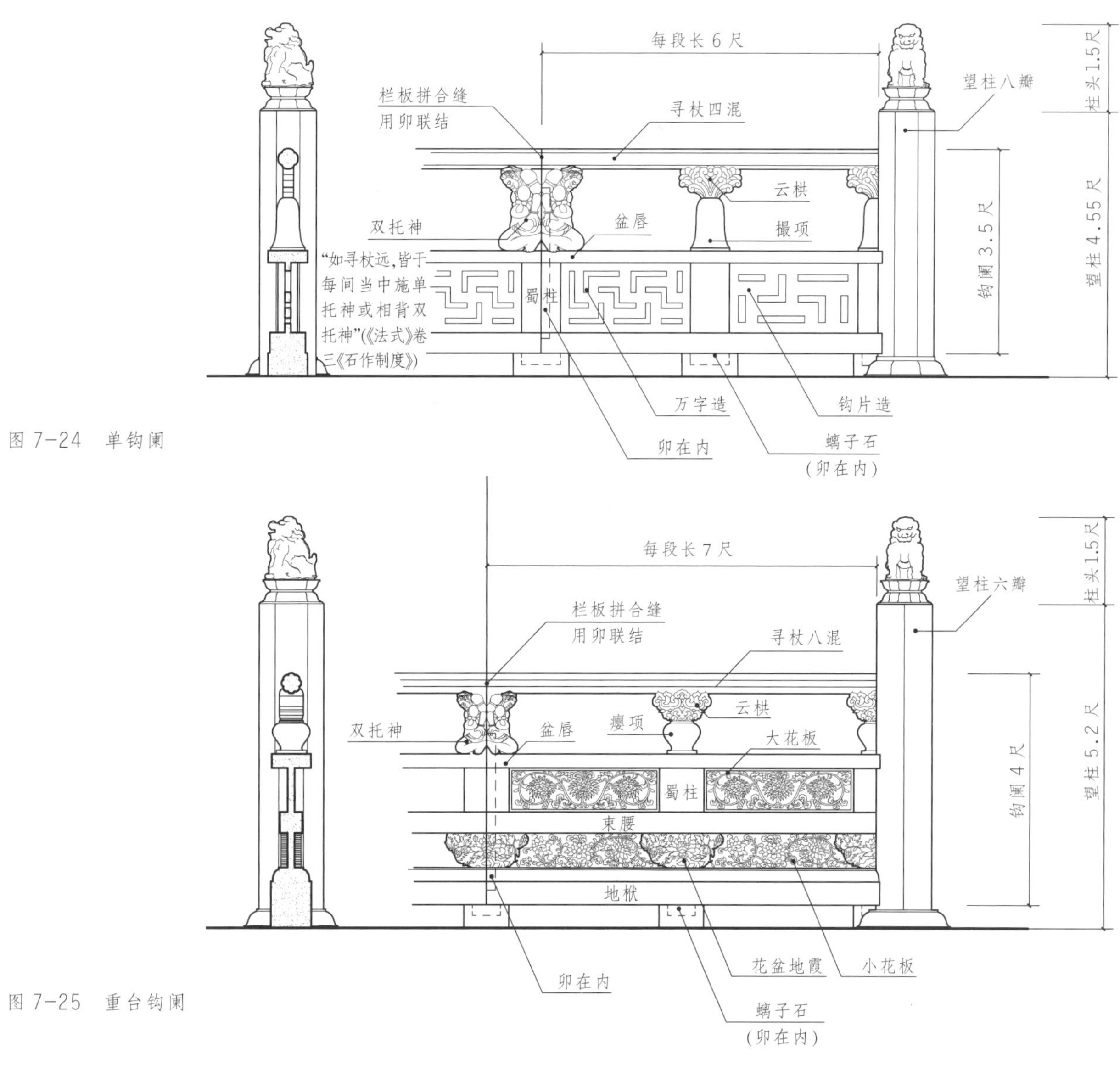

图7-24　单钩阑

图7-25　重台钩阑

图7-26　江苏无锡惠山寺宋代石桥钩阑全景

图 7-27 江苏无锡惠山寺宋代石桥钩阑望柱及瘿项云栱

图 7-28 吴县光福镇宋代石桥一侧起突双龙与万字钩阑(寻杖、撮项云栱已不存)

钩阑上的寻杖、撮项、盆唇、束腰、花板、地栿、蜀柱、地霞等其比例、尺寸和小木作相近，而与石材的性质与构造特点并不吻合，不但加工不易，也不够坚固耐用，说明宋代石钩阑从小木作蜕变而来之后，尚未脱母体影响的束缚。只有宋代民间及元明时期官式建筑中，才出现了符合石作本身材料构造特点的钩阑。

螭子石是钩阑下的固持物，位于地栿之下。因无实物可作佐证，其具体构造不详。

(八)门砧、门限

石门砧用作高大板门和乌头门的门座。较小的板门多用木门砧。

门限(石地栿)、将军石、止扉石都是门开合时的依托物。将军石用于不宜有门限的城门或通车马的门，当城门关闭时，依托此石挡住门扉。止扉石则是城门开启后，用以固定门扉，其作用相当于今日之“门吸”。如果是断砌门(阶基断开，以通车马)，为便于固定地栿板并在必要时抽去，其两侧柱旁安立柣及卧柣。

(九)城门石地栿

这是宋代以前城门采用木结构时的一种做法，即在城门洞内两侧靠壁置石地栿，其上立两排木柱——称为“排叉柱”，以支承上面的城楼。宋以后城门改用拱券结构，排叉柱与地栿也随之消失。

三、房屋以外的用石

（一）流杯渠

曲水流觞原在郊外利用天然水流举行，魏晋以后逐渐在园中凿渠建亭作曲水之宴，唐宋时流杯渠、流杯亭颇为盛行。《营造法式》专列流杯渠一项正是表示当时对这种活动的喜好。

流杯渠用 25 块 3 尺见方、厚 1.2 尺的石块拼砌而成。其平面由一条宽 1 尺、深 9 寸的水渠曲折盘旋而形成两种略有不同的形式，即《法式》所称的“国字流杯渠”与“风字流杯渠”。

（二）卷輂水窗（图 7-29）

卷輂即拱券。砖作有“卷輂河渠口”，系用砖拱修筑跨于河渠上的涵洞。石作卷輂水窗是用 3 尺×2 尺×0.6 尺的石块砌造跨河的拱券，作为水城门、桥梁的承重结构。其工程特点是在拱脚下基地上挖去表土直至硬地，再打地钉（即木橛），地钉上铺衬石枋，并用碎砖瓦填充夯实，形成人工地基，其上用石块砌筑厢壁（拱脚）。拱作半圆形，由卷輂加缴背（一券一伏）组成。拱上再铺石块两层，河底铺地面石一层用以保护拱脚基础。地面石的上水、下水两端各用石块侧砌三层，并用木桩两路加以固定（拱脚两侧斜向摆手外用木桩三路），以免被水流冲毁。《法式》石作拱券的地基及河底防水冲击的措施比较周密合理，反映了宋代地基与基础工程技术水平。但值得注意的是：在砌筑厢壁时需使用大量熟铁鼓卯与铁叶，用以联结石块（鼓卯每石用两枚，铁叶长 5 尺、7 尺不等，每隔一尺用一条）。这可能是由于石灰属气硬性材料，作水下黏合剂不能保证石块的有效联结，所以要用铁件。但这种处理的效果如何？尚得考察实物加以验证。

（三）水槽子、马台、井口石、山棚锃脚石、幡竿颊

这些都是简单的石刻品。水槽子是以整石凿出的牲畜饮水槽。马台即上马石，置于大门前两侧，备上马之用。井口石覆于井上（图 7-30），《法式》所定的井口石有盖，并可刻作素覆盆或镌刻起突莲瓣，实物未见其例。山棚锃脚石是系拽棚、架用的稳定物，凭其重量固定棚、架。

幡竿颊即夹杆石，用两条 15 尺×2 尺×1.2 尺的石条栽入土中，下埋 4.5 尺，上露 10.5 尺。两石下端用锃脚石相联固定。上露 10.5 尺部分应上下各凿一孔，以栓插入固定旗杆、灯杆。《法式》所举此例幡竿颊尺寸高大，当是宫廷、衙署、寺庙等建筑物前所用。

（四）碑碣

《法式》所列碑高 18 尺，等级很高，分为碑座、碑身、碑首三部分，三者之间用榫卯相接（榫卯位于碑身上下两端）。碑座下铺土衬石作为基础。对基础下的地基处理《法式》未及。

碑座作鳌坐式（龟趺），上有长方形驼峰；碑身长、宽、厚之比 10∶4∶1.5，随身边棱作破瓣抹角，但《法式》未规定实例中常见的碑身收分及琴面做法；碑首为赑屃盘龙六条相交，碑首下以云盘托起。

碣是一种较简单的碑，无碑首，仅有碑座及碑身，尺度也小。

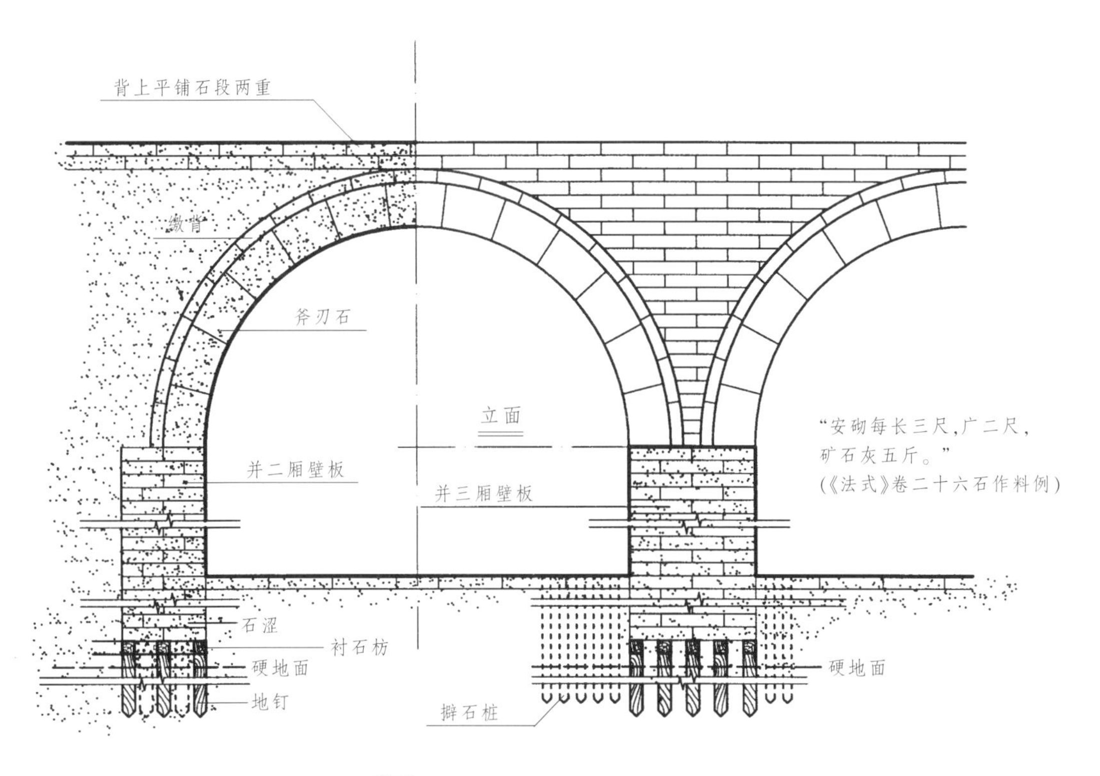

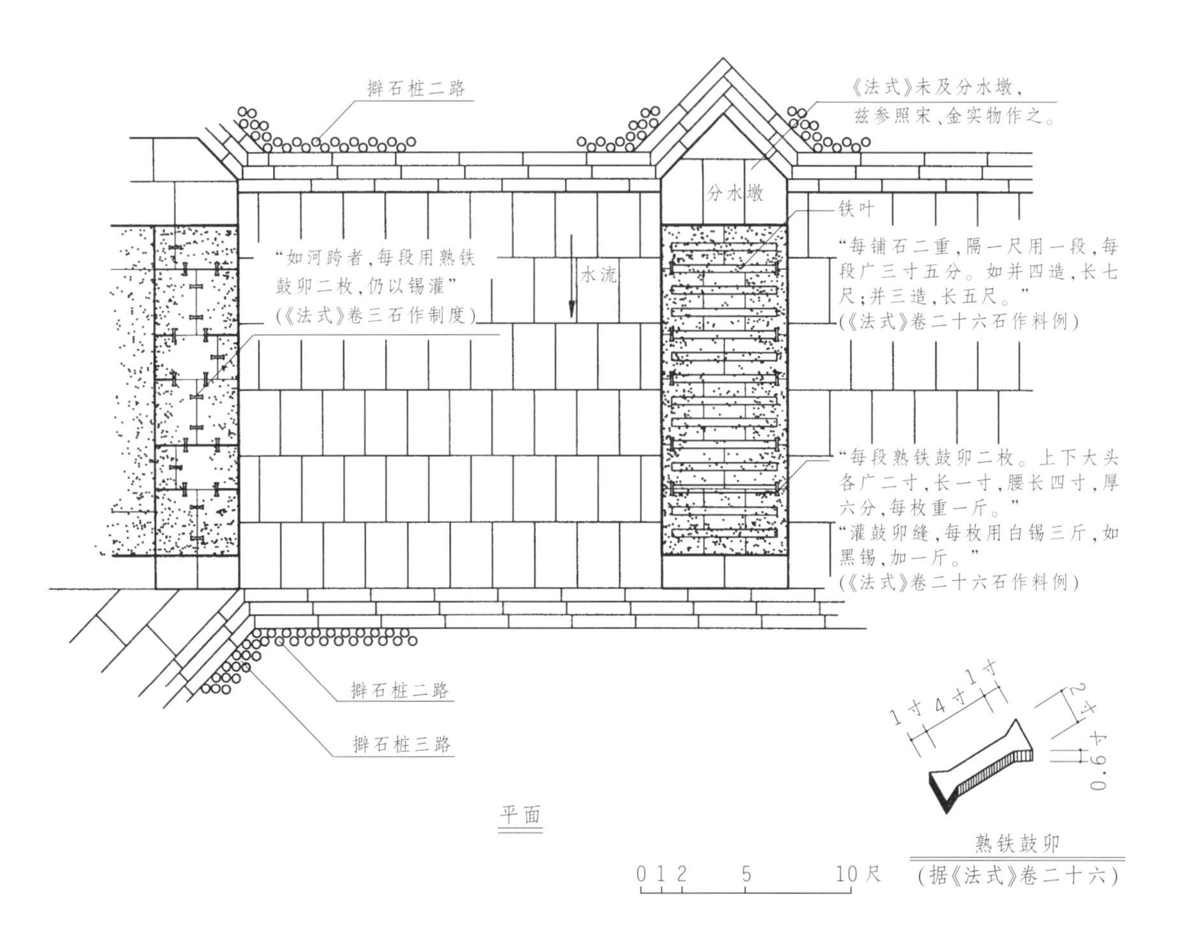

图 7-29 卷輂水窗(拱桥用)

图 7-30　江苏常熟宋代井口石

第八章　墙与砖作

一、宋代墙的类型

《营造法式》中有三处记载墙的做法：

一是卷三《壕寨制度·墙》

这里讲的是版筑墙——一种最古老的墙体做法。当时的版筑墙既用于房屋作围护，又用于室外作分隔。在宋代，一般室外露天的构筑物都冠以“露”字，如露篱、露道、露台等，所以这种露天的墙也称为“露墙”。用于房屋的版筑墙高厚比为 3∶1（图 8–1），墙的上部厚度为下部的 1/2；露墙的高厚比为 2∶1，墙的上部厚度为下部厚度的 3/5（图 8–2）。

二是卷十三《泥作制度·垒墙》

这里讲的是土墼墙（土坯砖墙），是专用于房屋作围护的，所以该段文字有“高广随间”的规定。墙的高厚比为 4∶1（图 8–3），上部厚度比下部收 6%，即每面斜收 3%。为了加强墙的整体性，每隔三皮土墼还需加铺一层“襻竹”（竹片）作为墙筋。土墼尺寸和条砖相同，为 1.2 尺×0.6 尺×0.2 尺，制作土坯墙砖则由壕寨工承担（见卷十六《壕寨功限》）。

三是卷十五《砖作制度·砖墙》

这种砖墙的高厚比为 2∶1，上部厚度为下部的 3/5，与上述版筑露墙完全相同（图 8–4）。这是一个出人意料的数据，为什么砖墙的高厚比和收分竟和夯土露墙一模一样呢？简直难以理解。这只能说明宋代还未充分掌握砖墙的结构性能。这么厚的墙当然也很难用于房屋，只能用作露天分隔。

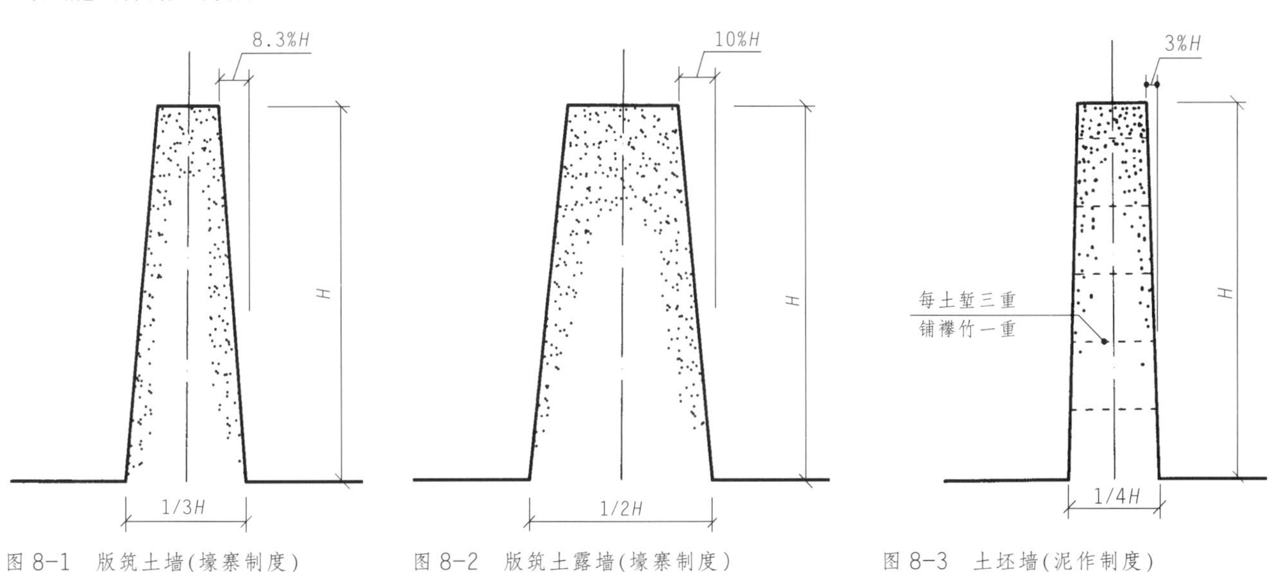

图 8–1　版筑土墙（壕寨制度）　图 8–2　版筑土露墙（壕寨制度）　图 8–3　土坯墙（泥作制度）

为了加强房屋的夯土墙与土坯墙，还采用了墙中立木柱再加横向纴木的办法(图 8-5)。夯土墙添加这种木骨者称为“抽纴墙”。土坯墙加暗柱的做法见于卷二十七《泥作》垒坯墙条：“……暗柱每一条(长一丈一尺，径一尺二寸为准，墙头在外)……”上述木骨土墙实物多见于山西、河北一带辽、金、元时期建筑遗例中，刘敦桢先生的《北京护国寺残迹》一文中对该寺千佛殿木骨土墙介绍极为详实。[1]

此外，《壕寨制度》还载有版筑城墙做法，其高厚比为 4∶6，城墙上部厚为下部的 2/3(图 8-6)。城上外侧筑“女头墙”(即御敌用的雉堞、俾倪)，内侧筑“护险墙”(即防人马坠落的矮

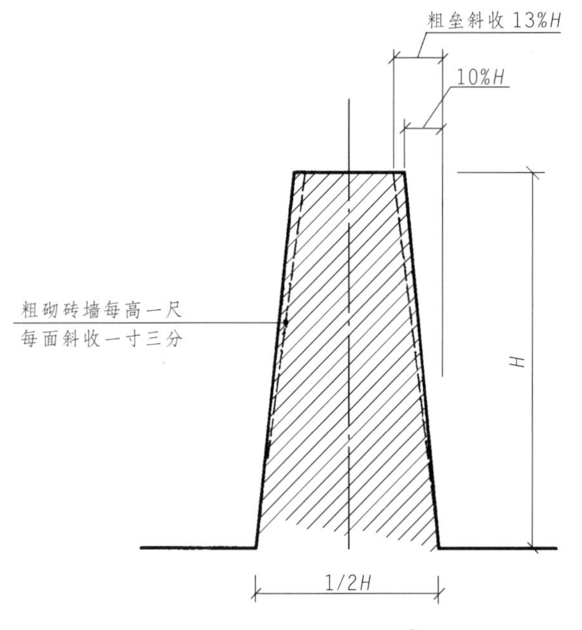

图 8-4　砖墙(砖作制度)

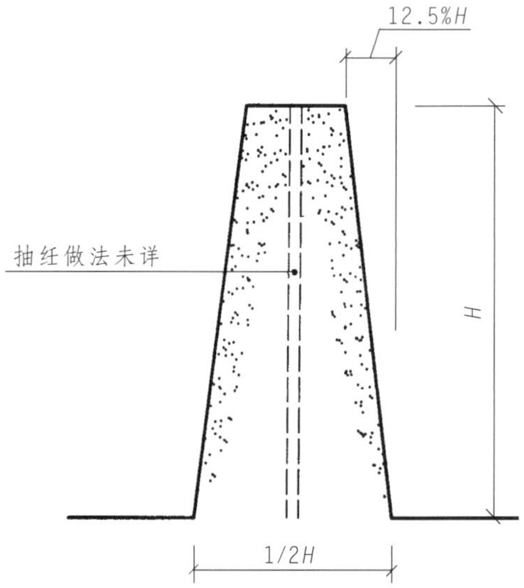

图 8-5　抽纴夯土墙(壕寨制度)

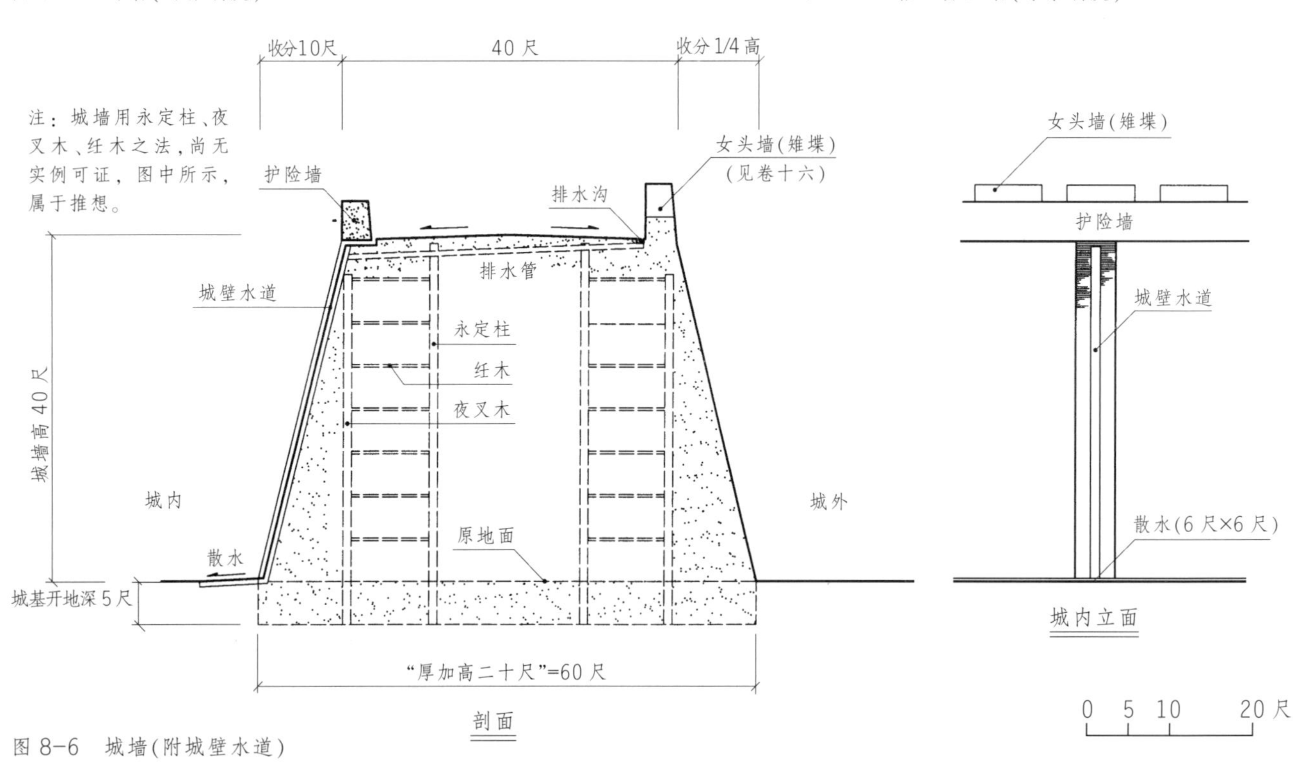

图 8-6　城墙(附城壁水道)

墙），两者均为版筑（见《法式》卷十六《壕寨功限》）。而城门慢道及城壁水道以及沟渠通过城墙体的涵洞——“卷辇河渠口”则用砖砌。城墙夯筑时须栽立永定柱、夜叉木并加上横向的纴木再夯土筑墙。城墙的表面则需铲削平整，再以细泥和麦草抹面，以减少表土的流失，保护城墙壁面。[2]

综上所述，我们可以得出结论：宋代汴京一带官式建筑的墙体仍采用传统的夯土墙或土墼墙，砖墙未被殿阁厅堂等建筑所采用。城墙及室外的“露墙”也用土筑，只有马道、城壁面排水道、涵洞等才用砖砌。不过，事实上从《清明上河图》可以看到当时汴京的城门楼台是用砖砌的，而已知南方各地的许多城墙也是用砖包砌的。可见《法式》所录砖作技术并未反映当时最高水平，而只是汴京一带常用可行之法。

二、墙的抹面层与色彩

在土坯墙或夯土墙上做抹面层，先用粗泥将高低坑洼找平；待稍干，再用中泥抹平；又稍干，用细泥抹平；最后罩一层掺有颜料的石灰泥，未等石灰泥干，只候水脉已定，即收压五遍，使表面光泽，这一层 0.13 寸厚的石灰泥的颜色就是最后墙面的颜色。为了求得色彩多样，《法式》定有四种石灰泥供使用，即红灰、青灰、黄灰、破灰，所得墙面颜色分别为：土红、灰色、浅黄与白色。其合成方法如下（见《法式》卷十三泥作制度及卷二十七泥作料例）：

（一）面层做法

1）红灰

石灰 15 斤 + 土朱 5 斤 + 赤土 11.5 斤（用于殿阁）；

石灰 17 斤 + 土朱 3 斤 + 赤土 11.5 斤（用于非殿阁）。

两者的差异在于前者色浓重，后者色稍浅。

2）青灰

石灰 1 份 + 软石炭 1 份；

或石灰 10 斤 + 粗墨 1 斤；

或石灰 10 斤 + 墨煤 11 两 + 胶 7 钱（16 两为一斤）。

3）黄灰

石灰 3 斤 + 黄土 1 斤。

4）破灰

石灰 1 斤 + 白蔑土 4.5 斤 + 麦麸（麦壳）0.9 斤，收压两遍令泥面光泽。

上述石灰泥每用石灰 30 斤，需掺麻捣（麻刀）2 斤，其作用在于为灰泥加筋，避免因较大开裂而导致起皮剥落。这种灰泥粉面不再刷色，因此较耐久，不变色，是一种较好的墙面修饰做法，明代各处庙宇中仍普遍采用此法（如武当山道观及曲阜孔庙奎文阁等）。现今所用刷涂料之法远不及此法耐久。

（二）底层做法

打底用细泥、中泥、粗泥，其合成方法如下：

1)细泥

用于石灰泥下作衬层,每层方 1 丈,用土 3 担,须掺麦麸 15 斤(卷十三泥作制度用“麦䴬”,与卷二十七泥作料例用“麦麸”不同,麦麸即麦壳,较细,宜于合细泥;麦䴬是用麦秸切成短段,宜于合粗泥与中泥。故应以后者为是)。

2)中泥

用于细泥层下作衬,每层方 1 丈用土 7 担,掺麦䴬 4 斤。

3)粗泥

每层方 1 丈用土 7 担,掺麦䴬 8 斤。

城墙表面抹粗泥、细泥中所掺麦麸、麦䴬比房屋墙面所用粗泥、细泥增一倍,这是由于城墙高而大,又常年受雨淋,故需增添麦草成分。

以上各种石灰泥及粗、细泥配合比并见于《法式》卷十三泥作制度及卷二十七泥作料例,其中文字稍有变化,但用料配合比相同。

三、砖的品种规格

从上节可知宋代官式建筑的墙体由夯土筑成或土坯垒成。砖是作为一种耐磨、防水的被覆材料或装饰材料来加以应用的,其范围包括下列各项:

阶基、铺地面、墙下隔减(土墙墙裙)、踏道、慢道(坡道)、须弥座、露墙、露道、城壁水道、卷荤河渠口(涵洞)、接甑口(灶膛及灶面)、马台(上马用的蹬台)、马槽、井、透空气眼,共 15 项。

《法式·窑作制度》所载砖的品种规格有以下各项:

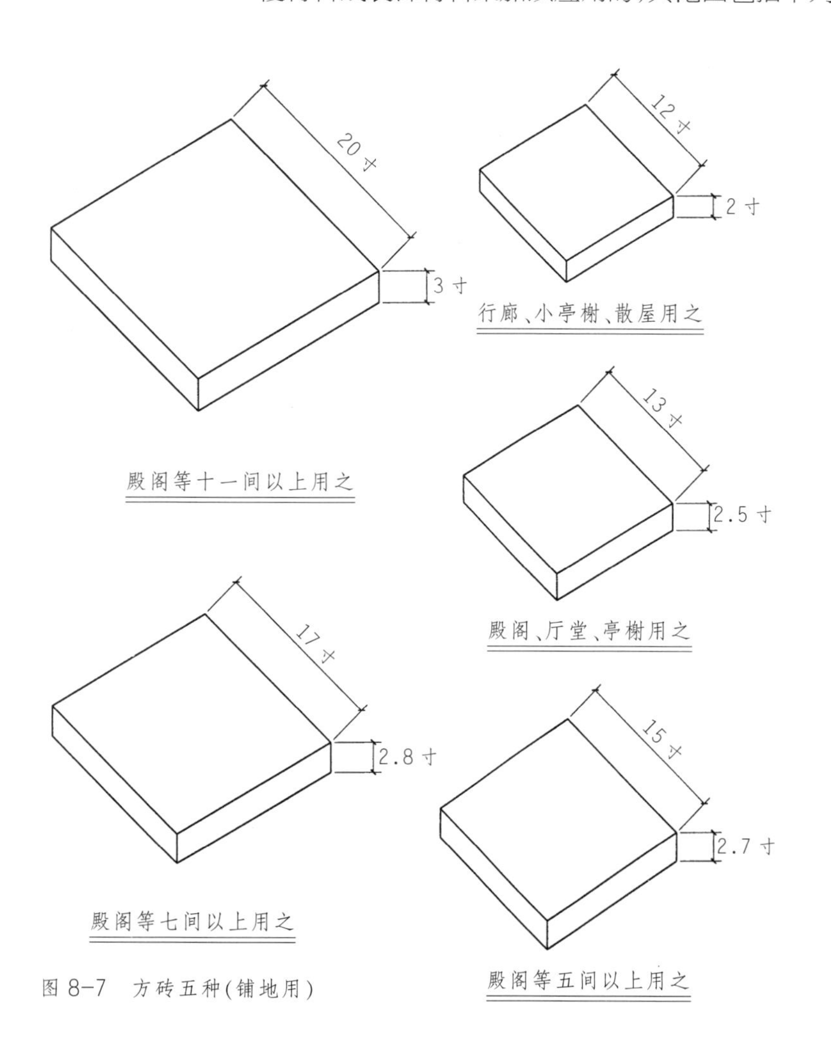

图 8-7 方砖五种(铺地用)

(一)方砖(五种)(图 8-7)

方 2 尺,厚 3 寸,用于十一间殿阁以上等铺地面;

方 1.7 尺,厚 2.8 寸,用于七间殿阁以上等铺地面;

方 1.5 尺,厚 2.7 寸,用于五间殿阁以上等铺地面;

方 1.3 尺,厚 2.5 寸,用于殿阁、厅堂、亭榭等铺地面;

方 1.2 尺,厚 2 寸,用于行廊、小亭榭、散屋等铺地面。

（二）条砖（两种）（图 8-8）

长 1.3 尺，宽 6.5 寸，厚 2.5 寸，也可用于铺砌殿阁、厅堂、亭榭地面；

长 1.2 尺，宽 6 寸，厚 2 寸，也可用于铺砌小亭榭、行廊、散屋等地面。

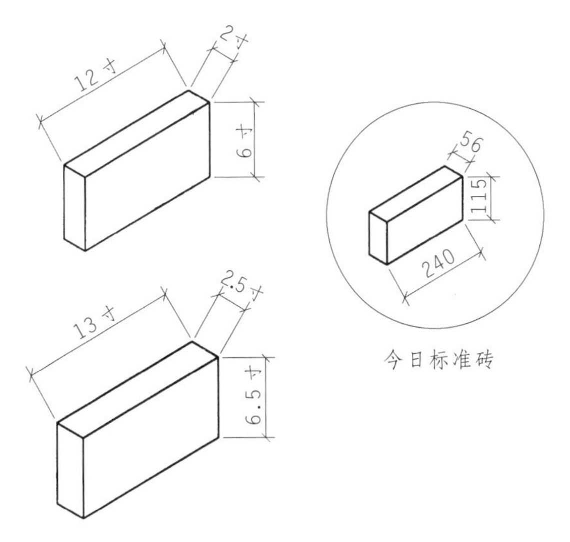

图 8-8　条砖两种（铺阶基及地面用）

（三）压阑砖（图 8-9）

长 2.1 尺，宽 1.1 尺，厚 2.5 寸，用于阶基外沿压边。实际上压阑石较压阑砖更坚固，故用得更多。

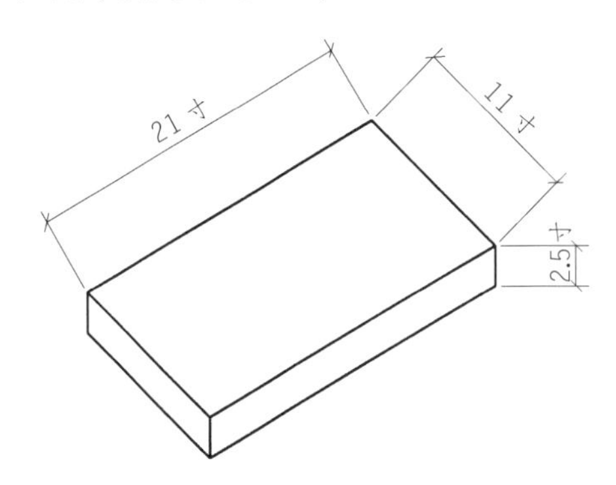

图 8-9　压阑砖（阶基边缘用）

（四）砖碇（图 8-10）

方 1.15 尺，厚 4.3 寸，用作柱础，实物未见。

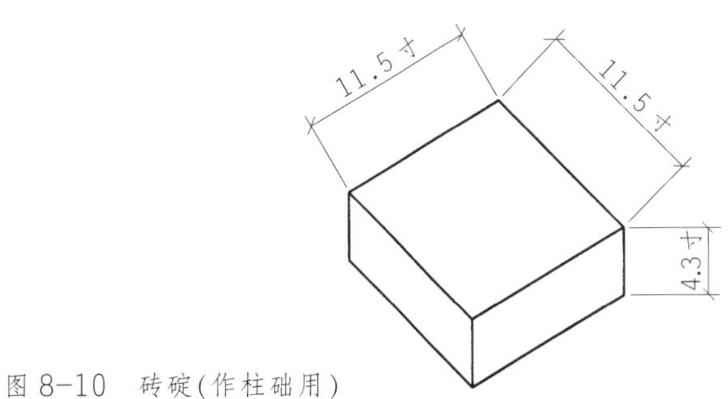

图 8-10　砖碇（作柱础用）

（五）牛头砖（图 8-11）

即楔形砖，长 1.3 尺，宽 6.5 寸，厚度分大小头，大头 2.5 寸，小头 2.2 寸，供砌筑拱券之用。

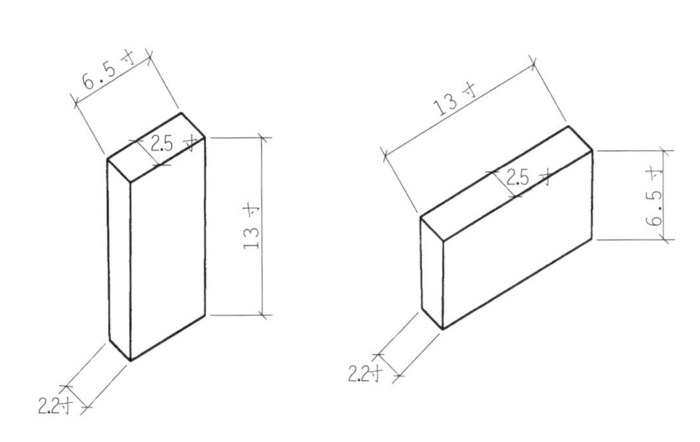

图 8-11　牛头砖两种（发券用）

（六）走趄砖（图 8-12）

长 1.2 尺，宽度上下面不同：上宽 5.5 寸，下宽 6 寸，厚 2 寸。用于砌筑收分较大的高阶基或城壁水道。

（七）趄条砖（图 8-13）

长度上下面不同：上长 1.15 尺，下长 1.2 尺，宽 6 寸，厚 2 寸。与走趄砖共同使用砌筑高阶基或城壁水道，其中走趄砖是走砖，趄条砖是丁砖，两者合称趄面砖[3]。

（八）镇子砖（图 8-14）

方 6.5 寸，厚 2 寸，用途不明。

在出土的宋代砖中，还有一种被称为“黄道砖”的条砖，断面为方形，多用于铺砌路面或地面，但《法式》未载。

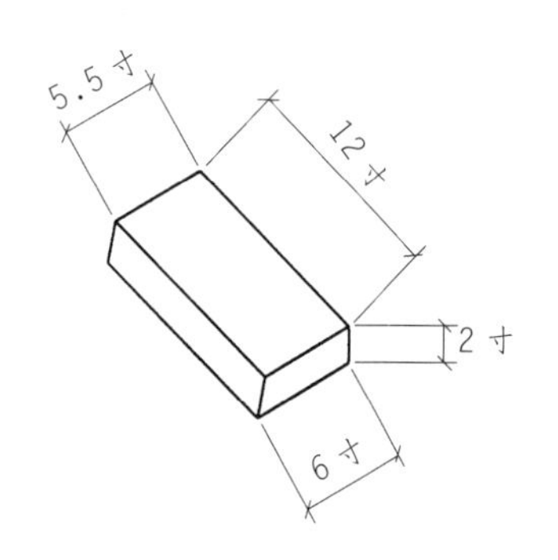

图 8-12　走趄砖(砌城壁用)

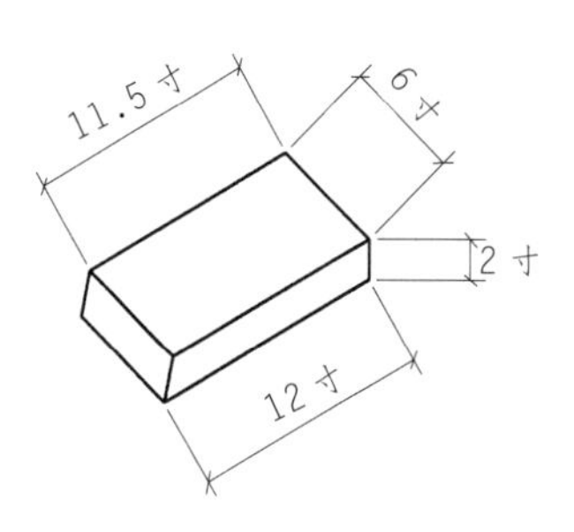

图 8-13　趄条砖(砌城壁用)

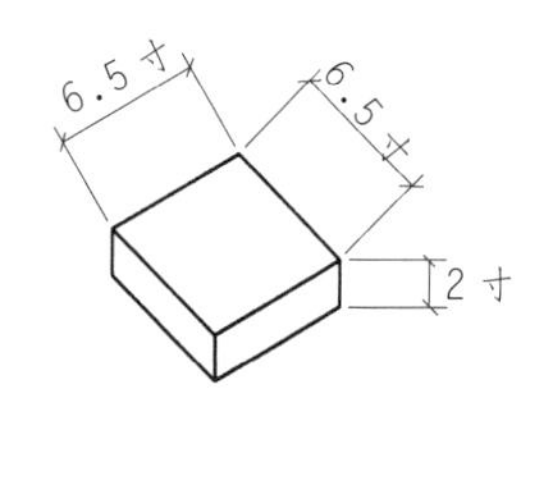

图 8-14　镇子砖

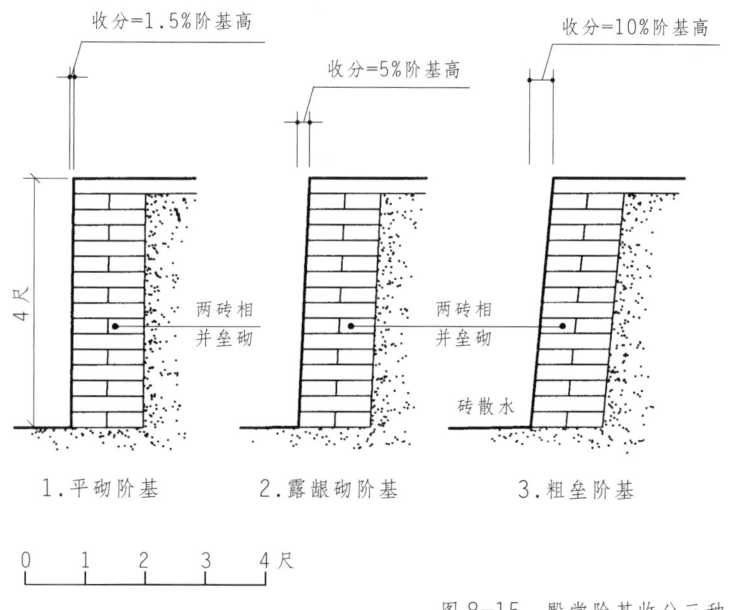

图 8-15　殿堂阶基收分三种

四、房屋用砖

(一)垒阶基

即用条砖砌筑房屋台基外围的挡土墙，墙内以土及碎砖瓦、石札分层夯实。各种阶基高度不一，低者 4 尺以下，高者 40 尺以上，所以挡土墙的厚度也有区别：

阶基高 4 尺以下，用 2 砖相并，墙厚 2 砖，即 6 寸×2=1.2 尺，或 6.5 寸×2=1.3 尺(图 8–15)；

阶基高 5~10 尺，用 3 砖相并，墙厚 3 砖，即 6 寸×3=1.8 尺，或 6.5 寸×3=1.95 尺；

阶基高 10~20 尺，用 4 砖相并，墙厚 4 砖，即 6 寸×4=2.4 尺，或 6.5 寸×4=2.6 尺；

阶基高 20~40 尺，用 5 砖相并，墙厚 5 砖，即 6 寸×5=3 尺，或 6.5 寸×5=3.25 尺；

阶基高 40 尺，用 6 砖相并，墙厚 6 砖，即 6 寸×6=3.6 尺，或 6.5 寸×6=3.9 尺(表 8–1)。

表 8–1　各种阶基做法

<table>
<tr><td colspan="7">垒阶基之制</td></tr>
<tr><td rowspan="2"></td><td rowspan="2">阶基高</td><td rowspan="2">阶基壁厚</td><td colspan="3">收分</td><td rowspan="2">备注</td></tr>
<tr><td>平砌</td><td>露龈砌</td><td>粗垒</td></tr>
<tr><td rowspan="2">殿堂亭榭</td><td>≤4 尺</td><td>两砖相并(12 寸)</td><td rowspan="2">1.5%</td><td rowspan="2">5%
(每砖收 0.1 寸)</td><td rowspan="2">10%
(每砖收 0.2 寸)</td><td rowspan="5">按砖尺寸为:2 寸×6 寸×12 寸计</td></tr>
<tr><td>5~10 尺</td><td>三砖相并(18 寸)</td></tr>
<tr><td rowspan="3">楼台</td><td>10~20 尺</td><td>四砖相并(24 寸)</td><td rowspan="3"></td><td rowspan="3">10%
(每砖收 0.2 寸)</td><td rowspan="3">25%
(每砖收 0.5 寸)</td></tr>
<tr><td>20~30 尺</td><td>五砖相并(30 寸)</td></tr>
<tr><td>≥40 尺</td><td>六砖相并(36 寸)</td></tr>
</table>

《法式》未说明数砖相并如何砌筑，是错缝？还是通缝？详情不知。但从砖作制度注文“每阶外细砖高十层，其内相并砖高八层”及砖作料例“外壁斫磨砖每一十行，里壁粗砖八行填后”来分析，外层细砖与内层粗砖相互脱开砌筑，所以是从上到下通缝。外层是经过斫磨的细砖或雕刻的须弥座，是饰面材料，内层粗砖才是真正意义上的挡土墙砖（图 8-16）。

殿堂阶基的砌法有两种：一是平砌；一是露龈砌。平砌收分为阶基高度的 1.5%（如阶高 1 尺，阶基上沿收进 0.015 尺）。露龈砌则收分加大，每皮砖收进 0.01 尺；如每皮砖收进 0.02 尺，则称为“粗垒”。楼台亭榭露龈砌的粗垒还可以加大收分，达到每皮砖收进 0.05 尺（收分达 20%~25%）（图 8-17）。

殿堂阶基另有“须弥座”做法（图 8-18~8-23），即砖砌叠涩座，由若干叠涩及仰覆莲线脚组成，是一种华丽的阶基式样。（《法式》卷二十五砖作功限有“须弥台座”、卷二十八诸作等第砖作有“须弥花台座”之称）。

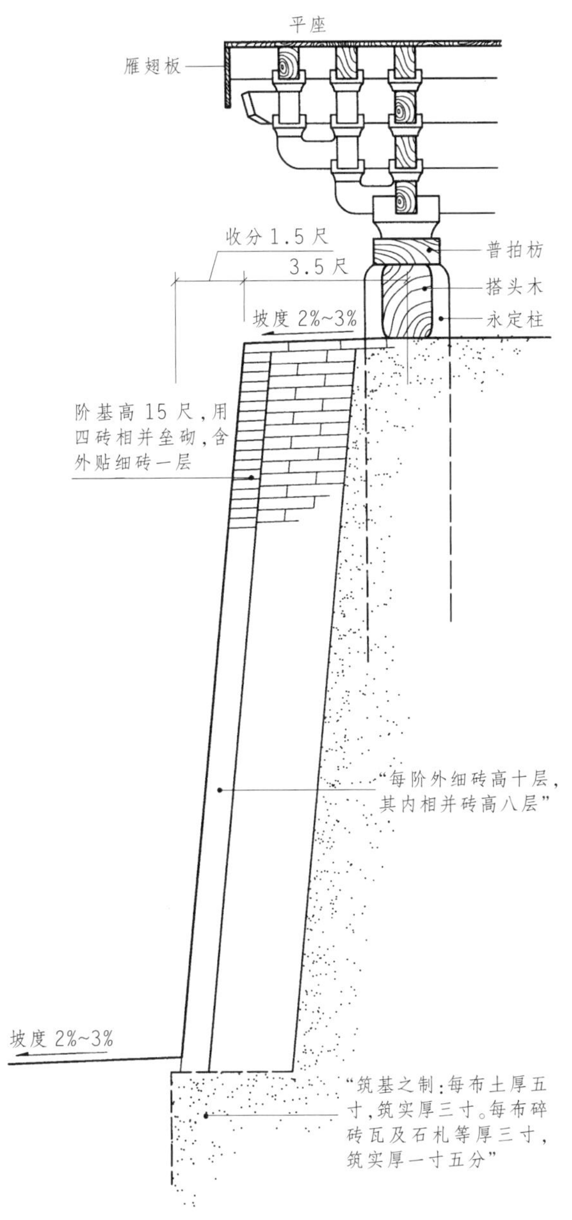

图 8-16　楼台阶基（设高 15 尺、细垒）

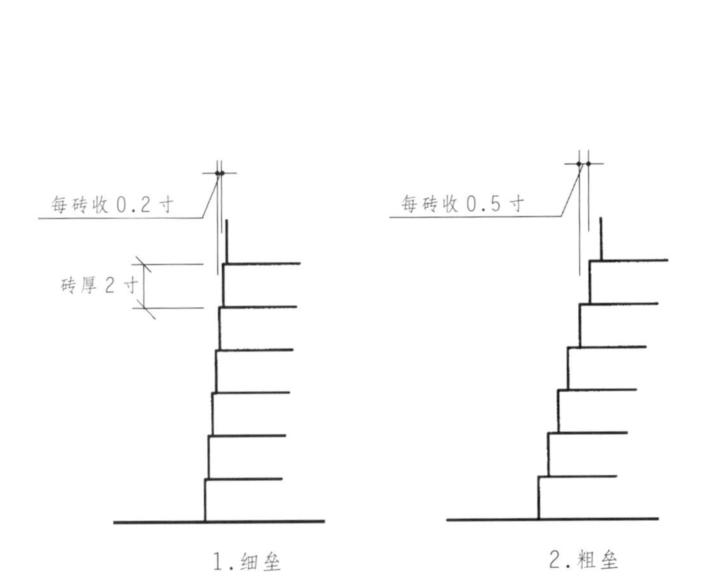

图 8-17　楼台露龈砌两种

图 8-18　苏州玄妙观三清殿神像砖须弥座(宋)

图 8-19　苏州玄妙观三清殿神像须弥座宝装莲花及束腰中的狮子

图 8-21　苏州玄妙观三清殿内神像须弥座上涩之起突雕(类似佛教嫔伽之神鸟)(宋)

图 8-20　苏州玄妙观三清殿神像须弥座束腰之壸门

图 8-22　苏州玄妙观三清殿神像须弥座上涩之起突雕(类似佛教飞天之神仙)(宋)

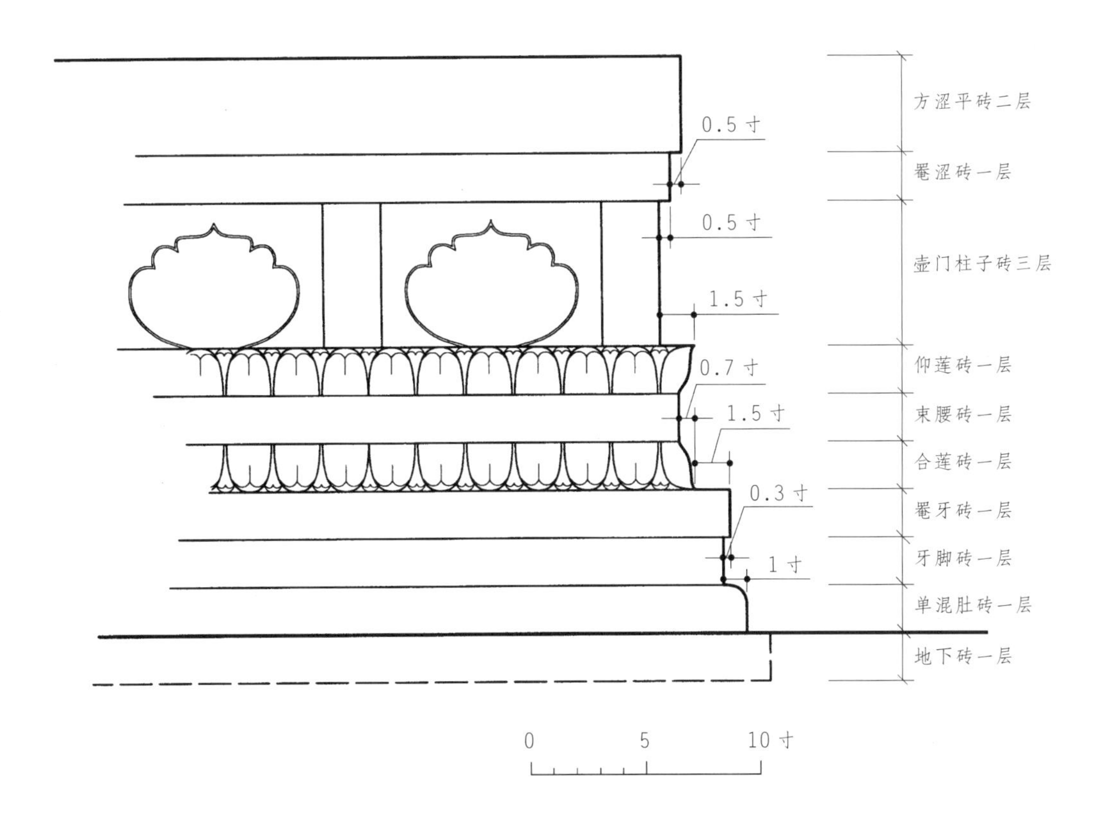

图 8-23 砖须弥座

(二)墙下隔减(图 8-24)

即是殿阁厅堂土墙下的墙裙，其宽度与长度与墙身相应，《法式》所列重檐殿阁其殿身墙下隔减宽 4.5~6 尺，高 3.4~5 尺；单檐殿阁厅堂墙下隔减宽 3.5~4 尺，高 2.4~3 尺；廊屋之类墙下隔减宽 2.5~3 尺，高 1.6~2 尺。和《泥作制度·垒墙》对照，土坯墙高宽比为 4∶1，所以上述墙下隔减的宽度大致能和各类建筑物的规模大小及墙的高度相适应。隔减的收分和阶基收分制度相同，但《法式》未加详述，以理推之，当属露龈砌和粗砌。隔减上皮的宽度和土坯墙下皮的宽度应相等或略大。

(三)铺地面(图 8-25)

在阶基上一圈压阑砖(石)以内范围，满铺方砖(除柱础以外)。砖地面须做出一定坡度以利向外排水。《法式》规定殿阁厅堂等室内坡度为 1‰~2‰，室外阶基上面坡度为 2%~3%。阶外另铺散水砖一周，宽度视屋檐滴水远近而定。方砖铺前先磨平，再将

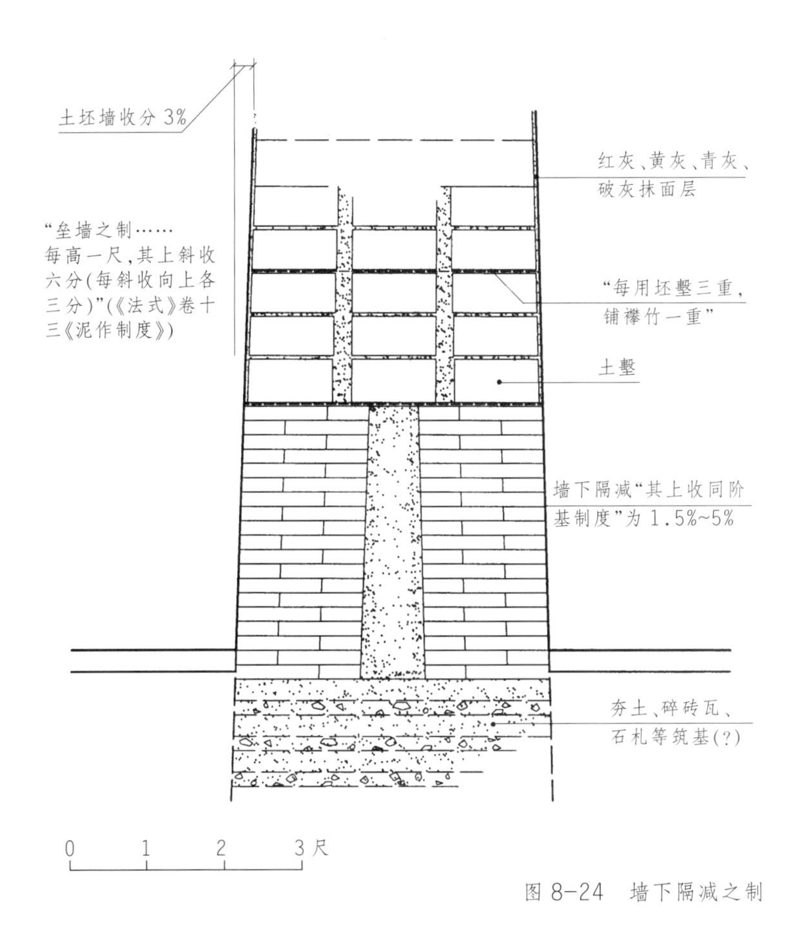

图 8-24 墙下隔减之制

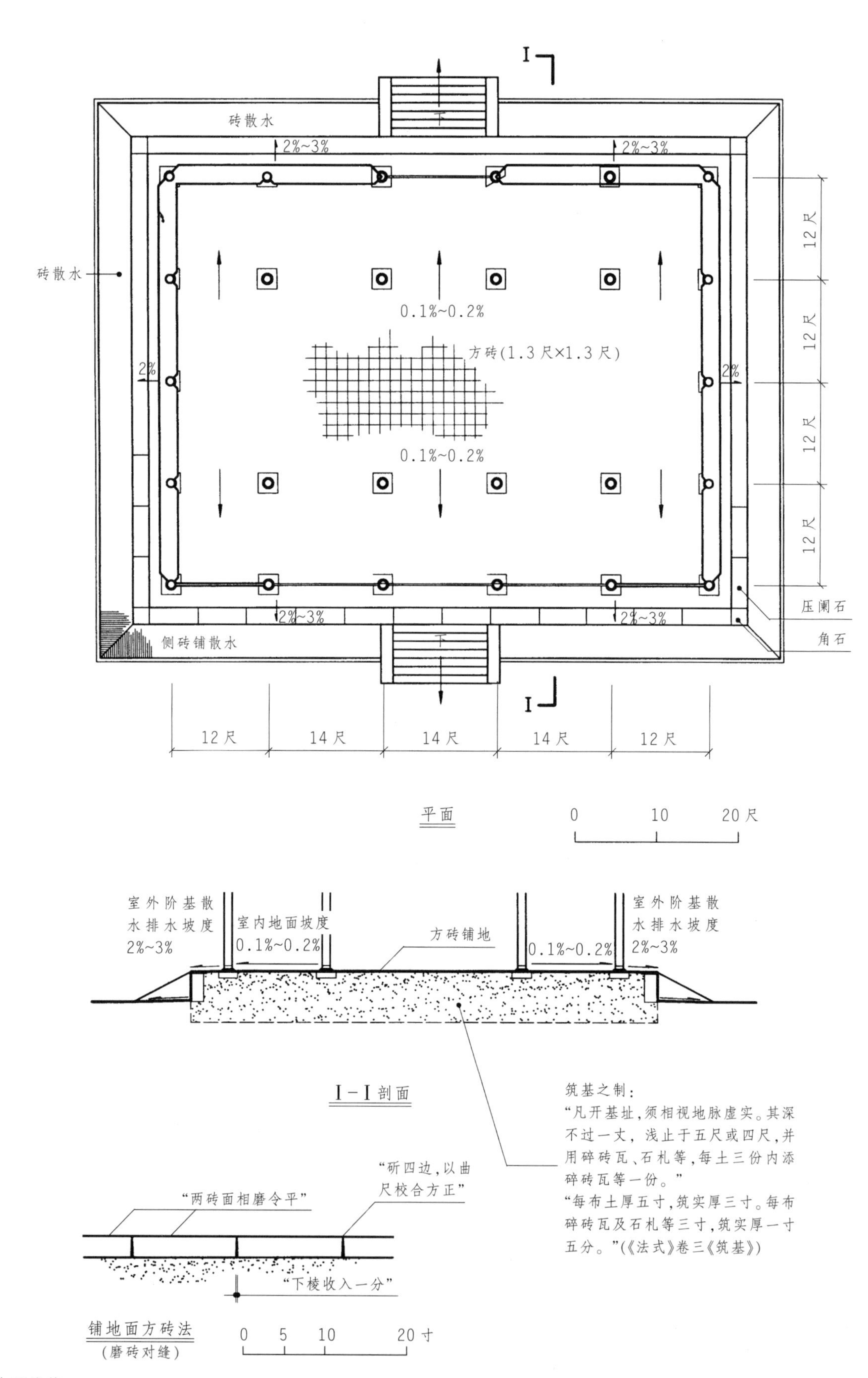

图 8-25 阶基地面铺筑
(以五间八椽厅堂为例)

四边砍齐，并用曲尺校正，务求方正，四侧下棱则须砍斫斜收一分（0.01 尺），这是为了使缝内的石灰浆更加饱满，结合得更牢固，同时可使方砖间的接缝更加平整、紧密。

在殿堂地面砖上还有雕凿成斗八图案的做法（见《法式》卷二十五砖作功限）。石作也有此法，《法式》卷二十九并有图样。

（四）踏道（图 8-26）

踏道每踏高 4 寸，即二砖高，宽 1 尺，即一砖长减去 2 寸叠压。踏步两边的颊（《石作制度》称副子，清式称垂带），宽为一砖长，即 1.2 尺或 1.3 尺，其侧面依三角形砌成周匝线道若干，如阶基高度为 8 砖，则线道共 3 周，其中最外一道两砖相平转一周，其内二道为单砖周匝，各向内收 1 寸，最后中间为“象眼”，每阶基高度增加三砖，单砖线道加一周，增至二十砖以上时，最外一道平双转内加一道平双转。整个踏道侧面的式样和石作相同。踏道最下一步外，还铺有线道砖一列（《石作制度》称土衬石）。

（五）慢道（图 8-27）

慢道即坡道，有两种用途：一为城门旁供车马上下城墙之用；一为建筑物门道阶基前

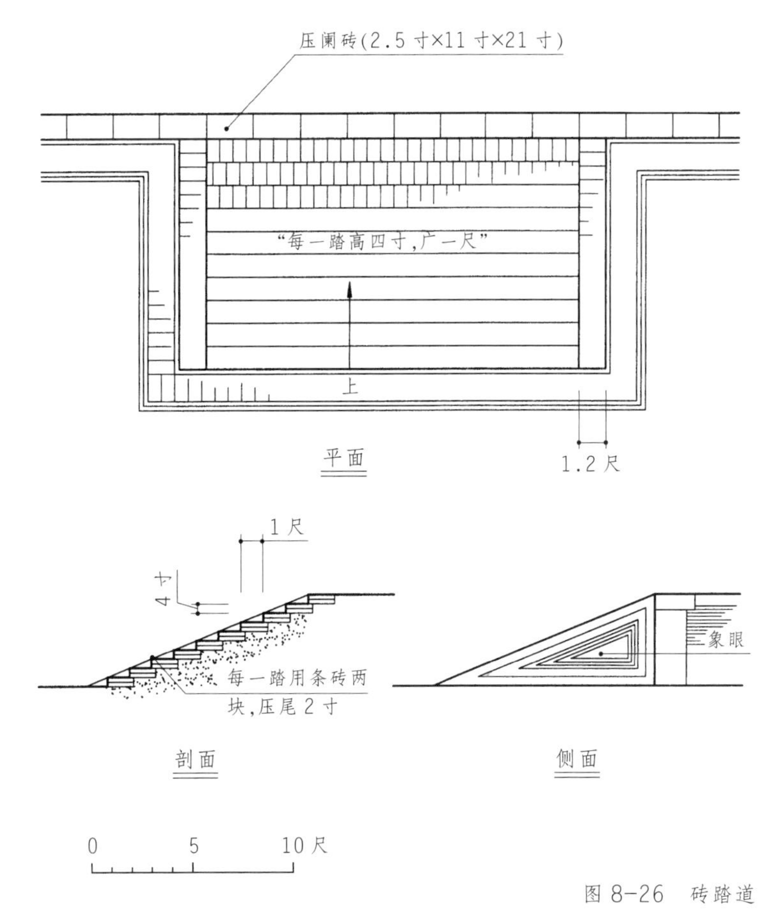

图 8-26 砖踏道

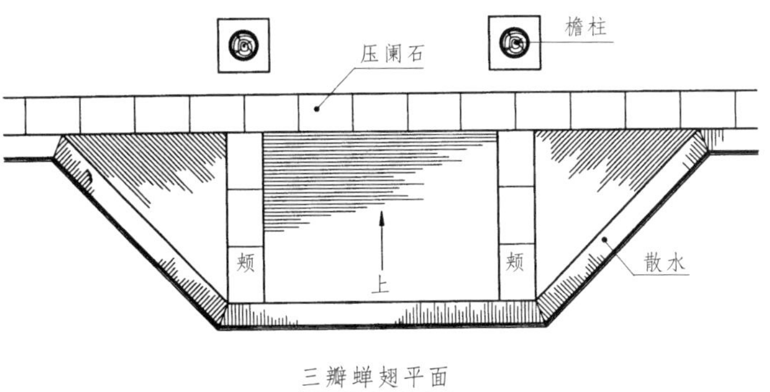

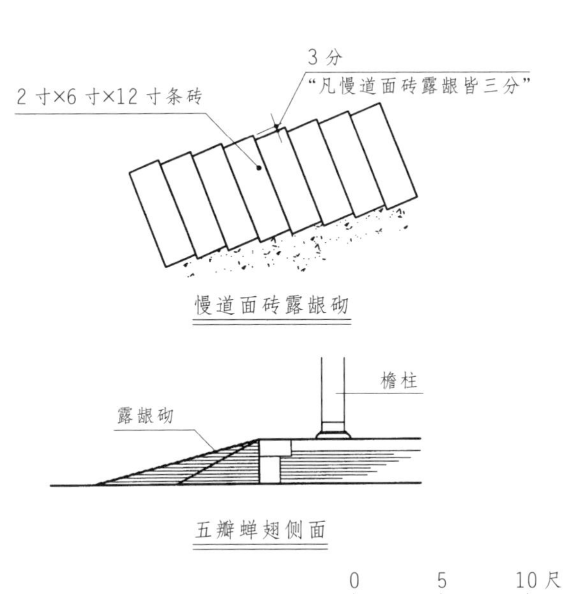

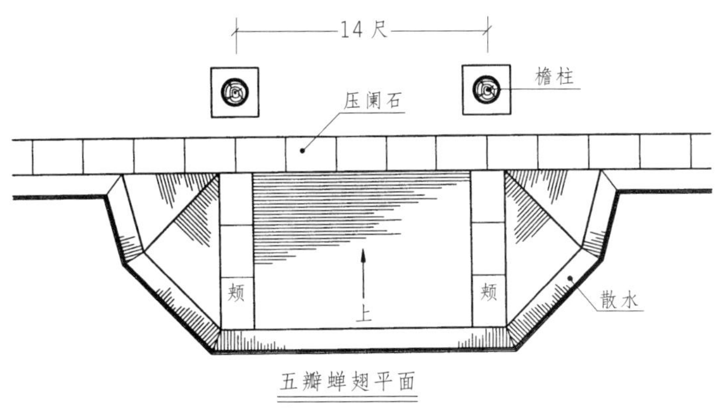

图 8-27 厅堂慢道（坡道）

不用踏道而用坡道，以利车马通行(见图 4-6)。城门慢道坡度为 5∶1，建筑物慢道坡度为 4∶1。厅堂等阶基的慢道也可作成三瓣蝉翅或五瓣蝉翅。慢道表面砖的砌筑露龈深 0.3 寸(即清式所谓礓礤)，以利防滑，如用表面有花纹的砖，即可不露龈，因花纹本身即可起防滑作用。

五、房屋之外用砖

(一)露道(图 8-28)

就是室外砖铺道路。断面成弧形，中间拱起，以利散水。砖侧砌或平砌，道路两边用四砖相并侧砌为边线。

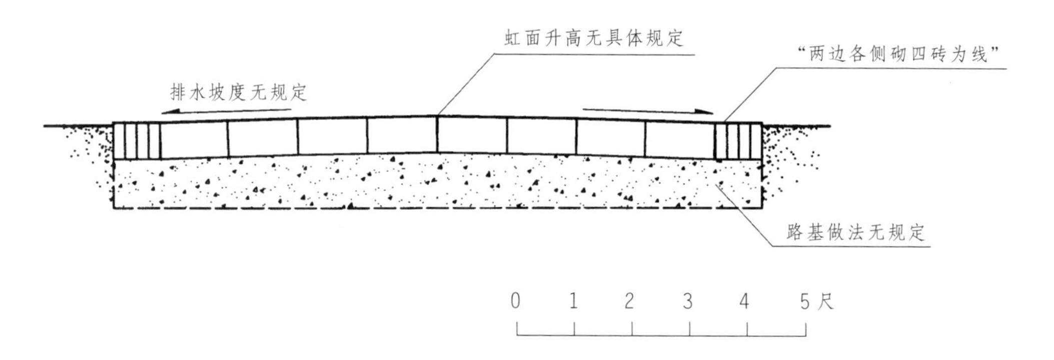

图 8-28　虹面砖露道

(二)城壁水道(图 8-6、8-29)

即城墙内侧壁面的垂直方向排水道，嵌于夯土城墙表面，可将雨水由城上引至城下散去。水道宽 1.1 尺，深 0.6 尺，两边各宽 1.8 尺，总宽 4.7 尺。用趄面砖砌筑，其表面与城面相平。但《法式·城壁水道》所称"随城之高，匀分蹬踏，每踏高二尺，广六寸，以三砖相并(用趄模砖)"一段语意不明。其中"趄模砖"一词为他处所无，疑为趄面砖(见于《法式》卷二十五砖作功限)之误[4]。此类实物遗存可见之于山西平遥明代城墙(图 8-30)。

(三)卷辇河渠口(图 8-31)

即城墙或其他墙与建筑物下的砖拱涵洞。石作有"卷辇水窗"一项，其性质与砖作卷辇河渠口相同，但前者基础做法叙述完整，即需先挖基槽至硬土、打桩(地钉)、铺设衬石枋，然后再砌石拱脚。而砖作卷辇河渠口，并未说明基础做法，在工程实践中显然是行不通的。即使是规模很小的砖涵洞，也必须考虑地基与基础的工程处理。所以《法式》砖作制度对此叙述是不完备的。

(四)马台、马槽

马台即上马礅，置于大门外，供上马时用。砖作马台高 1.6 尺，分作两踏，上踏方 2.4 尺。(石作也有马台，与砖作稍有不同，分作三踏，高 2.2 尺)。马槽为喂马之具，用条砖砌筑，方砖衬里。

宋、辽、金时期遗留下来的众多砖塔，其须弥座及仿木构梁柱、门窗、斗栱、檐部、平座等做法，可帮助我们了解《法式》砖作制度之外的实际工程情况(图 8-32~8-48)。

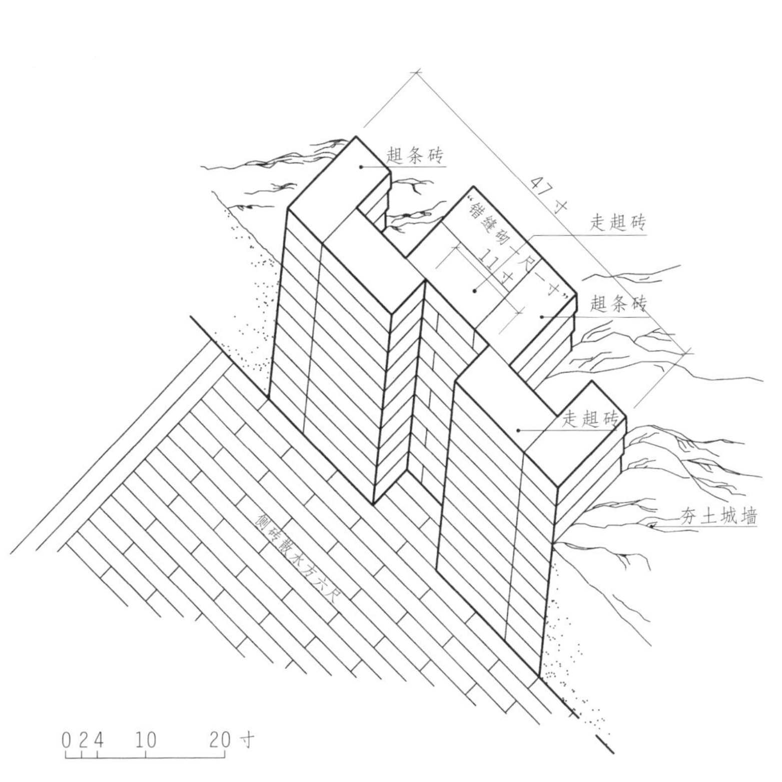

图 8-29　城壁水道示意图(用于土城墙)

水道上部

水道下部

图 8-30　山西平遥明代城墙城壁水道(曲雁摄)

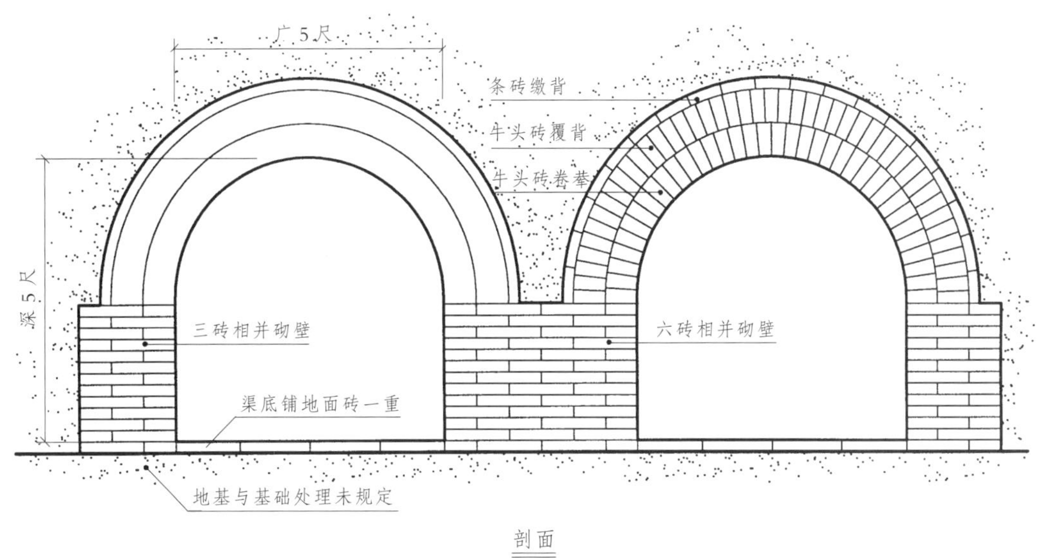

图 8-31　双眼卷輂河渠口

图 8-32　河南登封少林寺砖墓塔(宋宣和三年,1121 年建)

图 8-33　河南登封少林寺宋砖墓塔须弥座

图 8-34　河南登封少林寺宋砖墓塔须弥座局部

图 8-35　河南登封少林寺宋砖墓塔须弥座束腰壶门

图 8-36 河南登封少林寺砖墓塔(宋)顶部

图 8-37 河南开封祐国寺琉璃砖塔(宋)全景
(因塔表面用褐色琉璃面砖贴砌,故俗称铁塔)

图 8-38 河南开封祐国寺琉璃砖塔(宋)一层入口

图 8-39 河南开封祐国寺琉璃砖塔(宋)腰檐与平座

图 8-40　河南开封祐国寺琉璃砖塔(宋)
二层正面

图 8-41　河南开封祐国寺琉璃砖塔(宋)
塔顶宝珠

图 8-42　河北正定临济寺澄灵塔,又称青塔(金)

图 8-43　河北正定临济寺澄灵塔(金)
须弥座上设平座及万字板钩阑,其上为仰莲

图 8-44　河北正定临济寺澄灵塔(金)
砖平座

图 8-45　河北正定临济寺澄灵塔(金)
平座上莲瓣三层托塔身

图 8-46　河北正定临济寺澄灵塔(金)(钩阑施万字板,瘿项云栱、望柱、寻杖,两云栱间花板为小木作所无)

图 8-47　河北正定临济寺澄灵塔(金)
平座永定柱间壸门雕饰

图 8-48　北京天宁寺砖塔基座(辽)
(其砖基座做法与正定澄灵塔相似)

第八章注释

(1)《刘敦桢文集》卷二,236~239页。

(2)《法式》卷三《壕寨制度·城》:"每城身长七尺五寸栽永定柱、夜叉木各二条,每筑高五尺横用纴木一条。每膊椽长三尺,用草蕈一条,木橛子一枚"的筑城方法。梁思成《营造法式注释》43页注(16)称:"永定柱和夜叉木各二条,在城身内七尺五寸的长度中如何安排待考"。又注(17)称:"纴木、膊椽、草蕈和木橛是什么?怎样使用?均待考"。

由于以上各项未见实物佐证,笔者只能根据《法式》各卷内容相互参照作推测如下:

永定柱高与城墙相等,即40尺,夜叉木则比永定柱短4尺,即36尺,二者均栽入地内,每城墙筑高五尺横用纴木一条,40尺须用8条,这三者联结成二榀木构架,横向展开立于城墙身内,作为控制筑城高与宽的标杆;每7.5尺立一组永定柱、夜叉木,则又似与板筑模板有关,是否以此二柱作为固定模板的支撑点?如果这个假设成立,那么永定柱、夜叉木、纴木在城墙中的作用仅限于满足施工要求,而对城墙长期的结构性能不产生任何作用。

至于"膊椽、木橛、草蕈是什么?怎样使用?"笔者推测三者都是夯筑土墙时作模具使用的。其中膊椽就是椽形模板,迄今北方农村尚用此法作夯土板筑墙。草蕈就是草绳,江南农村有用单股粗制草绳捆束稻麦者,亦称为"蕈"。木橛的用途可能是插于筑成的土墙内作为木桩,通过草蕈把膊椽拉住,以抵抗夯土的侧张力。山东临淄齐故都和河北易县燕下都所遗城墙内部都发现了类似木橛和草蕈的木棍遗迹和绳索遗迹(参见《中国古代建筑技术史》,1985年,科学出版社,407页、411页)。草蕈与木橛用过后即埋在墙内,是消耗品,所以规定"每膊椽长三尺,用草蕈一条,木橛子一枚"。

(3)《法式》卷二十五《诸作功限二·砖作》:"条砖长一尺三寸,四十口(趄面砖加一分)一功(垒砌功即以斫事砖数加一倍,趄面砖同……)。"这里两次用"趄面砖"一词,且不分走趄砖与趄条砖,故可视为两者之统称。

(4)同上。

第九章　其余工程

《营造法式》对 13 个工种的叙述，以大木作、小木作、彩画作三者最为详细，每个工种“制度”所占篇幅都在 1 卷以上，而小木作制度尤为突出，共 6 卷，占各种制度总篇幅的 1/2。石作制度、瓦作制度、砖作制度三者次之，但每个工种所占篇幅仍超过 1/2 卷。其余 7 个工种，即壕寨、泥作、窑作、雕作、旋作、锯作、竹作叙述较简，内容较少。对这 7 项工种，前三者已在有关章节中择要谈到（壕寨与泥作在有关墙的叙述中，窑作在有关瓦的叙述中），这里仅就所剩 4 个工种作概括说明。

一、雕作

这是指木雕工程。分为混作、雕插写生花、起突卷叶花、剔地洼叶花、透突雕和实雕六种：

1）混作（图 9-1、9-2）

缠龙柱
（用于佛道帐及经藏柱之上）

人物、动物混作
（用于钩阑头上、牌带及照壁板等处）

图 9-1　木雕混作图样（引自《法式》卷三十二）

图 9-2　四川江油窦圌山云岩寺飞天藏缠柱升龙及降龙（木雕混作）

混作就是圆雕。雕刻内容有木栏杆望柱头上和匾牌四周的神仙、童子、凤凰、狮子之类以及屋角大角梁下的角神、佛龛经藏柱上的盘龙等（参见《法式》卷三十二《雕木作制度图样·混作第一、云栱等杂样第五》）。

2）雕插写生花（图 9-3）

专用于檐下斗栱间的栱眼壁上作为装饰，其形式为牡丹、芍药、黄葵、芙蓉、莲花等花卉的盆栽（见《法式》卷三十二《雕木作制度图样·栱眼内雕插第二》）。其实这只是因其所处特殊位置而单列的一种木雕，其雕刻方法似与下列（三）、（四）所述并无区别。

3）起突卷叶花（图 9-4~9-6）

起突卷叶花雕于梁栿（裹栿板同）、额枋、格子门的腰花板、木栏杆（钩阑）的花板、云栱、寻杖头、匾牌四周、椽头盘子等处，或用于平棊上的贴络花纹（图 9-7、9-8）。可在花纹内加进龙凤、童子、飞禽、走兽

图 9-3　栱眼壁内所用木雕盆花
（引自《法式》卷三十二《雕木作制度图样》）

图 9-4　格子门腰花板等木雕二例
（图中未能表达卷叶与洼叶之特点所在）
（引自《法式》卷三十二《雕木作制度图样》）

图 9-5　河北正定隆兴寺转轮藏(宋)
外槽花板云龙起突雕之一

图 9-6　河北正定隆兴寺转轮藏(宋)
外槽花板云龙起突雕之二

木钩阑花板
(用剔地起突等)

木钩阑云栱
(用剔地起突或实雕)

椽头木雕盘子
(用剔地起突)

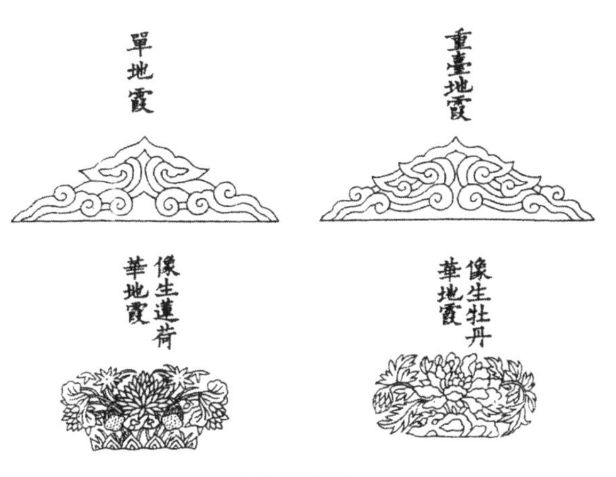

木钩阑地霞
(用剔地起突或实雕)

图 9-7　木钩阑及椽头雕饰(引自《法式》卷三十二《雕木作制度图样》)

1.双凤　　2.盘龙

3.荷莲花　　4.牡丹花

图 9-8　平棊内木雕四例
(引自《法式》卷三十二《雕木作制度图样》)

图 9-9　河北正定隆兴寺转轮藏座木雕减地卷叶花

等物。是木雕中用得最普遍的一种,其雕法和石雕中的压地隐起、剔地起突相似,花纹的内容以海石榴、宝牙花、宝相花等为主。表现技巧上要求花叶有翻卷,表里分明,每叶有一卷、二卷、三卷之分,三卷叶的档次最高,二卷叶次之,一卷叶又次之(图 9-9),枝条需圆混相压。可惜《法式》卷三十二图中用线条表示的剔地起突腰花板的花纹,无法体现木雕花纹实际的空间感,众多石雕压地隐起、剔地起突的遗物或可为我们提供一种相近似的感受。

4) 剔地洼叶花

与上述起突卷叶花颇为相似,不同之处在于无卷叶,即花叶不要求表现正反面翻转之状。

5) 透突雕

《法式》并未详述其做法,仅在上述两种雕刻中附带提到。推测是一种花纹局部镂空后与地脱开的雕法,后世称为"透雕"。

6) 实雕

是一种不去地的雕法, 即就地斜用刀力,压出花纹。木栏杆的云栱、地霞、叉子头的花纹、垂鱼、惹草等处普遍采用此种雕法。石作也有此法(见图 4-53、7-6、7-7)。

以上六种木雕说明宋代木雕品种齐全、工艺娴熟,已经到了成熟的阶段。

二、旋作

旋作就是车木工, 专门制作圆形建筑附件。它有三方面的用途:一是殿堂上大小木作的附件,如椽头盘子(钉于檐椽头上的圆盘,雕有花纹,绘以彩色)、子角梁下的宝瓶、望柱莲花柱头和仰覆莲花、胡桃子、板门上的木浮沤、木栏杆云栱上葱台钉筒子等;二是殿堂内照壁板前宝床上的各种附件,如香炉、注子、注碗、酒杯、杯盘、鼓、鼓座、杖鼓、莲子、荷叶、披莲、莲蓓等,这些物品尺寸较小,似是一种象征性的祭器与供品。可能用于祠庙之中；三是佛道帐上的附件，如火珠（置于帐脊中心）、滴当火珠（置于帐檐口上）、瓦头子或瓦钱子（用于帐檐口作筒瓦头）、宝柱子作仰合莲花胡桃子宝瓶相间、木浮沤、角铃、圆栌斗、虚柱莲花（即垂莲柱）等。

旋作所加工的都是零散的附件，名目繁多，工作琐碎，但也是建筑上不可缺少的装饰品。

三、锯作

锯作制度只有三条规定，但这三条对木材的合理使用与加工、节约木材等方面都有重要作用，也是长期实践中积累起来的宝贵经验总结。

1）用材之制

木料应优先选作长大构件使用，即大材大用，不能大材小用。

2）抨绳墨之制

大木料抨弹墨线必须大面向下，然后垂绳取正抨墨，以避免因小面向下抨墨而造成浪费；面积大而薄的木料，应先侧面抨墨，也是为了充分利用，绝不能将可以长用、大用的材料，截割为细小的构件。

凡是尖斜、讹角的构件，要把木材套裁切割使用，如檐头飞子，就应两两交斜套裁，可以节省木料。

3）就余材之制

凡木料锯下的余材，应尽量加以利用，如用作板材等。如遇外面有裂缝，应审视构件的尺寸规格尽量就裂解割，以减少裂缝；如可带裂使用，应尽量使用作板或其他部件。

这三条可以归纳为一条，即千方百计节约木材。

四、竹作

竹子在宋代官式建筑上的应用主要有竹笆、竹编道、竹席等。

1. 造笆

竹笆可铺于殿堂等屋宇椽上作为承重结构，以代替柴栈或屋面板，是三者之中档次最低的一种做法，必须和苇箔结合在一起使用（即用一层竹笆，再铺上 2~5 层苇箔。参见卷十三《瓦作制度·用瓦》）。

竹笆的制作是经纬各用竹 4 片纵横编织而成，经疏纬密。竹子不论大小，都一剖为四而用之。屋宇高大者，所用竹子也大；反之则小。竹径从 0.4 寸至 3.2 寸不等。铺笆以经竹顺椽，纬竹横于椽。

2. 隔截编道

即竹笆墙和露篱木框架内的编竹造。竹笆墙可用于窗子上下左右及照壁等处，或用作栱眼壁及两厦造及厦两头造屋宇山面的尖斜壁。其法是在木框内用竹片作横经纵纬交织而成。横经多少则视编道高度而定。编竹造之内外两面应是抹泥面层，但《法式》未明其法（因属泥作，故竹作不述）。

3. 护殿檐雀眼网

这是为保护斗栱不受鸟雀筑巢之扰而施于屋檐下的保护网罩，系用浑青篾编织而成(浑青篾即全用青篾，不用白篾。每条竹片依次劈为青篾与白篾数层，青篾质佳，白篾质次)，也可用于窗棂内防鸟雀。小木作有“护殿阁檐竹网木贴”一项，即用木条将此项竹网固定于椽及额上。两者的名称稍有差异，这可能只是两个工种不同习惯而已，正如“须弥座”是砖作名称、“叠涩座”是石作名称那样，都是同物异名。唐代殿宇也用此网，名为“护雀网”，段成式《酉阳杂俎》续集卷四，贬误条有“士林间多呼殿椽桷护雀网为罘罳”的记载。山西平顺县海会院明惠大师石塔檐下所刻为六角形网眼护雀网[1]，山西晋城县寺南庄青莲寺唐宝历元年(825 年)所刻“硖石寺大隋远法师遗迹记碑”中楼阁檐下也有护雀网[2]，说明这是中原一带唐宋间一脉相承的传统做法。有趣的是明惠大师塔上的护雀网还表现了木贴及分间情况，与《法式》卷七《护殿阁檐竹网木贴》“施之于殿檐斗栱之外，如六铺作以上，即上下分作两格，随间之广分作两间或三间，当缝施竹贴钉之，其上下或用木贴钉之”一段话正相吻合(图 9-10)。

4. 地面棋文簟

簟即竹席，地面簟亦称地衣簟。

推测宋代宫殿内地面是铺竹席作地衣的，所以《法式》设有此制。地面簟铺设时，其四周还用木贴压住钉牢，《法式·护殿阁檐竹网木贴》注明：“地衣簟贴，若望柱或碇之类，并随四周或圆或曲，压簟安钉。”

地面簟用浑青篾编织(全部用青篾，而不用白篾)，做工精细，要求篾宽 0.1~0.15 寸，须刮去表面竹青，用刀刃拖削使之厚薄均匀，并立两刃夹而拖之使宽窄一致（至今篾匠仍用此法)。簟面则用染成红色与黄色的篾织出各种花纹、方胜、龙凤等。

5. 障日篛

用于遮窗外日光的障日篛是一种比较粗糙的竹席，篾宽达 0.2~0.4 寸，用青篾与白篾相间编成。

6. 竹笍索

这是一种用五股竹篾编成的辫状长缆索（五股竹篾分别用 3~4 根青篾与白篾合成)，每根长达 200 尺，其用途是“绾系鹰架”，即为固定起重架而作拉索之用。这种竹索宽 1.5 寸，厚 0.4 寸，可耐很大的拉力。鹰架在宋代是起重器具，而非脚手架，《法式》称脚手架为“棚阁”“棚架”。司马光《书仪》云：“挽重物上下宜用革车，或用鹰架木。”即指此种起重木架。

五、联结用材

1. 用钉

宋代建筑用钉范围广，数量大，品种规格多，是用料的大项目。所谓“中国古代木架建筑全靠榫卯结合，不用钉子”的说法是一种无稽之谈。《法式》卷二十八《诸作用钉料例》所开列的用钉种类很多，主要有：

1) 大木作用钉

椽钉　长 = 椽径 +5 分°(1 分°=1/15 材)，按分°计算如有零数，则从整寸数，如 5 寸椽用 7 寸钉等

角梁钉、柱楅钉　长 =20 分°

飞子钉　长 =10 分°

大小连檐钉　长 = 连檐 + 飞子厚，无飞子者长 = 连檐 +1/2 椽径

白版（望板）、平暗板、遮椽板、搏风板钉　长 =2×板厚

横抹板钉（隔减并襻钉同）　长 = 板厚 +5 分°

2）小木作用钉

根据板厚决定用钉。

板厚 3 寸以上　钉长 = 板厚 +7 分°

板厚 2 寸以下　钉长 =2×板厚

拼缝用两入钉　钉长≤2 寸（两头尖的钉）

乌头门、各种门窗、藻井、平棋、佛道帐、经藏、井亭子、截间等都大量用钉。

3）雕木作用钉

根据板厚决定用钉。

板厚 2 寸以上　钉长 = 板厚 +5 分°

板厚 1.5 寸以下　钉长 =2×板厚

拼缝用两入钉　钉长≤5 寸

4）竹作用钉

压笆钉　长 =4 寸

雀眼网钉　长 =2 寸

5）瓦作用钉

筒瓦上滴当子（火珠）钉　长 = 滴当子高 +2 寸（如高 8 寸，则钉长 1 尺；高 6 寸，钉长 8 寸；高 3 寸、4 寸，钉长 6 寸）

嫔伽用葱台钉　嫔伽高 1.4 尺、1.2 尺、1 尺，钉长分别为 1 尺、8 寸、6 寸

套兽用钉　套兽长 1 尺、6 寸、4 寸，钉长分别为 4 寸、3 寸、2 寸

其他还有造画壁、泥假山用的麻花钉长 5 寸、井盘板钉长 3 寸等。

6）钉的种类与规格（图 9–10）

《法式》卷二十八所列钉共八种，都是方钉：

葱台头钉　长 10~12 寸，盖下方 0.46~0.5 寸，每只重 8.5~11 两

猴头钉　长 8~9 寸，盖下方 0.38~0.4 寸，重 4.8~5.3 两

卷盖钉　长 4~7 寸，盖下方 0.20~0.35 寸，重 0.7~3 两

圆盖钉　长 3~5 寸，盖下方 0.16~0.23 寸，重 0.35~1.2 两

拐盖钉　长 1~2.5 寸，盖下方 0.08~0.14 寸，重 0.05~0.225 两

葱台长钉　长 6~10 寸，重 1.1~3.6 两（这种钉分为头、脚两部分，头长 2~4 寸，露于脊外，嫔伽施于钉头之上）

两入钉　长 1.5~5 寸，中心方 0.1~0.22 寸，重 0.08~0.67 两（这是两头尖钉，用于拼合木板）

卷叶钉　长 0.8 寸，重 0.01 两，每 100 枚重 1 两（这种钉最短小，可能用于钉薄板）

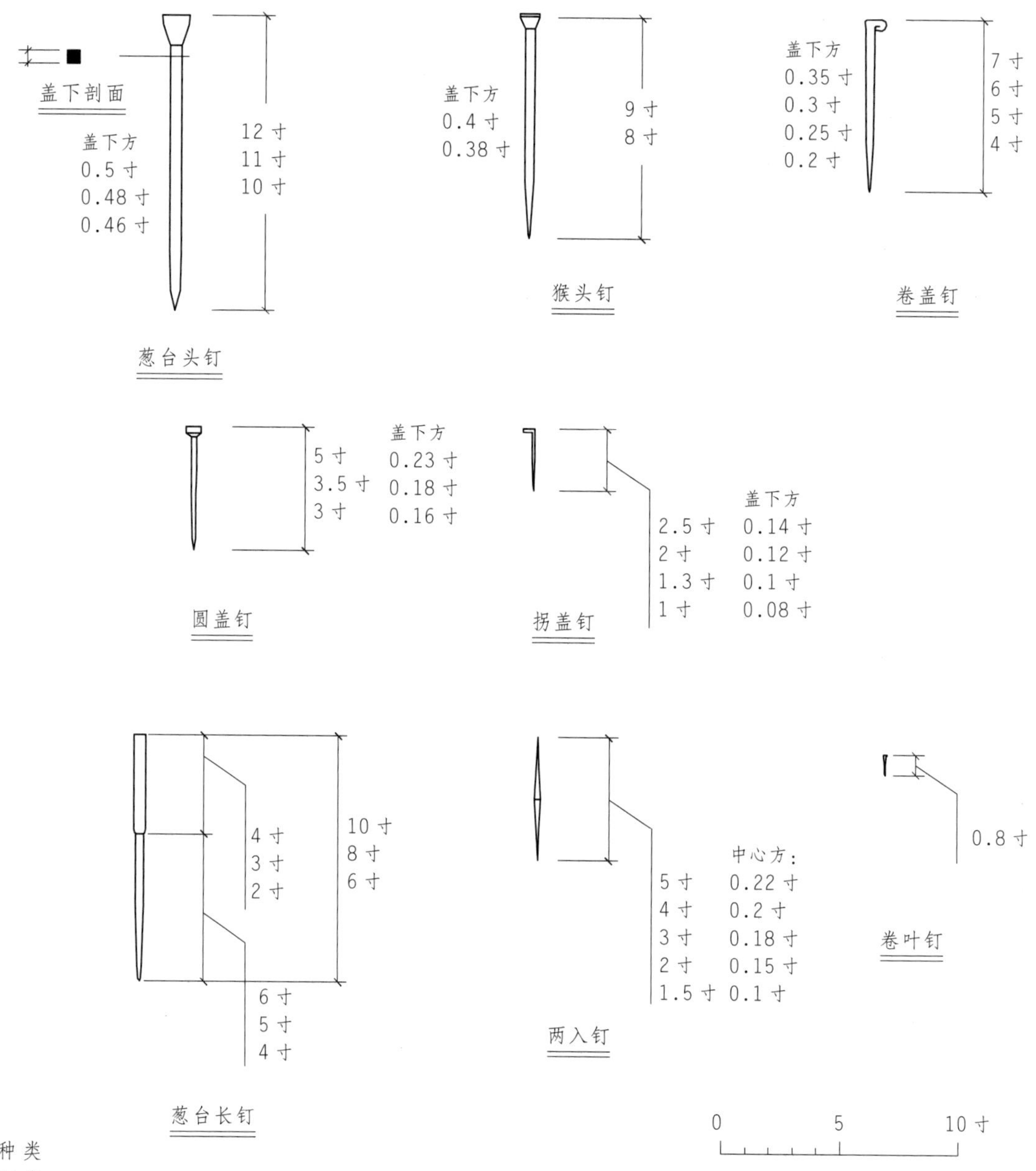

图 9-10　通用钉种类（均为方钉）（据《法式》卷二十八《诸作用钉料例》）

2. 其他铁件

（1）襻脊铁索　“正脊当沟瓦之下垂铁索，两头各长五尺（以备修整绾系棚架之用，五间者十条，七间者十二条，九间者十四条，并匀分布用之。）”（《法式》卷十三《垒屋脊》）。

（2）鸱尾、龙尾上铁脚子、铁束子、铁鞠、铁拒鹊、抢铁　前三者似用以固定鸱尾及龙尾。鸱尾高 3 尺，用铁脚子 4 枚，各长 5 寸，鸱尾增高 1 尺，铁脚子加长 1 寸；铁束子用 1 枚，长 8 寸，鸱尾增高 1 尺，铁束子加长 2 寸；铁鞠是拉结鸱尾各拼块用的铁扣件。后二者似是密布鸱尾上的防鸟铁件，拒鹊向上作五叉，每鸱尾安 24 枚，抢铁安 32 片。此五项具体做法不明。

（3）兽头铁钩、铁索　每兽用铁钩及铁索各一条，顺脊固定兽头（《法式》卷二十六瓦作料例)。

(4)石段熟铁鼓卯　骑河拱脚石(卷輂下两边厢壁板)、河底地面石等石段之间用铁鼓卯加固,以抵抗水之冲力。鼓卯缝还须用锡灌浇固结,鼓卯每只重 1 斤,长 0.6 尺,宽 0.2 尺,厚 0.06 尺(《法式》卷二十六石作料例、卷三石作制度)。

(5)石缝铁叶　骑河拱脚箱壁板如用三石并砌,则每砌二层,铺铁叶一层,其法为每隔一尺加铁叶一条,以加强石与石之间的整体性。铁叶长 5 尺,宽 3.5 寸,厚 0.3 寸;如用四石并砌,则铁叶长 7 尺(《法式》卷三石作制度、卷二十六石作料例)。

(6)燕颔板(瓦口)、牙子板合角铁叶　用于屋顶转角处。殿宇用铁叶长 1 尺,宽 6 寸;其他房屋长 6 寸,宽 4 寸(《法式》卷二十六瓦作料例)。

(7)铁轴承　城门及殿宇高大的板门和转轮经藏的上、下转轴,都承受着巨大的摩擦力与压力,必须采用铁制的轴承方可耐久。其做法分为下轴承及上轴承两种:

下轴承——称为"铁鹅台"。推测是由半球形的凸出体和碗形的凹陷体组成。凸出体固定于门肘板下或转轮藏主轴下,凹陷体固定于门砧上或地面上,两者相合而成下轴承。

上轴承——由内铁环"锏"和外铁环"钏"相套合成。"锏"套于门肘板上轴头上,"钏"嵌于门框上鸡栖木内或转轮藏顶部的十字套轴板内,两者相套而成上轴承(《法式》卷六、卷十一)。

(8)铁靴臼　这是安于外门下的一种铁件,起加固板门、乌头门肘板下部的作用。是否与铁鹅台联为一体,或是分开?《法式》未详。卷三十二板门图样中表示了这种铁靴臼与铁鹅台的所在位置。

3. 用胶

胶的用途有二:一是胶合木件,如小木作合缝、合卯,除用钉外还须用胶。雕木作黏合时除用钉外也须用胶;二是掺合各种涂料,其中瓦作、泥作、砖作表面涂刷的灰色浆需用胶与墨及石灰混合而成;彩画所用各色也需掺胶后使用,贴金更需用鱼鳔胶作黏合剂。

4. 用石灰

石灰作粘结材料用于石作砌筑,每 3 尺×2 尺(一段标准石块面积)用矿灰(干石灰块)5 斤。

碑每座用灰 30 斤,笏头碣每座用灰 10 斤。

用于瓦作结瓦筒瓦,如筒瓦长 1.2 尺,用矿灰 2 斤,点节加 1 两;仰瓦长 1.4 尺,用矿灰 3 斤;脊上垒大当沟、线道瓦、条子瓦及鸱尾、兽头等均用石灰结瓦。石灰中掺麻捣,用量为 1/30 矿灰重量。

用于砖作安砌阶基、慢道、卷輂河渠口所用矿灰以 1.5 尺×1.5 尺方砖为标准,每砖用矿灰 13 两。每砖增减 1 寸各加减矿灰 3 两;其余条砖、压阑砖等依此类推。

上述情况说明,宋代官式建筑已广泛应用石灰作为砖、瓦、石三作的粘结材料。

第九章注释

(1) 见刘敦桢:《中国古代建筑史》图 95-1、图 95-2,1984 年,中国建筑工业出版社;潘谷西:《中国建筑史》第六版图 1-46,2010 年,中国建筑工业出版社。

(2) 见山西晋南专员公署《上党古建筑》图 11,1963 年。

附录一 《营造法式》的版本、校勘与内容检索

一、《营造法式》的版本

《营造法式》自1103年首次刊行以来已有九百余年。当年的原版书早已从世上消失，幸赖各地藏书家的转抄而使这一稀世之宝得以传流至今。虽然在抄录过程中不免留下一些文字错漏和图样失真，但基本面貌及其内容未变。在20世纪内，本书曾有五次刊行，从而使广大读者获得了研读的机会。梁思成先生的《营造法式注释》则再次刊载了经过校勘的《法式》全文。

现根据陶湘校本《法式》所附《诸书记载并题跋》及陈仲篪《营造法式初探》等论著及近世《法式》发行情况，对《法式》版本简略介绍如下：

（一）宋版书

1100年（宋哲宗元符三年）《营造法式》编成送审后，于1103年（宋徽宗崇宁二年）获朝廷批准用小字刻版刊行，发至各地遵照施行。这就是后世所称"崇宁本"。

经过北宋末年的战乱，崇宁本《法式》已不多见，所以1145年（高宗绍兴十五年）平江知府王唤在得到"绍圣营造法式旧本"[即崇宁本，因哲宗绍圣四年（1097年）敕修，故称之为"绍圣旧本"]后，重新校勘发行，以满足当时的需要。后世称这个版本为"绍兴本"。

到南宋后期，平江府又重刻了一次《营造法式》，因该书刻工的姓名同时出现于绍定年间所刻《吴郡志》而得知此版也刻于这个时期，但具体年份不知（见陈仲篪《营造法式初探》，《文物》，1962年2期）。目前所见宋版《法式》残页，均非崇宁本与绍兴本之遗物，而是上述南宋后期刻本经元代（一说明代）补刻后重印之物。故陶本《营造法式》及梁著《营造法式注释》卷上对宋版残页所注"崇宁本""绍兴本"均为误注。《梁思成全集》卷七已经更正。

（二）明清抄本

迄今所知明清抄本主要有以下几种：

1）《永乐大典》抄本

明《永乐大典》录有《法式》抄本，据《四库全书总目》称"永乐大典内亦载有此书"，但"所载不分卷数"。1900年经八国联军劫掠，《永乐大典》散失殆尽，所录《法式》抄本也不知去向，仅存彩画图样一卷可于影印小本《永乐大典》卷一八二四四中见之。

2)《四库全书》本

系乾隆年间宁波范氏天一阁所进《法式》之再抄本,原缺第三十一卷《大木作制度图样下》,经与《永乐大典》本校订后补入该卷图样二十二幅。今简称"四库本"。藏文渊、文津、文溯诸阁。范氏原本已不知去向。

3)张蓉镜本

清道光元年(1821年),常熟张蓉镜从其同姓藏书家张金吾处抄得《营造法式》。卷末有"平江府今得绍圣营造法式旧本,并目录看详共一十四册。绍兴十五年五月十一日校勘重刊。左文林郎平江观察推官陈纲校勘,……知平江军府事提举王晩重刊"等字样。可知是由"绍兴本"转抄而来。此书原藏翁同龢家,2000年入藏上海图书馆。

4)丁本

杭州丁氏嘉惠堂所藏,系抄自张蓉镜本,后为两江总督端方收入江南图书馆(后为南京图书馆)。

5)故宫本

1932年,在当时的北平故宫殿本书库里发现了《营造法式》的抄本。这个抄本错误较少,它的最大贡献是填补了其他抄本都遗漏的一项重要内容,即《法式》卷四大木作制度"造栱之制有五"的第五项"五曰慢栱"。从而使《法式》的内容更为完备,也弥补了陶本长期存在的一个重大缺憾。

6)此外还有吴兴蒋氏密韵楼抄本、常熟瞿氏铁琴铜剑楼抄本(现藏中国国家图书馆)、朱氏、孔氏文澜阁抄本等,但不知现存情况如何。

(三)20世纪刊本

1)石印本(1919年)

1919年朱啟钤因公赴南京,在南京江南图书馆发现丁本后,建议省长齐耀琳刊印以广传流,遂以石印本问世。1920年上海商务印书馆再次印刷。此书目前存世不多。

2)陶本(1925年)

因丁本(石印本)错误较多,故朱啟钤请陶湘根据各家抄本校订后于1925年重刊发行,简称"陶本"。其所参校的有吴兴蒋氏密韵楼本及文渊、文津、文溯三阁所藏四库全书本(即天一阁所进藏本之抄本)等。书中图样经重绘,并填有彩色。由上海商务印书馆以线装大开本印行。

3)陶本的缩印本(1933年及1954年)

1933年及1954年,商务印书馆两次缩印陶本,32开本,白报纸,简装。

4)陶本的影印本(1989年)

1989年由北京中国书店据1925年陶本影印,线装本,版面大致与1925年本相当而略有缩小,亦填有彩色。

5)梁思成《注释》本(2001年)

1983年出版的梁氏《营造法式注释》卷上及2001年出版的《梁思成全集》卷七,所引《法式》原文已与1932年发现的故宫本校对过。

二、陶本《营造法式》校勘表

陶本《营造法式》是目前广泛使用的版本。但陶湘的校勘工作是在故宫本发现(1932年)之前完成的,因此未能将这部相对说来正确度较高的版本列入校刊范围之内,这是陶本的一大缺陷。为了弥补这个遗憾,谨将刘敦桢先生当年根据故宫本及四库本等相互参校后,转抄于东南大学所藏陶本上的眉批编录成表以飨读者。此外,编者在研读与作图过程中也有一些校勘管见,一并列入表内,供读者参考。

本表页次、行次均按1925年商务版及1989年影印本。括弧内文字表示原文为小字。

卷次	卷名	页次	行次	原　文	校　勘
一	劄子	一	8	着	差(丁本及四库本俱作差)
	看详	一	10	垂	悬(宋避始祖玄朗讳,改悬为垂。依《考工记》更正)(编者按:以下皆同,不再一一列出)
			13~14	衡以水	"衡以水"(《墨子》法仪篇无此三字)
			21	韩子	韩非子(脱"非"字)
			21	班亦	王尔(《韩非子》卷四:"虽王尔不能以成方圆")
		二	2	隋	隳(四库本作隳)
		三	16	北周礼……	《周礼》似应另行
		四	16	以为南	以为南北(既记两竅心于地,应加"北"字)
		五	16	周礼	周官
		八	4	刊谬正俗	匡谬正俗
		十一	2	揘	榥
			17	落	落(据四库本)
		十二	9	一十五	编者按:应是"一十三"之误,由目录可知
	总释上	一	21	礼儒	礼记儒有(见《礼记·儒行》第四十一)
		二	4	名	民
			5~6	故圣王作为宫室之法曰宫高足以辟润湿,旁足以圉风寒	故圣王作为宫室。为宫室之法曰:高足以辟润湿,边足以圉风寒(见《墨子》辞过第六)
			22	礼	公羊(按所引为公羊昭二十五年,傅何休解诂文。礼记礼器仅有"天子诸侯台门",无下二句)
		三	15	商	殷(宋避太祖讳,改殷为商)
		四	13	所亭集也	所停集也
		七	4	准	準
			9	周礼	周官
			15	刊	匡
			17	礼	官
			20	椽	掾
		八	15	角	各(文选作"各",以下同)
		九	1	语	论语
			4	卢	栌
			5	櫺	员櫺
			10	榱	枅
			12	矫	蟜
			18	西都赋	西京赋
		十	2	之	以
			3	都	京
			20	商	殷
			20	四柱屋	四注屋

卷次	卷名	页次	行次	原文	校勘
一	总释上	十一	2	以	而
			6	语	论语
			7	棁	棳
			9	棳棳	重复,应删去一"棳"
			13	揘	樘
			15	梧……牾	释名二字皆作"牾"
二	总释下	二	6	桷	桷
			9	榜	櫋
			11	相正當	正相當(依尔雅郭注)
			15	干	于
		三	20	礼复廇	礼记·明堂位,庿(原文作庿非廇)
		四	16	刊谬正俗	匡谬正俗
			20	閒	间(故宫本)
		五	17	为扪幕障卫也	在外为人所扪摸也
		六	13	言桓声如今人犹	言桓声如和,今犹……(见《汉书》尹赏传注)
			21	者云	也
		八	6	周礼	周官
			10	周礼	周官
			14	屏风可以障风也	屏风言可以屏障风也
		十	4	乎、欔、瀷	胡、楆、潍
			11	都	京
		十一	1	堦	阶
		十二	3	一	二(四库本作"二",看详取围径亦然)
三	壕寨制度	二	9	以为南	以为南北
		四	22	膠上	膠土(依故宫本)
	石作制度	五	4	一曰	二曰(依文义改正)
		六	13	叚	段(编者按:以下各卷"叚"字均依此,不另一一列出
			15	壼	壸(依故宫本)(编者按:以下"壸"均依此,不另列)
		七	10	T	下
		八	4	四厘	四分(?)
		九	2	厚六分	厚六寸(依故宫本)
			5~6之间	漏止扉石一项	止扉石其长二尺方八寸(上露一尺,下栽一尺入地)(故宫本有此条)
		十一	4	锐	讹(依故宫本)
		十二	6	壘	叠(依本卷角柱、殿阶基二条更正)
四	大木作制度一	二	7	閒	间
		三	4	加二分五厘	加二寸五厘
			17~18之间	漏慢栱一项	五曰慢栱(或谓之贤栱)施之於泥道瓜子栱之上其长九十二分每头以四瓣卷杀每瓣长三分骑栿及至角则用足材(依故宫本补入此条)
		四	8	下作面卷瓣	下作两卷瓣
			10	乘	乘(疑为"承"之误)
		五	1	斜设	斜杀(杀误设)
			6	长四分	华头子长九分,匀分两卷瓣应长四分半,疑"分"下脱"半"字
		六	18	……七材六栔	……七材六栔。其骑斗栱与六铺作同。(依丁本及四库本增补九字)
		七	9	蜉	蜉
			16	有碍昂势处即随昂势斜杀於	故宫本无"势"字及"於"字
		八	4	讹角斗	讹角箱斗(卷三十大木作图样绞割铺作栱斗等所用卯口图内作"讹角箱斗",较此增一"箱"字)
		十一	4	纏柱边造	纏柱造(故宫本无"边"字)

卷次	卷名	页次	行次	原　文	校　勘
五	大木作制度二	二	6	刻剜	剜刻(故宫本)
			18	高二十五分	高一十五分(依故宫本改正,依图亦应作“一”)
			18	背上	上背(依上条改正)
			20	一分	二分(?)
		三	11	材斜长	故宫本无“材”字(编者按:“栿项”后疑脱“柱”字)
		四	11	如	加(故宫本)
			14	殿间	殿阁(故宫本)
		五	11	柱以上	柱上(故宫本无此“以”字)
		六	5	堂厅	厅堂
			17	颏	颏(应用“额”)(编者按:梁著《注释》仍作“颏”)
			21	以乘替木	乘(疑作“承”)
		七	3	顺脊串	顺栿串(故宫本)
			14	背方	背上
			14	闲	(疑有缺笔)(编者按:梁著《注释》仍作闲,音契)
		八	20	次角	次角柱(脱“柱”字,依下条增入)
		九	4	榜	故宫本作“槐”(按康熙字典无此字,仍以“榜”为是)
			12	纳	约(从上条校正。故宫本亦作“约”)
			14	长五分	丁本作“长一分”,依实际绘图结果,亦以五分为是
		十	15	鬪	𩰚(编者按:陶本均作“鬪”,下同,均改作“𩰚”,不另一一列出)
			18	大角背	大角梁背(“梁”字脱落)
六	小木作制度一	二	2	每门广一尺则长九寸二分	(编者按:此11字应为正文,非小字注)
		三	3	立株之广	立株间之广
			3-4	地栿板……楅一枚	(编者按:此段共32字应为小字,与上文相接)
		四	14	合扇软门	合板软门(丁本作“板”,与卷三十二图样一致,应改为“板”)
		五	6	合板软门	(此四字宜仿丁本,提高一格)
		八	22	榑	搏
		十	3	加	如
		十一	17	广四分	故宫本作“广四寸四分”
七	小木作制度二	二	7	厚四分	(编者按:应是广四分。前文已有“腰花板及障水板皆厚六分……并为定法)
		四	8	柱桱	柱径
		六	1	厚三分七厘	厚二分七厘(依丁本及故宫本。制图亦以二分七厘为合)
		十	11	五寸四分	五十四分
			12	三寸四分	三十四分
		十一	1	者	者(衍文可删)
八	小木作制度三	一	22	桯随	桯长随(疑夺“长”字)
		二	11	皆内安	背内安
		三	15	皆	背
			16	并	井
		五	9	二十七棂	一十七棂(“二十七”疑为“一十七”之误。按法式六各种窗棂数只有一十七与二十一两数。拒马叉子用二十一棂交斜出首,宜较密。叉子宜较疏,故疑为“一十七”,否则亦为“二十一”。)
		七	7	十分中四厘	十分中四分(疑“分”误作“厘”)
		九	9	鹑尾	鸱尾
			12	结瓦	结宽(编者按:下同,凡“结瓦”均改作“结宽”,不另一一注明)
		十	8	八寸五分	疑为“八分五厘”之误(按八分五厘制图,其高度适合举折之势)
			13	曲广一寸六分	疑为“曲广一分六厘”之误,制图亦以改正者为是
			14	曲广一寸七分	疑为“曲广一分七厘”之误。制图亦以改正者为是
九	小木作制度四	一	13	脚下	脚上(丁本作“上”。依卷三十二图样,车槽叠涩亦应在龟脚之上)
			19	并瘿项云栱坐	“坐”疑为“造”之误(编者注)

卷次	卷名	页次	行次	原 文	校 勘
九	小木作制度四	二	8	厚六分七厘	“六分”疑为“二分”之误(编者注)
			14前	似有缺项	“车槽”之前应有“普拍枋”一项(编者注)
		四	1	幌	榥
		六	8	槫脊	搏脊
			15	合用在外	合角在外(按壁藏平座条改正)
		八	13	上云栱	上至云栱(疑脱“至”字)
		十	14	卷杀瓣柱	卷杀蒜瓣柱(四库本及丁本皆作“杀蒜瓣柱”,“卷”字二本俱无,依文义加入)(编者按:据《康熙字典》,“菻”为“蒜”之俗字)
十	小木作制度五	一	18	八分	(编者按:疑为“二寸”,参见“九脊小帐”同款。作图也表明以“二寸”为宜)
		二	7	长三分六厘	疑为“三寸六分”之误(广一寸厚四分而长只三分六厘,似不可能。下文九脊小帐束腰衬板广厚略同,而长二寸八分。故改正之)
			16	长三寸	卷九天宫楼阁佛道帐及卷十之九脊小帐之虚柱皆长过帐带。九脊小帐之虚柱亦方四分五厘而长则三寸五分,故疑为三寸五分或三寸六分之误
		三	1	广二分	疑为“一寸二分”或“一寸五分”之误。佛道帐及九脊小帐欢门之广与厚均为十与一之比
		四	12	广二分	广二寸(编者按:参照佛道帐及壁帐,此处“广二分”显然有误)
			13	长随……	疑为“长广随”,脱广字
		五	20	减一寸五分其广一寸六分厚二分四厘	此十六字为本文,非注
		六	20	七分二厘	七分六厘(编者按:贴广与柱长相加应是七分六厘)
		七	4	托榥	疑为“托榥内”,脱“内”字
			11~17	(原文略)	平棋各件尺寸太大,例如桯之大竟过帐柱。其他如贴、楅、护缝、难子皆然,恐全部有误
		九	5	槫脊	搏脊
		十	1	缺项	(编者按:疑脱“普拍枋”一项)
			15	桯	疑为“桯长”,脱“长”字
			21	飞子	(编者按:壁帐不用飞子,当为“棂子”之误)
十一	小木作制度六	一	13	广一寸六分	隔斗板广疑应作一寸一分。因上卷凡有隔斗板处,其广均等于上下贴广并上下柱子长之总和。故应作一寸一分。如是则帐带长度亦足矣
		十	16	广五分二厘	广二分二厘(据丁本及故宫本。制图结果亦以二分二厘为合)
		十一	1与2之间		补一行:“里槽下锃脚外贴,长同上,广二分二厘,厚一分二厘。”(各本均无下锃脚贴尺寸。缺之则制图不完成,不知脱简抑或原书疏缺。仅按制图所得,并参酌上文上隔斗上下贴条补入)
		十二	1	腰檐高一尺	腰檐高二尺(依故宫本,制图亦以二尺为合)
			5	前面长减八寸	前面长减八尺(故宫本)
			16	前面长减九尺	前面长减六尺(故宫本及丁本)
十二	雕作制度	二	3	羘	羚羊(编者按:据陈仲篪考证,应为“羦羊”,避钦宗赵桓音讳,故羦缺一笔)
		三	2	皆卷叶者	背卷叶者
			5	褁帖	褁贴
		三	17	胡云	卷十四彩画作制度作“吴云”,未审孰是
	竹作制度	七	2	合	今(?)
			15	广一寸	广一尺(依丁本及故宫本改正)
		九	13	瓣	疑应是“辫”
			14	合	疑为“令”之误
十三	瓦作制度	一	5	结瓦	结宽(编者按:下同,凡“结瓦”均改作“结宽”)
		四	12	长一尺三寸瓦	(编者按,窑作制度无一尺三寸筒瓦,疑为一尺二寸之误)
		六	7	殿间至	殿阁(“阁”误“间”,“至”衍文)
		七	4	斗口挑	斗口跳

卷次	卷名	页次	行次	原　文	校　勘
十三	瓦作制度	七	8	殿间	殿阁
			14	径一尺	依文义似应为“径二尺”
		八	2	二尺五寸	依“每高四尺则厚一尺”之比率,疑为“二寸五分”之误
		十	20	顶	项(四库本作“项”)
十四	彩画作制度	一	19	斫	砑
		二	1	茶	茶
		四	11	团科	团窠(丁本、四库本窠作“科”,或误作“料”。按《新唐出·车服志》:“六品以下服绫小窠无文”,应以“窠”为当)
			19	宜以	宜於(依文义应作“於”)
		五	8	仙童	金童(卷三十三图样“仙”作“金”)
			10 12	羚羊	羚羊(编者按:据陈仲篪考证,应为“羦羊”)
			13	吴云 曹云	吴云(卷十二雕作制度作“胡云”,未知孰是)曹云(吴云、曹云皆无图,其形状与出处不明。《法式》卷五《阳马》有曹殿一种,同冠以曹,是否有连带关系,待考)
		六	14	科	窠
			19	一	或(丁本作“或”)
			22	团科	团窠(以下同)
		七	20	王	玉
		八	3	二分	一分(丁本作“一分”。前节五彩遍装斗科外棱缘亦广一分,应以一分为是)
			16	共头	其头(依文义“共”应作“其”)
		九	3	用	刷(丁本作“刷”)
			10	缘头	椽头
			15	黄土	土黄(编者按:正文均作“土黄”共四处,故疑“黄土”为误)
		十	3	上其	疑为“其上”
			13	牙头护缝	牙头护缝(此下疑有脱简。据《法式》卷二十五彩画作功限,牙头护缝应抹绿或解染青绿。未审孰是)
		十一	7	影缝	护缝
十五	砖作制度	四	7	比身脚	比牙脚
			21	趄模砖	趄面砖(编者按:《法式》卷二十五砖作功限有趄面砖,“模”字疑为“面”字之误)
		六	8	兑	疑为“脱”字
			11	甍	四库本作甖。《玉篇》甖坏也。非瓦脊之甍
			16	厚八分	厚六分(丁本及四库本作“六分”,依下列各瓦比例,似以六分为是)
	窑作制度	九	6	露内	窑内(依四库本改正)
			8	火候冷	候火冷(依文义及四库本改正)
十六	壕寨功限	二	13	工纽	上约(丁本及四库本皆作“上”。“约”依文义改正)
		三	2	压门砖一寸口	压门砖一十口(丁本作“十”。此误)
			4	每一百口	(丁本作“一”,四库本作“二”,未知孰是,存疑)
	石作功限	六	13	“雕镌功” 下缺注文 15 字	小注十五字依丁本及四库本增入:“其雕镌功并於素覆盆所得功上加之”
		七	12	确	角
		九	21	樱	瘿(依《法式》卷三石作制度改正)
十七	大木作功限一	七	20	一铺作	六铺作(依丁本作“六”)
十八	大木作功限二	八	7	六十三分	六铺作(依丁本作“六”)
			8	第三抄	第二抄(华栱列幔栱,实际上只能第二抄)
			8	六十三分	六十二分
十九	大木作功限三	九	2	二十六分	应作“一百二十六分”,脱“一百”两字
			20	椽	疑为“七”

卷次	卷名	页次	行次	原 文	校 勘
二十一	小木作功限二	五	3	心枓	心柱
		七	5	第一等	第四等(编者按:“一”应是“四”之误。因板广 54 分°,二尺六寸合四等材)
二十二	小木作功限三	二	16	裹槽	里槽
		三	18	贴身	贴生
		十一	3	幌	榥(丁本、四库本皆作“榥”)
		十二	11	共广一丈五尺	编者按:应是“共广五丈五尺”之误
二十三	小木作功限四	二	5	纽	约(疑“纽”误。)(编者按:本卷其他五“纽”字均为“约”之误,不一一列举)
			7	樽脊	搏脊
		六	4	挟木	颊木
		十	9	共	高
			19	并行廊屋	前文称“挟屋行廊”,此独云“行廊屋”,疑有误
二十四	诸作功限一	五	16	搏料	团窠
二十五	诸作功限二	四	12	兑	脱
			15	纽	约
		六	3	壸	壼(第八页“壸”字亦误)(以下并同)
二十六	诸作料例一	四	21	结瓦	结宽(第五、六、七页“结瓦”均为“结宽”)
		八	2	拒鹊子	拒鹊叉子(编者按:诸本“叉”字均写作“义”,与现代汉语之“义”相混淆)
二十七	诸作料例二	二	5	同	用
		四	22	楢	描
		六	16 17	草色 绿华	“草色”与“绿华”两项皆应提高一格,因和合颜色分合色与草色两类,后者和粉,分衬所画之物,见卷十四彩画制度。用途既异,配合亦殊,应仿丁本体裁提高,以醒眉目。
		八	5	绕	缴,《法式》卷十五砖作制度作“缴”
			12	并	井(误“并”)
			20	丈	尺
二十八	诸作用钉料例	一	18	欅	襻,(丁本、四库本皆作襻)
		二	10	一尺二尺	一尺二寸(依丁本改正)
		六	6	每长二尺	每长一尺(四库本作“一尺”,待考。如每长增五寸加一枚,则以“一”尺为是)
	诸作胶料例	八	9	应	应使(四库本“应”下多“使”字。丁本无)
	诸作等第	十	11	不事造者	不事斫造者(疑脱“斫”字)
		十二	2	跳	挑
			4	蜓	蜓(依四库本)
		十四	4	搏料	团窠
三十	大木作制度图样上	五		辨	瓣
		六		杪	抄(共九个“杪”字)(编者按:梁著《营造法式注释》则均用“杪”字。参见本书附录之二“宋代建筑术语解释”)
		十一		閶梁	闇栔
		十二		梁、駙	栔、骑
三十一	大木作制度图样下	二		殿阁身	殿阁(编者按:“身”衍文)
		五		殿堂	殿堂等(脱“等”字)
				殿侧样十架椽	八架椽(依图改正)
				以上并各计心	殿身里跳重栱出双抄,偷心造(故宫本)
					(编者按:此图殿身内多画一槽,减去一槽方为“单槽”)
		六		殿侧样……八铺作	六铺作
		十三		二柱	三柱。图中加一缝柱(依故宫本加此柱)
		十九		四柱	三柱。图中多一缝柱(依故宫本无此柱)
		二十		图中内柱有误	两内柱之一应向外移一架,使乳栿成劄牵(依故宫本改正)
		二十一	后半	二椽	三椽(依图样改正)

卷次	卷名	页次	行次	原　文	校　勘
三十一		二十二		分心劄牵	前后劄牵(编者按:依前图题名改正)
三十二	小木作制度图样	十四	前半	交圜华	六入圜花(依《法式》卷八《平棋》改正)
三十三	彩画作制度图样上	四	后半	科(二处)	窠
		十二	前半	羘	羚(编者按:据陈仲篦考证,应为“羦”)
		十六	后半及附	科(六处)	窠
		二十一	前半及附	科(六处)	窠
		二十五	后半及附	科(二处)	窠
三十四	彩画作制度图样下	九	后半	缺图题	图题:梁椽飞子(依《永乐大典》残本相片增入)
		十五	后半及附	重挑内	重栱内(依前图改正)

三、《营造法式》检索表

类型	卷　次	卷　名	内　容
序目类		序	叙述本书缘起
		劄子	公告式牍文,说明本书编修经过
		看详	在考证文献后,对方圆平直、取圆径、定功、取正、定平、墙、举折、诸作异名八个方面提出李诫本人意见与规则。并对元祐版“法式”与李诫新著作对比
		目录	全书 1~34 卷目录
制度类	卷一	总释(上)	对建筑物及构件名称 23 项作文献考证与解释
	卷二	总释(下)	对建筑构件名称 25 项作文献考证与解释;并作“总例”一项,制定出计工计料的规则
	卷三	壕寨制度	取正、定平、立基、筑基、城、墙、筑临水基,共 7 项
		石作制度	造作次序、柱础、角石、角柱、殿阶基、压阑石、殿阶螭首、殿内斗八、踏道、重台钩阑、螭子石、门砧限、地栿、流杯渠、坛、卷輂水窗、水槽子、马台、井口石、山棚鋜脚石、幡竿颊、赑屃鼇坐碑、笏头碣,共 23 项
	卷四	大木作制度(一)	材、栱、飞昂、爵头、斗、总铺作次序、平座,共 7 项
	卷五	大木作制度(二)	梁、阑额、柱、阳马、侏儒柱、栋、搏风板、柎、椽、檐、举折,共 11 项(其中举折一项与“看详”重复)
	卷六	小木作制度(一)	板门、乌头门、软门、破子棂窗、睒电窗、板棂窗、截间板帐、照壁屏风骨、隔截横钤立旌、露篱、板引檐、水槽、井屋子、地棚,共 14 项
	卷七	小木作制度(二)	格子门、阑槛钩窗、殿内截间格子、堂阁内截间格子、殿阁照壁板、障日板、廊屋照壁板、胡梯、垂鱼惹草、栱眼壁板、裹栿板、擗帘杆、护殿阁檐竹网木贴,共 13 项
	卷八	小木作制度(三)	平棋、斗八藻井、小斗八藻井、拒马叉子、叉子、钩阑、棵笼子、井亭子、牌,共 9 项
	卷九	小木作制度(四)	佛道帐,共 1 项
	卷十	小木作制度(五)	牙脚帐、九脊小帐、壁帐,共 3 项
	卷十一	小木作制度(六)	转轮经藏、壁藏,共 2 项
	卷十二	雕作制度	混作、雕插写生花、起突卷叶花、剔地洼叶花,共 4 项
		旋作制度	殿堂等杂用名件、照壁板宝床上名件、佛道帐上名件,共 3 项
		锯作制度	用材植、抨墨、就余材,共 3 项
		竹作制度	造笆、隔截编道、竹栅、护殿檐雀眼网、地面棋文簟、障日篛等簟、竹芮索,共 7 项
	卷十三	瓦作制度	结宽、用瓦、垒屋脊、用鸱尾、用兽头等,共 5 项
		泥作制度	垒墙、用泥、画壁、立灶、釜镬灶、茶炉、垒射垛,共 7 项

类型	卷次	卷名	内容
制度类	卷十四	彩画作制度	总制度、五彩遍装、碾玉装、青绿叠晕棱间装、解绿装饰屋舍、丹粉刷饰屋舍、杂间装、炼桐油,共8项
	卷十五	砖作制度	用砖、垒阶基、铺地面、墙下隔减、踏道、幔道、须弥座、砖墙、露道、城壁水道、卷輂河渠口、接甑口、马台、马槽、井,共15项
		窑作制度	瓦、砖、琉璃瓦等、青掍瓦、烧变次序、垒造窑,共6项
功限类	卷十六	壕寨功限	总杂功、筑基、筑城、筑墙、穿井、搬运功、供诸作功,共7项
		石作功限	总造作功、柱础、角石、殿阶基、地面石、殿阶螭首、殿内斗八、踏道、单钩阑、螭子石、门砧限、地栿石、流杯渠、坛、卷輂水窗、水槽、马台、井口石、山棚鋜脚石、幡竿颊、赑屃碑、笏头碣,共22项
	卷十七	大木作功限(一)	栱斗等造作功、殿阁外檐补间铺作用栱斗等数、殿阁身槽内补铺作用栱斗等数、楼阁平座补间铺作用栱斗等数、斗口跳每缝用栱斗等数、把头绞项作每缝用栱斗等数、铺作每间用方桁等数,共7项
	卷十八	大木作功限(二)	殿阁外檐转角铺作用栱斗等数、殿阁身内转角铺作用栱斗等数、楼阁平座转角铺作用栱斗等数,共3项
	卷十九	大木作功限(三)	殿堂梁柱等事件功限、城门道功限、仓廒库屋功限、常行散屋功限、跳舍行墙功限、望火楼功限、营屋功限、拆修挑拔舍屋功限、荐拔抽换柱栿等功限,共9项
	卷二十	小木作功限(一)	板门、乌头门、软门、破子棂窗、睒电窗、板棂窗、截间板帐、照壁屏风骨、隔截横钤立旌、露篱、板引檐、水槽、井屋子、地棚,共14项
	卷二十一	小木作功限(二)	格子门、阑槛钩窗、殿内截间格子、堂阁内截间格子、殿阁照壁板、障日板、廊屋照壁板、胡梯、垂鱼惹草、栱眼壁板、裹栿板、擗帘杆、护殿阁檐竹网木贴、平棊、斗八藻井、小斗八藻井、拒马叉子、叉子、钩阑、棵笼子、井亭子、牌,共22项
	卷二十二	小木作功限(三)	佛道帐、牙脚帐、九脊小帐、壁帐,共4项
	卷二十三	小木作功限(四)	转轮经藏、壁藏,共2项
	卷二十四	诸作功限(一)	雕木作、旋作、锯作、竹作,共4项
	卷二十五	诸作功限(二)	瓦作、泥作、彩画作、砖作、窑作,共5项
料例类	卷二十六	诸作料例(一)	石作、大木作(小木作附)、竹作、瓦作,共5项
	卷二十七	诸作料例(二)	泥作、彩画作、砖作、窑作,共4项
	卷二十八	诸作用钉料例	用钉料例、用钉数、通用钉料例,共3项
		诸作用胶料例	诸作用胶料例1项
		诸作等第	各工种按工程性质分为上、中、下三等
图样类	卷二十九	总例图样	圆方、方圆,共2图。(图数按图名统计,在同一图名内而内容明显有异之图,则分别计数。下同)
		壕寨制度图样	景表板第一、水平真尺第二,共5图
		石作制度图样	柱础角石等第一、踏道螭首第二、殿内斗八第三、钩阑门砧第四、流杯渠第五,共31图
	卷三十	大木作制度图样(上)	栱斗等卷杀第一、梁柱等卷杀第二、下昂上昂出跳分数第三、举折屋舍分数第四、绞割铺作栱昂斗等所用卯口第五、梁额等卯口第六、合柱鼓卯第七、槫缝襻间第八、铺作转角正样第九,共108图
	卷三十一	大木作制度图样(下)	殿阁地盘分槽第十、殿堂等八铺作双槽草架侧样第十一、殿堂等七铺作双槽草架侧样第十二、殿堂等五铺作单槽草架侧样第十三、殿堂等六铺作分心槽草架侧样第十四、厅堂等间缝内用梁柱第十五,共26图
	卷三十二	小木作制度图样	门窗格子门等第一、平棊钩阑等第二、殿阁门亭等牌第三、佛道帐经藏第四,共61图
		雕木作制度图样	混作第一、栱眼内雕插第二、格子门等腰花板第三、平棊花盘等第四、云栱等杂样第五,共29图
	卷三十三	彩画作制度图样(上)	五彩杂花第一、五彩琐文第二、飞仙及飞走等第三、骑跨仙真第四、五彩额柱第五、五彩平棊第六、碾玉杂花第七、碾玉琐文第八、碾玉额柱第九、碾玉平棊第十,共146图
	卷三十四	彩画作制度图样(下)	五彩遍装名件第十一、碾玉装名件第十二、青绿叠晕棱间装名件第十三、三晕带红棱间装名件第十四、两晕棱间内画松文装名件第十五、解绿结花装名件第十六,共68图
		刷饰制度图样	丹粉刷饰名件第一、黄土刷饰名件第二,共8图

附录二　宋代建筑术语解释

一、检字

二画　丁七八入九

三画　三土下大万上口山门小飞叉马子

四画　切云天井木瓦五牙厅止日内仓分手牛乌勾丹月计方火斗心双水

五画　打平正布石龙出由四外卯令生白瓜汉立永对

六画　地耳夹列托压当曲曳竹伏仰华行合杂名齐交次安讹寻阳阶如红欢

七画　坛材杚苇花走两束扶批拒抄折抢护把连吴足里串帐身佛彻余肘角龟条间沥沙补附鸡纴

八画　青坯取枨板直抹抽抱转软卧明昂罗垂侧侏乳金斧股底卷单泥宝定实衬驼线细承

九画　项城栋栌相柎柱胡草砖斫挟挑耍面点背贴虹虾虻钩重促顺须盆亭将举屋垒结绞

十画　素椠桩栱栿格荻起破套剔柴铁笏透脊狼鸱鸳流调阁展难

十一画　琉梢桯棂梭壶副营黄曹厢捧排虚堂常偷斜彩象旋望廊减混粗断剪兽着窑随隐骑续绰

十二画　替琴棵楷槙棚散惹葱趄欹厦雁颊搭插辋赑铺锭鹅筒牌竣敦阑普隔缘

十三画　楅椽鹊靴鼓蒜搕搏辐暗睒跳鼋蜀照腰锯解障殿盝嫔叠缝缠

十四画　墙穏槛榥榻槏截劄算箫蝉裹褊遮慢滴

十五画　增横槽榑碾撮撺幡踏影𪩘镇篆熟额撩

十六画　橑燕擗螭雕磨瘿壁缴

十七画　壕檐藏螳镫簇爵

十八画　鳌覆藕鹰

十九画　藻蹲瓣

二十一画　露

二十四画　襻

二十五画　镶

由于年代久远和遗物的匮乏,《法式》记载的宋代建筑术语有许多现在已无法解释,尤其是小木作等诸作内的名称,因此只将我们认为已经理解的术语列出,以供参考。每条术语后的括号内之数字为该术语出现时的所在《法式》卷数,多次出现的以首次为准。

《法式》里有许多今天已不常用的异体字,为读者方便起见,特将一些有关的字列出对照:

前面是现在通用的现代汉语用字，后面是《法式》用字。本文字体尽可能采用现代汉字，以利阅读。

斗－鬬、枓　只－隻　曳－拽　花－華(凡意义不确定为花者，仍用原字“华”)
板－瓪、版　纴－絍　纹－文　枋－方　座－坐　棂－櫺　球－毬　粗－麤
勾、钩－鉤　着－著　葱－蔥　筒－甋　棋－棊　遍－徧　靴－鞾　暗－闇　鳌－鼇

二、**解释**(括号内数字表示该术语首现卷数)

二　画

丁栿　(4)　用于山面的纵向梁栿。

丁华抹颏栱　(4)　脊部叉手上角内，蜀柱上横向出耍头之栱。

丁头栱　(4)　只有一卷头的半截栱。

七朱八白　(14)　在檐额、阑额之侧面，将额中心 1/5~1/7 的宽度，依额的长度匀分为八格，每格画一长方形的白块，格之间用朱隔开，这样就有七条朱色，八块白色，称七朱八白。

八白　(14)　即七朱八白中的八白。

八角井　(8)　藻井的一个层次，八角形。

入柱白　(14)　八白中两边近柱的白块，其白与柱相接，故称。

入瓣　(5)　使构件的角向内凹进的做法。

九脊殿　(5)　即清式之歇山殿，因屋顶有一条正脊、四条垂脊、四条角脊，共九条脊，故称。

九脊小帐　(10)　比较小的、单开间九脊殿式神龛。

三　画

三晕棱间装　(14)　青绿叠晕棱间装的一种，在两晕棱间装的身内再重复一层外棱之颜色。

三晕带红棱间装　(14)　青绿叠晕棱间装的一种，外棱与身内用青绿相间叠晕，而中间用红色叠晕。

土衬石　(3)　某些建筑部件如阶基、城门石地栿、踏道之下，与地面相平之石料。

下平槫　(4)　离檐柱最近、位置最低下的平槫。

下花板　(8)　重台木勾栏地霞之间的花板。

下昂　(4)　昂尖(头)向下，昂身向上斜伸的昂。昂尖经过艺术加工，有很强的装饰效果。

下屋　(4)　楼房的下面一层。

下檐柱　(5)　厅堂之檐柱或副阶之檐柱。

大木作　(4)　负责房屋木骨架的工作。

大当沟　(13)　筒瓦屋面在屋脊之下、瓦垄之间的瓦。

大花板　(3)　重台石勾栏盆唇与束腰间的雕花板。

大连檐	(5)	檐椽头上之横向联系木料。
大角梁	(5)	前端架于橑檐枋或檐槫上,后端架于下平槫之角梁。
万字板	(3)	石或木单勾栏上刻万字纹的栏板。
万字造	(3)	用万字做图案的做法。
上昂	(4)	与下昂相反,昂头向上、昂尾向下的昂。
上屋	(5)	楼房的上面一层。
上花板	(8)	重台木勾栏盆唇与束腰间的花板。
口襻	(6)	水槽口联系两厢壁板的小木条。
山子板	(6)	露篱板屋顶两侧的山板。
山棚鋜脚石	(3)	固定山棚柱子柱脚用的石构件。
门关	(6)	即门闩。
门限	(3)	即门槛。
门砧	(6)	即门枕。门立其上,用木或石制。
门楼屋	(13)	作为大门的楼房。
门额	(6)	门之上框,长同间广。即清式门之上槛。
门簪	(6)	用以固定鸡栖木、在门额上的木件,前端伸出于门额外,成方形,有装饰作用。
小木作	(6)	负责室内外木装修构件的工作。
小斗八藻井	(8)	施于殿副阶内之较小的藻井,由八角井、斗八二层组成。
小当沟	(13)	板瓦屋面屋脊下、瓦垄之间的瓦。
小花板	(3)	重台石勾栏花盆、地霞间的花板。
小栱头	(4)	列栱中长不及一跳,仅至外侧栱内侧的栱头,三瓣卷杀。
飞子	(5)	即飞檐椽。
飞昂	(4)	即昂。
飞魁	(5)	即大连檐。
飞檐	(5)	檐外由飞子构成的一层出檐。
叉子	(8)	即木栅栏,用于宫殿、庙宇、衙署前及道路的分隔。
叉手	(5)	自平梁两端背上斜支向脊槫的枋木。
叉柱造	(4)	上层柱根叉立在下层铺作栌斗上的做法。
马台	(3)	骑马时,便于上马用的石台或砖台。
马衔木	(8)	用于拒马叉子和叉子两边之枋木。用料较棂子大。
马槽	(15)	砖砌喂马之食槽。
子角梁	(5)	安于大角梁前部背上,伸出大角梁外的较小的角梁。
子荫	(4)	栱身、梁头等木构件上凿出宽而浅的槽,以容相骑之栱等。是为了防止构件干缩后在结合处出现缝隙,使外观更紧密美观。

四　画

切几头	(4)	栱头、栿头垂直切割,不做卷杀,或仅于角上刻作一入瓣(栱头刻于下

		角,梁头刻于上角)。
云栱	(3)	勾栏位于寻杖之下,与蜀柱相对,刻有云纹图案之部分。即清式的荷叶净瓶之荷叶部分。
云盘	(3)	1. 赑屃鳌座碑碑首之下部,饰有云纹。 2. 平棊方格内之圆形云纹。
天宫楼阁	(9)	用于神龛及经橱上部,象征天上宫阙的小型楼阁。
井口木	(6)	用于井屋子,在井口之上,高于地栿,上铺板,方便打水。
井口石	(3)	用于井口之石,上有盖。
井亭子	(8)	方七尺的木制四柱井亭,屋顶作九脊殿式,有斗栱、瓦垄等,等级较高。
井屋子	(6)	方五尺的木制四柱井亭,两厦顶,无斗栱、瓦垄等,等级较低。
井匮板	(6)	井屋子井口木上的铺板。
木浮沤	(12)	门上突起的木制圆形饰物,即清式之装饰性门钉。
瓦作	(13)	负责结瓦、垒脊、安卓鸱尾兽头等工作。
五脊殿	(5)	因有正脊及四条角脊,共五脊,故名。即清式之庑殿。
五彩遍装	(14)	或称五彩装饰。朱、绿、青、黄、赭、紫、金等各色并用,在梁、柱、额、栱、斗、椽、连檐、檐下屋面板、栱眼壁板、平棊等到处遍画,图案华美,色彩富丽,用料高档,用于最高级别的殿堂。
牙头护缝	(6)	乌头门、软门、障日板上用作遮盖拼板缝之装饰板,上、下用牙头板,中为护缝板条。下牙头板或作成如意头。
牙头护缝软门	(6)	构造同格子门相似,但上下均镶板,用牙头护缝。
牙头板	(6)	在拼板之两端加贴的、刻有牙头的装饰板。
牙脚	(6)	即下牙头。
牙脚帐	(10)	三开间、无天宫楼阁,不用芙蓉瓣叠涩座,较佛道帐简单的神龛。
牙缝造	(6)	拼板用企口缝的做法。无企口者为直缝造。
厅	(13)	厅堂的简称。
厅屋	(13)	即厅堂。
厅堂	(4)	等级低于殿堂的一类房屋,采用混合整体式构架,用材等级较低,斗栱较简单,构件用料较小,不用天花。
厅堂梁栿	(5)	用于厅堂的梁栿。
止扉石	(3)	大门开启后,用于使门扉止住而栽入地下的石料,近似今日之门吸。
日月板	(6)	乌头门挟门柱的柱头两侧分别伸出的象征日、月的装饰板。
内槽	(9)	室内柱列及其上铺作共有之中心线。
仓库屋	(6)	即库房。
仓廒库屋	(19)	即库房。
分	(4)	1.一种尺寸单位。 2.宋代建筑模数之一种,其值为材高之 1/15。本书采用梁思成《营造法式注释》一书所创之字样"分°",以便于与尺寸分相区别。
分心槽	(31)	殿阁地盘前后外槽之中心有一排柱列的槽式。

手栓	(6)	较小的大门上的门栓,即清式之插关。
牛脊槫	(5)	安于草栿之上,承檐椽之槫。七铺作以上,牛脊槫可增加一缝。
牛头砖	(15)	楔形砖,用于砌筑拱券。
乌头门	(6)	位于住宅、祠庙正门之前的仪门,是一种独立的建筑物。夹持门扇的两根木柱顶上套瓦筒,用墨染黑,故称乌头门。又称棂星门或乌头绰楔门。
勾头搭掌	(30)	用于普拍枋之间联系的一种榫卯,上下互相勾连搭接。
丹粉刷饰	(14)	是最简单的一种色彩装饰。用土红刷染木构。
月梁	(5)	经过艺术加工,微微向上拱曲的梁。即虹梁。
计心	(4)	铺作跳头上出横栱的做法。
方井	(8)	藻井的一个层次,方形。
方直混棱造	(3)	将矩形方料棱角抹圆的做法。
方座	(3)	笏头碣的碑座,作方形,也可以是矩形或做叠涩。
方砖	(15)	四方之砖,铺地用。
火珠	(13)	烧制的带火焰的珠子,用在殿正脊中央及亭榭斗尖顶上。
斗	(4)	斗形方木,上开口架栱。
斗八	(8)	藻井的最上层,由八瓣斗成。
斗八藻井	(8)	施于殿内中心部位、较大的一种天花,由方井、八角井、斗八三层组成。
斗口跳	(4)	一种较简单的斗栱出跳做法,即梁头直接做成华栱头,出栌斗一跳,承橑檐枋。
斗子	(3)	流杯渠项子石之外,充盛水斗之石构件。
斗子蜀柱	(8)	木单勾栏以一小斗代云栱,其下仍为撮项、蜀柱,称为斗子蜀柱。
斗尖亭榭	(5)	用斗尖顶的亭榭。清式称攒尖顶。
斗槽板	(8)	藻井、井亭子、佛道帐等装饰性斗栱后的隔板。
心斗	(4)	即齐心斗。
心间	(4)	即当心间。
心柱	(6)	墙面内中心所用之柱,或须弥座束腰中的隔柱。
心柱编竹造	(6)	心柱外钉竹笆、抹泥作墙的做法。
双卯	(4)	即构件一端有两个榫头。
双托神	(3)	石勾栏寻杖跨度较大时,每间当中需用神像托住寻杖,用两个相背神像,即为双托神。
双材襻间	(5)	每间用一根襻间,隔间上下相错一材,故称。
双补间	(4)	间内用两朵补间铺作。
双卷眼造	(3)	即双拱券。
双腰串	(6)	用两根腰串者。
双槽	(31)	殿阁地盘前后外槽之内有二列前后对称内柱的槽式。
水地	(3)	赑屃鳌座碑之鳌座板上、四周宝山中间之底子,刻作水纹。
水波纹造	(6)	睒电窗的棂子刻作水波纹的做法。

水槽　(6)　檐下的木制屋面排水天沟。
水槽子　(3)　石制供饮马或存水的器具。

五　画

打剥　(3)　用錾子点剥石坯上的高突之处，使大体就平。
平座　(4)　以较短的柱与梁、额、铺作等组成的结构，作为上层建筑的基座。
平座铺作　(4)　用于平座的铺作。
平柱　(5)　当心间的两根檐柱。
平砌　(15)　阶基的一种砌法，收分较小，为1.5%。
平栿　(5)　即平梁。
平盘斗　(4)　无耳之斗，多用于角栱、角昂及由昂上。
平梁　(5)　梁架最上层、长二椽架之梁(即清式的太平梁)。
平棋　(4)　一种大格子的天花，格子中间板上饰有花纹。《法式》原文作“平綦”。“綦”与“棋”相通，现代汉语作“棋”。
平棋枋　(4)　承搁平棋的木枋。
平铺砌　(15)　露道平铺砖的砌法。
平暗　(5)　一种小格子的天花。《法式》原文作“平闇”。“闇”与“暗”通。
平暗板　(19)　平暗之背板。
平暗椽　(5)　组成平暗小格子的小枋木。
平槫　(5)　屋架除檐槫、脊槫外的各槫。
正脊　(13)　屋顶前后两坡相交处的主要屋脊。
布细色　(14)　彩画之最后一道工序，在衬色上，按图形叠晕、填色、压线。
石作　(3)　负责石制构件的工作。
龙尾　(13)　殿阁屋顶上与鸱尾一样的装饰物，但其形象更复杂。
出头木　(4)　平座铺作中衬枋头之伸出部分，上钉雁翅板。
出际　(5)　梢间之槫挑出于山面。
出瓣　(5)　把构件的直角加工成向外出角。
由昂　(4)　角昂背上不出耍头而改出的昂。
由额　(5)　用于殿身阑额之下的又一联系枋木。
四直大方格眼(6)　较大的四方格子。
四直方格眼　(7)　四方格眼。
四阿殿阁　(5)　用四坡顶的殿阁。
四扇屏风骨　(6)　四扇可开启的屏风之骨架。
四斜球文格子(7)　上下圆相错、相交而形成的四瓣斜交花纹格子。
四斜球文上出(7)　四斜球文与斜方格组成的双重格眼。
条桱重格眼
四裴回转角　(5)　“裴回”即指围廊，四裴回转角即四面转通周围廊的转角。
外跳　(4)　铺作向建筑身外的出跳。

外槽	（9）	外檐柱列及柱上铺作之中心线。
外檐铺作	（4）	屋檐下之铺作。
卯	（4）	即榫头。
卯口	（4）	容出卯的开口。
令栱	（4）	凡单栱造，其栱长72分°，即令栱。用于里外跳最上层跳头之上，上承橑檐枋或算桯枋。屋内槫下亦用令栱。
生头木	（5）	房屋两端各架槫或枋的背上附加之三角木。使屋面、檐口逐渐升高，形成柔和的曲线。
生出	（5）	屋檐至角，椽头逐根加长直至角梁头。
生材	（2）	未经仔细加工的坯料。
生起	（5）	檐柱自平柱至角柱逐渐升高的做法。
白灰泥	（13）	红、青、黄、破灰各加麻刀。
白板	（19）	指屋面板。
白道	（13）	线道瓦上及合脊筒瓦下，用白石灰抹出的一道白线。
瓜子栱	（4）	用于跳头上之第一层横栱。
汉殿	（5）	即九脊殿。
立柣	（3）	断砌门门下两旁之垂直石框或木框。
立旌	（6）	小木作隔断、隔截中的竖向木筋。
立㮇	（6）	竖立的门闩。
立颊	（6）	门两侧额与地栿间的立柱。
永定柱	（4）	自地上立起的平座柱。
对晕	（14）	构件外棱缘道深色在外，而心内则浅色在外相对叠晕。

六　画

地钉	（3）	即打入硬土中加固地基用的木橛。临水筑基则用一丈七尺之长木，称之为"桩"。
地面枋	（4）	联系平座前后补间铺作的、上可铺地板的木枋。
地面棋文簟	（12）	用于铺地、织有花纹的竹席。
地栿	（3）	用于柱脚间的联系枋木。
地栿板	（6）	绰楔门及断砌门下代替地栿的木板。
地棚	（6）	即木地板，用于仓库。
地盘	（31）	即表示柱子分布（或兼示铺作层）的平面。
地霞	（8）	重台勾栏与叉子的地栿之上，间用的雕花支撑物。又称霞子。
耳	（4）	斗的上部，开口以纳栱。
夹际柱子	（5）	丁栿上所立，以支承出际之槫梢的短柱。
列栱	（4）	转角铺作中，一头为出跳的栱头，一头为横栱的构件。列栱有泥道栱与华栱出跳相列、瓜子栱与小栱头出跳相列、慢栱与切几头相列、慢栱与华头子出跳相列、令栱与瓜子栱出跳相列等。

托关柱	（20）	门打开时，架放门关的矮柱。
托柱	（7）	阑槛钩窗中支托槛面板的短柱。
托脚	（5）	自梁端向里斜托向上一榑缝之枋木。
压地隐起	（3）	石作雕刻制度之一种，即浅浮雕。把底子凿去，但比剔地起突凿去的要浅，图案花纹本身可雕出一定的凹凸变化。
压脊木	（6）	两坡屋子板相交处，作屋脊之木料。
压厦板	（8）	小木作铺作上的盖板。
压阑石	（3）	阶基边沿之条石。
压阑砖	（15）	阶基边沿之砖。用来代替压阑石。
压跳	（4）	厅堂铺作里跳作承梁之楷头。
压槽枋	（5）	铺作心上、周转之大枋木。作梁垫，上承草栿。
当心间	（4）	房屋正中之一间。
曲枨	（3）	断砌门下卧柣、立柣相连，用整石制成的构件。
曲脊	（5）	九脊殿或厦两头造屋顶两端之坡面与山面之屋脊，即清式之搏脊，由于搏风板在山面之外，故此屋脊随之转在搏风板之外，形成曲脊。
曳脚	（7）	斜面或斜构件其根部与顶部间的水平距离。
竹作	（12）	负责编制竹制品的工作。
竹笍索	（12）	用竹篾编成辫状竹索，长二百尺。用以拉固起重鹰架。
竹笆	（12）	用竹片按经纬编成的矩形片状物。
竹雀眼网	（12）	用竹篾编成的防鸟雀网，用以保护外檐斗栱。
竹编道	（12）	用于隔断墙中的竹笆。
伏兔	（6）	1.较小的门上，用来容纳门扇上下轴，以代鸡栖木、门枕。 2.门后安装手栓所用，即清式之插关梁。
仰瓦	（13）	凹面向上铺设的板瓦。
华子	（8）	平棋中用以固定木制花纹的小木橛。
华头子	（4）	华栱伸出斗口、刻作两卷瓣的部分，上承下昂。
华废	（13）	屋顶垂脊外侧横施屋瓦部分。即清式之排山勾滴。
华栱	（4）	铺作中里外出跳之栱。
行廊	（11）	即独立的廊子。
合柱	（30）	用小木拼合成柱子。有两段合、三段合、四段合数种。
合瓦	（13）	凹面向下的板瓦。即盖瓦。
合角鸱尾	（13）	廊屋及副阶转角上所用的鸱尾。
合板软门	（6）	软门之一种，构造同板门相似，唯门较小，用料也较小。
合脊筒瓦	（13）	屋脊最上面，倒扣在垒脊瓦之上的筒瓦。
合楷	（5）	平梁上蜀柱两侧，成反转的沓子状构件，用以稳固蜀柱根部。
杂间装	（14）	把五彩、碾玉、青绿棱间、解绿等彩画掺合起来而形成的混杂的彩画，以求得色彩鲜丽。
名件、名物	（2、4）	有名称的各种建筑构件。

齐心斗	（4）	用于栱心，即铺作中线上。
交互斗	（4）	用于华栱头及昂头上之斗。
交栿斗	（4）	用于屋内与梁栿头横交之斗。
交斜解造	（5）	一种节约工料的措施，将一根枋木纵向斜锯成两根相同的三角形或梯形长条。
次间	（4）	房屋当心间与梢间之间的各间。
安勘	（17）	在安装过程中，对构件和榫卯加以校核、勘查。
讹杀	（4）	杀成凸弧线或弧面。
寻杖	（3）	勾栏上部之扶手。
寻杖合角	（8）	木单勾栏用斗子蜀柱之转角，两面寻杖相交成直角。
寻杖绞角	（8）	木重台勾栏之转角，两面寻杖成十字相交。
阳马	（5）	即角梁。
阶头	（3）	阶基之柱外部分。
阶唇	（15）	阶基之外缘。
阶基	（3）	房屋之台基。
阶基叠涩座	（3）	用叠涩法砌筑的阶基。
阶断砌	（3）	为便于通行而门下部分不做阶基的做法。
阶齦	（15）	即阶唇。
如意头造	（6）	用如意头做装饰的做法。
红灰	（13）	用石灰加土朱、赤土和成，土红色。
欢门	（9）	佛道帐、经藏等帐身柱上部隔斗板下所用装饰，由幕幔演化而来。

七　画

坛	（3）	露天的祭坛，高三层，外用条石砌筑，内填土。
材	（4）	一种高宽比为 3∶2 的标准断面的枋木，其高作为基本的建筑模数。
杚巴子	（19）	围墙上的平椽，又称杚笆椽。
苇箔	（13）	用苇子编成的帘子。
花头筒瓦	（13）	檐口处用，前有圆瓦当之筒瓦。即清式之勾头。
花砖	（15）	表面有花纹的砖，可防滑。
花盆	（3）	1. 勾栏、叉子等下部雕作花盆的支托构件。 2. 雕作用于栱眼壁的写生花。
花盘	（8）	平棊方格内的圆形花纹。
花楮	（5）	雕花之楮子。
走兽	（13）	在殿阁建筑正脊上所用的走动姿态的兽。
走趄砖	（15）	长条形，宽度上下不同，横断面成直角梯形，用于砌筑收分较大的阶基或城壁水道，用作顺砖。
两际	（5）	两梢间的山面。
两明格子门	（7）	有里外双重格眼、腰华板、障水板的格子门。

两晕棱间装	（14）	青绿叠晕棱间装的一种。外棱缘道用青绿叠晕而身内相对用绿青叠晕。
两椽屋	（5）	进深仅两椽的房屋。
两盘、三盘造	（7）	胡梯用两跑或三跑的做法。
束腰	（3）	1.重台勾栏中用在盆唇与地栿间，与之平行的构件。 2.殿阶基与坛中间收进的一段。
扶壁栱	（4）	即影栱。
批竹昂	（4）	昂面斜杀、平直的昂。
拒马叉子	（8）	用交叉的木棂组成的路障。
抄栱	（4）	华栱之另一称呼，或称为跳头、卷头。“抄”或写作“杪”（音秒），是因《营造法式》传抄版本不同所致。按文义，“抄”与“跳”“卷”相对应，均为动词，似较“杪”为可信。
折槛	（8）	殿前勾栏，有意使当心间寻杖断缺一段的做法。
抢柱	（6）	乌头门中支撑挟门柱的斜柱。
护殿阁檐竹网木贴	（12）	将保护檐下斗栱的竹雀眼网钉在椽及额上的木条。
护缝	（6）	掩盖拼板缝的木条。
把头绞项作	（5）	檐下无出跳，由乳栿或劄牵之梁头伸出栌斗作耍头。
连珠斗	（4）	承上昂底的栱端上下叠用的两个斗。
连栱交隐	（4）	即鸳鸯交手栱。
连梯	（8）	拒马叉子下部似梯子形之木框。
吴殿	（5）	即五脊殿，清式之庑殿。
足材	（4）	材加栔而成总高一材一栔的枋木。
足材栱	（4）	用足材做成的栱。高为一材一栔。
里跳	（4）	铺作向屋里的出跳。
串	（5）	1.大木作中联系前后或左右两柱的构件。 2.小木作中窗的上下槛。 3.小木作中联系左右构件的横木。
帐	（9）	木制的神龛。
帐带	（9）	佛道帐、经藏等帐身柱上部欢门两侧之立木，由前代织物制造的帐带演化而来，尚存旧称。
身口板	（6）	板门与合板软门门扇上肘板之间的板。
身槽内铺作	（17）	殿阁身内柱列上之铺作。
佛道帐	（9）	仿五开间殿阁建筑，上有天宫楼阁，是一种规格最高、尺度最大、雕饰最华丽的神龛。
彻上明造	（5）	厅堂内屋盖下不吊天花，使屋架结构全部露明的做法。或称彻脊明（《思陵录》）。
余屋	（5）	除殿堂、厅堂类之外，其他各类房屋的总称。
肘	（6）	乌头门门扇一侧，上下伸出充当转轴的门程。

肘板	（6）	板门或合板软门的门扇的边板，上下伸出作门轴。
角石	（3）	殿堂阶基上面四角之石。
角昂	（4）	转角铺作上，45°斜出之昂。
角柱	（3）	1.阶基四角之短石柱。 2.房屋转角之柱。
角栱	（4）	转角铺作上，45°斜出之栱。
角脊	（8）	屋角上之屋脊。
角神	（5）	由昂与角梁之间放置的神像。
角蝉	（8）	斗八藻井由方井抹角成八角形，八角形之外的四角称角蝉。
龟头屋	（11）	突出于主体房屋前的小屋，清式称抱厦。
条子瓦	（13）	以筒瓦或板瓦制成，垒屋脊用。
条桱	（6）	门、隔断上组成格子的木条。
间	（4）	两缝梁、柱架之间形成的空间、面积。中国古代建筑的基本组成单元，也可用以表示房屋规模。
间广	（4）	房屋每间的宽度。
间装	（14）	彩画花纹间隔而用。
间缝	（4）	间与间之间的中心线。
沥水牙子	（6）	略作装饰的沥水板。
沥水板	（6）	屋檐下防雨之封护板。
沙泥	（13）	白沙加胶土加麻刀和成。
补间铺作	（4）	用于开间中间的铺作，即清式平身科斗栱。
附角斗	（4）	平座缠柱造在角上所增加的栌斗。
鸡栖木	（6）	门上长同开间、用以容门扇上轴的横木。即清式之连楹。
纴木	（3）	夯土墙内木骨架中的横木。

八　画

青灰	（13）	石灰加软石炭或粗墨或墨煤与胶和成，呈灰色。
青掍瓦	（15）	由于渗入碳素，而使素白瓦的表面形成一层黑色的较致密、光滑薄膜的一种瓦。
青绿叠晕棱间装	（14）	由青绿外棱与身内素色相对起晕而构成的彩画。
坯墼	（13）	即土坯。
取正	（3）	找准南北东西四个方向。
取石色	（14）	将从矿石中取得的生青、石绿、朱砂分别经过捣细，淘取初色，然后研磨至极细，再淘澄分色，从浅至深分成四种色调，取出待干后备用。
枨杆	（5）	斗尖亭榭屋顶中心之悬柱，即清式攒尖顶之雷公柱。
板门	（6）	门扇全用厚木板实拼而成的门。
板瓦	（13）	横断面小于半圆之弧形瓦。

板瓦厅堂	（5）	屋面全用板瓦的厅堂。
板瓦廊屋	（5）	屋面全用板瓦的廊屋。
板引檐	（6）	从屋檐向外接出的一段木板，作用是遮阳并把檐头的雨水引向阶外远处，以免侵及平座及阶基。
板栈	（13）	铺在椽上的木板，作结瓦的基层。
板屋造	（6）	露篱顶上用木板做屋顶的做法。
板棂	（6）	用板条做的窗棂。
板壁	（7）	上部不用格子，亦用障水板的格子门。
直柱	（30）	无卷杀之柱，与梭柱相对应。
直梁	（5）	无卷杀之梁，与月梁相对应。
直缝造	（6）	拼板用直缝无企口的做法。
抹角	（5）	将直角沿 45°弦向切去。
抹角栿	（5）	顺抹角方向的 45°斜梁。
抽纴墙	（3）	墙中有木柱与横向纴木组成的木骨架的夯土墙。
抱槫口	（5）	梁头所开圆弧形口子，以搁槫。即清式之桁椀。
抱寨	（7）	固定胡梯榥出卯的销子。
转角铺作	（4）	角柱上之铺作。
转轮经藏	（11）	中间有立轴，可推之转动的八角形的经橱。
软门	（6）	构造与格子门相似，用肘、桯及腰串组成框架，框架内镶板，似作内院之门。
卧关	（7）	阑槛钩窗的横窗闩。
卧柣	（3）	断砌门下两旁之水平短框。
卧棂	（7）	横的棂条。
明栿	（5）	露明的梁。
明镜	（8）	平棋云盘或花盘和斗八藻井中施用之镜子。
昂栓	（4）	用来加强诸昂之间联系的木栓。未见实物。
罗文楅	（6）	乌头门下障水板背面对角斜安的木楅条。
罗文榥	（22）	佛道帐座内斜撑，以加强帐座的稳定性。
罗汉枋	（4）	位于铺作跳头上方之素枋。
垂尖花头板瓦	（13）	檐口处用的合板瓦，瓦头有装饰物，即相当于把清式的滴水瓦反过来用。
垂鱼	（5）	在搏风板的合尖处所安的鱼形装饰木板。
垂莲	（8）	斗八藻井中心，下垂的莲花装饰。
垂脊	（13）	与正脊垂直，顺着屋坡的屋脊。
垂脊木	（6）	板屋造中用作垂脊的木料。
侧脚	（5）	檐柱不垂直，柱脚微向外撇，使柱身略内倾的做法。
侏儒柱	（5）	蜀柱，即清式的童柱。
乳栿	（5）	长为二椽的梁。即清式的双步梁。
金口	（3）	立柣侧面所凿之槽，用以插入地栿板。

金箱斗底槽	(31)	殿阁地盘周围外槽内有一圈内柱的槽式。
斧刃石	(3)	砌拱券所用的楔形石块。
股卯	(4)	又作鼓卯,即榫卯。
底板	(6)	木水槽之底面板或用于梁下的裹栿板。
底荫牙缝造	(6)	在水槽之底板与厢壁板之接缝处,里外用木条压缝的做法。
卷头	(4)	华栱之另一称呼。
卷杀	(4)	对构件进行艺术加工的一种方法。即将构件劈削成近似弧状的多段折线。
卷尖	(5)	使构件的尖端部作翻卷状。
卷輂水窗	(3)	跨于河渠之上的石圆券洞。
卷輂河渠口	(15)	城墙或其他墙下的砖拱涵洞。
单斗只替	(5)	槫下只用一斗一替木的做法。或称单斗直替。
单托神	(3)	石勾栏寻杖下面,中间只用一个神像托住寻杖,称为单托神。
单补间	(4)	每间只用一朵补间铺作。
单材	(4)	即材。
单材栱	(4)	高为一材的栱。
单材襻间	(5)	每隔一间用一根襻间。
单勾栏	(3)	勾栏盆唇与地栿间仅一块栏板者。
单栱	(4)	凡铺作跳上只安令栱和素枋者。
单眼卷	(3)	即单孔券。
单槽	(31)	殿阁地盘前后外槽之内,只有一列偏在一边的内柱的槽式。
泥作	(13)	负责垒土坯墙、粉刷墙面等工作。
泥道板	(6)	封护门旁立颊与柱子间的余空之板。
泥道重栱	(4)	泥道栱上之慢栱。
泥道栱	(4)	架在栌斗上之横向栱。
宝瓶	(4)	在角神的位置而做成花瓶的形状。
宝藏神	(4)	角神的一种。
定平	(3)	找出房屋的地平面。
定侧样	(5)	将欲建房屋的侧样(即横剖面),以 1∶10 的比例画于平整的墙面上,来定出举折、梁柱及榫卯的位置等。
实拍襻间	(5)	槫及替木下不用斗的襻间。
实雕	(12)	不去地而就地雕压出花纹的雕法。
衬枋头	(5)	铺作出跳方向之最上一层枋子,在梁背耍头之上,用以联系铺作前后各枋子。
衬石枋	(3)	卷輂水窗之基础中,用于地钉之上,上承石涩之枋木。
衬地	(14)	彩画施工的第一道工序,在木构件上遍刷胶水,然后根据不同的彩画刷各种颜色的底色。
衬色	(14)	彩画之第二道工序,在干透后的衬地上刷一层草色做衬托,使色彩更鲜艳。

驼峰	（5）	在两层梁栿间，用来支承上层梁头的垫木，经过艺术加工，有各种形状。
线道瓦	（13）	当沟之上、突出于屋脊两侧的线条瓦。
线道砖	（15）	室外地面铺砖，如散水、踏道、露道等，在靠土地一侧侧砌之砖。即今之牙子砖。
细砖	（15）	经过研磨的砖。
细漉	（3）	石料加工在粗搏的基础上，密布鏨凿，对石料细致地找平。
承拐楅	（6）	门上承柱门拐的横楅。
承棂串	（6）	乌头门门扇上部横用一条或两条、穿棂于其中的木条。

九　画

项子石	（3）	流杯渠出入水之口子石。
城壁水道	（15）	用于土城墙内侧表面的垂直方向排水道，可将雨水由城上引至城下。
栋	（5）	即槫。清式之桁或檩。
栌斗	（4）	铺作最下层的大斗。
相并砖	（15）	砌筑时互相并列的砖。
柎	（5）	即替木。
柱门拐	（6）	一头顶在门关上面的承拐楅上，一头支在地上的顶门棍。
柱头枋	（4）	位于柱头中心线上的素枋。
柱础	（3）	柱下之础石。
柱脚枋	（4）	缠柱造中支承上层柱的枋木。
柱梁作	（5）	梁与柱直接联结，不用斗栱，属比较简单的做法。
胡梯	（7）	即楼梯。
草牵梁	（5）	即天花以上的草劄牵。
草架	（5）	平棊或平暗以上，加工较粗糙的梁架。
草栿	（5）	即草架梁。
草葽	（3）	单股草绳。
草襻间	（5）	平棊之上的襻间。
砖作	（15）	负责砌砖的工作。
砖碇	（15）	方形、较厚的砖，可用作柱础。
斫砟	（3）	用斧子对石面剁斩，使石料表面平整。
挟门柱	（6）	乌头门两侧，栽入地下以夹持门扇的柱子。
挟屋	（4）	主要殿堂两侧、与之相连并列的较小殿堂。
挑斡	（4）	当屋内为彻上明造时，一种用补间铺作昂之后尾，另一种是前不出昂，铺作里跳之上伸出似昂尾，两种昂尾直达下平槫，上挑一斗或一材两栔，这种做法即为挑斡。
耍头	（4）	安于齐心斗下，与令栱相交的枋木及其出头，经过艺术加工。
面砖露龈	（15）	砖砌慢道时，露出面砖之角。即清式之礓礤。
点草架	（5）	即定侧样。

背板	(8)	平棊背后通长之板。
贴	(8)	平棊背板下、桯内四周的小木条。
贴络花纹	(8)	平棊背板上所贴之花纹。
虹面垒砌	(15)	铺砌室外道路,令中间拱起,断面成弧形,以利排水。
虹梁	(1)	即月梁。
虾须栱	(4)	身槽内转角铺作里跳上45°的半截栱。
虻翅	(19)	作用类似于叉手,但做法较粗率的一种构件。
钩片造	(8)	钩阑用钩片图案做花板的做法。
钩阑	(3)	又作勾栏,即栏杆。
重台钩阑	(3)	构阑下部有束腰及两块花板者。
重栱	(4)	铺作跳上安瓜子栱、慢栱、素枋者。
重唇板瓦	(13)	檐口处所用板瓦,瓦前有宽缘,以利排水兼作装饰。
重檐	(9)	殿身有副阶而有两重檐者。
促板	(7)	胡梯上两踏板间的垂直板。
顺身串	(5)	联系左右两内柱(与槫平行)的构件。
顺栿串	(5)	栿下联系前后柱的构件。
顺脊串	(5)	正脊下蜀柱间的联系构件。
须弥座	(15)	砖砌殿堂阶基即叠涩座,由若干叠涩及仰覆莲、壶门等组成,比较华丽。石作、小木作均称"叠涩座"。
盆唇	(3)	1.石柱础覆盆上的线脚。 2.勾栏寻杖之下的横方料。
亭榭	(4)	一种小型建筑,屋顶常用斗尖,多用于园林中。
将军石	(3)	栽入城门中心地下之石桩,当城门关闭时可顶住城门,以免城门外闪。
举折	(5)	用屋顶各槫举升不同的高度,来形成屋盖坡度折线的方法。
屋子板	(6)	露篱板屋造之两坡屋面板。
屋内额	(5)	屋内左右柱或驼峰间的联系梁。
屋垂	(6)	即屋檐。
屋废	(5)	屋顶之出际部分。
垒脊瓦	(13)	垒脊用的条子瓦。
结宼	(13)	铺设屋瓦。
结角解开	(5)	一种节约工料的措施。将一根枋木横向锯开,形成一头完整、一头斜杀的两根一样的构件。
绞	(4)	构件平面相交。
绞割	(17)	安装过程中,对构件的截割和对榫卯的加工。

十　画

素枋	(4)	铺作上所用断面为"材",长为间广的枋子的总称。
素平	(3)	构件平面上不加任何雕饰。

素白瓦	（13）	普通黏土瓦，灰黑色。
素垂鱼	（32）	不作雕饰的垂鱼。
素通混	（7）	格子门桯线脚之一，作不起其他线脚的圆弧形断面。
栔	（4）	按《法式》规定，也是一种高为 6 分°、宽为 4 分°的小枋木，但实例中不见。其高度即为上下二层栱或枋之间的距离，亦为材高的 2/5。栔与材同作建筑模数。
桩	（3）	筑临水基时用长 1 丈 7 尺，径 5 ~ 6 寸之长木打入土中，称“桩”。其上再用胶土打筑令实。
栱	（4）	铺作中架于斗上之弓形木块。
栱眼	（4）	栱上部除去两头及中心坐斗处，其余弯下部分。
栱眼壁板	（7）	相邻两朵铺作泥道栱之间的隔板。即清式之栱垫板。
栿	（5）	即梁。
栿项柱	（19）	内柱有栿穿之者。
格子门	（7）	房屋用门，其上部有供采光用的格子。
荻箔	（13）	用荻杆编成的帘子。荻是一种生长在水边的多年生草本植物，叶子与芦苇相似。
起突宝山	（3）	赑屃鳌座碑下，鳌座板四周雕刻的山形高浮雕。
起突卷叶华	（12）	应用最广的一种木雕，表现技法上花叶有翻卷，表里分明，枝条圆混相压。也称剔地起突华，和石雕中剔地起突相似。
破子棂	（6）	用方形木料对角剖解而得的三角形断面木料所作的棂条。
破子棂窗	（6）	以破子棂作棂条的直棂窗。
破灰	（14）	石灰加白蔑土加麦糠和成，色白。
套兽	（13）	套在子角梁头上的兽头瓦件。
剔地	（14）	填画彩画底色。
剔地洼叶华	（12）	与起突卷叶华相似，但不要求花叶有翻卷。
剔地起突	（3）	石作雕刻制度之一，即高浮雕。将图案以外的底子较深地剔挖。
剔地起突华	（12）	见起突卷叶华。
柴栈	（13）	用小原木略作加工，满铺椽上作结瓦基层。
铁叶裹钉	（13）	燕颔板或狼牙板在转角相交处，包钉铁皮加强连接。
铁钏	（6）	衬在鸡栖木轴孔里的铁环，用以承板门轴的上端。
铁桶子	（6）	代作门轴下端的一种铁件，用于较高大的门。
铁锏	（6）	包在门上镶之外的铁件，与下镶的铁桶子对应。
笏头碣	（3）	比较简单、矮小的一种碑，上为笏首，下仅为方座。
笏首	（3）	笏头碣的碑身，头上成笏首形。
透突	（12）	可能是局部花纹被雕空而与底子脱开。
透栓	（6）	穿透板门拼板之木栓。
脊槫	（5）	正脊之下的槫。
狼牙板	（5）	用在华废之下的瓦口板。

鸱尾	(13)	一种似鱼尾、殿阁类建筑屋顶正脊上所用的装饰瓦件。
鸳鸯交手栱	(4)	若转角铺作与补间铺作距离较近，而两栱相连，即于栱中心上置斗，斗下栱身隐出两栱头，称鸳鸯交手栱。
流杯渠	(3)	仿照曲水流觞故事，石上凿渠，注入水流带动酒杯漂行。
调色	(14)	将除生青、石绿、朱砂之外的各种颜料通过捣、研、淘、澄，或调入胶水备用。
阁头栿	(5)	九脊殿丁栿背上用，相当于清式歇山之采步金梁。
展曳	(17)	从中线开始，将构件向两侧伸展、排放。
难子	(6)	压边用的装饰木线条。

十一画

琉璃瓦	(13)	用"白土"制作瓦坯，表面浇刷琉璃釉的瓦。
梢间	(5)	房屋两端之房间。
桯	(6)	1.组成门、窗等装修部件框子的木料。清式称边挺、抹头。 2.平棊背板下组成方格框的木料。
棂子	(6)	门、窗、叉子、拒马叉子等所用、等距排列之木条。
棂星门	(6)	即乌头门。
梭柱	(5)	柱上部1/3做卷杀，或上下都有卷杀，成梭形之柱。
壶门	(3)	一种作装饰的门洞形状。
壶门柱子	(3)	须弥坐仰莲之上，分隔壶门的砖砌柱。
副子	(3)	石踏道两旁斜置之石。清式之垂带。
副阶	(4)	在主体房屋外周加建的廊檐。
副肘板	(6)	板门门扇肘板另一侧之边板。
营房屋	(13)	兵营的房屋。
营屋	(19)	即营房屋。
黄土刷饰	(14)	丹粉刷饰屋舍中用土黄者。
黄灰	(14)	石灰加黄土和成，色浅黄。
曹殿	(5)	即九脊殿。
厢壁板	(6)	一种结构或构件的两侧之壁板。
捧节令栱	(5)	承槫下替木之令栱。
排叉柱	(3)	城门洞两侧，立于石地栿上，上承梯形梁架的木柱。因城墙收分较大，故有的柱为斜柱。
虚柱	(9)	小木作帐类神龛檐下倒悬之垂莲柱。
堂	(4)	堂屋之简称。
堂屋	(4)	厅堂类房屋之一种。
堂阁	(7)	厅堂类的楼阁。
堂阁内截间格子	(7)	用于厅堂内的固定隔断。

常行屋舍 （13） 即常行散屋。
常行散屋 （13） 常用的一般房屋。
偷心 （4） 铺作跳头上不出横栱的做法。
斜批相搭 （5） 将椽端部斜削后相互搭接。
斜项 （5） 月梁之梁头，其宽度斜收至“材”宽。
彩画作 （14） 负责施绘彩画的工作。
象眼 （3） 踏道副子或颊之下的三角形部分，用数层石料或砖围成三角形并层层退进。
旋作 （12） 负责车木的工作。
望柱 （3） 勾栏中分间的短柱。
廊库屋 （5） 即库房。
廊屋 （4） 主要房屋外，环绕院落的房屋。屋前附有走廊可通行。即明、清时所称的廊庑。
减地平钑 （3） 石作雕刻制度之一，将图案以外的地浅浅铲去，在图案面上刻画线条花纹。
混作 （12） 木雕的一种，即立体的圆雕。
粗垒 （15） 阶基的一种砌法，收分最大，每皮砖收进 0.2 寸或 0.5 寸。
粗搏 （3） 对经打剥的石料进一步粗加工，即用錾子稀疏地初步找平，使石料表面深浅均匀。
断砌门 （6） 为通车马而将当心间阶基断开之门，门下不用地栿而代之以可抽去的地栿板。
剪边 （13） 屋顶垂脊外侧仅用板瓦相垒顺脊而下。
兽头 （13） 用于屋顶正脊、垂脊上的饰物瓦件。
着盖腰钉 （13） 六椽以上屋面，坡度较大时，在屋面中间筒瓦上增加的铁钉。
窑作 （15） 负责砖、瓦等烧造的工作。
随瓣枋 （8） 藻井中，方井之上组成八角形每边的枋子。
隐出 （4） 在木构件表面，压雕出栱头的轮廓。
隐角梁 （5） 安于大角梁后部背上之角梁。
骑斗栱 （4） 骑于上昂之上，在两跳中间之栱。
骑栿 （4） 构件横跨于梁上。
骑槽檐栱 （4） 横跨在槽上的铺作之华栱。
续角梁 （5） 自下平槫至脊槫，每两槫间的角梁。即清式之由戗。
绰幕枋 （5） 位于檐额之下的枋子，伸出柱外的部分做成楷头或三瓣头。
绰楔门 （25） 安有绰楔的门。绰楔是地栿板（可卸式高门限）两侧斜置的木构件，有槽承地栿板。苏州地区留有较多此种门式，《营造法原》称此门为“将军门”，其门限很高，以示主人身分高贵。

十二画

替木　（5）　用于槫下，头部做卷杀的短枋子。

琴面　（5）　木构件表面加工成凸曲面，似古琴面。

琴面昂　（4）　昂尖上面成琴面之下昂。

棵笼子　（8）　一种围于树周的护栏。

楷子　（5）　作用与替木相似，加工较简单，无卷杀。

楷头　（4）　厅堂铺作里跳、枋木出头成楷子状，承梁。

楷头绰幕　（5）　作楷头状的绰幕枋的出头。

榰　（5）　柱下之垫木。

棚　（3）　有山棚、地棚、凉棚等。即竹木支架上铺木板或竹笆者。

棚架　（13）　脚手架之一，用于屋顶瓦作修整。

棚栿　（17）　即楼板梁，由地面枋与铺板枋组成。

棚阁　（24）　脚手架之一，用于室内外泥作之工。

散斗　（4）　用于横栱两头之斗。

散水　（15）　阶基四周地面上所墁之砖，以散发檐上之滴水。

散板瓦　（13）　仰瓦、合瓦之总称。

散屋　（13）　一般的房屋。

惹草　（5）　搏风板垂鱼之外的装饰板。

葱台钉　（13）　露头在外之铁钉。

趄条砖　（15）　长度上下不同，纵断面成直角梯形，用途同走趄砖，作丁砖砌。

趄面砖　（15）　走趄砖与趄条砖之总称。

欹　（4）　斗之下部的斜凹曲面。

厦两头造　（5）　厅堂用歇山顶的做法。

厦瓦板　（6）　井屋子之屋面板。

厦头　（5）　厦两头造的坡面。

雁翅板　（5）　平座四周外围之木板。

雁脚钉　（5）　有平棋时，上下两椽相逢，下椽让过上椽不截尾，与上椽并行而钉的做法。

颊　（6）　1. 指旁侧。
2. 胡梯之梁。
3. 砖砌踏道之两侧，即清式之垂带。

搭头木　（4）　平座永定柱头上的阑额。（小木作有榻头木，在立旌或立榥之上端，其位置与作用与此相似。）

搭掌　（5）　构件之间像手掌一样互相勾搭的做法。

插昂　（4）　昂身不过柱心的一种短昂。

辋　（11）　转轮经藏上七层藏经格板里外两根木枋，犹如车轮之周圈轮辋。

赑屃鳌座碑　（3）　比较复杂、高大的石碑，由碑身、碑首、鳌座及土衬四部分组成。

铺作　（4）　1. 指斗栱，如补间铺作、柱头铺作、转角铺作、外檐铺作、身槽内铺作等。

		2. 指每朵斗栱本身相叠层数、出跳多少的次序。
铺板枋	(4)	平座上与柱脚枋、地面枋垂直相绞的铺钉地板的枋子。
锃脚板	(6)	小木作各部件的下部贴近地面的木板。
鹅台	(6)	门下用来承门轴的、有半球状凸起的构件。门高一丈二尺以上用石制，二丈以上用铁制，称铁鹅台。转轮经藏立轴下亦用铁鹅台。
鹅项	(7)	阑槛钩窗支撑寻杖的曲木。
筒瓦	(13)	横断面成半圆形的瓦。
筒瓦厅堂	(5)	用筒瓦屋面的厅堂。
筒瓦廊屋	(5)	用筒瓦屋面的廊屋。
牌	(8)	即匾额。
牌舌	(8)	牌面板之下、两带之内横施之边板。
牌面	(8)	牌中间题字之平板。
牌带	(8)	牌面板两侧之边板。
牌首	(8)	牌面板上横出之边板。
竣脚	(5)	房屋边沿之斜天花。
竣脚椽	(5)	用平暗时竣脚部分所用之斜椽。
敦桥	(5)	矮粗的木墩。
阑头木	(6)	板引檐跳椽头上安的横木。
阑额	(5)	柱列间柱头上的联系梁。
阑槛钩窗	(7)	窗下设坐槛，槛外有栏杆的格子窗。
普拍枋	(4)	用于阑额和柱头之上的枋木。
隔口包耳	(4)	斗上顺跳和角栱方向开口内，前后里壁所留下的小条。
隔斗板	(9)	佛道帐、经藏等帐身柱上部代替阑额之木板及下部代替地栿之木板（后者称下隔斗板或锃脚板）。
隔身板柱	(3)	用来分隔殿阶基与坛之束腰的短柱。
隔减窗坐造	(6)	窗下用砖墙的做法。
隔截横钤立旌	(6)	用横钤、立旌做骨架的室内隔断。
缘道	(14)	构件外棱的色道。

十三画

楅	(6)	拼板时，在板背面用来固定拼板的横木。
椽头盘子	(12)	钉于椽头的圆盘，雕有花纹。
鹊台	(4)	耍头尖上之三角形小斜面。
靴臼	(6)	高二丈以上门，用作下端门轴的铁件。
靴楔	(4)	上昂昂底跳头斗口外用的构件，刻成三卷瓣。
鼓卯	(26)	细腰熟铁卯或硬木卯，用以拼合石块及木柱。
蒜瓣柱	(9)	即今俗称为瓜楞柱者。《法式》卷九末段有"卷杀瓣柱及飞子亦如之"句。按陶本作"卷杀瓣柱"，丁本及四库本作"杀蒜瓣柱"。依文义应是

		“卷杀蒜瓣柱”。
搕锞柱	(6)	门内两侧以架门关的半柱。又称搕锁柱。
搏肘	(7)	附在格子门上作转轴的木料。
搏风板	(5)	房屋两端出际之榑头之外所安的木板。
辐	(11)	转轮经藏七格藏经板，每格由八根辐射木条扎于中心立轴而分成八室，每室放一经匣。因如车轮之辐，故称。
暗柱	(5)	位于壁内不外露之柱。
暗栔	(4)	用于栱眼、两斗之间的栔。实例未见。
睒电窗	(6)	棂条作曲线或水波纹的窗户。
跳头	(4)	华栱的另一称呼。
跳椽	(6)	襻曳板引檐、水槽的椽子。
罨头板	(6)	水槽端部的堵头板。
蜀柱	(5)	即短柱。
照壁板	(7)	房屋内柱之间上部的隔板。
照壁屏风骨	(6)	安于殿堂当心间后部两内柱之间，作屏风的木骨架。
腰华板	(6)	镶在双腰串之间的板。
腰串	(6)	小木作部件中位于腰部的枋。
锯作	(12)	负责锯解木材、提供坯料的工作。
解绿赤白	(14)	解绿装饰屋舍彩画之一种，推测是构件身内土红，外棱青绿叠晕，梁、额两端有燕尾或如意头，身内成七朱八白构图。
解绿画松	(14)	解绿装彩画之一种，构件上通刷土黄后，用墨画出松木纹，再以紫檀色间刷，最后心内用墨点出木节。
解绿卓柏装	(14)	解绿装彩画之一种，在土红地上用墨或紫檀相杂点画簇六球文和松文。
解绿结华装	(14)	解绿装彩画之一种，在斗栱、枋子等构件缘内土红地上，相间布置各种花卉图案。
解桥	(13)	将筒瓦之瓦口、瓦边修斫整齐，使之能放置平稳。
解绿装饰屋舍	(14)	以土红色为主，构件通刷土红，外棱边缘及燕尾、八白等用青绿相间叠晕。
障日板	(7)	用于门窗之上、室内外之分隔板。
障日篛	(12)	用于遮阳的粗竹席。
障水板	(6)	小木作部件下部的挡板。
殿	(4)	殿堂的简称。
殿内斗八	(3)	殿堂内地面中心，用石料斗拼成的八角形图案。
殿宇	(13)	即殿堂。
殿阶螭首	(3)	用于殿阶基上的螭头。
殿阁	(13)	殿堂类的楼房。
殿阁转角造	(5)	即九脊殿的做法。
殿堂	(5)	等级最高的一类建筑，采用层叠式构架，用材等级较高，斗栱较复杂，

构件用料大，常用平棋、平暗。

盝顶　（8）　顶部有斜面犹如盝盒（古代一种盒子）的盖。

嫔伽　（13）　角脊上之装饰物，人首鸟身，为梵语迦陵频伽之简称，意译为妙音鸟。相当于清式之“仙人”，但形象不同。

叠晕　（14）　同一色缘道由浅到深或由深到浅的依次排列。

缝　（4）　1.即中心线。如卷四，令栱：“施之……及屋内槫缝之下。”
2.指构件本身。如卷四，华栱：“交角内外皆随铺作之数斜出跳一缝。”
3.指缝隙之缝。如卷五，椽：“每槫上为缝”即指上下两椽相交处。

缠柱造　（4）　上层柱退进立在柱脚枋上，每角增加两个附角斗的平座做法。

缠贴　（7）　即在四周安小木条。

缠腰　（4）　在主体房屋檐下贴建的另一屋檐，即腰檐。

十四画

墙下隔减　（15）　房屋墙下的墙基。

檼衬角栿　（5）　角梁下草栿，相当于清式之递角梁。檼，字典未录。与隐、檃均不同。

槛面　（7）　阑槛钩窗下部坐槛的上表面。

槛面板　（7）　阑槛钩窗的坐槛板。

榥　（7）　左右柱、颊之间的联系小枋子，或起结构作用的小立柱。前者统称卧榥，后者统称立榥。在小木作中，因作用、位置、形象差别而赋予不同的榥名有十余种之多。

榻头木　（6）　露篱立旌及佛道帐座立榥顶上之联系横木。

槏柱　（6）　截间板帐中的中间柱。

截间开门格子（7）　堂阁内截间格子中有两扇可开启者。

截间板帐　（6）　用木板作的室内隔断。

截间屏风骨　（6）　整片式的照壁屏风骨。

截间格子　（7）　仿照格子门样式的室内两间之间的隔断。

劄　（6）　板门中用，作用同透栓，比透栓短，与透栓间隔使用。

劄牵　（5）　长仅一椽的联系梁。

劄造　（7）　栱眼壁板拼缝内用劄的做法。

算桯枋　（4）　铺作里跳令栱之上的枋子，承平棋。

箫眼穿串　（30）　柱两侧月梁的梁头入柱卯口后，作藕批搭掌相接时，在柱和梁头上穿孔，以销子固定的做法。

蝉肚绰幕　（30）　绰幕枋头底面刻成蝉肚花纹。

蝉翅　（15）　厅堂等阶基的砖砌慢道之多向坡面。

裹栿板　（7）　裹于殿内明栿两侧与底面的雕花板。

褊棱　（3）　用錾凿对石料周边棱角进行加工，使棱角挺直、方整。

遮羞板　（6）　封护地棚四周外露部分之板。

遮椽板　（4）　铺作各跳素枋间安的薄板，用作遮蔽椽子、望板。

慢道　(3)　即坡道。有石和砖两种。
滴当火珠　(13)　用在檐口花头筒瓦上的火珠，起钉帽的作用。

十五画

增出　(5)　五脊殿脊槫两头向外伸出，似清式之推山。
横钤　(6)　隔截中的横向木筋。
槽　(4)　1. 柱列及其上铺作或它们的中心线。
2. 殿阁柱列平面之结构形式。
槫　(5)　即清式的桁或檩。
槫柱　(6)　紧贴柱两侧而立的枋柱，与额、串、地栿等构成小木作装修的框架。
槫栿板　(5)　梁侧加贴的木板。
槫颊柱　(6)　即槫柱。
碾玉装　(14)　构件的边棱缘道图案花纹都用青绿二色相间叠晕而成，形成冷色调。
撮尖　(5)　即斗尖。清式称为攒尖。
撮项　(3)　单勾栏用，其形状与瘿项相反，为细长而内收状。
撺窠　(13)　把解桥后的筒瓦，通过一个木板上的半圆孔，以检验筒瓦尺寸，把口径有差异者归类使用。
幡竿颊　(3)　固定旗杆用的石构件。清式称夹杆石。
踏板　(7)　胡梯之踏步板。
踏道　(3)　即清式之台阶。
影作　(14)　在栱眼壁或额上壁内作形如人字形斗栱的彩画。用解绿装与丹粉刷饰。
影栱　(4)　铺作位于柱头中心线上的栱、枋的总称，即扶壁栱。
䪼　(4)　即凹。
镇子砖　(15)　一种小方砖。用途不明。
篆额天宫　(3)　赑屃鳌座碑碑首盘龙纹心内，刻篆文之碑额。
熟材　(2)　经过加工后，尺寸符合要求的木料。
额　(6)　用在小木作门、窗、隔断等上部，起联系或框架作用的横木。
撩风槫　(5)　令栱、替木之上承出檐椽的槫。与橑檐枋在同一位置。

十六画

橑檐枋　(4)　令栱之上承出檐椽的枋子。
燕颔板　(5)　小连檐上之瓦口板。
搟帘杆　(7)　安于檐下斗栱或椽下，悬挂竹帘的帘架。
螭子石　(3)　施于阶基勾栏蜀柱卯下之螭首。未见实物。
雕云垂鱼　(32)　雕刻有云纹的垂鱼。
雕作　(12)　负责雕花的工作。
雕插写生花　(12)　专用于檐下栱眼壁上，形式为盆栽的、比较写实的花卉之木雕。
磨礲　(3)　用沙石和水磨去斫砟的印痕，使石料表面光洁。

瘿项	(3)	勾栏盆唇以上，云栱以下形状短粗、外鼓，似人体颈上之赘生囊状物，故名。清式之净瓶由此演变而来。
壁帐	(10)	靠壁而立的神龛。
壁藏	(11)	靠壁的经橱。
缴背	(5)	构件背上叠加的一层材料。
缴贴	(5)	在构件上另外增加附着物的做法。

十七画

壕寨	(3)	负责取正、定平、立基，开挖基槽，夯筑基础、城墙、土墙、临水屋基等的工作。
檐	(4)	指屋檐。
檐板	(6)	构成板引檐之板。
檐栿	(5)	除劄牵、乳栿、平梁之外的殿堂横向之梁栿。
檐额	(5)	用于檐下柱间的大额，额上可直接支承屋架。
藏	(11)	庋藏经书用的木橱，形象华美。
螳螂头口	(30)	一种头大颈细的榫卯形式，常用于槫之间、普拍枋之间的搭接。
镫口	(4)	昂下与昂相交的构件上所开的承昂之卯口。
簇角梁	(5)	斗尖亭榭大角梁之上形成屋顶折线的角梁。
爵头	(4)	即耍头。

十八画

鳌座	(3)	赑屃鳌座碑的基座，刻作鳌形。
鳌座板	(3)	鳌座碑之土衬石中央突出、安放鳌座的部分。
覆盆	(3)	石柱础之一部分，形似倒扣之盆。
藕批搭掌	(30)	柱两侧月梁的梁头有箫眼穿串时，在柱卯口内梁头所作的相接搭掌。
鹰架	(12)	工地用于起重之木高架，疑相当于今天的井字架，非脚手架（司马光《书仪》："挽重物上下宜用革车，或用鹰架木。"革车者，重车也。故疑古鹰架非脚手架，而似今日之井架也）。

十九画

藻井	(4)	殿阁室内作重点装饰的天花，以突出主要空间。
蹲兽	(13)	屋顶角脊上之装饰坐兽。即清式之走兽。
瓣	(4)	构件身上的直线或弧线形成的折面或曲面。

二十一画

露台	(15)	城墙顶上、城楼四周之平台。
露道	(15)	室外道路。

露墙	（15）	室外墙。
露龈	（15）	慢道面砖露龈 0.3 寸，用以防滑（清代称礓䃰）。
露龈砌	（15）	阶基的一种砌法，收分较大，每皮砖收进 0.1 寸或 0.2 寸。
露篱	（6）	室外木框架填以编竹的藩篱。

二十四画

襻竹	（13）	砌于土坯墙中的竹筋。
襻间	（5）	用于槫下，联系各缝梁架的枋子。

二十五画

鑹	（6）	轴之端部。其读音从纂（zuǎn）。

附录三　对《营造法式大木作研究》一书中十个问题的讨论

陈明达先生所著《营造法式大木作研究》(文物出版社,1981年第一版,以下简称《研究》)是对《营造法式》(以下简称《法式》)大木作较详尽的研究,主要在材份制方面("份"为《研究》文中之所用,即本书正文中的"分°"。为引用及叙述的方便,这里仍沿用《研究》的用法),认为找出了房屋几项基本尺度的材份,在这个基础上全面论及大木作的材份,并与现存唐、宋、辽、金一些实例作了比较。文中将这些实例的有关数据资料整理成表,给研究古代建筑提供了很大方便。笔者在学习《研究》后,觉得其认定基本尺度之材份的依据不够充分,所定的各项材份也不尽合理,尚存不少疑问,现将这些问题提出,以求教于各方专家。

一、《法式》没有给出房屋基本尺度的材份* 是重大的遗漏吗?

《法式》卷四《大木作制度·材》说:"凡构屋之制,皆以材为祖。""各以其材之广,分为十五份,以十份为其厚。凡屋宇之高深,名物之短长,曲直举折之势,规矩绳墨之宜,皆以所用材之份以为制度焉。"从字面上看,似乎一座房屋的所有尺寸都有材份数,只要把房屋所用的材等确定,有关房屋的一切尺寸就知道了。但实际上《法式》只是对各种构件的截面尺寸严密地规定了材份数,对屋宇之高深即房屋的基本尺度却并无明确的材份规定。《研究》第一章第一节认为这"显然是一项重大的遗漏",并认为:"产生这样的缺点,估计是当时房屋大小已经有了一套合于材份的习惯数字,是工匠和社会上所熟知的,因而没有想到要明确写出来。又加以编辑原书的目的为'关防工料',编者只着重于编制预算、核算工料的需要,而忽视了设计的需要。"

这样的估计是难以成立的。从《法式》编修过程来看,在神宗熙宁年间(1068—1077年),将作监受命编修《法式》,至哲宗元祐六年(1091年)成书,但受到"只是料状,别无变造用材制度;其间工料太宽,关防无术"的批评,所以在哲宗绍圣四年(1097年),又差李诫重修,至哲宗元符三年(1100年)又再成书,在徽宗崇宁二年(1103年)刻版颁行。经过二次编修才正式成书,所以第二次编修决不会重犯上一次的错误,才能"送所属看详,别无未尽未便"。

编修《法式》的目的既然是为了"关防工料",房屋的大小尺寸更是必不可缺的,如果没有房屋的基本尺度,即不知间之广、柱之高、梁之长,又如何去编制预算、核算工料?"关防工料"

*《法式》材分之"分",应念作"份"。梁思成先生《营造法式注释》始用"分°"来表示。本书各章采用梁氏所创符号。本附录则仍用"份"来表示。

岂非仍旧是一句空话？《法式》对诸如脊槫增出、布椽稀密、翼角生出等这些极细致的艺术处理手法都考虑到了，岂能忽视基本尺度的设计之需？

《法式》序内云："董役之官，才非兼技，不知以材而定份，乃或倍斗而取长。"既然连管理工程的一些官员都不知"以材而定份"，何来"一套合于材份的习惯数字，是工匠和社会所熟知"？《法式》三百零八篇，三千二百七十二条，俱"系自来工作相传，并是经久可以引用之法，与诸作谙会经历造作工匠详悉讲究规矩，比较诸作利害"之后而写出来的，为什么别的都写出来了，恰恰对最重要的房屋基本尺度"没有想到要明确写出来"？

在《法式》里间广是一个重要的数据，许多构件的长度均与之相关，如阑额、橑檐枋、槫、襻间、脊串等，小木作中的门、窗之额、串、地栿等，它们均"长随间广"，《法式》中多次反复提到，又如柱高"不越间之广"，也与间广密切相关，如间广确有材份数，应该不会遗漏。

《法式》旧文，正是因为"只是一定之法，及有营造，位置尽皆不同，临时不可考据，徒为空文，难以引用"，对房屋基本尺度不作具体限制也可以使营造因地制宜，以适应不同之需要。

中国古代建筑之基本尺度都是以尺寸表示，而不是用材份表示。史书记载均用尺寸表示，如隋、唐之明堂皆以丈尺为准。宋代建筑的基本尺度也都是用具体丈尺表示，而不是用材份。《宋会要辑稿》记载："徽宗建中靖国元年正月十三日，皇太后崩于慈德殿，十三日太常寺言，大行皇太后山陵一行法物，欲依元丰二年慈圣皇太后故事：献殿一座共深五十五尺，殿身三间各六椽，五铺下昂作事，四转角，二厦头，步间修盖，平柱长二丈一尺八寸。副阶一十六间，各两椽，四铺下昂作事，四转角，步间修盖，平柱长一丈……"建中靖国元年(1101年)正在《法式》成书(1100年)之后，应与《法式》相符。《宋史》礼志记，《法式》刚颁行后的北宋政和五至七年(1115—1117年)所建之明堂，以"筵"(九尺)为单位，《宋史》舆服志记载南宋临安宫室："垂拱、崇政二殿……每殿为屋五间十二架，修六丈，广八丈四尺。殿门三间六架，修三丈，广四丈六尺。"又周必大之《思陵录》记述南宋高宗永思陵建筑，系转录当时修奉使司交割勘验之公文，陵由上宫的殿门、攒宫献殿、龟头屋及下宫的殿门、前殿、后殿、回廊、神厨等组成，有关陵之规模及各建筑的间架尺寸非常详细，这些资料应极为可靠，实属难得。现将这些资料整理成表(附表1)。从表中见房屋的基本尺度——间广、架深、柱高都是用丈尺表示，而且都是整数尺寸。宋室南迁后，在建筑活动上固不可与北宋时同日而语，但南宋绍兴十五年(1145年)知平江军府王唤重刊《法式》，说明了《法式》仍具主导地位。

北宋沈括之《梦溪笔谈》中所保存的喻皓《木经》的点滴论述，谓定厅堂举架方法，以梁长为准，梁长8尺，配极3尺5寸，举高约为屋身的44%，用的也为尺寸而非材份。

附表1　南宋永思陵建筑尺度表

名称		规模	间广(尺)	架深(尺)	柱高(尺)	材等
上宫	殿门	三间四椽	12,16,12	5	12	八
	献殿	三间六椽	12,16,12	5	12	七
	龟头屋	三间两椽	5,16,5	6	12	七
下宫	殿门	三间四椽	14,14,14	5	14	
	殿门东西两挟	一间四椽	16	5		
	前殿	三间六椽	14,14,14	5	11	七
	后殿	三间六椽	14,14,14	5	11	七
	后殿东西两挟	一间六椽	16	5		
	神厨	五间四椽	11,11,11,11,11	5	8.5	
	东西两廊	十八间四椽	每间11	4		

《法式》在房屋的基本尺度上也不是用具体材份数来表示，而是明确地直接用丈尺表示。卷四《总铺作次序》补间铺作下注云："若逐间皆用双补间者……假如心间用一丈五尺，则次间用一丈之类。或间广不匀，即每补间铺作一朵不得过一尺。"卷六、七小木作制度内，破子棂窗、睒电窗、板棂窗的棂数都以间广 1 丈为准，广增 1 尺，则加二棂。殿阁照壁板、障日板、廊屋照壁板等，它们分别广 1 丈至 1 丈 4 尺、1 丈 1 尺、1 丈至 1 丈 1 尺，这些尺寸应是相应的间广，都是直接用尺寸表示。关于架深的规定，卷五《椽》说："椽每架平不过六尺，若殿阁或加五寸至一尺五寸。"其后紧接着表明了椽径的材份，如果架深有材份数，是不可能遗漏的。因此，这些肯定就是尺寸而非材份。同卷《举折》更明确地说："举折之制，先以尺为丈，以寸为尺，以分为寸，以厘为分，以毫为厘。"画侧样于壁上，显然画侧样的根据也是尺寸而不是材份数。柱之侧脚也是"随柱之长，每一尺即侧脚一分"，也是以柱长之尺寸而非材份为侧脚之根据。

任何材份数，在施工时必须还原成尺寸，这些尺寸更不应是零星数据。有的材份数虽然是整数，但还原成尺寸却是零星数，如殿身用二等材，间广 375 份，即合 2 丈零 6 寸 2 分 5 厘。上述永思陵献殿用 5 寸 2 分 5 厘材，1 丈 6 尺合 457.14 份，1 丈 2 尺合 342.86 份，3 丈合 857.14 份，2 丈 4 尺合 685.71 份，都是除不尽的小数。计算功限也如《研究》第一章第一节中指出的那样："在规定工作量的功限中，很难按抽象的材份定量，只能根据某一等材的具体尺寸定量。"实际上功限中还有一些项目完全脱离了材份，直接用尺寸定量，如卷十九《殿堂梁柱等事件功限》中，柱、驼峰、平暗板、生头、楼阁上平座内之地面板等。可见用尺寸表示基本尺度是符合宋代实际的，更利于工程，一切用材份反而会带来不便。

古代营造对房屋的间数及间广，进深的椽数与架深以及柱高交代很明确，也是社会上对房屋尺度的认知，在这方面要冒估、虚报易被识破，但一般人对构件的大小即截面尺寸和所用工日却知之甚少，如不熟习工程轻易看不出破绽，所以关防工料主要在此入手，这可能也是《法式》对构件截面材份数规定得较具体、严密的一个原因吧！

官式建筑的尺度往往有定制，尤其是皇家建筑，如上述的明堂、山陵等等，有些也往往由大臣们讨论定夺，不是工匠所能决定的，《法式》又主要是预算定额，着重于关防工料，基本尺度的问题不是《法式》所要讨论的范围，所以无需也不能就此作出规定。

还有一种观点，如傅熹年先生在《中国古代城市规划、建筑群布局及建筑设计方法研究》之第三章《单体建筑设计》里认为，在决定一座建筑的平面时，先确定面阔、进深的份值，然后为便于施工放线和易于核查再把它折合成实际尺寸，并加以调整，令每间都以 1 尺或 0.5 尺为尾数。这种看法也肯定了房屋的平面最终是以尺寸而不是用材份表达的，用材份表达反而不便于施工。虽然还是应用了材份，但它只起一个过渡作用。

我们是否一定要利用材份作为过渡？按傅先生的观点间广是建立在铺作中距的基础之上，铺作中距以 125 份为基准，可在 110 份和 150 份间浮动，故间广在 220 份至 450 份之间，以 5 份为尾数变化，则用一等材尾数变化为 3 寸，二等材为 2.75 寸，三等材为 2.5 寸，四等材为 2.4 寸，五等材为 2.2 寸，六等材为 2 寸，变化很小。从 220 份至 450 份各等材的尺寸大部分都不是整数尺寸，都需要调整，但又因尺寸以 5 寸为尾数，调整的幅度又都在 2.5 寸以下，实在不大。

如果铺作中距最小为 100 份，一般而言用各等材的最小间广尚需受它的约束，它们均很简单、明确,一等材用单补间为12尺,用双补间为18尺,二等材分别为11尺和16.5尺,三等材为10尺和15尺,四等材为9.6尺和14.4尺,五等材为8.8尺和13.2尺,六等材为8尺和12尺。如果间广在此之上,它无需受铺作最小中距的制约,即使以5份为尾数的材份数此时也只是一种长度的表示,与用尺寸表示没有什么本质不同。

所谓的间广材份数是以每间用2或1朵补间铺作的铺作中距为基础的,当补间铺作不是用2或1朵时这样的间广材份数是否还能适用?《法式》记有不用补间铺作及间广狭而用鸳鸯交手栱者,实例中有逐间用1朵者,此外柱梁作之类完全不用铺作,它们都能拿这个材份数去套吗?

既然用材份数也只是一种过渡,最终还是要用尺寸表示,为什么我们非要采用先用材份数然后反复折算、调整为尺寸而且调整的幅度又很小,这样一种迂回曲折的方式呢?这种做法于工程并不有利,反而增添了麻烦。为什么不舍繁就简、直截了当选定尺寸?

二、《法式》制度里提到的各项基本尺寸都是以第六等材为准吗?

《研究》第一章第一节中说:"显然可见当时习惯使用的具体尺寸,一般多以六等材为准,个别情况也间或使用其他材等。"理由是卷十七《栱斗等造作功》中说"造作功并以第六等材为准"。再有《法式》中提到的一些尺寸折合成材份数,只有三等材、六等材才是整数。

这些理由缺乏客观依据,是没有说服力的。

我们来看一下"第六等材为准"的由来。《研究》第一章第一节里引用了《营造法式看详·总诸作看详》里注下说的:"……如斗、栱等功限以第六等材为法,若材增减一等,其功限各有加减法之类。"认为"这里提示了功限规定以第六等材为准"。下面又说:"'造作功并以第六等材为准。'在以下各个具体项目(笔者注:即卷十九《殿堂梁柱等事件功限》中的项目)下一般不注明材等,只注明'材每增减一等各递加减'若干,这当然都是以第六等材为准。"然后又演变成制度中"习惯使用的具体尺寸(笔者注:即间广、架深、柱高等),一般都以六等材为准"。

《研究》引用《法式看详》的注时没有同时引用其下的"谓如板门制度以高一尺为法,积至二丈四尺"。显然,这里是用斗栱、板门为例说明正文中"随物之大小有增减之法"并不说明别的,而且也只是说斗栱等功限以六等材为法,何来"提示"之意?

"造作功并以第六等材为准"是列在功限《栱斗等造作功》内,说明只有斗栱功限才以六等材为准。说别的项目即《殿堂梁柱等事件功限》没有注明材等,就"当然"都是以第六等材为准,这是想当然了。难道就不可能是遗漏?《法式》卷四《栱》内造栱之制有五,但好几个版本都遗漏了"慢栱"这一条。《法式》功限诸卷内,凡有一项多用的,其下必注明,如仓廒库屋、功限下注常行散屋同,常行散屋功限下注官府廊屋之类同,在《殿堂梁柱等事件功限》内,如替木下注楷子同,生头下注搏风板、敦𣏢、矮柱同,在"卓立、搭架、钉椽、结裹又加二分"之下注"仓廒库屋功限及常行散屋功限准此"。"造作功并以第六等材为准"下面并无注明,我们怎能主观、随意、想当然地扩大为其他功限也以六等材为准,进而又成了制度中的尺寸也以六等材为准?

《法式》小木作制度中提到许多间广尺寸,《研究》认为它们都以六等材为准,但这是不正确的。如卷七及卷二十一小木作制度与功限《阑槛钩窗》里分别有:“槛面高一尺八寸至二尺。”“阑槛一间高一尺八寸,广一丈二尺。”由于“槛面板长随间心”,广1丈2尺肯定就是间广,如果间广可以以六等材折合300份,那么槛面高1尺8寸也应可以折合成六等材45份,如用三等材则合2.25尺,约70cm,如一等材则合2.7尺约84cm,如高2尺,则还要高一些。阑槛钩窗的阑槛是可以坐的,故与人体尺度密切相关,所以高1尺8寸至2尺,这个尺度是不能随意改变的,换成材份,尺度就完全改变了,阑槛甚至就成了栏杆了。再次证明间广就是以尺寸直接表示而不能以六等材去折合材份。

《研究》第一章第五节《檐》里认为:“而八等材只用于藻井、小亭榭,不是主要材等。决不会用为制度标准的。”点明了《法式》用材的原则:用常用的主要材等为准,不以非常用的材等为准。

什么是主要材等?从《法式》用材规定中看出,一、二等材用于最高规格和较重要的殿堂,不会是大量、普遍应用的材等,大量应用的是三至五等材,其中三等材应用最广,从殿身三间至殿五间、堂七间,而六等材仅用于亭榭或小厅堂,其应用范围有限。《研究》第二章、第二节《材等》里,把用材归纳为殿堂用一至五等材,厅堂用三至六等材,余屋用三至七等材,亭榭用六至八等材。并两次指明三等材是最普遍应用的材等。既然三等材是最普遍应用的材等,而六等材仅用于亭榭或小厅堂,它根本不用于殿堂,为何殿堂功限乃至制度却又以六等材为准呢?这是不符合《法式》精神和《研究》自己总结的原则的。

《仓廒库屋功限》以七寸五分材即三等材为祖,常行散屋与官府廊屋与之相同,《营屋功限》以五寸材为祖,而且更不加减,仓廒库屋等用三等材,营屋用五寸材,这一定是它们所常用的,所以计算功限就以常用材等为准。

三等材、六等材能把尺寸折合成整数材份,是由于在《法式》八等材中,只有它们仅含2或5的因子,可以整除任何数字,其他材等因含有3、7、11等因子而不能整除一切数字,但这并不能说明在技术上必须以它们作为标准的材等,何况如前面所述,材份整数并不完全适用于施工和计算功限。

《殿堂梁柱等事件功限》未列以何等材为祖,的确是遗漏了,根据《法式》用材准则,极有可能是以最普遍应用的三等材为准。从它与《仓廒库屋功限》中可资比较的几个项目来看,其中大连檐、平暗板(白板)完全一样。如果殿堂事件以六等材为准,一些项目换算成三等材时,它与仓廒库屋功限的差距似乎太大(附表2),当然这有待进一步研究证明。

栱斗造作功为何以六等材为准而不以三等材为准?功限规定材长40尺一功,材加一等,功递减4尺,材减一等,功却递增5尺,而六等材正处在转折点上,如用三等材或其他材等为

附表2　功限比较表

名　称	单　位	殿堂梁柱等事件功限		仓廒库屋功限	备　注
		假定六等材	换算成三等材		
大角梁	每条	1.7	2.6	1.1	
子角梁	每条	0.85	1.3	0.5	
续角梁	每条	0.65	0.95	0.3	
替木	每枚	0.07		0.05	
大连檐	每5丈	1	1(每35丈)	1(每50尺)	
小连檐	每100尺	1	1(每70尺)	1(每200尺)	
飞子	每35只	1	1(每26只)	1(每40只)	
平暗板	广1尺长10丈	1		1(广1尺长100尺)	白板同

准，则功限变化就不规律，记忆、使用不方便，故斗栱以六等材为准，是为了记忆容易，使用方便，是符合《法式》原则的。

这里，我们是否可以套用《研究》的话："六等材只用于亭榭、小厅堂，不是殿堂主要材等，决不会用于殿堂制度标准的。"

三、有标准间广吗？所定间广的材份合理吗？

《研究》第一章第二节认为《法式》有标准间广："每铺作一朵占间广 125 份，用单补间间广 250 份，用双补间间广 375 份。"并将它们列入同节表 3"标准间广、椽平长、生起份数及实际尺寸表"。第一章第七节中说："铺作每朵中距允许增减最大限度 25 份。"第二章第二节中提出："间广不匀，自广 200 份每递增 25 份，直至 450 份，其中 200 份至 300 份为厅堂间广，250 至 450 份为殿堂间广。"

它的主要依据是前述所引《法式》卷四之《总铺作次序》关于补间铺作的注中之举例："假如心间用一丈五尺，则次间用一丈之类。"然后根据当心间用二朵补间铺作，次间用一朵，将 1 丈 5 尺、1 丈分别折合成六等材 375 份、250 份，铺作中距为 125 份。和卷二十一小木作功限《栱眼壁板》："栱眼壁板一片，长五尺，广二尺六寸（于第四等材栱内用）。"认为长 5 尺正为四等材铺作中距 125 份的栱眼壁长。

《法式》这里的 1 丈 5 尺、1 丈是在"假如……之类"中提出，显然只是举例而已，以这种举例方式提出的还有卷四《栱》华栱条下："交角内外皆随铺作之数斜出跳一缝，其华栱则以斜长加之（假如跳头长五寸，则加二寸五分之类）。"很明显这里仅仅是举例说明角华栱的斜长而已，如按六等材计，则跳头 5 寸只合 12.5 份，这是绝对不可能的。又如《举折》中注"如屋深三丈即举起一丈之类"，也只是随意举一个整数的例子，说明如何举高，并没有他意。如果 1 丈 5 尺、1 丈能看作是以六等材折算的标准间广的话，那么屋深 3 丈、跳头 5 寸是否也能看作是殿阁的标准进深、华栱的标准出跳呢？我们怎能把一次举例当作标准呢！

至于栱眼壁板长 5 尺、广 2 尺 6 寸正好合四等材铺作中距 125 份、高 54 份，但也无法证明它就是补间铺作的标准中距。按卷七《栱眼壁板》"造栱眼壁板之制，于材下、额上，两栱头相对处凿池槽，随其曲直安板于池槽之内。"栱眼壁除长度须增加入池槽榫外，其高度即广也须有入池槽榫，长度 5 尺已包括了入池槽榫，但广 2 尺 6 寸却没有入池槽榫，尽管四等材 54 份合 2 尺 5 寸 9 分 2 厘与 2 尺 6 寸相差无几。清工部《工程做法则例》规定斗槽板重栱高 5.4 斗口，单栱高 3.4 斗口，而斗槽板净高为重栱 5.2 斗口，单栱 3.2 斗口，可见已留有 0.2 斗口的入池槽榫；《营造算例》也明确指出，昂翘斗栱、垫栱"高按两踩一斗底，再加上面入槽，同两头"。虽然与《法式》于材下、额上均开池槽不同，只在正心枋下留槽，故高 2 尺 6 寸不是四等材栱眼壁板的全高。又栱眼壁板功限后注有"若长加一尺，增三分五厘功"，其长又可加，都说明所举长 5 尺、广 2 尺 6 寸板一片只是计算功限的一个基准样板，并不是所谓的标准。计算功限，先指定一种作样板，然后据此增减，这正是《法式》"式内指定一等，随法计算"之意。怎能就把它们看作为"标准"呢？

《研究》把卷四《总铺作次序》里"或间广不匀，即每补间铺作一朵不得过一尺"看作是在标准间广的条件下，每朵补间铺作的中距允许有 25 份（合六等材一尺）的增减，并得出用单补间间广在200~300份间，用双补间间广在300~450份间。为说明问题，我们不妨把《法式》有关条文再全面引述一遍，卷四《总铺作次序》关于补间铺作："凡于阑额上坐栌斗安铺作者，谓之补间铺作，当心间须用补间铺作两朵，次间及梢间各用一朵，其铺作分布令远近皆匀。（若逐间皆用双补间，则每间之广丈尺皆同，假如只心间用双补间者，假如心间用一丈五尺，则次间用一丈之类，或间广不匀，即每补间铺作一朵不得过一尺。）"这里首先明确了补间铺作的布置方式一般是当心间用两朵，次、梢间用一朵，分布原则为铺作间距要均匀，远近皆匀。下面的注是对以上方式和原则的补充说明，若逐间用双补间，则每间间广丈尺相同，铺作中距相等；如只心间用双补间，举例心间用1丈5尺、次间用1丈，则铺作中距也相等。但是在间广不匀的时候，铺作中距就不能全相等，根据铺作分布远近皆匀的原则，就要限制铺作中距的变化，使得变化不突兀，大体上要匀，就是相邻两间的每朵铺作的中距差不能超过1尺。这一条既然列入《总铺作次序》，谈的就是补间铺作及其分布原则，间广只是附带提到，也是为了说明铺作须远近皆匀，所以"每补间铺作一朵不得过一尺"是限制铺作，不是限制间广。《总铺作次序》关于转角铺作的叙述里也提到这个原则，"凡转角铺作……（补间铺作不可移远，恐间内不匀）"，也说明补间铺作的分布原则就是要匀，如不匀也不能差太多。在用补间铺作的23个实例中，相邻铺作中距不等的54个，其中31个变化幅度在1尺（0.31m）以内，约占54%，在2尺以内者19个，仅4个超过3尺（附表3）。实例中大部分铺作布置采用逐间一朵，这是《法式》中没有的，相对用两朵补间，实际上把铺作中距扩大了，但是"每补间铺作一朵不得过一尺"的趋势还是存在的。如果把它解释为每朵铺作的中距允许增减的幅度，那么无论间广匀与不匀，它也能适用，这恰恰脱离了它的前提"或间广不匀"。也说明《法式》并无铺作"标准"中距。

《法式》大木作制度只有一处举例提到间广丈尺，而小木作制度里却多次提到间广尺寸，如破子棂窗"如间广一丈用一十七棂"，睒电窗为"如间广一丈用二十一棂"，隔截横钤立旌"广一丈至一丈二尺"，板引檐"广一丈至一丈四尺"，堂阁内截间格子"广一丈一尺"，殿阁照壁板"广一丈至一丈四尺"，障日板"广一丈一尺"，廊屋照壁板"广一丈至一丈一尺"，明确提到间广自1丈至1丈4尺，在功限里也相应提到。此外，补间铺作举例心间广1丈5尺，永思陵献殿心间广1丈6尺，卷十九《荐拔抽换柱栿等功限》中，殿宇楼阁无副阶者平柱以长1丈7尺为率，每增减1尺各加减五分功。据《法式》柱高不越间之广的原则，间广可达1丈7尺及以上，《法式》看详与卷三壕寨制度内均有"定平"条目，内有："凡定柱础取平须更用真尺较之，其真尺长一丈八尺、广四寸、厚二寸五分。"梁思成先生在《营造法式注释》里说真尺："从长度看来，'柱础取平'不是求得每块柱础本身的水平，而是取得这一柱础与另一柱础在同一水平高度，因为一丈八尺可以适用于最大的间广。"一般间广最大可达1丈8尺，《法式》间广自1丈至1丈8尺，看不出有把哪一种间广定为标准间广的意思！

《研究》第二章第二节说："……间广不匀，自广200份每递增25份，直至450份"，"同时又看到间广的增减是以每25份为法的。"这个结论与《研究》前面的结论是矛盾的，如果铺作中距按最大限度25份增减，则间广就不能按25份增减，要按50~75份增减。假如逐间用双补间且间广不匀，心间最大450份，则需按450、375、300、225……份等差递减，逐间用双补间只能到300份止，因为按《研究》，间广再小就容纳不了两朵铺作了，用双补间房屋的规模只能为五间，显然这是不正确的。再有，如果间广以25份增减，如用三等材，则间广增减需以

附表 3　补间铺作中距及相邻两朵中距差

名　称	年　代	补间铺作朵数			开间 / 铺作中距(与前一朵中距差)(厘米)				
		心间	次间	梢间	心间	次间	次间	次间	梢间
佛光寺大殿	857	1	1	1	504/252	504/252	504/252		440/220(32)
镇国寺大殿	963	1	1	1	455/227.5				351/175.5(52)
华林寺大殿	964	2	1		648/216				458/229(13)
独乐寺山门	984	1	1	1	610/305				523.5/261.75(43.25)
独乐寺观音阁上层	984	1	1		454/227	431/215.5(11.5)			298/ 无补间
虎丘二山门	995-997	2	1		600/200				350/175(25)
保国寺大殿	1013	2	1		562/187.3				315/157.5(30)
奉国寺大殿	1020	1	1	1	590/295	580/290(5)	533/266.5(23.5)	501/250.5(16)	501/250.5(0)
晋祠圣母殿殿身	1023-1031	1	1	1	498/249	408/204(45)			374/187(17)
副阶		1	1	1	498/249	408/204(45)	374/187(17)		314/157(30)
广济寺三大士殿	1024	1	1	1	548/274	543/271.5(2.5)			455/227.5(44)
开善寺大殿	1033	1	1	1	579/289.5	547/273.5(16)			453/226.5(47)
华严寺薄伽教藏殿	1038	1	1	1	585/292.5	553/266.5(26)			457/228.5(38)
隆兴寺摩尼殿殿身	1052	2	1	1	572/190.7	502/251(60.3)			440/220(31)
副阶		1	1	1	572/286	502/251(35)	440/220(31)		438/219(1)
善化寺大殿	11 世纪	1	1	1	710/355	626/313(42)	554/277(36)		492/246(31)
善化寺普贤阁下层	11 世纪	1	1	1	517/258.5				265/132.5(126)
佛光寺文殊殿	1137	1	1	1	478/239	467/233.5(5.5)	446/223(10.5)		426/213(10)
华严寺大殿	1140	1	1	1	710/355	659/329.5(25.5)	593/296.5(33)	578/289(7.5)	510/255(34)
崇福寺弥陀殿	1143	1	1	1	620/310	625/312.5(2.5)	562/281(31.5)		550/275(6)
善化寺三圣殿	1128-1143	2	1	1	768/256	734/367(111)			516/258(109)
善化寺山门	1128-1143	3	1	1	618/154.5	578/289(134.5)			520/260(29)
玄妙观三清殿殿身	1179	1	1	1	635/317.5	523/261.5(56)	524/262(0.5)		443.5/221.75(40.3)
副阶		2	2	1	635/211.7	523/174.3(37.4)	524/174.7(0.4)	443.5/147.8(27)	385.5/192.75(45)
隆兴寺转轮藏下层	12 世纪	2	1		538/179.3				427/213.5(34.2)
隆兴寺慈氏阁平坐	12 世纪	2	1		505/168.3				355/177.5(9.2)
副阶		2	1		498/166				388/194(28)
缠腰		2	1		505/168.3				395/197.5(29.2)

1尺 2 寸 5 分为法，房屋的基本尺度出现零碎数据，这在《法式》与历史记载中都找不到。

我们再来看一看《研究》所定的这些间广材份是否合理并与《法式》相符？《研究》第一章第二节中认为："每朵铺作所占间广的下限 100 份，……因而间广下限实际已是最小限度。"铺作所占间广的下限 100 份，一般情况是如此，但这是否就是禁区而不准越雷池半步？不然，《法式·总铺作次序》里就有"凡转角铺作须与补间铺作勿令相犯，或梢间近者须连栱交隐"。须连栱交隐说明铺作中距不足 96 份，梢间间广也可不到 200 份。卷七小木作制度《格子门》里有"每间分作四扇（如梢间狭促者只分作二扇）"。梢间狭促者，其间广也不会大于 200 份。

按《研究》用双补间标准间广为 375 份，如逐间间广相同，九间十椽殿（《研究》第二章、第二节《房屋规模》里推定十椽九间是普遍应用的最大规模），用一等材面阔 3375 份合 202.5 尺，进深 1500 份合 90 尺，加上副阶 300 份合二等材 16.5 尺（均为《研究》提出的材份），则通面阔达 235.5 尺约合 73m，通进深 123 尺约合 38m。据考古发掘，北宋东京宫殿主要建筑大庆殿的台基东西宽才 80m，与《研究》推定的九间殿之台基相差无几，但殿本身面阔九间，加上东西挟屋各五间，共计达十九间，所谓"普遍应用的最大规模"的九间面阔要比宫内正殿的九间大了许多，这是否可能？又唐含元殿殿身十一间，包括副阶通面阔 67.33m，通进深 29.2m，我们知道唐代建筑素以气魄恢弘、雄伟见长，而宋代建筑以秀丽、绚烂著称，但宋代普遍应用的最大规模竟比唐代大明宫正殿——含元殿还大，令人难以置信。

间广最大可达 450 份，按一等材合 2 丈 7 尺，超过了常用于柱础校平的 1 丈 8 尺长的真尺，2 丈 7 尺约合 8.37m，与清代之故宫太和殿明间面阔 8.44m 几乎相等，明间面阔随着时代的推移、木构技术的发展而逐步加大，宋代当心间面阔已能做到与清代相近是值得怀疑的。

《研究》认为间广 450 份只限于心间使用，次、梢间不超过 375 份(第一章第二节)。如果逐间用双补间丈尺皆同，心间就不能用 450 份。按照《法式》，在间数相同的情况下，逐间用双补间总面阔较大，也是《研究》第四章第五节里说的："当心间用两朵，其余各间皆用一朵，是一般做法；逐间皆用双补间是扩大规模的做法。"虽然扩大了规模，但心间却不能用最大的间广，似乎不合情理。如果逐间间广不匀，按前面说的，间广可从心间 450 份每递减 25 份，则次间完全可超过 375 份。

有副阶的大型殿堂，按理其殿身心间可用 450 份，但副阶材减一等，副阶心间就超过了 450 份；如副阶用 450 份，殿身反而不能做到 450 份。即使殿身逐间用双补间 375 份，如《研究》第一章第二节所举例，殿身用二等材则副阶之心、次间为 412.5 份，造成不可调和的矛盾。

永思陵献殿心间广 1 丈 6 尺，用 5 寸 2 分 5 厘材即七等材，心间广 457.14 份，就超过了 450 份。

《研究》第二章第二节里提到大三间、小三间的问题，认为《法式》规定第五等材为"殿小三间、厅堂大三间则用之"，第三等材为"殿身三间至五间用之"，第四等材为"殿三间用之"，因此"既然殿三间可用三等材也可用四等材，可见大三间、小三间不是按材等分大小的。而且五等材所称'殿小三间'，正是与前四等材的'殿三间'相对而言，'殿三间'实即大三间之意。那么这个大小就只能用间广区别，如以心间为准，殿堂间广 375 份为大三间，间广 300 份为小三间，厅堂心间广 300 份为大三间，间广 250 份为小三间"。《法式》第三等材规定应是"殿身三间至殿五间用之"，殿身三间与殿三间是有差别的，根据《研究》同节第一条"间椽"的起首，对殿身十一间与十三间殿堂的解释，很明白殿身三间可以做副阶共为五间，而殿三间是没有副阶的。因此殿三间只能用四等材，不能用三等材，殿小三间则用五等材，其按材等分大小显而易见。另一方面大三间、小三间虽应与间广有关，但并不是只与心间广有关，《研究》认定相应心间广的材份并无依据。殿堂大三间如《研究》之附录《宋营造则例大木作总则》的《总例》里所载心间广 375 份，两梢间各用铺作一朵，间广为 250 份，则总面阔为 875 份，而小三间如《研究》表 8 所载心间广 300 份，如逐间用双补间间广相等，则总面阔为 900 份，小三间反而比大三间还大，明显不对。大三间与小三间的区分不仅看心间广，还要看总面阔，它们与材份无关。《研究》关于大三间与小三间的材份，本身表 8 与《总例》就不一致，表 8 载殿三间与殿小三间的间广总计分别为 1125 份、900 份，而《总例》殿大三间心间广 375 份、梢间广为 250 份，总计 875 份，小三间心间广 300 份、梢间广为 250 份，总计 800 份。《总例》没有列入逐间间广相等这一情况。

《研究》第一章第二节提出基于殿身和副阶用材不等而产生了材份不同的"间广不匀"，《法式》原文首先是假定逐间用双补间，各间广之丈尺相同，若心间用双补间、次梢间用单补间，则次梢间应同宽，然后才指出间广不匀的情况，它指的应是与上述两种不同的、各间间广皆不相同的情况，即卷五《柱》角柱生起之注里说的“如逐间大小不同”，而不是《研究》所指副阶与殿身的材份不同的“间广不匀”。如果一定要把间广与材份联系起来，只要殿身副阶周匝，总会有这种所谓的“间广不匀”。

《研究》提出的厅堂间广 200 至 300 份，殿堂间广 250 至 450 份，其理由是梢间转角正侧两面间广相等及一间等于两椽，这理由并不正确，后面将要详细讨论。另外，在《研究》第二章第二节《房屋规模》里，就是根据《法式》小木作制度及功限里提到的《殿内截间格子》《堂阁内截间格子》与《殿阁照壁板》《廊屋照壁板》的间广，“两相对照可知殿阁间广 1 丈至 1 丈 4 尺，厅堂间广 1 丈、1 丈 1 尺或 1 丈 2 尺。据此，可知小木作制度中所涉及的间广，凡在 1 丈 4 尺以上者，均适用于殿堂，按六等材折合为 350 份以上；凡 1 丈、1 丈 1 尺、1 丈 2 尺者多用于厅堂，按六等材折合分别为 250、275、300 份。可证前所推断厅堂间广上限 300 份是正确的。”前面已谈过《法式》里提到的间广尺寸都以六等材去折合材份是不正确的。此外，虽然小木作提到殿阁间广 1 丈至 1 丈 4 尺，厅堂间广 1 丈至 1 丈 2 尺，这也不能说明厅堂间广最大只能为 1 丈 2 尺，殿阁间广 1 丈 4 尺不是也没有被看作殿阁的最大间广吗？《法式》制度里提到的尺寸有时也不是绝对的、唯一的，比如石作之《踏道》，规定“每踏厚五寸广一尺”，但也不能说踏道就只能是这一种尺寸。又如小木作之《胡梯》，规定“高一丈”，更不能说梯子只能高一丈，因为楼层高不可能限定一丈而不允许有其他高度。

《研究》第一章第二节里为证明铺作中距五尺应折合六等材 125 份时说：“本来按三等材计每铺作一朵广 5 尺折为 100 份，……但是遇到间广不匀需要减 1 尺(即三等材 20 份)时，就只余 80 份，不足一朵铺作之广。”但把厅堂间广定为 200 份至 300 份，当厅堂七间用三等材时，不是仍要产生这样的问题吗？

殿堂间广 450 份前已谈及，250 份也不是下限，理由如前述间广有小于 200 份者。厅堂间广 300 份也不应是上限，《研究》在第一章第二节里举例上华严寺大殿心间广 7.1m，355 份，善化寺三圣殿心间广 7.68m，444 份，来证明殿堂用一等材、双补间 375 份，间广达 2 丈 2 尺 5 寸，约合 7.2m，“是当时可能做到的尺度”。此外还有保国寺大殿 393 份，善化寺大殿 410 份，但它们可都不是殿堂而是厅堂结构，但间广却远远超过了 300 份，虽然《研究》在第二章第二节里曾有不太肯定的话，由于殿堂间广 375 份，必要时心间可增至 450 份，“比照这一法则，厅堂心间广必要时或亦可增至 375 份”，但这仍然与实例有很大差距。可见《研究》所定间广材份存在问题。

《研究》关于间广的材份数是以铺作中距为基础的，按用一朵或两朵补间铺作定出间广的材份数。可是《法式》卷五《阑额》有“如不用补间铺作”者，还有用斗口跳、把头绞项作、单斗只替及柱梁作者，实例中大部分是《法式》所无的、逐间用一朵补间铺作的情况。此时，间广又根据什么来确定材份呢？《研究》第七章第一节里说：“但实例的间广与补间铺作朵数，并无关系。如南禅寺大殿、独乐寺观音阁下层、雨花宫、海会殿等等，都不用补间铺作，自然不产生补间铺作朵数与间广的联系。”既然这时间广与补间铺作朵数没有联系，可见间广就不能根据铺作中距来定，间广的材份数就失去了依据，又证明间广直接用尺寸表示是正确的。实例中如独乐寺山门、晋祠圣母殿、开善寺大殿、善化寺大殿、华严寺薄伽教藏殿等等，都是逐间用一朵补间铺作，它们的心间都超过了 300 份，有的次间也超过了 300 份，说明《研究》所定补间铺作最大不超过 150 份与实际是脱节的，说明《法式》并没有规定铺作中距的

“标准”材份。

在《法式》大木作制度里，对间广这项很重要的尺度并没有专条论及，散见在各卷中的间广也是用丈尺表示，正说明《法式》对间广并没有什么具体规定，哪里会有标准间广及相关的一套材份数呢？

四、椽架平长（即房屋进深）究竟如何定？

《研究》第一章第三节认为《法式》卷五用椽之制，“椽每架平不过六尺，若殿阁或加五寸至一尺五寸”。应该理解为：承屋盖之重的椽架平长不得超过150份，殿堂平棋以下不承屋盖的明栿，每椽可以增加12.5份至37.5份。

这曲解了《法式》的原意。

《研究》首先对《法式》原文提出疑问：“从字面上看可以理解加长只适用于‘殿阁’，而不适用于其他类型的房屋。可是为什么不像其他标准规定那样，给予一个增减范围而只提出一个可以增加的限度呢？而且还予人以前后不符，甚至后一句有推翻前一句限定的涵义。”《法式》在叙述上确实存在缺陷，这种缺陷不止在椽架平长的表述上，如卷五，造梁之制有五，一曰檐栿、二曰乳栿、三曰劄牵、四曰平梁、五曰厅堂梁栿，看了其五，才知前四项是殿堂梁栿。又如《阑额》里“凡檐额……其广两材一架至三材，如殿阁即广三材一架或加至三材三架”同样也是看了后面，才知前面说的为厅堂。综合看来，它们的意思还是明确的，并没有引起误解而得出别的结论。把关于椽架的这一段话理解成“椽每架平，若厅堂不过六尺，若殿阁或加五寸至一尺五寸”是顺理成章的，也是《法式》的原意。《研究》第二章第三节《额栿长度及截面》里，谈到上述造梁之制时说：“这后一项顾名思义是用于厅堂的，因此，前四项应是用于殿堂的。”在述及檐额时说：“既然指明殿阁檐额广三材一架至三材三架，可知前句所述三材以下是用于厅堂的檐额”。对于《法式》的叙述都加以肯定，没有提出任何疑义，为何唯独在椽架平长上，对同样的表述方式却提出了不同的看法？这才是后面“推翻”了前面的结论，真正“予人以前后不符”了。

《研究》这种认识在语句叙述上也是不通、不符合逻辑的，好端端的在说椽每架平几何，怎么能够忽然转到不相干的平棋下的栿长上去了？《法式》的论述中从来没有这样的情况！

《研究》根据卷十七《殿阁外檐补间铺作用栱、斗等数》中所列部分昂的长度，“下昂：八铺作三只（一只身长三百分，一只身长二百七十分，一只身长一百七十分。）”，并假定外跳逐跳均长30份，外跳第一昂共150份，第二昂120份，它们的里跳均为150份，又据卷四《飞昂》：“若昂身于屋内上出皆至下平槫……”认为昂身在屋内的最大的长度就是一架的平长，昂里跳150份即椽架的平长150份。看来功限所列昂长是此处的关键，这里主要有两个问题，其一，身长是实长还是跳中至跳中的长（即心长）？其二，铺作跳长是否要减？《研究》第四章第一节认为：“按《法式》惯例，凡称身长，系跳中至跳中长度。”实际上刚好相反，《法式》惯例，凡称身长，多为实长，尤其是斜构件。卷四《栱》之华栱“两卷头者其长七十二分”。两卷头心长60份、72份就是实长。《飞昂》里有“若四铺作用插昂，即其长斜随跳头”。其长斜随跳头不是实长吗？卷五《阳马》：“凡角梁之长，大角梁自下平槫至下架檐头、子角梁随飞檐头外至小连檐下，斜至柱心，隐角梁随架之广自下平槫至子角梁尾，皆以斜长加之。”“凡造四阿殿阁……其角梁相续直至脊槫，各以逐架斜长加之。”角梁无疑都是实长。《椽》亦指出：“长随架斜”，《檐》“凡飞子……尾长斜随檐。”全都应是实长而非心长。“用椽之制，椽每架平不过六尺。”非实长就强调了“平”。

卷十七功限所记下昂的长度，有四铺作用插昂一只，身长40份，四铺作出一跳，跳中距应为30份，身长40份，《研究》第四章第一节里解释为“外跳长30份，昂尾加长10份”，既加昂尾就不是“跳中至跳中”了，正是制度所说：“其长斜随跳头。”非实长不可。同列在功限中，四铺作插昂是实长，其余昂又怎么会变成心长呢？

外檐转角铺作中交角昂的长度，八铺作六只，两只身长165份，两只身长140份，两只身长115份；七铺作四只，两只身长140份，两只身长115份；六铺作四只，两只身长100份，两只身长75份；五铺作两只，身长75份；四铺作两只，身长35份。即使按外跳逐跳长30份计，这些身长都不是心长。

功限所载栱的长度，有时只笼统地为×跳，外檐补间铺作中有第四抄内华栱一只身长78份，似乎太短，而且又与昂身相交，不能确切地说明问题。只有转角铺作中，各种列栱的长度，可能因为栱头不一，因此不用实长，只用中间一段的心长。

《研究》的每架平不过150份的结论，有一个前提，就是假定铺作外跳逐挑均为30份。但《法式》卷四《栱》里有“若铺作多者，里跳减长二分，七铺作以上即第二里外跳各减四分……”的规定，如外跳减跳，里跳份数就不是150份了。《研究》第四章第一节，为证明八铺作第三昂、七铺作第二昂各长170份，其外跳均为三跳共长90份，里跳各余80份，就引用了上述《法式》减跳的规定：“令里跳第一跳长28份，第二、第三跳各长26份则三跳共长恰为80份。”对《法式》的同一规定，为什么却部分执行、部分不执行，只减里跳而不减外跳？

昂长的验算，可见前面再谈定侧样中的架深一节。

《研究》用于证明殿阁平棋以下明栿每椽长可增至187.5份的理由是《法式》卷三十一的三个有副阶的殿阁地盘分槽图，“殿身正侧两面都是逐间用双补间”，间广为375份，副阶进深300份。又根据卷二十一小木作功限《裹栿板》“殿槽内裹栿板长一丈六尺五寸……副阶内裹栿板长一丈二尺……”得出裹栿板用于承平棋的明乳栿，长为两架椽，副阶一丈二尺正合六等材300份，长两架，槽内1丈6尺5寸正合五等材375份，375份为两椽，每椽187.5份。

关于《法式》图样上殿身正侧面都是逐间用双补间这个结论，只是《研究》根据商务印书馆影印本而得出的，尚未经充分论证。《研究》在第一章第二节页下注解里说：“《法式》现存原书都是抄本，由于辗转传抄和抄录者的水平，各本图样互有出入。现在容易得到的前商务印书馆影印本，是较好也较易得到的本子，故本书仍以此本为底本。但图样中仍有错误之处，则另以北京图书馆藏《四库全书》文津阁本为补充，并影印有关各图编于本书图版之末。”既然各本图样互有出入，有的版本图样并没有画出正侧面都用双补间，如《营造法式注释》里附的《法式》图样连铺作都没有表示(附图1)。1925年版的陶本图样殿阁地盘殿身七间副阶周匝各两架椽身内双槽，侧面有三补间者(附图2)。《研究》也没有说明商务印书馆影印本为何“较好”，值得摒弃其他各本而只根据一种版本就下定论。《营造法式注释》也没有采用此说，在殿阁地盘殿身七间副阶周匝身内单槽图样中，画作心间用两朵，次梢间用一朵，侧面也用一朵(附图3)。

《法式》的图样以现代科学绘图原理来看，准确性和精密性是不够的，经过辗转传抄、摹写，也有错误，图样只能在大的方面对文字部分辅助说明，如果在细部上完全用图样来说明问题是靠不住的。如《研究》第五章第三节里说原书四个断面图上“双槽七铺作及单槽图上，都在乳栿、四椽明栿之上画作十椽或八椽通檐草栿，这应当是草乳栿和四椽草栿相连制作，而不应当是通檐草栿”，指出了《法式》图样的错误。《法式》图样如殿阁地盘分槽图及草架侧样图也不应是《研究》第五章第二节里说的：“均显示出原书平面图、断面图是互相配合的四种分槽的标准平、断面图。”互相配合的平、断面图是不错，但要说“标准”，恐怕未必，如地盘图，分心斗底槽为九间，其余双槽、金箱斗底槽、单槽均为七间。在相应的侧样图中，双槽（金箱斗底槽）用八铺作、七铺作，分心槽用六铺作，单槽用五铺作，这并不意味着它们只能如此，就不能有别的开间、进深及铺作布置等。实例中独乐寺山门三间用分心槽、五铺作，观音阁五间用金箱斗底槽、七铺作，晋祠圣母殿五间用单槽、六铺作，说明《法式》图样也只是一种列举，因为要画成图样，就必须规定具体的内容，否则何以成图？它们不会是

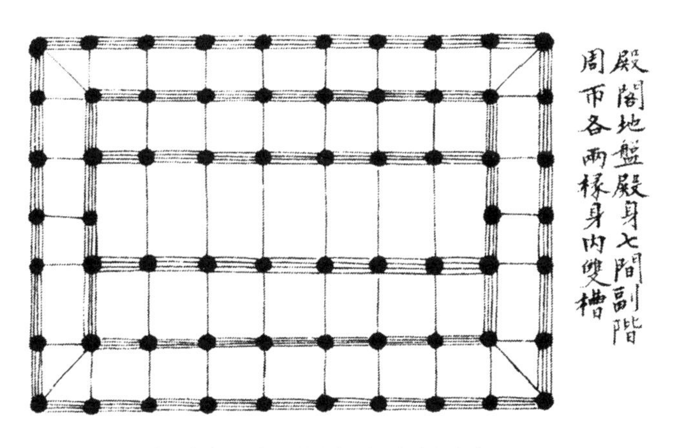

附图 1　梁思成《营造法式注释》所附《法式》地盘图之一

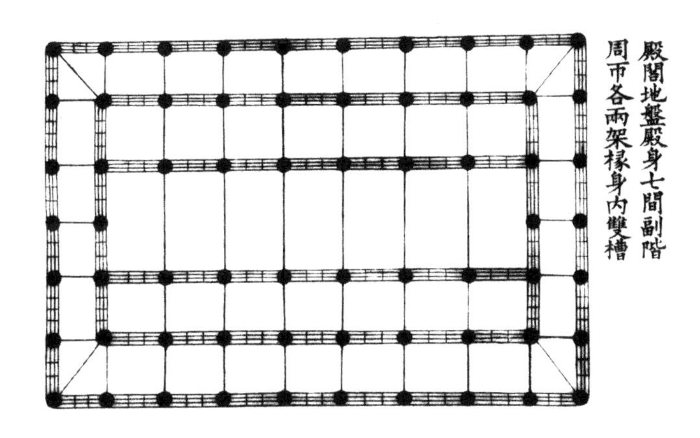

附图 2　陶本《营造法式》地盘图之一

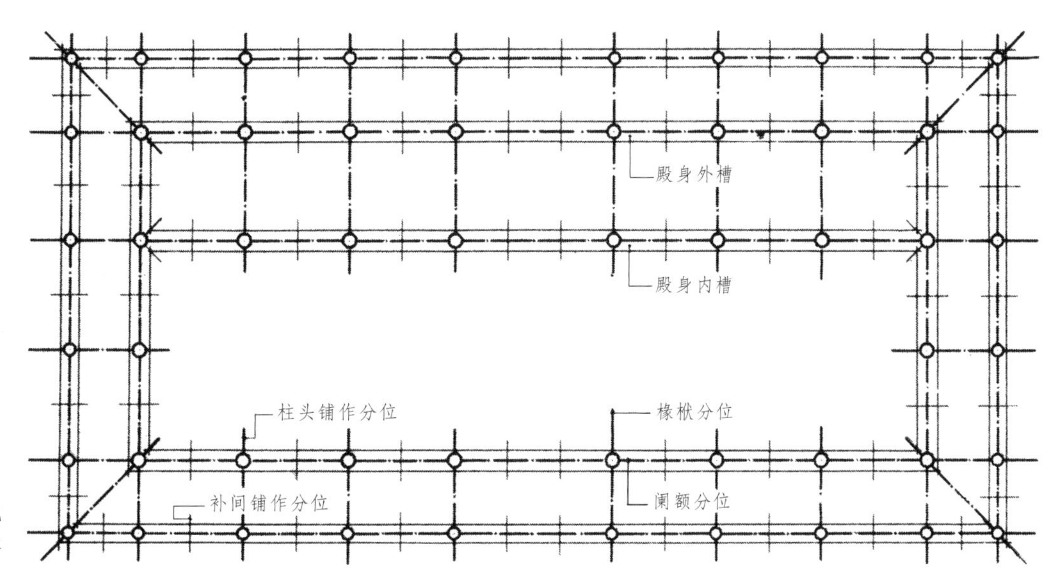

附图 3　《营造法式注释》图样——大木作制度图样二十八

“标准”，其他没能在图样中直接表现出来的也不是“另类”。关于《法式》图样，《营造法式注释》里有较详尽的评述，这里就不一一转述了。

《法式》卷二十一小木作功限《裹栿板》造作功的全文是“殿槽内裹栿板长一丈六尺五寸、广二尺五寸、厚一尺四寸，共二十功。副阶内裹栿板长一丈二尺、广二尺、厚一尺，共十四功”。按《法式》殿堂不承屋盖之乳栿广36~42份，六等材为1尺4寸4分至1尺6寸8分，五等材为1尺5寸8分4厘至1尺7寸6分4厘，均与功限中裹栿板广2尺和2尺5寸不符。如果仅以长度一项就说它们是副阶长300份，殿内长375份的乳栿的裹栿板，那么它们的广不符合乳栿的材份数又说明什么呢？

按照《研究》上面的说法副阶用六等材，殿身用五等材，而《法式》用材制度亭榭或小厅堂用六等材，殿小三间用五等材，前面已述，用材规定有殿身与殿两种，“殿身”应是有副阶的，“殿”应为无副阶的，殿小三间是不会有副阶的，如一定要做副阶，可以肯定各方面都不能相宜。前面所引用过的《研究》的附录《宋营造则例大木作总则》殿三间与殿小三间之梢间间广均为250份，折合五等材1丈1尺，而副阶却为六等材300份、1丈2尺，副阶间广要比殿身梢间间广还要大，是否不太合情理？

《研究》第二章第二节表8各类房屋间椽份数和尺寸中，列殿堂小三间进深四椽每椽150份，共600份。《研究》第二章第五节小结：“殿堂及厅堂转角造（厦两头造）梢间正面侧面间广份数应相等。”“殿堂小三间心间广300份”，按此，殿堂用副阶周匝必定用转角造，它们梢间侧面“间广”与正面间广相等，小三间心间广300份，梢间“间广”也不应超过300份。此时殿内又如何能做出长375份的乳栿呢？用五等材的殿梢间侧面“间广”如何可以变为375份呢？《研究》相关的结论就自相矛盾了。

《研究》把殿阁椽架可伸长的尺度看作明栿可伸长的材份造成了称呼上的矛盾，梁栿称为×椽栿，是因为和椽架相对，脱离了椽架，这种称呼就成了无根之木、无源之水。《研究》把平棊下的明栿称为乳栿，其长为375份，以证平棊下一间两椽，每椽长187.5份，它完全撇开了屋上的椽架，这种称呼没有实际意义。再有《研究》所作图样二十八至三十二，五个草架侧样图（附图4~8），其中十架椽屋之平棊下却只有乳栿、四椽栿，总共才八椽，究竟以哪一种为准来称呼房屋呢？

《研究》虽然说殿堂平棊以下明栿每椽可增加37.5份，但实际上并非如此。第二章第三节说梁的截面是按梁长制订，梁长又分成一椽，二、三椽，四、五椽，六至八椽四个等级，梁长份数也分为四等，150份，300~450份，600~750份，900~1200份。接着说：“殿堂平棊以下明乳栿增至375份，却仍在300~450份这一级之内；四椽明栿增至750份，也仍在600~750份这一级之内，但是决不能按平棊以下椽长可增至187.5份去计算梁长。如三椽栿不能长562.5份，八椽栿不能长1500份之类。”只有处于下限的乳栿、四椽栿及六椽栿才可增加长度，而一椽、三椽、五椽、八椽都不能增长，所以《研究》这一说法不是普遍适用，是有条件、有限制的。后面特殊的限制，推翻了前面一般性的结论。这与《法式》也不符，在《法式》《荐拔抽换拄栿等功限》中殿宇、楼阁明栿有六架椽、四架椽、三架椽、两丁栿（乳栿同）。在《研究》所用《法式》文津阁本单槽草架侧样图上明栿为三椽栿及五椽栿，分心槽草架侧样图上明栿为五椽栿（附图9）。《研究》第五章第二节也说《法式》图样“分心槽一图，前后五椽明栿上各用五椽草栿于中柱缝上对接，这也是必然的”，肯定有五椽明栿及草栿。但是，在《研究》所作的单槽及分心槽侧样

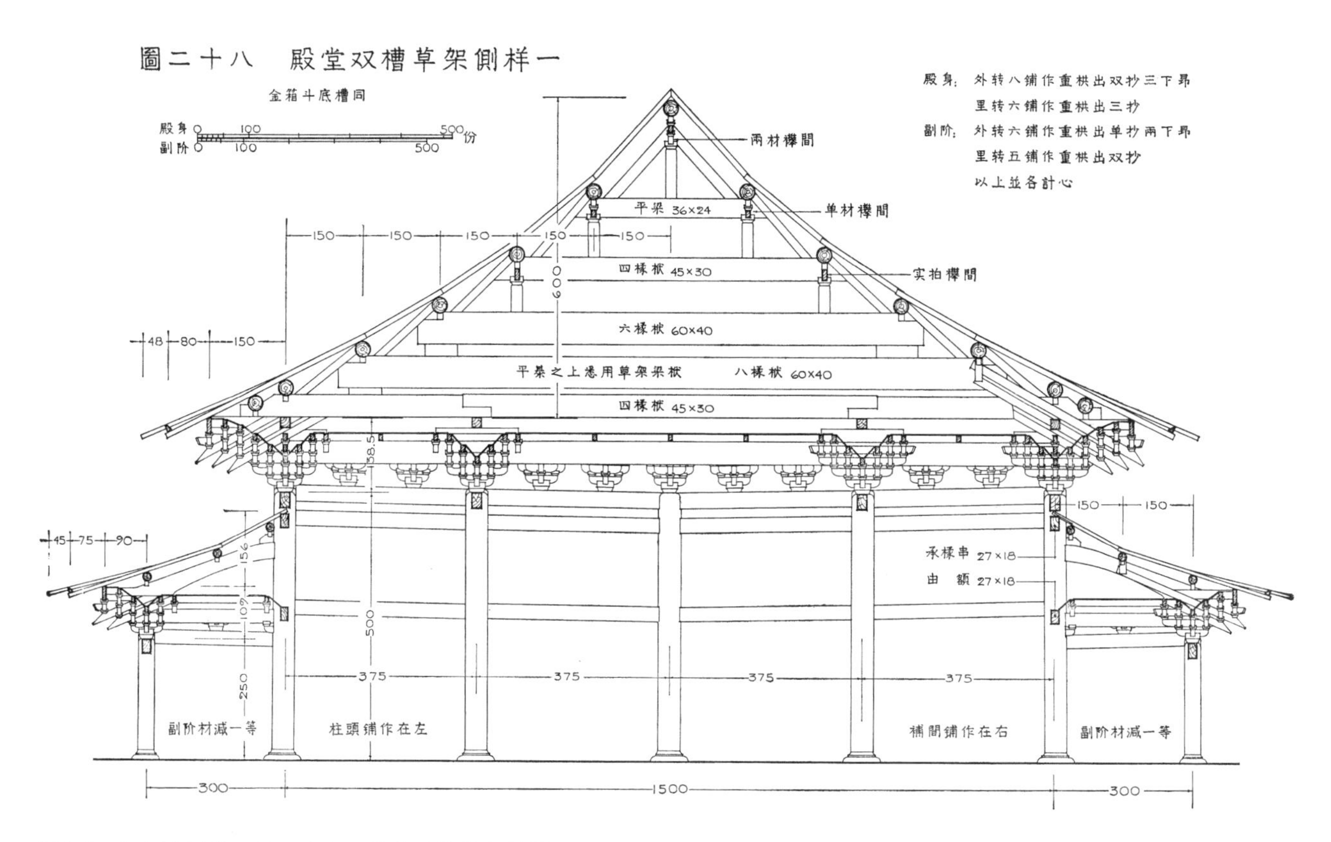

附图 4　《研究》图样　图二十八　殿堂双槽草架侧样一

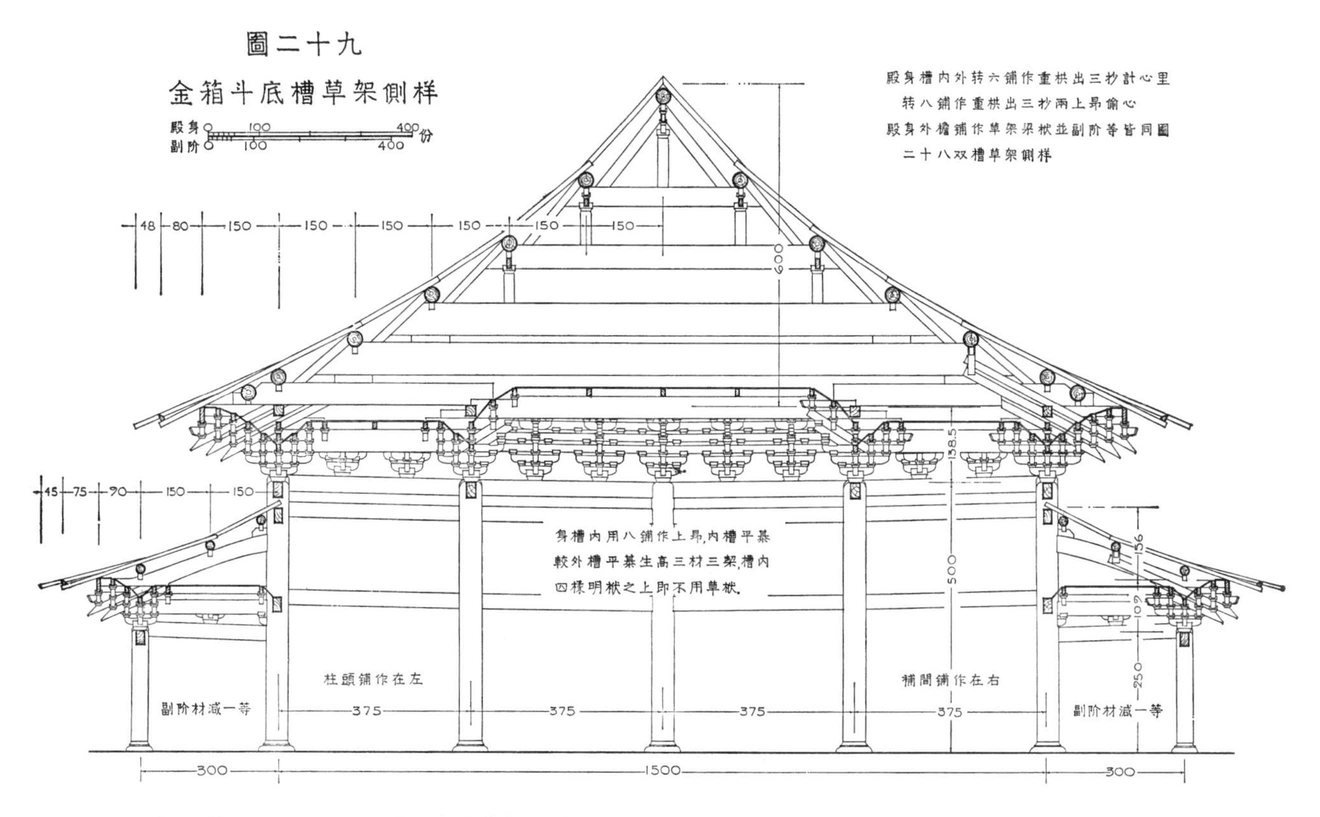

附图 5　《研究》图样　图二十九　金箱斗底槽草架侧样

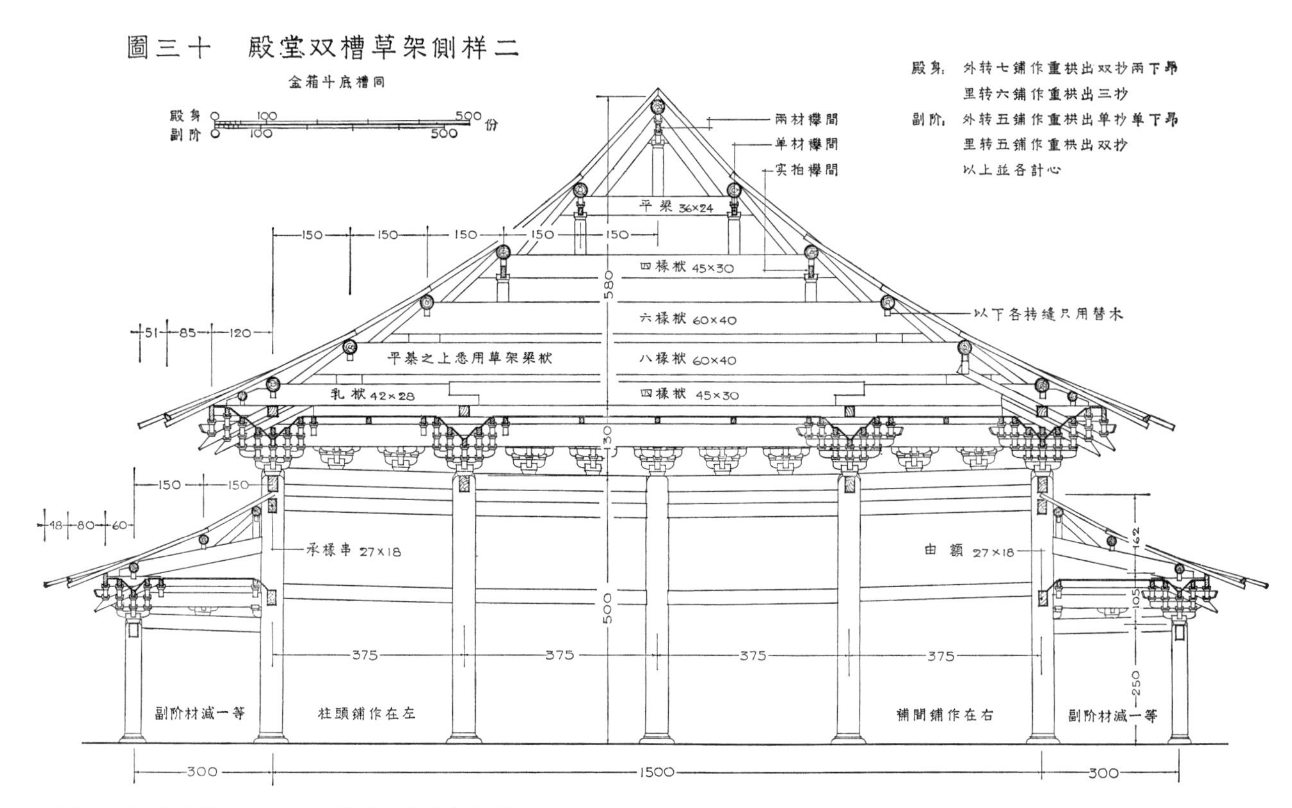

附图6 《研究》图样　图三十　殿堂双槽草架侧样二

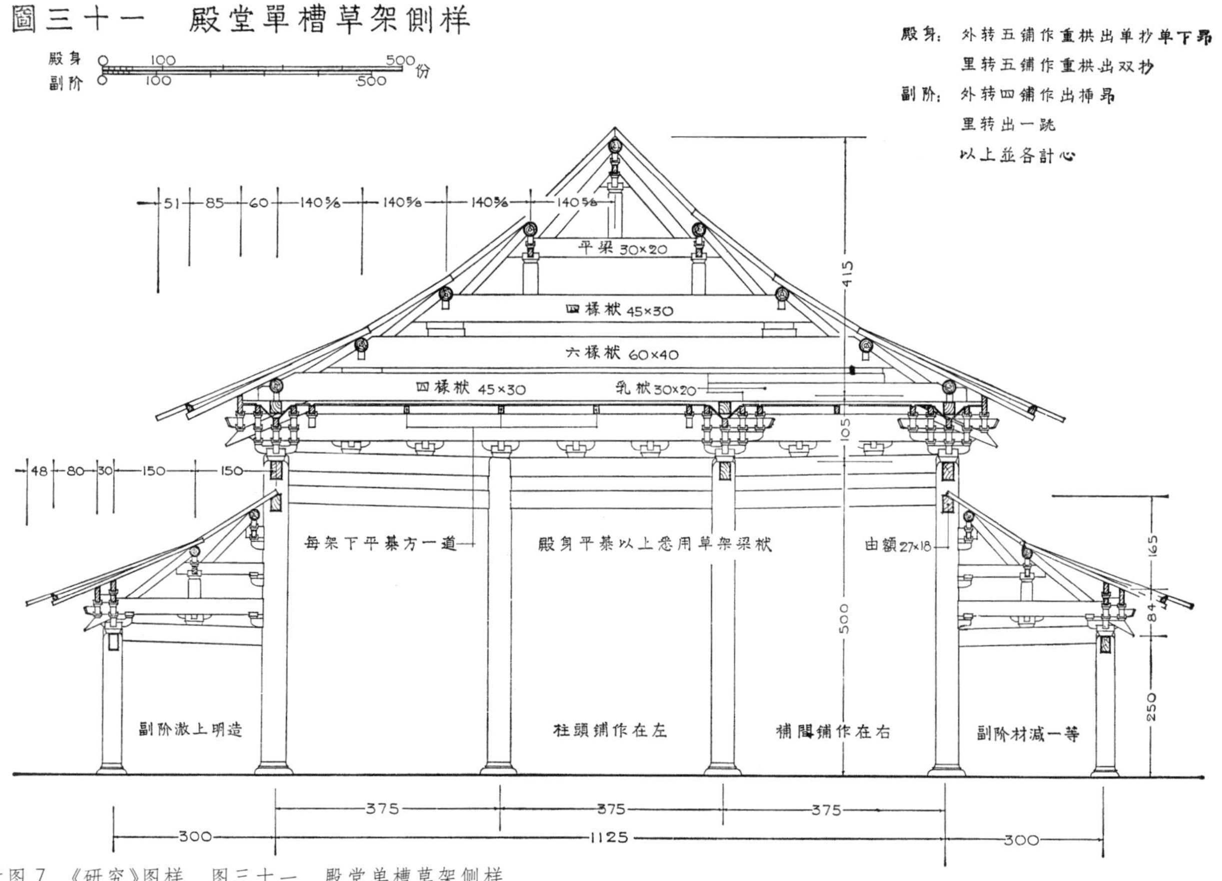

附图7 《研究》图样　图三十一　殿堂单槽草架侧样

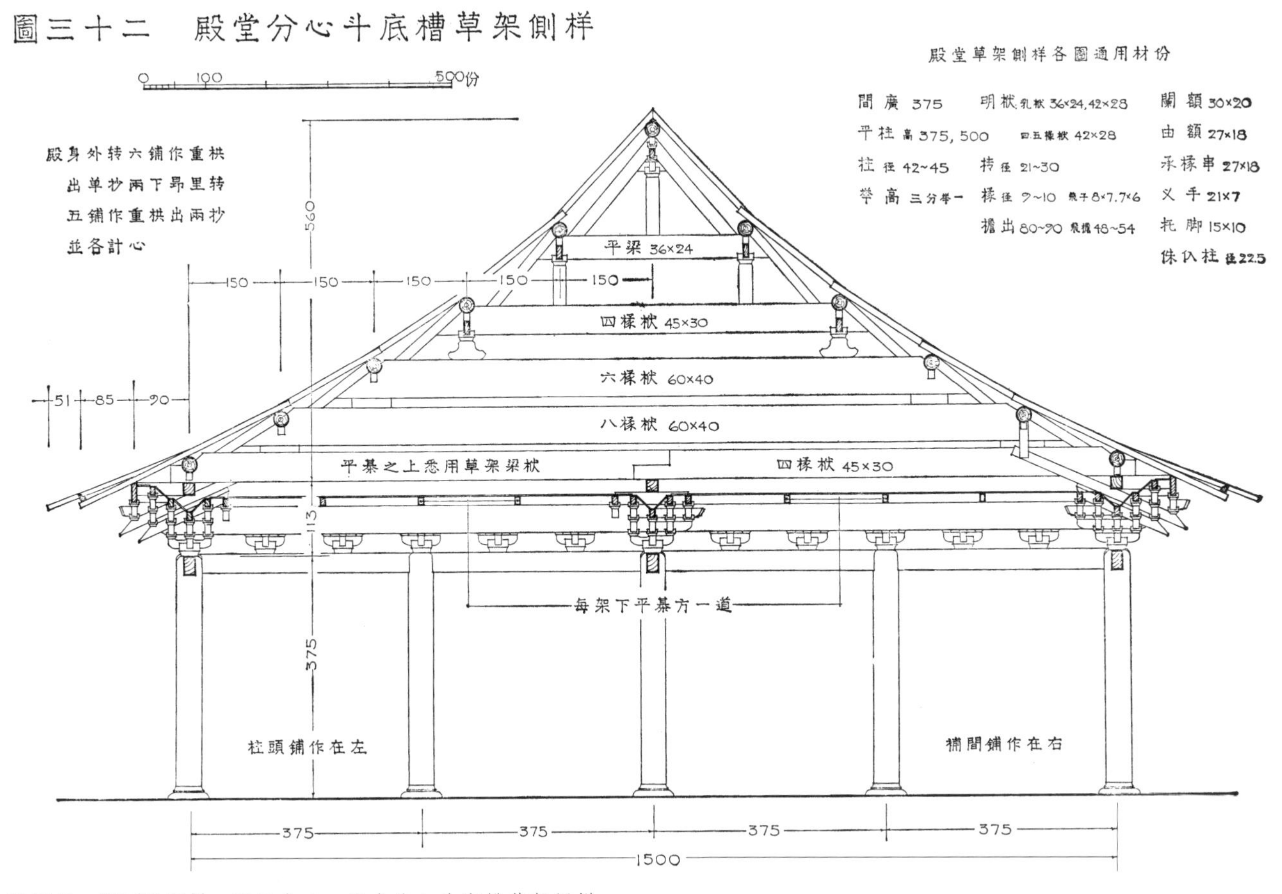

附图 8　《研究》图样　图三十二　殿堂分心斗底槽草架侧样

图上，明栿分别变为乳栿与四椽栿，四椽栿与四椽栿。连双槽的草架侧样图上也只剩下明乳栿与四椽明栿了。不仅如此，就连平棋上最下一层草栿在五个侧样图上全部变成乳栿与四椽栿了(附图 5~9)。原说平棋以下不承屋盖的明栿可增长，但因草栿长同下梁，现在平棋以上承屋盖的草栿也必须随之增长了，尤其是分心槽，明明上承五椽却硬说成四椽草栿，造成尖锐的、不可调和的矛盾，不知《法式》图样和《研究》文字所说的五椽草栿与《研究》的侧样图上的四椽草栿，究竟哪种表示才是正确的？

《研究》把梁长按椽平长材份分成四级，但因用的是上限，故各级并不连贯，中间有空缺，就是 150~300 份、450~600 份、750~900 份之间是空白，《研究》把椽平长定为 100 份，每递增 12.5 份为法，最大不得超过 150 份(《宋营造则例大木作总则》)。如果椽平长取 125 份，则两椽为 250 份、四椽为 500 份，椽平长取 100 份，则两椽为 200 份、八椽为 800 份，恰在空白之中。实际上椽平长只要不超过上限，就会有许多尺寸，并不局限于 100、125、150 份三种材份，《研究》图三十一殿堂单槽草架侧样之屋顶椽平长就为 140.625 份，不但与“标准”的椽平长材份数不合，而且还是一个零星数据。看来《研究》的梁长分级并不合理，至少是不完整的。

殿堂结构既然由于屋盖层和铺作层分开成两个不同的结构层次，允许槫缝与柱缝错开，这就赋予设计以极大的灵活、自由，而且以裹栿板长恰为一间 375 份又被证明是不正确的，为何非要将明栿归结为长 375 份的乳栿与长 750 份的四椽栿？《研究》第五章第二节云：“因此殿堂的进深自铺作以下是以间为准的，完全适用间广的制度规定。”既然如此，不是说心间

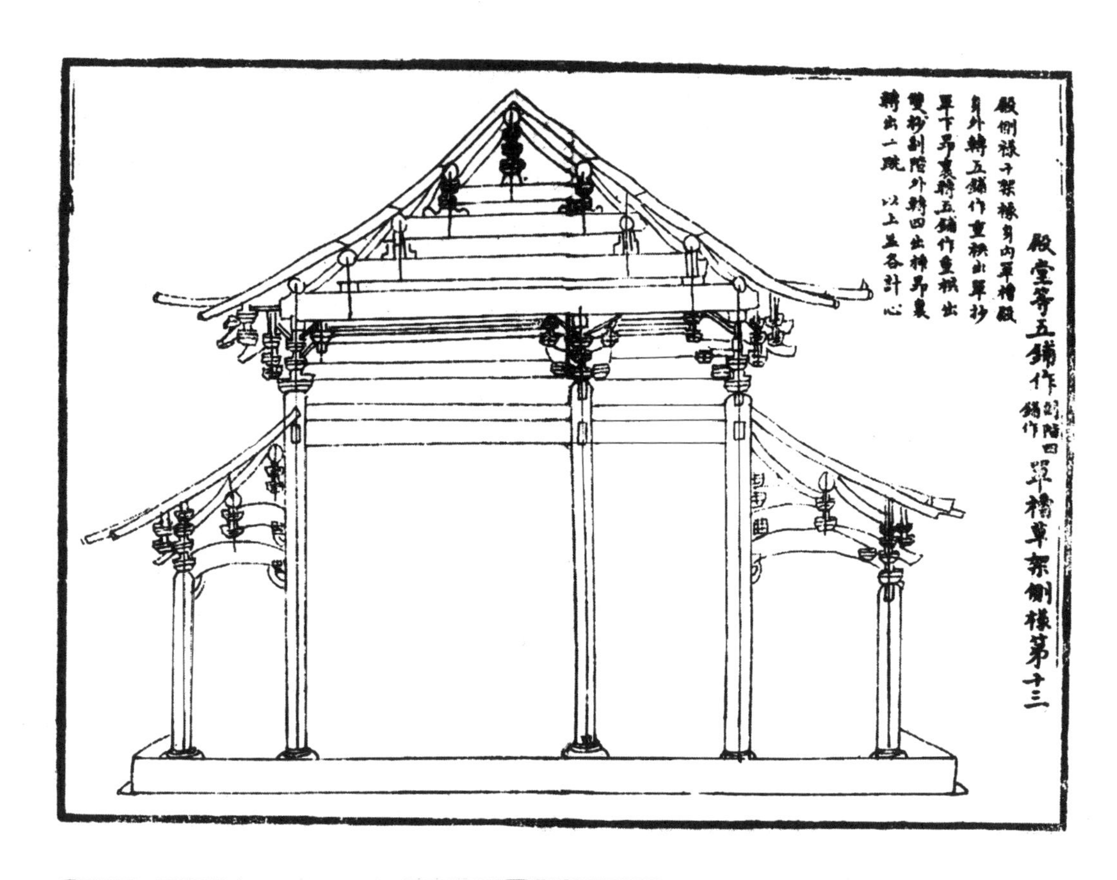

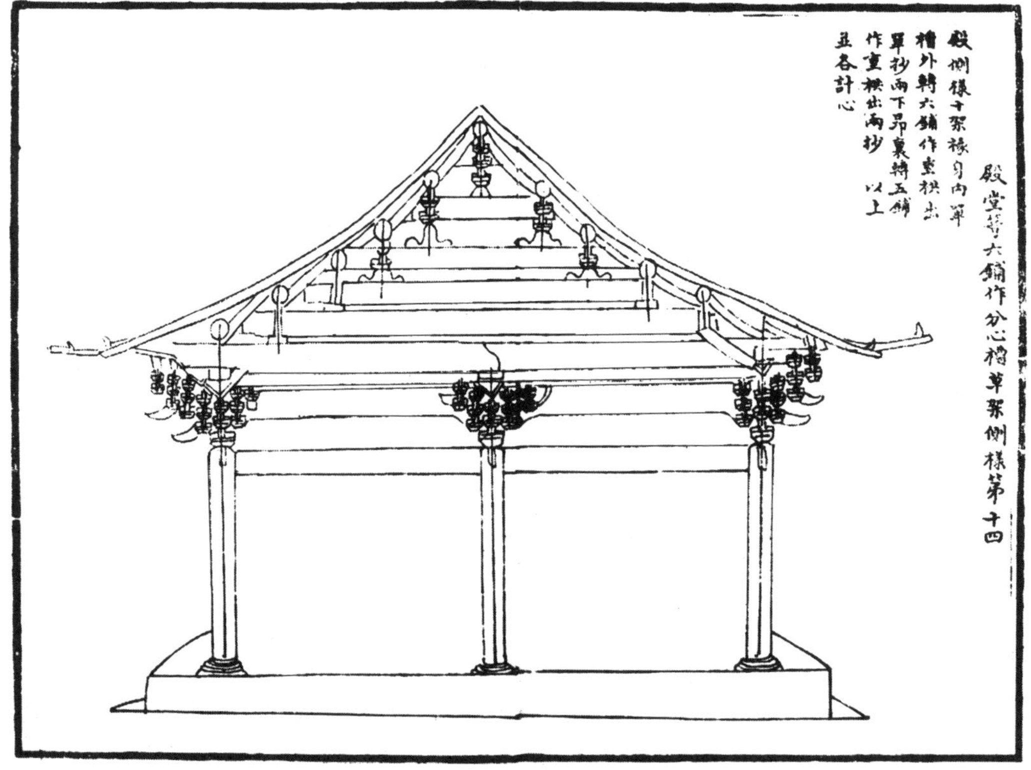

附图 9　文津阁本《法式》原图
(《研究》附图四十七)

广可至450份吗?那么侧面"心间"不也可增至450份?比如十架椽屋即使通进深为1500份,难道就不能分为两个350份(乳栿)+400份(三椽栿)? 侧面"间广"就一定要相等? 关于侧面"间广"和"一间等于两椽"详见后文。

五、柱高的"材份"合理吗?

《研究》第一章第四节认为:"一般房屋及无副阶殿身柱高,最大不超过用双补间标准间广375份, 最小可略低于用单补间间广250份。""副阶柱高不越间之广是以次间用单补间250份为标准,殿身柱高加一倍为500份。"

《法式》卷十九柱的功限完全与材等无关,柱长1尺5寸、径1尺1寸用一功,功亦只随长、径的尺寸之增减而增减,这与其他构件截然不同。计算功限时只有具体尺寸的柱,没有抽象材份的柱,如果按材份计柱高,仍要还原成尺寸,反而增加一道手续,增加麻烦。

《法式》卷五《柱》:"若副阶廊舍,下檐柱虽长,不越间之广。"这是大木作制度中唯一涉及下檐柱高的条文,无副阶殿柱是否也"不越间之广"?《研究》第一章第四节通过实例分析认为:"绝大部分柱高不超过心间之广。"大部分在"标准间广375份以内"。《研究》谈到间广时,认为标准间广不是硬性规定,可以伸缩,最大能达到450份,但只有心间能用。既然心间可扩大,柱高也应可相应增加,但无副阶柱高只能到375份止,柱高只能不越"标准"间之广,可见《研究》所定的材份不能在相关部分一体应用,而要在不同部分加上不同的限制,因而是不完整、不合理的。

《法式》《荐拔抽换柱栿等功限》中殿宇楼阁平柱有副阶者以长2丈5尺为率,无副阶者以长1丈7尺为率,副阶平柱以长1丈5尺为率计功,每增减1尺各加减若干功。1丈7尺如按《研究》折合六等材425份,大大地超过了375份,何况柱还可增高,所以375份并不是无副阶的殿柱的上限。1丈7尺约合5.27m,从实例来看,大部分都在此之下,仅辽金时代有几例超过,如善化寺大殿、三圣殿、山门,奉国寺大殿,华严寺大殿,但只有奉国寺大殿、华严寺大殿柱高稍越心间之广,其余未越心间之广。证明柱高并不以材份计,而以尺寸直接表示。《研究》所定的无副阶殿柱的材份及其由来是存在问题的。

用副阶的殿身柱不超过500份,《研究》认为是因为《法式》卷二十六料例《大木作》最大柱料朴柱长30尺的限制,30尺合一等材500份。而副阶柱约为殿身柱的一半不到,就只能用次间单补间的"标准"间广250份了。这里副阶柱高更增加了限制条件。

殿身柱高500份指的应是平柱,可是檐柱还要生起、做侧脚,从《法式》图样上看,柱顶还要留榫,从《营造法式注释》所载苏州罗汉院大殿及蓟县独乐寺出土的石柱础来看,有的柱下也还要留榫,加上这些就超过了500份,何况料例所列只是"生材",要加工成"熟材"还需留出加工余地,《工程做法注释》指出清代做法也留有"加荒","圆柱使用圆木,一般在加榫以外加净荒长五寸"。按料例平柱柱高实际上做不到500份。

《研究》又以500份与应县木塔一层殿身柱高510份接近,因而认为殿身柱高应为500份,副阶柱高250份,而《研究》得出副阶柱高为殿身柱高一半左右这个结论,是分析四个有副阶的实例而得,它们是应县木塔、晋祠圣母殿、隆兴寺牟尼殿与玄妙观三清殿,它们的殿身与副阶柱高及材份见《研究》表37。除应县木塔稍为接近外,其余三例的材份数全部超过,尤其是后两例，殿身柱超过达20%左右，玄妙观三清殿副阶柱超过更达55%，为什么置其他实例于不顾，而独对应县木塔青睐有加，仅以它来确定柱高之材份呢？

副阶柱以1丈5尺为率合六等材375份，合三等材300份，即使按副阶最大用材二等材也约合273份，都超过了250份，而且1丈5尺并不是副阶柱高的上限。从四个有副阶的实例来看，三个副阶柱高在1丈5尺以下，仅玄妙观三清殿副阶超过了1丈5尺，但仍在1丈6尺(约496 cm)以内。根据实例，副阶柱高与殿身柱高的比例有的确在1∶2左右，有的如牟尼殿超过颇多，再有前面所引皇太后山陵献殿，就不能说在1∶2左右了(附表4)。副阶柱可以超过1丈5尺，按照实例殿身柱也应可超过3丈，这与《法式》料例里朴柱最高3丈不就矛盾了吗？3丈约合930 cm，实例中有三个柱高在930 cm内，仅三清殿超过一些，但也不算太多。大木作料例朴柱“充五间八椽以上殿柱”，按用材规定五间以上殿可用一至三等材，3丈虽合一等材500份，但合二等材550份，三等材600份，故一般用副阶殿堂柱高完全可以超过500份，但其高度仍在3丈以内。料例里还有松柱长2丈8尺至2丈3尺，“充……或五间、三间八架椽至六架椽殿身柱”，五间、三间殿身柱可用二等或三等材，2丈8尺合二等材509份，三等材560份，更证明殿身柱可超过500份。如果按材份，三等材500份只合2丈5尺，正合用副阶殿身柱以2丈5尺为率，柱可再加高，材份完全可超过500份。证明柱高用材份数是不正确的，它应该用尺寸表示。据此，是否可以认为朴柱3丈是一般常用的最大材料，但并不是说就不能有再长的柱料了，用一等材的大型殿堂毕竟很少，所用的特大材料不会常备，可以专门预备，不一定反映在料例里。柱高超过3丈也不是不可能，如明长陵祾恩殿金柱高达13米，北京故宫太和殿六根金柱亦高12.7米，折合宋尺都超过了4丈，宋时也不至于只有3丈的大料，三清殿殿身柱就超过了近5尺。所以我们不要作茧自缚，把自己困在30尺里。

如果副阶柱高不越用单补间的次间之广，在逐间皆用双补间，间广相等的情况下，不就失去依据了吗？

因此，柱高不越间之广应为不越心间之广，无副阶的如此，有副阶的也如此。

综上所述，不难看出《研究》为柱高所定的材份并不合理，与实例也多不符。这正证明了《法式》柱高只规定上限“不越间之广”而没有材份规定，具体需由设计人确定，而且与间广一样是用尺寸直接表示。

附表4　副阶柱与殿身柱柱高及比值

序　号	名　称	副阶柱高(厘米)	殿身柱高(厘米)	殿身柱高/副阶柱高
1	晋祠圣母殿	386	783	2.03
2	龙兴寺牟尼殿	368	856	2.33
3	应县木塔	420	868	2.07
4	玄妙观三清殿	493	945	1.92

六、角柱生起、脊槫增出及槫出际、布椽稀密、檐出及翼角生出会用材份表示吗？

除房屋的基本尺度外，《法式》直接用尺寸表示的有角柱生起、脊槫增出及槫出际、布椽稀密、檐出及翼角生出等。《法式》卷五有关原文是：

《柱》：“至角则随间数生起角柱，若十三间殿堂则角柱比平柱生高一尺二寸，十一间生高一尺，九间生高八寸，七间生高六寸，五间生高四寸，三间生高二寸。”

《阳马》：“如八椽五间至十椽七间，并两头增出脊槫各三尺。”

《栋》：“凡出际之制，槫至两梢间，两际各出柱头，如两椽屋出二尺至二尺五寸，四椽屋出三尺至三尺五寸，六椽屋出三尺五寸至四尺，八椽至十椽屋出四尺五寸至五尺，若殿阁转角造即出际长随架。”

《椽》：“其稀密以两椽心相去之广为法，殿阁广九寸五分至九寸，副阶广九寸至八寸五分，厅堂广八寸五分至八寸，廊库屋广八寸至七寸五分。”

《檐》：“造檐之制，皆从橑檐枋心出，如椽径三寸，即檐出三尺五寸，椽径五寸，即檐出四尺至四尺五寸。”“其檐自次角柱补间铺作心，椽头皆生出向外，渐至角梁，若一间生四寸，三间生五寸，五间生七寸(五间以上约度随宜加减)。”

《研究》第一章把这些尺寸都按六等材或三等材折合成材份。但这些尺寸不可能是材份数，因为除了《檐》之外，其他《柱》《阳马》《栋》《椽》等在提及这些尺寸时前面都刚谈到材份，《柱》规定了柱径材份，《阳马》规定了角梁材份，《栋》规定了槫径材份，《椽》规定了椽径材份，如果这些尺寸有其材份数，那么在短短的几行文字中，不可能前面刚提到材份，后面马上就把它“遗漏或者忘却”，转而去用尺寸表示。另外它们大多与房屋的规模有关(即间、椽)，与材份无关，如柱随间生起，槫随椽出际，椽头随间生出等。主要是出于外观立面的艺术处理而不是技术上的需要，与材份不必联系。下面再具体谈谈这些尺寸。

1)角柱生起

《研究》以为：“生高也应按六等材计。”“三间生5份，每增两间又递增5份，至十三间生30份。”《法式》已经明确指出柱生起是“至角则随间数生起角柱”，而前面关于柱高一节里已证明柱高并不随材，角柱生起当然与材份无关。《法式》殿堂用材自一等至五等材，不用六等材，尤其最大规模的十三间殿堂怎么可能用六等材！如果一定要将这些尺寸折合成材份数，也只能以相应的用材等第来折，怎能以六等材来折？如果使用根本不可能用的材等作标准，就很难解释仓廒库屋功限用7寸5分材，营房屋用5寸材为准，都不用六等材了。

2)脊槫增出及出际

《研究》认为脊槫两头增出各3尺，应折合成六等材75份，两头共增长不超过150份。脊槫增出并不是应用在所有的四阿顶上，只是用在八椽五间至十椽七间四阿殿上，正如《研究》自己指出的八椽五间、十椽七间“正脊过短，显得局促，即须加长脊槫”，但根据用材制度殿五间、七间用二或三等材，是不会用六等材的，而且需增脊槫的只是其中个别情况，如有材份，为何不直接用二或三等材的材份，而去舍近求远、迂回绕行呢？

《法式》规定八椽五间至十椽七间的增出，虽然房屋大小不同，但增出却同为3尺，如果增出为75份，则殿五间与七间可能用不同的材等，它们的增出尺寸就不会相同，明显与《法式》不符，所以它们与材份无关。

脊槫增出完全是一种艺术处理手法，房屋的间、椽事实上没有固定的数值，情况可说千变万化，×椽×间也只是笼统的提法，与其相关的艺术处理有什么必要搞得十分细致？

出际《法式》规定随房屋的椽数增多而增长，《研究》认为它也必定随材等的增减而增减，并按三等材折合材份，两椽屋40~50份，四椽屋60~70份，六椽屋70~80份，八至十椽屋90~100份。实际出际与材份并无多少直接联系，出际主要为了保护墙体及立面艺术效果，房屋椽架多，进深大，两山墙山尖就高，宋代墙体多为土墙，为保护山墙，出际就要加大。其次进深大、立面上屋顶就高，从艺术效果出发，出际必须相应增加。但出际多少合适只是个约数，《法式》给出的也是一个有伸缩的尺寸，从设计上讲，感觉合宜即可，没有必要搞得很精确。即使按《研究》表7所列出际尺寸，八至十椽屋，三等材为4.50~5.00尺，四等材为4.32~4.80尺，不同材等间的差额在2寸以下，从立面效果上说不会有多大的影响。该表7所列的尺寸，有的不大可能应用，如六、七等材不大可能用于八、十椽屋，而三、四等材也不大会用于两椽屋。

出际随房屋的椽数而增减，但不一定按《研究》所说"必定随材等的增减而增减"。因为用材是根据房屋间数而定，不是根据椽数而定，比如五间屋可以六椽、也有八椽，用材一样，出际却随椽数不一，因为八椽屋，五间与七间，用材不一而出际未随材增减，仍是一样。

3）椽及布椽

《法式》规定了殿阁、厅堂、余屋三类建筑的椽径材份，布椽稀密却不用材份，直接用尺寸表示，但分成殿阁、副阶、厅堂、余屋四类。《研究》认为殿阁椽径10~9份，厅堂椽径8~7份，两者份数分开不交叉，而殿阁椽中距9寸5分~9寸，副阶椽中距9寸~8寸5分，厅堂椽中距8寸5分~8寸，副阶椽中距尺寸，上、下与殿阁、厅堂交叉。"据此可以认为副阶椽径份数也是与殿阁、厅堂交叉的，应为9~8份，或为原文所省略。"并得出按三等材折算椽中距的材份数。根据副阶椽中距认为副阶另有椽径材份，毕竟只是一种推测，没有多少依据。《法式》许多构件的材份数是按建筑类型如殿阁、厅堂、余屋来分，除椽径外，还有柱、槫等，屋顶举高尺寸也是按三类建筑区分，梁只分殿阁与厅堂两类，而蜀柱与叉手只有殿阁与余屋两类。副阶不是一种独立的建筑类型，《研究》第五章第四节也认定副阶结构"应属厅堂结构"，因此《法式》不为副阶专列椽径。考虑到副阶附着于殿，用材却减一等，它的椽径要比殿身小，如果按殿身椽距，或按厅堂椽距，上下檐将显得稀密不一，因此另立副阶布椽尺寸，俾使外观上布椽较为一致、相宜。

《研究》所定材份数只是根据所折是否整数而定，不是根据技术原因。但如前面已经讲过的，任何材份数，最终还是要还原成尺寸，即是材份数是整数，还原成尺寸，不少仍是零碎尺寸，如《研究》表5所列椽中距尺寸，二、四、五、七等材均多为×寸×分×厘，将给施工带来不便。椽制作时尚需按材份还原成尺寸，但布椽时完全用不到材份，只需按尺寸布列安钉即可。所以《法式》先定出椽径材份，又给出布椽尺寸，这正是《法式》从施工方便出发，正是实践经验的总结。

4）檐出及翼角生出

《法式》关于檐出尺寸除前面所引外，别的没有提及，语焉不详。《研究》认为这些尺寸符合三等材椽径6份合3寸，椽径10份合5寸，三等材3尺5寸即合70份，4尺合80份，4尺5寸合90份，由此推断出各类建筑各等材的檐出尺寸（见《研究》表6）。此表有的项目是不可能的，如一、二等材不会用于厅堂及余屋，七等材也不会用于殿阁及厅堂，八等材只用于殿内藻井及小亭榭，它们是多余的，不应列入表中。把檐出从70至80或90份分为五等，每等差2.5或5份，以适应椽径的等差，不知根据何在？《研究》也承认："是否如此，尚待证明。"根据33项有椽径与檐出的实例，只有7项符合《研究》表6椽径与檐出的材份。可见这些材份没有多少实际意义（附表5）。

翼角生出《法式》只提到一间、三间、五间，其他七间至十三间都没有明确，只是"五间以上约度随宜加减”。《研究》认为与檐出一样，要按三等材折合材份，4寸、5寸、7寸折合成8份、10份、14份。三等材用于殿身三间至殿五间或堂七间，怎么可能用在一间之上，也许仓廒库屋有一间的，但一间屋也无法做四阿顶！《研究》第一章第五节指明翼角生出是“为了矫正视觉误差，使不致因透视影响而产生檐头中部向外凸出的错觉。这是极细致的艺术处理手法，故只须规定一至五间的生出数，间数增多及‘角柱之内檐身微杀向里’，完全在于对具体情况的掌握，其增加数字也极有限，故不须作更多的规定”。是的，翼角生出确是一种细致的艺术处理，主要凭借设计者的感觉，灵活性很大，标出它的部分尺寸只能起到提供一个基础的作用。即使按照此材份，各等材的尺寸差距仅在几分之间，这对以丈尺计的房屋能有什么影响？何必一定要把它看成材份呢？

附表5　椽径与檐出　（厘米/份）

序号	名称	椽径	檐出	备注
1	佛光寺大殿	14/7	166/83	《研究》所定材份
2	镇国寺大殿	11/7	96/65	椽径/檐出
3	独乐寺山门	13/8	118/72	6/70
4	独乐寺观音阁下层	13/8	106/66	7/(72.5~75)
5	独乐寺观音阁上层	13/8	97/61	8/(75~80)
6	虎丘二山门	12.5/9	77.5/57	9/(77.5~85)
7	永寿寺雨花宫	12/8	110/69	10/(80~90)
8	保国寺大殿	14/10	130/93	
9	奉国寺大殿	12.5/6	162/84	
10	晋祠圣母殿殿身	13/9	99/69	
11	晋祠圣母殿副阶	13/9	98/69	
12	广济寺三大士殿	12/8	82/51	
13	开善寺大殿	13/8	124.5/79	
14	华严寺薄伽教藏殿	11/7	140/88	
15	善化寺大殿	13/8	155/90	
16	华严寺海会殿	11/7	120/75	
17	隆兴寺牟尼殿殿身	12/9	115/82	
18	隆兴寺牟尼殿副阶	12/9	102/73	
19	应县木塔一层	15/9	129/76	
20	副阶	13/8	128/75	
21	二层	14/8	128/75	
22	三层	14/8	138/81	
23	四层	15/9	146/86	
24	五层	15/9	146/86	
25	善化寺普贤阁下层	13/9	130/87	
26	善化寺上层	13/9	130/87	
27	佛光寺文殊殿	13/8	160/102	
28	华严寺大殿	16/8	192/96	
29	崇福寺弥陀殿	16/10	164.5/99	
30	善化寺三圣殿	15/9	131/76	
31	善化寺山门	13/8	121/76	
32	玄妙观三清殿殿身	12/8	154/96	
33	玄妙观三清殿副阶	12/9	111/87	

七、“以材为祖”是出于结构强度的考虑吗？

《研究》第三章第四节认为材分八等“是按强度成等比级数划分的等级”，材和矩形截面采用3∶2的比例“是根据从圆木中锯出最强的抗弯矩形截面的理论作出的规定”。

材分八等实际上不是按强度来划分，而是按使用要求来分的。

"材"是一种标准枋料，其截面高宽比为3∶2，主要用于铺作中各种栱、枋、昂等构件，但它们大部分并非结构构件，横向的栱、枋，如泥道、瓜子、慢、令等栱，如罗汉、柱头、算桯等枋，它们主要起联系作用而非受力构件，取3∶2截面当然不会是从受弯强度出发。华栱是受力构件，但不起主要受力作用的补间铺作才用单材，主要受力的柱头和转角铺作中华栱用的是足材，其高宽比为2.1∶1，栱上均须开卯口，剩下的截面的比例也不是3∶2。仅有昂是完整受力的"材"，铺作之外，其他截面为"材"的构件如襻间、脊串、顺身串等，它们都是联系构件而不是受弯构件。众多的截面为"材"的构件是联系构件，仅昂是受力构件，而划分材等却按强度来划分，这是否合理？

《研究》第三章第一节里说《法式》从一等材至六等材截面按等比级数，"故必须进行调整取舍，这就得出了恰好是《法式》规定的数值"；而在认同《研究》材份制的《古代大木作静力初探》里却认为："所以，仍用等比数列求材的边广，并加以有意的增减，就可勉强得出4.4寸和4.8寸两个材等。"4.4和4.8寸材是加以有意的增减后才勉强得出的，所以按等比级数划分材等不值得商榷吗？

《法式》材有八等，但各等材之间的级差却不完全相同，如前所述，三至六等材用于一般殿阁、厅堂、余屋、亭榭等是常用材等，三等材与六等材之间如果只有一种材，而又要区分殿三间、厅堂五间与殿小三间、厅堂大三间两种情况，材等就不敷应用，所以就分得细一点，分成6.6寸×4.4寸与7.2寸×4.8寸两种材等，以满足使用要求，所以材的分等主要还是根据使用要求。

第六至第四等材，宽度按每等递增4分，4分是六等材宽4寸的1/10，正是以"十分"为率，材份之份值、功限中的长、短功等均是这种"十分率"，是《法式》之常用。

《研究》认为材和梁栿等矩形承重构件的3∶2截面是根据从圆木中锯出最强矩形截面的理论数值，调整为整数比而得(其理论截面高宽比为2∶1)。

从木材的加工过程和出材率等方面来看，3∶2的截面并不是从强度出发的。

如果从圆木中直接锯得3∶2的矩形截面，那么它必定是常用的，《法式》中应该有此方法，但《法式》卷二《总例》中诸径围斜长，仅有"圆径内取方一百中得七十一"的记载，圆木中取3∶2矩形截面似乎不会是常用的方法，以至《法式》不录。

3∶2的截面的材或梁应为熟材，需由生材加工而来，加工均需事先留出加工余量，直接从圆木中锯得、未经加工的枋料，严格地说不是3∶2的截面。可能草栿毋需加工，但材与明栿绝对需要精确加工。

据《宋史》职官志，北宋京畿设有"事材场"，"掌计度材物。前期抃斫，以给内外营造之用"，即把木料先加工成各种坯料以供各类官方工程使用，这一办法一直沿用至明清。《法式》大木作料例所载之各种规格木料应该就是这种坯料，除柱料是圆木外，其他均为方木，它们的截面都有一个范围，并非固定在3∶2，所以这样的方木不能直接充当各种"名件"，《法式》卷十二《锯作制度·用材植》云："用材植之制，凡材植须先将大方木可以入长大料者，盘截解割，次将不可以充极长、极广用者，量度合用名件，亦先从名件就长或就广解割。"《抨墨》中也说："务在就材充用，勿令将可以充长大用者截割为细小名件。"《就余材》亦讲："凡用木植，内如有余材可以别用……其外面多有纹裂，须审视名件之长广量度，就纹解割……"这些都说明通常各种构件，是由坯料方木经再次盘截解割而得，而不是直接从圆木中锯得。

如果“材”从圆木中直接锯得，八等“材”的截面尺寸都已固定，“事材场”完全可以先加工成型，料例中也可列入，何必临时再费一番工夫盘截解割呢！其他也有许多构件截面材份都已确定，完全可以按八种材等把各种构件木枋都加工好，到使用时只需按长度锯截即可，就不用经过料例中那些方木了。

实际上，圆木截面并不是理论中的正圆，任何原木都有收分、曲直、凹凸、节疤、裂缝等等，不可能是理想状况，因而只能得到料例中的各种枋木。

木材加工从出材率来看，理论上圆木中取矩形，面积最大的是正方形，试证明如下：设圆的直径为 d，矩形的边长分别为 a、b，对角线与一边的夹角为 α（附图 10）。

面积 $S=a\cdot b$

$$=d\cdot\sin\alpha\cdot d\cdot\cos\alpha$$

$$=\frac{1}{2}d^2\sin2\alpha$$

当 $\sin2\alpha=1$ 时，S 最大，

$\therefore 2\alpha=90°$，$\alpha=45°$

$\therefore a=b$

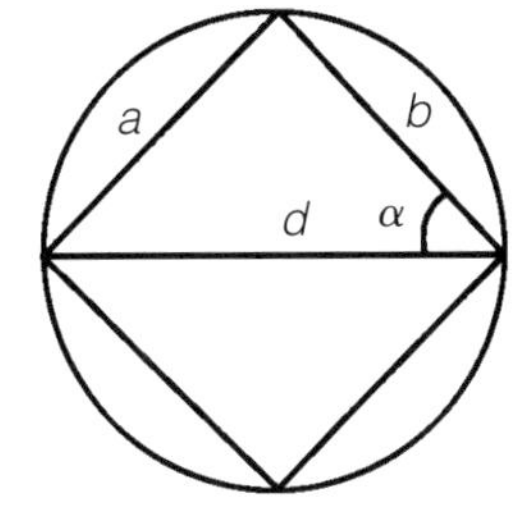

附图 10　圆木加工取材示意图

圆中取方的办法一直沿用到近代，在清工部《工程做法则例》及《营造法原》中都有反映。

构件采用 3∶2 截面，一方面是源于对结构的经验，另外主要是出自美学方面的考虑。宋代建筑是我国古建筑发展成熟的阶段，建筑风格也由唐代的雄健开朗变为绚丽柔美，十分重视建筑装饰，许多大木构件经过艺术加工，如栱头、昂尖、角梁头、替木、飞椽、柱、驼峰等，这些完全出自美观的要求而非结构的需要。其中，栱头卷杀“上留六分，下杀九分”，大角梁“头下斜杀三分之二”，飞子“以其广厚为五分，两边各斜杀一分，底面上留三分，下杀二分”，杀梭柱也是以三分为法，比例均为 3∶2，这与西方所推崇的黄金比接近，使形式美的原则与力学原则得到了和谐的统一。

《研究》第三章第三节认为“以材为祖”的原则在结构上的实质“严格地说还只是等应力构件的设计原则”。因为按材份设计的每一类房屋的“间”“椽”，是几何相似的、成正比例的，每一种构件的尺度也都是几何相似的，成比例的，因而各种构件和承受的荷载也有同样的比例关系。根据结构相似的理论，可以证明这种几何相似的构件在使用荷载下的应力，也是完全相等的，并以槫为例进行理论验算，还分别计算出椽、槫、梁栿的弯曲应力。

笔者本人不是从事结构专业的，结构知识非常有限，斗胆提出，以求其解。在《研究》论证及计算时似乎构件自重均未考虑，如果把自重计算在内，情况就改变了。在论证槫的应力时，虽然按《研究》，两种材等槫的水平中距、跨度、直径成比例，但槫的自重如果化成沿长度的均布荷载则与截面积成正比，如果化成集中荷载则与其体积成正比，此时两构件的自重之比就不是直径之比，应为截面积之比或体积之比，相同荷载作用下，它们的弯矩不与直径成正比，因此两种构件的应力就不相等。用《研究》表 18 的公式，材等、直径之比为 λ，但自重之比应为 λ^2 或 λ^3，因此荷载之比不等于 λ，应力 σ 也不等。

根据《古代大木作静力初探》的计算，四椽栿、六椽栿、八椽栿的自重与屋面荷载各自引

起的跨中弯矩之比分别为0.07、0.17、0.21，梁越大，自重影响越大，越不能忽略。

《研究》的论证与计算都是假定屋面均布荷载相同，实际上不同房屋，即使是同一类型，规模不同，屋面荷载也不同，如殿阁，卷十三《用瓦》规定：五间以上用筒瓦长1尺4寸、广6寸5分，仰板瓦长1尺6寸、广1尺，三间以下用筒瓦长1尺2寸、广5寸，仰板瓦长1尺4寸、广8寸。卷二十六料例《瓦作》结瓦每方1丈用土40担，系以1尺4寸板瓦为率，每增一等加10担，正是三间用土40担，五间以上用土50担。殿三间用四等材，殿五间用三等材，可见这两个材等的房屋，用瓦不同、结瓦用土不等，屋面荷载当然不相同，荷载不同，其应力怎会相等？

《研究》同章还说："此外，这个设计原则(注：指等应力原则)……还起到大大减少规定数据的效果。例如对殿堂的槫，如果长度和直径都用尺寸表达，则五种规格大小不同的殿堂，就需要规定20个数据，而且数值非常零碎，采用份数后，长度和直径都只须各有两个规定数据就够了，而且都是整数，应用和记忆都很方便，这也可能就是各种尺度都采用'份'，而不直接用尺和寸的原因。"

实际恰恰相反，所谓殿堂的槫如果用尺寸表示要规定20个数据，这只是从《研究》的"材份制"立场出发才得到的结果。尽管使用材份数，施工时还是要还原成尺寸，于是就产生了需要有20个数据的问题，随之使有的"数值非常零碎"，如槫长用二等材，间广375份，合20.625尺，这恰是一切用材份造成的，岂能说用材份"应用和记忆都很方便"？而用尺寸表示时，除直径材份需要记忆外，因为间广一般都是整数丈尺，根本无需去死记硬背。再一次证明房屋基本尺度，《法式》不用"份"而直接用尺寸表示，使用更方便。

北宋时期的建筑技术达到了很高的水平，《法式》也反映了当时对材料、结构等方面的认识，在一定程度上符合现代力学原理，这种认识主要从经验中得来。《法式》的编修乃"考究经史群书，并勒人匠逐一讲说"，"系来自工作相传，并是经久可以引用之法"，显然是经验的总结，而不是理论计算的结果。

认为北宋时已有可能初步建立了梁的抗弯强度计算方法，这夸大了材份制的结构意义，并无充分的依据。首先立论的基础即《研究》的"材份制"理论能否成立尚未得到学界的公认。因此，"以材为祖"结构等应力原则是否存在尚大可商榷。虽然如《研究》第三章里所说因为北宋时期有较高的测试技术水平，测得砖、瓦、石等材料容重比较准确，数学水平比较高，故"进行木梁抗弯强度试验是具备条件的"，但即使具备了试验条件也不等于进行了试验，没有足够的根据可以进行这样的推论。

《研究》认为椽、槫、梁等各种构件的弯曲应力为允许应力的1/2至2/3，而有人则认为是1/4至1/3(《中国古代建筑技术史》)，相差竟达一倍，使人莫衷一是。同为掌握了现代力学的今人验算古代建筑结构，尚且得出了如此不同的结论，更遑论八九百年前的古人。在未发现和证实古代已产生了材料学这一专门的学问前，夸大古代的力学成就只是良好的愿望而已。

《法式》对一些构件的材份规定，在结构上并不十分精确而是比较粗略的，有的还不尽合理。如对柱径的规定，殿阁42~45份，厅堂36份，余屋21~30份，用材就很大，超过实际需要，实例中能符合规定、用如此大料的很少。《古代大木作静力初探》第十章《柱》也说："《法式》对柱断面规定偏大，都超过十倍的安全系数，不知是何种原因。"说明柱径的材份不是计算的结果。

对于梁栿，四椽与五椽并广两材两栔，六椽与八椽甚至八椽以上同广四材，且明栿与草栿相同；乳栿与三椽栿的截面相同，而乳栿四、五铺作时，不承重的明栿广两材一栔，承屋盖的草栿反而只广两材，更与力学原理相悖。乳栿、三椽栿与平梁，按四、五铺作和六铺作以上分别有两种截面。《研究》第二章第三节认为乳栿承屋盖的草栿广两材，明栿广两材一栔，“是由于铺作结构是按一材一栔相间层叠起来的，为了使梁栿便于与铺作结合，其截面必须与材栔相适应，因此就出现了明栿大于草栿的情况”。铺作虽然按一材一栔相叠，但明栿并不必须与之相应，殿堂明栿六至八椽以上栿用四材，厅堂直梁明栿有用两材者，它们同样可以和铺作结合。

关于平梁、乳栿、三椽栿，因铺作不同而有两种截面，《研究》第二章第三节是这样解释的：“乳栿、三椽栿用四、五铺作时梢间间广多为 250 或 300 份，用六铺作以上时，梢间间广可能 375 份因而乳栿、三椽栿跨度份数不同，形成截面不同。”第五章第三节又说：“房屋用六铺作以上时，槽深以 375 份为适宜，梢间间广又须与槽深相等，这就意味着侧面间广也必定是 375 份，至少是三间八椽，而正面就不会少于七间。随着房屋规模增大，屋脊相应增高，使正脊下的平梁增加了集中荷载，因而，必须增大平梁截面。其次六铺作以上房屋均在八椽以上，其屋架最下梁栿分别为乳栿和大梁，如图所示（图二十八至三十一），此乳栿须负担其上六或八椽荷载的一半，即三或四椽的屋面荷载，故截面须增大至 42 份，使其接近于四、五椽栿的规格。”

初看之下似乎合情合理，但仔细研究后却觉得不尽然，关于槽、关于房屋规模与铺作的关系，也不似《研究》所说，后面还会谈到，暂放一边。拿乳栿、三椽栿来说，即便按《研究》槽深不一，但《研究》不是认为只有平棊以下的明乳栿才可增至 375 份？草栿怎也可增至 375 份呢?这一问题前面关于架深里已谈过。图三十一殿堂单槽草架侧样（附图 7）中，右侧草“乳”栿跨度 375 份，同样负担其上六椽荷载的一半，即三椽的屋面，却只高 30 份，并未增加到 42 份，虽然上面又附加一长条方木。又如图三十二殿堂分心斗底槽草架侧样（附图 8），最下“四”椽栿（本应为五椽栿），为 45 份×30 份，其跨度为 750 份，比 375 份的“乳”栿跨度增加一倍，但用材仅增加 3 份，结构上是否合理？平梁承屋脊荷载，根据《法式》卷十三《垒屋脊》：“殿阁若三间八椽或五间六椽正脊高三十一层。”“凡垒屋脊每增两间或两椽则正脊加两层（殿阁加至三十七层止）。”按单槽地盘图与草架侧样，七间八椽殿用五铺作，其正脊应为三十五层，用六铺作以上殿堂正脊最高三十七层，仅高出两层，根据《古代大木作静力初探》表 8-1，垒脊每长一丈总重，殿堂 37 层，总重 3295 斤，35 层总重 3112 斤，两者才相差 183 斤，合 35 层总重的 5.88%，而平梁用材从 30 份增至 36 份，增加 6 份，20%，这样做是否经过计算、是否出于结构的需要？根据《研究》，各种构件的弯曲应力为允许应力的 1/2 至 2/3；《古代大木作静力初探》得出平梁的弯曲应力为 307.8 斤/份 ^{2}，仅为允许应力 645 斤/份 ^{2} 的 47.72%，平梁高 30 份完全可承受这增加的重量，无须加大截面。

不仅草栿按四、五铺作与六铺作以上有两种截面，即明栿也按样分成 36 份与 42 份两种，明栿只承平棊之重，并不承屋盖，与上述结构原因毫无关系，为何也这样区分呢？可见并不在于结构上的原因，也证明截面材份不是通过计算而得。可能与制度等级有关，铺作数多，梁栿也加大，表示房屋级别较高、较隆重。不过《营造法原》上与宋月梁相似的扁作梁就有“虚拼”做法，即梁实际并没有外观这么高，而是在梁上两侧立板而中空。这显然是为了既节省材料又维持梁高的一种变通的办法。说明梁高是按外观要求而非结构所需。

现代力学在15和16世纪，由于手工业和商业的发展，才在欧洲萌芽，至18世纪，力学的研究仍偏重于单个杆件的强度和稳定问题。没有翔实的材料就推论早于欧洲六百多年就可能建立梁的强度计算理论是不切实际的。

从哲学方面讲，西方科学是沿着形式思维的方向发展的，而中国古代科学所具的是整体思维，其特点是“天人感应”，即人和自然的统一，而没有经历归纳或演绎地重建世界的逻辑过程，因此中国古代科学总是以技术形态出现，而不是以理论形态出现，建筑技术当然也不能游离于外。

八、什么是“槽”？

《法式》中没有专门谈“槽”，只是散见于各卷，卷四《栱》内华栱条下“其骑槽檐栱皆随所出之跳加之”，卷五《梁》内有压槽枋，又有“凡衬枋头……若骑槽……”，卷七《裹栿板》“裹栿板施之于殿槽内梁栿”，卷二十一小木作功限有“殿槽内裹栿板……”等。卷十七大木作功限有《殿阁身槽内补间铺作用栱、斗等数》等，《铺作每间用方桁等数》有“殿槽内……”等，卷三十一大木作图样有殿阁地盘分槽图四个，草架侧样槽式图四个。卷九至卷十一小木作制度四、五、六，佛道帐、牙脚帐、九脊小帐、转轮经藏、壁藏里都提到内外槽、内外槽柱、里槽、里槽柱等，卷三十二小木作制度各帐的图样中亦可清楚地看到有内外两层柱列(附图11)。

《研究》第五章第二节谈到了“槽”，认为“由柱、额、铺作划分的各种空间称为‘槽’”。单槽、双槽是“由两排相距一间的柱子(以后简称双排柱)，及柱上的铺作组成的结构构造及其形成的空间。同样，金箱斗底槽指双排柱组成的外围构造及空间”。这些空间“即后代所称的外槽”，其他室内空间不包括在内。

如此定义，在一些问题上却无法解释，如上面所说的“骑槽”“压槽方”，如何骑“槽”与压“槽”？又如《法式》卷三十一《殿阁地盘分槽第十》中的分心斗底槽，一列中柱把房屋分成对称的两部分，哪一边算“槽”呢？按《研究》图四十二独乐寺山门分心斗底槽上注明两边都为“槽”(附图12)，但独乐寺山门进深仅四椽，而《法式》图样为十架椽，两排柱相距不是两椽，而是五椽，就不符合“双排柱”的定义，就不能称为“槽”了，但它明明是分心斗底槽！这个“槽”又指什么呢？如果像独乐寺山门一样，把它看成两个“槽”，那么单槽的另一边是否也可称“槽”呢？

综合《法式》所述与图样，不难看出“槽”即柱列与其上的铺作或铺作之中心线，所谓“骑槽”即横跨于柱列与铺作中心线上，“压槽方”就是压在“槽”上，也即铺作中心线上的大枋木。有时也指殿身外檐周围柱列，“槽内栱、斗” 即指除外檐铺作外的殿身内部柱列上的铺作之栱、斗，此处“槽”，功限中的“殿槽内”“殿阁身槽内”，殿槽内裹栿板之“槽”也是同样的意思。外檐柱列称为外槽，殿身内的柱列称为内槽。分槽形式，单槽即殿身内有一排柱列，双槽即殿身内有两排柱列，金箱斗底槽即殿身内有一周柱列，分心槽即在殿身正中有一排柱列。“槽”不是指空间。

内、外槽称呼为《法式》之原有，并不是后代才开始称，因为《法式》已经有内外槽、内槽

附图 11　《法式》小木作图样(陶本图样)

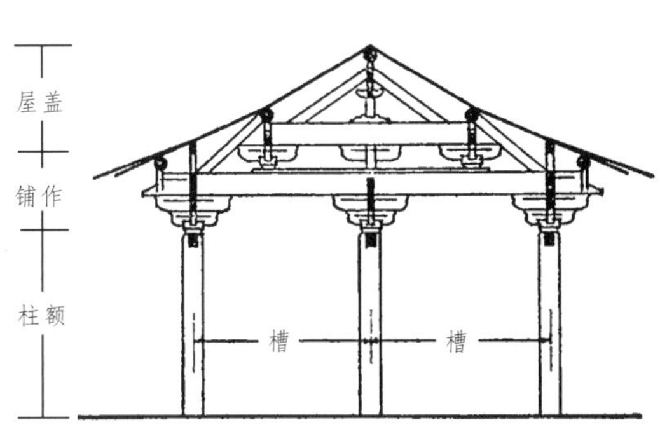

附图 12　《研究》图样　图四十二　独乐寺山门之分心斗底槽

柱、外槽柱、里槽、里槽柱等称呼，在小木作制度及图样中表达得明白无疑，图样中的二层柱列，当然位于外围的柱列称为外槽，这些柱子就是外槽柱，位于里圈的柱列为内槽、或称里槽，柱子称为内槽柱或里槽柱，佛道帐等用来供奉神佛像及存放经藏等，人也不进入活动，故而没有多少建筑空间上的意义，其内、外槽显然不是指空间。如果“槽”只是双排柱构成的空间，称为外槽，那么，其他空间就不是“槽”，又何来内槽？后代所指内外槽往往是指空间而言，不仅是双排柱构成的空间，但这已不是《法式》所称的“槽”了，而且只有双槽及金箱斗底槽才有槽、才有内外槽，以空间而言，单槽及分心斗底槽的“槽”在哪里呢？该把哪边称为内槽哪边称为外槽？

《法式》殿堂等六铺作分心槽草架侧样第十四图上却标明“殿侧样十架椽身内单槽”，十分明确地说明了分心槽也是一种单槽，只是一排柱列处在分心位置上的特殊单槽，这就很明确地说明单槽就是一排柱列，而不是双排柱组成的空间。独乐寺山门是分心槽也是单槽，它只能有一个槽而不能有两个槽。只有不把“槽”看成为空间，前面提出的种种问题都能迎刃而解了。

关于斗底槽，《法式》虽然没有明确说明，但仍然给我们留下了线索。卷十四彩画作制度中，五彩遍装琐文有六品，其“六曰曲水(或作王字及万字，或作斗底及钥匙头，宜于普拍枋内外用之)。”这里提到了斗底，卷三十三彩画作图样里有“四斗底”图样，提供了斗底之形象，“四斗底”图案分成上下两行，每行构成四个互相套叠、横列的斗形，但斗边齐直，斗底均处于垂直方向(附图 13)。这就说明了斗形图案并不一定是口大底小的量器形状。

附图13 《法式》彩画作图样“四斗底”(陶本图样)

殿阁地盘分槽图本就是殿阁之几种平面图，分心斗底槽与金箱斗底槽并无似量器斗的立体感存在，尤其是分心斗底槽丝毫不觉有斗的形象。但两者却有共同之处，也与“四斗底”图案有相通之处，就在于它们身内都有横向之槽，纵横向之槽共同构成“斗底”故称“斗底槽”。而单槽、双槽、分心槽等因身内只有纵向之槽，而无横向之槽，构不成“斗底”，就不是“斗底槽”。

因此，将斗底槽的斗底看成量器斗的斗底，或者铺作中斗(栌斗、交互斗、散斗等)的斗底并不符合《法式》之原意。称斗的并非只有量器一种，据辞书解释，像斗形的东西如漏斗、熨斗、烟斗都可称斗。

九、房屋规模如何定？铺作与房屋规模有什么关系？

1)《研究》第五章第四节中云：“由表(注：指《研究》表29)可见侧面间数只决定正面间数，侧面间广才决定具体规模。”似乎房屋的规模大小是由侧面的“间”数与“间”广，特别是“间”广决定的。

这是不符合《法式》原意的。《法式》卷四《大木作制度一·材》，首先明确用材大小是“材有八等，度屋之大小因而用之”。屋之大小即房屋规模分明是以房屋正面有多少开间而论。柱之生起、檐之生出也随间数而定。卷十三瓦作制度中，用瓦、垒屋脊、用鸱尾、用兽头等无不首先根据间数来定高下尊卑，特别在用鸱尾里“殿屋……五间至七间(不计椽数)，高七尺至七尺五寸”，更强调只按间数，不计椽数。这种方法沿用至今，广大农村盖房仍常用“间”来论。“间”并非仅指立面上的分段划分，而是指由左右两缝柱、梁、额、槫等组成的一个空间单位，在前面“地盘”一节里已谈过，但它只是从正面来表示房屋的空间，“间”的正面宽度即间广，其侧面进深就用椽架来表示，这样“间”就比较完整了，这也是《法式》所习用，如九间十椽、五间六椽等，它比较准确地表达房屋的规模，使人一目了然。虽然这种方式说不上很精确，但为中国古代惯用。都是以间为主，辅以椽架。房屋侧面从来不以“间”论。

《研究》认为殿堂之进深亦可用间计，第一章第三节：“可证殿堂正面侧面间广相同，即进深亦可用间计。”如果侧面也用“间”来计算，它仅仅能表示立面上的划分而已，没有了空间概念，已不是常说的“间”的意义了。而且有的连称呼上意义也变了，如正面正中间称为当心间，因其在正中、不偏不倚故称，但侧面中间往往是两“间”，虽也称“心间”，却有两个“心”了。陈明达先生在《中国古代木结构建筑技术(战国—北宋)》一书第四章里明确地阐述：“以间、椽表达房屋的规模，在本阶段后期《营造法式》中，已经成为习用的熟语。”“为什么进深不能以间为单位？这是因为每个屋架除前后两端的立柱外，其中部还可以按实际需要加立柱，调整梁长。例如总进深为八椽的屋架，用一条通长的主梁——八椽栿，屋架中部即不需用柱；如改用一条两椽栿和一条六椽栿，就需在屋架中再加一条柱；甚至可以用四条两椽栿，在屋架中增用三条柱等等。所以，屋内用多少柱子，各柱的位置，都是自由灵活的。侧面长度，如以间计就很不方便。”分析得很透彻。此书于 1987 年 9 月成书，1990 年 10 月出版，比 1981 年 10 月出版的《研究》晚了九年，也许陈先生后来已改变了自己的观点。

《研究》的侧面决定房屋规模的论断主要从殿堂“材份”中引出，认为进深也以间计，转角造正侧两面梢间间广相等，且一间等于两椽。这些在《研究》中被视为原则，并应用在各种论述中，在第二章、第五章里都有涉及。如第二章第二节：“均说明梢间转角正侧两面间广相等，即一间等于两椽。据此可以断定一间等于两椽是当时的固定关系。”第五章第三节里又说：“每间等于两椽，本是当时一般房屋建筑的原则。”

转角造正侧两面“梢间”间广为何要相等？《研究》第二章第二节引用《法式》卷五《梁》：“凡角梁之下，又施𣟁衬角栿……长以两椽材斜长加之。”以及《阳马》厦两头造：“则两梢间用角梁转过两椽”来证明。用角梁转过两椽，是转角造屋顶做法，只能说明屋顶需要如此。关于𣟁衬角栿，《法式》全文如下：“凡角梁之下，又施𣟁衬角栿，在明梁之上，外至橑檐枋，内至角后栿项；长以两椽材斜长加之。”𣟁衬角栿在明梁之上，实际上也是一草栿，其后尾至角后栿项，这里角后栿项似应为角后栿项柱，漏“柱”字。殿阁式构架内外柱同高，而且屋面槫无须与内柱对应。所以《研究》援引《法式》的这两条，只能说明屋顶转过两椽，并不能说明下面的柱网也必须如此，即不能说明梢间转角正侧两面“间广”必须相等。厦两头造用角梁转过两椽，其下尚有注云：“亭榭之类转一椽。”亭榭有的尺寸较小，如《研究》第二章第二节里所说：“方亭自一丈五尺(375 份)以下四种，每面应为一间。”每面一“间”即方亭总共只有四柱，其柱何能随角梁而转？更清楚地证明转一椽、转两椽俱只是屋顶转。《研究》把它们理解为正侧两面“梢间”也必须随之相等，是否正确？实例中正侧两面“梢间”间广，在二十四个转角造中有十例不等(附表 6)，它们的差在 1~85 厘米，转角构造有各种做法，显示了当时灵活、自由的手法。《研究》第七章第五节关于梢间转角构造中也说：“实例转角构造形式灵活多样，大多数都是由于梢间两面间广不匀引起的。”《法式》卷五《梁》内还说：“凡屋内若施平棊……若在两面，则安丁栿，丁栿之上别安抹角栿与草栿相交。”即指出了包括梢间正侧两“面”间广不等时转角造的做法。当然梢间两“面”相等，可用递角栿等，构造做法相应简单一些，但正如《研究》第七章第二节中所言：“如此才便于转角构造，使角梁、续角梁沿 45°对角线接续至脊。虽为大多数实例所采用，但并不因此而局限。有些两面间广不相等的实例，使用了灵活处理方法，解决转角构造。”既然转角构造可以灵活处理，并不因此而局限，为什么就非把这种做法作为标

附表 6　正面梢间与侧面“梢间”之间广　（单位：厘米）

序　号	名　称	正面梢间间广	侧面“梢间”间广	间广差
1	南禅寺大殿	330	322	8
2	华林寺大殿	458	385	73
3	独乐寺山门	523.5	438	85.5
4	保国寺大殿	315	311	4
5	开善寺大殿	453	481	−28
6	华严寺薄伽教藏殿	457	455	2
7	善化寺大殿	492	485	7
8	善化寺三圣殿	516	523	−7
9	善化寺山门	520	502	18
10	玄妙观三清殿殿身	443.5	442.5	1

准、定法而抛弃其他做法呢？

一间等于两椽，首先对于厅堂不厦两头造并不适用，《研究》第二章第二节里提到厅堂："除厦两头造，须与殿堂间椽比例相近外，若不厦两头造，间数可任意增减而不影响椽数。"说明正面间数与侧面椽数无紧密关系，从《法式》厅堂间缝用梁柱各图来看，完全没有必要在侧面去做"一间等于两椽"。

对于厦两头造或转角造"一间等于两椽"是否都符合呢？《研究》第五章第一节里说厅堂"厦两头造，需将房屋两侧面按每两椽一间，改用檐柱"。有些厅堂间缝用梁柱的形式，"如原计划各间采用乳栿对六椽栿用三柱，前后三椽栿用四柱，前后乳栿、劄牵用六柱等式，除侧面增用檐柱外，并须将梢间改为前后乳栿用四柱或分心乳栿用五柱等式，才便于在侧面檐柱上用乳栿或丁栿以适应转角构造"。但在实例中用厅堂转角造结构的宁波保国寺大殿，心间乳栿对三椽栿用四柱，其侧面柱与心间完全对应，只有对乳栿的一"间"为"一间两椽"，另两"间"均为"一间三椽"，并未采取相应的用柱变化。善化寺三圣殿、开善寺大殿等，虽为"一间等于两椽"，但未采用梢间梁柱相应的变化。南禅寺大殿进深四椽却分为三"间"（附图14）。

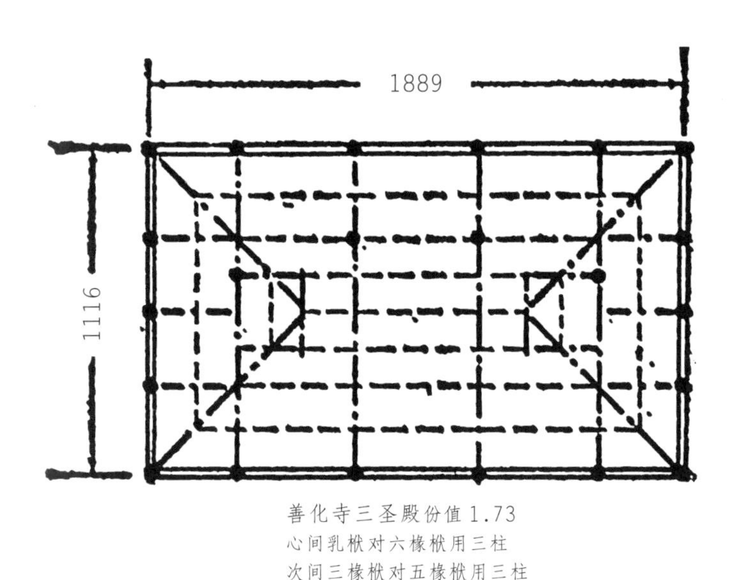

善化寺三圣殿份值1.73
心间乳栿对六椽栿用三柱
次间三椽栿对五椽栿用三柱

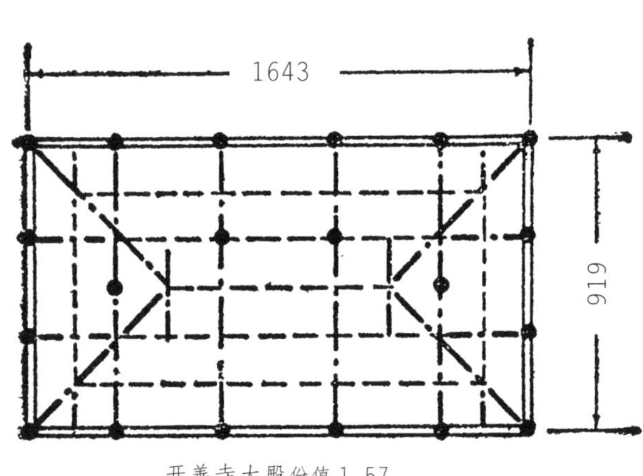

开善寺大殿份值1.57
心间乳栿对四椽栿用三柱
次间分心用三柱

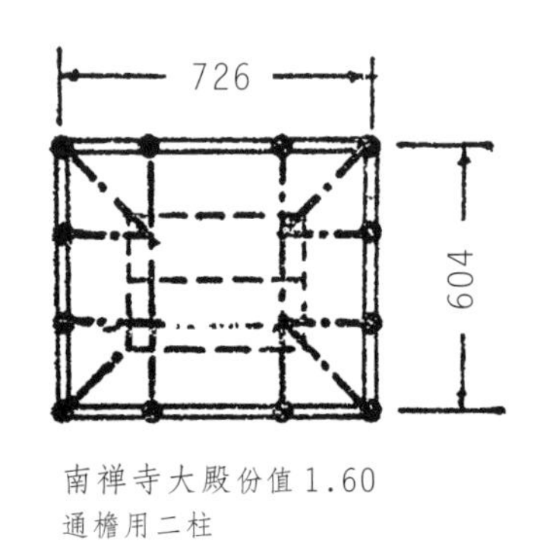

南禅寺大殿份值1.60
通檐用二柱

附图14 《研究》图样 图三十五 厅堂结构平面三例

至于殿堂，《研究》第五章第三节里就说："现在因为殿堂间广可以大至375份，而椽长又限定不得超过150份，就产生一间大于两椽，使间椽不相对应，槫缝不与柱缝相对的现象。"现在即使根据《研究》的材份，也产生了一间大于两椽的情况。

前面在间广问题上已谈过正面梢间间广也有促狭者，还不到200份，如果正侧面"间"广相等，一"间"等于两椽，则侧面如何处理？

实例中隆兴寺牟尼殿殿身侧面八椽分为五"间"，因为四面出抱厦，靠"心间"两侧只有一椽深，可见在实践中并没有那么多的清规戒律，完全可以根据需要灵活处理。

"一间等于两椽"虽在实例中多见应用，转角造侧面需用檐柱、额枋等，如同正面一样，所以其柱距（"间广"）应与正面相似，两椽长正好比较合适，所以常用，另外古代建筑屋顶一般多为前后对称，进深椽数多为双数，“一间等于两椽”时槫缝与柱缝相对，构造齐整，做法处理简便，故实例多采用。但这不是金科玉律，不是一成不变的固定模式。

如果跳出或打破“梢间正侧两面间广相等”“一间等于两椽”的人为框框，决定房屋规模的首先是正面的间数与间广，然后才辅以进深，这就是自然的、顺理成章的，也是符合《法式》、符合设计常规的。

2)铺作在《法式》中是很重要的部分，在大木作中所占的篇幅也最多，但铺作与房屋的关系，诸如不同类的房屋如何用铺作？同类房屋的规模大小与铺作有何种关系？……《法式》中均没有明确的规定，只有卷四《总铺作次序》里有：“当心间须用补间铺作两朵，次间及梢间各用一朵。”“若逐间皆用双补间”“凡楼阁上屋铺作或减下屋一铺，其副阶缠腰铺作不得过殿身或减殿身一铺。”《平坐》里：“造平坐之制，其铺作减上屋一跳或两跳。”

《研究》对此作出了一系列的推论，第二章第五节里指明：“殿堂，八至五铺作，补间一或两朵。厅堂，六铺作至斗口跳，补间一朵或不用。余屋四铺作以下，补间一朵或不用。”第四章第五节：“逐间用双补间殿堂，外檐外跳以用八至六铺作最为恰当，只当心间用双补间，次梢间均用单补间时，以用七至五铺作较为恰当。反过来用四、五铺作的房屋次梢间宜用单补间，用六铺作以上的房屋宜逐间用双补间，是当时房屋规模与铺作铺数的通常关系。”第五章第三节：“房屋用六铺作以上时，槽深以375份为适宜，梢间间广又须与槽深相等，这就意味着侧面间广也必定是逐间375份，至少是三间八椽，而正面就不会少于七间。”

建筑类型不同，所用铺作可能不同。殿堂等级较高，用铺作数较多，应自八铺作至四铺作，不仅止于五铺作，《研究》自己也说用四、五铺作的房屋次间宜用单补间，不正说明也可用四铺作吗？《法式》功限殿阁用铺作明列有四铺作，所以殿阁铺作应从四铺作起。厅堂《法式》图样中最多为六铺作，大多为四铺作，但实例中镇国寺大殿用七铺作，保国寺大殿用七铺作，它们都属厅堂结构。功限中除殿阁各种铺作用栱、斗等数外还列有斗口跳及把头绞项作的用栱、斗等数，它们不列入铺作之内，《法式》卷十三瓦作《用兽头等》里也有“九脊殿三间或厅堂五间至三间斗口跳及四铺作造厦两头者”，又据《法式》卷二十八《诸作等第》把头绞项作与斗口跳同为中等，所以厅堂铺作可从四铺作至七铺作，也可用斗口跳与把头绞项作。余屋因主要用于仓廒库屋、营房屋、常行散屋及其他一些附属建筑，从功能上来讲，不要求装饰性很强，《法式》卷五《举折》之内有“若余屋柱梁作或不出跳者”这一说法，因此余屋一般很可能用柱梁作或不出跳的单斗只替、把头绞项作。柱梁作顾名思义可能是柱与梁直接结合的一种结构。单斗只替应用于槫与柱梁等结合处，用栌斗、替木承槫。上述卷五《举折》把柱梁作与不出跳者分列，说明它们还是有区别的，柱梁作应比单斗只替更简单，它完全不用栌斗等。但《法式》《常行散屋功限》最后有：“右若斗口跳以上，其名件各依本法。”所以余屋有时也可用斗口跳及铺作。但是因为房屋等级比较低，故此不大可能用到六铺作以上，估计只能用四、五铺作。

殿堂用补间铺作诚如《法式》指明当心间用两朵，次梢间用一朵，或逐间用双补间当无疑问，《法式》卷五《阑额》有“如不用补间铺作，即厚取广之半”一说，由此，殿堂也可不用补间，实例独乐寺观音阁下层即不用补间。但厅堂用补间是否就像《研究》第五章第一节里所说：“鉴于厅堂用铺作铺数较殿堂低一级、铺作构造也较简易，其用铺作朵数也应低于殿堂一级。

附图 15 《清明上河图》局部之一

故在第二章中推定厅堂间广最大 300 份，用补间一朵或不用。"在《法式》中却没有这样的记载，倒是实例中用厅堂结构的华林寺大殿、保国寺大殿、虎丘二山门与善化寺三圣殿等，均为心间两朵、次间一朵。它们的心间广除华林寺大殿为 295 份外，均超过了 300 份，善化寺三圣殿更为 444 份，768 厘米，是唐宋遗存木结构建筑中开间最大者。北宋张择端所作《清明上河图》中，城门下方有一间门屋用两朵补间铺作，城里十字路口旁、水井边行医的赵太丞家用了三朵补间铺作，隔壁的门屋一间用一朵补间，而对面的一个小门屋一间也用了两朵补间，可见铺作的使用比较灵活、自由，可能用铺作朵数在当时尚未具有区分房屋等级的明显特征（附图 15、16）。故厅堂用补间朵数应与殿堂一致，即可用两朵或一朵，或不用补间。余屋用斗口跳以上时，似也可用补间一朵或两朵或不用补间。

关于铺作铺数与房屋规模的关系，《研究》主要根据外檐铺作里跳与身槽内铺作外跳与平棋之广的比例关系，觉得用八至六铺

附图 16 《清明上河图》局部之二

作柱距在 375 份为宜，用四、五铺作柱距在 250 份为宜。这确实有一定道理，柱距窄而出跳数多可能使平棊过狭而不成比例，但不是绝对的，《法式》卷四《总铺作次序》说：“若铺作数多，里跳恐太远，即里跳减一铺或两铺。”在功限与侧样图中都有减铺的表示。《研究》第四章第五节曾说：“两种减铺方式，表明减铺方法应是根据实际情况灵活运用的。”《法式》又有减跳的规定，《研究》第四章第五节谈到出跳减份时也说：“因此得出当时减份方法有很大灵活性的印象。”既然减铺与减跳都有很大的灵活性，当铺作数多时，也许可以用减铺与减跳来取得与平棊恰当的比例。此外，身槽内铺作可用上昂，也可减短出跳，如玄妙观三清殿殿身，身槽内铺作里外跳俱用六铺作双抄一上昂，外檐七铺作双抄双下昂，里转七铺作四抄，它的柱距仅 277 份不也用平棊吗？实例中还有里跳多减铺的做法，如佛光寺大殿外檐外转七铺作双抄双下昂，里转四铺作出一跳；独乐寺观音阁上层也是同样处理，佛光寺大殿只有 220 份，观音阁上层更只有 186 份，也得到了较合适的比例。《营造法式注释》大木作制度图样三十二殿堂等八铺作副阶六铺作双槽草架侧样柱距为 18 尺，合二等材 327 份（附图 17）。本书正文之图外檐八铺作双抄三下昂，里转六铺作，柱距为 312 份，它们的平棊并没有予人以不适之感。

《研究》房屋规模与铺作数关系的另一重要依据是“梢间间广须与槽深相等”，这样就把正侧面拉在一起，于是就有了房屋用六铺作以上，“槽”深 375 份，侧面不少于三“间”八椽，正面不少于七间这样的结论。关于梢间正侧面相等、“槽”深材份、“间”前面都已谈及，不再重

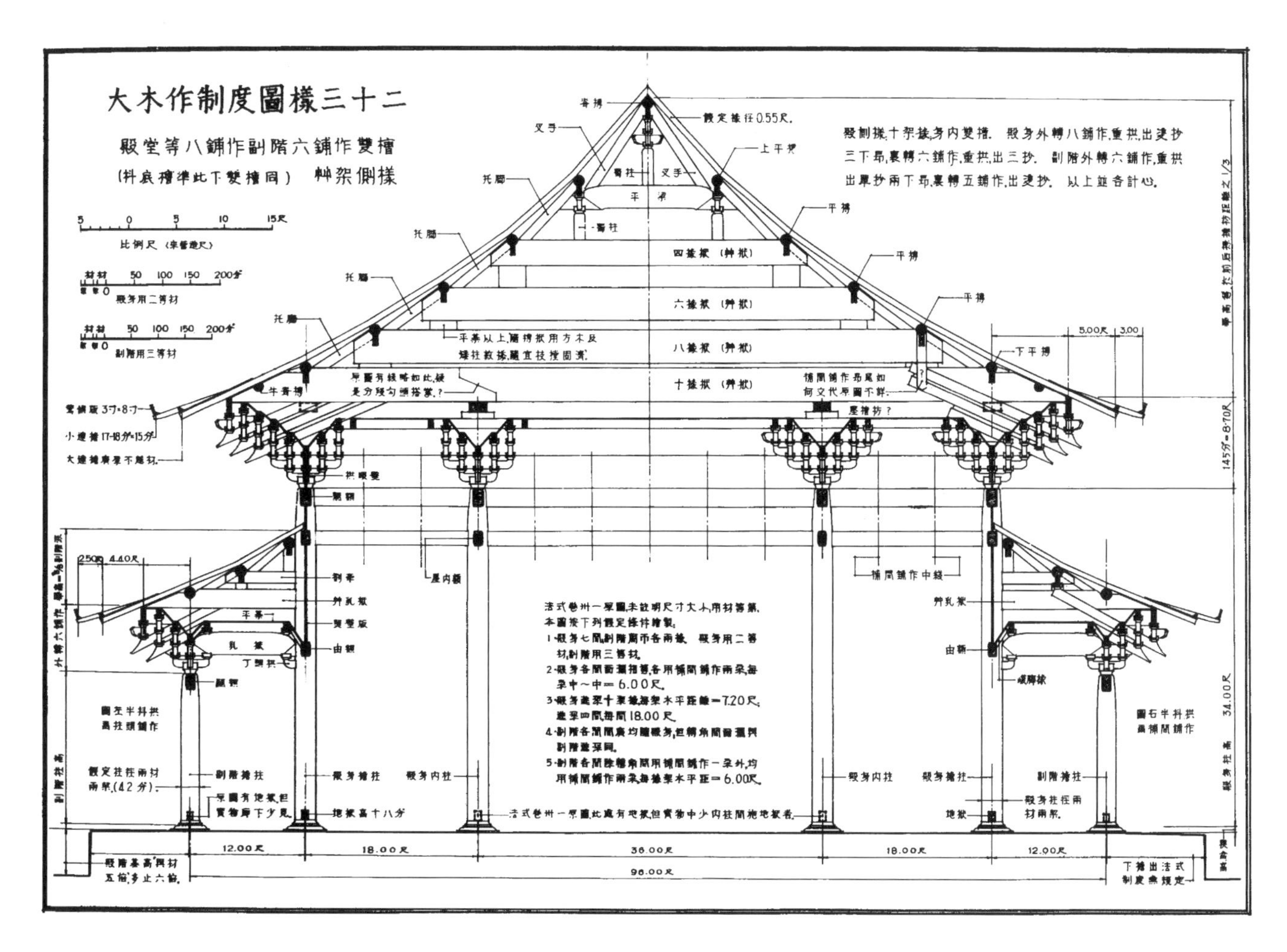

附图 17　《营造法式注释》图样——大木作制度图样三十二

复。实例独乐寺观音阁五间用七铺作，晋祠圣母殿五间用六铺作，《清明上河图》中城门之转角铺作画得很清楚(见附图 16)，栌斗上出两跳华栱，上有三昂，最上是由昂，故铺作应是七铺作，城门正面也为五间，说明用六铺作正面不必一定在七间以上。镇国寺大殿进深六椽用七铺作，隆兴寺慈氏阁上层进深六椽用六铺作，侧面也可少于八椽。

《法式》在房屋类别规模上只规定了材等、各种构件、用瓦及构造等的区别，在铺作与房屋的关系上没有作出明确的规定，正如《研究》第二章第五节里指出的："在所有记叙中都表明各类房屋的主要区别，只在于规模大小、质量高低和结构形式，其他如殿堂用平棊藻井或平暗、厅堂彻上明造，以及用屋盖形式等等的差别，似乎并不重要。尤其屋盖形式在后代是封建等级的重要标志，但在当时似无严格规定，以至四阿屋盖可用于仓廒库屋，而厦两头造的使用范围远较后代广阔。不厦两头造在当时是使用最普遍的屋盖形式，而后代也只在一定范围内才允许使用。"铺作与房屋的关系，除余屋外，厅堂与殿堂用铺作并无明显的鸿沟。铺作数与房屋规模的关系更不明显，对铺作这种重要的建筑部件，如果有了像《研究》所作出的运用原则，《法式》是不能也不会遗漏的，也不会没想到要写出来。只能说《法式》确实没有规定。清工部《工程做法则例》对斗栱与房屋的关系，也没有作出具体的规定，可证房屋的规模不一定反映在铺作上，铺作的应用范围较广。当然，房屋间数多可用铺作数多，但不尽然，反之则更不尽然。《法式》图样分心斗底槽九间用六铺作，双槽、金箱斗底槽七间却用了七铺作、八铺作。实例中独乐寺观音阁五间用七铺作，华林寺大殿、保国寺大殿都是三间亦用七铺作，而华严寺大殿九间却只用五铺作。但是从实例看铺数似乎与进深椽数有一些关联，两椽屋均只用四、五铺作，没有用六铺作及以上的。六椽以上的却不确定。

十、《研究》所定房屋的平面、立面及剖面的比例合适吗?

(一)平面正面与侧面的比例

正面与侧面的比例问题，只是用转角造时才会发生。《研究》第五章第四节认为："以殿堂为例，殿阁地盘图以间为单位，如侧面每间间广份数均相同，外槽深一间，内槽深两间，即外槽、内槽槽深比为 1 : 2，因此房屋侧面间数与殿堂分槽结构形式有固定关系，侧面三间只能用单槽，侧面四间可用双槽、金箱斗底槽及分心斗底槽。而侧面四间是此种结构形式的最大限度，因为超出四间就不适宜于分槽形式。"关于"槽"与侧面的"间"前面已说过《研究》的有关概念是不正确的，即使用《研究》的概念，这些结论还是存在问题。首先是假设了侧面每间间广份数相同，外槽、内槽槽深比为 1 : 2，才得出它们，如果这些假设不能成立，结论自然也就不攻而破。在这里，我们再一次要问，侧面"间广"为何一定要相等?《法式》里根本无此规定，在十个殿堂实例中，除应县木塔因平面为八边形没有侧面外，佛光寺大殿心、梢"间"分别为 222 份、220 份，华严寺薄伽教藏殿为 293 份、284 份，独乐寺观音阁为 230 份、213 份，永寿寺雨花宫为 296、264 份，隆兴寺牟尼殿殿身更因两侧增加抱厦，侧面分为五"间"，"心间"344 份、"次间"168 份、"梢间"314 份。侧面"间广"都不相等，槽深比也不为 1 : 2。《法式》允许架道不匀，实例中一般柱与槫均相对应，架道不匀，侧面的"间广"自然可以不相等。侧面四"间"如晋祠圣母殿不就用了单槽?分心槽如独乐寺山门侧面只有两"间"。侧面四"间"也不一定是最大限度，《研究》第二章第二节里说殿堂十二椽十一间是当时所能做到的最大规模，十二椽如何分槽呢？根据晋祠圣母殿用单槽，侧面是四“间”而不是三“间”，十二椽侧面或可分为五“间”或六“间”，用双槽或金箱斗底槽，“外槽”一“间”，“内槽”三“间”或四“间”，大梁用六椽或八椽栿，这还是合理的、可行的。

《研究》表29列出推断的平面的侧面与正面之比均在1∶1.5至1∶2.75之间。第七章第二节认为这是《法式》可能的比例，“而实例中常见的进深三间、面广三间，进深四间、面广五间的方形或近于方形的平面以及进深五间的平面，《法式》均未作记述。……故不将方形平面列入标准制度”。

《法式》卷五大木作制度《阳马》提到间椽，“凡造四阿殿阁，若四椽、六椽、五间及八椽七间或十椽九间以上，其角梁相续直至脊槫，各以逐架斜长加之。如八椽五间至十椽七间，并两头增出脊槫各三尺”。这里提到这些间椽是有前提的，即造四阿殿阁，就牵涉到屋顶造型，用四椽、六椽五间及八椽七间或十椽九间可角梁相续直至脊槫，八椽五间至十椽七间，因为面阔较短，导致正脊较短，影响立面，故要两头增出脊槫，加长正脊。这里只谈四阿顶的处理，不是讨论各种平面，无需面面俱到，因为三间平面不可能做四阿顶，所以不提，丝毫也没有建立“标准”制度与排斥方形或近似于方形的平面的意思。事实上有些平面《法式》是有记载的，卷十三瓦作制度里《用瓦》提到殿阁、厅堂有三间以下，《垒屋脊》更是明确，“殿阁若三间八椽……”“堂屋若三间八椽……”门楼屋一间四椽、三间六椽，《用鸱尾》有殿屋三间，《用兽头》有九脊殿三间或厅堂五间至三间，用火珠时也有殿阁三间。卷二十六诸作料例大木作松柱有充五间、三间，八架椽至六架椽殿身柱，或七间至三间，八架椽至六架椽厅堂柱。门楼屋三间六椽，三间、六架椽的殿堂或厅堂，按《研究》，不就是“进深三间、面广三间”的方形么？五间八架椽不就是“进深四间、面广五间”吗？门楼屋一间四椽、殿阁三间八椽更为纵长形了，有的虽只提到面阔三间，没有直接提到进深，但垒屋脊是每增两间或两椽，正脊加两层，这里肯定会有方形平面。

《研究》第七章第三节里说：“但平面方形或近于方形的房屋，它的立面总轮廓也近于方形，致屋盖与屋身的比例不佳，如保国寺大殿屋盖显得过于高耸，有头重脚轻之感。”确实保国寺大殿立面比例不佳，但如按《研究》所定的比例(附图18)，厅堂八椽总高∶柱高=708∶250=2.832，而保国寺大殿总高∶柱高=2.458(根据《中国古代建筑技术史》保国寺大殿图求得)，《研究》的屋顶比例更要大。虽然方形平面的立面比例也许不好，但毕竟客观存在。

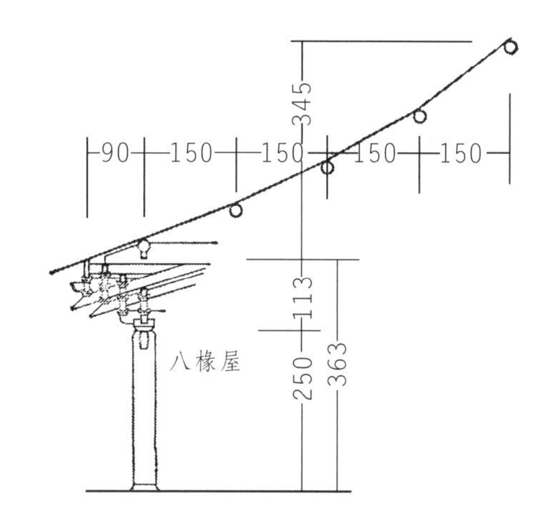

厅堂最大用六铺作，柱高250~300份，举高四分举一。

附图18　《研究》图样　图四　厅堂八椽屋

(二)檐柱、铺作、举高比

《研究》第五章第四节认为檐柱、铺作、举高的比例关系，先依据材份“标准”规定，选定柱高、铺作数、椽数，然后得出：

1)四椽屋,柱高约等于铺作高加举高;

2)六椽屋,柱高约等于举高;

3)八椽以上屋,柱高加铺作高约等于举高;

4)殿堂十椽可能必须加用副阶。

前三种情况“是当时普遍应用的比例,也大致与辽宋实例相符合”。

我们先看第四种情况,殿堂十椽并不一定要加副阶,《法式》殿堂分心斗底槽草架侧样不就是十架椽么?它就没有副阶。

再来看前三种情况,根据实例,把《研究》表37按椽架数目重新排列(附表7),可以发现情况并不如《研究》所说与实例大致符合,四个四椽屋只有两个尚可称大致符合,四个副阶仅一个接近,六椽屋有的差距达62份,八椽屋与厅堂十椽屋差距更大。而且四椽屋这个比例是规定了殿堂:柱高375份、六铺作高113份、举高260份;厅堂:柱高250份、四铺作高84份、举高165份;副阶两椽:柱高250份、五铺作高105份、举高144份,才得出的,而且厅堂之举高仅为前后橑檐枋之1/4,没有按《法式》规定再加5%~8%。实例独乐寺山门、虎丘二山门虽然比较接近,但它们的前提是不一样的,就不能说它们正好符合。独乐寺山门属殿堂,可它的柱高只有268份,举跨比只有25.6%,只达厅堂的程度,虎丘二山门为厅堂型,其柱高却为279份,超过假定的250份,但举跨比却达37%,甚至超过了殿堂的比例。实际上正如《研究》同章节里所说:“这三项高度本身都不是固定的,柱高不越间之广,即可自200份至375份,

附表7 实例檐柱高、铺作高与举高份数表

	名称	类型	檐柱高(平柱)	铺作高	铺作数	举高	铺作高+举高	柱高+铺作高	备注
四椽屋	南禅寺大殿	厅	239	98	五	126	224		柱高=铺作高+举高
	独乐寺山门	殿	268	107	五	162	269		副阶视作四椽屋
	虎丘二山门	厅	279	64	四	211	275		《研究》规定:
	晋祠圣母殿副阶	厅	270	103	五	110	213		殿堂用六铺作
	隆兴寺牟尼殿副阶	厅	263	111	五	155	266		厅堂用四铺作
	善化寺普贤阁上层	厅	254	107	五	195	302		副阶用五铺作
	善化寺山门	殿	366	103	五	228	331		
	隆兴寺转轮藏副阶	厅	269	76	四	160	236		
	隆兴寺慈氏阁副阶	厅	256	70	四	147	217		
六椽屋	镇国寺大殿	厅	233	126	七	245			柱高=举高
	永寿寺雨花宫	殿	255	96	五	238			《研究》规定:
	开善寺大殿	厅	307	111	五	260			殿堂用六铺作
	隆兴寺转轮藏上层	厅	366	98	四	321			厅堂用五铺作
	隆兴寺慈氏阁上层	厅	325	124	六	263			
八椽屋	佛光寺大殿	殿	250	125	七	221		375	柱高+铺作高=举高
	华林寺大殿	厅	218	120	七	208		338	《研究》规定:
	独乐寺观音阁上层	殿	265	138	七	287		403	殿堂用七铺作
	保国寺大殿	厅	295	122	七	386		417	厅堂用六铺作
	广济寺三大士殿	厅	273	109	五	303		382	
	华严寺海会殿	厅	272	63	斗口跳	294		335	
	佛光寺文殊殿	厅	285	107	五	195		392	
	善化寺三圣殿	厅	357	125	六	401		482	
十椽屋	奉国寺大殿	厅	309	128	七	377		437	柱高+铺作高=举高
	善化寺大殿	厅	362	112	五	399		474	厅堂用六铺作
	华严寺大殿	厅	362	101	五	271		463	

有很大的伸缩范围。铺作高度自栌斗底至橑檐枋背，随所用铺作数有五种不同尺度，其中用下昂时昂上坐斗可以向下2至5份，又产生四、五种较小的变化。举高的变化更多，以前后橑檐枋距离为准，殿堂三分举一，厅堂四分举一，又按筒瓦、板瓦有再加8%至3%的差别，而房屋椽数不同，实际举高相差很大。又因以橑檐枋心为准，即使椽数相同，也随着铺作数有种种不同变化。这三项高度本身已经有如此多的变化，它们之间的比例实在是难于确定的。”《研究》随之选定了柱高、铺作高、举高才得出这几种比例，所以这些比例是在特定情况下产生的，并不能符合种种不同的变化。与实例相比较，即使有些大致符合，因为所用的这三项尺寸不是一致的，即前提条件不同，所以根本无可比性。《研究》还举例：“例如殿堂八椽，柱高加铺作高509份，较举高480份大出29份，是相差最大的一例。它所用的柱高是上限，其下限尚可小于250份，所以仅只减低柱高就可使之相等，何况还可改用六铺作减低铺作高度。又如厅堂八椽，柱高加举高363份，较举高345份大18份，仅须调整出跳份数即下昂斜度就可使之相等。”《研究》这种比例本身是在千变万化的情况下，先设定了某些条件才得出的，不具有普遍适用性，它不是技术上必须做到的标准，也不是最优比例，为什么非要去调整实际的设计来符合它呢？岂不是削足适履、本末倒置吗？

傅熹年先生在《中国古代城市规划建筑群及建筑设计方法研究》中，关于单层建筑的剖面设计，发展了陈先生的观点，傅先生则把这些比例看成是固定的、绝对的，认为单层建筑剖面设计以檐柱净高为模数，单檐建筑屋顶某榑至檐柱顶之距 A 等于檐柱净高 H，即 $A=H$，而重檐建筑屋顶某榑至檐柱顶之距 A 等于下檐柱高 $H_{下}$，亦等于上檐柱高 $H_{上}$ 的1/2，即 $A=H_{下}=1/2H_{上}$，$H_{上}=2H_{下}$。

这种比例，已经不是材份数的比例了，而是尺寸的比例。这样做法，就把本来可以各自确定的几项高度互相制约起来，只要柱高确定了，其他就不能自由变化，剖面就成了唯一的结果。这与《法式》不符，与实际不符，也与陈先生所说不符。傅先生的论证本身也还存在一些问题，限于篇幅，这里就不展开了。

（三）檐出、檐高比

《研究》第五章第四节里说：“现即分别按厅堂、殿堂各项有关规定的上下限，列为表30。由表可见按标准规定，檐出为檐高的53%至55%。但各种规定均有一定的伸缩幅度，变动其中的一项，即可改变其比例。例如仅增加柱高，即可将厅堂檐出减至檐高的39%，殿堂减至43%。又如将殿堂檐高，使用上限份数，而檐出使用下限份数，可将檐出比例减至檐高的50%等等。由此，似可得出结论：一般檐出为檐高的40%至50%之间。这也是和实例情况大致接近的。”

从以上叙述与表中所列内容来看，笔者觉得还是存在问题，如果这些材份数存在的话，首先表中并未包括所有的情况，缺少几项，《研究》已经说了，各种规定均有一定的伸缩幅度，变动其中一项，即可改变比例。又列殿堂檐高用上限、檐出用下限的比例。为什么表中柱高下限只对檐出下限？柱高下限只对用铺作数下限？《研究》的材份对此没有规定，也承认任一项均可变动，厅堂柱高下限可对檐出上限，也可用六铺作。《研究》第四章第五节云：“只当心间用双补间、次梢间均用单补间时以用七至五铺作较为恰当。”柱高250份时，殿堂可用七铺作。实例用铺作数与柱高并不成正比，如佛光寺大殿用七铺作，柱高250份，镇国寺大殿亦为七铺作，柱高233份，善化寺山门用五铺作，柱高366份，玄妙观三清殿副阶用四铺作，而柱高却达388份。表中应该补上柱高200份，斗口跳，檐出用上限；殿堂柱高250份、七铺作，檐出用上限；柱高375份、五铺作，檐出用上、下限等。据此重新列表(附表8)，由表可见其比例已为39%至70%，范围较原表53%至54%大大拓宽。其次，一般檐出为檐高的40%至50%之间，这一结论如何作出？《研究》没有交代，可能因为此比例与实例情况大致接近？如果是这样，完全可以以实例比例为准，《研究》的比例还有什么意义呢？

附表8　檐高、檐出比例　　(单位：份)

		柱　高	铺作高	檐高总计	檐　出	飞　子	出　跳	檐出总计	檐高／檐出
厅堂	下　限	200	斗口跳63	263	70	42	30	142	100/54
	★				80	48	30	158	100/60
		(250)		(313)					(100/45)
		(300)		(363)					(100/39)
	★	200	六铺作113	313	80	48	90	218	100/70
	上　限	300		413	80	48	90	218	100/53
殿堂	下　限	250	五铺作105	355	80	48	60	188	100/53
		(300)		(450)					(100/46)
		(375)		(480)					(100/43)
	★	250	七铺作134	384	90	54	120	264	100/68.5
	★	375	五铺作105	480	80	48	60	188	100/39
	★		五铺作105		90	54	60	204	100/43
	上　限		八铺作143	518	90	54	150	294	100/55
	下　限				(80)	(48)	(132)	(260)	(100/50)

注：此表原为《研究》表30，有★者为笔者所补，表中数字没有括号的是《研究》作者所订标准份数，有括号的是允许伸缩的份数。

(四)《研究》给出的草架侧样合适吗？

《研究》对《法式》卷三十一几种草架侧样，根据所推定的材份，重新绘制了图样。第五章第五节认为："本章通过对卷三十一几种房屋图样的分析和重新绘制图样，不仅使我们理解了上述厅堂、殿堂两种结构形式的特点，并且对以前各章论证的结果得到进一步校验，证明它们的正确性。"那么，这些重新绘出的图样果真如此正确吗？

《研究》四个有副阶的图样，图二十八殿堂双槽草架侧样一、图二十九金箱斗底槽草架侧样、图三十殿堂双槽草架侧样二、图三十一殿堂单槽草架侧样；一个无副阶图样，图三十二殿堂分心斗底槽草架侧样(见附图4~8)。从这几个图样来看，主要问题是比例不佳，一为天花高度与进深的比例不当，室内高度较低，使人感到空间压抑，尤以图三十二分心斗底槽侧样为甚，因为不用副阶，檐柱高度比其他图样的殿身柱要低，而进深十架椽相同，更显空间过低。二为屋顶高度较大，举高与柱高之比亦大，使屋顶在立面上所占比例过大，有些头重脚轻。

我们可以把这些图样与晋祠圣母殿、隆兴寺牟尼殿两个比例较适宜的、带副阶的实例作对比，把有关数据列成附表9，从中可以看出《研究》的图样存在的上述两个问题。为更正确地进行比较，把圣母殿、牟尼殿的举高改按《法式》殿堂举高，使之与《研究》图样一致。另外把《研究》图样中进深十椽改成八椽，与圣母殿、牟尼殿一致，再作比较，各种数据也列在表中，可以看出问题依然存在。

从图样的比较中，可以证实《研究》图样的比例确实不太恰当，说明所定的材份数并不合适，它的正确性值得怀疑。从侧样看，主要是椽架150份显得过长，导致进深过大，举架过高，比例不佳。

附表 9　实例与《研究》草架侧样各部比例

序　号	名　称	殿身柱高	举高	天花高	进深	举高 / 柱高	天花高 / 进深	柱高 / 进深
1	晋祠圣母殿	783	470	941	1496	0.6	0.63	0.52
			(564)			(0.72)		
2	隆兴寺牟尼殿	856	595	1020	1832	0.7	0.56	0.47
			(664)			(0.78)		
3	图三十一殿堂单槽草架侧样	500	415	585	1125	0.83	0.52	0.44
4	图二十八殿堂双槽草架侧样	500	600	603.5	1500	1.2	0.40	0.33
			(500)		(1200)	(1.0)	(0.50)	(0.42)
5	图二十九殿堂金箱斗底槽草架侧样	500	600	603.5	1500	1.2	0.40	0.33
			(500)		(1200)	(1.0)	(0.50)	(0.42)
6	图三十殿堂双槽草架侧样二	500	580	611	1500	1.16	0.41	0.33
			(480)		(1200)	(0.96)	(0.51)	(0.42)
7	图三十二殿堂分心斗底槽草架侧样	375	560	468	1500	1.49	0.31	0.25
			(400)		(1200)	(1.07)	(0.39)	(0.31)

注：1. 实例单位为厘米，括号内数字为改按《法式》殿堂之举高及相应比例。
2.《研究》图样单位为厘米，括号内数字为改成八椽进深之材份数与相应比例。
3. 序号 7 无副阶，序号 1 ~ 6 均有副阶。

《研究》绪论里说梁思成先生《营造法式注释》“实质上只是逐条逐项从字面上作出翻译，还来不及作更深一步的研究”，“以至不能知道房屋的用材等第，不知道如何决定间广等的材份数”。“因此曾经产生了举高的空间，安放不下六椽、八椽栿等疑难问题（在本文中解决了间、椽的材份数后，这类问题就不再存在了）。”

《营造法式注释》之大木作图样三十八，殿堂等五铺作单槽草架侧样及大木作图样四十一，殿堂等六铺作分心槽草架侧样，都产生了举高不及六椽至八椽梁栿广四材即六十份的问题。细查图样三十八，屋顶为八架椽，图注每架平为 7.2 尺，但图下进深尺寸为 36 尺加 18 尺共 54 尺，合每架 6.75 尺，图上实际比例也是如此，故而举高不足，如按 7.2 尺作图即无矛盾。图样四十一为十架椽侧样，图上自六椽栿以下，槫间举高均不足 60 份，难以容下梁栿。实际图上六椽栿还是可以放下的，按设定的条件计算，仅第四槫缝与檐柱缝之间举高为 3.41 尺，不足梁高四材 3.6 尺（附图 19）。这种不足可用两种办法解决：一为加大进深，使举高加大，这就需要重画侧样，建筑营造原非易事，不能一蹴而就，反复也属寻常，待技术谙熟，各部关系了然于胸后，就会减少或不出反复。二是调整梁与槫的相对位置，把上梁梁底标高提高，以不碍下梁。其实《法式》中已指出了这样的处理办法，卷五《梁》内有注：“如方木大，不得裁减，即于广厚加之。如碍槫及替木，即于梁上角开抱槫口。”在《法式》未规定梁槫的相对位置时，不用把梁栿囿于举高空间内。

《法式》殿堂四个草架侧样，无论单槽、双槽、分心槽等，都有内柱，这些内柱及其上之柱头铺作完全可以在支撑屋盖梁栿上起作用，在两个双槽草架侧样上，最下一栿并不是通檐十椽，而在中间有线，应是分段连接，这就发挥了内柱的作用，既然十椽栿可以不用通檐，那么其上之梁栿同样也可不用通檐，其栿广就可降低，就可解决举高空间不足的问题，而且在平棊之上本来就可以“随宜枝樘固济”，何必非用大料、糜费工料！《研究》第五章第三节也认为：“可见平棊之上草栿的做法，在形式上的要求并不严格，可以‘随宜’，只着重于‘固济’，并没有限定要用通檐草栿。”《古代大木作静力初探》第 71 页之图 7-12（附图 20），也有在内槽柱中心线上加梁间垫木，称：“此虽小举，但作用极大，立即改变了草栿的负荷状况。”

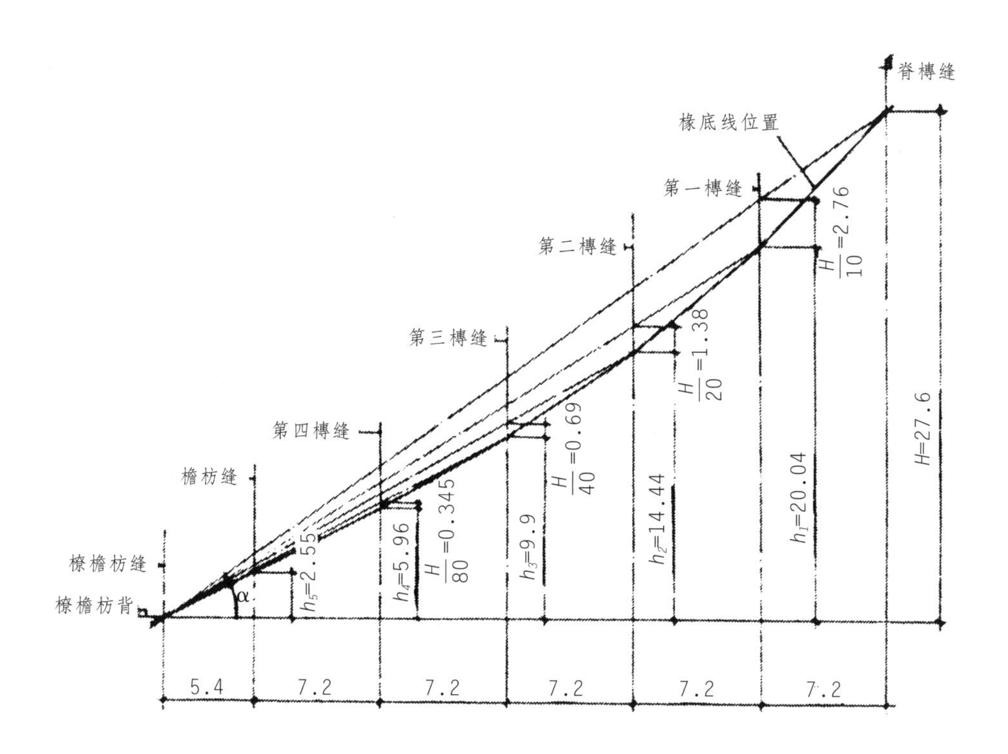

$H=(7.2\times5+5.4)\times2\div3=27.6$

$h_1=(7.2\times4+5.4)\times0.6667-\frac{H}{10}=20.04$

$h_2=(7.2\times3+5.4)\times0.5860-\frac{H}{20}=14.44$

$h_3=(7.2\times2+5.4)\times0.5348-\frac{H}{40}=9.9$

$h_4=(7.2+5.4)\times0.5-\frac{H}{80}=5.96$

$h_5=5.4\times0.4730=2.55$

$h_4-h_5=3.41<3.6$(一等材 60 份)

$\tan\alpha=0.6667$

$\tan\alpha_1=\frac{20.04}{34.2}=0.5860$

$\tan\alpha_2=\frac{14.44}{27}=0.5348$

$\tan\alpha_3=\frac{9.9}{19.8}=0.5$

$\tan\alpha_4=\frac{5.96}{12.6}=0.4730$

附图 19　举折计算简图(殿十架椽,外转六铺作,用一等材)　　单位:尺

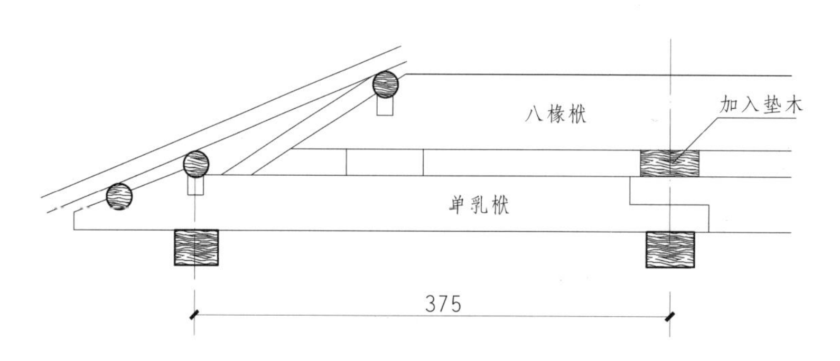

附图 20　按《古代大木作静力初探》图样绘图

《法式》料例中大料模枋充十二架椽至八架椽栿，如果十二架椽栿通檐的话，跨度比八架椽栿增加了近一半，截面却一样，从结构上讲是极不合理的。《法式》仅在此提到十二架椽栿，实例中也未见过，十二架椽栿想必是用于大型殿堂的草栿，可以用随宜枝樘的办法使最大跨度控制在八椽左右。

《研究》认为它的材份已经解决了举高不足的问题，它的几个草架侧样的椽平长大多用150份，如用一等材即为9尺，二等材即为8尺2寸5分，这正是前面说的调整架深的办法，把《营造法式注释》图样之椽架加深了，自然就解决问题了。但是150份只是架深的上限，《法式》又允许架道不匀，如果架深仍采用《营造法式注释》图样上的尺寸，不一样可能产生问题吗？这并不能算真正解决了问题，况且这150份本身还是有问题的。

以上这些问题可以证明《研究》得出的大木作材份数不是无懈可击，还存在问题，亦不能对《法式》圆满地诠释，它的正确性值得怀疑，值得商榷、推敲。这主要在于它的推理缺乏全面、过硬的论据，引证《法式》时，常常只采信有利于它的部分，不能全面地分析《法式》的论述，对某些原则也不能贯穿始终，而是因需而异，有时甚至把《法式》某一局部规定任意推广至全体通用，对《法式》的某些理解也有不确之处。对于实例，有时以偏概全，以个别例子作为依据而置其他于不顾。这样看似弄懂了“以材为祖”的材份制，并得出了一整套大木作材份数，实则为自己的理论留下了隐患，动摇了立论的根本，仍旧不能达到证明房屋的一切“皆以所用材之分以为制度焉”的目的。

研究《法式》不能单从字面出发，机械、片面地去理解，需要历史地、客观地全面地考察，从有利于工程实践出发，才不会事倍功半，从而得出正确的结论。

（本文实例数据多根据《营造法式大木作研究》。）

何建中
二〇〇三年十二月于一枝园
二〇二一年四月修订

主要参考书目

[1] 陈明达. 营造法式大木作研究[M]. 北京：文物出版社，1981
[2] 梁思成. 营造法式注释[M]. 北京：中国建筑工业出版社，1983
[3] 中国科学院自然科学史研究所. 中国古代建筑技术史[M]. 北京：科学出版社，1985
[4] 陈明达. 中国古代木结构建筑技术（战国—北宋）[M]. 北京：文物出版社，1990
[5] 王天. 古代大木作静力初探[M]. 北京：文物出版社，1992
[6] 王璞之. 工程做法注释[M]. 北京：中国建筑工业出版社，1995
[7] 傅熹年. 中国古代城市规划、建筑群布局及建筑设计方法研究[M]. 北京：中国建筑工业出版社，2001

图片目录

第一章

第二章

第三章

第四章

第五章

第六章

第七章

第八章

第九章

附录三

表格目录

第八章

附录三

后　记

本书的《大木构件》《殿阁铺作》《宋代建筑术语解释》以及《对〈营造法式大木作研究〉一书中十个问题的讨论》，都由何建中撰写。其中最后一项(即《讨论》)是他数年来研究大木作制度的成果，是一篇值得业内人士一读的文章。通过该文的讨论，深化了对宋代大木作制度的认识。由于该文体裁和全书不一致，所以另辟一栏，收于书后。

书中其余部分均由潘谷西撰写。

绘图与摄影工作一部分完成于20世纪八九十年代，是《营造法式初探》之一至之四文中的插图。从第四章起往后的插图则由石宏超、郑林伟等几位建筑历史与理论专业的研究生完成，彩画作所用彩色图由本专业的吴梅博士所画，部分摄影工作则由赖自力、石宏超等完成，建筑历史理论研究所陈建刚同志对本书的编印做了许多具体工作。在此对他们的辛勤劳动及所作贡献表示衷心感谢。

潘谷西

二〇〇四年五月于金陵兰园

本书此次修订再版，经责编反复校勘，并请陈薇教授对彩画图版的版面色调加以把握和确认；请石宏超、李新建等老师指导研究生李晓晖修改了图样，从而进一步提高了本书的质量，对此本人谨表深切谢意！

潘谷西

二〇一六年十一月于悉尼

修订版出版后记

《营造法式》是我国古代最为严谨系统的建造专书之一，翔实全面地记载着宋代建筑的制度、做法、用工、图样等珍贵资料，被历代匠师奉为圭臬，对研究中国建筑，理解其理念和精神意义深远。

不同于梁思成先生《营造法式注释》（上卷）之注疏，亦有别于陈明达先生《营造法式大木作研究》之专论，潘谷西先生和何建中先生历二十余年研究与实践，结合现存古建实例、考古发现、区域间文化与技术传播等方面的成果考量成文，见解独到。

书中文字平实晓畅，辅以多年积累之照片、精心绘制之大量线图及彩画复原图等；附录部分亦精心组织、内容丰富，含"《法式》版本、校勘及检索表""宋代建筑术语解释""对《营造法式大木作研究》一书中十个问题的讨论"等，是对《营造法式》相关问题的拓展研究。

其中校勘表是按照东南大学所藏陶本上的眉批编录而成，为刘敦桢先生当年根据故宫本及四库本等相互参校后转抄而成，弥足珍贵。

2007 年该书入选首届"三个一百"原创图书出版工程★，列于科学技术类第 5 位。

初版至今已十余载，作者修订不辍，终成新稿，内容上的修改之外，此版从更加易于阅读理解的角度，对全书重新编校整理；装帧设计上亦作相应改善：选用色泽柔和的纸张，更具质感的衬纸及布面精装，希望通过这些修订提升该书的品质。

因人事变动，软件更迭，此番修订颇费周折，在此谨向在《〈营造法式〉解读》排版、编校、装帧、印制各环节付出辛勤劳动的人们：八天艺术设计有限公司的李钢先生、卢渊先生、陈琰女士；江苏凤凰制版有限公司王健先生、柳晨女士、马玉女士；南京紫藤制版印务中心的臧德东先生；我的同事毕真、宋华莉、张仙荣编辑；东南大学皮志伟老师；恒美印务（广州）有限公司万顺女士致以诚挚的谢意。

感谢大家为《〈营造法式〉解读》出版付出的耐心和努力！

姜　来

二〇一六年十一月于梅庵

★"三个一百"原创图书出版工程是国家新闻出版总署推动文化创新、鼓励原创出版和推进"走出去"战略而实施的一项重大举措，自 2006 年始，每两年评选一次，分人文社科、科学技术、文艺少儿三个类别，每类选出一百种具有原创价值、确属精品力作的图书。

第三版出版后记

应读者建议，此版贴合内容调整了用纸和装订方式，采用软精装，图书设计力求朴实易用。历数载，新版终成，欣慨交集。

感恩师友们持久用心的支持和教导。潘先生年近期颐，远在悉尼，视力不佳，仍修订不辍：补充完善图文，推敲章名形式等，严谨依旧；在整体设计方面，屡提重要意见，并请赵辰老师代为酌定。

彩画部分由陈薇老师审定，沿用哑粉纸；印制时参照潘先生最为满意的1版3印次追色。陈老师通读样书后请学生王丝绢逸、孟逸凡重绘书中数张图片，尽量使全书图线精准细致。

张十庆老师指导并提供了环衬用图，一如建议修订版做电子书那样，再次建议采用新的出版方式。

赵辰老师提供了后勒口上潘先生的金句。

朱光亚老师提供封底瑞光塔手绘线图，请易佳同学加粗外轮廓线，更具神采。

何建中先生，东南大学建筑学院建筑历史教研室孙晓倩、白颖、是霏老师，易佳同学和我一道参详样书，提出宝贵、中肯的修改建议。

皮志伟老师、戴丽老师、王敏娟老师不厌其烦，一次次审阅样书，给出精微的调整建议。

本书封面照片为河北正定隆兴寺摩尼殿（宋）下檐转角铺作，应设计要求作了镜像，潘先生希望新版能按照封面要求实拍此照。赵辰老师特邀请顾韵弦先生摄制，在顾先生大量拍摄的照片中选择5张，再由皮老师选定1张，裁剪设计。新老版封面各有千秋，难分伯仲，经与钟旻老师（东南大学建筑学院摄影师）、孙晓倩老师商议，与易佳同学仔细比对时发现此殿已经修缮，做法不同于前版照片所示。新照真实细腻，旧照弥足珍贵，故以新照为封面，将旧照呈现于扉页前，以示纪念。

感恩设计、编校、改版、印制各环节师友们协同努力，非常用心。

皮志伟老师再次精心设计，耐心调整；贺玮玮、韩小亮编辑敏锐审校，提高编校质量；南京紫藤制版印务中心的臧德东先生一次次悉心改版；雅昌魏文杰先生带领团队精选纸张、校调图片，一次次做样书，不断优化印制方案。

新版凝聚了诸多师友、同仁们的关爱，非常感恩大家！

恳请大家读后多提宝贵意见，为此书再版及尝试文创等出谋划策。让我们一起，再接再励，携手同行，止于至善。

姜　来

二零二四年八月 @ 松风 Lab

内容简介

本书是关于《营造法式》所录13个工种（壕寨、石作、大木作、小木作、雕作、旋作、锯作、竹作、瓦作、泥作、彩画作、砖作、窑作）的系统研究。

不同于对《营造法式》作逐卷逐条的注释，作者从工程、功能、艺术、技术等多维视角介绍、剖析了《营造法式》诸工程作法，并以现代语言及图示方法表述，帮助读者跨越古代文字和术语之障碍，进一步解读《营造法式》的丰富内涵，探究宋代建筑和《营造法式》的性质和本源。

本书可供建筑史学者、建筑师、文物保护工作者、考古工作者、风景园林建设与管理者、舞美工作者等研读、查阅，亦可供相关专业师生学习参考。

图书在版编目(CIP)数据

《营造法式》解读 / 潘谷西，何建中著. -- 3版(修订版). -- 南京：东南大学出版社，2024.9

ISBN 978-7-5766-1174-8

Ⅰ.①营… Ⅱ.①潘… ②何… Ⅲ.①建筑史－研究－中国－宋代 Ⅳ.①TU-092.44

中国国家版本馆CIP数据核字(2024)第021003号

《营造法式》解读（第三版）

《Yingzao Fashi》Jiedu (Di San Ban)

著　　者　潘谷西　何建中

责任编辑　姜　来

责任校对　韩小亮

书籍设计　皮志伟　毕　真　张媛媛

责任印制　周荣虎

出版发行　东南大学出版社

出 版 人　白云飞

社　　址　南京市四牌楼2号（邮编：210096）

网　　址　http://www.seupress.com

经　　销　全国各地新华书店

印　　刷　上海雅昌艺术印刷有限公司

开　　本　889mm×1194mm　1/16

印　　张　21.5

字　　数　626千字

版　　次　2005年第1版　2017年3月修订版　2024年9月第3版

印　　次　2024年9月第1次印刷

书　　号　ISBN 978-7-5766-1174-8

定　　价　158.00元

本社图书若有印装质量问题，请直接与营销部联系，电话：025-83791830。